전기요점 Ⅱ

전기원리+유도식+용어해설+요점

전기자기학
전기기기
전기설비기술기준

원명수 지음

세진사

머리말

preface

전기(공사)기사처럼 산업이 초고속으로 발전해도 내용이 변하지 않는 것은 ＋ 더하고(돈이 됨)
산업이 급속히 발전하면 기술이 급변하는 분야의 자격증(기술)은 － 빼고(돈이 안 됨)
건설현장 전기실무 및 기계설치시 자동제어실무(PLC)를 배우면 × 곱(배)이 되니(돈이 됨)
기능사 ➜ 전기기사 ➜ 전기기술사를 취득하여 전기사업으로 돈(부자)을 잘 버는 멋진 전기기술인이 되는 그날까지 오늘도 매순간 열심히 최선을 다하는 기술자가 됩시다.

왜 인생이 짧으니 안전한 한우물(파산대비용)을 파야 한다.

• 인생 성공의 비결

절차	생각을 바꾼다	행동이 변한다	(돈+지인−사기꾼) 권력얻음
성공 내용	스마트폰(게임, 카톡) 생각 ⬇ 기술 공부할(배울) 것	책임이 없고 돈이 되는 자격증 취득 ⬇ 생명(돈)과 연관이 있는 자격증 취득	나이에 관계없이 일할 수 있음 ⬇ 돈이 된다(노후대비)

• 인생 성공의 예

절차	생각을 바꾼다	행동이 변한다	(돈+지인−사기꾼) 권력얻음
성공 내용	스마트폰(게임, 카톡) 생각 ⬇ 전기기술 공부할(배울) 것	의무고용, 돈이 되는 자격증 취득 ⬇ 감전=사망=돈이 되는 자격증 취득	나이에 관계없이 의무고용임 ⬇ 돈이 된다(노후대비)

• 인생 실패의 절차

절차	생각을 바꾼다	행동이 변하지 않는다	(내 돈−지인−사기꾼) 미래불안
성공 내용	기술공부 안 한다 ⬇ 스마트폰(게임, 카톡) 생각	책임이 없고 돈이 안 되는 자격증 취득 ⬇ 생명(돈)과 연관이 없는 자격증 취득	60세가 되면 일할 수 없다 ⬇ 돈이 안 된다(노후대비 안 된다)

• 공부방법

공부방법 → [기초산수습득: 초급 중급 전기수학] → [각 과목 내용 이해 및 정리: 요점 I, 요점 II] → [전기와 산수 접목: 고급 전기수학] → [총정리: 요점 III]

차 례

contents

▶ **부 록** 전기용어 해설(명칭·문자·단위) ········ vii

① 그리스 문자와 명칭 및 해설(용도) ········ vii

② 단위의 종류·명칭·용도 ········ viii

③ 전기용어 및 자기용어 해설 ········ viii

PART 1 전기자기학

제1장 벡터의 해석 ········ 3

제2장 진공중의 정전계 ········ 15

제3장 진공중의 도체계 ········ 45

제4장 유전체(절연체) ········ 60

제5장 전계의 특수해법(전기영상법) ········ 70

제6장 전류 I [A] ········ 76

제7장 진공중의 정자계 ········ 86

제8장 자성체와 자기회로 ········ 108

제9장 전자유도 ········ 119

제10장 인덕턴스 L [H] ········ 123

제11장 전자계 ········ 131

PART 2 전기기기

제1장 직류기 ········ 8

제1절 직류 발전기 ········ 8

제2절 직류 전동기 ········ 33

제2장 변압기(transformer) ········ 53

제3장 동기기(synchronous machine) ········ 86

제1절 동기 발전기(수차 또는 증기 터빈 발전기) ········ 87

제2절 동기 전동기(Synchronous Motor) : SM ········ 106

제4장 유도기 ········ 112

제5장 정류기 ········ 140

제6장 교류 정류 자기 ········ 154

PART 3 전기설비기술기준

1편 공통사항 ········ 3

1장. 일반사항(통칙) ········ 3

2장. 전선 ········ 8

3장. 전로의 절연 ········ 13

4장. 접지시스템 ········ 18

5장. 피뢰시스템(LPS) ········ 32

2편 저압 전기설비 ········ 40

1장. 일반사항(통칙) ········ 40

2장. 안전을 위한 보호 ········ 48

3편 고압 및 특고압 전기설비 ······ 72

1장. 일반사항(통칙) ······ 72
2장. 안전(을 위한) 보호 ······ 73
3장. 접지설비 ······ 75
4장. 기계 및 기구의 시설 ······ 79
5장. 고압 및 특고압 옥내설비의 시설 ······ 84

4편 전선로 ······ 87

5편 발전소·변전소·개폐소 전기설비 시설 규정 ······ 117

6편 전력보안 통신설비 시설 ······ 123

7편 전기사용장소(옥내 배선)의 시설 ······ 131

1장. 배선 시설 ······ 131
2장. 조명설비 ······ 174

8편 특수 설비 시설 규정 ······ 183

9편 전기철도 설비 ······ 199

10편 분산형전원설비 ······ 215

부록 전기용어 해설(명칭·문자·단위)

1 그리스 문자와 명칭 및 해설(용도)

번호	그리스 문자	명칭	용도 및 용어해설
1	α	알파	벡터 각 축의 방향 및 유도기 권수비 표기
2	β	베타	전기자기학에서 벡터값에 대한 방향($\cos\alpha$, $\cos\beta$, $\cos\gamma$)에 사용
3	γ	감마	
4	$\delta(\Delta)$	델타	전압강하율, 부하각(Δ : 변압기 결선 및 미분) 표기
5	ε	엡실론	전압변동률 및 전기충전물질의 유전율 표기
6	ζ	제타	자동제어 제동비 δ와 같이 사용 표기
7	η	이타	실제 전기가 사용되는 비율(효율)
8	θ	세타	전기소비시간(각, 위상, 위상차, 상차각) 표기
9	λ	람다	전기 또는 전자파 또는 빛이 직선으로 가는 거리 표기
10	μ	뮤	물질에 전기를 흘렸을 때 자기(자속 ϕ) 투과 정도로 투자(과)율 및 단위환산에서 마이크로 10^{-6} 표기
11	π	파이	면적 계산시 $\pi=3.14$, 각 $\theta=\pi=180°$ 표기
12	ρ	로	전압강하 및 도체의 고유저항 표기
13	$\sigma(\Sigma)$	시그마	전기흐름 정도 도전율(숫자 합성값 계산) 표기
14	$\tau(T)$	타우	전동기의 회전력(토크) 표기
15	ϕ	파이	철에 전기를 흘린 경우 자기(자속) 발생 크기 표기
16	ω	오메가	발전기 및 전동기 회전자 중심에서 볼 때 도체(코일)가 1초당 이동한 각 θ값 및 $\omega=2\pi f$ 표기

2 단위의 종류·명칭·용도

번호	기호	명칭	크기값	용도 및 용어해설
1	G	기가(giga)	10^{+9}	주파수 f에 사용
2	M	메가(mega)	10^{+6}	절연저항에 사용
3	k	킬로(kilo)	10^{+3}	전압, 전류, 저항, 전력, 길이 등에 사용
4	m	미터(meter)	1	전선(코일) 길이 l, 간격 d, 거리 r에 사용
5	C → cm 사용	센티(centi)	10^{-2}	전선(코일) 길이 l, 간격 d, 거리 r에 사용
6	cm^2	제곱미터	10^{-4}	면적 $S(A)$에 사용
7	mm → m만 사용	밀리(milli)	10^{-3}	도체 사이 간격 d, 길이 l, 거리 r, 전선직경에 사용
8	mm^2	제곱밀리	10^{-6}	전선단면적 $S(A)$에 사용
9	μ	마이크로(micro)	10^{-6}	콘덴서 C 용량에 사용
10	η	나노(nano)	10^{-9}	콘덴서 C 용량에 사용
11	p	피코(pico)	10^{-12}	콘덴서 C 용량에 사용

3 전기용어 및 자기용어 해설

(1) 전기용어

번호	용어 및 기호와 단위	단위명칭	용도 및 용어해설
1	전압(전위) V [V]	볼트 volt	발전기, 변압기의 전기적인 압력
2	전위차 V [V]	볼트 volt	두 지점 간의 전기적인 압력차
3	유기기전력 E [V]	볼트 volt	발전기 및 변압기 내부 자속으로부터 유기(유도)되는 전기적인 압력
4	전류 I [A]	암페어 Ampere	전압을 전선(구리)에 인가시 자동으로 흐르는 전기성분(전자)
5	저항(부하) R [Ω]	(오)옴 ohm	전기가 이동하는 것을 방해하는 정도
6	고유저항 e [Ω · m]	옴미터 ohm meter	전선재질이 갖고 있는 저항
7	전기저항 R [Ω]	옴 ohm	전선 자체의 저항

번호	용어 및 기호와 단위		단위명칭	용도 및 용어해설
8	전(도)전율 δ	[℧/m]	모(오)퍼미터 mho per meter	전기를 잘 흘려주는 정도
9	전자 e	[C]	쿨롱 coulomb	전기 1개 값 $=1.602\times10^{-19}$
10	전하(량) Q	[C]	쿨롱 coulomb	다수의 전자합=전기 1개 값×개수 n
11	컨덕턴스 G	[℧]	모(오) mho	전기가 잘 흐르는 정도($\frac{1}{R}$값)
12	전력 P	[W]	와트 watt	전기가 일을 한 값($\frac{\text{일 } W}{\text{시간 } t}$)
13	유효(소비)전력 P	[W]	와트 watt	일을 한 전기값(저항이 소비한 전기)
14	무효전력 P_r	[var]	바 var	일을 안 한 전기값(코일과 콘덴서의 전기)
15	피상전력 P_a (변압기용량)	[VA]	볼트암페어 volt ampere	일한 전기+일 안한 전기 (저항 R+코일 L+콘덴서 C의 전기)
16	전력량 H (에너지, 일 W)	[J 또는 W·s]	줄 joule 또는 왓트세크 watt second	전기를 소비한 총량 ($H(W)=p\times t$)
17	인덕턴스 L	[H]	헨리 Henry	코일(전동기)을 부르는 저항 명칭
18	정전용량 C	[F]	패럿 Farad	콘덴서(축전지)를 부르는 저항 명칭
19	자기인덕턴스 L	[H]	헨리 Henry	내전기(전류)에 의해 발생되는 자속 ϕ값
20	상호인덕턴스 M	[H]	헨리 Henry	넘전기(전류)에 의해 발생되는 자속 ϕ값
21	주파수 f	[Hz]	헤르츠 Hertz	발전기가 1초 동안 회전한 회전수
22	각속도 ω	[rad/s]	라디안 퍼 세크 radian per second	발전기 도체가 회전하는 속도 $\left(\frac{\text{각}\theta}{\text{시간}t}\text{값}\right)$
23	주기 T	[sec]	세크 second	발전기 도체가 1회전하는 데 걸린 시간 $\left(\frac{1}{f}\text{값}\right)$
24	리액턴스 X	[Ω]	옴 ohm	전동기(코일) 및 축전지(콘덴서)의 전기 흐름방해 정도값
25	유도성 리액턴스 X_L	[Ω]	옴 ohm	전동기의 저항값(전기흐름 방해 정도)
26	용량성 리액턴스 X_C	[Ω]	옴 ohm	축전지(콘덴서 C)의 저항값(전기흐름 방해정도)
27	임피던스 Z	[Ω]	옴 ohm	직렬회로에 교류(주파수) 인가시 부하값
28	어드미턴스 Y	[℧]	모 mho	병렬회로에 교류(주파수) 인가시 부하값
29	서셉턴스 B	[℧]	모 mho	코일 L 및 콘덴서 C에 전기가 잘 흐르는 정도$\left(\frac{1}{X}\text{값}\right)$

번호	용어 및 기호와 단위	단위명칭	용도 및 용어해설
30	(발)열량 $H(Q)$ [cal]	칼로리 calorie	전열기(저항)에서 전기소비시 발생하는 열
31	힘 $F(f)$ [N]	뉴턴 Newton	두 전기(전선) 사이 작용하는 흡입력이나 반발력(척력)
32	흡인력 F [N]	뉴턴 Newton	두 전선(전하) 사이에 끌어당기는 힘
33	반발력(척력) F [N]	뉴턴 Newton	두 전선(전하) 사이에 밀어내는 힘
34	토크 $T(\tau)$ [N·m]	뉴턴 미터 Newton meter	전동기가 회전하는 힘
35	회전속도 N [rpm]	알피엠	발전기 및 전동기의 분당 회전수
36	회전속도 N [rps]	알피에스	발전기 및 전동기의 초당 회전수
37	마력 P [HP]	마력 Horse power	말 1마리가 끌 수 있는 힘
38	전장(전계)의 세기 E [V/m]	볼트 퍼 미터	전압 존재시 전선 주위에 발생되는 힘
39	전속(전하) Q [C]	쿨롱 Coulomb	다수의 전기합(덩어리)
40	전속 수 Q [개]	개	다수의 전기(전하) 주위에서 발생하는 이상적인 힘 수
41	전속밀도 D [C/m^2]	쿨롱 퍼 제곱미터	전선(전하) 주변에서 발생하는 면적 1[m^2]당 전기력선의 밀도
42	시간 t [s]	세크 Second	1초당
43	시간 t [min]	미닛 minute	1분당=60초당
44	시간 t [h]	아워 hour	1시간당=60분=3600초당
45	힘 F [N/m]	뉴턴 퍼 미터	길이 1[m]당 작용하는 힘
46	힘 F [N/kg]	뉴턴 퍼 킬로그램	무게 1[kg]당 작용하는 힘
47	유전율 ε [F/m]	패럿 퍼 미터 Farad per meter	거리 1[m]당 물질에 따른 전기충전 정도

(2) 자기용어

번호	용어 및 기호와 단위	단위명칭	용도 및 용어해설
1	자속 ϕ [Wb]	웨버 weber	코일에 전기를 흘리면 철에서 발생되는 자기(전류 I와 같다)
2	자극(자하) m [Wb]	웨버 weber	자석이 처음부터 갖고 있는 자기
3	자계(자장)의 세기 H [AT/m]	암페어 턴 퍼 미터 Ampere Turn per meter	전선에 전류 I 이동시 주변에 발생되는 자기장의 세기(힘)

번호	용어 및 기호와 단위		단위명칭	용도 및 용어해설
4	자위 U	[AT 또는 A]	암페어 턴 또는 암페어	자석(자극)이 갖고 있는 자기적인 압력
5	투자(과)율 μ	[H/m]	헨리 퍼 미터 Henry per meter	1m당 물질에 따른 자기충전 정도
6	자속밀도 B	[Wb/m^2]	웨버 퍼 제곱미터 Weber per meter^2	철 1m^{2}당에 존재하는 자속(자기)
7	기자력 F	[AT]	암페어 턴	철에 코일을 감고 전류를 흘릴 때 철에서 발생되는 힘(전자력 힘)
8	자기저항 R	[AT/Wb]	암페어 턴 퍼 웨버	철에 자속이 잘 못 흐르는 정도
9	권수 N	[회]	회	철에 코일감은 회수
10	특성임피던스 Z	[Ω]	옴 ohm	전자파가 잘못 이동하는 정도
11	전파속도 ν	[m/s]	미터 퍼 세크	전자파 이동속도

(3) 전기설비 용어

① **발전소** : 전기(전압)를 발생시키는 곳

② **변전소** : 기계기구에 의하여 변성(5만[V] 이상)하는 곳으로서 변성한 전기를 다시 구외로 전송하는 곳

③ **개폐소** : 개폐기 장치에 의하여 전로를 개폐하는 곳

④ **급전소** : 전력계통의 운용에 관한 지시 및 급전조작을 하는 곳

⑤ **전선로(전로)** : 전기가 통하고 있는 곳(전선 또는 가공전선)

⑥ **조상설비** : 무효전력을 조정하는 기계기구(전력용 콘덴서, 분로 리액터, 조상기)

⑦ **지중 관로** : 지중 전선로, 지중 약전류 전선로, 지중 광섬유 케이블 선로, 지중함

⑧ **제1차 접근상태** : 전선의 절단, 지지물의 도괴시 다른 시설물에 접촉할 우려가 있는 상태

⑨ **제2차 접근상태** : 가공전선이 다른 시설물의 위쪽 또는 옆쪽에서 수평거리로 3[m] 미만인 곳에 시설되는 상태

⑩ **전력 보안 통신** : 전력의 수급에 필요한 업무 운영용 전화

⑪ **관등회로** : 방전등용 안정기(방전등용 변압기 포함)로부터 방전관까지의 전로

⑫ **인입선** : 수용장소의 인입구에 이르는 부분의 전선

⑬ **가공인입선** : 다른 지지물을 거치지 않고 한 수용장소에 이르는 가공전선

⑭ **연접인입선** : 한 수용장소의 인입선에서 분기하여 지지물을 거치지 않고 다른 수용장소의 인입구에 이르는 전선
⑮ **전차선** : 전차에 동력용 전기를 공급하는 접촉전선
⑯ **전차선로** : 전차선 및 이를 지지하는 시설물
⑰ **옥내배선** : 옥내의 전기 사용 장소에 고정시켜 시설하는 전선
⑱ **약전류전선** : 약전류 전기의 전송에 사용하는 전선
⑲ **건조물** : 지붕, 기둥, 벽을 갖는 조영물(사람이 거주하는 건물)
⑳ **전기기계기구의 방폭구조** : 가스증기 위험장소에서 사용에 적합하도록 특별히 고려한 구조
㉑ **우 선 내** : 강우 상태에서 비를 맞지 않은 부분]
㉒ **대지전압(E)**
  ㉠ 비접지(3.3, 6.6kV)인 경우 : 전선과 전선 사이의 전압
  ㉡ 접지식(22.9, 154, 345kV)인 경우 : 대지와 전선 사이 전압
㉓ **소세력 회로** : 전자 개폐기 최대 사용 전압이 60[V] 이하인 전로
㉔ **광섬유 케이블** : 광신호 전송에 사용되는 전선
㉕ **지지물** : 목주(나무), 철주(철근), 철근콘크리트주, 철탑으로서 전선 등을 지지
㉖ **옥측 배선** : 옥외의 전기사용장소에서 조영물에 고정시켜 사용하는 전선
㉗ **옥외 배선** : 옥외의 전기사용장소에서 고정시켜 사용하는 전선

Part

01

ELECTRICITY

전기자기학

제1장 벡터의 해석

1 스칼라와 벡터

(1) 스칼라

1) 정의(용어)

전기 에너지의 “크기=양”만 존재하는 것

2) 예

무부하 상태(전원 off시) : 전위(전압) V[V]값, 온도 T, 시간 t, 자위 U[AT]

구 분	직류일 때(건전지)	교류일 때(콘센트)	자석에서
건전지 또는 콘센트에 부하가 연결 안된 상태	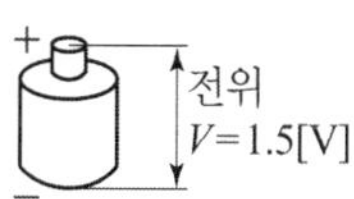	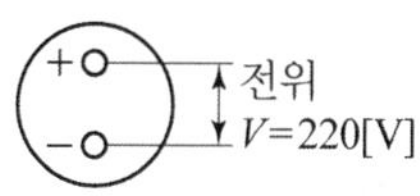	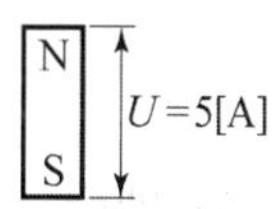

(2) 벡터

1) 정의(용어)

에너지의 “크기(양)와 방향”이 동시에 존재하는 것

2) 예

부하상태(전원 ON시) : 전계 E[V/m] 값, 힘 f[N], 자계 H[AT/m]

구 분	직류일 때	교류일 때
건전지 또는 콘센트에 부하가 연결된 상태	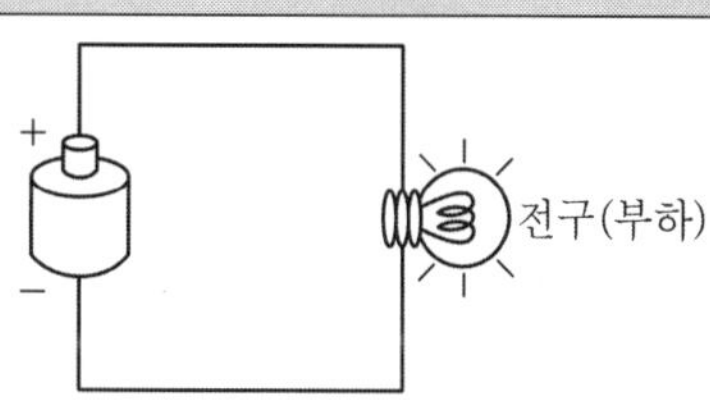	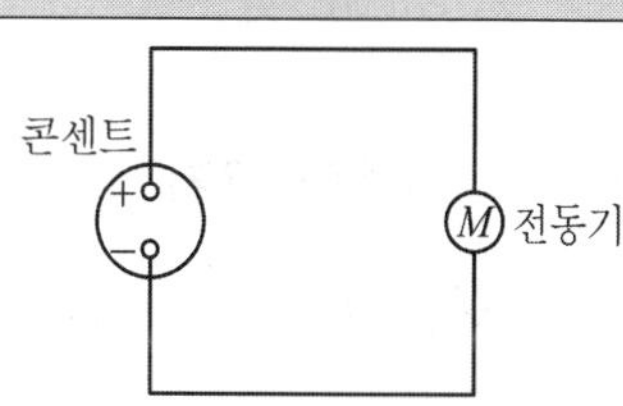

3) 좌표값 처리 방법

① **2차원(면적)** → 좌표(가로 x값, 세로 y값) → 예 $(3, 4)$

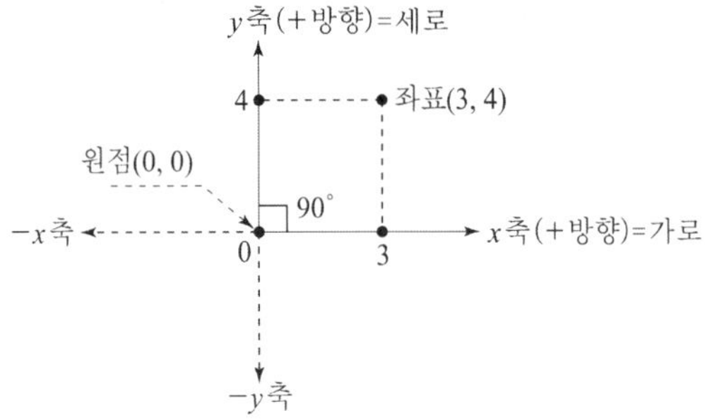

② **3차원(체적, 공간)** → 좌표(가로 x값, 세로 y값, 높이 z값)

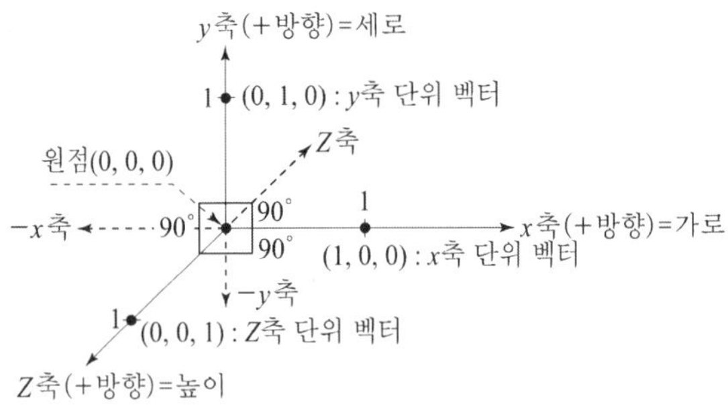

4) 벡터 표기 방법

A벡터=좌표(가로값 A_x, 세로값 A_y, 높이값 A_z)$= A_x i + A_y j + A_z k$

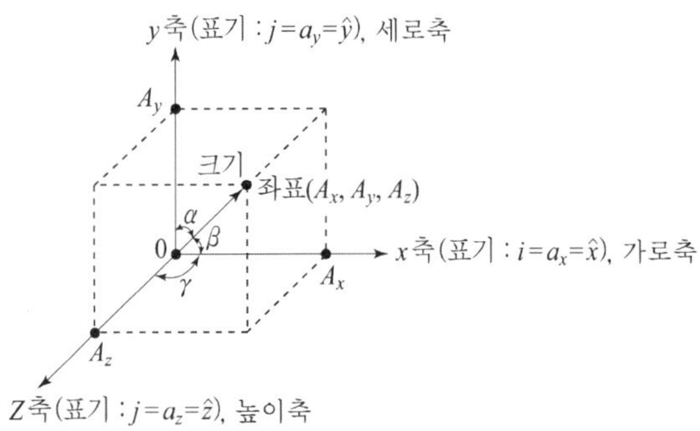

① **A벡터 크기**

식 $|A| = \sqrt{\text{가로값 } A_x^2 + \text{세로값 } A_y^2 + \text{높이값 } A_z^2}$

② **A벡터 방향**(단위 벡터 : 크기가 1인 벡터)

식 $\dfrac{A\text{벡터}}{\text{크기 } |A|} = \dfrac{A_x}{|A|}i + \dfrac{A_y}{|A|}j + \dfrac{A_z}{|A|}k$

$\left(\text{방향 여현 : } l = \cos\alpha = \dfrac{A_x}{|A|},\ \ m = \cos\beta = \dfrac{A_y}{|A|},\ \ n = \cos\gamma = \dfrac{A_z}{|A|}\right)$

과년도 ≫ A벡터$= 4i + 3j$의 크기와 방향은?

풀이 ① 크기 $|A|$

$|A| = \sqrt{4^2 + 3^2} = 5$

② 방향(단위벡터) u

$u = \dfrac{A}{|A|} = \dfrac{4i + 3j}{5} = \dfrac{4}{5}i + \dfrac{3}{5}j \xrightarrow{\text{크기}} \sqrt{\left(\dfrac{4}{5}\right)^2 + \left(\dfrac{3}{5}\right)^2} = 1$

용어 단위 벡터 : 크기가 1인 벡터 (**예** $i,\ j,\ k$)

2 스칼라 곱(내적 계산 : 점 •으로 표기)

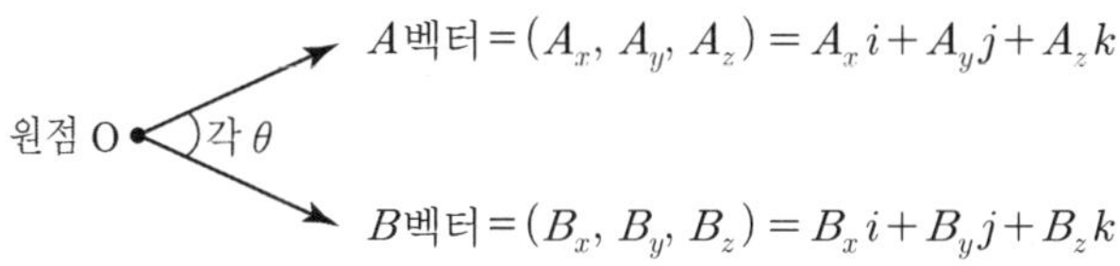

(1) 공식

A벡터 $\cdot$ B벡터$= |A| \cdot |B| \cdot \cos\theta$

★ 문제 출제 유형

유형	스칼라곱 $A \cdot B$	두 벡터가 이루는 각	두 벡터가 수직($\theta = 90°$)인 경우 식
적용식	$\lvert A\rvert\lvert B\rvert\cos\theta$	$\theta = \cos^{-1}\dfrac{A \cdot B}{\lvert A\rvert \cdot \lvert B\rvert}$	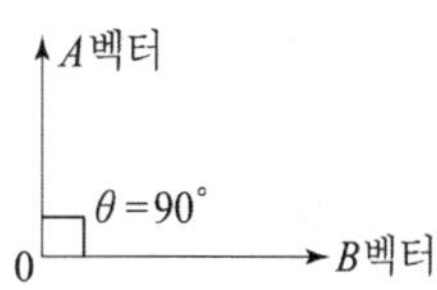 ★ $A \cdot B = 0$

(2) 스칼라 성질(주의사항)

스칼라의 성질

① 두 벡터 방향이 같은 경우(두 벡터 모두 같은 축에 존재하는 경우)			
x 축에 존재시	y 축에 존재시	z 축에 존재시	예
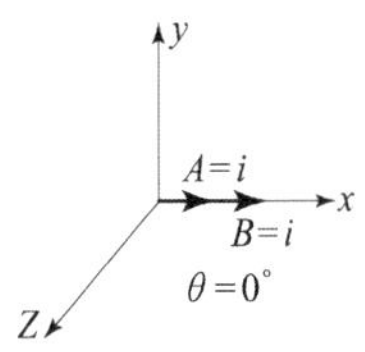	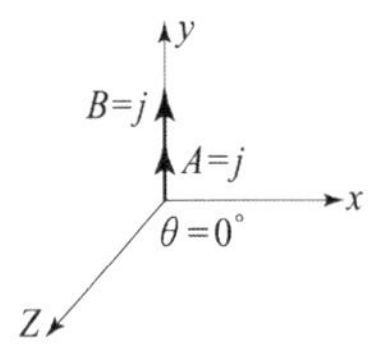	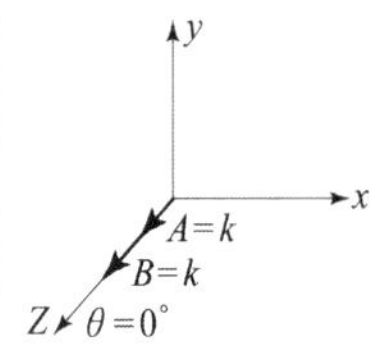	$A \cdot B = \lvert A \rvert \cdot \lvert B \rvert \cdot \cos\theta$ 적용 $A=B=i$ 일 때 $A \cdot B = i \cdot i = 1i \cdot 1i$ $= 1 \cdot 1 \cdot \cos 0°$ $= 1$
★ $i \cdot i$	$= j \cdot j$	$= k \cdot k = 1$	$\therefore\ i \cdot i = 1$

② 두 벡터 방향이 다른 경우(두 벡터 서로 다른 축에 존재하는 경우)			
x, y 축에 존재시	y, z 축에 존재시	z, x 축에 존재시	예
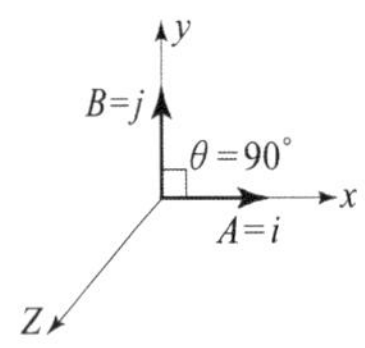	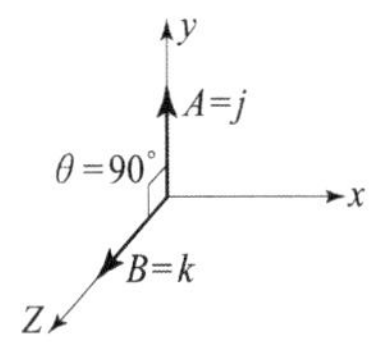	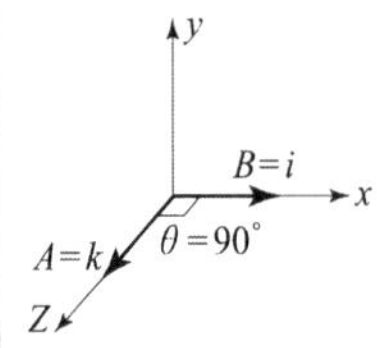	$A=i,\ B=j$ 일 때 $A \cdot B = i \cdot j$ $= 1 \cdot 1 \cdot \cos 90°$ $= 0$ $\therefore\ i \cdot j = 0$
★ $i \cdot j$	$= j \cdot k$	$= k \cdot i = 0$	

포인트

• 스칼라 정리

방향(허수, 복소수) 곱셈 처리 방법	
두 벡터 방향이 같은 경우	$i \cdot i = j \cdot j = k \cdot k = 1$ 값 처리
두 벡터 방향이 다른 경우	$i \cdot j = j \cdot k = k \cdot i = 0$ 값 처리

(3) 계산(스칼라 성질 적용)

$$A \cdot B = (A_x i + A_y j + A_z k) \cdot (B_x i + B_y j + B_z k)$$
$$= A_x B_x + A_y B_y + A_z B_z \quad (\bigstar\ i, j, k \text{가 없다.})$$

(4) 응용식(예제)

명칭	영문 표기	정답 형태	특징
발산	div	= 상수 값	i, j, k가 없다.

3 벡터의 곱(외적 계산 : 곱 ×로 표기)

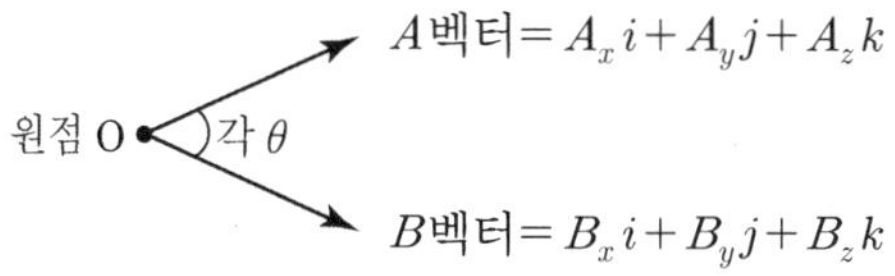

(1) 공식

A벡터$\times B$벡터$=|A|\cdot|B|\cdot\sin\theta$ ← 행렬로 계산

★ 문제 출제유형

출제 유형 (응용식)	전압 e일 때	토크 T일 때	힘 F일 때
공식	$e=vBl\sin\theta$	$T=MH\sin\theta$	$F=IBl\sin\theta$
벡터식	$=(v\times B)l$ [V]	$=M\times H$[N·m]	$=(I\times B)l$ [N]

(2) 성질(주의사항)

벡터의 성질

① 두 벡터 방향이 같은 경우(두 벡터가 같은 축에 존재시)

★ $i\times i=j\times j=k\times k=0$값 처리

예 $A=B$벡터$=i$, $\theta=0°$일 때 → $A\times B=|A|\cdot|B|\cdot\sin\theta$에 대입

$i\times i=1\cdot i\times 1\cdot i=1\cdot 1\cdot\sin 0°=0$

② 두 벡터 방향이 다른 경우(두 벡터가 다른 축에 존재시)

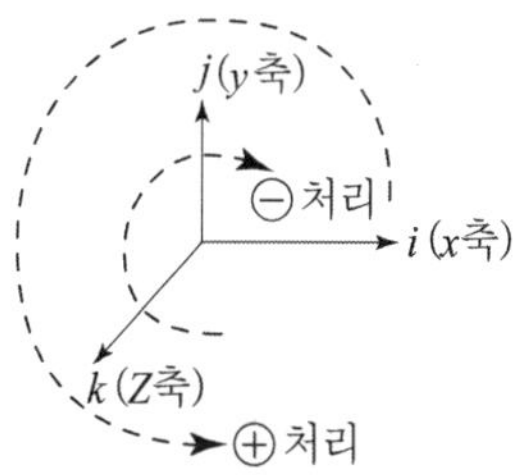

또는 ★

$i \rightleftarrows j \rightleftarrows k \rightleftarrows i \rightleftarrows k \rightleftarrows k$

(→ 방향: ⊕처리, ← 방향: ⊖처리)

예 $i\times j=+k$값이고, $j\times i=-k$값이다.

응 용

"플레밍의 왼손법칙"에 적용 → 힘 $F=IBl\sin\theta$의 방향은?

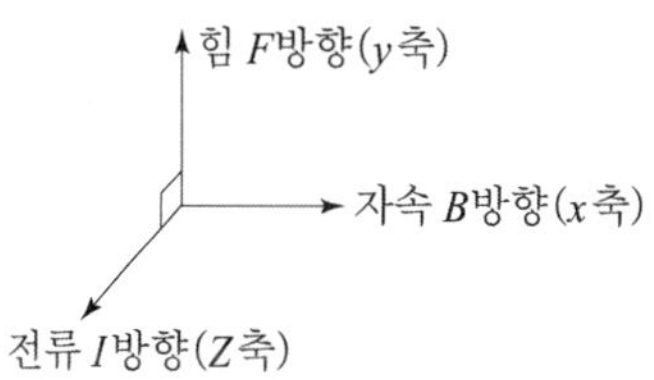

→ [전류 I 방향 = Z축, 자속 B 방향 = x축] 결정되면 힘f는 y축 방향으로 향한다.

포인트

• 벡터의 성질 정리

방향(허수, 복소수) 곱셈 처리 방법	
두 벡터 방향이 같은 경우	$i \times i = j \times j = k \times k = 0$값 처리
두 벡터 방향이 다른 경우	⊕부호 처리 (→) $i \rightleftarrows j \rightleftarrows k \rightleftarrows i \rightleftarrows j \rightleftarrows k$ ⊖부호 처리 (←)

(3) 벡터곱 계산 방법(벡터 성질 적용)

1) 방법 : "행렬"로 계산하는 방법

$$A \times B = (A_x i + A_y j + A_z k) \times (B_x i + B_y j + B_z k)$$

$$= \begin{vmatrix} i & j & k \\ A_x & A_y & A_z \\ B_x & B_y & B_z \end{vmatrix} \begin{matrix} \leftarrow \text{방향표기(고정값)} \\ \leftarrow A\text{벡터값(가변값)} \\ \leftarrow B\text{벡터값(가변값)} \end{matrix}$$

$$= i \begin{vmatrix} A_y & A_z \\ B_y & B_z \end{vmatrix} - j \begin{vmatrix} A_x & A_z \\ B_x & B_z \end{vmatrix} + k \begin{vmatrix} A_x & A_y \\ B_x & B_y \end{vmatrix}$$

$$= i(A_y B_z - A_z B_y) + j(A_z B_x - A_x B_z) + k(A_x B_y - A_y B_x)$$

2) 방법 : 식을 전개하여 "벡터 성질 적용" 방법

$$A \times B = (A_x i + A_y j + A_z k)(B_x i + B_y j + B_z k)$$

$$= A_x B_y \underbrace{i \times j}_{k} + A_x B_z \underbrace{i \times k}_{-j} + A_y B_x \underbrace{j \times i}_{-k} + A_y B_z \underbrace{j \times k}_{i} + A_z B_x \underbrace{k \times i}_{j} + A_z B_y \underbrace{k \times j}_{-i}$$

$$= i(A_y B_z - A_z B_y) + j(A_z B_x - A_x B_z) + k(A_x B_y - A_y B_x)$$

(4) 응용식(예제)

번호	명칭	영문 표기	정답 형태	특징
①	기울기	grad	$= \square i + \triangle j + \bigcirc k$	i, j, k가 있다.
②	회전	rot	$= \square i + \triangle j + \bigcirc k$	

과년도 » [1] A벡터$=2i+5j+3k$일 때 $k\times A$값은?

풀이 벡터의 곱 계산에서 벡터의 성질을 적용하면

$$k\times A=k\times(2i+5j+3k)$$

$$=\underbrace{2k\times i}_{+j\text{처리}}+\underbrace{5k\times j}_{-i\text{처리}}+\underbrace{3k\times k}_{0\text{처리}}$$

$$=2j+5(-i)+3\times 0=-5i+2j$$

과년도 » [2] 벡터 $A=-7i-j$이고 벡터 $B=-3i-4j$일 때 두 벡터가 이루는 각 θ는?

풀이 스칼라 곱 [식] 적용

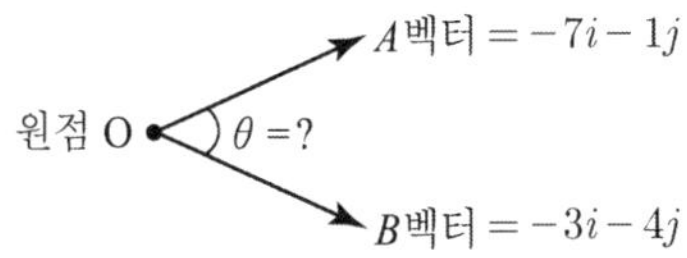

$A\cdot B=|A|\cdot|B|\cdot\cos\theta$ 식에서

$$\cos\theta=\frac{A\cdot B(\text{스칼라 성질 적용})}{|A|\cdot|B|(\text{크기 적용})}$$

$$=\frac{(-7i-1j)(-3i-4j)}{\sqrt{(-7)^2+(-1)^2}\times\sqrt{(-3)^2+(-4)^2}}$$

$$=\frac{(-7)\times(-3)+(-1)\times(-4)}{\sqrt{50}\times 5}=\frac{25}{\sqrt{50}\times 5}$$

따라서 두 벡터가 이루는 각 $\theta=\cos^{-1}\dfrac{25}{\sqrt{50}\times 5}=45°$

※ 각 θ 계산 공식 : $\cos\theta=$상수 a → 각 $\theta=\cos^{-1}a$

4 스칼라의 기울기(전위경도)

> **참고**
> • **기울기의 정답 형태** : 벡터값$=\square i+\triangle j+\bigcirc k$ 형태가 된다.
> ($\square$, $\triangle$, $\bigcirc$: 상수)

(1) 정의

전기에너지가 이동하는 상태의 값

(2) 기울기(영문표기 grad)

힘의 균형이 깨진 상태

(3) 미분연산자 ▽(영문)

∇(기울기 grad, 발산 div, 회전 rot) $= \dfrac{\partial}{\partial x}i + \dfrac{\partial}{\partial y}j + \dfrac{\partial}{\partial z}k$

전위의 기울기 (스칼라의 기울기)	표기	$\text{grad}\, V = \nabla \cdot V = \left(\dfrac{\partial}{\partial x}i + \dfrac{\partial}{\partial y}j + \dfrac{\partial}{\partial z}k\right) \cdot V$
	계산 공식	$\text{grad}\, V = \nabla \cdot V = \dfrac{\partial V}{\partial x}i + \dfrac{\partial V}{\partial y}j + \dfrac{\partial V}{\partial z}k$ (i, j, k ← 벡터 표기)

5 벡터의 발산

참고
- **발산의 정답 형태** : 스칼라 값 = [상수] 값 (i, j, k가 없다.)

(1) 정의

에너지가 동시에 체적(공간)에 모두 전달되는 상태

(2) 발산(영문표기 div)

전기에너지는 모든 공간에 영향을 준다.

전계의 발산	표기	$\text{div}\, E = \nabla \cdot E$
	계산 공식	$\text{div}\, E = \nabla \cdot E = \dfrac{\partial E_x}{\partial x} + \dfrac{\partial E_y}{\partial y} + \dfrac{\partial E_z}{\partial z}$

유도식

$$\text{div}\, E = \nabla \cdot E = \left(\frac{\partial}{\partial x}i + \frac{\partial}{\partial y}j + \frac{\partial}{\partial z}k\right)(E_x i + E_y j + E_z k)$$

$$= \frac{\partial E_x}{\partial x} + \frac{\partial E_y}{\partial y} + \frac{\partial E_z}{\partial z} \quad (i, j, k\text{가 없다.})$$

과년도 ≫ 전계 $E = xi + yj + zk$일 때 $\mathrm{div}\,E$ 값은?

풀이 전계 $E = E_x i + E_y j + E_z k$

$\qquad\quad\ \downarrow\qquad\ \downarrow\qquad\ \downarrow$

$= x\,i + y\,j + z\,k$ 이므로

순서	적용식(전계의 발산) →	계산 →	정답
내용	$\mathrm{div}\,E = \dfrac{\partial E_x}{\partial x} + \dfrac{\partial E_y}{\partial y} + \dfrac{\partial E_z}{\partial z}$	$= \dfrac{\partial x}{\partial x} + \dfrac{\partial y}{\partial y} + \dfrac{\partial z}{\partial z}$ $= 1 + 1 + 1$	$= 3$

6 벡터의 회전

참고

- **회전의 정답 형태** : 벡터값 $= \square i + \triangle j + \bigcirc k$ 형태가 된다.

  ($\square$, $\triangle$, $\bigcirc$: 상수)

(1) 정의

① **전동기인 경우** : 전동기에 전기가 투입되면 자기장에 의해서 회전력(토크)이 발생한다.

② **발전기인 경우** : 발전기가 회전하면 회전력(토크)에 의해 전기가 발생한다.

(2) 회전(영문표기 rot)

전기는 크기와 방향을 갖는 회전력을 발생시킨다.

벡터 A의 회전	표기	$\mathrm{rot}A = \nabla \times A$
	계산 공식	$\mathrm{rot}A = \nabla \times A = \begin{vmatrix} i & j & k \\ \dfrac{\partial}{\partial x} & \dfrac{\partial}{\partial y} & \dfrac{\partial}{\partial z} \\ A_x & A_y & A_z \end{vmatrix}$ $= i\left(\dfrac{\partial A_z}{\partial y} - \dfrac{\partial A_y}{\partial z}\right) + j\left(\dfrac{\partial A_x}{\partial z} - \dfrac{\partial A_z}{\partial x}\right) + k\left(\dfrac{\partial A_y}{\partial x} - \dfrac{\partial A_x}{\partial y}\right)$

7 스토크스의 정리(Stoke's Thm)

(1) 정의

선적분(l)과 면적적분(S)의 변환식

(2) 원리

(선)을 → (회전)시키면 → (면적)이 된다.

l rot S

(3) 적용식

$$\int_l Edl \Rightarrow \int_S \mathrm{rot}EdS = \int_S \nabla \times EdS$$

(4) 이해 그림

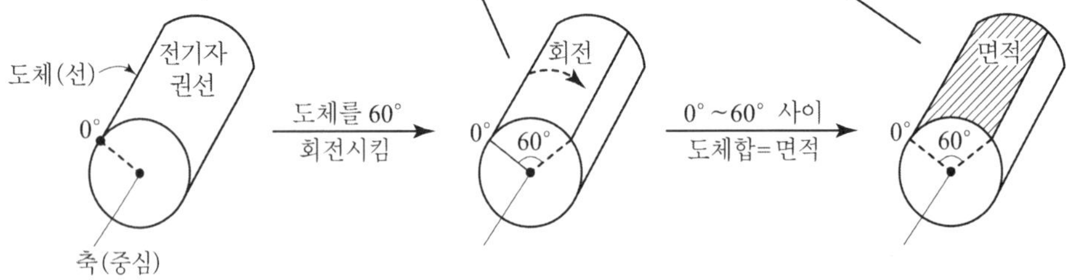

〈회전체〉

8 가우스의 발산 정리(Gauss) → 전계 E값 계산시 사용

(1) 정의

면적적분(S)과 체적적분(v)의 변환식

(2) 원리

(면적)이 → (발산)하면 → (체적)이 된다.

S div v

(3) 적용식

$$\int_S EdS \Rightarrow \int_v \mathrm{div}Edv = \int_v \nabla \cdot Edv$$

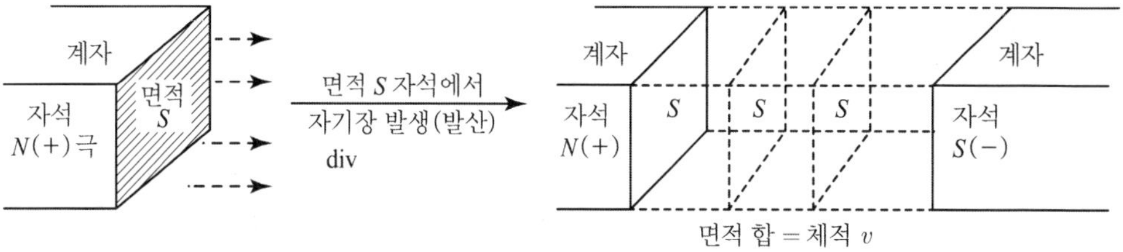

정리

• 스칼라와 벡터

구 분	스칼라(점 • 으로 표기)	벡터(곱 × 으로 표기)
정의	크기만 존재한다.	"크기⊕방향" 동시 존재한다.
구분 방법	방향 표기 i, j, k가 없다.	방향 표기 i, j, k가 있다.
종 류	발산(div)	기울기(grad), 회전(rot)
결 과 (정답 형태)	상수 값	상수 i + 상수 j + 상수 k
공 식	$A \cdot B = \|A\| \cdot \|B\| \cdot \cos\theta$	$A \times B = \|A\| \cdot \|B\| \cdot \sin\theta$
성 질	① $i \cdot i = j \cdot j = k \cdot k = 1$ ② $i \cdot j = j \cdot k = k \cdot i = 0$	① $i \times i = j \times j = k \times k = 0$ ② $i \rightleftarrows j \rightleftarrows k \rightleftarrows i \rightleftarrows j \rightleftarrows k$ (→ ⊕처리, ← ⊖처리)
출제 유형	• 전계의 발산($\mathrm{div}\,E = \nabla \cdot E$) $= \dfrac{\partial E_x}{\partial x} + \dfrac{\partial E_y}{\partial y} + \dfrac{\partial E_z}{\partial z}$	• 전위의 기울기($\mathrm{grad}\,V = \nabla \cdot V$) $= \dfrac{\partial V}{\partial x} i + \dfrac{\partial V}{\partial y} j + \dfrac{\partial V}{\partial z} k$ • 벡터의 회전($\mathrm{rot} A = \nabla \times A$)

Key Point 도체의 종류

"전기자기학 문제는 전기가 이동하는 도체(코일, 구리)의 종류(형태)를 구분해서 어느 도체의 무슨 값을 요구하는지 구분해야 다득점을 얻고 과락에 걸리지 않는다."

1. 구 도체

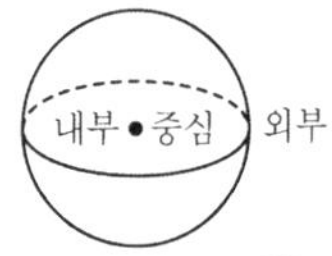

(1) 구(점) : 동그란 단독의 쇠구슬, 구리구슬, 축구공 형태

※ 구의 입체각 $\omega = 4\pi[\text{sr}]$: 스테라디안

(2) 구(점)전하 : 동그란 도체(구리구슬) 표면에 있는 전기 덩어리

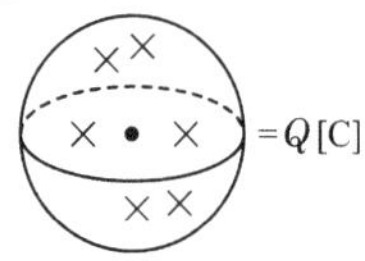

2. 원주 도체

- 원주 : 전선 1가닥, 단도체, 무한장직선 1가닥의 도체 의미

전선의 길이가 끝도 없이 긴 전선 =길이 l 이 무한대(∞)인 전선

⇒

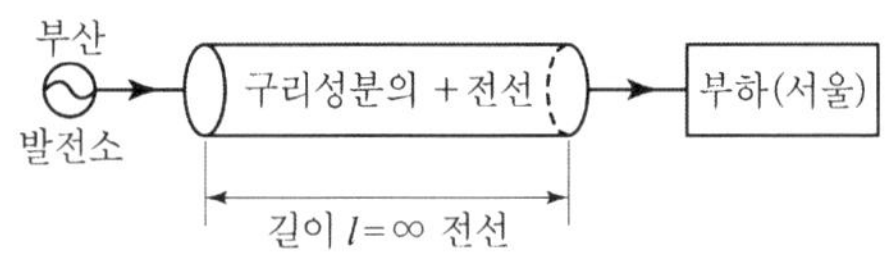

3. 평행도체(도선)

- 평행도선 : 전선 2가닥, 복도체, 무한장직선 2가닥의 도체 의미

(1) 극성이 같은 경우

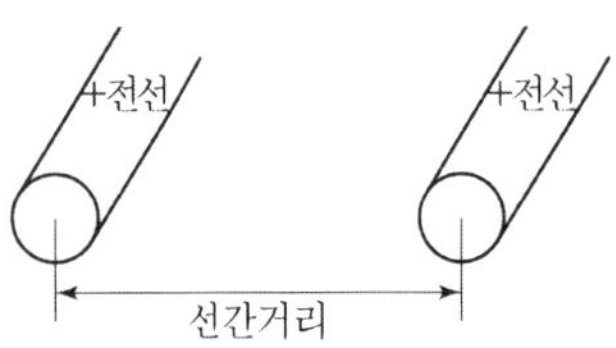

(2) 극성이 다른 경우

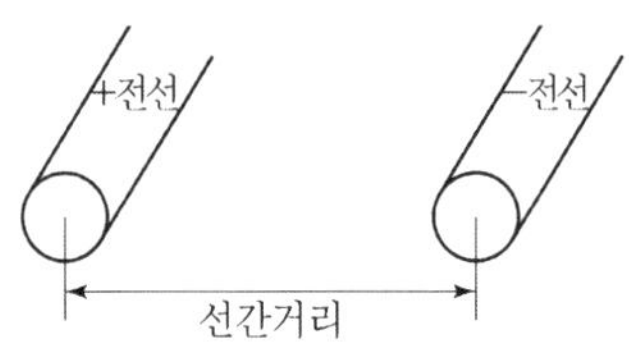

4. 무한평면도체

- 무한평면 : 전기를 저장하는 그릇, 콘덴서, 평행판 도체 의미(길이 l=무한대 ∞)

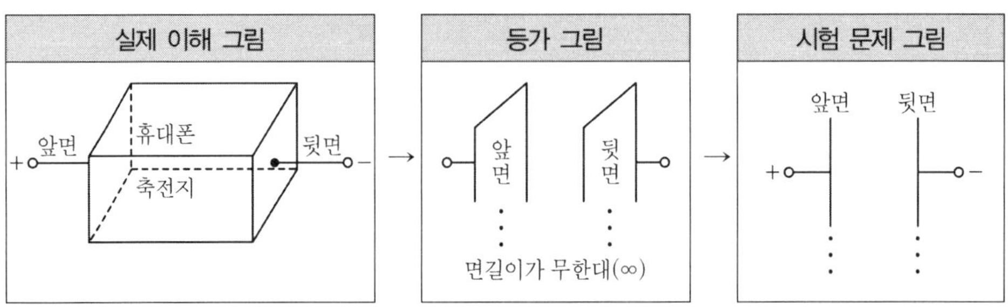

제2장 진공중의 정전계

전기의 종류	정전기	이동하지 않고 머물러 있는 전기(마찰전기)
	동전기	우리가 사용하는 이동하는 전기(직류, 교류)

1 진공중의 정전계

- 정전계 → 전기에너지 최소상태(전하 Q)
- 진공중 → 공기중(자유공간) : $\varepsilon_o = 8.855 \times 10^{-12}$[F/m]

• **정의** : 공기중에 전계(전기)에너지가 최소로 분포된 상태

구(점) 전하 (전자)	정의	전기 성분의 한 덩어리(무리) 값
	표기	대문자 Q = 소문자 $q = e$[C]

2 쿨롱의 법칙(Coulomb's law) ← 힘 $F(f)$[N] 계산시 사용

(1) 정의

어떤 매질 공간 두 지점 두 전하 사이에 작용하는 힘 f는

① 두 전하의 곱에 비례한다.($f \propto Q_1 \cdot Q_2$)

② 두 전하 직선거리 제곱에 반비례한다.$\left(f \propto \dfrac{1}{r^2}\right)$

→③ 두 전하의 곱에 비례하고 거리 제곱에 반비례한다.$\left(f \propto \dfrac{Q_1 Q_2}{r^2}\right)$

1) 공기중에서

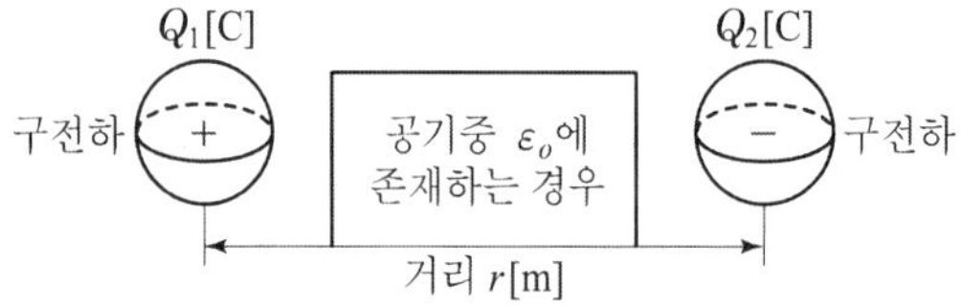

2) 유전체(ε_s 추가)에서

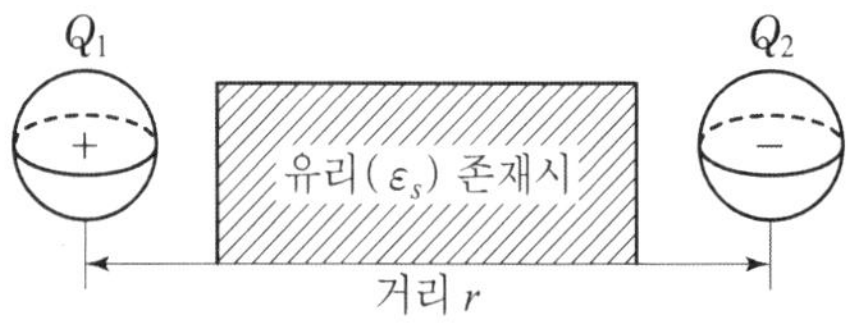

(2) 적용식

출제 유형	공식 찾을 때 사용식	거리 r이 주어지고 계산할 때 사용식	ε_s 주어진 경우 사용식	거리 r이 안 주어진 경우 사용식
두 전하 사이 힘 계산 공식	힘 $f=\dfrac{Q_1Q_2}{4\pi\,\varepsilon_o\,r^2}$ (π → 3.14, ε_o → 8.855×10^{-12})	$=9\times10^9\dfrac{Q_1Q_2}{r^2}$[N]	$\xrightarrow[\text{경우}]{\varepsilon_s\text{ 주어진}}$ $9\times10^9\dfrac{Q_1Q_2}{\varepsilon_s r^2}$	$=QE$[N]

(3) 유전율

유전율 $\varepsilon=\varepsilon_o\times\varepsilon_s$ [F/m]

정 의	전기에너지를 중간에서 차단(저장)하는 물질 → 장애물	
구성 요소	$\varepsilon=$진공중의 유전율 $\varepsilon_o\times$ 비유전율 ε_s [F/m], 공기의 비유전율 $\varepsilon_s(\varepsilon_r)=1$	
유전율 ε 적용 방법	① 기준	공기중일 때 또는 문제에서 아무 조건이 없는 경우
		$\varepsilon=\varepsilon_o\times\varepsilon_s(\text{공기1값})=\varepsilon_o=8.855\times10^{-12}=\dfrac{10^{-9}}{36\pi}=\dfrac{10^7}{4\pi C^2}$[F/m]
	② 기타	비유전율 ε_s가 주어진 경우
		$\varepsilon=\varepsilon_o\times\varepsilon_s=8.855\times10^{-12}\times\varepsilon_s$ [F/m]

(4) 단위

① $1[\text{N}]=10^5[\text{dyne}]$

② $1[\text{esu}]=10^{-2}[\text{dyne}]=10^{-7}[\text{N}]$

③ $1[\text{C}]=3\times10^9[\text{esu}]$

(5) 힘의 종류

종 류	① 흡인력 또는 인력	② 반발력 또는 척력
정 의	두 전하가 서로 끌어당기는 힘	두 전하가 서로 미는 힘(배척하는 힘)
조 건	두 전하 극성이 다른 경우 발생	두 전하 극성이 같은 경우 발생
	$+Q \leftrightarrow -Q$ 또는 $-Q \leftrightarrow +Q$	$+Q \leftrightarrow +Q$

과년도 ≫ 그림 중의 점 A에서 5[μC]의 점전하가, 점 B에는 −4[μC]의 점전하가 있다. 두 점 사이에 작용하는 힘의 크기는 몇 [N]인가? (단, x, y축의 단위는 [m]이다.)

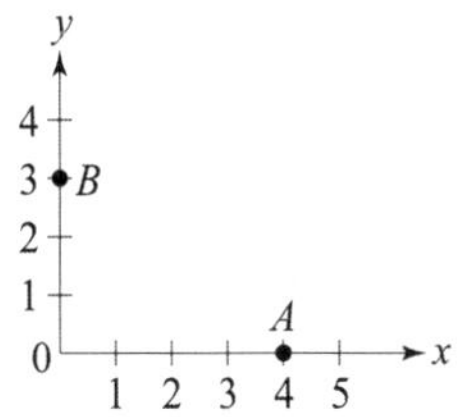

풀이 쿨롱의 힘 법칙 적용

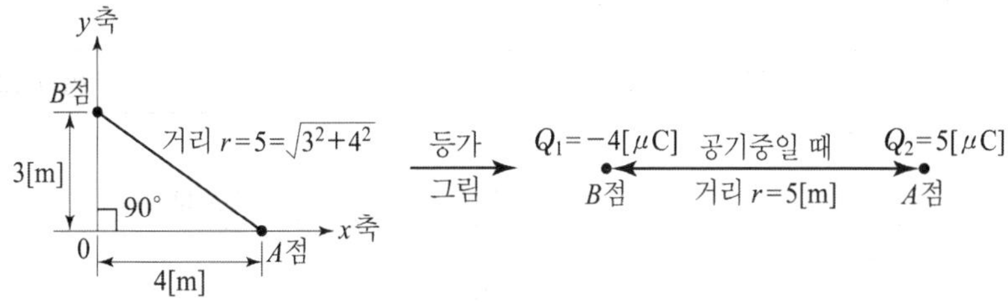

$$\text{힘 } f = 9\times10^9\frac{Q_1Q_2}{r^2}$$

$$= 9\times10^9\frac{(-4)\times10^{-6}\times5\times10^{-6}}{5^2} \xrightarrow[\text{형태}]{\text{정리}} \text{상수}\times10\text{의 지수}$$

$$= \boxed{\frac{9\times(-4)\times5}{5^2}} \times \boxed{10^{+9-6-6}}$$

계산기

$$= -7.2\times10^{-3}[\text{N}]$$

따라서 힘의 종류는 흡인력(−부호)이고 크기는 7.2×10^{-3}이다.

3 전계의 세기 또는 전계 E [V/m]

정 의	도체의 지정하는 점 P(외부 또는 내부)에 단위전하 +1[C]을 놓았을 때 힘의 세기		
종 류	① 구 도체	② 원주 도체	③ 무한평면
		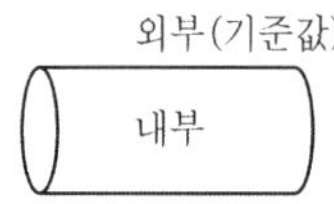	
기준(값)	외부에서 계산한 E값(문제에서 아무 조건이 없는 경우)		
단위전하	전하의 크기=1[C]인 전하		
적용법칙	가우스 발산의 정리		

(1) 구(도체)에서 E값 계산

1) 구 외부(기준)에서 E값

구 외부 이해 그림		등가 그림
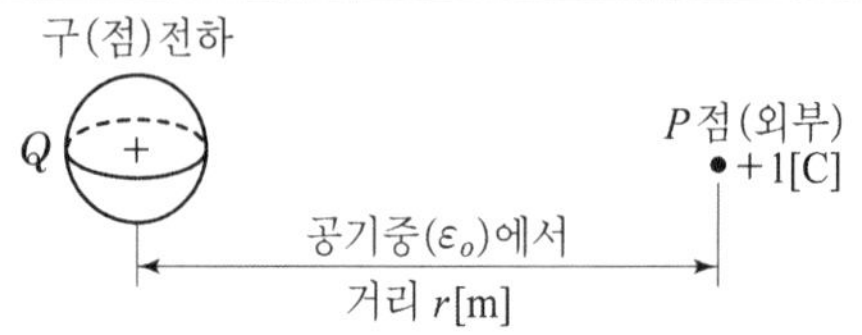	→	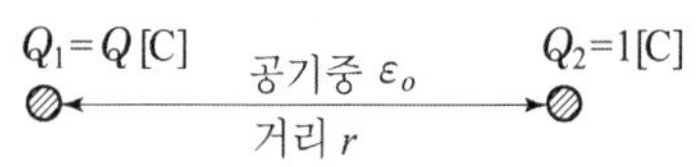

① 이해 개념식

P점에서 전계의 세기 E=쿨롱의 법칙 힘 $f=\dfrac{Q_1\times Q_2}{4\pi\varepsilon_o r^2}=\dfrac{Q\times 1}{4\pi\varepsilon_o r^2}$

② 유도식

구 외부 이해 그림	가우스 발산 정리 적용 유도식
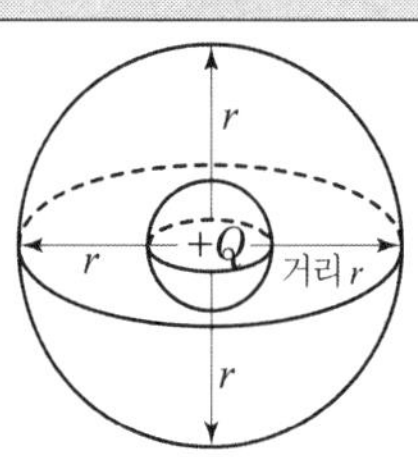	중심에서 거리 r인 구 표면적 S에서 전계의 세기 합 = 전기력선수 ⇨ $\int E\,dS=\dfrac{Q}{\varepsilon_o}$ ∴ $E\times S$(구표면적 $4\pi r^2$) $=\dfrac{Q}{\varepsilon_o}$이므로

구 외부에서 $E=\dfrac{Q}{4\pi\varepsilon_o r^2}$[V/m] 값이다.

③ 적용식

출제 유형	식 찾을 때 사용식	거리 r이 주어진 경우식	ε_s 주어진 경우 사용식	거리 r이 안 주어진 경우 사용식
구 외부 공식	전계 $E=\dfrac{Q}{4\pi\varepsilon_o r^2}$	$=9\times10^9\dfrac{Q}{r^2}$	$=9\times10^9\dfrac{Q}{\varepsilon_s r^2}$ [V/m]	$=\dfrac{\text{힘 } F}{Q}$ [N/C]

2) 구 내부의 전계 E값 ∝ 체적에 비례한다.

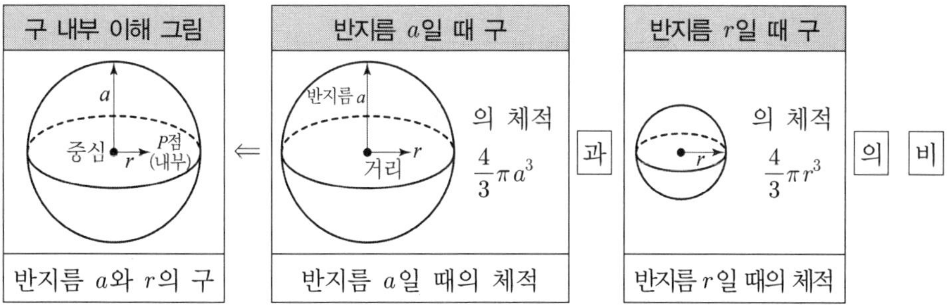

① 유도식

구 내부 P점의 전계 E = 외부 전계의 세기 × 체적비 $\left(\dfrac{\text{거리 } r\text{일 때의 체적}}{\text{반지름 } a\text{일 때의 체적}}\right)$

$$=\frac{Q}{4\pi\varepsilon_o r^2}\times\frac{\frac{4}{3}\pi r^3}{\frac{4}{3}\pi a^3}=\frac{rQ}{4\pi\varepsilon_o a^3}$$

② 적용식

구분	구 내부 전계 E 공식	용어
내용	$E=\dfrac{rQ}{4\pi\epsilon_o a^3}$ [V/m]	• 구 반지름 a[m] • 거리 r[m] • 구 전하 Q[C]

3) 구 도체의 전계 E값에 따른 그래프값

출제 유형	① 전하 균일 분포시인 경우	② 대전·평형상태인 경우
특징	발전기가 만든 전기	마찰전기 또는 정전기
전계 E값 그래프	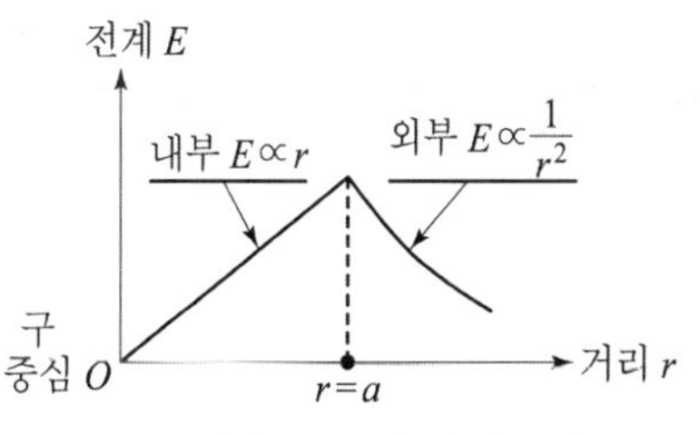 $r=a$ 의미 : 구 표면(전선 표면)	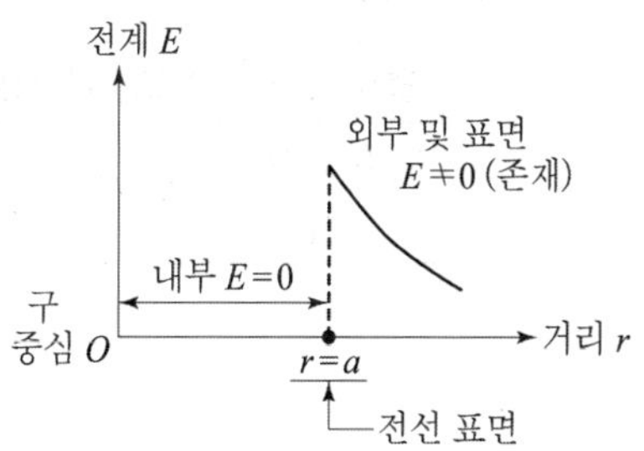

(2) 원주(전선)에서 E값

동일 명칭 : 원주 = 무한장직선, 동축원통, 선전하, 전선

1) 외부(기준)에서 E값 : 간접표현(거리 r > 전선반지름 a일 때)

원주 외부 이해 그림		등가 그림
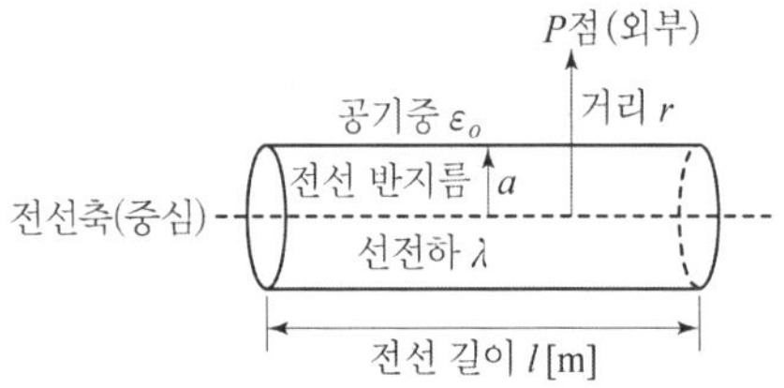	→	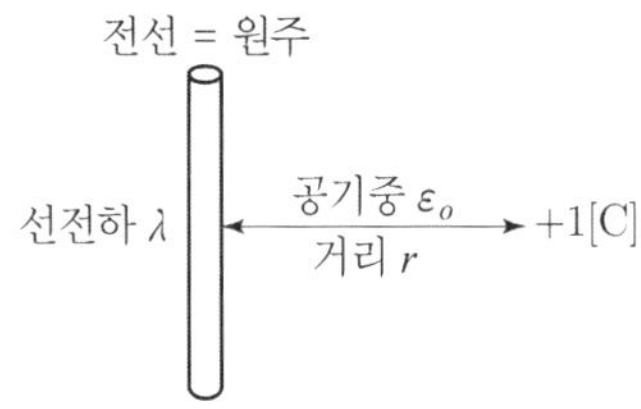

① 용어

- 선전하 밀도(단위 길이당 전하) $\lambda = \dfrac{전하\ Q}{길이\ l}$ [C/m] → 구전하 $Q = \lambda l$
- 면전하 밀도(단위 면적당 전하) $e(\sigma) = \dfrac{전하\ Q}{면적\ S}$ [C/m^2]
- 체적(공간) 전하밀도(단위 체적당 전하) $e = \dfrac{전하\ Q}{체적\ v}$ [C/m^3]

② 유도식

원주 외부 이해 그림	가우스 발산 정리 적용
• 가상거리 r[m] 지점의 가상 전선 그림 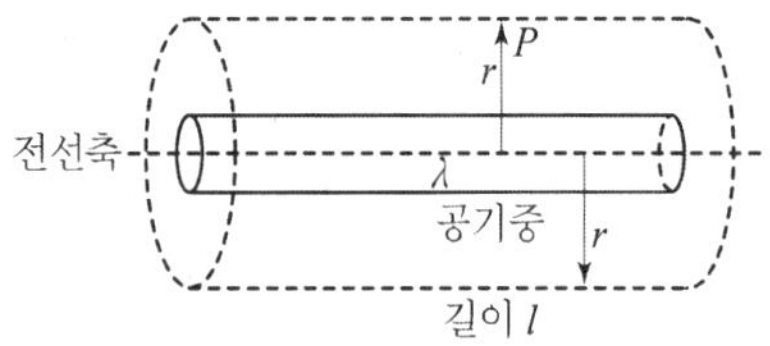	P점에서 전계의 세기 E=전기력선 수 전선 표면의 전계의 세기 $\int EdS = \dfrac{Q}{\varepsilon_o}$ ∴ 전계 $E\times$원주 표면적 S(원주×길이)= $\dfrac{Q}{\varepsilon_o}$ $E\times 2\pi r\times l = \dfrac{\lambda\times l}{\varepsilon_o}$ → $E = \dfrac{\lambda}{2\pi\varepsilon_o r}$

원주 외부 전계의 세기 $E = \dfrac{\lambda}{2\pi\varepsilon_o r} = 18\times 10^9 \dfrac{\lambda}{r}$ [V/m]

③ 적용식

출제 유형	식 찾을 때 사용식	계산시 사용식	ε_s 주어진 경우 사용식	용 어
원주 외부 공식	전계 $E = \dfrac{\lambda}{2\pi\varepsilon_o r}$	$= 18\times 10^9 \dfrac{\lambda}{r}$	$= 18\times 10^9 \dfrac{\lambda}{\varepsilon_s r}$ [V/m]	선전하 λ[C/m] 거리 r[m]

2) 원주 내부에서 전계 E값 ∝ 체적에 비례한다.

: 간접표현(거리 r < 전선반지름 a일 때)

① 원주 내부 이해 그림

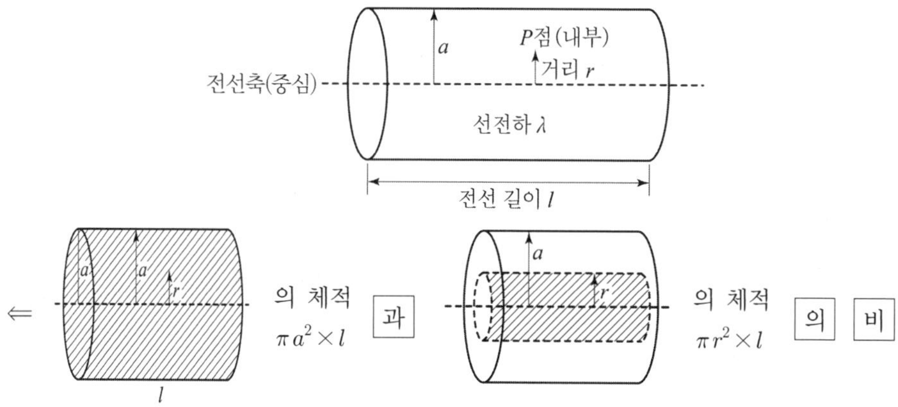

〈반지름 a일 때의 전선 체적〉 〈반지름 r일 때의 가상전선 체적〉

② 유도식

원주 내부 전계 E = 외부 전계의 세기 × 체적비$\left(\dfrac{\text{거리 } r\text{일 때 체적}}{\text{반지름 } a\text{일 때 체적}}\right)$

$$= \frac{\lambda}{2\pi\varepsilon_o r} \times \frac{\pi r^2 \times l}{\pi a^2 \times l} = \frac{r\lambda}{2\pi\varepsilon_o a^2}\ [\text{V/m}]$$

③ 적용식

구분	원주 내부 전계 E 공식	용어
내용	$E = \dfrac{r\lambda}{2\pi\varepsilon_o a^2}$ [V/m]	• 거리 r[m] • 반지름 a[m] • 선전하 λ[C/m]

3) 원주에서 전계의 세기 E값 그래프

종류	㉠ 전하 균일 분포시인 경우	㉡ 대전·평형상태인 경우
특징	발전기가 만든 전기	마찰전기 또는 정전기
전계 E값 그래프	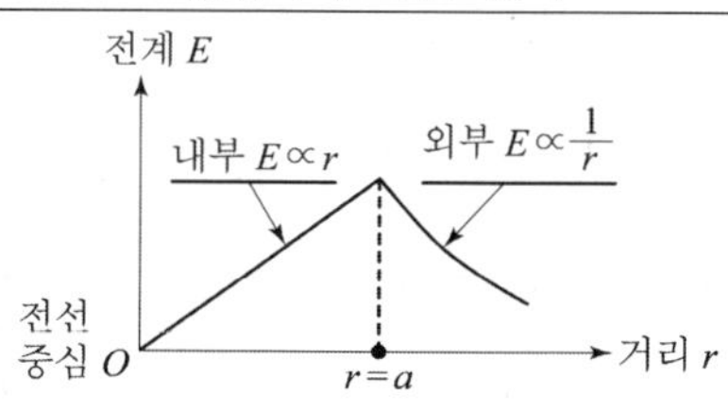 $r=a$ 의미 : 원주 표면(전선 표면)	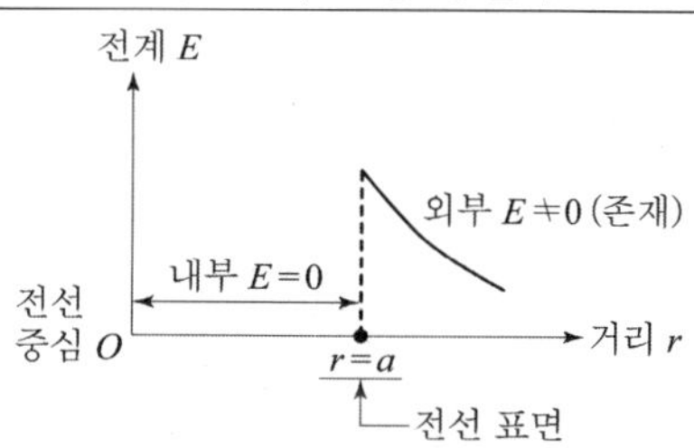

(3) 무한평면에서 전계 E값 (면전하 밀도 e[C/m^2] 이용)

① 이해 그림

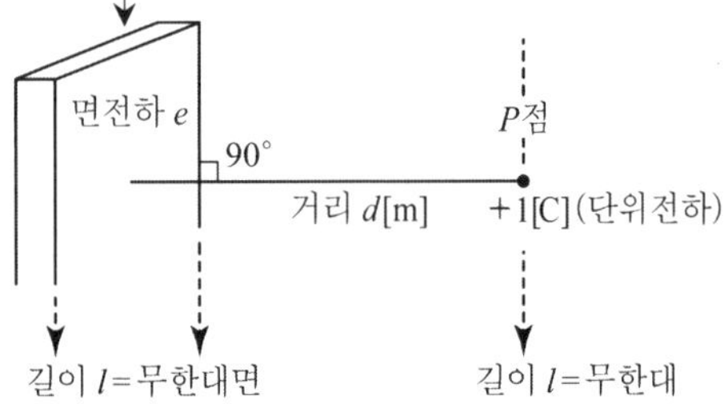

② 유도식

도체 외부 P점에서 전계의 세기 합 = 전기력선수 → 가우스 발산 정리 적용

$\int EdS = \frac{Q}{\varepsilon_o}$ 식이 성립됨.

$E \times$ 면적 $S = \frac{e \times S}{\varepsilon_o}$ 이므로

P점에서의 전계 $E = \frac{e}{\varepsilon_o} \xrightarrow[\text{전계값}]{\text{한 면당}} E = \frac{e}{2\epsilon_o}$ [V/m]

③ 적용식

구분	무한평면의 전계 E 공식	용어
내용	전계 $E = \frac{e}{2\epsilon_o}$ [V/m]	★ 전계 E는 거리 d와 무관하다. • 면전하밀도 e[C/m^2] • 진공 유전율 $\varepsilon_o = 8.855 \times 10^{-12}$ [F/m]

④ 출제유형

㉠ 두 면의 극성이 같은 경우

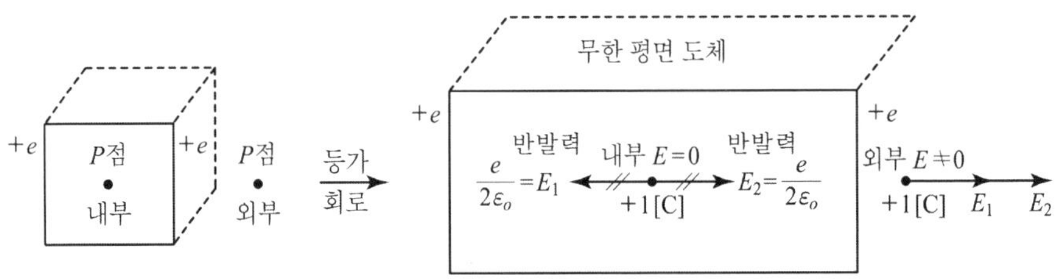

∴ 도체 외부에서 전계의 세기 $E = E_1 + E_2 = \frac{e}{2\epsilon_o} + \frac{e}{2\epsilon_o} = \frac{e}{\epsilon_o}$

출제 유형	내부 P점에서	외부 P점에서
극성이 같은 경우 전계 E값	$E = 0$	$E = \frac{e}{\varepsilon_o}$ [V/m]

㉡ 두 면의 극성이 다른 경우

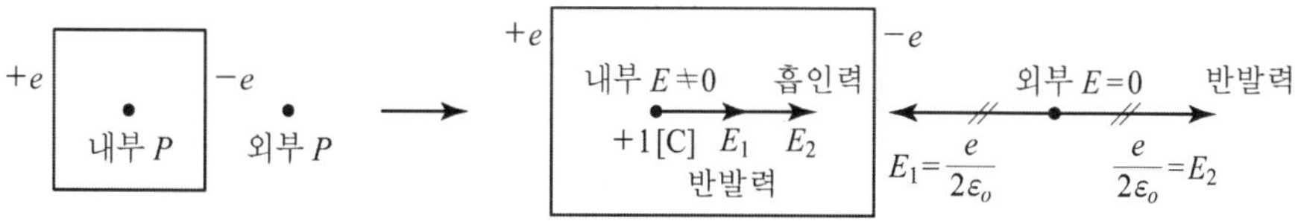

$\therefore$ 도체 내부에서 전계의 세기 $E = E_1 + E_2 = \dfrac{e}{2\varepsilon_o} + \dfrac{e}{2\varepsilon_o} = \dfrac{e}{\varepsilon_o}$

출제 유형	내부 P점에서	외부 P점에서
극성이 다른 경우 전계 E값	$E = \dfrac{e}{\varepsilon_o}$ [V/m]	$E=0$

◎ 단위가 같은 동일 표기 ; 면전하 밀도 $e(\sigma)[\mathrm{C/m^2}]$ = 전속밀도 $D[\mathrm{C/m^2}]$

Key Point 전계의 세기 E값 정리

① **구** : 구전하 Q[C] 사용

구분	외부값	내부값
전계 E값	$E = \dfrac{Q}{4\pi\epsilon_o r^2} = 9\times10^9\dfrac{Q}{r^2} = \dfrac{f}{Q}$ [N/C 또는 V/m]	$E = \dfrac{rQ}{4\pi\varepsilon_o a^3}$

② **원주**(무한장직선, 전선) : 선전하 λ[C/m] 사용

구분	외부값	내부값
전계 E값	$E = \dfrac{\lambda}{2\pi\varepsilon_o r} = 18\times10^9\dfrac{\lambda}{r}$ [V/m]	$E = \dfrac{r\lambda}{2\pi\varepsilon_o a^2}$

③ **무한평면** : 면전하 $e[\mathrm{C/m^2}]$ 사용

종 류	외부값		내부값	
극성이 같은 경우	+ □ + • P	전계 $E = \dfrac{e}{\varepsilon_o}$	+ [• P] +	전계 $E=0$
극성이 다른 경우	+ □ − • P	전계 $E=0$	+ [• P] −	전계 $E = \dfrac{e}{\varepsilon_o}$

관련도 ≫ [1] 전계의 세기 1500[V/m]의 전장에 5[μC]의 전하를 놓으면 얼마의 힘이 작용하는가?

풀이 구에서 전계의 세기 E값 적용

문제 조건

- 전계 $E = 1500[\text{V/m}]$
- 전하 $Q = 5[\mu\text{C}]$
- 힘 $f = ?[\text{N}]$

등가 그림 →

문제 이해 그림

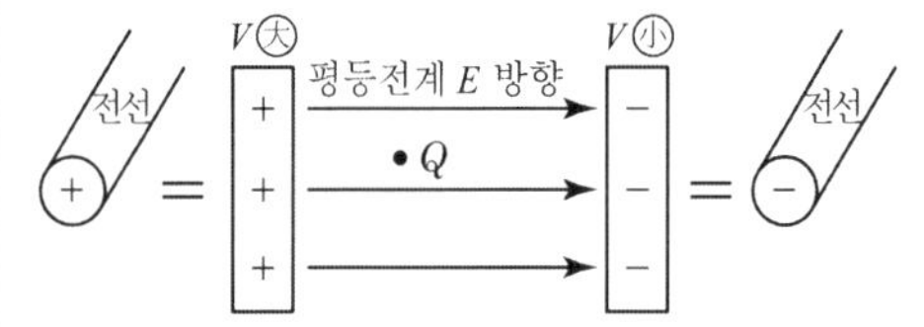

전계 $E = \dfrac{f}{Q}$에서 전하 Q가 받는 힘 $f = QE$ 사용한다.

$\therefore$ 힘 $f = QE = 5 \times 10^{-6} \times 1500 = 7.5 \times 10^{-3}[\text{N}]$

관련도 ≫ [2] 무한장 직선 도체에 선밀도 10[C/m]의 전하가 분포되어 있을 때 직선도체를 축으로 하는 반지름 5[m]의 원통면상의 전계는 몇 [V/m]인가?

풀이 원주 외부의 전계의 세기 E값 계산

무한장 직선 그림

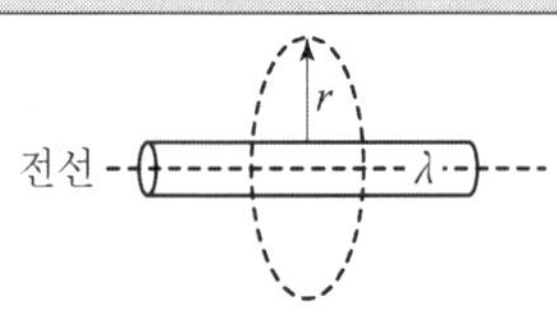

← 등가 그림

문제 조건

- 거리 $r = 5[\text{m}]$
- 선전하(선밀도) $\lambda = 10[\text{C/m}]$
- 전계 $E[\text{V/m}] = ?$

전계 $E = 18 \times 10^9 \dfrac{\lambda}{r} = 18 \times 10^9 \dfrac{10}{5} = \dfrac{18}{5} \times 10^{9+1} = 3.6 \times 10^{10}[\text{V/m}]$

관련도 ≫ [3] 그림과 같이 두께 a[m]로 무한히 큰 대전체가 있다. 이 양측의 표면에 단위면적당 $+\sigma$[C/m²]의 전하가 균일하게 대전되어 있을 때, 이 대전체 좌측 공간의 점 P의 전계 세기는?

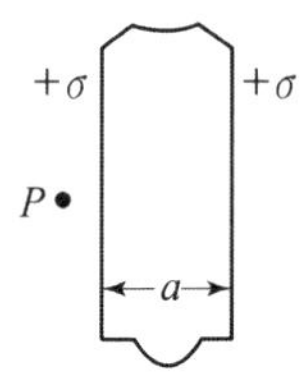

풀이 무한평면 극성이 같을 때(일치시) 외부 전계 E값 계산

외부 전체 합성 전계 E값 이해 그림		왼쪽면($+\sigma$)에 의한 전계 E_1값 그림		오른쪽면($+\sigma$)에 의한 전계 E_2값 그림

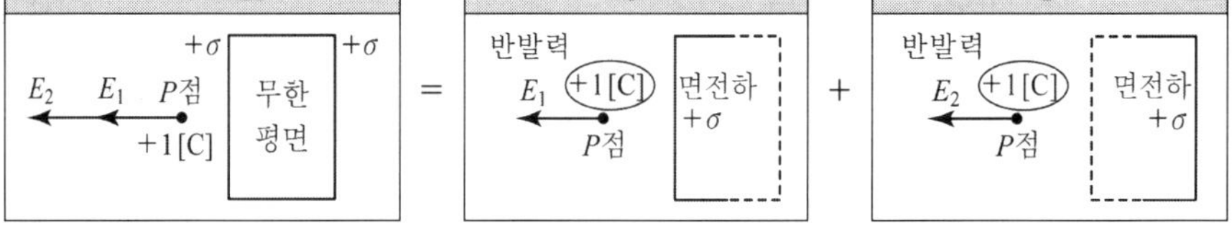

$\therefore$ 외부 전계의 세기 $E = E_1 + E_2 = \dfrac{\sigma}{2\varepsilon_o} + \dfrac{\sigma}{2\varepsilon_o} = \dfrac{\sigma(\text{면전하밀도})}{\varepsilon_o}[\text{V/m}]$

과년도 ≫ [4] 다음 두 전하 중심에서 전계의 세기 E는?

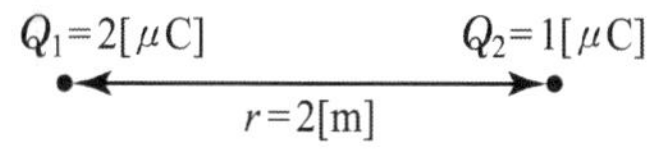

풀이 구전하 중심(양쪽 길이가 같다)에서 E값 $= 9\times10^9\dfrac{Q}{r^2}$ 공식 사용

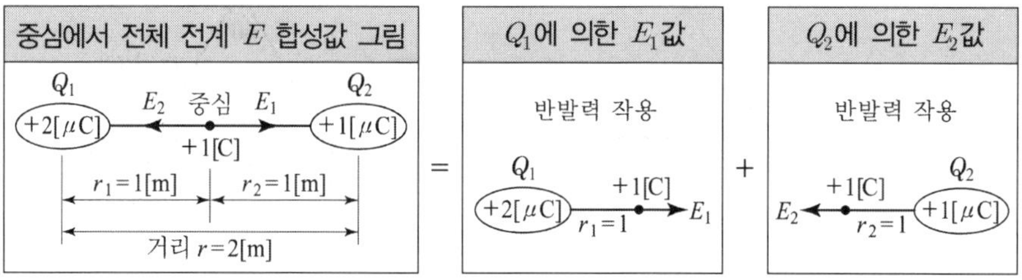

중심에서 전계 $E= E_1(\text{반발력})- E_2(\text{반발력})= 9\times10^9\dfrac{Q_1}{r_1^2}-9\times10^9\dfrac{Q_2}{r_2^2}$

$$\therefore\ E= 9\times10^9\times\frac{2\times10^{-6}}{1^2}-9\times10^9\times\frac{1\times10^{-6}}{1^2}$$

$$= 9\times10^9\times10^{-6}\times(2-1)= 9\times10^{+3}[V/m]$$

과년도 ≫ [5] 다음 두 전하 중심에서 전계의 세기 E는?

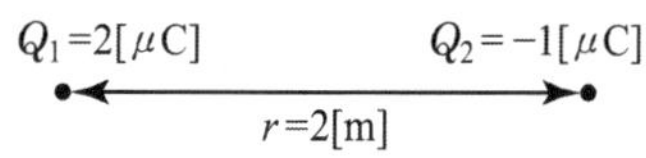

풀이 구전하 중심(양쪽길이가 같다)에서 E값$= 9\times10^9\dfrac{Q}{r^2}$ 공식 사용

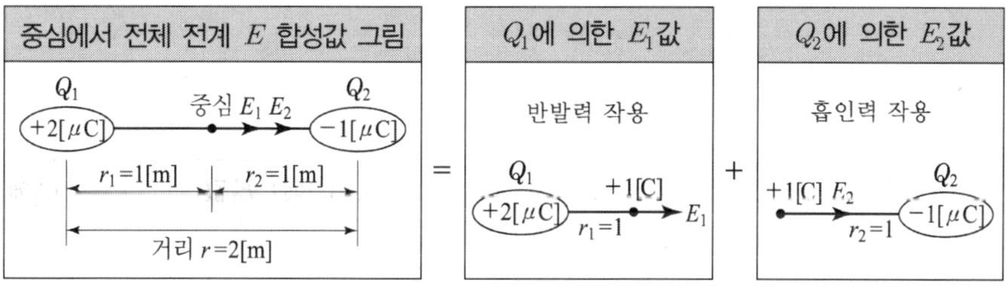

중심에서 전계 $E= E_1(\text{반발력})+E_2(\text{흡인력})= 9\times10^9\dfrac{Q_1}{r_1^2}+9\times10^9\dfrac{Q_2}{r_2^2}$

$$\therefore\ E= 9\times10^9\times\frac{2\times10^{-6}}{1^2}+9\times10^9\times\frac{1\times10^{-6}}{1^2}$$

$$= 9\times10^9\times10^{-6}\times(2+1)= 27\times10^{+3}[V/m]$$

과년도 ≫ **[6] 다음 그림의 P점에서 전계의 세기 E는?**

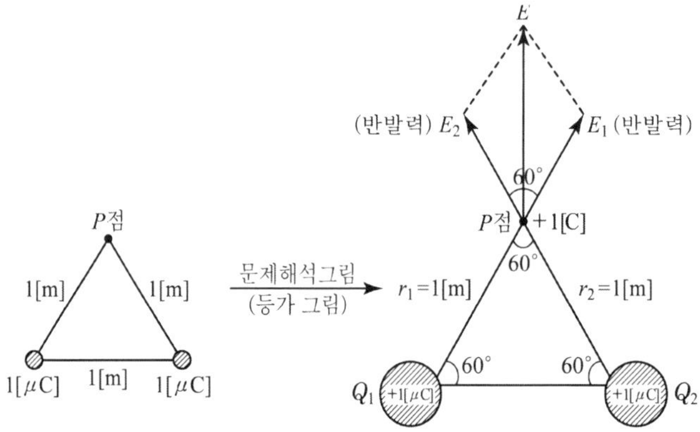

풀이 P점의 전계 $E=\sqrt{E_1^2+E_2^2+2E_1E_2\cos\theta}$

조건 전계 $E_1=$전계 E_2이고 E_1과 E_2가 이루는 각 $\theta=60°$이다.

$$\therefore\ E=\sqrt{E_1^2+E_2^2+2E_1E_2\times\cos60°}=\sqrt{E_1^2+E_1^2+2E_1E_1\times\frac{1}{2}}=\sqrt{3}\,E_1$$

$$\therefore\ P\text{점에서 전계의 세기 } E=\sqrt{3}\times9\times10^9\frac{Q_1}{r_1^2}=\sqrt{3}\times9\times10^9\times\frac{1\times10^{-6}}{1^2}$$

$$=9\sqrt{3}\times10^3\ [\mathrm{V/m}]$$

과년도 ≫ **[7] 다음 원점에서 전계의 세기 E값은?**

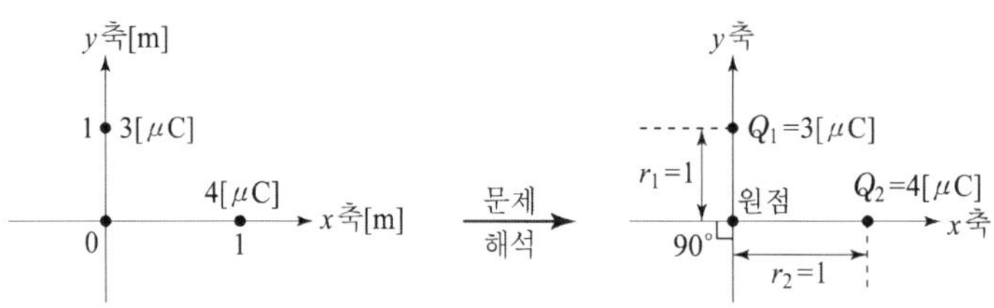

풀이

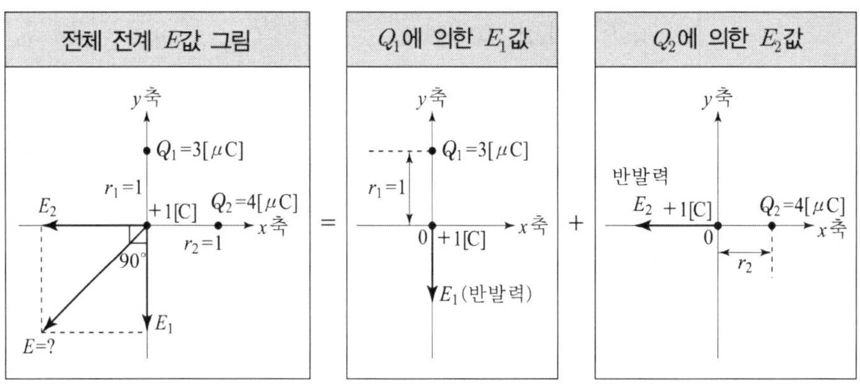

원점(0,0)에서 전계 $E=\sqrt{E_1^2+E_2^2+2E_1E_2\cos\theta}$ 공식에 대입한다.

$\therefore\ \theta=90° \rightarrow \cos 90°=0$ 대입하면 전계 $E=\sqrt{E_1^2+E_2^2}$

$$\left[E_1=9\times10^9\frac{Q_1}{r_1^2}=9\times10^9\frac{3\times10^{-6}}{1^2},\quad E_2=9\times10^9\frac{Q_2}{r_2^2}=9\times10^9\frac{4\times10^{-6}}{1^2}\right]$$

따라서 전계 $E=\sqrt{(9\times10^9\times10^{-6}\times3)^2+(9\times10^9\times10^{-6}\times4)^2}$

$$=9\times10^3\times\sqrt{3^2+4^2}=45\times10^3\,[\mathrm{V/m}]$$

과년도 ≫ [8] 다음 P점에서 전계의 세기 E는?

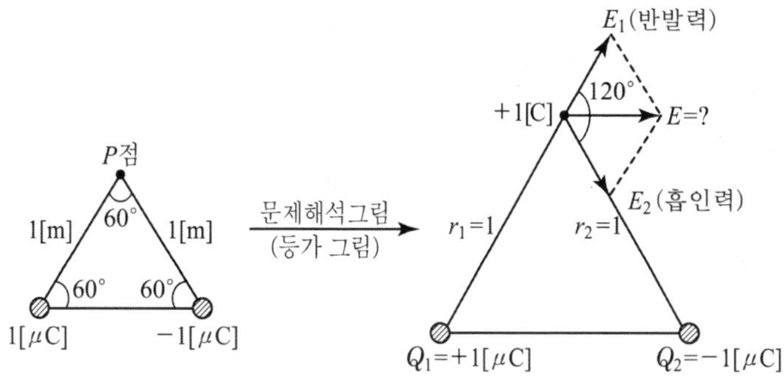

풀이 두 전계 E_1과 E_2가 이루는 각 $\theta=120$이므로

P점에서 전계 $E=\sqrt{E_1^2+E_2^2+2E_1E_2\cos120°}$

$$E=\sqrt{E_1^2+E_1^2-E_1^2}=E_1=9\times10^9\frac{1\times10^{-6}}{1^2}=9\times10^3[\mathrm{V/m}]$$

(4) 전계의 세기 $E=0$인 점 찾기 : 구전하 Q에서

1) 적용 공식 및 유도식

적용 공식		유도식
$\dfrac{Q_1}{r_1^2}=\dfrac{Q_2}{r_2^2}$	←	전계 $E_1\left(9\times10^9\dfrac{Q_1}{r_1^2}\right)=$ 전계 $E_2\left(9\times10^9\dfrac{Q}{r_2^2}\right)$

2) 출제 유형

구분	조　건	"전계의 세기 $E=0$점" 존재 영역(범위)
내용	두 전하 부호(극성) 같은 경우	두 전하 사이에 존재한다.
	두 전하 부호(극성) 다른 경우	절대값이 작은 전하 밖에 존재한다.

과년도 » **[1] 〈두 전하 극성이 같을 때 문제〉**

다음 두 전하 사이에 전계 $E=0$인 점은 Q_2 전하로부터 거리는 얼마 떨어져 있는가?

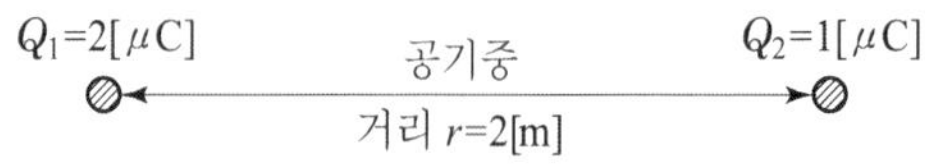

풀이 두 전하 극성이 같으므로 전계 $E=0$인 점은 두 전하 사이 어느 한 지점에 있다. 따라서 문제에서 요구하는 전하 Q_2 쪽의 거리를 x라 놓고 공식에 대입한다.

1) 문제 이해 그림

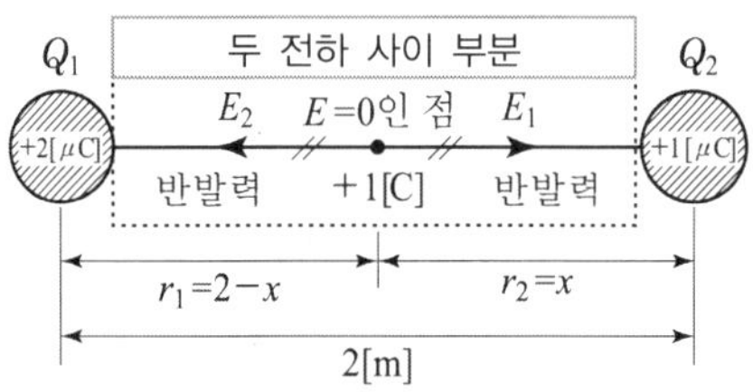

2) 적용식

식 $E_1 = E_2$일 때 → 합성 $E=0$

즉 $\dfrac{Q_1}{r_1^2} = \dfrac{Q}{r_2^2}$을 적용한다.

3) 계산

$$\frac{2}{(2-x)^2} = \frac{1}{x^2} \rightarrow 2x^2 = (2-x)^2 \text{ 양변에 } \sqrt{\ } \text{ 취함.}$$

$$\sqrt{2x^2} = \sqrt{(2-x)^2} \rightarrow \sqrt{2}\,x = 2-x \rightarrow \text{거리 } x = \frac{2}{\sqrt{2}+1}[\text{m}]$$

4) 결론

∴ 두 전하 극성이 같은 경우 전계 $E=0$인 점은 전하 Q_2로부터 거리 $\dfrac{2}{\sqrt{2}+1}$[m] 떨어진 점이다.

과년도 » **[2] 〈두 전하 극성이 다를 때 문제〉**

다음 두 전하 사이에 $E=0$인 점은 Q_2 전하로부터 거리는 얼마 떨어져 있는가?

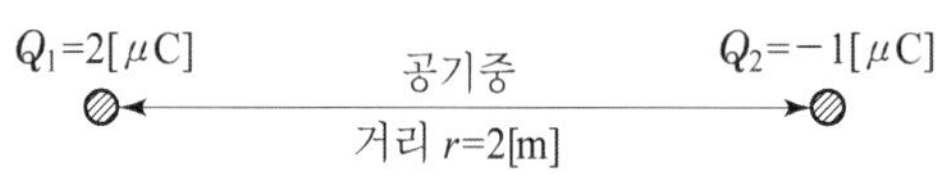

풀이 두 전하 극성이 다르므로 전계 $E=0$인 점은 절대값이 작은 전하 Q_2 밖에 어느 한 지점에 있다. 따라서 거리 x는 절대값이 작은 Q_2 밖 표기한다.

1) 문제 이해 그림

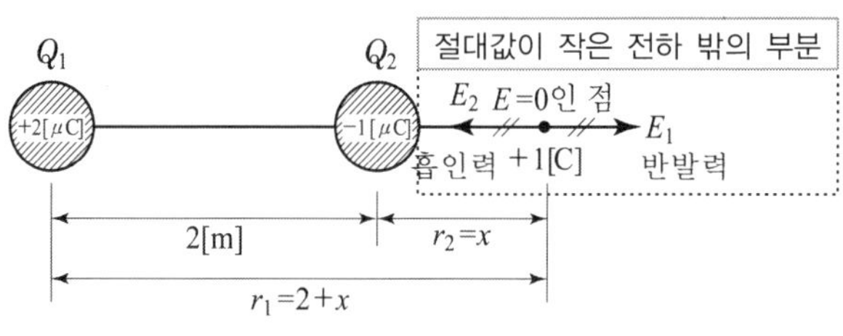

2) 적용식 및 계산

$\dfrac{Q_1}{r_1^2} = \dfrac{Q_2}{r_2^2}$ 식에 대입하면 $\dfrac{2}{(2+x)^2} = \dfrac{1}{x^2}$

$2x^2 = (2+x)^2$ 양변에 $\sqrt{\ }$ 취함 → 거리 $x = \dfrac{2}{\sqrt{2}-1}$[m]

3) 결론

∴ 두 전하 극성이 다른 경우 전계 $E=0$인 점은 절대값이 작은 Q_2 밖으로 거리는 $\dfrac{2}{\sqrt{2}-1}$[m] 떨어진 지점이다.

(5) 전계의 벡터 표시

1) 정의

구 또 원주 E의 [크기] × 구 또 원주의 [방향] = □i + △j + ○k 형태가 된다. (□, △, ○: 상수)

2) 종류

유형	구(점)전하 Q에서	원주(선전하 λ)에서
크기	$E = \dfrac{Q}{4\pi\varepsilon_o r^2} = 9\times10^9\dfrac{Q}{r^2}$ [V/m]	$E = \dfrac{\lambda}{2\pi\varepsilon_o r^1} = 18\times10^9\dfrac{\lambda}{r}$ [V/m]
방향	$\dfrac{\text{벡터}}{\text{스칼라}} = \dfrac{\text{거리 벡터 } r}{\text{거리 크기 } \lvert r\rvert}$	$\dfrac{r}{\lvert r\rvert}$
벡터 표기	크기×방향 $= 9\times10^9\dfrac{Q}{r^2}\times\dfrac{r}{\lvert r\rvert}$	크기×방향 $= 18\times10^9\dfrac{\lambda}{r}\times\dfrac{r}{\lvert r\rvert}$

과년도 ≫ 점 (3, 0, 0)에서 전하 $Q = 4\times10^{-9}$[C]이다. 점 (6, 4, 0)에서 전계의 크기와 방향은?

풀이 거리 $r = (6,4,0) - (3,0,0) = (3,4,0)$
$= 3i + 4j + 0\times k = 3i + 4j$

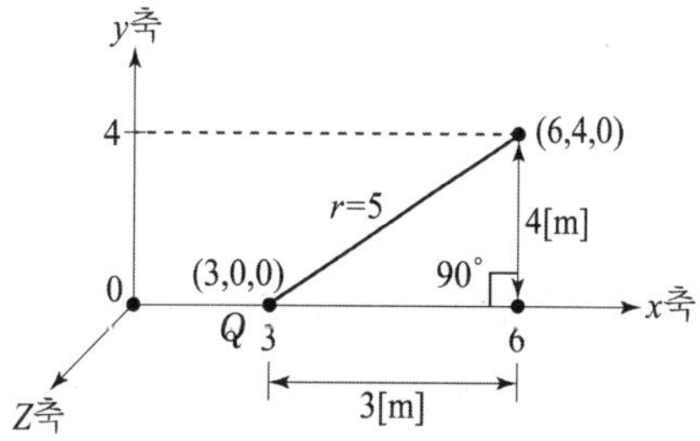

거리 크기 $\lvert r\rvert = \sqrt{3^2+4^2} = 5$

① 크기 $E = 9\times10^9\dfrac{Q}{r^2}$
$= 9\times10^9\dfrac{4\times10^{-9}}{5^2}$
$= \dfrac{36}{25}$ [V/m]

② 방향(단위벡터) $\dfrac{r}{\lvert r\rvert} = \dfrac{1}{5}(3i+4j)$

∴ 벡터 표기 = 크기×방향 $= \dfrac{36}{25}\times\dfrac{1}{5}(3i+4j) = 0.864i + 1.152j$

4 전위(전압, 전위차) V [V]

(1) 정의

단위 점전하 +1[C]을 전계의 세기 E가 0인 무한 원점(∞)으로부터 임의의 점(r)까지 이동시키는 데 필요한 일의 양

(2) 종류

1) 구(도체)에서 전위 V

① 이해 그림

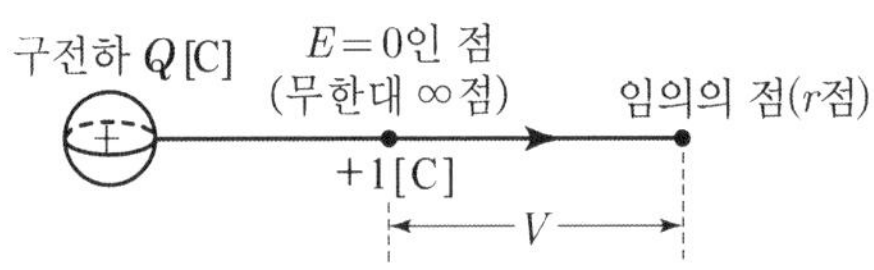

② 유도식

$$\text{구전체 } Q\text{에서 전위 } V=\int_{r\text{점}}^{\infty\text{점}} E dx=\int_{r}^{\infty}\frac{Q}{4\pi\varepsilon_o x^2}dx=\frac{Q}{4\pi\varepsilon_o}\left[-\frac{1}{x}\right]_r^{\infty}$$

$$=\frac{Q}{4\pi\varepsilon_o r}=9\times10^9\times\frac{Q}{r}[\text{V}]$$

③ 적용식

출제 유형	식 찾을 때 사용	거리 r 주어진 경우 사용	ε_s 주어진 경우 사용	응용식(단위 적용)
구 전위 V 공식	$V=\dfrac{Q}{4\pi\varepsilon_o r}$	$=9\times10^9\dfrac{Q}{r}$	$=9\times10^9\dfrac{Q}{\varepsilon_s r}=$	전계 $E\times$ 반지름 r 전계 $E\times$ 거리 d 절연내력 $G\times$ 반지름 r

2) 원주(무한장직선)에서 전위 V 값

① 조건(범위)이 없는 경우 전위 V 값

㉠ 이해 그림

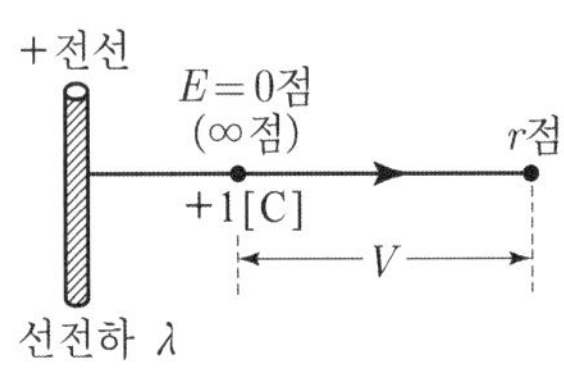

㉡ 유도식

$$전위\ V=\int_r^{\infty} Edx=\int_r^{\infty}\frac{\lambda}{2\pi\varepsilon_o x}dx=\frac{\lambda}{2\pi\varepsilon_o}[\ln x]_r^{\infty}$$

$$=\frac{\lambda}{2\pi\varepsilon_o}[\ln\infty-\ln r]=\frac{\lambda}{2\pi\varepsilon_o}\ln\frac{\infty}{r}=\infty값[V]$$

㉢ 결론 : 조건이 없는 경우 전위 V는 무한대(∞) 값이다.

② **조건(범위)이 주어진 경우 전위 V값** : 거리 r_2>거리 r_1일 때

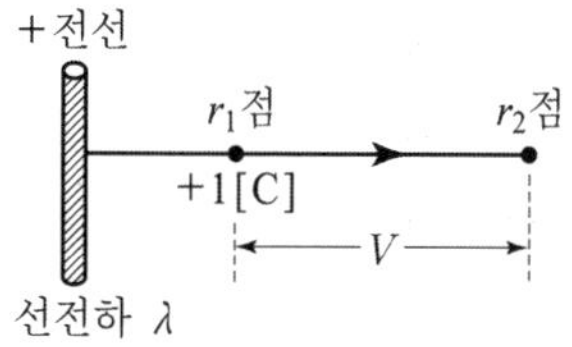

유도식

$$전위\ V=\int_{r_1}^{r_2} Edx=\int_{r_1}^{r_2}\frac{\lambda}{2\pi\varepsilon_o x}dx=\frac{\lambda}{2\pi\varepsilon_o}[\ln x]_{r_1}^{r_2}$$

$$=\frac{\lambda}{2\pi\varepsilon_o}\times\ln\frac{r_2}{r_1}[V]$$

③ **결론**

출제 유형	조건이 없는 경우	조건(거리 r_2>거리 r_1일 때)이 주어진 경우
원주 전위 V 공식	V=무한대 ∞값 (상상할 수 없는 큰 값)	$V=\frac{\lambda}{2\pi\varepsilon_o}\ln\frac{r_2}{r_1}[V]$

3) 무한평면에서

① 조건이 안주어진 경우

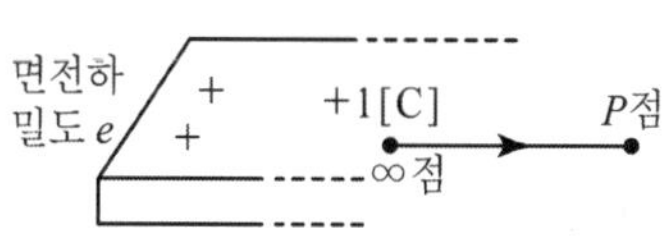

② 조건이 주어진 경우

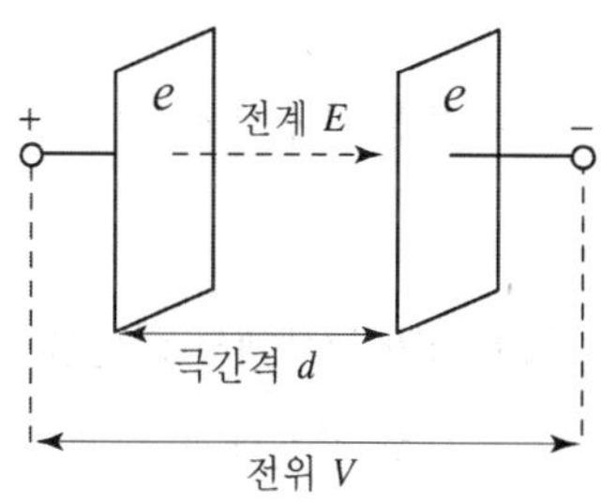

유도식

$$전위\ v=\int_r^{\infty} Edx=\int_r^{\infty}\frac{e}{2\varepsilon_o}dx=\frac{e}{2\varepsilon_o}[x]_r^{\infty}=\frac{e}{2\varepsilon_o}[\infty-r]=\infty\ 값$$

출제 유형	조건이 없는 경우	조건(판간거리 d)이 주어진 경우
무한 평면 전위 V 공식	V=무한대 ∞값	$V=E\times d=\dfrac{e}{\varepsilon_o}\times d\,[\mathrm{V}]$

과년도 ≫ **[1]** 50[V/m]의 평등전계 중의 80[V] 되는 점 A에서 전계방향으로 80[cm] 떨어진 점 B의 전위[V]는?

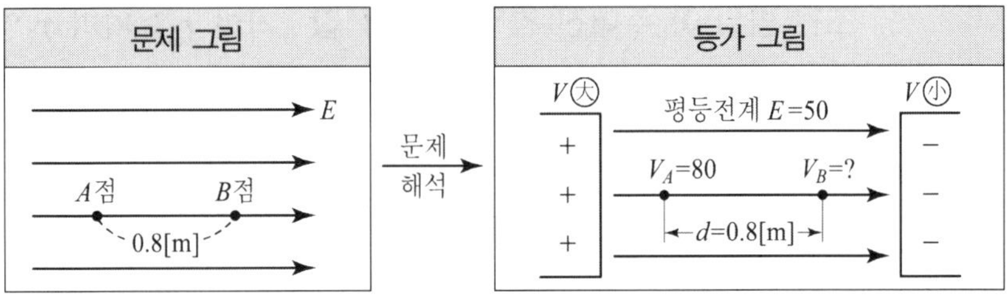

풀이 A점보다 B점의 전압이 작다.

∴ B점의 전압 : $V_B = A$점의 전압 $V_A -$ 평등전계 $E\times$ 거리 d

$$= 80 - 50\times 0.8 = 40[\mathrm{V}]$$

과년도 ≫ **[2]** 정육각형의 꼭지점에 동량, 동질의 점전하 Q가 각각 놓여 있을 때 정육각형 한 변의 길이가 a라 하면 정육각형 중심의 전위 V[V]는? (단, 자유 공간이다.)

풀이 구전하 Q에서 전위 V값(다도체의 전위 V 계산)

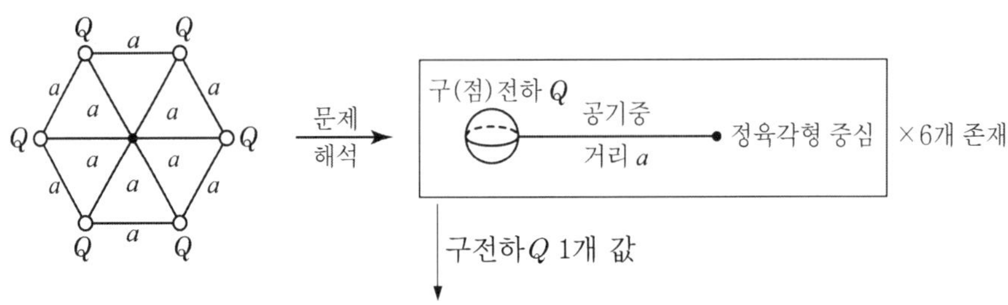

정육각형 중심에서 전위 $V=\dfrac{Q}{4\pi\varepsilon_o a}\times 6\text{개} = \dfrac{3Q}{2\pi\varepsilon_o a}\,[\mathrm{V}]$

과년도 ≫ **[3]** 위의 문제에서 중심점에서의 전계 E는?

풀이 정육각형 중심에서 전계의 세기 $E=0$ 값이다.

(이유는 중심에서 전계의 세기 E가 모두 대칭  이기 때문에)

5 전기 쌍극자

① **정의** : 유전체 내에서 크기가 같고 극성이 반대인 2개의 전기(전하)쌍

② **내용** : 구전하($+Q$과 $-Q$)를 공기중에 미소거리 δ[m]만큼 놓고 중심에서 거리 r[m] 지점 P에서 전위 V와 전계 E값을 계산한다.

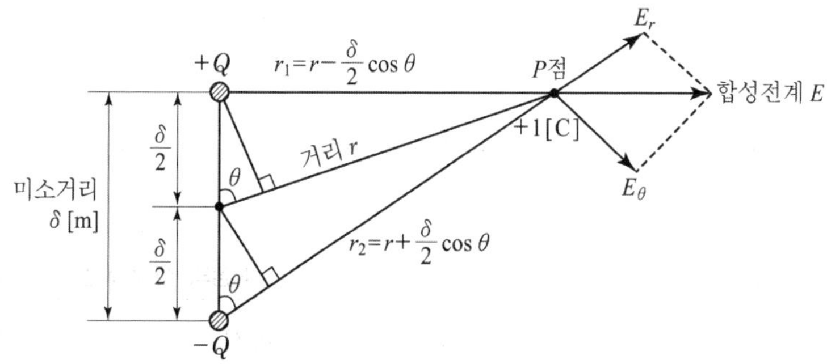

(1) P점에서 전위 V

$$V=\frac{+Q}{4\pi\varepsilon_o r_1}+\frac{-Q}{4\pi\varepsilon_o r_2}=\frac{Q}{4\pi\varepsilon_o}\left(\frac{1}{r_1}-\frac{1}{r_2}\right)$$

$$=\frac{Q}{4\pi\varepsilon_o}\left(\frac{1}{r-\frac{\delta}{2}\cos\theta}-\frac{1}{r+\frac{\delta}{2}\cos\theta}\right)$$

$$=\frac{Q}{4\pi\varepsilon_o}\times\frac{r+\frac{\delta}{2}\cos\theta-\left(r-\frac{\delta}{2}\cos\theta\right)}{r^2-\left(\frac{\delta}{2}\cos\theta\right)^2}$$ ←값이 작기 때문에 생략함

전기 쌍극자의 전위 V식	$V=\frac{Q\delta\cos\theta}{4\pi\varepsilon_o r^2}=\frac{M\cos\theta}{4\pi\varepsilon_o r^2}=9\times10^9\frac{M\cos\theta}{r^2}$ [V]

(2) 전기 쌍극자 모멘트 M

$M=$전하 $Q\times$ 미소거리 δ [C·m]

(3) P점에서 전계의 세기 E

$$E=\sqrt{E_r^2+E_\theta^2}$$

$$\begin{cases} E_r = -\dfrac{\partial V}{\partial r} = -\dfrac{M\cos\theta}{4\pi\varepsilon_o} \times \left(-\dfrac{2}{r^3}\right) = \dfrac{2M\cos\theta}{4\pi\varepsilon_o r^3}\,[\text{V/m}] \\ E_\theta = -\dfrac{1}{r}\dfrac{\partial V}{\partial \theta} = \dfrac{1}{r} \times \dfrac{M(-\sin\theta)}{4\pi\varepsilon_o r^2} = \dfrac{M\sin\theta}{4\pi\varepsilon_o r^3}\,[\text{V/m}] \end{cases}$$

전기 쌍극자의 전계의 세기 E 식	$E = \dfrac{M}{4\pi\varepsilon_o r^3} \times \sqrt{1+3\cos^2\theta}\,[\text{V/m}]$

과년도 » 쌍극자 모멘트가 M[C·m]인 전기 쌍극자에서 점 P의 전계는 $\theta = \dfrac{\pi}{2}$일 때 어떻게 되는가?

풀이

대입값	전기쌍극자 그림	P점의 전계 E값	정 답
$\cos\dfrac{\pi}{2} = 0$	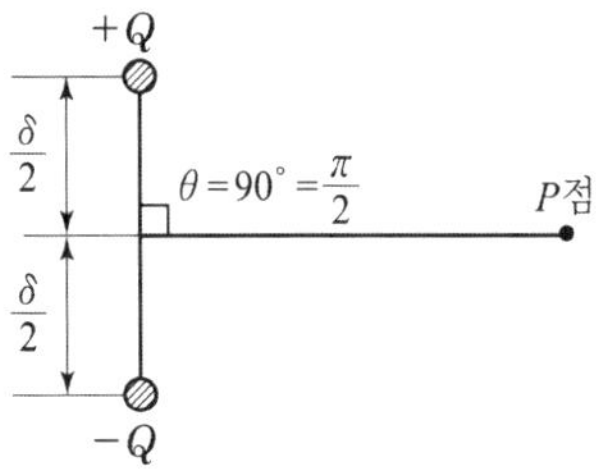	① 공식 $\dfrac{M}{4\pi\varepsilon_o r^3} \times \sqrt{1+3\cos^2\theta}$ ② 계산값 $E = \dfrac{M}{4\pi\varepsilon_o r^3}$	전계 E는 $\theta = 90°$에서 최소값이 된다.

6 전기 2중층의 전위 V [V]

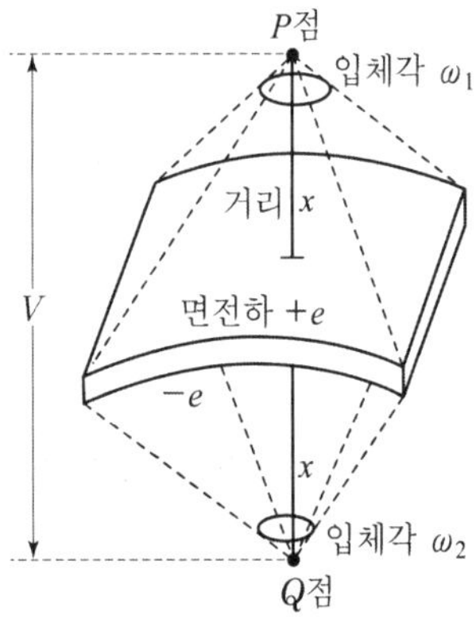

(1) 정의

면전하밀도 $+e$와 $-e$[C/m^2]에서 각각 떨어진 P점과 Q점 사이의 전위값 계산

(2) 적용 공식

구분	전기 2중 층의 전위식	용어
내용	전위 $V = \dfrac{M}{4\pi\varepsilon_o} \times \omega\,[\text{V}]$	• 전기쌍극자 M[C·m] • 입체각 ω[rad/s]

(3) 출제 유형

1) P점이 면에 무한히 접근하는 경우 전위 V값 → P점=면

한 면의 그림	한 면의 입체각	P점과 Q점 합성입체각 ω
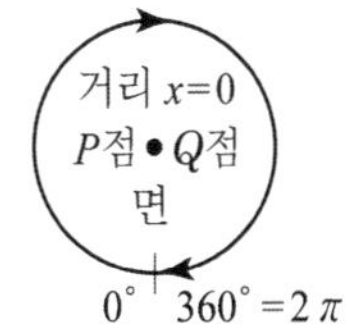	입체각 = 360 = 2 × 180 = 2π	합성 $\omega = \omega_1$(P점값) + ω_2(Q점값) $= 2\pi + 2\pi$ $= 4\pi$ 대입

$$\therefore \text{ 면에 무한히 접근시 전위 } V = \frac{M}{4\pi\varepsilon_o}\omega = \frac{M}{4\pi\varepsilon_o} \times 4\pi = \frac{M}{\varepsilon_o}\text{ [V]}$$

2) P점이 반지름 a인 원형 중심에서 거리 x만큼 떨어진 경우 전위 V값

① 이해 그림

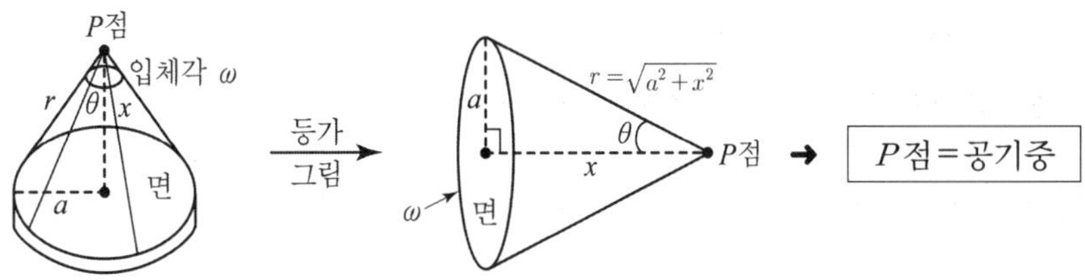

② 유도식

입체각 $\omega = 2\pi(1-\cos\theta) = 2\pi\left(1 - \dfrac{x}{\sqrt{a^2+x^2}}\right)$ [rad/s] 대입하면

$$\therefore \text{ 전위 } V = \frac{M}{4\pi\varepsilon_o} \times \omega = \frac{M}{4\pi\varepsilon_o} \times 2\pi\left(1 - \frac{x}{\sqrt{a^2+x^2}}\right) = \frac{M}{2\varepsilon_o}\left(1 - \frac{x}{\sqrt{a^2+x^2}}\right)$$

③ 결론

출제 유형	P점이 면에 무한히 접근시	반지름 a인 원형 중심에서 거리 x만큼 떨어진 경우	
전위 V 공식	$V = \dfrac{M}{\varepsilon_o}$ [V]	$V = \dfrac{M}{2\varepsilon_o}\left(1 - \dfrac{x}{\sqrt{a^2+x^2}}\right)$ [V]	• 전기쌍극자 M • 거리 x[m] • 반지름 a[m]

7 전위의 기울기(전계의 세기 E값)

(1) 정의

케이블(전선) 절연에 따른 전위경도(케이블 열화 정도) 계산

(2) 적용 공식

전위경도(전계의 세기) $E=-\text{gard}\ V=-\nabla\cdot V\,[\text{V/m}]$

$$\therefore\ E=-\left(\frac{\partial}{\partial x}i+\frac{\partial}{\partial y}j+\frac{\partial}{\partial z}k\right)\cdot V=-\left(\frac{\partial V}{\partial x}i+\frac{\partial V}{\partial y}j+\frac{\partial V}{\partial Z}k\right)$$

(3) 결론

(동일) 명칭	이해 그림	적용식
전위의 기울기 ‖ 전위경도 ‖ 전계의 세기 E	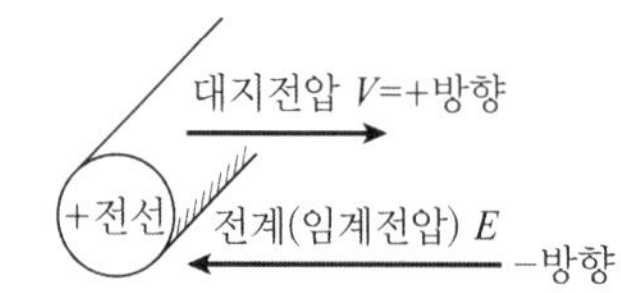	$E=-\text{grad}\ V=-\nabla\cdot V[\text{V/m}]$ $=-\left(\frac{\partial V}{\partial x}i+\frac{\partial V}{\partial y}j+\frac{\partial V}{\partial Z}k\right)$ (단, ⊖는 방향이 반대 의미)

전위경도 $E=21.1[\text{kV/cm}]$ 이상시 코로나가 발생한다.

관년도 >> 코로나 방전이 $3\times10^{+6}[\text{V/m}]$에서 일어난다고 하면 반지름 $10[\text{cm}]$인 도체구에 저축할 수 있는 최대 전하량[C]은?

풀이

적용식	반지름	계산	정답
구도체 전위 $V=9\times10^9\frac{Q}{r}=Er$	전하 $Q=\frac{E\times r^2}{9\times10^9}$	$=\frac{3\times10^6\times0.1^2}{9\times10^9}$	$=0.33\times10^{-5}[\text{C}]$

(4) 코로나 발생 원인

코로나 발생 부분	코로나 발생 없음(매끄러운 전선)	코로나 발생됨(표면이 거친 전선)
가선금구 부분에서 공기절연 파괴 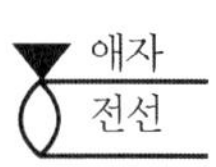	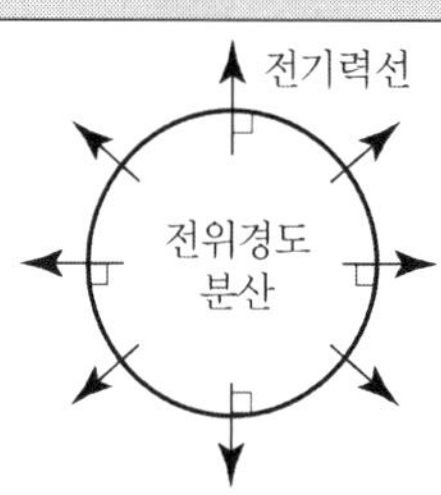	

8 푸아송의 방정식

(1) 정의

사용 방법	체적 전하 e
체적전하 $e\,[\mathrm{C/m^3}]$ 요구시 사용	전위(전기) 인가시 공간 $1\mathrm{m}^3$ 안의 전하

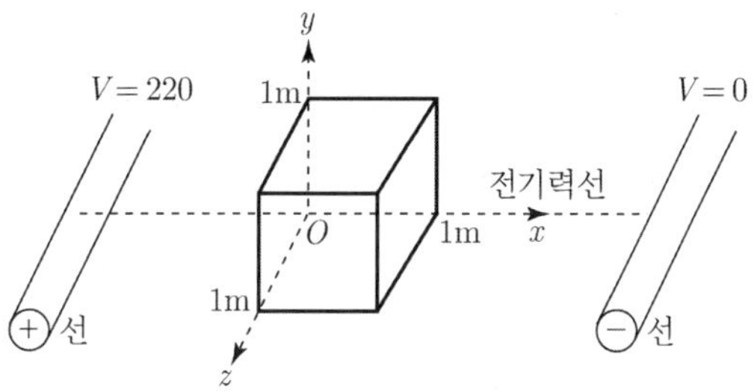

(2) 적용 공식

공 식	$\nabla^2 V = -\dfrac{e}{\varepsilon_o} = \dfrac{\partial^2 V}{\partial x^2} + \dfrac{\partial^2 V}{\partial y^2} + \dfrac{\partial^2 V}{\partial z^2}$	체적(공간, 원천) 전하밀도 $e\,[\mathrm{C/m^3}]$: 단위체적당 전하
계산시 공 식	체적전하 $e = -\varepsilon_o \times \left(\dfrac{\partial^2 V}{\partial x^2} + \dfrac{\partial^2 V}{\partial y^2} + \dfrac{\partial^2 V}{\partial z^2}\right)\,[\mathrm{C/m^3}]$ $= -\varepsilon_o \times$ (x의 2번 미분값$+y$의 2번 미분값$+z$의 2번 미분값)	

(3) 출제 유형

유 형	상수가 안 주어진 경우 e값	상수가 주어진 경우 e값
체적전하 e 계산 적용	$-\varepsilon_o$(x의 승수$+y$의 승수$+z$의 승수)	$-\varepsilon_o$($a\times x$의 승수$+b\times y$의 승수 $+c\times z$의 승수)
과년도 문제	전위 $V=x^2+y^2$일 때	전위 $V=2x^2+3y^2$일 때
	$e=-\varepsilon_o(2승+2승)$ $=-4\varepsilon_o\,[\mathrm{C/m^3}]$	$e=-\varepsilon_o(2\times 2승+3\times 2승)$ $=-10\varepsilon_o\,[\mathrm{C/m^3}]$

(4) 라플라스 방정식

정 의	전기를 가하지 않으면 체적전하 발생이 없다.
공 식	$\nabla^2 V=0$ 또는 $\nabla\times\nabla V=0$

9 전(기)력선의 방정식

(1) 정의

⊕전선에서 ⊖전선으로 이동하는 전기력선들을 공식으로 표기한 것

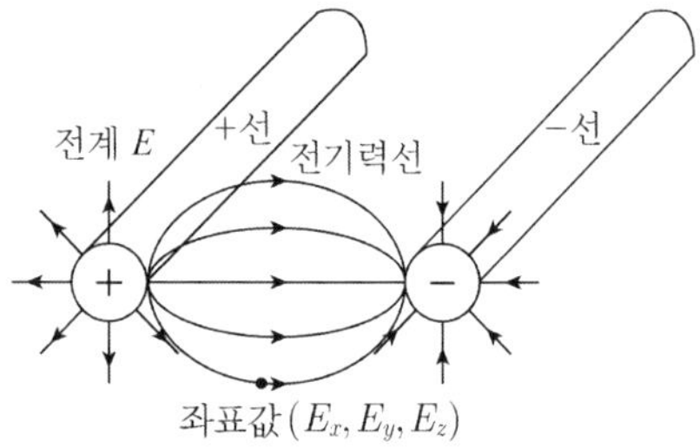

(2) 적용 공식

$$\frac{dx}{E_x}=\frac{dy}{E_y}=\frac{dz}{E_z}$$ ← 전위의 기울기 적용 — $$E=-\text{grad}\,V=E_xi+E_yj+E_zk$$

↓ 해석

$\dfrac{dx}{E_x}=\dfrac{dy}{E_y}$ 또는 $\dfrac{dy}{E_y}=\dfrac{dz}{E_z}$ 또는 $\dfrac{dx}{E_x}=\dfrac{dz}{E_z}$ 3개 중에 1개 선택 사용

(3) 계산 출제 유형

유 형	① 좌표(x, y)가 주어진 경우	② 좌표가 안 주어진 경우
처리방법(요령)	대입법 사용	공식에 적용 계산
전기력선 방정식	좌표값을 보기에 대입시 성립되는 식	$y=k(\text{상수})x$ 또는 $\dfrac{1}{C(\text{상수})}x$

관년도 ≫ [1] 전위 $V=x^2+y^2$일 때 전위의 기울기는?

풀이 전위의 기울기(전계의 세기)

$$E=-\text{grad}\,V=-\nabla\cdot V=-\left(\frac{\partial V}{\partial x}i+\frac{\partial V}{\partial y}j+\frac{\partial V}{\partial Z}k\right)$$

$$\text{전계 } E=-\left[\frac{\partial(x^2+y^2)}{\partial x(\text{기준})}i+\frac{\partial(x^2+y^2)}{\partial y(\text{기준})}j+\frac{\partial(x^2+y^2)}{\partial z(\text{기준})}k\right]$$

$$=-(2x^{2-1}+0)i-(0+2y^{2-1})j-(0+0)k$$

$$=-2xi-2yj\ [\text{V/m}]$$

과년도 ≫ **[2]** 전위 $V=x^2+y^2$일 때 체적전하밀도 e [C/m³]은?

풀이 체적전하밀도 $e=-\varepsilon_o \times \left(\frac{\partial^2 V}{\partial x^2}+\frac{\partial^2 V}{\partial y^2}+\frac{\partial^2 V}{\partial z^2}\right)$ ← 푸아송의 방정식 적용

$$\therefore\ e=-\varepsilon_o \times \left[\frac{\partial^2(x^2+y^2)}{\partial x^2}+\frac{\partial^2(x^2+y^2)}{\partial y^2}+\frac{\partial^2(x^2+y^2)}{\partial z^2}\right]$$

$$=-\varepsilon_o \times \left(\frac{\partial 2x}{\partial x}+\frac{\partial 2y}{\partial y}+\frac{\partial 0}{\partial z}\right)=-\varepsilon_o \times (2+2+0)$$

$$=-4\varepsilon_o\,[\mathrm{C/m^3}]$$

과년도 ≫ **[3]** 전위 $V=x^2+y^2$일 때 좌표(3, 4) 점에서 전기력선의 방정식은?

풀이 1. 대입법 사용 방법

좌표값 $(x=3,\ y=4)$을 보기에 직접 대입하여 정답을 찾는다.

풀이 2. 전기력선 공식 사용 방법순서

① 전위의 기울기 $E=-\left(\frac{\partial V}{\partial x}i+\frac{\partial V}{\partial y}j+\frac{\partial V}{\partial z}k\right)=-2xi-2yj\,[\mathrm{V/m}]$

② 공식 적용 $\frac{dx}{E_x}=\frac{dy}{E_y} \xrightarrow{\text{대입}} \frac{dx}{-2x}=\frac{dy}{-2y} \rightarrow \frac{1}{x}dx=\frac{1}{y}dy$

③ 양변을 적분하면 $\int \frac{1}{x}dx=\int \frac{1}{y}dy+\int od$

④ 로그 식을 적용하면 $\ln^x=\ln^y+\ln^{c(\text{상수})}$

$\ln^x-\ln^y=\ln^c \rightarrow \ln^{\frac{x}{y}}=\ln^c$

⑤ 성립식 : $\frac{x}{y}=c \rightarrow y=\frac{1}{c}\times x$ 또는 상수 $A\times x$(좌표없는 경우)

⑥ 상수 C 계산 : 좌표$(x=3,\ y=4)$에 대입하면

$C=\frac{x}{y}=\frac{3}{4}$

⑦ 전기력선의 방정식 : $y=\frac{1}{C}x=\frac{4}{3}x$

10 전(기)력선의 성질

(1) 전기력선

- **정의** : 공기중 또는 매질속 ⊕전하에서 ⊖전하로 이동하는 전기적 세기(전장)을 선으로 표기한 것

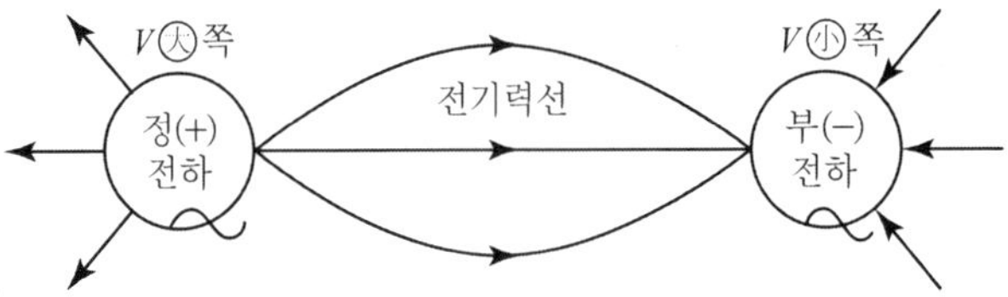

(2) 전기력선의 성질

① 전기력선의 밀도 = 전계의 세기 E와 일치한다.

② 전기력선은 정전하($+Q$)에서 시작하여 부전하($-Q$)에서 끝난다.
(즉, ★ 폐곡선이 안 된다.)

③ 전기력선은 전위가 높은 점(V㊅)에서 낮은 점(V㊂)으로 향한다.
(즉, ★ V㊅ → V㊂, 전계 E 방향 = 전기력선 방향)

④ 전기력선은 대전·평형상태에서는 도체 표면과 외부공간에만 존재한다.
(즉, ★ 내부전계 $E=0$이고 표면과 외부공간의 전계 $E \neq 0$이다.)

⑤ 전기력선은 도체 표면(등전위면)에 항상 수직(90°)으로 향한다.

즉,

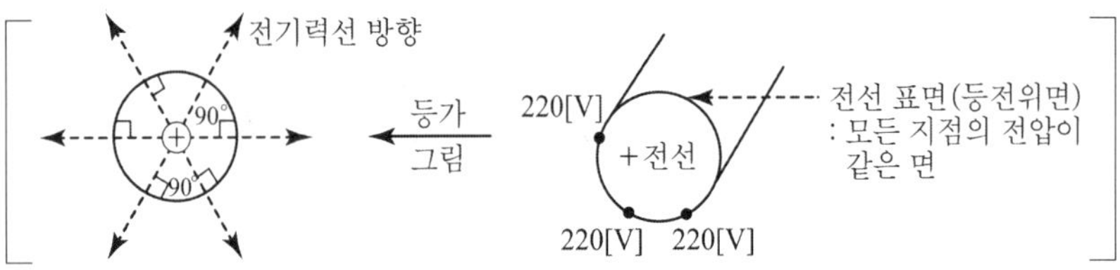

⑥ 전하(전기력선의 밀도)는 뾰족할수록 많이 모인다.(크다.)

즉 ㉠ 곡률반경이 작을수록

㉡ 곡률(구부러진 정도)이 클수록

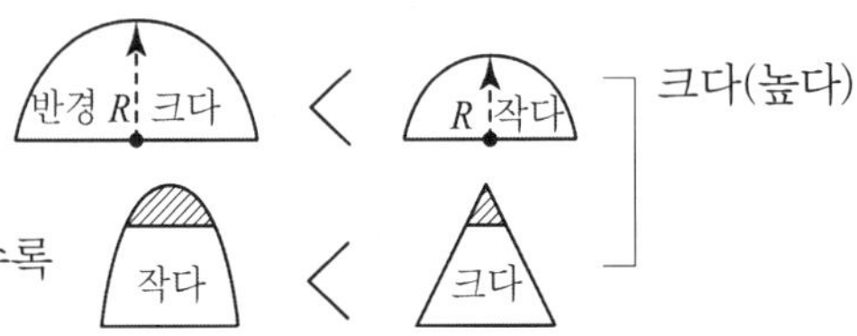

⑦ 전속수 : Q개
정의 : 가상적인 전기력선수(조건, 유전율 ε 무시 = ε은 생략한다.)

⑧ 전(기)력선수
정의 : 실제 존재하는 전기력선수(조건 유전율 ε을 적용한 값)

출제 유형	기준(공기중일 때)	기타(비유전율 ε_s 주어진 경우)
전기력 선수	$\dfrac{Q(\text{구전하})}{\varepsilon_o}$ [개]	$\dfrac{Q}{\varepsilon}=\dfrac{Q}{\varepsilon_o\varepsilon_s}$ [개]

과년도 » **[1] 그림과 같은 등전위면에서 전계의 방향은?**

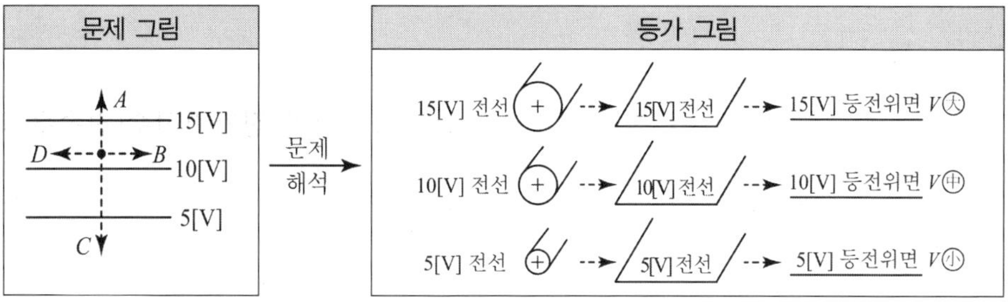

풀이 전계의 방향=전기력선의 방향

전계의 방향(전기력선의 방향)은 전압이 큰 쪽에서 작은 쪽으로 향한다.

즉 전압 V㊅ (15V 등전위면) → 전압 V㊇ (5V 등전위면)으로 향한다.(C 방향)

과년도 » **[2] 전기력선의 밀도가 1일 때 전계의 세기 E는 얼마인가?**

풀이 전기력선의 밀도=전계의 세기 $E=1$

과년도 » **[3] 어떤 폐곡면 내에 $+8[\mu C]$의 전하와 $-3[\mu C]$의 전하가 있을 경우, 이 폐곡면에서 나오는 전기력선의 총수는?**

풀이 구도체(폐곡면)에서 전기력선수

문제 이해 그림 →	전기력선수 적용식 →	계산
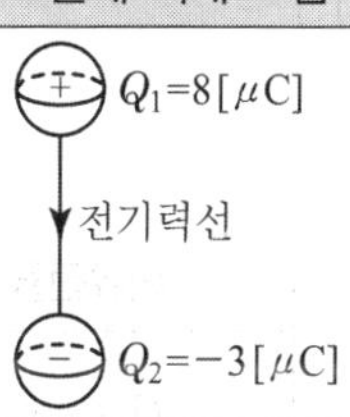	$\dfrac{Q}{\varepsilon_o}$ → $\dfrac{합성값(Q_1+Q_2)}{진공\ 유전율\ \varepsilon_o}$	$=\dfrac{(8-3)\times10^{-6}}{8.855\times10^{-12}}$ $=0.56\times10^{-6+12}$ $=5.6\times10^{+5}$개

과년도 » **[4] 폐곡면을 통하여 나가는 전기력선의 총수는 그 내부에 있는 점전하의 대수합의 몇 배와 같은가?**

풀이 폐곡면=전선 표면

$$몇\ 배(비)=\frac{앞말(전기력선수)}{뒤말(점전하\ Q)}=\frac{\frac{Q}{\varepsilon_o}}{Q}=\frac{Q}{\varepsilon_o}\times\frac{1}{Q}=\frac{1}{\varepsilon_o}배$$

과년도 » **[5] 반지름 $a[m]$인 도체구의 표면전하밀도가 $\sigma[C/m^2]$일 때 도체구 표면의 전계의 세기는?**

풀이 전기력선 밀도= 전계의 세기 $E=\dfrac{\sigma}{\varepsilon_o}[V/m]$

11 전속밀도 D [C/m^2]

(1) 정의

구전하 Q로부터 거리 r[m]인 지점에서 가상적인 전기력선수(전속수)의 밀도 D

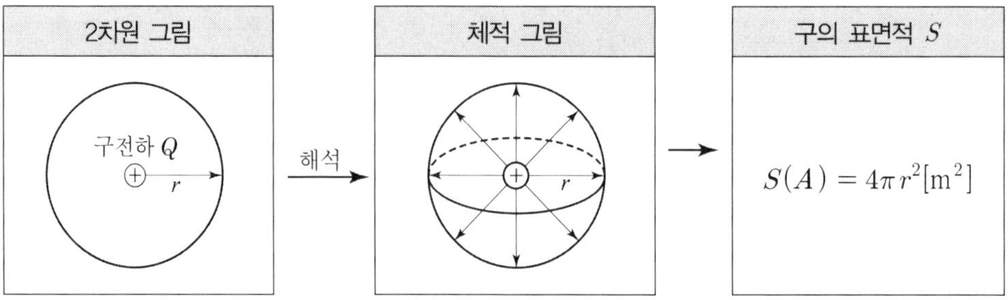

(2) 적용 공식

(그대로 이동)

$$\text{전속밀도 } D = \frac{\text{전하 } Q}{\text{구표면적 } S} = \frac{Q}{4\pi r^2} = \frac{Q}{4\pi r^2} \times \frac{\varepsilon_o}{\varepsilon_o} = \varepsilon_o \times \frac{Q}{4\pi \varepsilon_o r^2}$$

(그대로 이동)

(그대로 이동)

$$= \varepsilon_o \times \boxed{\frac{Q}{4\pi\varepsilon_o r^2}} = \varepsilon_o \times E = \varepsilon_o E \text{ [C/m}^2\text{]}$$

(구에서 전계 표기)

출제 유형	공기중 ε_o일 때	비유전율 ε_s 주어진 경우
전속밀도 D 공식	$D = \varepsilon_o E$[C/m^2]	$D = \varepsilon_o \varepsilon_s E = \varepsilon E$[C/m^2]

과년도 ≫ 도체 표면에서 전계 $\overrightarrow{E} = \dfrac{\overrightarrow{a_x} - 2\overrightarrow{a_y} + 2\overrightarrow{a_z}}{\epsilon_o}$[V/m]일 때 도체 표면상의 전하밀도 e_s [C/m^2]은? (단, 자유공간이다.)

풀이 전속(전하)밀도 $D(e_s) = \varepsilon_o E$ [C/m^2]에서 → 전계 $E = \dfrac{D(e_s)}{\varepsilon_o}$

∴ 도체 표면 전하밀도 $e_s(D) = 1 \cdot \overrightarrow{a_x} - 2 \cdot \overrightarrow{a_y} + 2 \cdot a_z$

$= 1 \cdot i - 2 \cdot j + 2 \cdot k$

$= \sqrt{1^2 + (-2)^2 + 2^2} = 3$ [C/m^2]

12 전하 q 이동시 에너지 W[J]

(1) 정의

점 P의 전하 Q[C]에 의한 전계 내에서 미소전하 q[C]을 거리 r까지 이동시키는 데 필요한 일(에너지 W)의 양

① 이해 그림

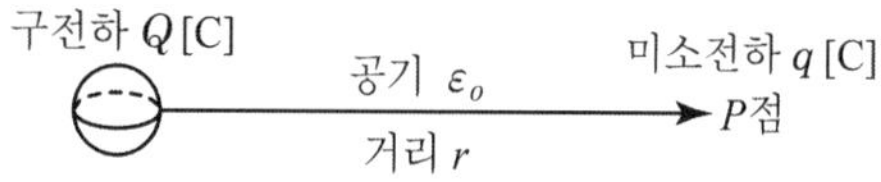

② 유도식

일(에너지) $W = \int$ 힘 Fd 거리 $r = qE \times r = q \times \dfrac{Q}{4\pi\varepsilon_o r^2} \times r = q \times \dfrac{Q}{4\pi\varepsilon_o r}$

$= q \times V$[J]

(2) 적용 공식

전하 q 이동시 에너지 $W = qV$[J]

(3) 전위 V값에 따른 출제 유형

유형	각 도체 전위 V_1과 V_2가 주어진 경우	전계 E 및 거리 $d(r)$가 주어진 경우	구간(A와 B)이 주어진 경우
전위 V값	$V = V_1 - V_2$	$V = E \times d = Er$	$V = \int_A^B Edx = -\int_B^A Edx$

(4) 에너지 $W = 0$인 경우 ★

① 정의	등전위면 또는 폐곡선에서는 전하 q가 이동할 수 없기 때문에 일 $W = 0$이다.
② 이유	등전위면에서는 전위차가 0이기 때문에 전기가 이동할 수 없다.

13 에너지 밀도

(1) 정의(공간에서)

대전도체 표면에 작용하는 힘 $f = \dfrac{1}{2} \times$ 전계 $E \times$ 전속밀도 D [N/m^2]

① $D=\varepsilon_o E$ 대입시 힘 $f=\frac{1}{2}ED=\frac{1}{2}E\times\varepsilon_o E=\frac{1}{2}\varepsilon_o E^2\,[\mathrm{N/m^2}]$

② $E=\frac{D}{\varepsilon_o}$ 대입시 힘 $f=\frac{1}{2}ED=\frac{1}{2}\times\frac{D}{\varepsilon_o}\times D=\frac{D^2}{2\varepsilon_o}\,[\mathrm{N/m^2}]$

(2) 적용 공식

출제 유형	E와 D가 주어지면 사용	E만 주어진 경우 사용	D만 주어진 경우 사용
힘	$f=\frac{1}{2}ED$	$=\frac{1}{2}\varepsilon_o E^2=\frac{1}{2}\varepsilon_o\left[\frac{V}{d}\right]^2$	$=\frac{D^2}{2\varepsilon_o}\,[\mathrm{N/m^2}]$ (단위 면적당 힘)
에너지	$W=\frac{1}{2}ED$	$=\frac{1}{2}\varepsilon_o E^2$	$=\frac{D^2}{2\varepsilon_o}\,[\mathrm{J/m^3}]$ (단위 체적당 에너지)
주의사항	면적 S값이나 체적 v값이 주어지면 공식에 곱한다.		
	비유전율 $\varepsilon_s \xrightarrow{\text{주어지면}} \varepsilon_o\times\varepsilon_s=\varepsilon$을 사용할 것		

과년도 ≫ **[1]** 매질이 공기인 경우에 방전이 10[kV/mm]의 전계에서 발생한다고 할 때 도체 표면에 작용하는 힘은 몇 [N/m²]인가?

풀이 단위 면적당($1\mathrm{m^2}$) 힘 f 계산

적용식	계산 및 정답
힘 $f=\frac{1}{2}\varepsilon_o E^2$	$=\frac{1}{2}\times 8.855\times 10^{-12}\times\left(\frac{10\times 10^3}{10^{-3}}\right)^2$ $=4.43\times 10^{-12+14}$ $=4.43\times 10^2\,[\mathrm{N/m^2}]$

과년도 ≫ **[2]** 무한히 넓은 2개의 평행판 도체의 간격이 d[m]이며 그 전위차는 V[V]이다. 도체판의 단위면적에 작용하는 힘[N/m²]은? (단, 유전율은 ε_o이다.)

풀이

평행판 도체 그림

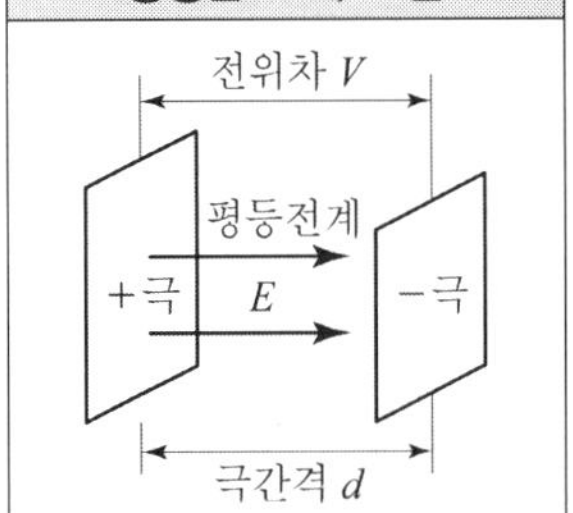

전계 $E=\frac{V}{d}$ 적용 →

힘 F 계산

도체 단위면적당 힘 $f(F)$

$$f=\frac{1}{2}\varepsilon_o E^2=\frac{1}{2}\varepsilon_o\times\left(\frac{V}{d}\right)^2$$

$$=\frac{\varepsilon_o V^2}{2d^2}\,[\mathrm{N/m^2}]$$

제 3 장

진공중의 도체계

1 진공중의 도체계

진공중의 → 공기중
도체계 → 코일(전선)

- **정의** : 공기중에 있는 전선(가공전선) = 진공중의 도체계

용어

① 정전용량(콘덴서, 커패시턴스, 축전지) C[F]

표 기	심 벌	정 의
C[F]	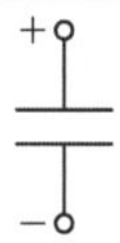	• 전기를 담아 놓는 그릇(콘덴서 내용물이 콘덴서 명칭 및 종류가 된다.) • 콘덴서가 전하를 축적하는 능력

② 전하(전기량, 전자) Q[C]

동일 표기	적용식	정 의	회로도(Y결선)
Q[C] ∥ q[C] ∥ e[C]	$Q = CV$[C] $C = \frac{Q}{V}$[F] $V = \frac{Q}{C}$[V]	콘덴서에 축적되는 전기의 양	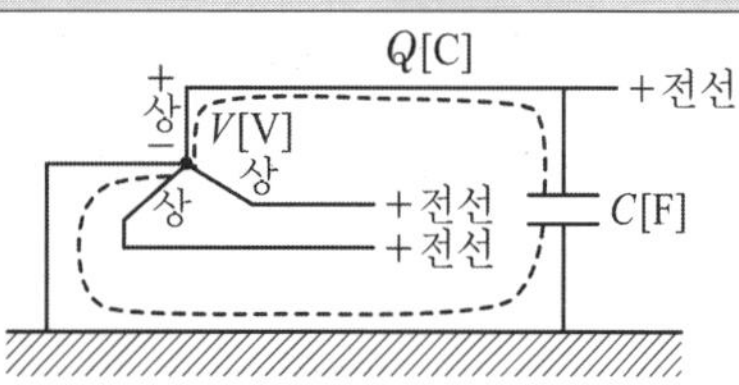 대지(전압 V=0, 극성 ⊖)

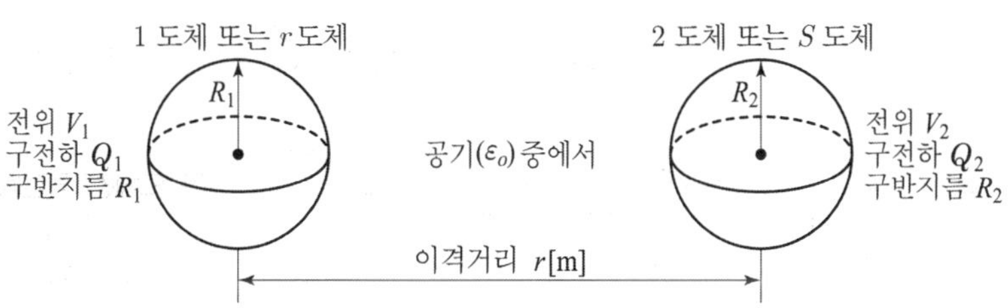

2 전위계수 P

$$P(P_{11},\ P_{12},\ P_{21},\ P_{22})=\frac{1}{C}[1/\mathrm{F}]=\frac{\text{전위차 } V}{\text{전기량 } Q}=\text{엘라스턴스}[\mathrm{V/C}]$$

정의	도체에 +1[C] 인가시 전위 상승분값	도체에 +1[V] 인가시 전하 변동값
구분	예 $P_{11},\ P_{22}$ (대지 정전용량의 $\frac{1}{C_s}$ 값) $P_{12},\ P_{21}$ (상호 정전용량의 $\frac{1}{C_m}$ 값)	용량계수 $q(q_{11},\ q_{22})$: 정(+)부호 유도계수 $q(q_{12},\ q_{21})$: 부(−)부호 C값[F]
적용 공식	• 1도체 전위 $V_1=\frac{Q_1}{4\pi\varepsilon_o R_1}+\frac{Q_2}{4\pi\varepsilon_o r}$ $\therefore\ V_1=P_{11}Q_1+P_{12}Q_2$ [V] • 2도체 전위 $V_2=\frac{Q_1}{4\pi\varepsilon_o r}+\frac{Q_2}{4\pi\varepsilon_o R_2}$ $\therefore\ V_2=P_{21}Q_1+P_{22}Q_2$ [V]	• 1도체 전하 $Q_1=4\pi\varepsilon_o R_1 V_1+4\pi\varepsilon_o r V_2$ $\therefore\ Q_1=q_{11}V_1+q_{12}V_2$[C] • 2도체 전하 $Q_2=4\pi\varepsilon_o r V_1+4\pi\varepsilon_o R_2 V_2$ $\therefore\ Q_2=q_{21}V_1+q_{22}V_2$[C]
계수 성질	전위계수 P 성질	용량 및 유도계수 성질
	① P_{rr} , $P_{ss}>0$ 예 $P_{11},\ P_{22}>0$ ② $P_{rs}=P_{sr}\geq 0$ 예 $P_{12}=P_{21}\geq 0$ ③ $P_{rr}\geq P_{sr}$ 예 $P_{11}\geq P_{21}$	① 용량계수 q_{rr} , $q_{ss}>0$ ② 유도계수 $q_{rs}=q_{sr}\leq 0$ ③ 용량계수 $q_{rr}\geq -q_{sr}$(유도계수)
기호 = 의미	$P_{rr}=P_{sr}$: S도체가 r도체에 속한다.  $\therefore$ 강(S도체)은 알루미늄(r도체)에 속한다.	$q_{rr}=-q_{sr}$: r도체가 S도체에 속한다. 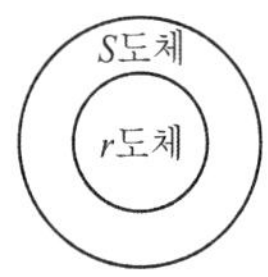

과년도 >> [1] 1도체 $+Q$[C], 2도체 $-Q$[C]일 때 두 도체간 전위차 V와 정전용량 C는?

풀이 $Q_1=+Q,\ Q_2=-Q$ 대입하고, $P_{12}=P_{21}$을 적용한다.

1도체 전위 $V_1=P_{11}Q_1+P_{12}Q_2=P_{11}Q-P_{12}Q$

⊖ 2도체 전위 $V_2=P_{21}Q_1+P_{22}Q_2=P_{21}Q-P_{22}Q$

① 두 도체 전위차 $V(V_{12})=V_1-V_2=Q(P_{11}-2P_{12}+P_{22})$[V]

② 정전용량 $C=\frac{Q}{V(\text{전위차})}=\frac{Q}{Q(P_{11}-2P_{12}+P_{22})}=\frac{1}{P_{11}-2P_{12}+P_{22}}$

출제 유형	두 도체간 전위차 V 또는 V_{12}값	두 도체간 정전용량 C값
적용 공식	$V=Q(P_{11}-2P_{12}+P_{22})$ [V]	$C=\frac{1}{P_{11}-2P_{12}+P_{22}}$ [F]

과년도 [2] 엘라스턴스(elastance)란?

풀이

정전용량 $C[\mathrm{F}]$	엘라스턴스(전위계수) P	
$C=\dfrac{\text{전하 }Q}{\text{전위차 }V}$	$P=\dfrac{1}{C}[1/\mathrm{F}]=\dfrac{1}{\dfrac{Q}{V}}=\dfrac{\text{전위차 }V}{\text{전기량 }Q}$	$\therefore\ P=\dfrac{V}{Q}$

3 정전용량 $C[\mathrm{F}]$

(1) 구의 정전용량 C값 : 구전하 Q 적용

1) 고립 도체구(나선, 지구, 비눗방울)의 C값

구분	나선, 지구 비눗방울 그림	정전용량 C	과년도
적용 공식	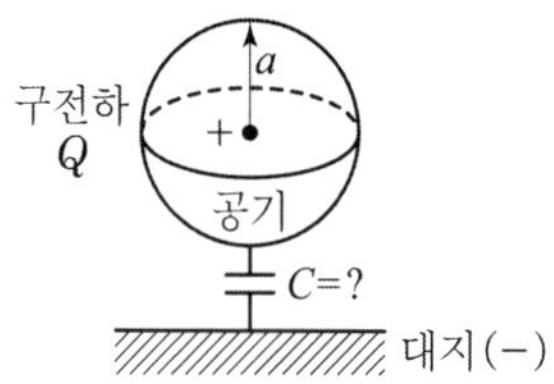	$C=4\pi\varepsilon_o a\,[\mathrm{F}]$	구 반지름 $a=\dfrac{C}{4\pi\varepsilon_o}$ $=9\times10^9\times C\,[\mathrm{m}]$

구전위 $V=\dfrac{Q}{4\pi\varepsilon_o a}$을 대입시키면 유도식은 아래와 같다.

① 정전용량 $C=\dfrac{Q}{V}=\dfrac{Q}{\dfrac{Q}{4\pi\varepsilon_o a}}=4\pi\varepsilon_o a\,[\mathrm{F}]$

② 구의 반지름 $a=\dfrac{C}{4\pi\varepsilon_o}=9\times10^9 C\,[\mathrm{m}]$

2) 동심구(절연전선)의 정전용량 C값

반지름 a, b인 절연전선구 그림	동심구의 정전용량 C 공식
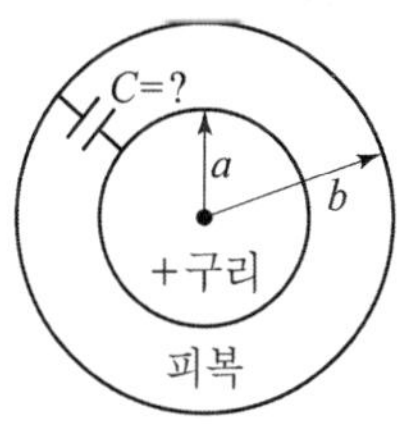	$C=\dfrac{4\pi\varepsilon_o}{\dfrac{1}{a}-\dfrac{1}{b}}[\mathrm{F}]$

① 전위 $V=\int_a^b Edx=\frac{Q}{4\pi\varepsilon_o}\left(\frac{1}{a}-\frac{1}{b}\right)$ [V]

② 정전용량 $C=\frac{Q}{V}=\frac{4\pi\varepsilon_o}{\frac{1}{a}-\frac{1}{b}}$ [F]

3) 케이블(2중 절연구조전선)의 정전용량 C값

반지름 a, b, c인 구(케이블) 그림	케이블의 정전용량 C 공식
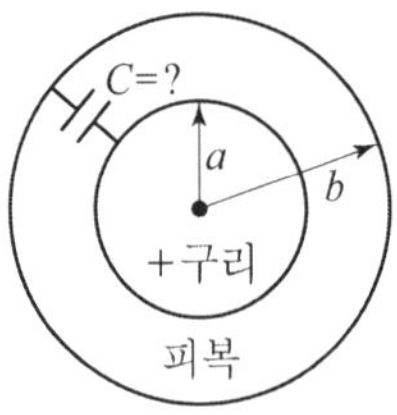	$C=\frac{4\pi\varepsilon_o}{\frac{1}{a}-\frac{1}{b}+\frac{1}{c}}$ [F] 〈a, b, c는 구의 반지름〉

전위 $V=\int_a^b Edx+\int_b^c Edx+\int_c^\infty Edx$ (단, b~c 사이의 전계 $E=0$이다.)

① 전위 $V=\frac{Q}{4\pi\varepsilon_o}\left(\frac{1}{a}-\frac{1}{b}+\frac{1}{c}\right)$ [V]

② 정전용량 $C=\frac{Q}{V}=\frac{4\pi\varepsilon_o}{\frac{1}{a}-\frac{1}{b}+\frac{1}{c}}$ [F]

(2) 원주(전선 1가닥)의 C값 : 선전하 밀도 λ[C/m] 적용

반지름 a, b인 절연전선 1가닥 그림	원주의 정전용량 C 공식
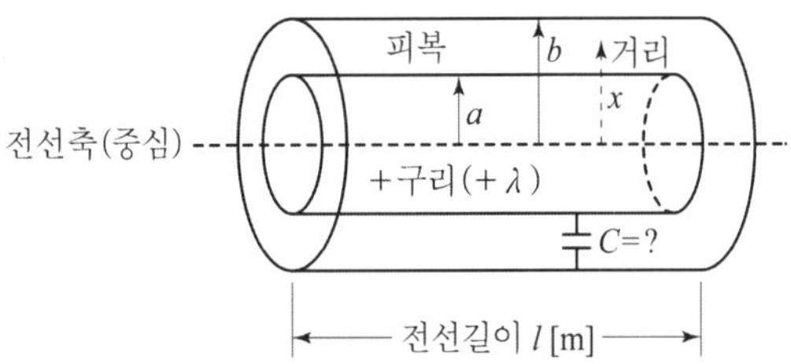	$C=\frac{2\pi\varepsilon_o}{\ln\frac{b}{a}}\times l$ [F] (단, a와 b는 반지름)

① 전위 $V=\int_a^b Edx=\int_a^b \frac{\lambda}{2\pi\varepsilon_o x}dx=\frac{\lambda}{2\pi\varepsilon_o}[\ln^x]_a^b=\frac{\lambda}{2\pi\varepsilon_o}\ln^{\frac{b}{a}}$

② 정전용량 $C=\dfrac{\lambda}{V}=\dfrac{\lambda}{\dfrac{\lambda}{2\pi\varepsilon_o}\ln\dfrac{b}{a}}=\dfrac{2\pi\varepsilon_o}{\ln\dfrac{b}{a}}\times l\ [\mathrm{F}]$ (단, a와 b는 반지름)

(3) 평행도선(전선 2가닥)의 C값 : 선전하 λ 적용

반지름 a인 전선 2닥 평행도선의 그림	평행도선의 정전용량 C식
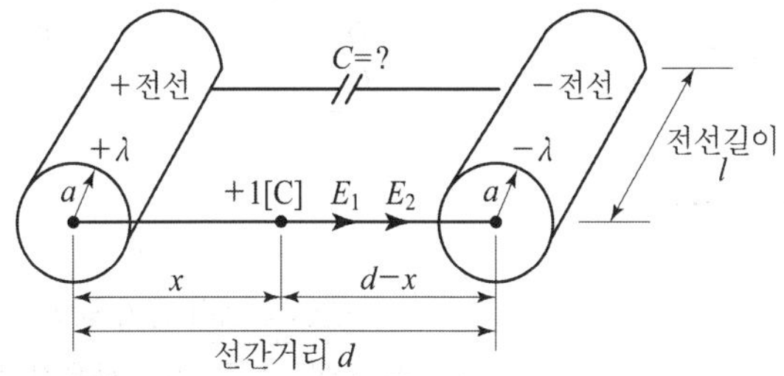	$C=\dfrac{\pi\varepsilon_o}{\ln\dfrac{d}{a}}\times l\ [\mathrm{F}]$

전위 $V=\displaystyle\int_a^{d-a}\left(\frac{\lambda}{2\pi\varepsilon_o x}+\frac{+\lambda}{2\pi\varepsilon_o(d-x)}\right)dx$

$$=\frac{\lambda}{2\pi\varepsilon_o}\left\{[\ln x]_a^{d-a}-[\ln(d-x)]_a^{d-a}\right\}$$

$$=\frac{\lambda}{2\pi\varepsilon_o}\left(\ln\frac{d-a}{a}+\ln\frac{d-a}{a}\right)$$

$$=\frac{\lambda}{2\pi\varepsilon_o}\ln\left(\frac{d-a}{a}\right)^2=\frac{\lambda}{\pi\varepsilon_o}\ln\frac{d}{a}$$

(단, 선간거리 $d \gg$ 전선반지름 a이므로 $d-a \fallingdotseq d$로 취급)

$\therefore$ 정전용량 $C=\dfrac{\lambda}{V}=\dfrac{\pi\varepsilon_o}{\ln\dfrac{d}{a}}\times l\ [\mathrm{F}]$ (단, 전선반지름 a, 선간거리 d)

(4) 평행도체판(콘덴서)

1) 회로 그림

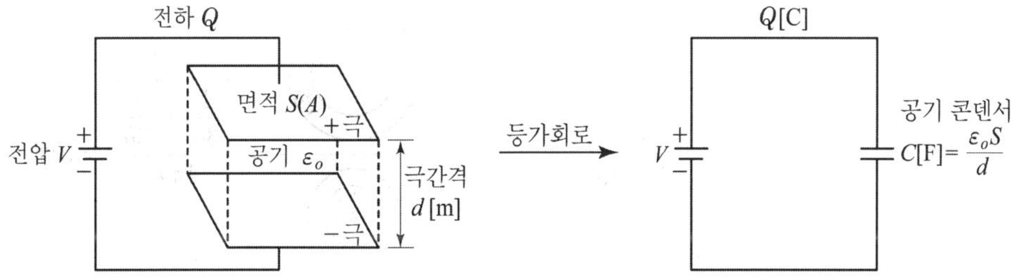

2) 유도식

정전용량 $C=\frac{Q}{V}=\frac{DS}{V}=\frac{\varepsilon_o ES}{V}=\frac{\varepsilon_o\times\frac{V}{d}\times S}{V}=\frac{\varepsilon_o S}{d}$ [F]

3) 공식

출제 유형	전하 Q와 전위 V 주어진 경우 사용	면적 S와 극간격 d 주어진 경우 사용	비유전율 ε_s 주어진 경우 사용
C 적용 공식	$C=\frac{Q}{V}$	$=\frac{\varepsilon_o S}{d}$	$=\frac{\varepsilon_o\varepsilon_s S}{d}$

4) 콘덴서 용량을 증가시키는 방법

적용식	콘덴서 용량 증가 방법
콘덴서 $C(\uparrow 증가)=\frac{\varepsilon(\uparrow)\times S(\uparrow)}{d(\downarrow)}$	① 유전율 ε이 큰 물질을 사용한다.(↑) ② 콘덴서 면적 S를 크게 한다.(↑) ③ 극간격 d를 작게 한다.(↓)

point

• 정전용량 C값 정리

종류	고립 도체구	동심구	케이블	원 주	평행도선	평행도체
공식 C값	$4\pi\varepsilon_o a$	$\frac{4\pi\varepsilon_o}{\frac{1}{a}-\frac{1}{b}}$	$\frac{4\pi\varepsilon_o}{\frac{1}{a}-\frac{1}{b}+\frac{1}{c}}$	$\frac{2\pi\varepsilon_o}{\ln\frac{b}{a}}\times l$	$\frac{\pi\varepsilon_o}{\ln\frac{d}{a}}\times l$	$\frac{\varepsilon_o S}{d}$
용어	구 반지름 a	반지름 a, b	반지름 a, b, c	전선 반지름a, b 전선길이l	전선 반지름a 선간거리d	판면적S 극간격d
암기	구 → 4			원 → 2	평 → π	공기 콘덴서

관련도 ≫ [1] 동심구형 콘덴서의 내외 반지름을 각각 3배 증가시키면 정전용량은 몇 배가 되는가?

풀이 동심구 C값 적용

몇 배(비)$=\frac{\text{나중 동심구 } C'\text{값}}{\text{처음 동심구 } C\text{값}}$

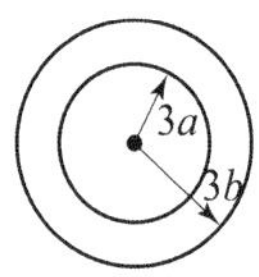

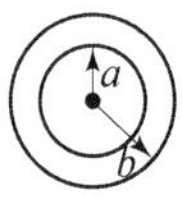

$\frac{\text{반지름 } 3a,\ 3b\text{일 때 구}}{\text{반지름 } a,\ b\text{일 때 구}}=\frac{\text{(그림)}}{\text{(그림)}}=\frac{\frac{4\pi\varepsilon_o}{\frac{1}{3a}-\frac{1}{3b}}}{\frac{4\pi\varepsilon_o}{\frac{1}{a}-\frac{1}{b}}}=3\text{배 증가}$

과년도 ≫ **[2]** 반지름이 1[cm]와 2[cm]인 동심 원통의 길이가 50[cm]일 때 정전용량 C [PF]은?

풀이 원주 C값 적용

"동심원통 = 원주"의 그림	원주의 정전용량 C식
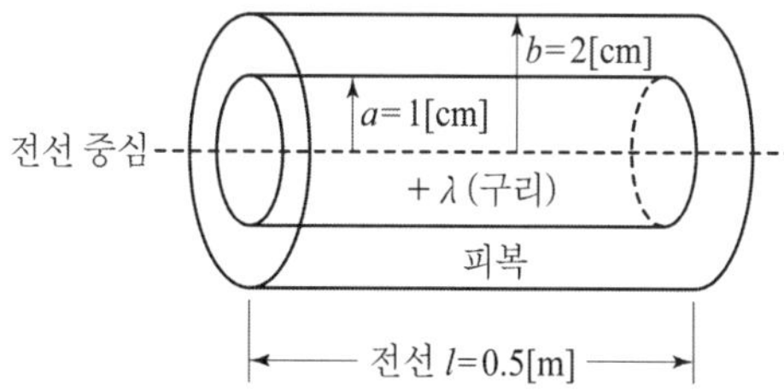	$C=\dfrac{2\pi\varepsilon_o}{\ln_e\dfrac{b}{a}}\times$ 길이 l

$$\therefore\ C=\frac{2\times3.14\times8.855\times10^{-12}}{\ln_e\dfrac{2\text{cm}}{1\text{cm}}}\times0.5[\text{F}]=40\times10^{-12}[\text{F}]=40[\text{PF}]$$

과년도 ≫ **[3]** 간격이 d[m]인 무한히 넓은 평행판의 단위면적당 정전용량[F/m^2]은 얼마나 되는가? (단, 매질은 공기이고, 극판의 면전하 밀도는 δ[C/m^2]라 한다.)

풀이 평행도체(무한평면)의 C값

무한 평행판 그림	평행도체판의 정전용량 C식
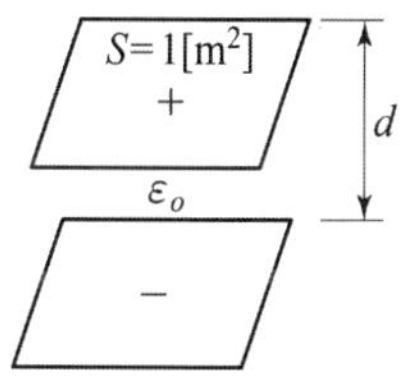	단위면적당 적용 $C=\dfrac{\varepsilon_o S(\text{면적})}{d(\text{극간격})}=\dfrac{\varepsilon_o\times1}{d}$ $=\dfrac{\varepsilon_o}{d}[\text{F/m}^2]$

4 콘덴서(축전지) 연결 및 접속

(1) 직렬 연결인 경우

정 의	콘덴서(┤├) 2개 이상을 일렬로 연결시킨 것(회로)
직렬 연결시 특징	각 콘덴서의 전하 Q값이 같다(일정하다).

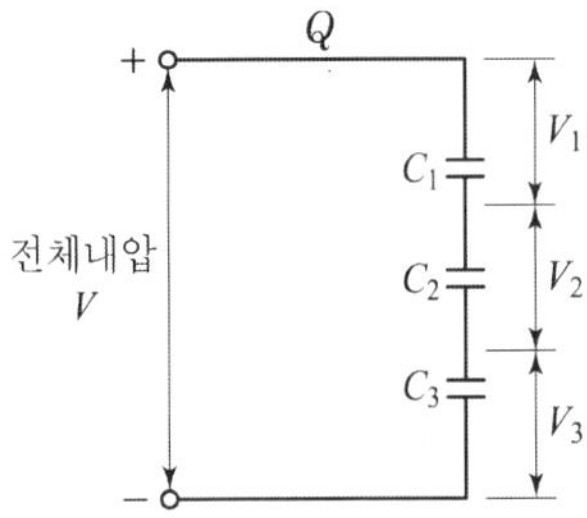

〈회로도〉

$$V_1 = \frac{\frac{1}{C_1}}{\frac{1}{C_1}+\frac{1}{C_2}+\frac{1}{C_3}} \times V[\mathrm{V}]\ (\text{전체내압})$$

유도식

$$\therefore \text{ 전체 내압 } V = \frac{\frac{1}{C_1}+\frac{1}{C_2}+\frac{1}{C_3}}{\frac{1}{C_1}} \times V_1[\mathrm{V}]\ (\text{콘덴서 } C_1\text{의 전압})$$

1) 합성 정전용량 C_o 계산

① 유도식

키르히호프 제2법칙 적용 ─ 전체내압 $V = V_1 + V_2 + V_3$

$$\frac{Q}{C_o} = \frac{Q}{C_1} + \frac{Q}{C_2} + \frac{Q}{C_3}$$

$$\therefore \frac{1}{C_o} = \frac{1}{C_1} + \frac{1}{C_2} + \frac{1}{C_3} \rightarrow \text{합성 정전용량 } C_o = \frac{C_1C_2C_3}{C_1C_2+C_2C_3+C_3C_1}[\mathrm{F}]$$

② 적용식

출제 유형	콘덴서 2개일 때	콘덴서 3개일 때	콘덴서가 모두 같은 경우
직렬 회로도	+ ─┤C_1├─┤C_2├─ −	+ ─┤C_1├─┤C_2├─┤C_3├─ −	+ ─┤C├─┤C├─┤C├─ ……n개 연결─ −
합성 C_o 공식	$\frac{C_1 \cdot C_2}{C_1+C_2}$	$\frac{C_1C_2C_3}{C_1C_2+C_2C_3+C_3C_1}$	$\frac{\text{1개 콘덴서 } C\text{값}}{\text{연결(주어진) 개수 } n}$
암기 요령	직렬연결시 합성 정전용량 C_o = 분수값(나눈다) = $\frac{\square\text{값}}{\triangle\text{값}}$		

2) 전하 Q값이 가장 작은 콘덴서가 먼저 파괴된다.

예
- 콘덴서 C_1의 전하 : $Q_1 = C_1 V_1$ (**예** 大값)
- 콘덴서 C_2의 전하 : $Q_2 = C_2 V_2$ (**예** 中값)
- 콘덴서 C_3의 전하 : $Q_3 = C_3 V_3$ (**예** 小값)

∴ 전하 Q값이 가장 작은 콘덴서 C_3가 제일 먼저 파괴(폭발)한다.

3) 전체 내압(콘덴서 먼저 파괴시) V 계산

$$C_1 \text{ 콘덴서 전압 } V_1 = \frac{\frac{1}{C_1}}{\frac{1}{C_1}+\frac{1}{C_2}+\frac{1}{C_3}} \times V \quad \rightarrow \quad V = \frac{\frac{1}{C_1}+\frac{1}{C_2}+\frac{1}{C_3}}{\frac{1}{C_1}} \times V_1$$

4) 전압 분배식

직렬 회로도	콘덴서 C_1 분배전압식	콘덴서 C_2 분배전압식	암기 방법
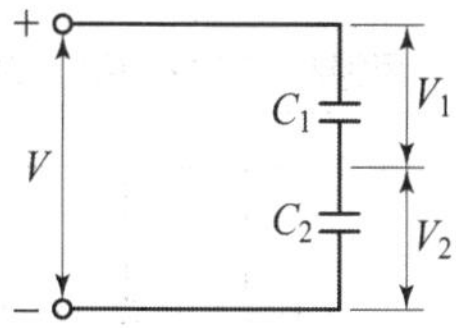	$V_1 = \frac{C_2}{C_1 + C_2} \times V$	$V_2 = \frac{C_1}{C_1 + C_2} \times V$	분자에 상대편값 (넘거) 대입

과년도 내압이 1[kV]이고 용량이 0.01[μF], 0.02[μF], 0.04[μF]인 3개의 콘덴서를 직렬로 연결하였을 때 전체 내압은 몇 [V]가 되는가?

풀이 콘덴서 $C_1 = 0.01$, $C_2 = 0.02$, $C_3 = 0.04$ 직렬시 전체내압 V 계산

$$\text{전체 내압 } V = \frac{\frac{1}{C_1}+\frac{1}{C_2}+\frac{1}{C_3}}{\frac{1}{C_1}} \times V_1 = \frac{\frac{1}{0.01}+\frac{1}{0.02}+\frac{1}{0.04}}{\frac{1}{0.01}} \times 1000$$

$$= 1750[\text{V}]$$

(2) 병렬 연결인 경우

정 의	콘덴서(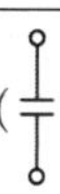) 2개 이상이 분기되어(나누어서) 연결시킨 것
병렬 연결시 특징	각 콘덴서의 전압 V값이 같다(일정하다)

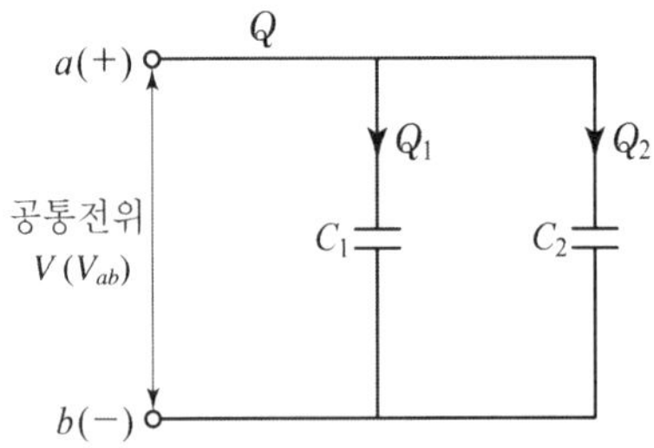

1) 합성 정전용량 C_o 계산

① 유도식

키르히호프 제1법칙 적용

전체 전하 $Q = Q_1 + Q_2$

↓ ↓ ↓

$C_o V = C_1 V + C_2 V$

∴ 합성 정전용량 $C_o = C_1 + C_2 + \cdots$

② 적용식

출제 유형	콘덴서 크기가 모두 다른 경우	콘덴서 크기가 모두 같은 경우
병렬 회로도	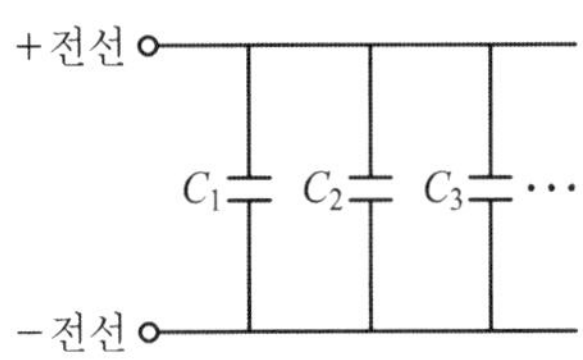	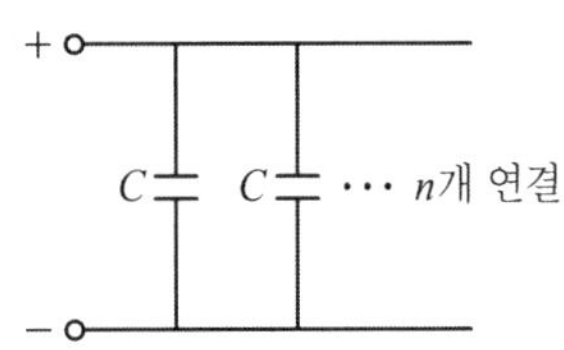
합성 C_o값 (공식)	$C_o = C_1 + C_2 + C_3 + \cdots$	C_o =1개 C값 × 연결개수 n
암기 요령	병렬 연결시 합성 정전용량 C_o = 모두 합(+)한다 = □값	

2) 공통전압(전위) V_{ab} 계산

① 유도식

$$V_{ab} = \frac{Q(\text{합성전기량})}{C_o(\text{합성정전용량})}$$

$$= \frac{Q_1 + Q_2}{C_1 + C_2} = \frac{C_1 V_1 + C_2 V_2}{C_1 + C_2} = \frac{4\pi\varepsilon_o (r_1 V_1 + r_2 V_2)}{4\pi\varepsilon_o (r_1 + r_2)}$$

$$= \frac{r_1 V_1 + r_2 V_2}{r_1 + r_2} [\mathrm{V}]$$

② 적용식

출제 유형	전하 Q_1과 Q_2 주어진 경우 사용	C_1V_1과 C_2V_2 주어진 경우 사용	구 반지름 r_1, r_2 주어진 경우 사용
병렬 회로도	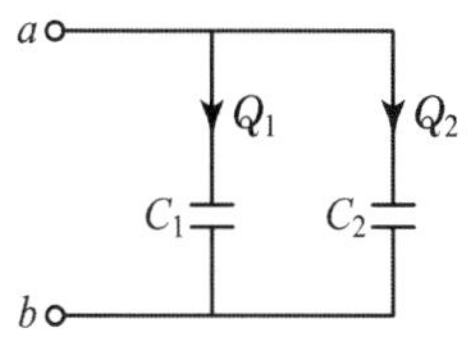	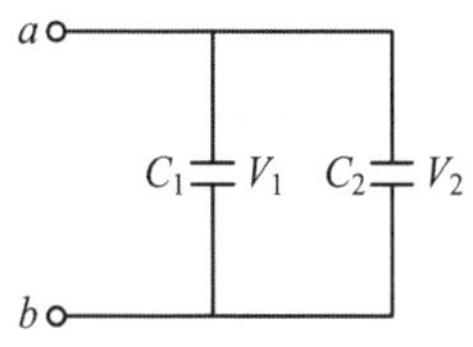	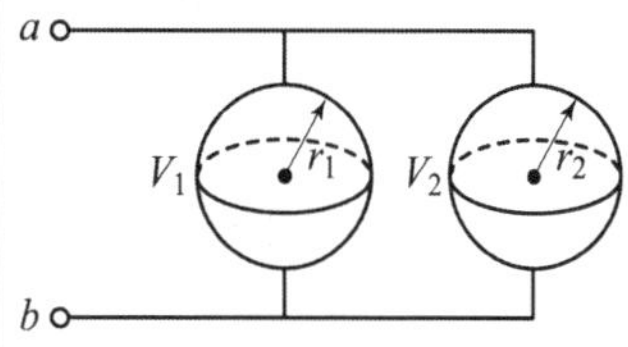
공통전위 V_{ab} 공식	$=\dfrac{Q_1+Q_2}{C_1+C_2}$	$=\dfrac{C_1V_1+C_2V_2}{C_1+C_2}$	$=\dfrac{r_1V_1+r_2V_2}{r_1+r_2}$

3) 전하 분배식

회로도	콘덴서 C_1 전하 분배식	콘덴서 C_2 전하 분배식	암기 방법
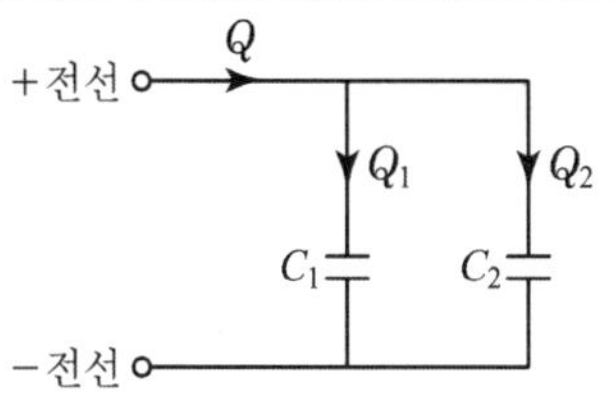	$Q_1=\dfrac{C_1}{C_1+C_2}\times Q[\text{C}]$	$Q_2=\dfrac{C_2}{C_1+C_2}\times Q[\text{C}]$	분자값은 자기편값 (내거)대입

과년도 » 반경이 각각 3[m], 4[m]의 2개의 절연 도체구의 전위가 각각 5[V], 8[V] 되도록 충전한 후 가는 도선으로 연결할 때, 공통 전위는 얼마인가?

풀이 가는 도선으로 연결=병렬 연결 의미

콘덴서(고립도체구) 2개 병렬 연결	공통전위 V식	계산
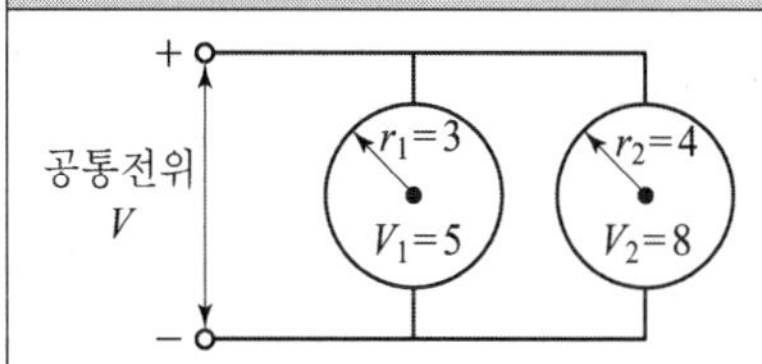	$V=\dfrac{r_1V_1+r_2V_2}{r_1+r_2}$	$=\dfrac{3\times5+4\times8}{3+4}$ $=6.71\ [\text{V}]$

4) 기존 콘덴서에 병렬 추가시 분배 전기량(새로운 전기량) 계산 방법

과년도 ≫ Q_1으로 대전된 용량 C_1의 콘덴서에 용량 C_2를 병렬 연결한 경우 C_2가 분배받는 전기량은? (단, V_1은 콘덴서 C_1에 Q_1으로 충전되었을 때의 C_1 양단 전압이다.)

풀이

구분	처음회로		나중회로(병렬)
회로	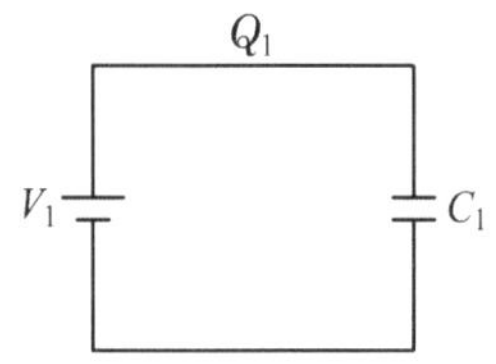	C_2 콘덴서 병렬추가회로 →	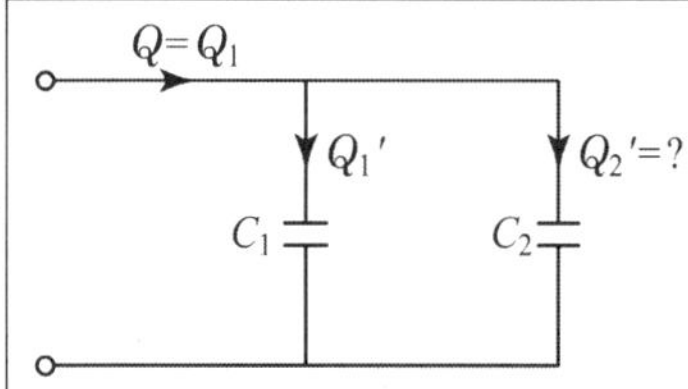
식	전하 $Q_1 = C_1 V_1$		$Q_2' = \dfrac{C_2}{C_1 + C_2} \times Q$

$$\therefore\ C_2 \text{ 콘덴서가 분배받는 전기량 } Q_2' = \frac{C_2}{C_1 + C_2} \times Q(Q_1\text{값})$$

$$= \frac{C_2}{C_1 + C_2} \times C_1 V_1\,[\mathrm{C}]$$

5) 두 도체 도선으로 연결시 옮겨진 전하량 Q' 계산 방법

① 이해 그림

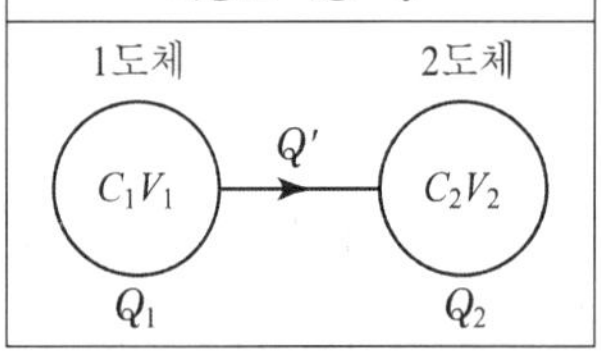

=

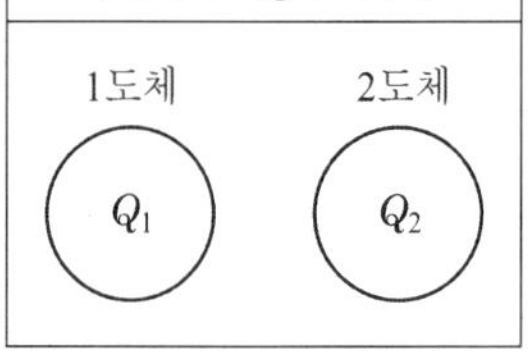

−

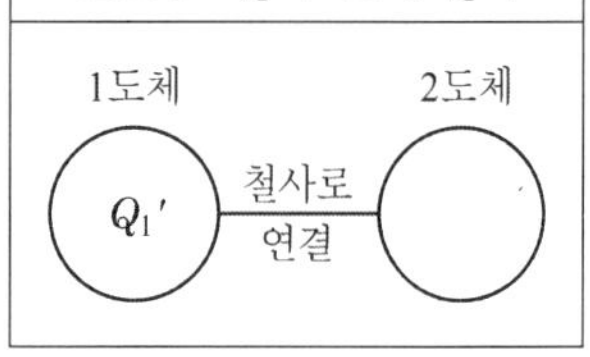

② 유도식

이동(옮겨진) 전하량 Q' = 연결전 Q_1측 전하 − 연결후 Q_1측 전하(Q_1')

$$Q' = C_1 V_1 - C_1 \times V(\text{공통전위}) = C_1 V_1 - C_1 \times \frac{C_1 V_1 + C_2 V_2}{C_1 + C_2}$$

$$\therefore\ \text{이동 전하량 } Q' = \frac{C_1 C_2}{C_1 + C_2}(V_1 - V_2)\,[\mathrm{C}]$$

과년도 ≫ 정전용량이 $C_1 = 1[\mu\mathrm{F}]$, $C_2 = 2[\mu\mathrm{F}]$인 도체에 각각 전하 $Q_1 = -5[\mu\mathrm{C}]$, $Q_2 = 2[\mu\mathrm{C}]$을 주고 그것을 가는 철사로 연결할 때 C_1에서 C_2로 이동하는 전하 $Q[\mu\mathrm{C}]$는?

풀이 가는 철사로 연결=병렬 의미

순서	공통전위 V →	이동전하 Q'
공식	$V=\dfrac{Q_1+Q_2}{C_1+C_2}$	이동전하 Q'=연결 전 Q_1 전하−연결 후 Q_1' 전하 $=Q_1-C_1\times V$(공통전위)
계산	$=\dfrac{-5+2}{1+2}$ $=-1$[V]	$=-5-(-1)$ $=-4[\mu C]$

5 정전(콘덴서 축적) 에너지 W

정 의	콘덴서에 축적되어 있는 전기의 총에너지 (1개 도체 에너지)
단 위	줄[J] = 0.24칼로리 [cal] ↑ ↑ 에너지 W 단위 열량 단위

1) 유도식

$$에너지\ W=\int 전력\ Pdt=\int 전압\ V\times 전류\ Idt\ [J] \xrightarrow{\times 0.24} [cal]$$

$$=\int V\times C\frac{dV}{dt}\times dt=\int CVdV=C\times\frac{1}{2}\times V^2$$

$$=\frac{1}{2}CV^2=\frac{1}{2}QV=\frac{Q^2}{2C}\ [J]$$

∴ 에너지 $W=\dfrac{1}{2}QV$와 $Q=CV$을 적용하면 된다.

① $Q=CV$ 대입시 에너지 $W=\dfrac{1}{2}QV=\dfrac{1}{2}CV\times V=\dfrac{1}{2}CV^2$

② $V=\dfrac{Q}{C}$ 대입시 에너지 $W=\dfrac{1}{2}QV=\dfrac{1}{2}Q\times\dfrac{Q}{C}=\dfrac{Q^2}{2C}$

2) 적용식

출제 유형	Q와 V 주어진 경우 사용	C와 V 주어진 경우 사용	C와 Q 주어진 경우 사용
적용 공식	에너지 $W=\dfrac{1}{2}QV$	$=\dfrac{1}{2}CV^2$	$=\dfrac{Q^2}{2C}$[J]
공기 콘덴서 $C=\dfrac{\varepsilon_o S}{d}$ 적용시	에너지 W	$=\dfrac{\varepsilon_o SV^2}{2d}$	$=\dfrac{dQ^2}{2\varepsilon_o S}$[J]
힘(정전력)	$F=\dfrac{W}{d}$	$=\dfrac{\varepsilon_o SV^2}{2d^2}$	$=\dfrac{Q^2}{2\varepsilon_o S}$[N]

3) 공기콘덴서 적용시 에너지 응용식 및 힘 f 유도식

① 병렬 연결시(전압 일정 또는 전압을 가하고 있다)

에너지 $W = \frac{1}{2}CV^2 = \frac{1}{2} \times \frac{\varepsilon_o S}{d} \times V^2 = \frac{\varepsilon_o S V^2}{2d}$[J]

→ 힘(정전력) $f = \frac{\text{에너지 } W}{\text{거리 } d} = \frac{\frac{1}{2}CV^2}{d} = \frac{\frac{1}{2} \times \frac{\varepsilon_o S}{d} \times V^2}{d} = \frac{\varepsilon_o S V^2}{2d^2}$[N]

② 직렬 연결 시(전하량 Q 일정 또는 아무 조건이 없다)

에너지 $W = \frac{Q^2}{2C} = \frac{Q^2}{2 \times \frac{\varepsilon_o \times S}{d}} = \frac{dQ^2}{2\varepsilon_o S}$[J]

→ 힘(정전력) $f = \frac{\text{에너지 } W}{\text{거리 } d} = \frac{\frac{Q^2}{2C}}{d} = \frac{\frac{dQ^2}{2\varepsilon_o S}}{d} = \frac{Q^2}{2\varepsilon_o S}$[N]

과년도 ≫ [1] 콘덴서의 전위차와 축적되는 에너지와 관계를 그림으로 나타내면 다음의 어느 것인가?

① 쌍곡선 ② 타원 ③ 포물선 ④ 직선

풀이 콘덴서 C와 전위차 V일 때 에너지 W

콘덴서 축적에너지 $W = \frac{1}{2}CV^2$ → 에너지 $W \propto$ 전압^2 $= V^2$

적용식	포물선 그래프	암기법
비례식 적용 ↓ $W \propto V^2$ ↓ 에너지 ∝ 포물선	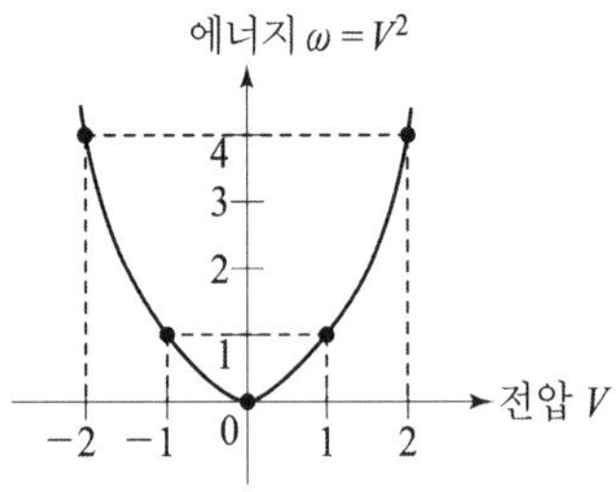	㉠당㉡ ↓ 정답=포물선

과년도 >> **[2]** 유전율 ϵ[F/m]의 유전체 내에서 반지름 a인 도체구의 전위 V[V]일 때 이 도체구가 가지는 에너지는?

풀이 콘덴서(고립도체구) C의 축적에너지 W

고립도체구 C의 그림 →	축적에너지 W →	정전력 힘 F
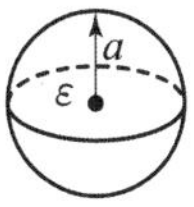 $C=4\pi\varepsilon a$[F]	$W=2\pi\varepsilon a V^2$ [J]	$f=2\pi\varepsilon V^2$ [N]

① 에너지 $W=\frac{1}{2}CV^2=\frac{1}{2}\times 4\pi\varepsilon a\, V^2=$ $2\pi\varepsilon a\, V^2$[J]

② 비눗방울(고립 도체구 C)일 때 :

힘 f(정전력) $=\frac{\text{에너지 } W}{\text{거리 } a}=\frac{2\pi\varepsilon a\, V^2}{a}=$ $2\pi\varepsilon\, V^2$[N]

과년도 >> **[3]** 1[μF]의 콘덴서를 30[kV]로 충전하여 200[Ω]의 저항에 연결하면 저항에서 소모되는 에너지는 몇 [J]인가?

풀이 콘덴서 $C(1\mu\text{F})$ 에너지=저항 $R(200\Omega)$이 소비한 에너지

콘덴서의 축적에너지 $W=\frac{1}{2}CV^2=\frac{1}{2}\times 10^{-6}\times(30\times 10^3)^2=450$ [J]

과년도 >> **[4]** 그림 a, b 사이의 합성 정전용량은?

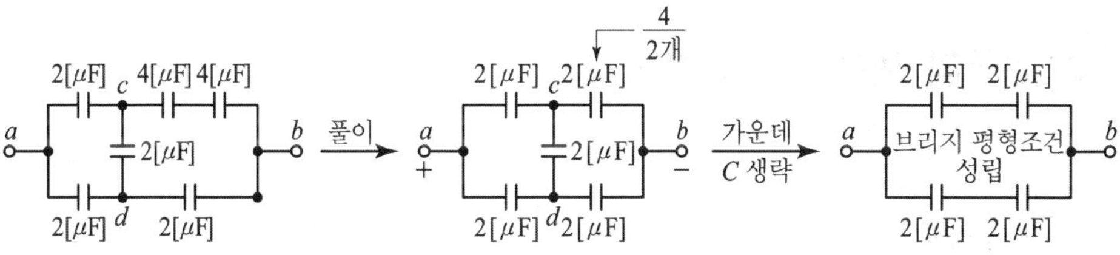

풀이 ∴ 합성 정전용량 C_{ab}(병렬 적용)$=\frac{2}{2\text{개}}+\frac{2}{2\text{개}}=2[\mu\text{F}]$

제4장 유전체(절연체)

핵심내용 유전체(ε_s) 추가시 → $\varepsilon_o \times \varepsilon_s$을 사용할 것

1 유전체(절연체)

유전체	콘덴서 안에 들어가는 전기를 저장하는 물질(유리, 종이, 기름…)
강유전체	• 자발분극을 갖고 있는 물질(티탄산바륨, 인산칼륨)로서 발전기, 마이크로폰, 야시경, GPS 등에 사용 • 전압 인가시 강유전체 양면에 양·음의 전하가 생긴다.
절연체	전기(전기력선)를 차단하는 물질(전선피복, 애자…)
특 징	유전체 중의 전속밀도 발산은 진전하밀도(만)에 의해 좌우된다.
진전하	유전체 내부에서 발생되는 +, − 전기의 양(정전유도현상 적용) → 유전체 내의 전속밀도를 정하는 원천

2 분극의 세기(분극도) $P\,[\mathrm{C/m^2}]$

정 의	유전체에서 단위체적당($v=1\mathrm{m}^3$) 나타나는 쌍극자 모멘트($M=Q\delta$)
정의 식	분극의 세기 $P=\dfrac{M(\text{전기쌍극자 모멘트})}{V(\text{체적})}\left[\dfrac{\mathrm{C\cdot m}}{\mathrm{m^3}} \rightarrow \mathrm{C/m^2}\right]$ (분극전하밀도)

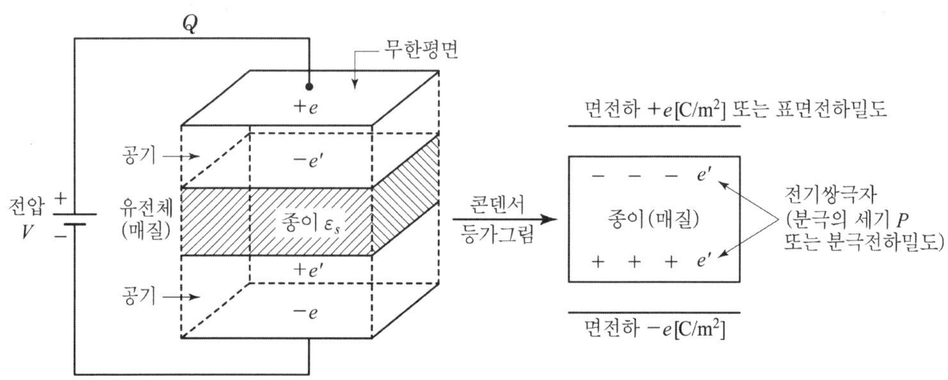

그림 무한평면에서 "전계의 세기 E = 전기력선수 $\frac{+e-e'(P)}{\varepsilon_o}$"가 성립된다.

(1) 분극의 세기 P [C/m^2]

분극의 세기 P = 전체 매질이 있는 경우 D − 공기만 존재시 D(전속밀도)

(전체 매질이 있는 경우 D: $D(e)=\varepsilon_o\varepsilon_s E$ 적용, 공기만 존재시 D: $D(e)=\varepsilon_o E$ 적용)

$$=\varepsilon_o\varepsilon_s E-\varepsilon_o E$$

$$=\varepsilon_o(\varepsilon_s-1)E=D\left(1-\frac{1}{\varepsilon_s}\right)\ [\mathrm{C/m^2}]$$

출제 유형	ε_s와 E가 주어진 경우 사용	ε_s와 D가 주어진 경우 사용
적용 공식	분극의 세기 $P=\varepsilon_o(\varepsilon_s-1)E$	$=D\left(1-\frac{1}{\varepsilon_s}\right)$ [C/m^2]

(2) 분극률 X [F/m]

정 의	유전체에 전기가 충전되는 정도
공 식	분극률 $X=\varepsilon_o(\varepsilon_s-1)$ [F/m] → $P=XE$ (ε_o: 진공중의 유전율 $\varepsilon_o=8.855\times10^{-12}=\frac{10^{-9}}{36\pi}$ 사용)

과년도 ≫ **[1]** 비유전율 $\varepsilon_s=5$인 유전체 내의 한 점에서 전계의 세기가 $E=10^4$[V/m]일 때 이 점의 분극의 세기 P[C/m^2]는?

풀이 비유전율 ε_s와 전계 E가 주어진 경우 분극의 세기 P 계산

적용식	계 산	정 답
$P=\varepsilon_o(\varepsilon_s-1)E$	$=\frac{10^{-9}}{36\pi}\times(5-1)\times10^4$	$=\frac{10^{-5}}{9\pi}$ [C/m^2]

과년도 ≫ **[2]** 비유전율 $\varepsilon_s=5$인 등방 유전체의 한 점에서 전계의 세기가 $E=10^4$[V/m]일 때, 이 점의 분극률 x[F/m]는?

풀이 분극률 X 계산

적용식	계 산	정 답
$X=\varepsilon_o(\varepsilon_s-1)$	$=\frac{10^{-9}}{36\pi}\times(5-1)$	$=\frac{10^{-9}}{9\pi}$ [F/m]

3 유전체 경계 조건

(1) 전속밀도의 법선성분은 같다

전속밀도(D)의 법선(수직) 성분(크기)은 같다 : 〈그림 1〉 적용		
기본 공식	대입 값	응용공식(①식)
$D_1\cos\theta_1 = D_2\cos\theta_2$	$D_1 = \varepsilon_1 E_1$ → $D_2 = \varepsilon_2 E_2$	$\varepsilon_1 E_1\cos\theta_1 = \varepsilon_2 E_2\cos\theta_2$

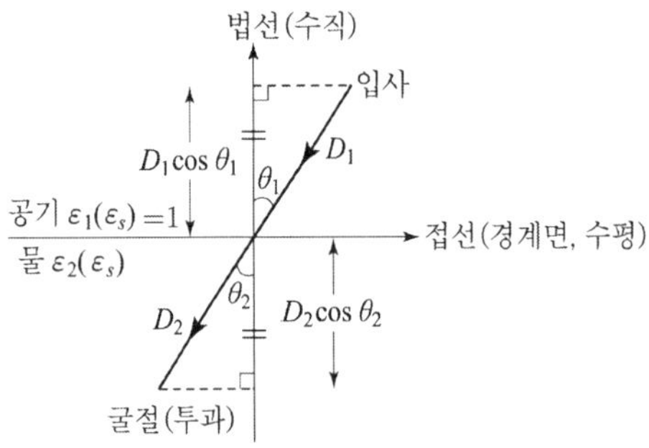

〈그림 1〉 유전체

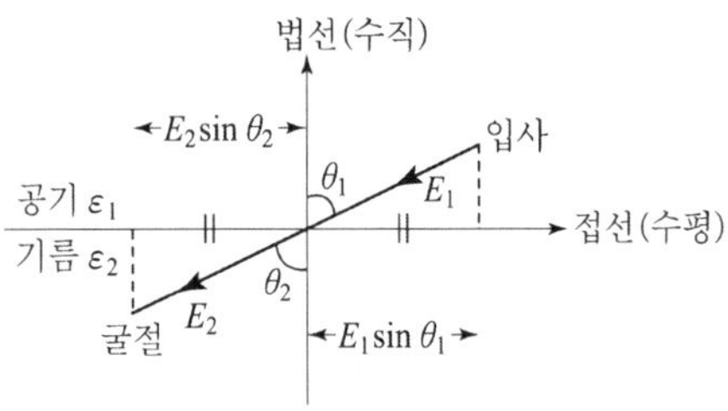

〈그림 2〉 유전체

(2) 전계의 접선성분은 같다

전계(E)의 접선(수평) 성분(크기)는 같다 : 〈그림 2〉 적용		
공 식	$E_1\sin\theta_1 = E_2\sin\theta_2$ (②식)	
용어 및 명칭	입사 전속밀도 D_1 입사 전계 E_1 입사각 θ_1	굴절(투과) 전속밀도 D_2 굴절 전계 E_2 굴절각 θ_2

(3) 굴절의 법칙

유도식

$$\frac{②식}{①식} \rightarrow \frac{②식\ 좌변}{①식\ 좌변} = \frac{②식\ 우변}{①식\ 우변} \rightarrow \frac{E_1\sin\theta_1}{\varepsilon_1 E_1\cos\theta_1} = \frac{E_2\sin\theta_2}{\varepsilon_2 E_2\cos\theta_2}$$

$$\rightarrow \frac{\tan\theta_1}{\varepsilon_1} = \frac{\tan\theta_2}{\varepsilon_2} \rightarrow \frac{\tan\theta_1}{\tan\theta_2} = \frac{\varepsilon_1}{\varepsilon_2}$$

과년도 »

동일 공식	$\dfrac{\tan\theta_1}{\tan\theta_2}=\dfrac{\varepsilon_1}{\varepsilon_2}$	$\dfrac{\tan\theta_2}{\tan\theta_1}=\dfrac{\varepsilon_2}{\varepsilon_1}$	$\varepsilon_1\tan\theta_2=\varepsilon_2\tan\theta_1$

(4) 유전체 경계 조건($\varepsilon_1 > \varepsilon_2$일 때)이 주어진 경우 특징

기타 조건	$\theta_1>\theta_2$, $D_1>D_2$, $E_1<E_2$ [과년도 : 유리 ε_1 > 공기 ε_2인 경우]
힘 f의 방향	유전율이 큰 쪽 ε_1 ㊅에서 작은쪽 ε_2 ㊇으로 향한다.
	[암기] ε_1㊅ $\xrightarrow{\text{힘 } f \text{ 방향}}$ ε_2㊇
특 징	• 전속선은 유전율이 큰 쪽으로 모인다. • 경계면상의 두 점 간의 전위차는 같다.

과년도 » 공기중의 전계 $E_1=10$[kV/cm]가 30°의 입사각으로 기름의 경계에 닿을 때, 굴절각 θ_2와 기름 중의 전계 E_2[V/m]는? (단, 기름의 비유전율은 3이라 한다.)

풀이

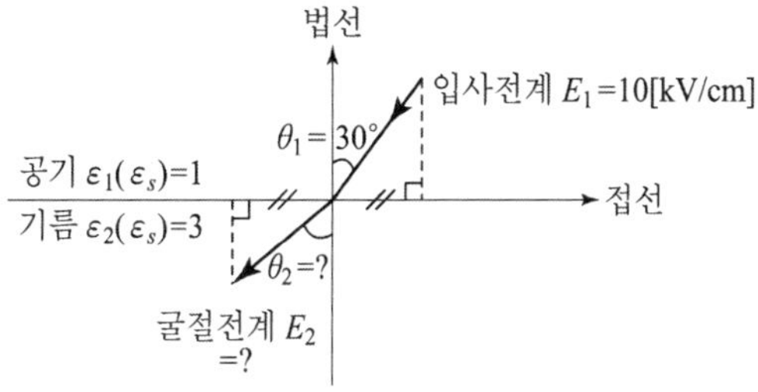

① 굴절의 법칙 적용(굴절각 θ_2 계산)

$$\frac{\tan\theta_1}{\tan\theta_2}=\frac{\varepsilon_1}{\varepsilon_2} \rightarrow \tan\theta_2=\frac{\varepsilon_2}{\varepsilon_1}\times\tan\theta_1$$

굴절각 $\theta_2=\tan^{-1}\left(\dfrac{\varepsilon_2}{\varepsilon_1}\times\tan\theta_1\right)=\tan^{-1}\left(\dfrac{3}{1}\times\tan 30°\right)=60°$

② 굴절전계 E_2 계산

$E_1\ \sin\theta_1 = E_2\ \sin\theta_2$ 에서

$$\frac{10\times10^3}{10^{-2}}\times\sin 30° = E_2\times\sin 60° \rightarrow \text{굴절전계 } E_2=\frac{10^6}{\sqrt{3}}\ [\text{V/m}]$$

(5) 강유전체의 이력곡선

자발분극을 갖고 있는 물질로서 압전성, 초전성을 띈다.

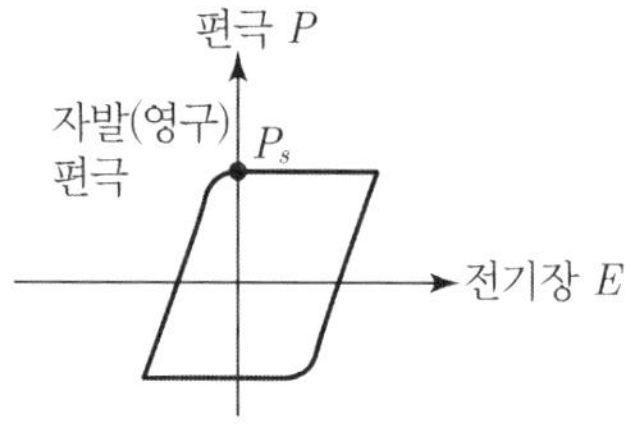

4 정전력(힘) F

- **정의** : 콘덴서 +판과 −판 사이에 작용하는 힘(유전체에 작용하는 힘)

(1) 경계면에 수직($\theta_1 = \theta_2 = 0°$)인 경우(조건 : $\varepsilon_1 > \varepsilon_2$일 때)

$D_1\cos\theta_1 = D_2\cos\theta_2 \rightarrow D_1\cos0° = D_2\cos0° \rightarrow D_1 = D_2 \rightarrow D$ 대입

구 분	동일 형태식	수직일 때 실제 적용식
내 용	힘 $f = \dfrac{D^2}{2\varepsilon}$ ⇒	힘 $f = \dfrac{1}{2}\left(\dfrac{1}{\varepsilon_2} - \dfrac{1}{\varepsilon_1}\right)D^2$ [N/m²]

(2) 경계면에 수평($\theta_1 = \theta_2 = 90°$)인 경우

구 분	동일 형태식	수평일 때 실제 적용식
내 용	힘 $f = \dfrac{1}{2}\varepsilon E^2$	힘 $f = \dfrac{1}{2}(\varepsilon_1 - \varepsilon_2)E^2$ [N/m²]

5 콘덴서 용량(재질에 따른 합성 정전용량) 계산

기 준	약 호	공 식	그림 표기	
공기 콘덴서	C_o	$= \dfrac{\varepsilon_o S}{d}$	= 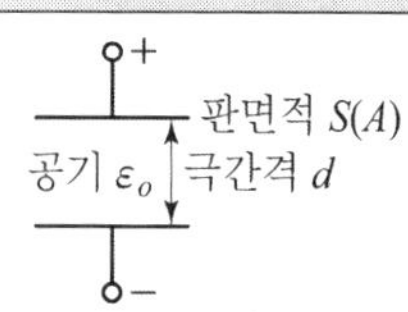	문제에서 아무 조건이 없거나, 공기 조건이 주어진 경우 사용

(1) 직렬 연결인 경우

→ 간접표현 : "평행하게" 또는 "같은 면적"인 표현이 있을 때

① 공기 및 유리 콘덴서 직렬 연결 그림

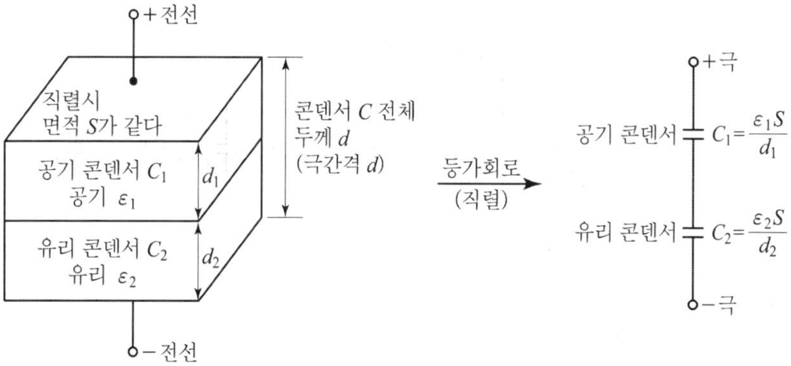

② 유도식

합성 정전용량 $C=\dfrac{C_1C_2}{C_1+C_2}=\dfrac{\dfrac{\varepsilon_1 S}{d_1}\times\dfrac{\varepsilon_2 S}{d_2}}{\dfrac{\varepsilon_1 S}{d_1}+\dfrac{\varepsilon_2 S}{d_2}}=\dfrac{\varepsilon_1\varepsilon_2 S}{\varepsilon_1 d_2+\varepsilon_2 d_1}$

출제 유형	콘덴서 두께가 다른 경우 사용 ($d_1 \neq d_2$일 때)	콘덴서 두께가 같은 경우 사용 $\left(d_1=d_2=\frac{d}{2}\text{일 때}\right)$
직렬 연결 회로도	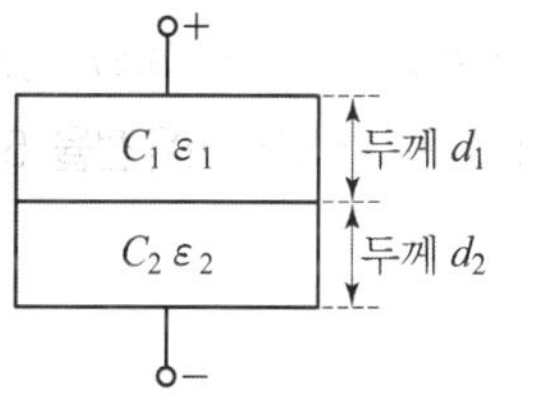	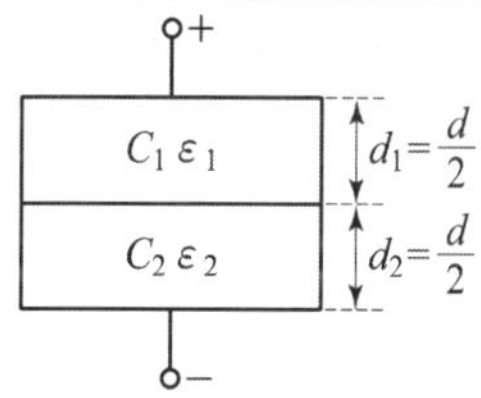
적용 공식	합성 정전용량 $C=\dfrac{\varepsilon_1\varepsilon_2 S}{\varepsilon_1 d_2+\varepsilon_2 d_1}$ [F]	합성 $C=\dfrac{2C_o(\text{공기 콘덴서})}{1+\dfrac{1}{\varepsilon_s}}$ [F]

(2) 병렬 연결인 경우

└► 간접표현 : 콘덴서 두께가 일정(같다)하다.

① 공기 및 종이 콘덴서 병렬 연결 그림

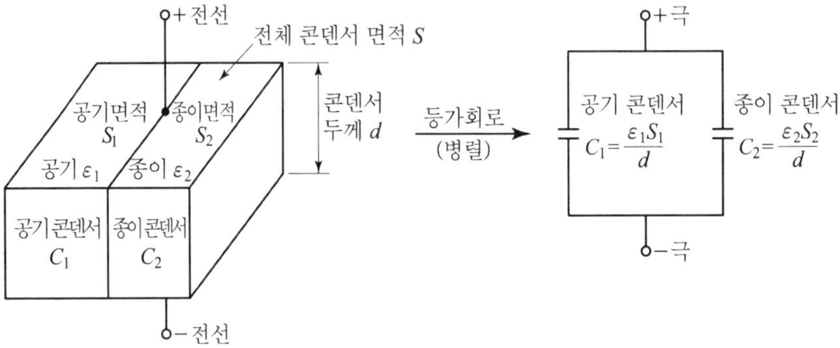

② 유도식

합성 정전용량 $C = C_1 + C_2 = \dfrac{\varepsilon_1 S_1}{d} + \dfrac{\varepsilon_2 S_2}{d} = \dfrac{1}{d}(\varepsilon_1 S_1 + \varepsilon_2 S_2)$ [F]

③ 적용식

콘덴서 병렬시 합성 정전용량 $C = \dfrac{1}{d}(\varepsilon_1 S_1 + \varepsilon_2 S_2)$ [F]

과년도 ≫ **[1]** 극 단면적 $A[\text{m}^2]$, 간격 d[m], 정전용량 30[μF]인 공기 콘덴서가 있다. 이 공기 콘덴서에 그림과 같이 절반 간격에 비유전율 5인 유전체를 채우면 정전용량은 몇 [μF]이 되겠는가?

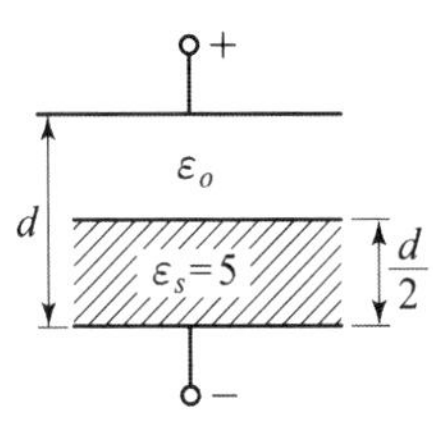

풀이 콘덴서 두께가 같은$\left(\text{절반간격 } d_1 = d_2 = \dfrac{d}{2}\right)$ 직렬시 합성 정전용량 C 계산

공기 콘덴서 C_o값	합성 정전용량 C식	계산	정답
$C_o = \dfrac{\varepsilon_o S}{d} = 30$ [μF]	$C = \dfrac{2C_o}{1+\dfrac{1}{\varepsilon_s}}$	$= \dfrac{2\times 30}{1+\dfrac{1}{5}}$	$= 50$ [μF]

과년도 ≫ [2] 그림과 같은 정전용량이 C_o[F] 되는 평행판 공기 콘덴서의 판 면적의 $\frac{2}{3}$ 되는 공간에 비유전율 ε_s 인 유전체를 채우면 공기 콘덴서의 정전용량 [F]은?

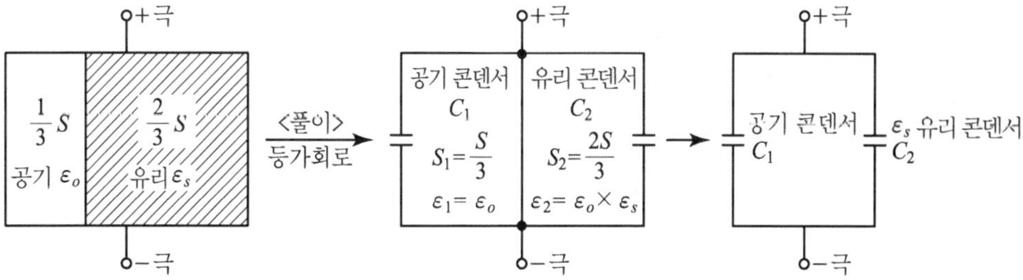

풀이 병렬합성 정전용량 $C=\frac{1}{d}(\varepsilon_1 S_1+\varepsilon_2 S_2)=\frac{1}{d}\left(\varepsilon_o\times\frac{S}{3}+\varepsilon_o\varepsilon_s\times\frac{2S}{3}\right)$

$$=\left(\frac{1}{3}+\frac{2\varepsilon_s}{3}\right)\times\left(\frac{\varepsilon_o S}{d}\right)=\frac{1+2\varepsilon_s}{3}\times C_o \text{ (공기 콘덴서)}$$

6 전속밀도 D와 푸아송의 방정식

정 의	전속밀도 D의 발산(div)은 체적전하 e[C/m^3]가 된다.
공 식	$\text{div}D=e$ [C/m^3] $\xrightarrow{\text{동일식}}$ $\nabla\cdot D=e$
	푸아송의 유도식에 적용 : $\text{div}\,\varepsilon_o E=e \rightarrow \text{div}E=\frac{e}{\varepsilon_o}$

유도식

$$\text{div}D(\nabla\cdot D)=\left(\frac{\partial}{\partial x}i+\frac{\partial}{\partial y}j+\frac{\partial}{\partial z}k\right)(D_x i+D_y j+D_z k)$$

$$=\frac{\partial D_x}{\partial x}+\frac{\partial D_y}{\partial y}+\frac{\partial D_z}{\partial z}=e\,[\text{C/m}^3]\text{값}$$

7 패러데이관

정 의	단위전하(+1C)에서 출발하는 유전속관	패러데이관 그림
성 질 (특징)	① 패러데이관 내의 전속수는 일정하다. ② 패러데이관 양단에 정(+)·부(−) 단위전하 존재 ③ 진전하가 없는 점에서 패러데이관은 연속적이다. ④ 패러데이관의 밀도=전속밀도	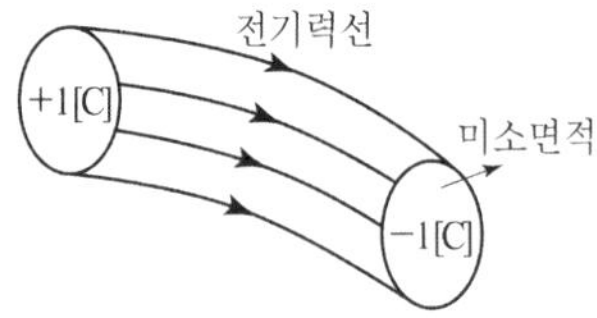

용어

진전하(참전하) : 밖에서 전자가 물질의 분자(원자)에 들어와 음(−)전하를 띠거나 분자(원자)가 전자를 잃어서 양(+)전하를 띠는 전하

8 유전체의 특수효과

(1) 파이로 전기(Pyro electricity)

전기석과 같은 결정체를 냉각시키거나 가열시키면 전기분극[한 +면에 부(−)의 전기 발생]이 일어나는 현상

예 전기석, 수정, 로셀염 등

(2) 압전효과(압전기)

파이로 전기가 발생되는 수정에 기계적 응력을 가하면 전기가 생기는 효과

예 수정 발전기, 초음파 발생기, crystal pick-up 등(일정 주파수 발진회로, 금속탐상, 수중탐색)

구 분	종 효과	횡 효과
내 용	분극이 응력에 수평방향으로 발생 현상 [힘(응력)과 분극이 동일방향일 때]	분극이 응력에 수직방향으로 발생 현상 [힘과 분극이 수직방향일 때]

과년도 >> [1] 동일 규격 콘덴서의 극판간에 유전체를 넣으면 용량, 전위차, 전계의 세기는?

풀이 유전체 추가시 : 비유전율 ε_s 추가되었다는 의미 → $\varepsilon_o \times \varepsilon_s$ 사용

① (정전)용량 $C = \dfrac{\varepsilon_o S}{d} \xrightarrow{\varepsilon_s \text{ 추가시}} \dfrac{\varepsilon_o \varepsilon_s S}{d}$

∴ 용량 $C \propto \varepsilon_s$ (비례관계)

② 전위 $V=\dfrac{Q}{C}=\dfrac{Q}{\dfrac{\varepsilon_o S}{d}}=\dfrac{dQ}{\varepsilon_o S}\xrightarrow{\varepsilon_s \text{ 추가시}}\dfrac{dQ}{\varepsilon_o \varepsilon_s S}$

∴ 전위차 $V \propto \dfrac{1}{\varepsilon_s}$ (반비례관계)

출제 유형	비유전율 ε_s 와 비례관계값	ε_s 와 반비례관계값
유전체(ε_s) 추가시 용량과 크기의 관계	(정전)용량 $C \propto \varepsilon_s$ 즉 $C(\uparrow$증가$) \propto \varepsilon_s(\uparrow$증가$)$	크기(전위 V, 전계 E, 힘 f)$\propto \dfrac{1}{\varepsilon_s}$ 즉 $V(\uparrow$증가$) \propto \dfrac{1}{\varepsilon_s(\downarrow \text{감소})}$
암기법	용비(ⓐ용량은 ε_s 에 (비)례)	크반((크)기는 ε_s 에 (반)비례)

과년도 ≫ **[2]** 정전용량이 C인 콘덴서의 극판 사이에 비유전율이 4인 유전체를 제거하여 공기로 하였을 때의 용량을 C_o라고 하면 C와 C_o의 관계는?

풀이 방법1. 용비와 크반을 적용한다.

∴ 비유전율 4일 때 용량 $C=\varepsilon_s C_o$(공기 콘덴서) $=4C_o$ [F]

방법2. 공기콘덴서 $C_o=\dfrac{\varepsilon_o S}{d}\xrightarrow[\text{추가시}]{\varepsilon_s=4}$ 새로운 콘덴서 $C=\dfrac{\varepsilon_o \varepsilon_s S}{d}$

∴ 비유전율 4일 때 용량 $C=\varepsilon_s \times \dfrac{\varepsilon_o S}{d}=4C_o$ [F]

제5장

전계의 특수해법(전기영상법)

핵심내용

구 분	동일 명칭	심벌(그림)
기초 사항	대지(땅) = 접지(영상) = 무한평면 의미 = 거울	= 대지
대지의 특징	대지전위 $V=0$(영전위), 극성 ⊖	또는
정답 형태	⊖값(대지에서의 값)	

1 무한평면과 점전하

• **정의** : 대지(무한평면)와 점전하 Q 사이의 전계, 전속밀도, 힘 계산

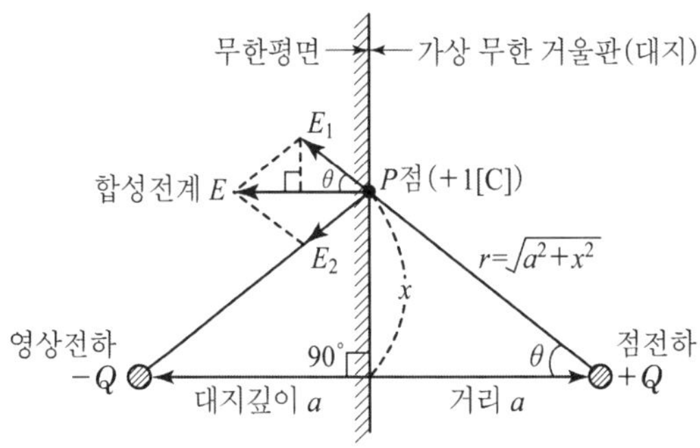

(1) P점에서의 전계의 세기 E값

① 유도식

$$E=2E_1\cos\theta=2\times\frac{Q}{4\pi\epsilon_o\left(\sqrt{a^2+x^2}\right)^2}\times\frac{a}{\sqrt{a^2+x^2}}=\frac{aQ}{2\pi\varepsilon_o(a^2+x^2)^{\frac{3}{2}}}$$

② 적용식

정의	전계 E 공식
거리 x만큼 떨어진 P점에서 전계 E값	$E = \dfrac{aQ}{2\pi\varepsilon_o(a^2+x^2)^{\frac{3}{2}}}$ [V/m]

(2) (대지) 표면 **전속(전하)밀도** $e(D)$**값**

① 유도식

$$e \text{ 또는 } D = -\varepsilon_o E = -\frac{aQ}{2\pi(a^2+x^2)^{\frac{3}{2}}} \text{ [C/m}^2\text{]} \text{ (}-\text{는 대지 영상 의미)}$$

② 최대전속밀도 e_{max} 공식

적용식	조 건	그림 출제 유형	공식
$D = -\varepsilon_o E$	거리 $x=0$일 때 점전하 수직(90°)인 지점의 대지	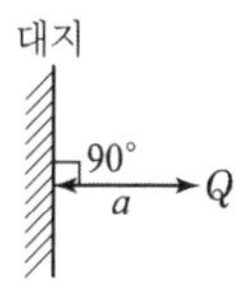 또는 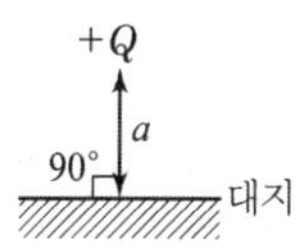	$e_{max} = -\dfrac{Q}{2\pi a^2}$

(3) 무한평면(대지)와 구전하(Q) 사이의 작용힘 F

① 유도식

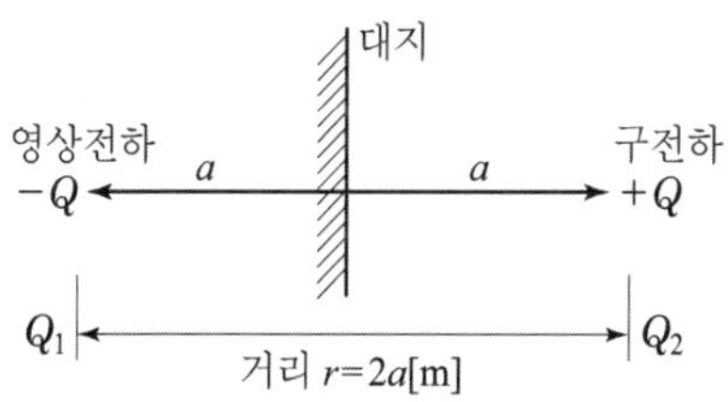

두 전하 사이의 힘 $f = \dfrac{Q_1 Q_2}{4\pi\varepsilon_o r^2}$ (쿨롱의 법칙 적용)

$$f = \frac{-Q\times Q}{4\pi\varepsilon_o(2a)^2} = -\frac{Q^2}{16\pi\varepsilon_o a^2} = -2.25\times10^9\frac{Q^2}{a^2} \text{ [N]}$$

② 적용식

정 의	힘 f 적용식	힘 f의 종류
무한평면에서 거리 a[m] 떨어진 구전하 사이 힘	힘 $f = -\dfrac{Q^2}{16\pi\varepsilon_o a^2}$ [N]	−는 흡인력 의미

과년도 » 평면도체 표면에서 d[m]의 거리에 점전하 Q[C]이 있을 때 이 전하를 무한원까지 운반하는 데 요하는 일[J]을 구하면?

풀이 무한평면(평면도체 표면, 대지)과 점전하 사이 일 W 계산

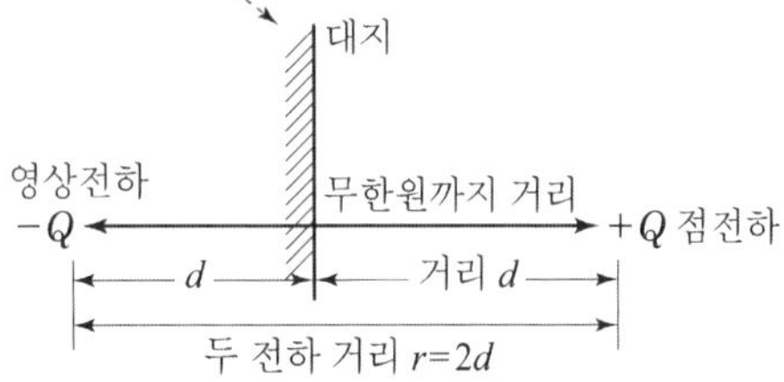

전하 Q를 무한원(대지 표면)까지 운반하는 데 일 W 값 계산

$$일\ W = 힘\ F \times 이동거리\ d = \frac{-Q \times Q}{4\pi\varepsilon_o (2d)^2} \times d = \frac{Q^2}{16\pi\varepsilon_o d}\ [\mathrm{J}]$$

2 접지 도체구(대지, 지구)와 점전하 Q

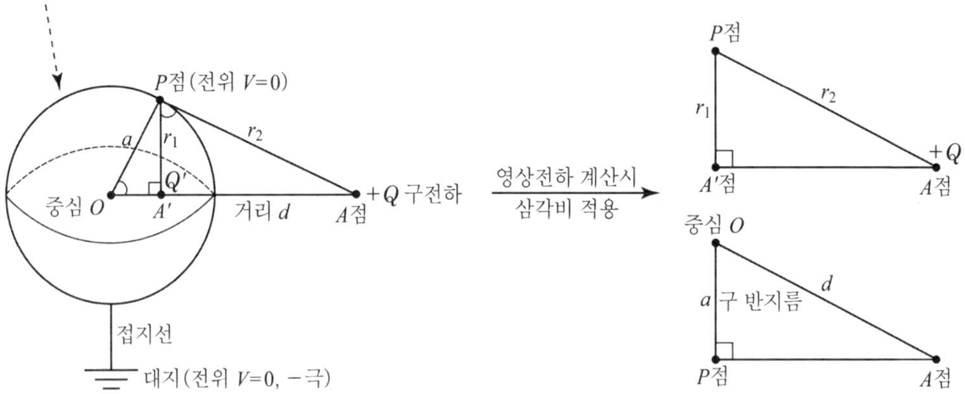

(1) 영상전하 Q' 계산

① 유도식

$$P점의\ 전위\ V = \frac{Q'}{4\pi\varepsilon_o r_1} + \frac{Q}{4\pi\varepsilon_o r_2} = 0$$

$$\therefore\ 영상전하\ Q' = -\frac{r_1}{r_2} \times Q = -\frac{a}{d} \times Q[\mathrm{C}]$$

② 적용식

정 의	접지도체구에서 유기(발생)되는 전하 Q'(영상전하)
공 식	영상전하 $Q' = -\frac{a}{d} \times$구전하 Q[C] (단, 구의 반지름 a, 거리 d)

(2) 영상전하 위치 $\overline{OA'}$ 계산

① 유도식

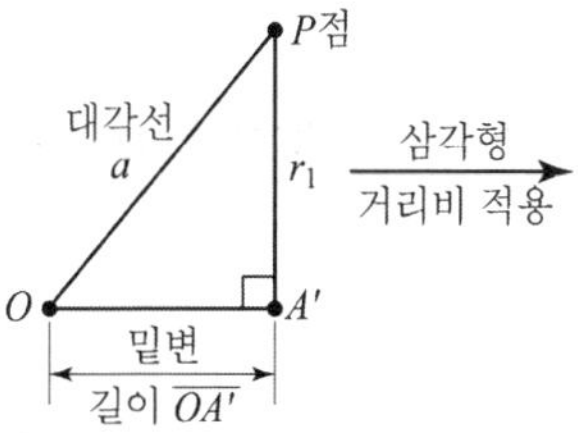

$$\frac{\text{밑변 길이}}{\text{대각선 길이}} = \frac{\overline{OA'}}{a} = \frac{a(\text{밑변})}{d(\text{대각선})}$$

$$\therefore \text{ 영상전하 위치 } \overline{OA'} = \frac{a^2}{d}[\mathrm{m}]$$

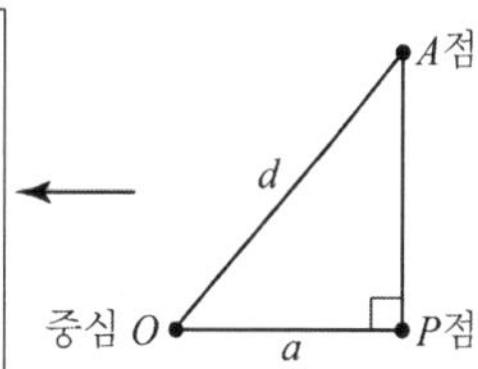

② 적용식

정 의	접지구 중심 O로부터 영상전하 Q'까지 거리(영상전하 위치)
영상전하 위치공식	$\overline{OA'} = \frac{a^2}{d}[\mathrm{m}]$ (단, 구 반지름 a, 거리 d)

(3) 두 전하(영상전하 Q'와 구전하 Q) 사이의 힘 F 계산

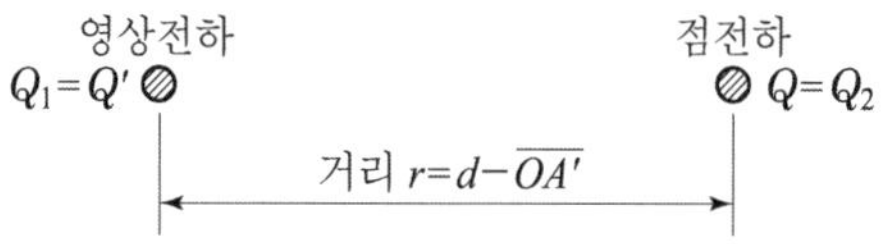

유도식

쿨롱의 법칙 적용 → 힘 $f = \frac{Q_1 Q_2}{4\pi\varepsilon_o r^2}$ 식에 조건을 대입한다.

$$\text{힘 } f = \frac{QQ'}{4\pi\varepsilon_o(d-\overline{OA'})^2} = \frac{Q\times\left(-\frac{a}{d}Q\right)}{4\pi\varepsilon_o\left(d-\frac{a^2}{d}\right)^2} = \frac{-adQ^2}{4\pi\varepsilon_o(d^2-a^2)^2}\ [\mathrm{N}]$$

정리

	영상전하	영상전하 위치	두 전하 사이의 힘
접지 도체구와 점전하에서	$Q' = -\frac{a}{d}Q\,[\mathrm{C}]$	$\overline{OA'} = \frac{a^2}{d}\ [\mathrm{m}]$	$F = \frac{-adQ^2}{4\pi\varepsilon_o(d^2-a^2)^2}\ [\mathrm{N}]$

과년도 ≫ 반경이 0.01[m]인 구도체를 접지시키고 중심으로부터 0.1[m]의 거리에 10[μC]의 점전하를 놓았다. 구도체에 유도된 총 전하량은 몇 [μC]인가?

풀이 접지도체에 유도된 전하(영상전하) Q' 계산

<table>
<tr><th>접지도체구 그림</th><th>영상전하 Q' 계산</th></tr>
<tr><td>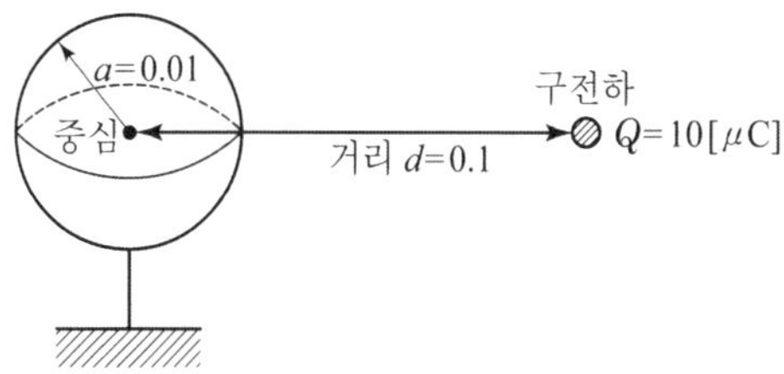
</td><td>$Q' = -\frac{a}{d}Q$
$= -\frac{0.01}{0.1}\times 10 = -1[\mu C]$</td></tr>
</table>

3 무한평면(대지)과 선전하(원주)

- **정의** : 가공전선(원주)과 대지 사이의 전계, 힘, 정전용량 계산

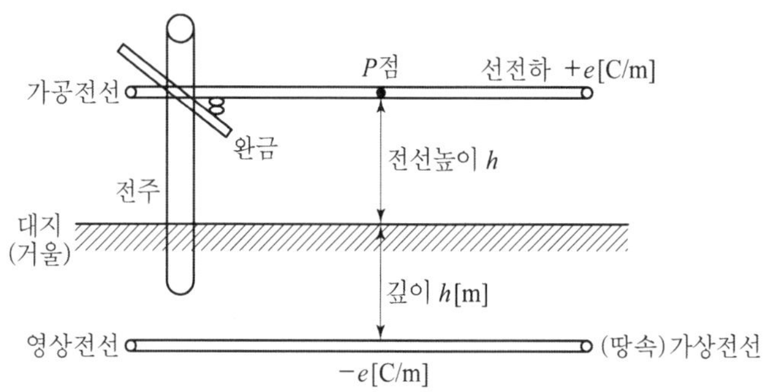

(1) (가공전선 P점에서) 전계의 세기 E

<table>
<tr><th>이해 그림</th><th>P점에서 전계 E값식</th></tr>
<tr><td>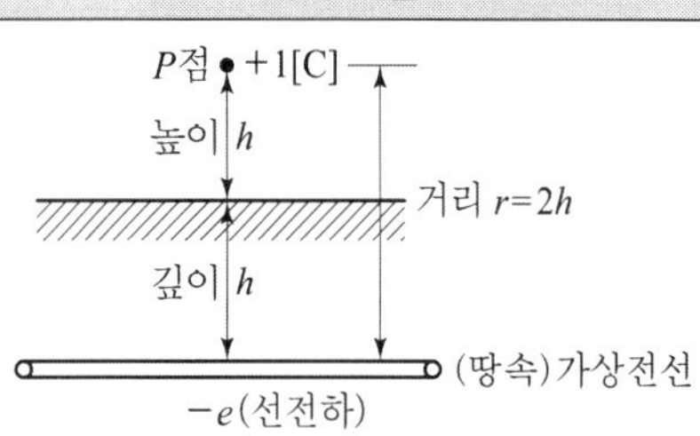
</td><td>$E = -\frac{e}{4\pi\varepsilon_o h}$ [V/m]</td></tr>
</table>

유도식

$$\therefore \text{ 전계 } E = \frac{\lambda}{2\pi\varepsilon_o r}(\text{원주값 적용}) = \frac{-e}{2\pi\varepsilon_o \times (2h)} = -\frac{e}{4\pi\varepsilon_o h} \text{ [V/m]}$$

(2) 무한평면과 원주(전선) 사이의 작용 힘 F(1m당)

힘 $F = eE = e\times\left(-\dfrac{e}{4\pi\varepsilon_o h}\right) = -\dfrac{e^2}{4\pi\varepsilon_o h}$ [N/m]

정리

구 분	전계의 세기	작용 힘	거리 h와 관계
무한평면과 선전하 사이식	$E=-\dfrac{e}{4\pi\varepsilon_o h}$ [V/m]	$F=-\dfrac{e^2}{4\pi\varepsilon_o h}$ [N]	E와 $F\propto\dfrac{1}{h}$(반비례)
동일 용어	선전하 = 원주(무한장직선) = 동축원통 = 전선 = 선		

과년도 ≫ 대지면에 높이 h[m]로 평행 가설된 매우 긴 선전하(선전하 밀도 λ[C/m])가 지면으로부터 받는 힘[N/m]은?

풀이 대지(무한평면)와 선전하 사이 작용 힘 F

구 분	공식 또는 계산 적용	F와 h의 반비례 표기	F와 h의 반비례 문구
적용식 및 내용	힘 $F=-\dfrac{\lambda^2}{4\pi\epsilon_o h}$[N]	힘 $F\propto\dfrac{1}{h(\text{높이, 거리})}$	대지와 선전하(전선) 사이의 힘 f는 높이(거리) h에 반비례한다.
반비례값	전계 E와 힘 $F\propto\dfrac{1}{h}$		

(3) 무한평면(대지)과 원주(전선) 사이 정전용량 C(1m당)

이해 그림	전선 1m당 정전용량 C식
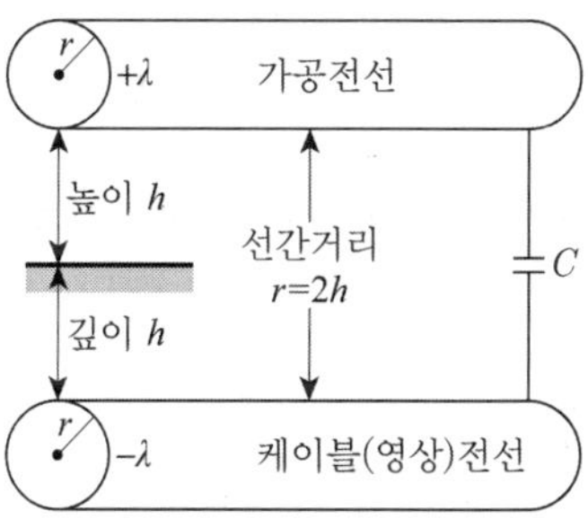	$C=\dfrac{2\pi\varepsilon_o}{\ln\dfrac{2h}{r}}$ [F/m]

제 6 장

전류 I [A]

1 전류밀도 i [A/m^2]

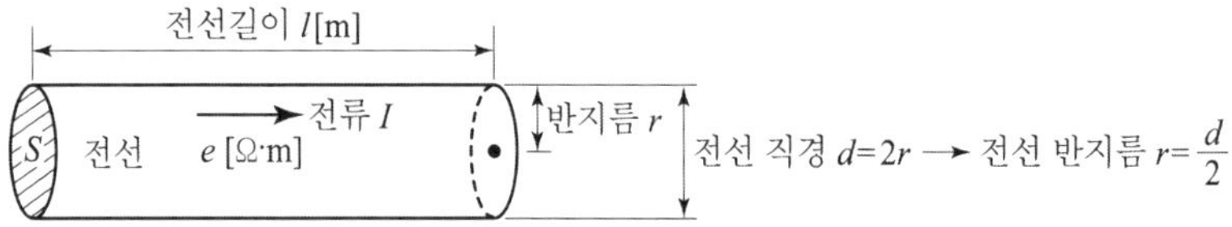

정 의	전선 단면적 S 내에 이동하는 전류 I의 밀도
정의 식	전류밀도 $i=\frac{I}{S}$ [A/m^2] $=\frac{I}{\pi r^2}=\frac{I}{\frac{\pi d^2}{4}}$
용 어	전선의 단면적 $S(A)$ [m^2], 전선길이 l [m], 전선 반지름 r [m] 전선의 직경 d[m], 고유저항 e [Ω · m] $=\frac{1}{k(\delta)}$ 〈과년도〉 저항 크기 순서 : 은 $<$ 구리 $<$ 금 $<$ 알루미늄 도전율 $k(\delta)$ [℧/m] $=\frac{1}{\text{고유저항 } e}$ 〈과년도〉 전도율 크기 순서 : 은 $>$ 구리 $>$ 금 $>$ 알루미늄
전기저항 R	전선 자신이 갖고 있는 저항 $R=e\frac{l}{S}$ [Ω]

과년도 ≫ 지름 2.6[mm]의 동선에 48[A]의 전류가 흐를 때 전류밀도는 약 몇 [A/mm^2]인가?

풀이 전선의 전류밀도 i 값 계산

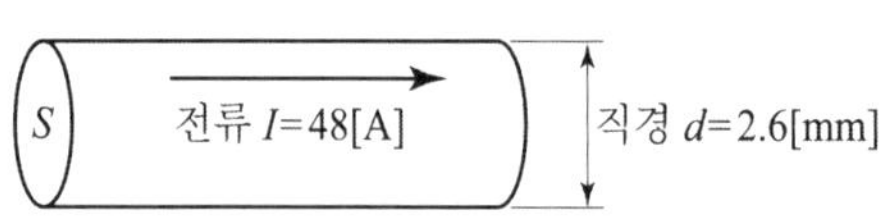

$$\text{전류밀도 } i=\frac{\text{전선에 흐르는 전류 } I}{\text{전선 단면적 } S}=\frac{I}{\frac{\pi d^2}{4}}=\frac{48}{\frac{3.14\times 2.6^2}{4}}=9\text{ [A/mm}^2\text{]}$$

유도식 1 전류밀도 i

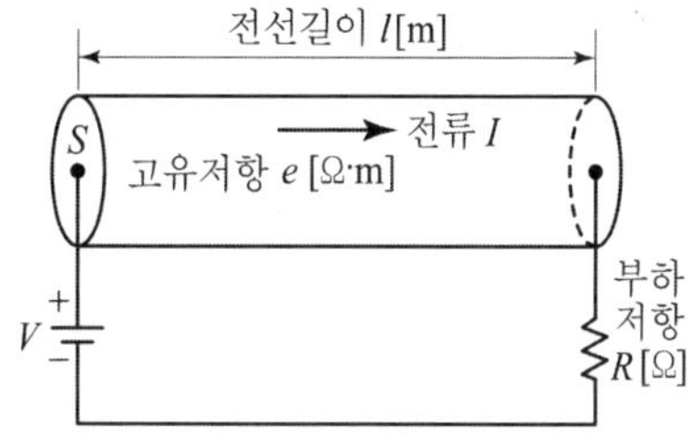

$$i = \frac{I}{S} \xrightarrow[\text{대입}]{\text{전류 } I=\frac{V}{R}} = \frac{V}{RS}$$

$$\xrightarrow[\text{대입}]{R=e\frac{l}{S}} \frac{V}{e\frac{l}{S}\times S} = \frac{V}{el} = k\frac{V}{l}$$

유도식 2 $i =$ 전하 $Q\times$ 전자이동속도 V

$=$ 전자이동개수 $n\times$ 전자 1개 크기 $e\times$ 이동속도 v[A/m²]

정리

구 분	기본 공식	응용 공식
전류밀도 i 공식	$i=\frac{I}{S}=k\frac{V}{l}=kE$ [A/m²]	$i=Qv=nev$ [A/m²]
전하 Q식 및 전자개수 공식	$Q=$ 전류 $I\times$ 시간 $t=$ 전자개수 $n\times$ 전자크기 e[C] (전자크기 e = 1.602×10^{-19}[C]) ∴ 전자개수 $n=\frac{I\times t}{e(1.602\times10^{-19})}$ [개]	

[1] 대지 중의 두 전극 사이에 있는 어떤 점의 전계의 세기가 $E=6$[V/cm²] 지면의 도전율이 $K=10^{-4}$[℧/cm]일 때 이 점의 전류밀도는 몇 [A/cm²]인가?

풀이 전류밀도 $i=$도전율 $k\times$전계 E

$= 10^{-4}\times6 = 6\times10^{-4}$ [A/cm²]

[2] 10[mm]의 지름을 가진 동선에 50[A]의 전류가 흐를 때 단위시간에 동선의 단면을 통과하는 전자의 수는 얼마인가?

풀이 전선의 단면을 통과한 전자개수 n 계산

적용식	전자개수 n식	계산	정답
전하 $Q=I\times t$ $=ne$	$n=\frac{\text{전류 } I\times \text{ 시간 } t}{\text{전자크기 } e}$	$=\frac{50\times1\text{초(단위시간)}}{1.602\times10^{-19}}$	$=31.25\times10^{+19}$[개]

2 도체저항과 저항온도계수

(1) 도체(전선)과 저항 R

정 의	전선(도체)에 전류 I 흐름 → 전선의 온도 T 증가 → 전선저항 R 증가
식 표기	전선저항 $R \propto$ 온도 T (전선저항 R은 온도 T에 비례한다 → 정특성)

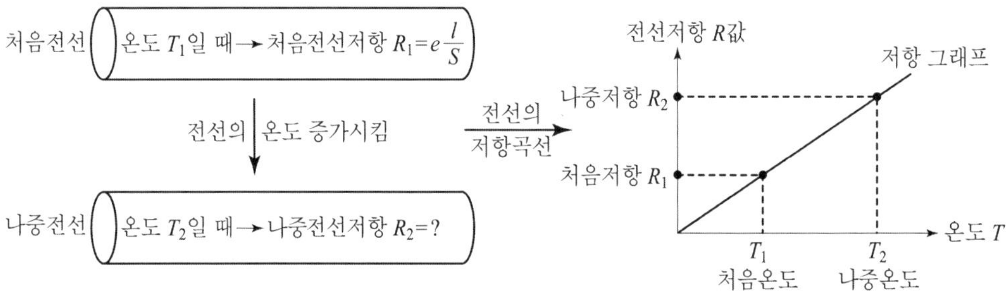

출제 유형	처음저항 R_1 값이 주어진 경우 사용식	고유저항 e, 길이 l, 단면적 S가 주어진 경우 사용식
나중저항 $R_2[\Omega]$ 공식 (온도 T_2일 때)	$R_2 = R_1[1+\alpha(T_2-T_1)]$	$R_2 = e\frac{l}{S} \times [1+\alpha(T_2-T_1)][\Omega]$

(2) 저항온도계수 α

① **정의** : 저항 R_1에 대한 온도 매 1[℃]마다의 저항증가율

② **식**
- 온도 0[℃]일 때 온도계수 $\alpha_o = \frac{1}{234.5}$
- 온도 t[℃]일 때 온도계수 $\alpha_t = \frac{1}{234.5+t}$

③ 두 도체 합성저항 온도계수 α 계산

과년도 ≫ **[1]** 저항 10[Ω]인 구리선과 30[Ω]의 망간선을 직렬 접속하면 합성저항 온도계수는 몇 [%]인가? (단, 동선의 저항온도계수는 0.4[%], 망간선은 0이다.)

풀이 합성저항 온도계수 α 계산

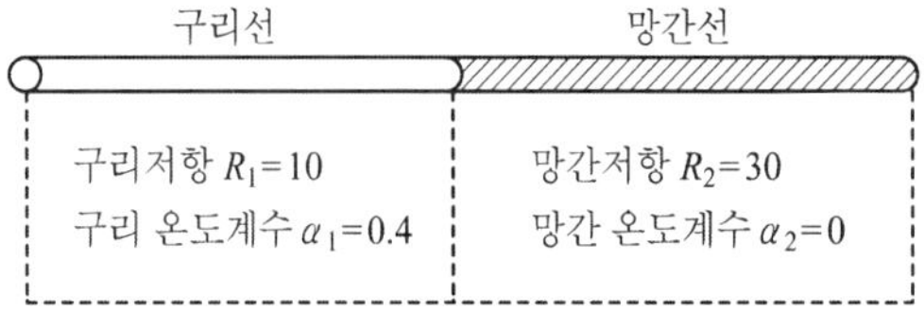

$$\therefore \alpha = \frac{R_1\alpha_1 + R_2\alpha_2}{R_1+R_2} = \frac{10\times0.4+30\times0}{10+30} = 0.1[\%]$$

과년도 >> **[2]** 20[℃]에서 저항온도계수 $\alpha_{20}=0.004$인 저항선의 저항이 100[Ω]이다. 이 저항선의 온도가 80[℃]로 상승될 때 저항은 몇 [Ω]이 되겠는가?

풀이 나중저항(온도 80℃일 때 저항) R_2 계산

나중저항 $R_2=$ 처음저항 $R_1\left[1+\alpha_{20}(\text{나중온도 } T_2-\text{ 처음온도 } T_1)\right]$

$$=100\times[1+0.004(80-20)]=124[\Omega]$$

3 전기저항 R과 정전용량 C

정　　의	전기가 충전되는 물체(콘덴서, 전선피복, ±전선 사이)의 저항 R값 계산
적용 공식	$RC=e\,\varepsilon$

유도식

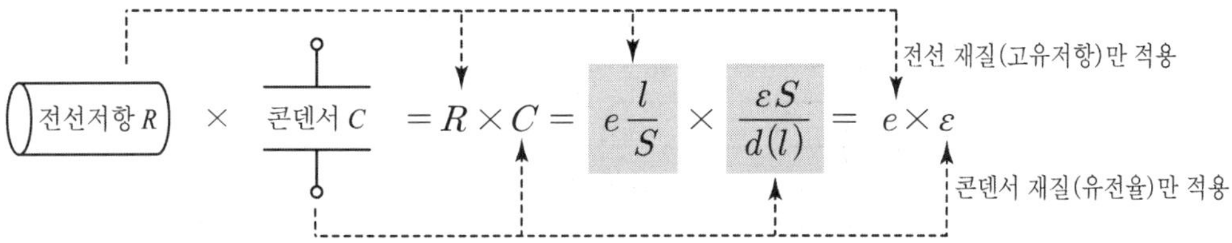

$\therefore\ RC=e\,\varepsilon\rightarrow$ 전기저항 계산은 $R=\dfrac{e\,\varepsilon}{C}[\Omega]$ 식을 적용하면 된다.

과년도 >> 도체의 종류에 따른 저항 R값 계산

1) 고립 도체구의 저항 R값

고립 도체구 그림	(저항 R) 유도식	저항 R값
	$R=\dfrac{e\,\varepsilon}{C(\text{고립 도체구})}=\dfrac{e\,\varepsilon}{4\pi\varepsilon a}$	$=\dfrac{e}{4\pi a}[\Omega]$

2) 반구의 저항 R값

반구 그림	(저항 R) 유도식	저항 R값
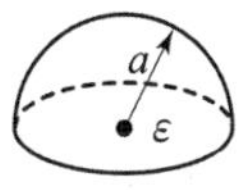	$R=\dfrac{e\,\varepsilon}{C(\text{반구값})}=\dfrac{e\,\varepsilon}{\frac{1}{2}\text{배}\times 4\pi\varepsilon a}$	$=\dfrac{e}{2\pi a}[\Omega]$

3) 동심구의 저항 R값

동심구 그림	저항 R값 식	용 어
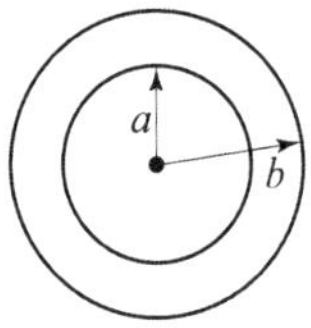	$R=\frac{e}{4\pi}\times\left(\frac{1}{a}-\frac{1}{b}\right)\,[\Omega]$	• 고유저항 $e\,[\Omega\cdot\mathrm{m}]$ • 반지름 $a, b\,[\mathrm{m}]$ • $\pi=3.14$

유도식

$$\text{저항 } R=\frac{e\varepsilon}{C(\text{동심구값})}=\frac{e\varepsilon}{\frac{4\pi\varepsilon}{\frac{1}{a}-\frac{1}{b}}}=\frac{e}{4\pi}\times\left(\frac{1}{a}-\frac{1}{b}\right)\,[\Omega]$$

4) 원주의 저항 R값

원주(전선 1가닥) 그림	저항 R값 식	용 어
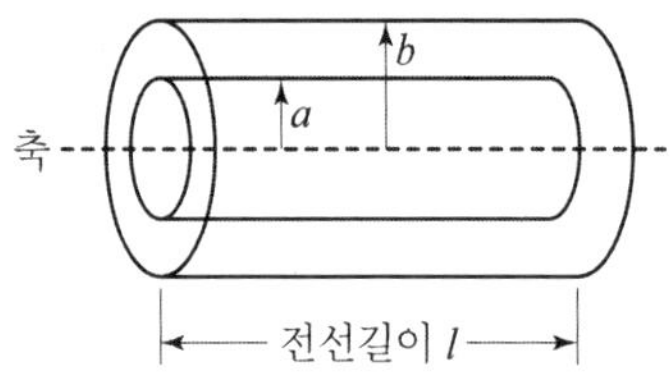	$R=\frac{e}{2\pi l}\ln\frac{b}{a}\,[\Omega]$	• 반지름 $a\,[\mathrm{m}]$ • 반지름 $b\,[\mathrm{m}]$ • 고유저항 e

유도식

$$\text{저항 } R=\frac{e\varepsilon}{C(\text{원주값})}=\frac{e\varepsilon}{\frac{2\pi\varepsilon}{\ln\frac{b}{a}}\times l}=\frac{e}{2\pi l}\ln\frac{b}{a}\,[\Omega]$$

5) 평행도선의 저항 R값

평행도선(전선 2가닥) 그림	저항 R값 식	용 어
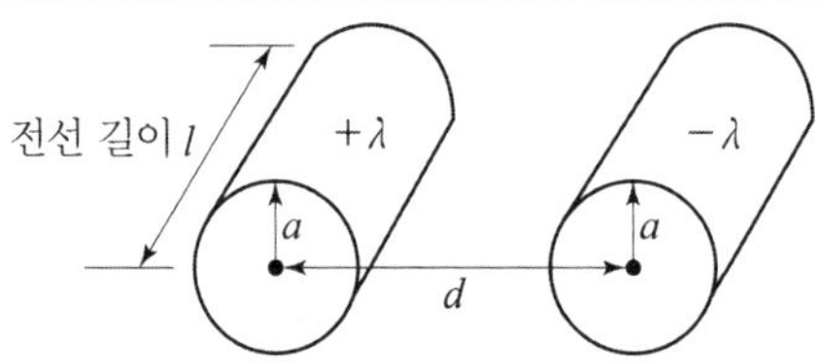	$R=\frac{e}{\pi l}\ln\frac{d}{a}\,[\Omega]$	• 반지름 $a\,[\mathrm{m}]$ • 선간거리 $d\,[\mathrm{m}]$ • 선전하 λ • 고유저항 e

유도식

$$\text{저항 } R=\frac{e\varepsilon}{C(\text{평행도선값})}=\frac{e\varepsilon}{\frac{\pi\varepsilon}{\ln\frac{d}{a}}\times l}=\frac{e}{\pi l}\ln\frac{d}{a}\,[\Omega]$$

point

• **저항 R값 정리**

도체 종류	고립도체구	반구	동심구	원주	평행도선
전기저항 R값 공식	$\frac{e}{4\pi a}$	$\frac{e}{2\pi a}$	$\frac{e}{4\pi}\times\left(\frac{1}{a}-\frac{1}{b}\right)$	$\frac{e}{2\pi l}\ln\frac{b}{a}$	$\frac{e}{\pi l}\ln\frac{d}{a}$

과년도 **[1]** 내경이 2[cm], 외경이 3[cm]인 동심 구도체간에 고유저항이 $1.884\times10^2[\Omega\cdot m]$인 저항물질로 채워져 있는 경우 내외구간의 합성저항은 약 몇 [Ω] 정도 되겠는가?

풀이 동심 구 도체의 전기저항 R값 계산

적용식	계산	정답
$R=\frac{e}{4\pi}\times\left(\frac{1}{a}-\frac{1}{b}\right)$	$=\frac{1.884\times10^2}{4\times3.14}\times\left(\frac{1}{2\times10^{-2}}-\frac{1}{3\times10^{-2}}\right)$	$=250[\Omega]$

과년도 **[2]** 액체 유전체를 포함한 콘덴서 용량이 C[F]인 것에 V[V] 전압을 가했을 경우에 흐르는 누설전류는 몇 [A]인가? (단, 유전체의 비유전율은 ε_s이며, 고유저항은 $e\,[\Omega\cdot m]$이라 한다.)

풀이 콘덴서의 누설전류 i 계산

대입식	누설전류 i 적용식	계산	정답
저항 $R=\frac{e\varepsilon}{C}$	$i=\frac{V}{R}$	$=\frac{V}{\frac{e\varepsilon}{C}}$	$=\frac{CV}{e\varepsilon}$[A]

4 건전지

건전지 1개 그림	건전지 표기 및 심벌	성립식
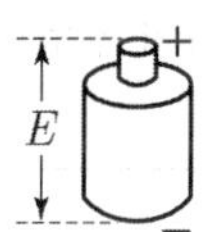	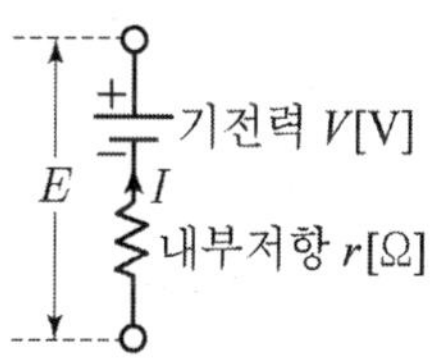	전체전압＝기전력＋전압강하 ↓ $E = V + I\times r$

(1) 직렬연결인 경우(각 저항의 전류 I가 일정하다)

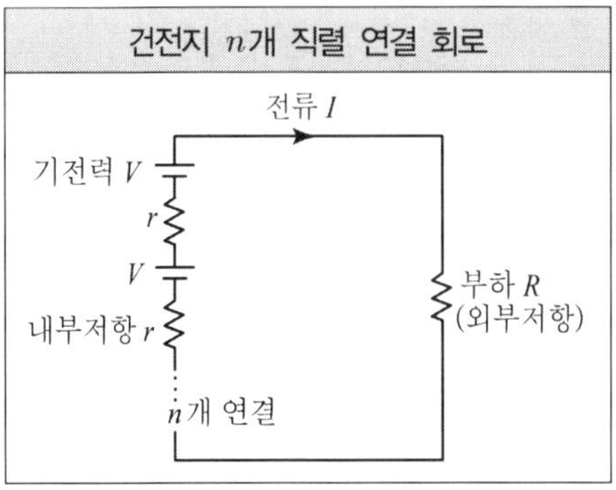

→

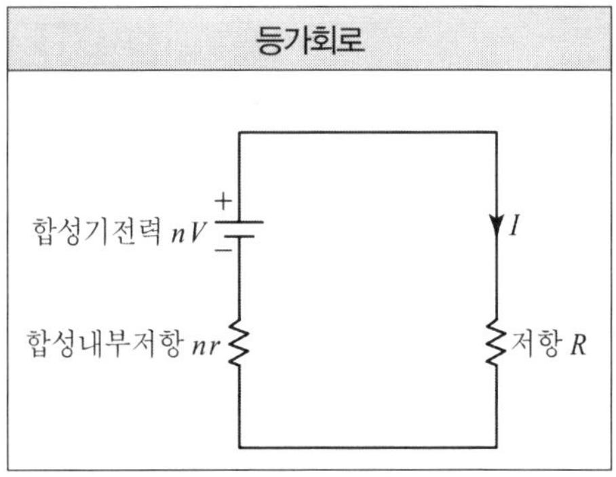

$$\therefore \text{ 부하전류 } I = \frac{\text{합성기전력}}{\text{합성저항}} = \frac{nV}{nr+R}[\text{A}]$$

(2) 병렬연결인 경우(각 저항의 전압 V가 같다)

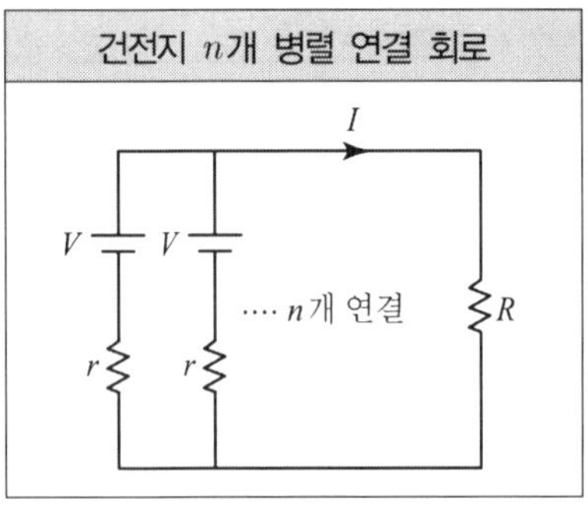

→

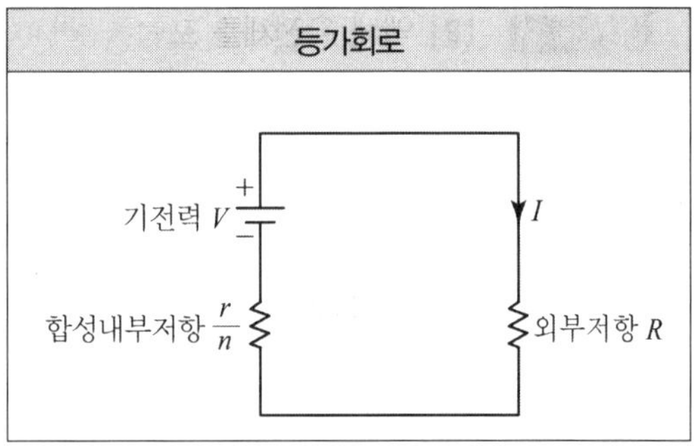

$$\therefore \text{ 부하전류 } I = \frac{\text{합성기전력}}{\text{합성저항}} = \frac{V}{\frac{r}{n}+R}[\text{A}]$$

(3) 배율기

정 의	더 많은 전압을 공급하기 위해 저항 R_m을 직렬로 삽입하여 전압의 측정범위를 확대시키는 것
적용 공식	배율 $M(\text{전압비}) = \frac{E}{V} = 1 + \frac{R_m(\text{배율기 저항})}{r(\text{전압계 내부저항})}$

① 회로

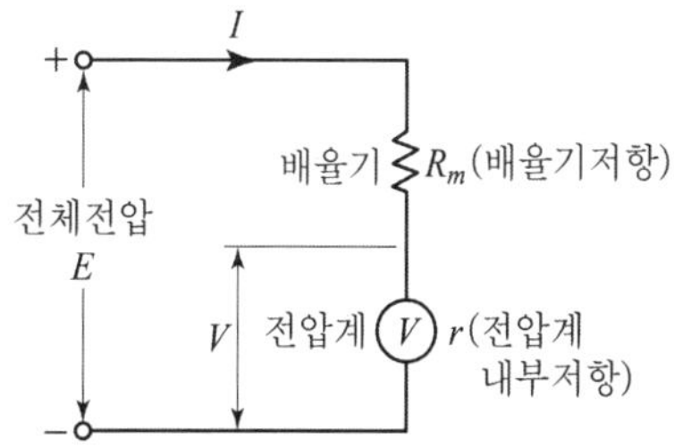

② 유도식

$$E = IR_m + Ir$$
$$= Ir\left(1 + 전압측정확대비\frac{R_m}{r}\right)$$

③ 배율 $M = \dfrac{E}{Ir} = \dfrac{E(\text{전체 전압})}{V(\text{전압계 전압})} = 1 + \dfrac{R_m}{r}$

(4) 분류기

정 의	전류의 측정범위를 확대(더 많은 전류 공급)하기 위해 저항을 병렬 삽입시킨 것
적용 공식	분류비 $M(\text{전류비}) = \dfrac{I}{I_r} = 1 + \dfrac{r(\text{전류계 내부저항})}{R_m(\text{분류기 저항})}$

① 회로

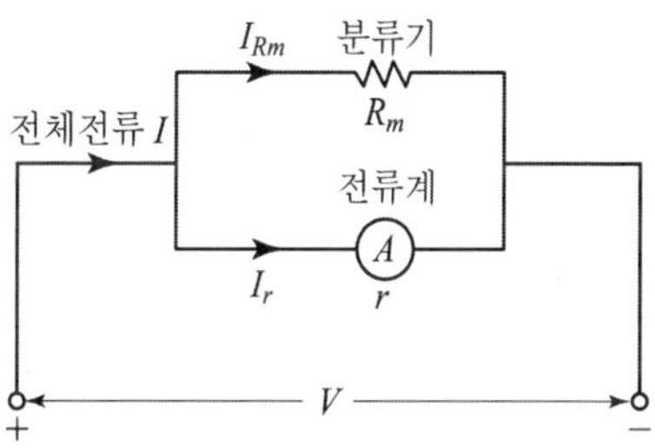

② 유도식

$$I = I_r + I_{Rm}$$
$$= \frac{V}{r} + \frac{V}{R_m}$$
$$= \frac{V}{r}\left(1 + \frac{r}{R_m}\right) = I_r\left(1 + \frac{r}{R_m}\right)$$

③ 분류비 $M = \dfrac{I(\text{전체 전류 } I)}{I_r(\text{전류계 전류})} = 1 + \dfrac{r}{R_m}$

5 열전현상

(1) 제백(Seeback) 효과

① **정의** : 두 종류의 금속의 접속점에 온도의 차이를 주면 열기전력이 발생하여 전류가 흐른다.(온도차 → 전기 발생)

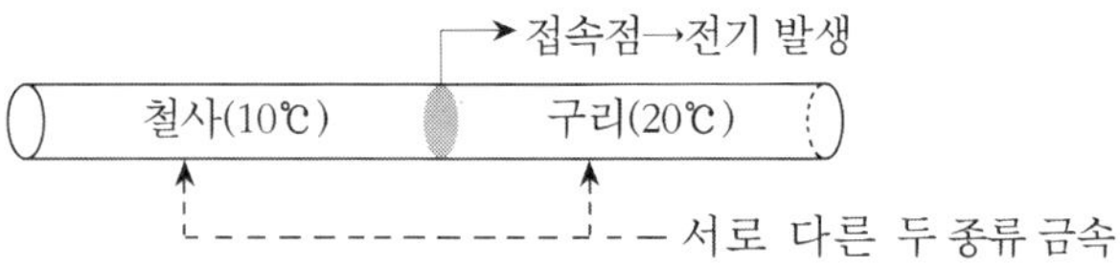

② **용도** : 열전 온도계(열전쌍 이용, 온도 측정), 열전계기, 열전대식 감지기

(2) 펠티에(Peltier) 효과

① **정의** : 두 종류의 금속의 접속점에 전류를 흘리면 열의 흡수, 또는 발생현상이 생기는 것(전류차 → 열 흡수)

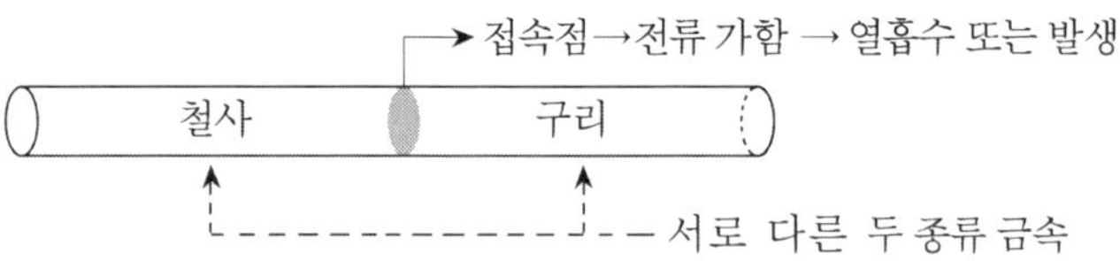

② **용도** : 전자 냉동기

(3) 톰슨(Thomson) 효과

동일 금속을 접합시키고 온도차 및 전류차를 주면 열이 흡수 또는 발생하는 효과

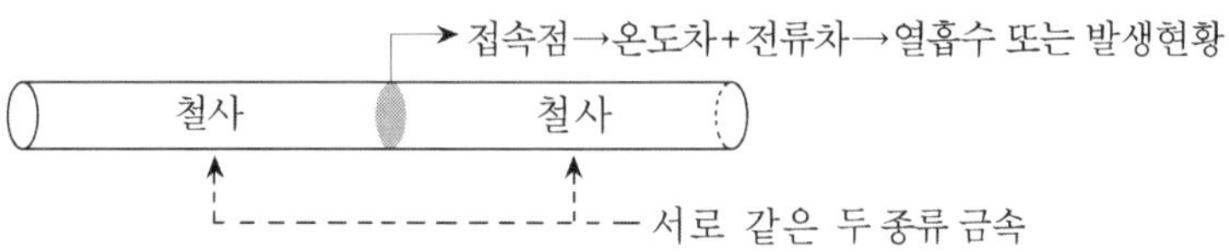

예 냉동기

(4) 홀(Hall) 효과

전류 존재 도체에 직각방향으로 자계를 가하면 도체 측면에 정부의 전하가 나타나 두 면 간에 전위차(기전력) 발생 효과

(5) 핀치 효과

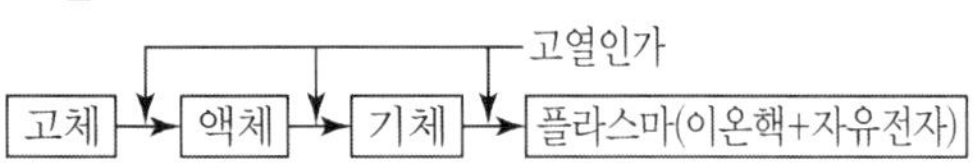

속 평행이동 전류간 상호 흡인력(전자기력, 로렌츠힘) 때문에 이동전류가 중심으로 수축하는 효과

(6) 스트레치 효과

도선 상호간 반발력에 의해 도선(코일)이 원형 형태가 되는 효과

즉 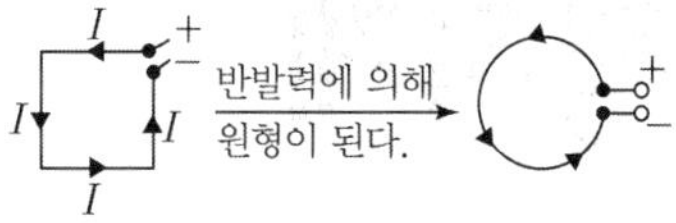

과년도 ≫ 전류계의 측정범위를 100배로 하기 위한 분류기의 저항은 전류계 내부저항의 몇 배인가?

풀이 분류기의 분류비 $M = 100\text{배} = 1 + \dfrac{r(\text{전류계 내부저항})}{R_m(\text{분류기 내부저항})}$

몇 배(비)$= \dfrac{\text{앞말}(\text{분류기 저항 } R_m)}{\text{뒤말}(\text{전류계 저항 } r)}$

$= \dfrac{1}{1-M} = \dfrac{1}{1-100} = \dfrac{1}{99}$배

제7장

진공중의 정자계

핵심내용
- 구(점)전하 Q[C] → "구(점)자극 m[Wb]"로 사용할 것
- 유전율 $\varepsilon=\varepsilon_o\times\varepsilon_s$ [F/m] → "투자율 $\mu=\mu_o\times\mu_s$ [H/m]"로 사용할 것

1 진공중의 정자계

- 정자계 → 직류 또는 영구자석에 의해 생기는 자기에너지(자극 m)
- 진공중 → 공기중(자유공간) : $\mu_o=4\pi\times10^{-7}$[H/m]

구(점)자극 (자석값)	정 의	자기(자석) 성분의 한 덩어리 [$N(+)$극, $S(-)$극의 값]
	표기 방법	소문자 m [Wb] → 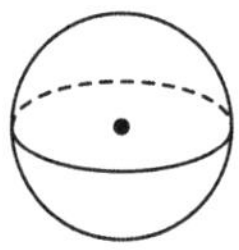 또는 자속 ϕ[Wb] ★ 자석(N 극)=구자극 m =자속 ϕ [Wb]

2 쿨롱의 법칙(Coulomb's law) → 힘 $F(f)$[N] 계산시 사용

(1) 정의

어떤 매질 공간 두 지점 두 자극 사이에 작용하는

힘 f 는
- ① 두 자극의 곱에 비례한다.($f\propto m_1\times m_2$)
- ② 두 자극의 직선거리 제곱에 반비례한다.$\left(f\propto\dfrac{1}{r^2}\right)$

1) 공기중에서

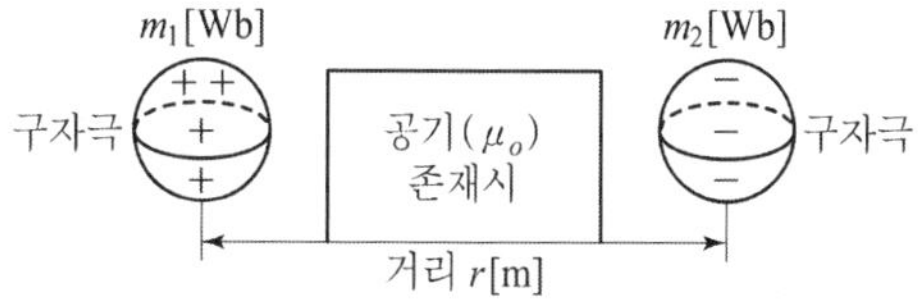

2) 유전체(μ_s 추가)에서

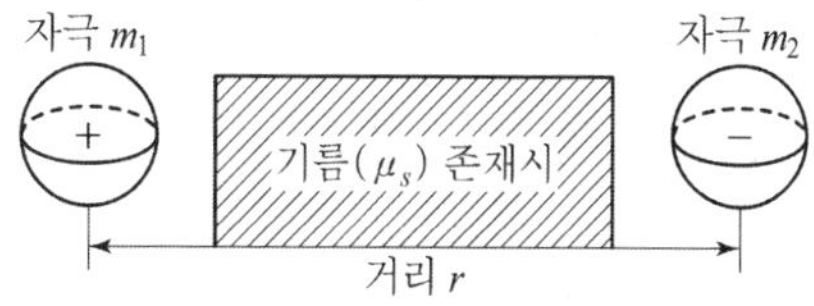

(2) 적용식

출제 유형	공식 찾을 때 사용	거리 r이 주어지고 계산할 때	비투자율 μ_s가 주어진 경우 사용	거리 r이 안 주어진 경우 사용
힘 f 적용 공식	힘 $f=\dfrac{m_1 m_2}{4\pi\mu_o r^2}$ (π ← 3.14, μ_o ← $4\pi\times10^{-7}$)	$=6.33\times10^4\dfrac{m_1 m_2}{r^2}$	$=6.33\times10^4\dfrac{m_1 m_2}{\mu_s r^2}$	$=m\,H$[N]
정전계에서 (2장)	힘 $f=\dfrac{Q_1 Q_2}{4\pi\varepsilon_o r^2}$	$=9\times10^9\times\dfrac{Q_1 Q_2}{r^2}$	$=9\times10^9\dfrac{Q_1 Q_2}{\varepsilon_s r^2}$	$=QE$[N]

(3) 투자율 $\mu=\mu_o\times\mu_s$ [H/m]

정 의	자기에너지를 중간에서 차단(저장)하는 물질 → 장애물		정전계(유전율 ε 적용시)
구성 요소	$\mu=$ 진공중의 투자율 $\mu_o\times$ 비투자율 μ_s[F/m], 공기의 비투자율 $\mu_s(\mu_r)=1$		$\varepsilon=\varepsilon_o\times\varepsilon_s$[F/m] (공기 $\varepsilon_s=1$)
적용 방법	① 기준	공기중일 때 또는 문제에서 아무 조건이 없는 경우 $\mu=\mu_o\times\mu_s$(공기 1값) $=\mu_o=4\pi\times10^{-7}$[H/m]값 사용	$\varepsilon=\varepsilon_o$ $=8.855\times10^{-12}$ [F/m]
	② 기타	비투자율 μ_s가 주어진 경우(추가된 경우) $\mu=\mu_o\times\mu_s=4\pi\times10^{-7}\times\mu_s$[H/m]	$\varepsilon=\varepsilon_o\times\varepsilon_s$ [F/m]
비투자율 정 의	공기에 대한 자속비$\left(\dfrac{\phi}{\phi_o}\right)$ → μ_s 또는 μ_r		ε_s 또는 ε_r

(4) 단위

① $1[Wb]=10^8$[Maxwell]

② $1[Wb/m^2]=10^{+4}$[gauss]

③ $1[C]=3\times10^9$[esu]

(5) 힘의 종류

종 류	① 흡인력 또는 인력	② 반발력 또는 척력
정 의	두 자극이 서로 끌어당기는 힘	두 자극이 서로 미는 힘(배척하는 힘)
조 건	두 자극 극성이 다른 경우 발생	두 자극 극성이 같은 경우 발생
	$(+m) \longleftrightarrow (-m)$ 또는 $(-m) \longleftrightarrow (+m)$	$(+m) \longleftrightarrow (+m)$

3 자계(자장)의 세기 H [AT/m 또는 A/m] 계산

정 의	도체의 지정하는 점 P(외부 또는 내부)에 단위자극 +1[Wb]을 놓았을 때 힘의 세기					
도체 종류	①구 도체	②무한장 도체	③유한장 직선	④원형 코일	⑤환상 철심	⑥무한장 철심
	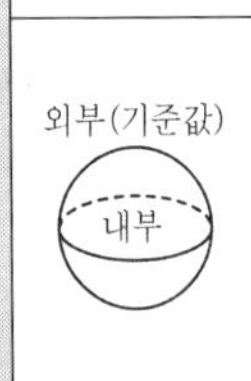	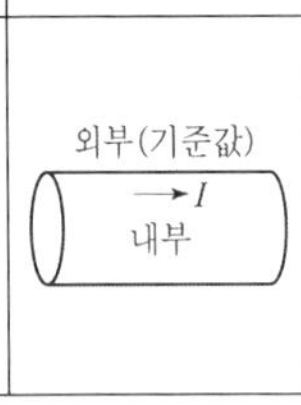		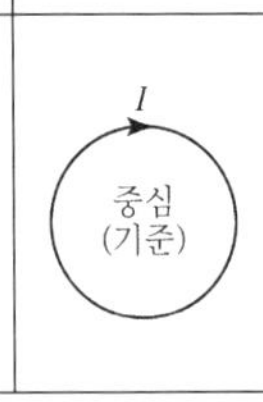	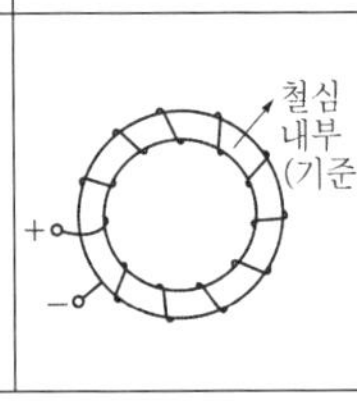	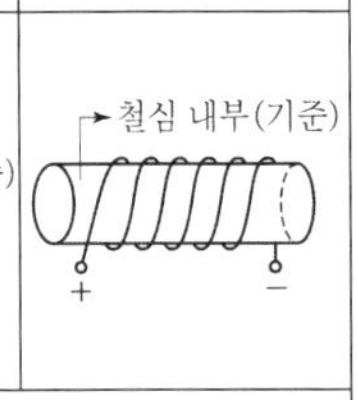
기준(값)	외부에서 계산한 H값(문제에서 아무 조건이 없는 경우)					
단위자극	자극의 크기 $m=1$[Wb]인 자극					
적용법칙	암페어의 주회적분 법칙					

(1) 구(도체) 자극에서 자계의 세기 H 계산

① **기준** : 구 외부에서 자계의 세기 H 계산

구 자극 외부 그림		등가 그림
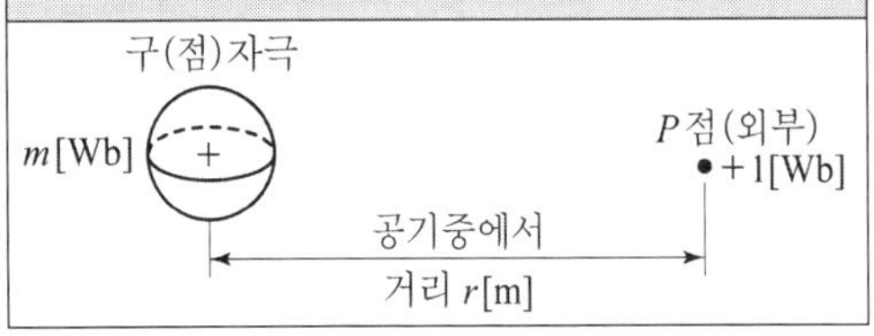	→	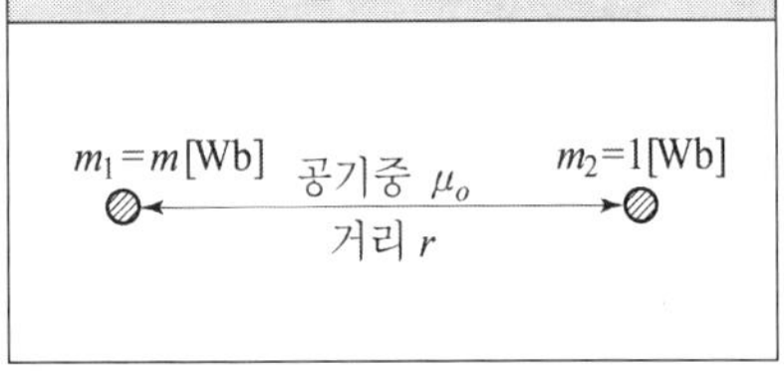

P점에서 자계의 세기 H ⇒ 쿨롱의 법칙 힘 적용 $f=\dfrac{m_1 \times m_2}{4\pi\mu_o r^2}=\dfrac{m \times 1}{4\pi\mu_o r^2}$

② 유도식

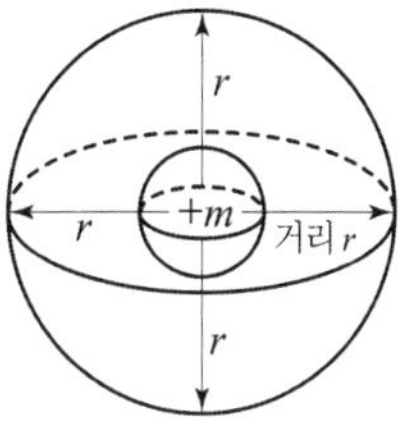

중심에서 거리 r인 구 표면적 S에서

자계의 세기 합 = 자기력 선수 ⇒ $\int H dS = \frac{m}{\mu_o}$

$\therefore\ H \times S(4\pi r^2) = \frac{m}{\mu_o}$ 이므로

구 외부에서 자계 $H = \frac{m}{4\pi\mu_o r^2}$ [AT/m] 값이다.

③ 적용식

출제 유형	식 찾을 때 사용식	거리 r이 주어진 경우식	비투자율 μ_s가 주어진 경우 사용식	거리 r이 안 주어진 경우 사용식
구 외부 공식	자계 $H = \frac{m}{4\pi\mu_o r^2}$	$= 6.33 \times 10^4 \frac{m}{r^2}$	$= 6.33 \times 10^4 \times \frac{m}{\mu_s r^2}$[AT/m]	$= \frac{\text{힘 } F}{\text{자극 } m}$[N/Wb]
정전계 (유전체)에서	전계 $E = \frac{Q}{4\pi\varepsilon_o r^2}$	$= 9 \times 10^9 \frac{Q}{r^2}$	$= 9 \times 10^9 \times \frac{Q}{\varepsilon_s r^2}$[V/m]	$= \frac{\text{힘 } F}{\text{전하 } Q}$[N/C]

과년도 ≫ **[1]** 진공 중에 있는 3[Wb]의 자극으로부터 1[m] 떨어진 점의 자계의 세기 [AT/m]는?

풀이 구(점) 자극에서 H값 계산

구 자극에서 외부 그림	적용식
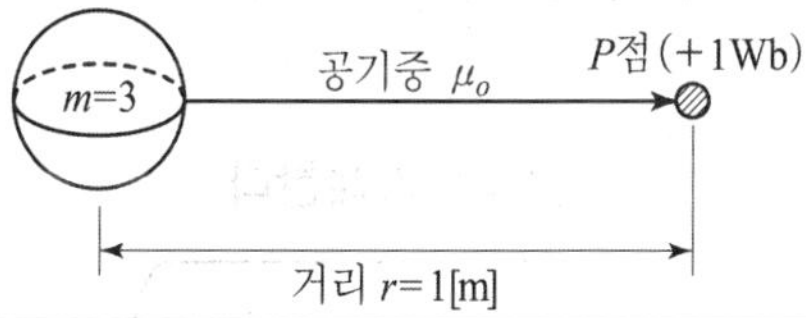	P점에서 자계의 세기 $H = 6.33 \times 10^4 \times \frac{m}{r^2}$ [AT/m]

$$H = 6.33 \times 10^4 \frac{3}{1^2} = 19 \times 10^4 [\text{AT/m 또는 A/m}]$$

과년도 ≫ **[2]** 600[AT/m]의 자계 중에 어떤 자극을 놓였을 때 3×10^3[N]의 힘이 작용했다면 이 때의 자극의 세기는 몇 [Wb]이겠는가?

풀이 거리 r이 안 주어진 경우 H값 적용

문제 조건 →	적용식 →	계산 →	정답
자계 $H = 600$[AT/m] 어떤 자극 m[Wb] = ? 힘 $f = 3 \times 10^3$[N]	자계의 세기 $H = \frac{\text{힘 } f}{\text{자극 } m}$	자극 $m = \frac{f}{H}$ $= \frac{3 \times 10^3}{600}$	$= 5$[Wb]

(2) 무한장 직선(원주, 동축원통)에서 자계의 세기 H값

- **정의** : 전선 주위에서 발생한 자계의 세기 H값 계산

1) 원주 외부 자계의 세기 H값

① 자계 H의 방향

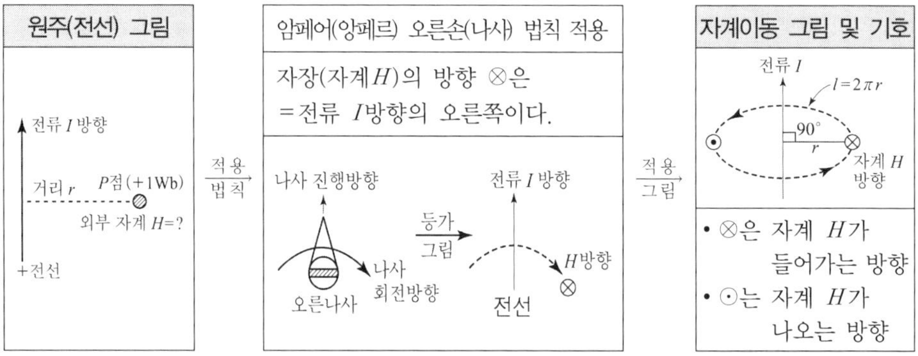

② 자계 H의 크기

외부 자계 H값 계산은 "암페어의 주회적분 법칙" 적용한다.

암페어의 주회적분 법칙	정 의	전류 I와 자계 H와의 관계 법칙($H \propto I$)
	유도식	전선 주위의 자계값 $\int H dl$ = 전선에 흐르는 전류합 $\sum I$ ↓ ↓ $H \times l\,(2\pi r)$ = 권수$N \times I$ ∴ 자계크기 $H = \dfrac{I}{2\pi r}$ [AT/m]

2) 원주 내부 자계의 세기 H값 $\propto$ 체적에 비례한다

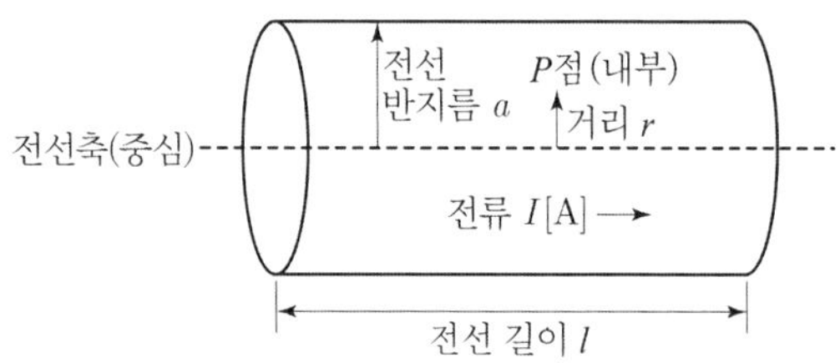

① 이해 그림

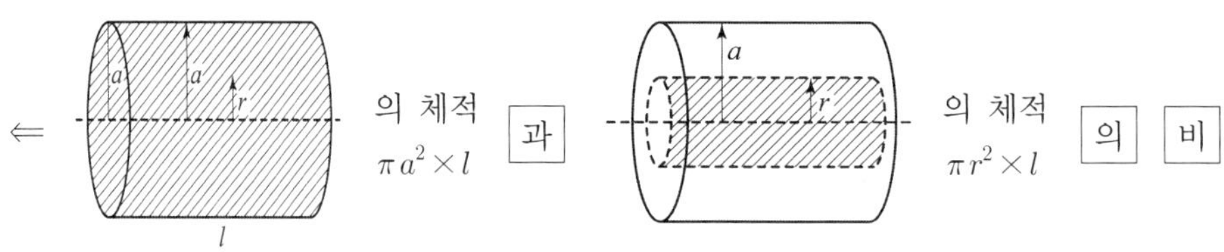

〈반지름 a일 때의 체적〉 〈반지름 r일 때의 체적〉

② **유도식**

$$원주\ 내부\ 자계\ H = 외부\ 자계의\ 세기 \times 체적비\left(\frac{거리\ r일\ 때\ 체적}{반지름\ a일\ 때\ 체적}\right)$$

$$= \frac{I}{2\pi r} \times \frac{\pi r^2 \times l}{\pi a^2 \times l} = \frac{rI}{2\pi a^2}\ [\mathrm{AT/m}]$$

③ **적용식**

	내부자계식	용어	자계 H 그래프
원주 내부 공식	자계 $H = \frac{rI}{2\pi a^2}$[AT/m]	거리 r[m] 반지름 a[m] 전류 I[A]	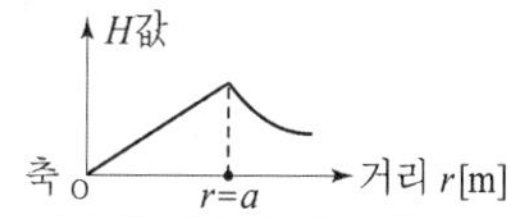

정리

출제유형	자계의 세기 H값	전계의 세기 E값	용 어
원주 외부값 (기준)	$H = \frac{I}{2\pi r}$ [AT/m]	$E = \frac{\lambda}{2\pi\varepsilon_o r}$ [V/m]	• 전류 I[A] • 선전하 λ [C/m] • 거리 r [m] • 전선 반지름 a[m]
원주 내부값	$H = \frac{rI}{2\pi a^2}$	$E = \frac{r\lambda}{2\pi\varepsilon_o a^2}$	

(3) 유한장 직선의 자계 H값

정 의	그 림	적용 공식
전선 일부분 존재시 자계 H값 계산	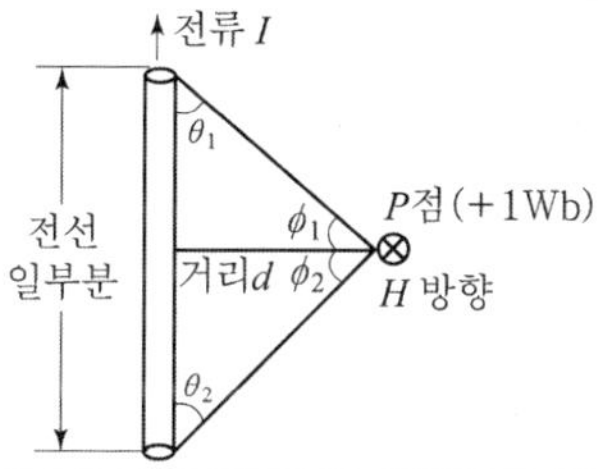	$H = \frac{I}{4\pi d}(\cos\theta_1 + \cos\theta_2)$[AT/m] $= \frac{I}{4\pi d}(\sin\phi_1 + \sin\phi_2)$[AT/m]

과년도 ≫ 유한장 직선 응용 문제 유형

① 정3각형 중심의 자계의 세기 H_3값 계산

실제 그림	계산 적용 그림	조건(대입 값)	유도식 및 공식 H_3값
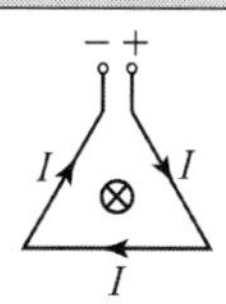 전선을 정3각형으로 만들어 전류를 흘려준다.	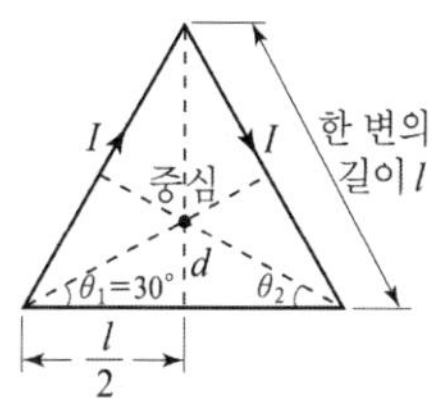	각 $\theta_1 = \theta_2 = 30°$ $\cos\theta_1 = \cos\theta_2 = \frac{\sqrt{3}}{2}$ $\tan\theta = \frac{d}{\frac{l}{2}}$ 전선과 중심거리 $d = \frac{l}{2}\tan 30°$	$H_3 =$ 한 변(유한장 직선 1개)값×3개 $= \frac{I}{4\pi d} \times (\cos\theta_1 + \cos\theta_2) \times 3개$ $= \frac{I}{4\pi\frac{l}{2}\times\frac{1}{\sqrt{3}}} \times \left(\frac{\sqrt{3}}{2} + \frac{\sqrt{3}}{2}\right) \times 3$ $= \frac{9I}{2\pi l}$[AT/m]

② 정4각형 중심의 자계의 세기 H_4값 계산

실제 그림	계산 적용 그림	조건(대입 값)	유도식 및 공식 H_4값
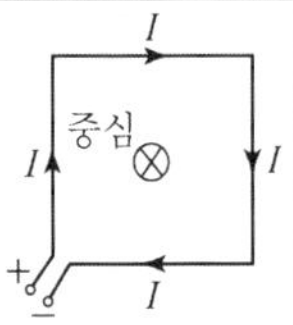 전선을 정4각형으로 만들어 전류를 흘려준다.	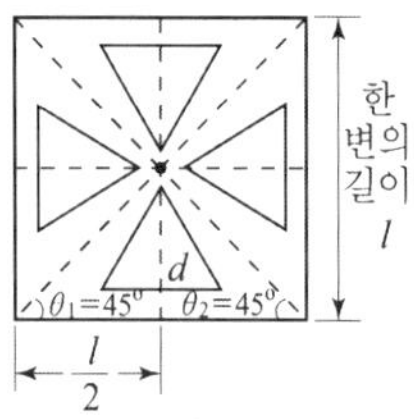	각 $\theta_1=\theta_2=45°$ $\cos\theta_1=\cos\theta_2=\frac{\sqrt{2}}{2}$ $\tan\theta=\frac{d}{\frac{l}{2}}$ 전선과 중심거리 $d=\frac{l}{2}\tan 45°=\frac{l}{2}$	$H_4=$ 한 변(유한장 직선 1개)값×4개 $=\frac{I}{4\pi d}\times(\cos\theta_1+\cos\theta_2)\times 4$개 $=\frac{I}{4\pi\times\frac{l}{2}}\times\left(\frac{\sqrt{2}}{2}+\frac{\sqrt{2}}{2}\right)\times 4$ $=\frac{2\sqrt{2}I}{\pi l}$[AT/m]

③ 정6각형 중심의 자계의 세기 H_6값 계산

실제 그림	계산 적용 그림	조건(대입 값)	유도식 및 공식 H_6값
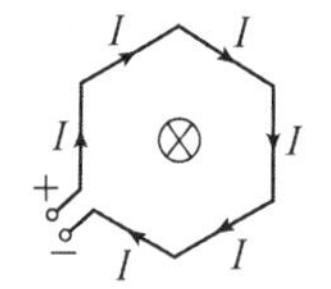 전선을 정6각형으로 만들어 전류를 흘려준다.	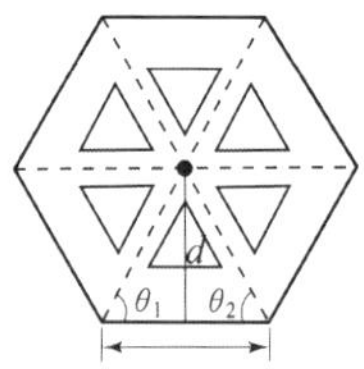	각 $\theta_1=\theta_2=60°$ $\cos\theta_1=\cos\theta_2=\frac{1}{2}$ $\tan\theta=\frac{d}{\frac{l}{2}}$ 전선과 중심거리 $d=\frac{l}{2}\tan 60°=\frac{\sqrt{3}}{2}l$	$H_6=$ 한 변(유한장 직선 1개)값×6개 $=\frac{I}{4\pi d}\times(\cos\theta_1+\cos\theta_2)\times 6$개 $=\frac{I}{4\pi\times\frac{\sqrt{3}}{2}l}\times\left(\frac{1}{2}+\frac{1}{2}\right)\times 6$ $=\frac{\sqrt{3}I}{\pi l}$[AT/m]

④ 반지름이 R인 정n각형 중심의 자계 H_n값

공식 $H_n=\frac{nI}{2\pi R}\times\tan\frac{\pi}{n}$[AT/m]

예 $n=4$인 경우(정사각형 중심에서 자계 H_4 계산)

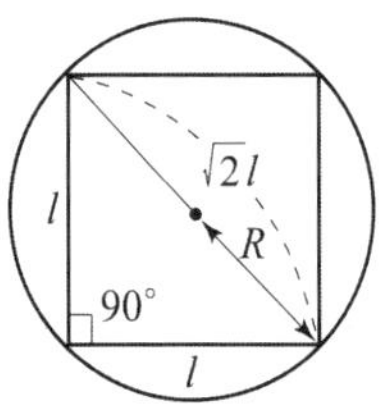

$$H_4=\frac{nI}{2\pi R}\times\tan\frac{\pi}{n}=\frac{4I}{2\pi\times\frac{\sqrt{2}l}{2}}\times\tan\frac{\pi}{4}=\frac{2\sqrt{2}I}{\pi l}$$

point

• **유한장 직선 자계 H 정리**

구 분	정3각형인 경우	정4각형인 경우	정6각형인 경우	정n각형인 경우
중심의 자계 H값	$H_3=\frac{9I}{2\pi l}$	$H_4=\frac{2\sqrt{2}I}{\pi l}$	$H_6=\frac{\sqrt{3}I}{\pi l}$	$H_n=\frac{nI}{2\pi R}\tan\frac{\pi}{n}$
용 어	전류 I[A], $\pi=3.14$, 한 변의 길이 l[m], 반지름 R[m]			

과년도 ≫ 길이 40[cm]인 철선을 정사각형으로 만들고 직류 5[A]를 흘렸을 때 그 중심에서의 자계의 세기[AT/m]는?

풀이 정4각형 중심에서 자계 H_4값 계산

정4각형 철사 그림	적용식	계산	정답
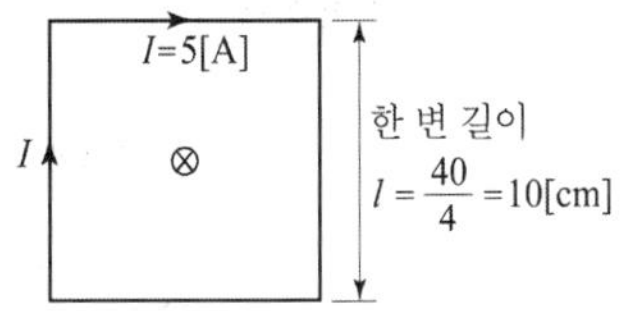	$H_4 = \dfrac{2\sqrt{2}\,I}{\pi l}$	$= \dfrac{2\sqrt{2}\times 5}{3.14\times 0.1}$	$=45$[AT/m]

주의 길이 l값이 한 변 값인지, 전체 길이 값인지 구분할 것

(4) 원형 코일의 자계의 세기 H값

- **정의** : 변압기 권수 N(중복해서 감은 코일 수) 또는 전동기 회전자 권수 N에 전류 I값 흐를 때 자계의 세기 H값

① 원형 코일 중심의 자계 H값

원형 코일 n번 중첩	원형 코일 1회 그림	자계 H식	용 어
	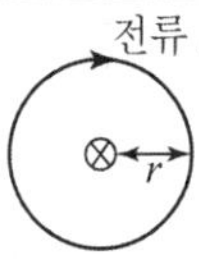	$H=\dfrac{NI}{2r}$ [AT/m]	• 코일 권수 N[회] • 원형 코일 반지름 r[m]

② 원형 코일 중심에서 거리 x만큼 떨어진 지점의 자계의 세기 H값

비오-사바르 법칙 적용	전류와 자계의 세기(크기) 관계 정의 법칙
적용 공식	일부분자계 $dH=\dfrac{Idl\sin\theta}{4\pi r^2}$ [AT/m]

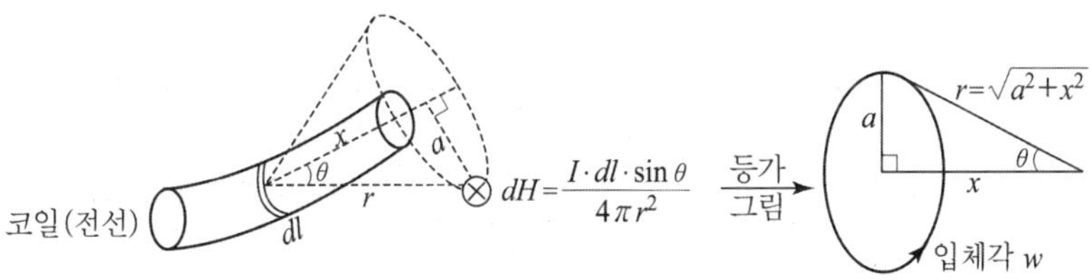

$$\text{전체 자계의 세기 } H=\int_0^{2\pi a} dH=\frac{I\sin\theta}{4\pi r^2}\int_0^{2\pi a} dl=\frac{I\sin\theta}{4\pi r^2}\times 2\pi a$$

$$=\frac{I}{4\pi(\sqrt{a^2+x^2})^2}\times\frac{a}{\sqrt{a^2+x^2}}\times 2\pi a$$

$$\therefore \text{ 자계의 세기 } H=\frac{a^2NI}{2(a^2+x^2)^{\frac{3}{2}}}\,[\mathrm{AT/m}]$$

(5) 환상(공심) 철심(솔레노이드)의 자계 H값(변압기)

정의	환상 철심(변압기) 그림
변압기의 철심에서 발생되는 자계 H값	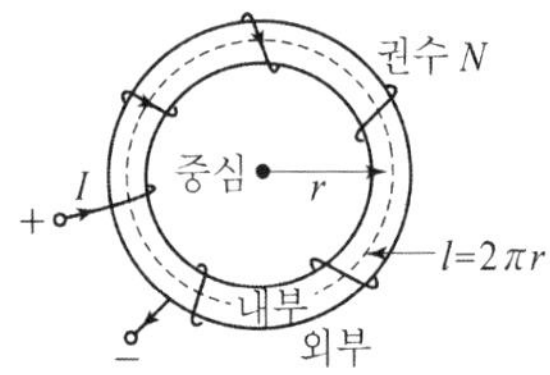

① 유도식

- 암페어 주회적분 법칙 적용

<u>전체 철심에서 생기는 자계 값</u> = <u>전선 코일에 흐르는 전류 합</u>

$\left(\int H dl\right)$ $\left(\sum I\right)$

$$\therefore\ Hl=NI \rightarrow \text{ 자계의 세기 } H=\frac{NI}{l}=\frac{NI}{2\pi r}\,[\mathrm{AT/m}]$$

② 적용식

	자계 H식	용어
환상철심 자계 H값	철심 내부 자계 $H=\dfrac{NI}{2\pi r}\,[\mathrm{AT/m}]$	• 환상철심에 감긴 코일권수 N[회] • 코일에 흐르는 전류 I[A] • 철심의 반지름 r[m]
	중심 및 외부 자계 $H=0$	

(6) 무한장 철심(솔레노이드)의 자계 H값

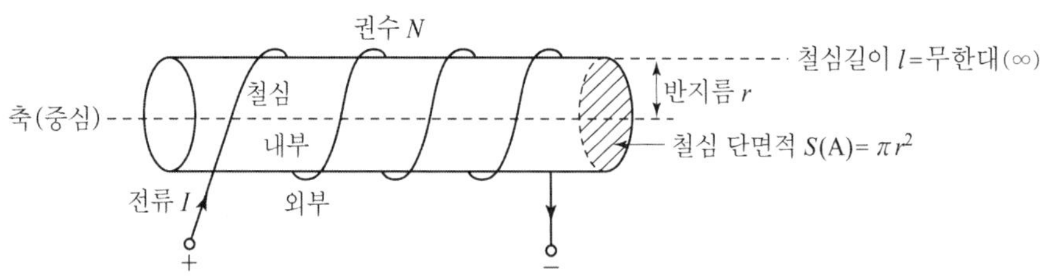

정 의	철심길이가 무한대(∞)인 변압기의 자계(자장) H값
무한장 철심 자계 H값	① 철심 내부 $H=NI\,[\mathrm{AT/m}]$ ② 철심 외부 $H=0$

정리

(1) 자계의 세기 H[AT/m]값

종 류	구(점)자극	무한장직선	원형코일중심	환상철심	무한장철심
H값	$\frac{m}{4\pi\mu_o r^2}$	$\frac{I}{2\pi r}$	$\frac{NI}{2r}$	$\frac{NI}{2\pi r}$	NI
유한장 직선 $H=\frac{I}{4\pi d}\times(\cos\theta_1+\cos\theta_2)$ ① 정3각형 $H_3=\frac{9I}{2\pi l}$ ② 정4각형 $H_4=\frac{2\sqrt{2}I}{\pi l}$ ③ 정6각형 $H_6=\frac{\sqrt{3}I}{\pi l}$					

(2) 제2장 전계의 세기 E[V/m]값

종 류	구(점)전하	원주(무한장직선)	무한평면
전계 E값	$\frac{Q}{4\pi\varepsilon_o r^2}$	$\frac{\lambda(\text{선전하})}{2\pi\varepsilon_o r}$	$\frac{e(\text{면전하})}{2\varepsilon_o}$

과년도 ≫ **[1]** 반지름 2[m], 권수가 100회인 환상 솔레노이드의 중심에 30[AT/m]의 자계를 발생시키려면 몇 [A]의 전류를 흘려야 하는가?

풀이 환상철심의 자계 H값

환상 철심 그림	적용식	계산	정답
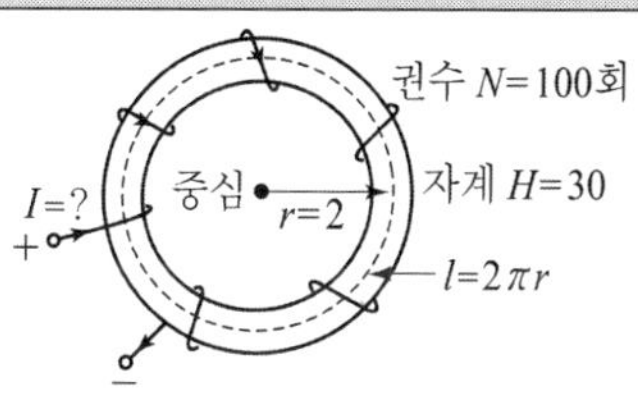	자계의 세기 $H=\frac{NI}{2\pi r}$	$30=\frac{100\times I}{2\pi\times 2}$	전류 $I=\frac{12\pi}{10}$[A]

과년도 ≫ **[2]** 1[cm]마다 권수가 100인 무한장 솔레노이드에 20[mA]의 전류를 유통시킬 때 솔레노이드 내부의 자계의 세기[AT/m]는?

풀이 무한장 철심의 내부 자계 H값

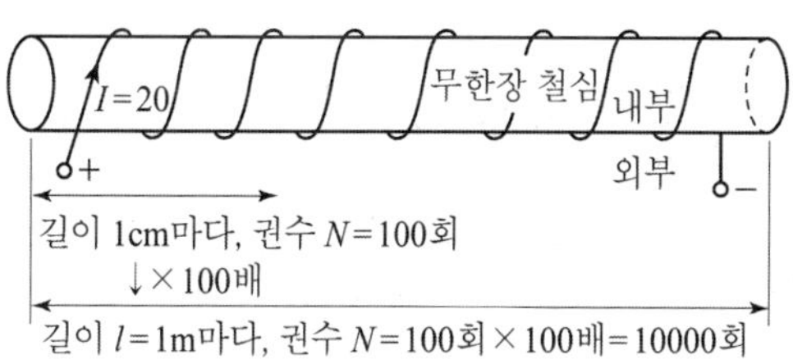

자계 $H=$ 권수 $N\times$ 전류 $I=10000\times 20\times 10^{-3}=200$[AT/m]

관년도 ≫ [3] 그림과 같이 평행한 무한장 직선 도체에 I, $4I$인 전류가 흐른다. 두 선 사이의 점 P의 자계 세기가 0이다. a/b는?

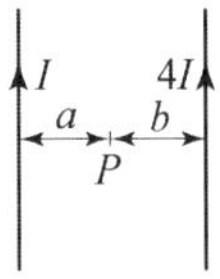

풀이 무한장 직선 2가닥 자계 H값 적용

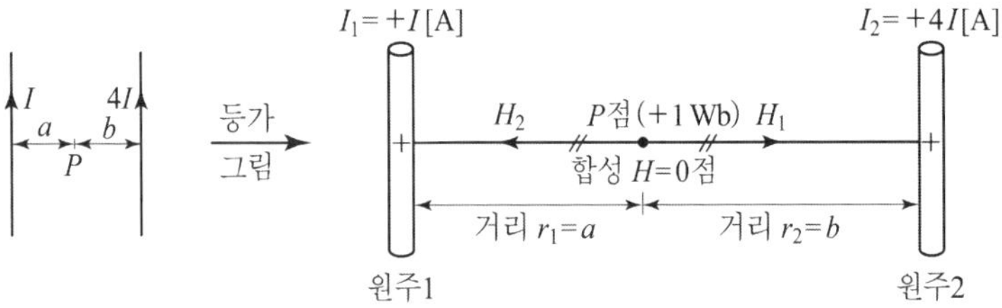

P점의 자계 조건	적용식	계산	정답
합성자계 $H=0$ H_1(I_1에 의한 자계)$=H_2$(I_2에 의한 자계)	$\frac{I_1}{2\pi r_1}=\frac{I_2}{2\pi r_2}$	$\frac{I}{2\pi a}=\frac{4I}{2\pi b}$	$\frac{a}{b}=\frac{1}{4}$

4 자위 U[AT 또는 A]

(1) 정의

자기장(자석, 전자석, 영구자석)의 압력

(2) 구(점) 자극 m[Wb]의 자위 U값

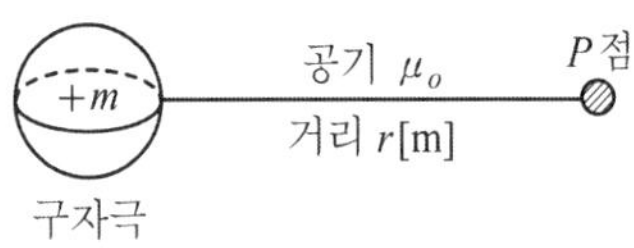

자위 $U=\int Hdr=\frac{m}{4\pi\mu_o r}=6.33\times10^4\frac{m}{r}$ [AT 또는 A]

구 분	구자극 m[Wb]일 때 자위 U값	구전하 Q[C]일 때 전위 V값
적용 공식	자위 $U=\frac{m}{4\pi\mu_o r}=6.33\times10^4\frac{m}{r}$ [AT]	전위 $V=\frac{Q}{4\pi\varepsilon_o r}=9\times10^9\frac{Q}{r}$ [V]

5 자기 쌍극자(막대자석, 봉자석, 소자석에 적용)

- **정의** : 길이가 l [m]인 막대자석 양쪽 끝 구자극($+m$과 $-m$)에 의한 중심거리 r[m] 지점인 P점에서 자위 U와 자계 H값을 계산한다.

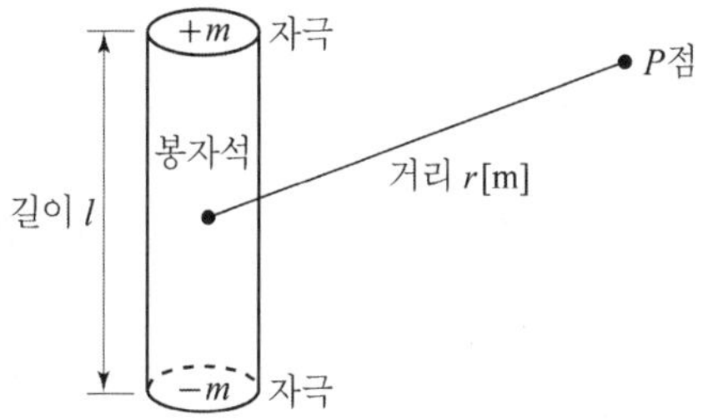

(1) 자기 쌍극자 모멘트 M

$M=$ 자극 $m\times$ 길이 l [Wb·m]

(2) 자위 U

$$U=\frac{M\cos\theta}{4\pi\mu_o r^2}=6.33\times10^4\frac{M\cos\theta}{r^2}\ \text{[AT]}$$

(3) 자계의 세기 H

$$H=\frac{M}{4\pi\mu_o r^3}\times\sqrt{1+3\cos^2\theta}\ \text{[AT/m]}$$

정리

- **쌍극자**

구 분	정전계(2장)에서	정자계(7장)에서
쌍극자	전기 쌍극자 모멘트 $M=Q\delta$ [C·m]	자기 쌍극자 모멘트 $M=ml$ [Wb·m]
전위 V[V] 및 자위 U[AT]	전위 $V=\frac{M\cos\theta}{4\pi\varepsilon_o r^2}$ $=9\times10^9\frac{M\cos\theta}{r^2}$	자위 $U=\frac{M\cos\theta}{4\pi\mu_o r^2}$ $=6.33\times10^4\frac{M\cos\theta}{r^2}$
전계 E[V/m] 및 자계 H[AT/m]	전계 $E=\frac{M}{4\pi\varepsilon_o r^3}\times\sqrt{1+3\cos^2\theta}$	자계 $H=\frac{M}{4\pi\mu_o r^3}\times\sqrt{1+3\cos^2\theta}$

6 자기 2중층(판자석에 적용)

(1) 정의

면자석 N($+m$)극과 S($-m$)극에서 각각 떨어진 P점과 Q점 사이의 자위값 계산

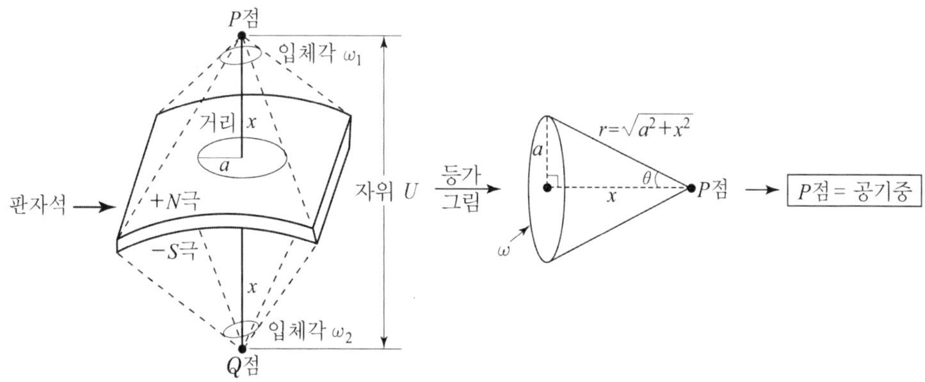

(2) 적용 공식

1) 기준식

적용식	용 어
자위 $U=\dfrac{M}{4\pi\mu_o}\times\omega$ [AT]	• 자기 쌍극자 M[Wb·m] =판자석의 세기 P[Wb/m] • 입체각 ω[rad/s]
전위 $V=\dfrac{M}{4\pi\varepsilon_o}\times\omega$ [V]	

2) 출제유형

출제 유형	P점이 면에 무한히 접근시	반지름 a인 원형 중심거리 x만큼 떨어진 경우	
전위 V 공식	$V=\dfrac{M}{\varepsilon_o}$ [V]	$V=\dfrac{M}{2\varepsilon_o}\left(1-\dfrac{x}{\sqrt{a^2+x^2}}\right)$ [V]	• 전기쌍극자 M • 거리 x[m] • 반지름 a[m]
자위 U 공식	$U=\dfrac{M}{\mu_o}$ [AT 또는 A]	$U=\dfrac{M}{2\mu_o}\left(1-\dfrac{x}{\sqrt{a^2+x^2}}\right)$ [AT]	• 자기쌍극자 M • 거리 x[m] • 반지름 a[m]

※ 판자석의 세기 = 판자석 표면밀도 $\pm\delta$ [Wb/m^2]$\times$두께 δ[m]

7 자속밀도 B [Wb/m^2]

(1) 정의

구자극 m으로부터 거리 r[m]인 지점에서 가상적인 자기력선수(자속수)의 밀도

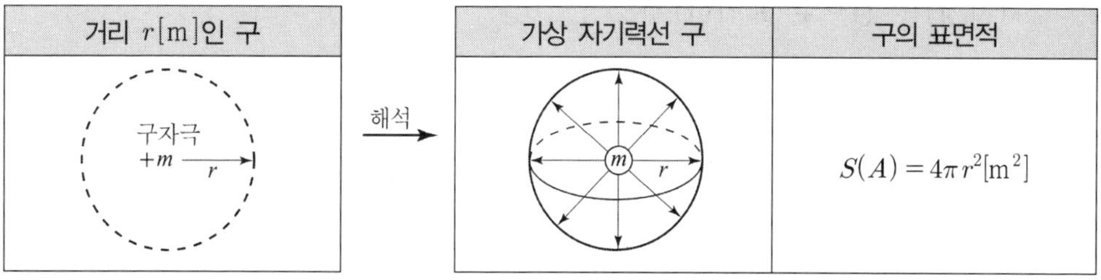

(2) 유도식

$$\text{자속밀도 } B=\frac{\text{자극 } m}{\text{구 표면적 } S}=\frac{m}{4\pi r^2}=\frac{m}{4\pi r^2}\times\frac{\mu_o}{\mu_o}=\mu_o\times\frac{m}{4\pi\mu_o r^2}$$

$$=\mu_o\times\frac{m}{4\pi\mu_o r^2}=\mu_o\times H=\mu_o H[\text{Wb/m}^2]$$

(그대로, 그대로, 그대로 / $\frac{m}{4\pi\mu_o r^2}$: 구에서 자계)

(3) 출제유형

출제 유형	공기중 μ_o일 때 사용식	비투자율 μ_s 주어진 경우 사용식
자속밀도 B 공식	$B=\mu_o H$ [Wb/m^2]	$B=\mu_o\mu_s H=\mu H$
전속밀도 D 공식	$D=\varepsilon_o E$ [C/m^2]	$D=\varepsilon_o\varepsilon_s E=\varepsilon E$

관련도 ≫ 비투자율 μ_s, 자속밀도 B인 자계 중에 있는 m[Wb]이 자극이 받는 힘은?

풀이 자계 중 힘 $F=mH$와 자속밀도 $B=\mu_o\mu_s H$의 적용

이해 그림 →	대입식 →	힘 f 계산
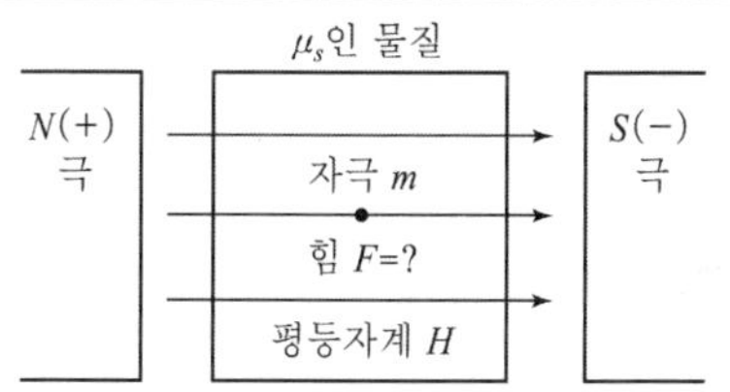	$B=\mu_o\mu_s H$ 에서 자계 $H=\frac{B}{\mu_o\mu_s}$ 대입	$f=mH$ $=m\times\frac{B}{\mu_o\mu_s}$ $=\frac{mB}{\mu_o\mu_s}$[N]

8 자(기)력선

(1) 자기력선

- **정의** : 공기중 또는 매질속 $+m$자극에서 $-m$자극으로 이동하는 자기적 세기(자장)를 선으로 표기한 것

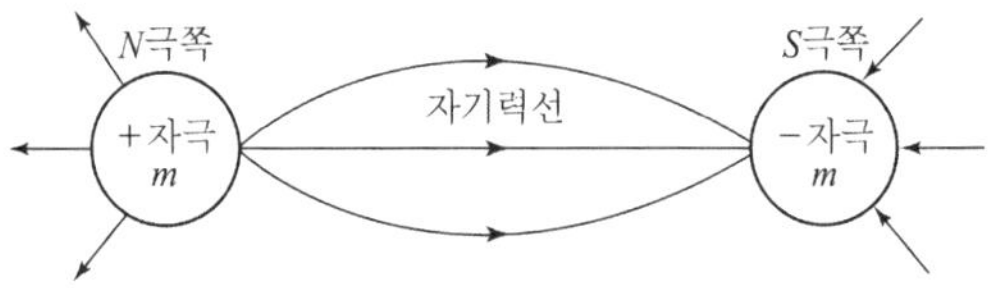

(2) 자(기)력선 성질(전기력선 성질과 동일)

① 자(기)력선은 $N(+)$극에서 시작하여 $S(-)$극에서 끝난다.

② 자기장(H)의 방향은 자(기)력선의 방향과 일치한다.

③ 자기장의 세기(H)는 자(기)력선의 밀도와 같다.

④ 자(기)력선은 서로 만나거나 교차하지 않는다.(서로 다른 등자위면도 해당)

⑤ 자(기)력선은 등자위면(동일한 자위점의 면)에 직교한다.

⑥ 자계 중 물체표면은 항상 등자위면이 되지 않는다.

⑦ 자력선 자신은 수축하려고 하며 같은 방향과의 자력선끼리는 서로 반발한다.

(3) 자속수 : m개 → 전속수 : Q개

- **정의** : 가상적인 자기력선수(조건 투자율 μ 주어지면 무시한다)

(4) 자(기)력선수

- **정의** : 실제 존재하는 자기력선수(조건투자율 μ를 적용한 값)

구 분	기준(공기중일 때)	기타(비투자율 μ_s 주어진 경우)
자기력선수	$\dfrac{m(구자극)}{\mu_o}$ [개]	$\dfrac{m}{\mu} = \dfrac{m}{\mu_o \mu_s}$ [개]
전기력선수	$\dfrac{Q}{\varepsilon_o}$ [개]	$\dfrac{Q}{\varepsilon} = \dfrac{Q}{\varepsilon_o \varepsilon_s}$ [개]

과년도 » 진공 중에서 4π[Wb]의 자하(磁荷)로부터 발산되는 총 자력선의 수는?

풀이 공기중(진공중)에서 자(기)력선수 계산

$$자력선수 = \frac{m(자극,\ 자하)}{\mu_o} = \frac{4\pi}{4\pi \times 10^{-7}} = 10^{+7}[개]$$

9 회전력(토크) T 또는 τ[N·m]

정 의	코일(도체)에 전류 I를 흘려주면 자계 H 발생으로 회전하는 힘 T가 생기는 것
적용식	토크 $T=$ 힘 F[N]$\times$ 이동거리 r[m] $\rightarrow$ $\dfrac{Fr}{9.8}$[kg·m]

(1) 막대자석의 회전력 T

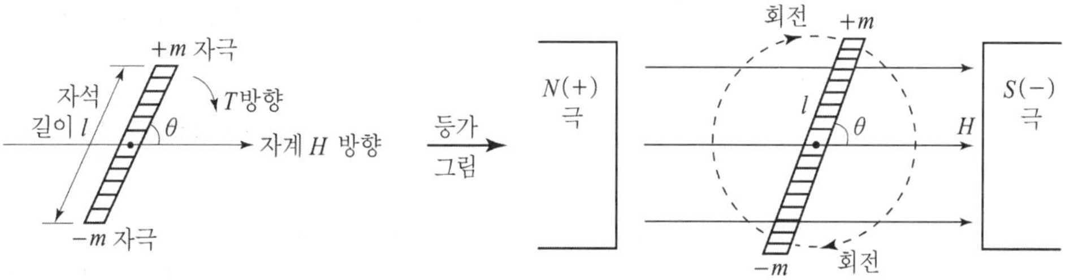

1) 정의

막대자석  에 자계 H(자기력선)를 가하면 회전력이 발생되는 것

2) 적용식 및 출제 유형

출제 유형	m과 l이 주어진 경우 사용식	M이 주어진 경우 사용식	자석이 수직(90°)인 경우 사용식	벡터(량) 표기식
적용 공식 (토크)	$T=mlH\sin\theta$	$=MH\sin\theta$	$=MH$	$=M\times H$[N·m]
용 어	자극 m[Wb], 자석길이 l[m], 자계 H[AT/m], 자기쌍극자(모멘트) M[Wb·m], 막대자석과 자계 H와 이루는 각 θ[rad]			

(2) 평판 코일에 의한 회전력 T

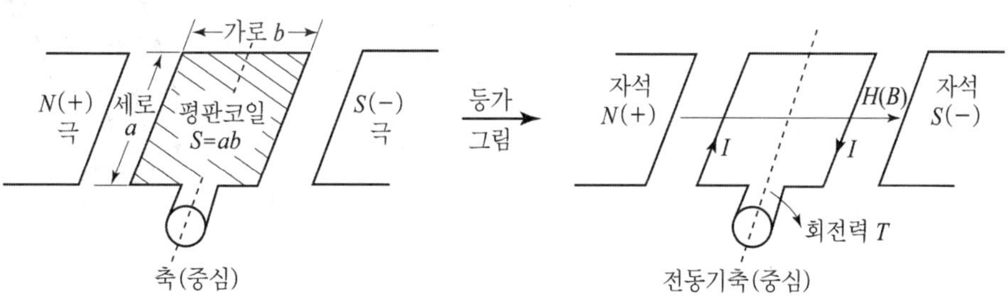

출제 유형	면적 S가 주어진 경우 사용식	면적 S 대신 세로 a와 가로 b가 주어진 경우 사용식
토크 공식	$T = NBSI\cos\theta$[N · m]	$T = NBa \times bI\cos\theta$[N · m]
용 어	권수 N, 자속밀도 B[Wb/m^2], 평판코일 면적 $S = a \times b$[m^2], 코일에 흐르는 전류 I[A], 코일과 자계가 이루는 각 θ	

과년도 ≫ 자극의 세기를 4×10^{-5}[Wb], 길이 10[cm]의 막대자석을 200[AT/m]의 평등 자계 내의 자계와 30° 각으로 놓았을 때 자석이 받는 회전력[N·m]은?

풀이 막대자석의 회전력(토크) T 계산

막대자석 그림	회전력 공식 및 계산
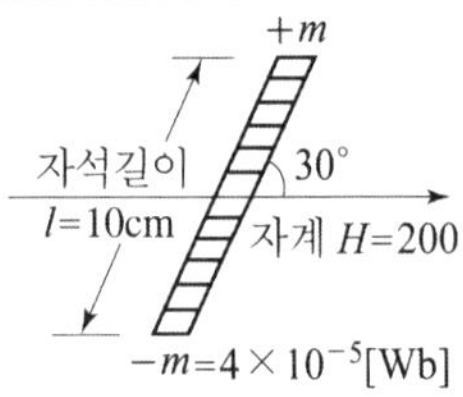	$T = mlH\sin\theta$ $= 4 \times 10^{-5} \times 10 \times 10^{-2} \times 200 \times \sin 30°$ $= 4 \times 10^{-4}$[N·m]

10 힘 F 또는 f [N]

(1) 선전류에 작용하는 힘 f

1) 정의

전동기 회전자 권선 코일의 전류 I와 자계 $H(B)$에 의해서 발생되는 힘 f

└ 동일 명칭 : 선전류 또는 도선 또는 직선전류

전동기 구조 +	플레밍의 왼손법칙 적용 =	전동기 플레밍의 왼손법칙 적용 그림
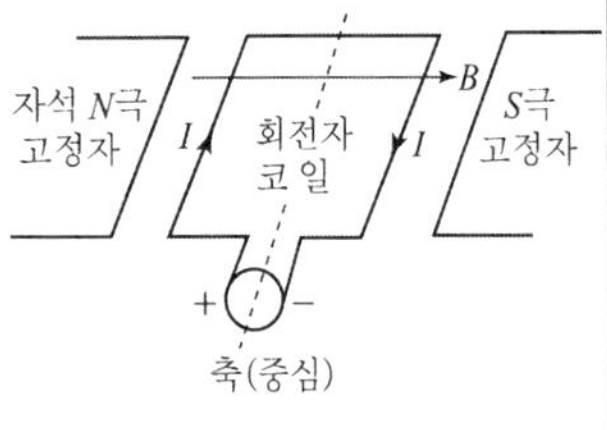	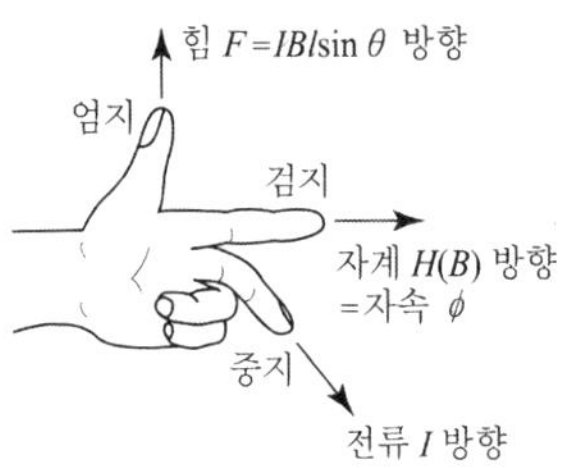	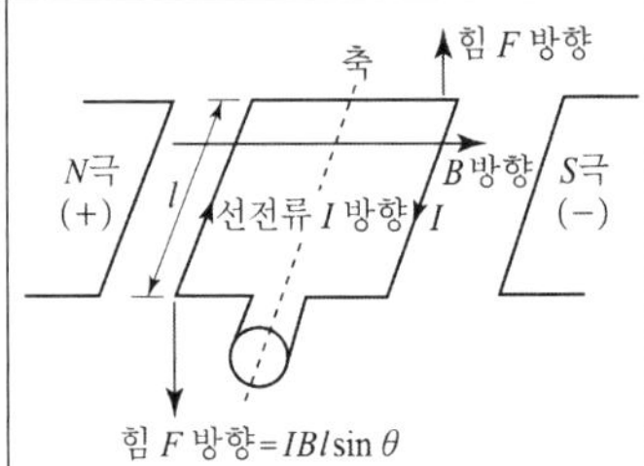

2) 공식 및 출제 유형

출제 유형	B가 주어진 경우 사용식	H가 주어진 경우 사용식	벡터량 표기식	도체와 자계가 수직(90°)인 경우
힘 F 적용 공식	$F = IBl\sin\theta$	$= I\mu_o Hl\sin\theta$	$= (I \times B)l$	$= IBl$[N], $\sin 90° = 1$
용 어	선(코일)에 흐르는 전류 I[A], 자속밀도 B[Wb/m^2], 자계 H[AT/m], 진공중의 투자율 μ_o[H/m], 전선(코일) 길이 l[m], 코일이 회전하면서 자계 H와 이루는 각 θ[rad]			

과년도 ≫ 1[Wb/m^2]의 자속밀도에 수직으로 놓인 10[cm]의 도선에 10[A]의 전류가 받는 힘은?

풀이 전동기의 선(도선, 코일) 전류에 작용하는 힘 F 계산

전동기의 회전자(전기자) 권선 그림	힘 F 계산
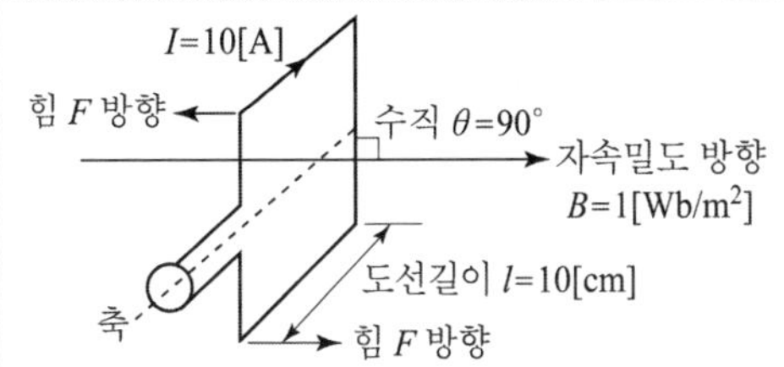	$F = IBl\sin\theta$ $= 10 \times 1 \times 10 \times 10^{-2} \times \sin 90°$ $= 1$[N]

(2) 평행도선(전선 2가닥, 복도체, 왕복도선) 간의 작용하는 힘 F 계산

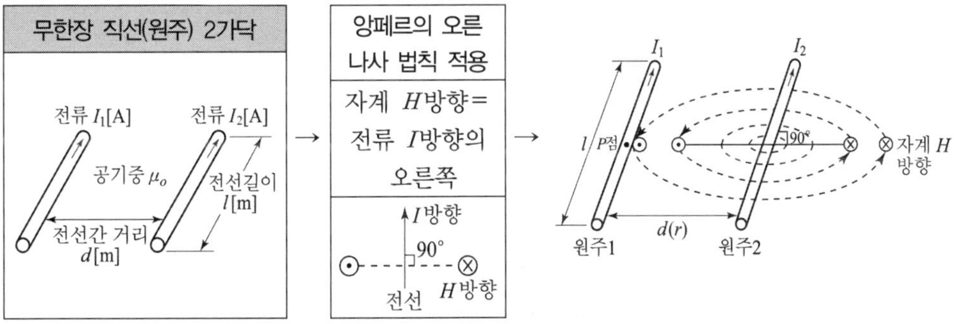

유도식

원주 1의 P점에서 힘 F 계산

① 플레밍의 왼손법칙 적용

힘 $F = I_1 Bl\sin\theta = I_1\mu_o Hl\sin 90° = I_1\mu_o Hl \times 1 = I_1\mu_o Hl$

② 앙페르의 오른나사 법칙 적용$\left(P\text{점의 } H = \dfrac{I_2}{2\pi r} \text{ 대입한다}\right)$

힘 $F = I_1 \mu_o H l = I_1 \mu_o \times \dfrac{I_2}{2\pi r} \times l = \dfrac{\mu_o I_1 I_2}{2\pi r} l = \dfrac{4\pi \times 10^{-7} I_1 I_2 l}{2\pi r}$

$= 2\dfrac{I_1 I_2 \times 10^{-7}}{r} \times l\,[\text{N}]$

정리

(1) 공식

출제 유형	공식 찾을 때 사용식	계산 및 공식 문제에 적용
평행 도선간 힘 F 공식	$F = \dfrac{\mu_o I_1 I_2}{2\pi r} \times l$	$F = 2\dfrac{I_1 I_2 \times 10^{-7}}{r} \times l$
용 어	진공 중의 투자율 $\mu_o = 4\pi \times 10^{-7}[\text{H/m}]$, 전선에 흐르는 전류 I_1, $I_2[\text{A}]$, 전선간의 거리 r 또는 $d[\text{m}]$, 전선의 총길이 $l[\text{m}]$	

(2) 힘 F 종류

힘 F 종류		흡인력 (전선끼리 서로 당기는 힘)	반발력 (전선끼리 서로 미는 힘)
조건	서술형	전류 I_1, I_2 방향이 같을 때	전류 I_1, I_2 방향이 다를 때
	그림 표기	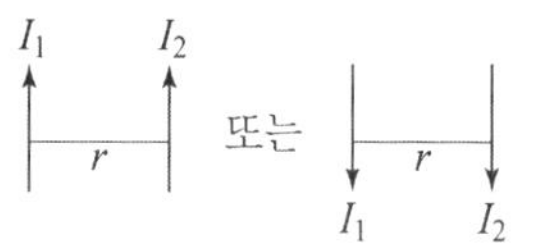	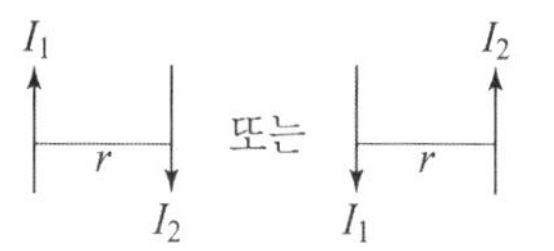

과년도 » 10[A]가 흐르는 1[m] 간격의 평행도체 사이의 1[m]당의 작용하는 힘은?

풀이 두 평행 도선간의 작용하는 힘 F 계산

평행 도선 그림	힘 F 계산
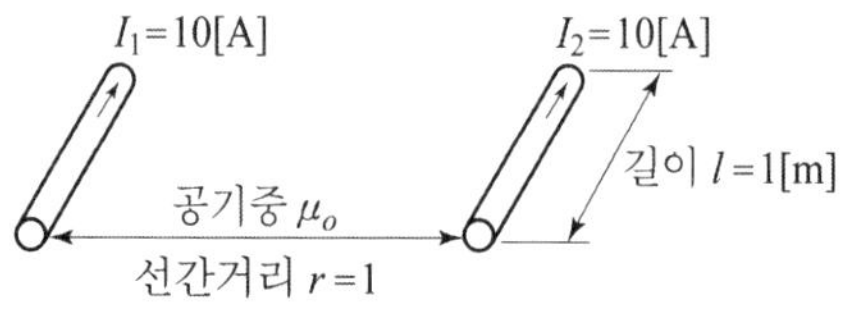	$F = 2 \times \dfrac{I_1 I_2 \times 10^{-7}}{r} \times l$ $= 2 \times \dfrac{10 \times 10 \times 10^{-7}}{1} \times 1$ $= 2 \times 10^{-5}\,[\text{N}]$

(3) 하전입자에 작용하는 힘 F(로렌츠 힘)

1) 정의

자계(자기장 B) 권에 전하 $q(e)$ 진입시 P점에서 받는 힘 F값

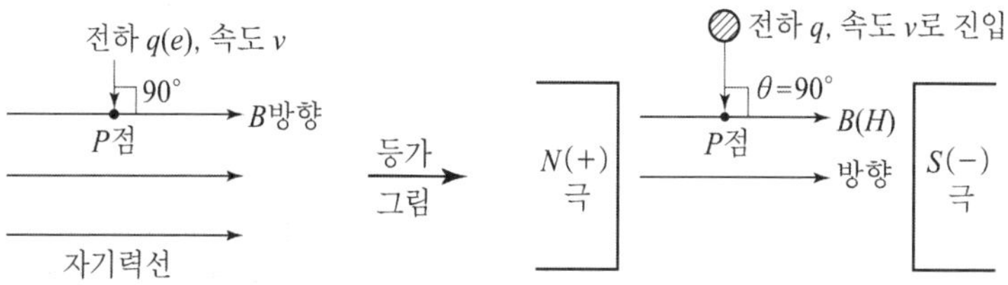

2) 공식

출제 유형	B가 주어진 경우 사용식	H가 주어진 경우 사용식	벡터량 표기식	수직(90°) 주어진 경우
적용 공식	힘 $F=qvB\sin\theta$	$=qv\mu_o H\sin\theta$	$=q(v\times B)$	$=qvB$ 또는 $qv\mu_o H$
용 어	전하(전자) q 또는 e[C], 전하 이동속도 v[m/s], 자속밀도 B[Wb/m^2], 자계 H[AT/m], 진공중의 투자율 $\mu_o=4\pi\times10^{-7}$[H/m], 전하 q와 자계 $B(H)$가 이루는 각 θ			

과년도 » 진공 중에서 e[C]의 전하가 B[Wb/m^2]의 자계 안에서 자계와 수직 방향으로 v[m/s]의 속도로 움직일 때 받는 힘[N]은?

풀이 하전입자 e (전하)에 작용하는 힘 F 계산

전하 $Q=q=e$[C] 중에 문제에서 주어진 표기 e만 사용할 것

힘 $F=qvB\sin\theta=evB\sin 90°=evB$ 또는 $ev\mu_o H$[N]

(4) 전계 E와 자계 H 동시 존재시 힘 F 계산

1) 정의

자계 수직 진입전자(하전입자)가 원운동을 할 때 힘 F값

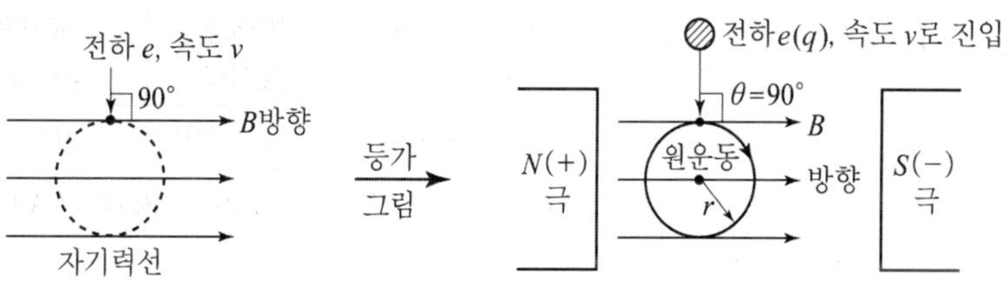

유도식

자계수직 진입전자 힘 F = 원운동 힘 F

↓ ↓

$evB\sin 90°$ = $\dfrac{mv^2}{r}$ 두 [식] 적용

2) 공식

구 분	적용 공식	용 어
힘 F	$F = q(E + v \times B)$[N]	• 전하 q = 전자 e[C] • 전계의 세기 E[V/m] • 전자(전하) 이동속도 v[m/s] • 자속밀도 B[Wb/m^2] • 전자질량 m • 파이 $\pi = 3.14$
궤도 반경 r	$r = \dfrac{mv}{eB}$[m]	
각속도 ω ($2\pi f$ 값)	$\omega = \dfrac{eB}{m}$[rad/s] ← $\dfrac{2\pi}{T}$	
주기 T	$T = \dfrac{2\pi m}{eB}$[S]	

(5) 유기 기전력(유도 기전력) e[V] 계산

1) 정의

발전기 회전자 권선 코일 회전시 자계 $B(H)$에 의해서 발생되는 전압 e값

발전기 구조 +	플레밍의 오른손 법칙 적용 =	플레밍의 오른손 법칙 적용 발전기 그림
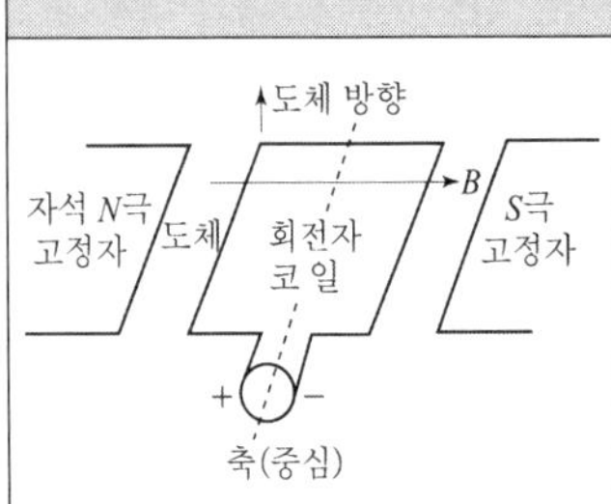	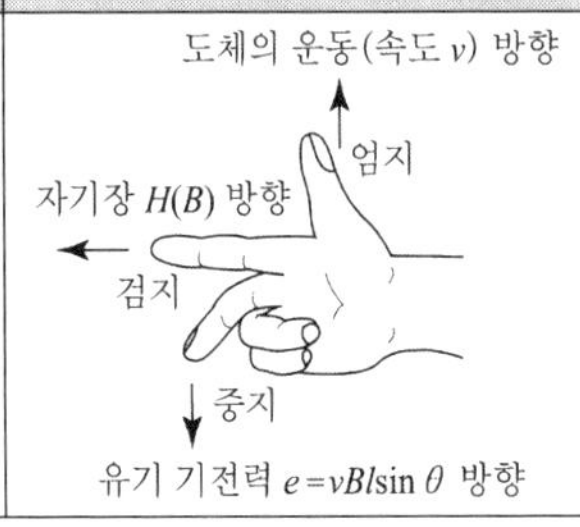	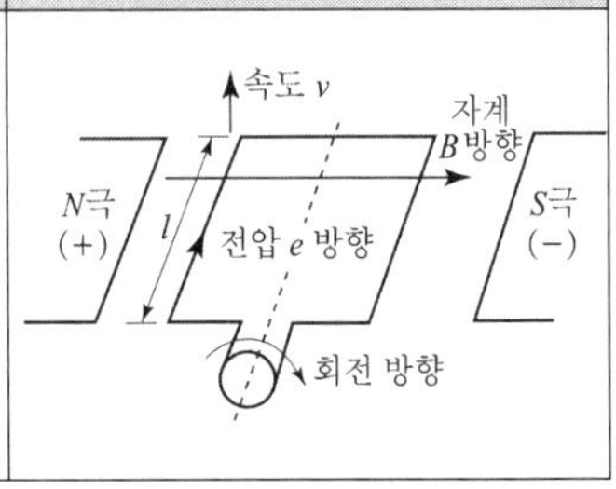

2) 공식 및 출제 유형

출제 유형	B가 주어진 경우 사용식	H가 주어진 경우 사용식	벡터량 표기식	도체와 자계가 수직(90°)인 경우
전압 e 공식	$e = vBl\sin\theta$	$= v\mu_o Hl\sin\theta$	$= (v \times B)l$	$= vBl$[V], $\sin 90° = 1$
용 어	선(코일) 이동속도 v[m/s], 자속밀도 B[Wb/m^2], 자계 H[AT/m], 진공중의 투자율 μ_o[H/m] 전선(코일) 길이 l[m], 코일이 회전하면서 자계 H와 이루는 각 θ[rad]			

과년도 » 자속밀도 1[Wb/m^2]인 평등자계 중에서 길이 50[cm]의 직선 도체가 자계에 수직 방향으로 속도 1[m/s]로 운동할 때의 최대 유기 기전력[V]은?

풀이 수직 $\theta = 90°$인 경우 유기 기전력 계산

유기 기전력 $e = vBl\sin\theta = 1 \times 1 \times 0.5 \times \sin 90° = 0.5[\mathrm{V}]$

과년도 » [1] 그림과 같이 반지름 a[m]인 원의 임의의 두 점 A, B(각도 θ) 사이에 전류 I[A]가 흐른다. 원의 중심 O에서의 자계의 세기[AT/m]는?

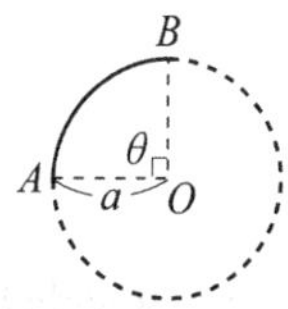

풀이 원형 코일 중심에서 자계의 세기 H 응용 문제

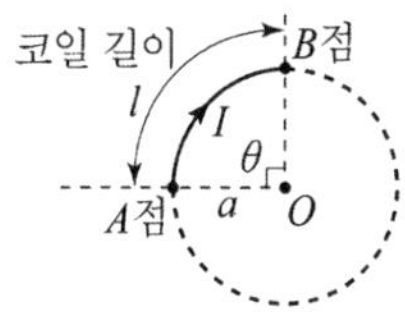

그림 중심에서 자계의 세기 H = 원형 코일 자계값 × 코일 길이값

↓ 　　대신↓각의 비 적용

$$= \frac{NI}{2a} \times \frac{\theta(\text{현재각})}{2\pi(\text{원전체각 } 360° \text{ 의미})}$$

$$= \frac{N\theta I}{4\pi a} = \frac{\theta I}{4\pi a}\ [\mathrm{AT/m}]$$

과년도 » [2] 무한장 직선도체가 있다. 이 도체로부터 수직으로 0.1[m] 떨어진 점의 자계의 세기가 180[AT/m]이다. 이 도체를 따라 수직으로 0.3[m] 떨어진 점의 자계의 세기는 몇 [AT/m]인가?

풀이 무한장 직선(원주)의 자계의 세기 H 계산

문제 이해 그림	적용식
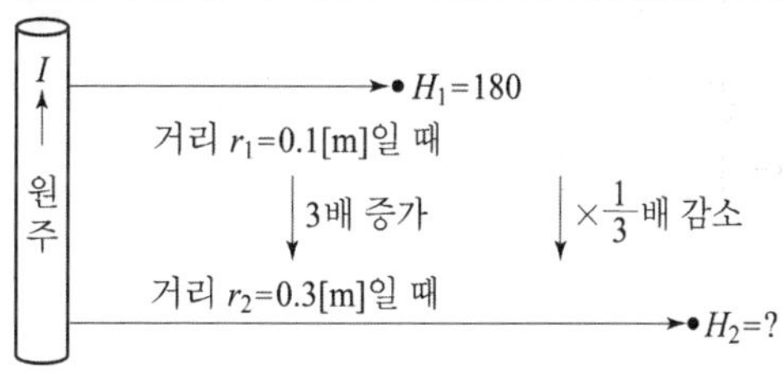	자계 $H = \frac{I}{2\pi r}$ 식에서 반비례$\left(H \propto \frac{1}{r}\right)$ 적용

나중자계 $H_2 = \frac{\text{처음거리 } r_1}{\text{나중거리 } r_2} \times \text{처음자계 } H_1 = \frac{0.1}{0.3} \times 180$

$= 60[\mathrm{AT/m}]$로 감소

제8장

자성체와 자기회로

1 자성체와 자기회로

정 의	자 성 체	코일을 감고 전기(전류)를 주면 자석의 성질이 발생되는 물질(철 Fe…)
	비자성체	전기를 가해도 자석의 성질이 발생되지 않는 물질(종이, 유리…)
	자 화	철 Fe 등 자성체를 자석으로 만드는 것 → 전자석
	자기회로	전기에의 발생된 자석의 성질이 이동하는 경로(길)
	유 전 체	전기가 충전(저장)되는 물질(유리, 종이, 기름…)

2 자화의 세기 J [Wb/m²]

정 의	자성체에서 단위체적당($v=1\text{m}^3$) 나타나는 자기 쌍극자 모멘트($M=ml$)
정의 식	자화의 세기 $J=\dfrac{M(\text{자기 쌍극자 모멘트})}{\nu(\text{체적})}=\dfrac{\text{자극 } m\times \text{길이 } l}{\text{면적 } S\times \text{길이 } l}=\dfrac{m}{S}$ [Wb/m²]

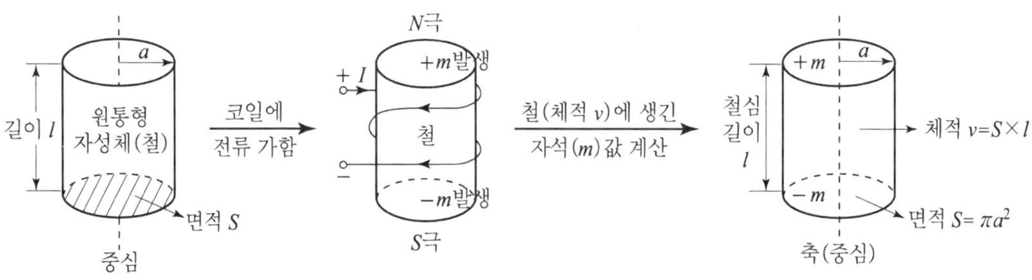

(1) 자화의 세기 J 식 및 출제 유형

출제 유형	자계 H가 주어진 경우 사용식	자속밀도 B가 주어진 경우 사용식
적용 공식	자화의 세기 $J=\mu_o(\mu_s-1)H$	$=B\left(1-\frac{1}{\mu_s}\right)$[Wb/m^2]
용 어	진공중의 투자율 $\mu_o=4\pi\times10^{-7}$[H/m], 비투자율 μ_s[H/m], 자속밀도 B[Wb/m^2]	
정전계(유전체)에서	분극의 세기 $P=\varepsilon_o(\varepsilon_s-1)E$	$=D\left(1-\frac{1}{\varepsilon_s}\right)$[C/m^2]

(2) 자화율 X

정 의	자성체의 재질에 의해 자석(m)이 발생되는 정도 상수
공 식	자화율 $X=\mu_o(\mu_s-1)$ [H/m] → $J=XH$
정전계(유전체)에서	분극률 $X=\varepsilon_o(\varepsilon_s-1)$ [F/m] → $P=XE$

(3) 자기 쌍극자 모멘트 M [Wb・m] 계산

자화의 세기 $J=\frac{M}{V}$ 식에서

$M=$ 자화의 세기 $J\times$ 체적 $V=J\times$ 면적 $S\times$ 길이 $l=J\times\pi a^2\times l$

공 식	자기(쌍극자) 모멘트 $M=$자화의 세기 $J\times$ 체적 $V=J\times\pi a^2\times l$ [Wb・m]
용 어	자화의 세기 J[Wb/m^2], $\pi=3.14$, 자성체의 반지름 a[m], 자성체 길이 l[m]

(4) 자극 m[Wb] 계산

자화의 세기 $J=\frac{M}{\text{체적 } V}=\frac{m\times l}{S\times l}=\frac{m}{S}$ 에서

자극 $m=J\times S$ 값이다.

공 식	자극 $m=$자화의 세기 $J\times$ 면적 $S=J\times\pi a^2$ [Wb]

과년도 [1] 비투자율 μ_s=400인 환상철심 내의 평균자계의 세기가 H=3,000[AT/m]이다. 철심 중의 자화의 세기 J[Wb/m^2]는?

풀이 자계 H가 주어진 경우 자화의 세기 J 계산

$$J = \mu_o(\mu_s - 1)H = 4\pi \times 10^{-7} \times (400-1) \times 3000 = 1.5[\mathrm{Wb/m^2}]$$

과년도 [2] 길이 20[cm], 단면적의 반지름 10[cm]인 원통이 길이방향으로 균일하게 자화되어 자화의 세기가 200[Wb/m^2]인 경우 원통 양단에서의 전자극의 세기는 몇 [Wb]인가?

풀이 자극 m 값 계산

원통형 자성체 그림	전자극 m 계산
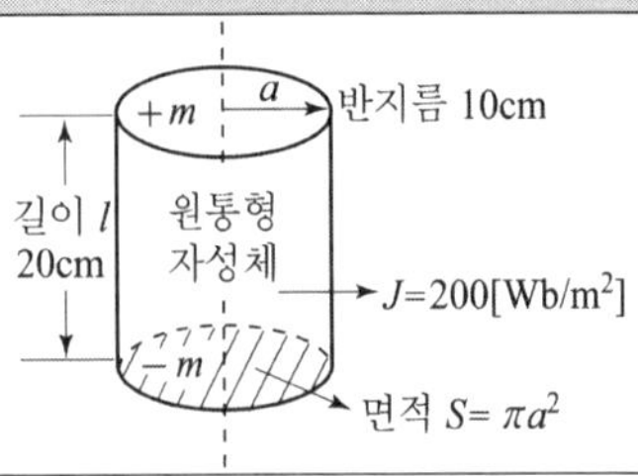	$m =$ 자화의 세기 $J \times$ 면적 $S(\pi a^2)$ $= 200 \times \pi \times 0.1^2$ $= 2\pi\,[\mathrm{Wb}]$

3 자성체의 경계조건

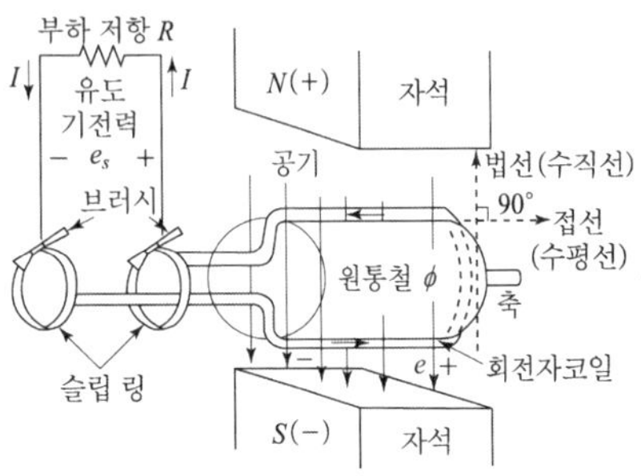

〈발전기의 구조〉

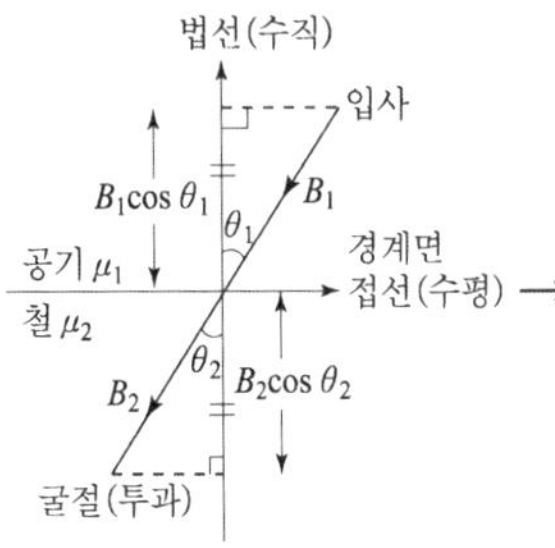

〈그림 1〉

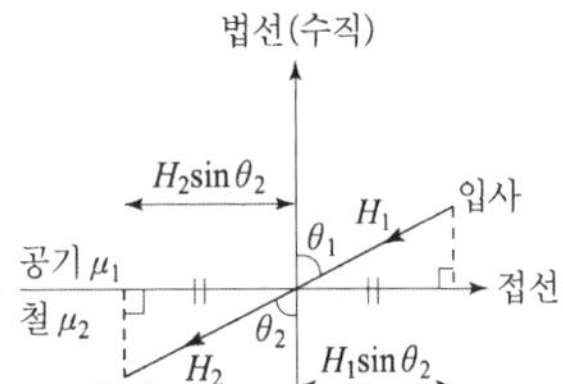

〈그림 2〉

(1) 자속밀도 B의 법선(수직) 성분(크기)은 같다 : 그림 1 적용

구 분	기본 공식	대입 식	응용 공식(①식)
자성체에서	$B_1\cos\theta_1 = B_2\cos\theta_2$	$B_1 = \mu_1 H_1$ → $B_2 = \mu_2 H_2$	$\mu_1 H_1 \cos\theta_1 = \mu_2 H_2 \cos\theta_2$
유전체에서	$D_1\cos\theta_1 = D_2\cos\theta_2$	$D_2 = \varepsilon_2 E_2$ → $D_1 = \varepsilon_1 E_1$	$\varepsilon_1 E_1 \cos\theta_1 = \varepsilon_2 E_2 \cos\theta_2$

(2) 자계 H의 접선(수평) 성분(크기)은 같다 : 그림 2 적용

자성체에서	공식	$H_1\sin\theta_1 = H_2\sin\theta_2$(②식)	
	용어 및 명칭	입사자속밀도 B_1 입사자계 H_1 입사각 θ_1	굴절(투과)자속밀도 B_2 굴절자계 H_2 굴절각 θ_2
유전체에서	공식	$E_1\sin\theta_1 = E_2\sin\theta_2$	

(3) 굴절의 법칙

유도식

$$\frac{\text{②식}}{\text{①식}} \rightarrow \frac{\text{②식 좌변}}{\text{①식 좌변}} = \frac{\text{②식 우변}}{\text{①식 우변}} \rightarrow \frac{H_1\sin\theta_1}{\mu_1 H_1\cos\theta_1} = \frac{H_2\sin\theta_2}{\mu_2 H_2\cos\theta_2}$$

$$\rightarrow \frac{\tan\theta_1}{\mu_1} = \frac{\tan\theta_2}{\mu_2} \rightarrow \frac{\tan\theta_1}{\tan\theta_2} = \frac{\mu_1}{\mu_2}$$

과년도 ≫ 동일 공식

구 분	굴절의 법칙 동일식		
자성체에서	$\frac{\tan\theta_1}{\tan\theta_2} = \frac{\mu_1}{\mu_2}$	$\frac{\tan\theta_2}{\tan\theta_1} = \frac{\mu_2}{\mu_1}$	$\mu_1\tan\theta_2 = \mu_2\tan\theta_1$
유전체에서	$\frac{\tan\theta_1}{\tan\theta_2} = \frac{\varepsilon_1}{\varepsilon_2}$	$\frac{\tan\theta_2}{\tan\theta_1} = \frac{\varepsilon_2}{\varepsilon_1}$	$\varepsilon_1\tan\theta_2 = \varepsilon_2\tan\theta_1$

(4) 자성체 조건($\mu_1 > \mu_2$일 때)이 주어진 경우 특징

구 분	자성체($\mu_1 > \mu_2$일 때)에서	유전체($\varepsilon_1 > \varepsilon_2$일 때)에서
특 징	입사각 $\theta_1 > \theta_2$ 투과각 입사자속밀도 $B_1 > B_2$ 투과자속밀도 입사자계 $H_1 < H_2$ 투과자계	입사각 $\theta_1 > \theta_2$ 굴절각 입사전속밀도 $D_1 > D_2$ 굴절전속밀도 입사전계 $E_1 < E_2$ 굴절전계
성 질	• 경계면상 두 점 간의 자위차가 같다. • 자속은 투자율이 큰 자성체에 모인다.	• 경계면상 두 점 간의 전위차가 같다. • 전속은 유전율이 큰 유전체에 모인다.

4 자기저항 R_m [AT/Wb] 또는 R

(1) 정의

환상철심에 코일을 감고 전류 I를 흘릴 때 자속 ϕ 이동시 철에서 생기는 저항

환상 철심

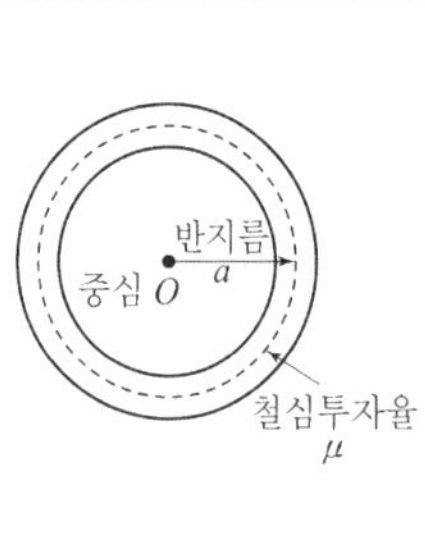

→

앙페르 오른나사 법칙 적용

코일(권수)에 전류가 흐르면
전류방향의 오른쪽으로
자장(자계 H, 자속 ϕ) 발생

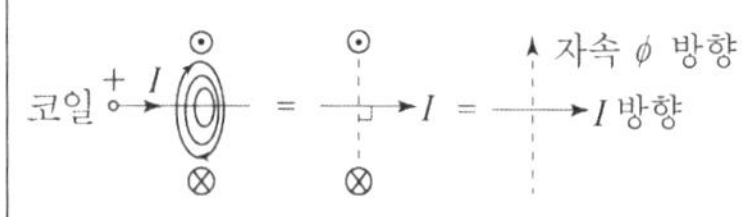

→

변압기 그림

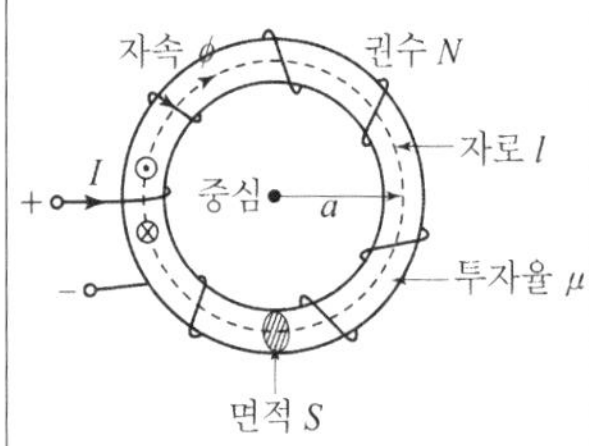

(2) 공식 및 출제 유형

출제 유형	재질(μ, S, l)이 주어진 경우 사용식	기자력 F 주어진 경우	권수 N과 전류 I 주어진 경우	N과 L이 주어진 경우
적용 공식	$R_m(R) = \dfrac{l}{\mu S}$	$= \dfrac{F(\text{기자력})}{\phi(\text{자속})}$	$= \dfrac{\text{권수 } N \times \text{전류 } I}{\phi}$	$= \dfrac{N^2}{L(\text{인덕턴스})}$[AT/Wb]
용 어	① 자로 l(자속 ϕ가 다니는 길)[m] ② 기자력 F(철심에서 생기는 힘)$= NI$[AT] ③ 철의 투자율 $\mu = \mu_o \times \mu_s$[H/m] ④ 인덕턴스 L(코일 주변의 자계 값)[H]			

과년도 ≫ 철심이 든 환상 솔레노이드에서 1,000[AT]의 기자력에 의해서 철심 내에 5×10^{-5}[Wb]의 자속이 통하면 이 철심 내의 자기저항은 몇 [AT/Wb]인가?

풀이 환상철심의 자기저항 R_m 계산

기자력 $F = 1000$[AT]이 주어진 경우이므로

자기저항 $R_m = \dfrac{F(\text{기자력})}{\phi(\text{자속})}$ [식] 적용

$$\therefore R_m = \frac{F}{\phi} = \frac{1000}{5 \times 10^{-5}} = \frac{10}{5} \times \frac{100}{10^{-5}} = 2 \times 10^7 \text{ [AT/Wb]}$$

과년도 ≫ 직류 발전기의 자기회로에서 자기저항이 큰 부분은?

자기저항	가장 큰 부분	작은 부분
적용 부분	공극	계자철심, 전기자철심, 자극편

정리 1

• **비슷한 유형 공식**

<table>
<tr><th>구분</th><th>환상철심 자기저항 R_m</th><th>전선의 전기저항 R</th><th>공기 콘덴서 C_o(정전용량)</th></tr>
<tr><td>공식</td><td>$R_m = \dfrac{l}{\mu S}$[AT/Wb]</td><td>$R = e\dfrac{l}{S}[\Omega]$</td><td>$C_o = \dfrac{\varepsilon_o S}{d}$[F]</td></tr>
<tr><td>적용 그림</td><td>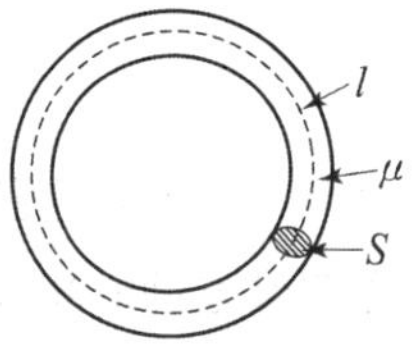</td><td>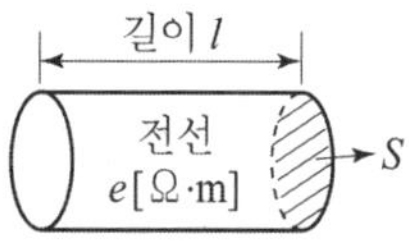</td><td>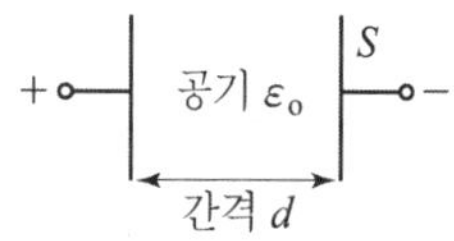</td></tr>
</table>

정리 2

• **매질에 따른 현상 및 R, L, C 결정요소**

매질 종류	도체(e)	유전체(ε)	자성체(μ)
현상	정전유도현상 (전장 E에서)	분극현상 (전장 E에서)	자화현상 (자장 H에서)
결정요소	전기저항 $R \propto e$	정전용량 $C \propto \varepsilon$	인덕턴스 $L \propto \mu$

5 자속 ϕ [Wb]

(1) 정의

환상철심 내 전류 I에 의해 발생된 자장의 값(자극 m값과 일치)

유도식

$$\text{자속 } \phi = \frac{F}{R_m(R)} = \frac{NI}{R} = \frac{NI}{\frac{l}{\mu S}} = \frac{\mu SNI}{l} = BS = \mu HS \text{[Wb]}$$

$B = \mu H$ 관계 적용시킴

(2) 공식 및 출제 유형

출제 유형	기본 공식			응용 공식	
	F가 주어진 경우 사용	N과 I 및 R 주어진 경우	μ와 S 주어진 경우	B 주어진 경우	H 주어진 경우
적용 공식	자속 $\phi=\dfrac{F}{R}$	$=\dfrac{NI}{R}$	$=\dfrac{\mu SNI}{l}$	$=BS$	$=\mu HS$[Wb]
용 어	기자력 $F=NI$[AT], 권수 N, 전류 I[A], 자기저항 R[AT/Wb], 투자율 $\mu=\mu_o\times\mu_s$[H/m], 철심 단면적 S[m^2], 자로길이 l[m], 자속밀도 B[Wb/m^2], 자계 H[AT/m]				

과년도 ≫ 비투자율 $\mu_s=8000$, 원형이 단면적 $S=10$[cm^2], 평균 자로길이 $l=30$[cm]의 환상철심에 $N=600$회의 권선을 감은 환상 솔레노이드가 있다. 이것에 $I=1$[A]의 전류를 흘릴 때 코일 내부 자속[Wb]을 구하면?

풀이 환상철심의 자속 ϕ[Wb] 계산

적용식	계 산	정 답
자속 $\phi=\dfrac{\mu_o\mu_s SNI}{l}$	$=\dfrac{4\pi\times10^{-7}\times8000\times10\times10^{-4}\times600\times1}{30\times10^{-2}}$	$=2.01\times10^{-2}$[Wb]

6 철심 내의 작용 힘 F와 에너지 W

(1) 에너지 W[J] 유도식

① $W=\dfrac{1}{2}BH \xrightarrow{B=\mu H \text{ 대입}} =\dfrac{1}{2}\mu H\times H=\dfrac{1}{2}\mu H^2$[J]

② $W=\dfrac{1}{2}BH \xrightarrow{H=\frac{B}{\mu} \text{ 대입}} =\dfrac{1}{2}B\times\dfrac{B}{\mu}=\dfrac{B^2}{2\mu}$[J]

(2) 힘 f[N] 유도식

① $f=\dfrac{1}{2}BH \xrightarrow{B=\mu H \text{ 대입}} =\dfrac{1}{2}\mu H\times H=\dfrac{1}{2}\mu H^2$[N]

② $f=\dfrac{1}{2}BH \xrightarrow{H=\frac{B}{\mu} \text{ 대입}} =\dfrac{1}{2}B\times\dfrac{B}{\mu}=\dfrac{B^2}{2\mu}$[N]

(3) 공식 및 출제 유형

구 분	출제 유형	B와 H 주어진 경우 사용식	H만 주어진 경우 사용식	B만 주어진 경우 사용식
자계에서	힘 f 와 에너지 W 공식	$f=\frac{1}{2}BH$	$=\frac{1}{2}\mu H^2$	$=\frac{B^2}{2\mu}$ [N 또는 N/m² 또는 N/m³] (N/m²: 면적당, N/m³: 체적당)
용 어		자속밀도 B[Wb/m²], 자계 H[AT/m] 투자율 $\mu=\mu_o\cdot\mu_s$[H/m]		
정전계에서	힘 f 와 에너지 W 공식	$W=\frac{1}{2}ED$	$=\frac{1}{2}\varepsilon E^2$	$=\frac{D^2}{2\varepsilon}$ [J 또는 J/m² 또는 J/m³] (J/m²: 면적당, J/m³: 체적당)

주의 철심 면적 S가 주어진 경우 "힘 $F=\frac{B^2}{2\mu}\times$주어진 면적 S[N]" 사용할 것

과년도 ≫ 단면적 $S=100\times10^{-4}$[m²]인 전자석에 자속밀도 $B=2$ [Wb/m²]인 자속이 발생할 때, 철편을 흡수하는 힘[N]은?

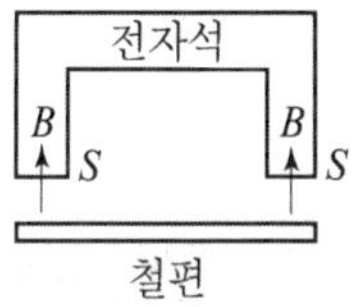

풀이 철심면적 S가 2개 주어진 경우 힘 F

적용식	계 산	정답
$F=\frac{B^2}{2\mu_o}\times$ 면적 $S\times$ 2개	$=\frac{2^2}{2\times4\pi\times10^{-7}}\times100\times10^{-4}\times2$	$=\frac{10^5}{\pi}$ [N]

7 미소 공극이 있는 철심인 경우 자기저항

(1) 미소 공극이 없는 경우 자기저항 $R_m(R)$

공극이 없는 환상 철심

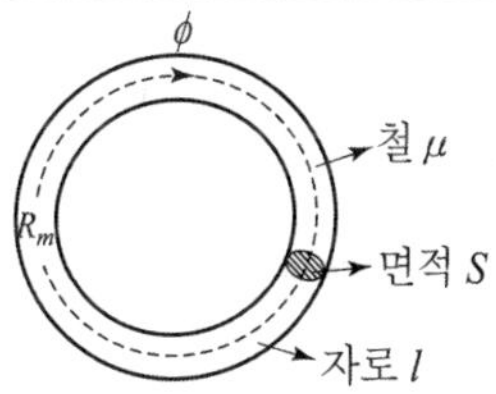

자기저항 (철의 저항) →

공극이 없을 때 저항식

$$R_m=\frac{l}{\mu S}$$

(2) 미소 공극 존재시 자기저항 R

공극이 있는 환상 철심 그림		공극 존재시 저항식
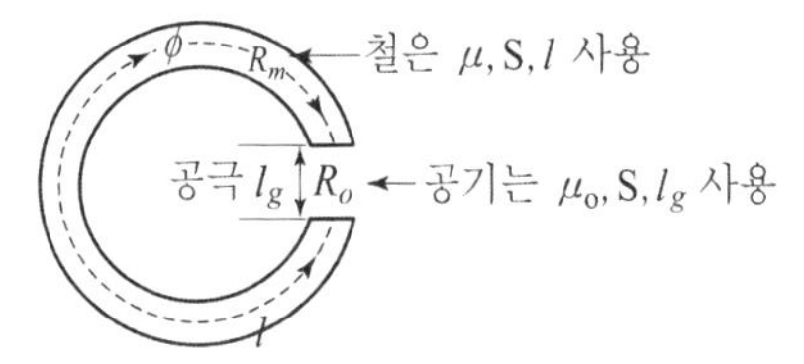	자기저항 (철 + 공기) →	$R = R_m(\text{철}) + R_o(\text{공극}) = \dfrac{l}{\mu S} + \dfrac{l_g}{\mu_o S}$

(3) 자기저항비 계산

$$\therefore \text{자기저항비} = \frac{\text{공극 존재시 자기저항}(R_m + R_o)}{\text{공극이 없는 경우 자기저항 } R_m} = 1 + \frac{l_g \mu}{l \mu_o} \quad \text{또는 } 1 + \frac{l_g \mu_s}{l}$$

용어 공극부분 자로길이 l_g[m], 철심부분 자로길이 l[m], 투자율 $\mu = \mu_o \times \mu_s$, 진공중의 투자율 μ_o[H/m]

8 환상철심의 손실 P_l (변압기 철손)

(1) 와류손 P_e

- **정의** : 자기장(교번자속 ϕ)이 이동시 철심의 제자리에서 맴도는 전류에 의한 손실 발생(패러데이의 전자유도법칙에 의해 철심이 교번자속을 통할 때 줄열 손실이 크다 → 철 온도 상승의 원인)

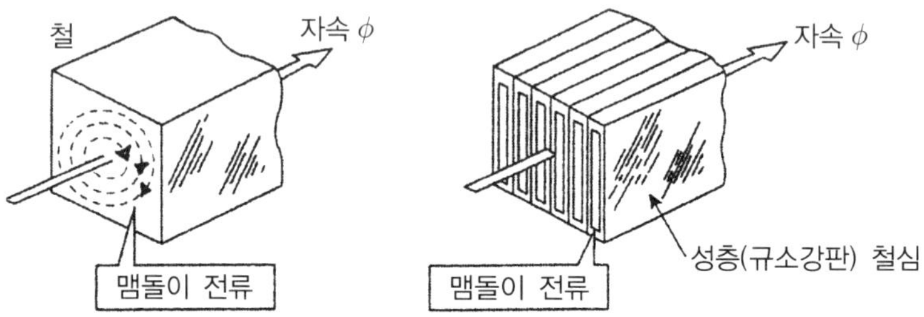

철관을 중첩 사용하면 맴돌이 전류는 적어진다.

(2) 히스테리시스 손실(곡선) P_h 또는 $B-H$ 곡선

1) **정의** : 전류 증가시 철심 내에서 자속밀도 B_m가 교번하는데(포화상태) 발생되는 손실로 철심내 자속방향과 크기 변화시 철심 자기분자의 방향 및 배열이 바뀌어 분자상호간 마찰손 의미(곡선면적 의미)

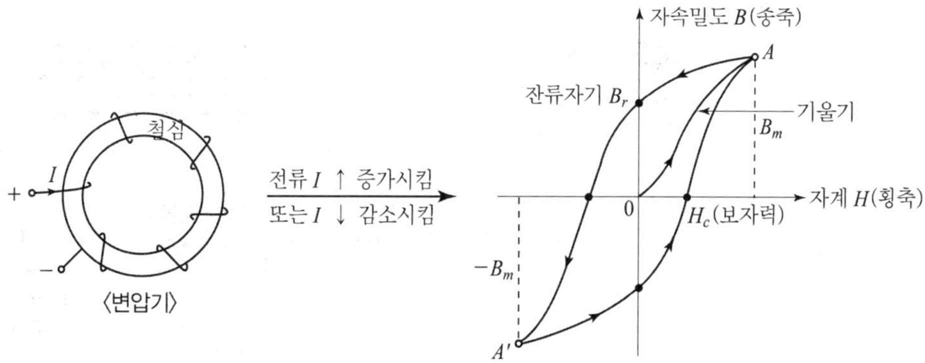

2) **손실과 곡선의 관계**

히스테리시스 곡선 면적이 작을수록 히스테리시스 손실이 적다.

(3) 공식

철손 종류	와류손 P_e	히스테리시스손 P_h
공식	$P_e = k(fB_mt)^2$	$P_h = kfB_m^{1.6}t$
용어	재료에 따른 상수 k, 주파수 f[Hz], 자속밀도 B_m[Wb/m^2], 철두께 t	
잔류자기 B_r	전류 I(자화력)$=0$일 때 철심에 존재하는 자석의 성질(자속밀도 B)	
보자력(항자력) H_c	자화된 자성체를 처음 0(자화 안된) 상태로 되돌리는 데 필요한 힘(자계 H값)	
히스테리시스 곡선의 기울기	투자율값(외부자장에 대한 자성체가 자화되는 비율)	
저감 대책	교류기는 와전류가 크므로 얇은 규소강판을 겹쳐서 사용	

(4) 변압기 철심(규소)강판 구비조건

이유	여자전류 감소를 위해	와전류손 감소를 위해	히스테리시스손 감소를 위해
조건	투자율이 클 것	전기저항이 클 것	히스테리시스 계수가 작을 것

9 자성체 종류와 특징

• **자구** : 자기모멘트가 동일방향으로 자화되는 영역(구역)을 갖는 구(와전류손의 원인)

구분	외부자계가 없는 경우 자기모멘트	외부자계가 가해진 경우 자화 방향
자구 배열 그림	자구 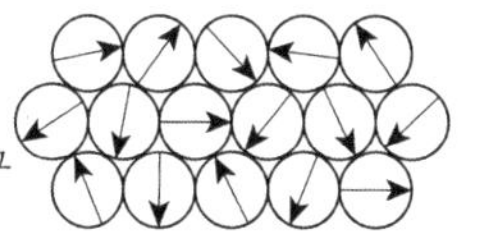	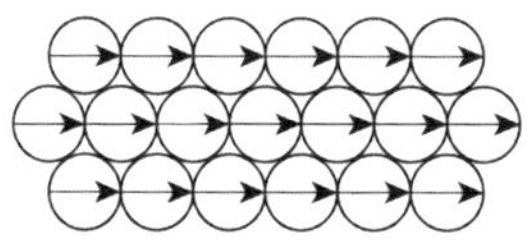

자성체 종류	정의 및 자기 모멘트 배열상태		비투자율 μ_s 조건	투자율 μ 조건	비자화율 X_m 조건	예
상자성체	인접 영구자기 쌍극자의 방향이 규칙성이 없는 재질	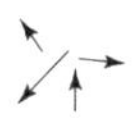	$\mu_s > 1$ 일 것	$\mu > \mu_o$ 일 것	$X_m > 0$ 일 것	알루미늄 Al, 백금 Pt, 산소 O_2, 주석, 텅스텐
강자성체	인접 영구자기 쌍극자의 방향이 같은 방향으로 배열하는 재질	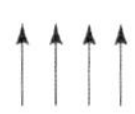	$\mu_s \gg 1$	$\mu \gg \mu_o$	$X_m \gg 1$	니켈 Ni, 코발트 Co, 망간 Mn, 철 Fe
반강자성체	인접 영구자기 쌍극자의 방향이 서로 반대인 재질	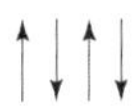	$\mu_s < 1$	$\mu < \mu_o$	$X_m < 0$	산화망간 MnO, 황화철 FeS, 철-망가니즈 합금
반자성체 (역자성체)	영구자기 쌍극자가 없는 재질	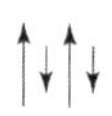	$\mu_s < 1$	$\mu < \mu_o$	$X_m < 0$	금 Au, 은 Ag, 구리 Cu, 납 Pb, 수은 Hg, 아연, 안티몬, 게르마늄

※ **강자성체 특성** : ① 자구존재 ② 고투자율 ③ 히스테리시스 ④ 자기포화

10 자석의 종류와 특징

구분 \ 종류	영구자석 재료 (텅스텐강, 코발트강 사용)	전자석 및 자심재료 (규소강판 사용)
보 자 력	크다 (클 것)	작다 小 (작을 것)
잔류자기	크다 (클 것)	크다
히스테리시스 곡선 면적	크다 (클 것)	작다 小 (작을 것)
사용기기	수화기, 확성기, 발전기	변압기, 발전기, 전동기

제9장

전자유도

1 패러데이(Faraday)의 전자유도 법칙

(1) 정의

법칙 종류	내 용
패러데이 법칙	유도 기전력의 (크기) 결정 법칙(전압 크기 결정)
렌츠의 법칙	유도 기전력의 (방향) 결정 법칙(전압 발생 방향 결정)

(2) 공식(유도식)

1) 변압기 구조 및 등가회로

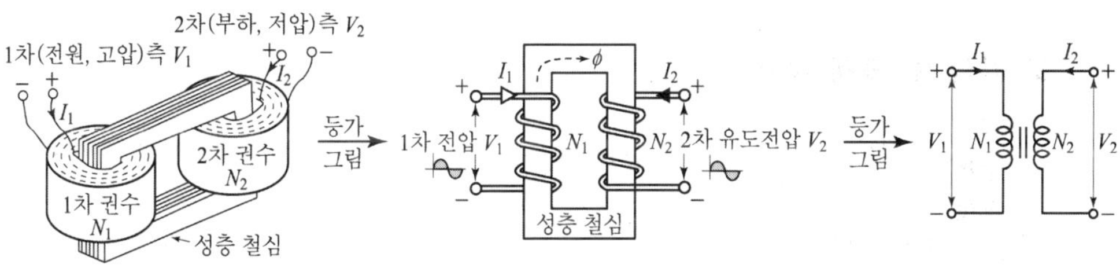

〈내철형 변압기〉 〈변압기 TR, 환상철심〉 〈변압기 회로〉

2) 유도식

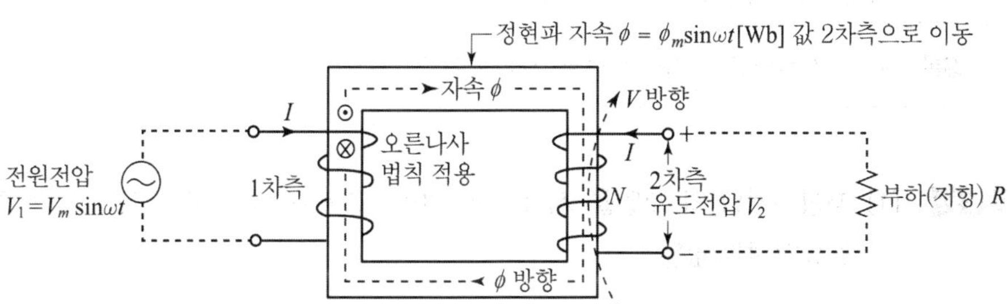

렌츠의 법칙(기전력 방향)

$$2차측\ 유도\ 기전력\ V_2 = -N\frac{d\phi}{dt} = (-) \times N \times \frac{d\phi}{dt}\ [\mathrm{V}]$$

패러데이 법칙(기전력 크기)

① 전압(유도 기전력) V

$$V = -N\frac{d\phi}{dt} = -N \times \frac{d\phi_m \sin\omega t}{dt} = -N\phi_m \omega\cos\omega t$$

$$= \omega N\phi_m \sin(\omega t - 90°) = \omega N\phi_m \sin\left(\omega t - \frac{\pi}{2}\right)$$

최대전압 $V_m = \omega N\phi_m[\mathrm{V}]$

$$= 2\pi f N\phi_m \sin\left(2\pi f t - \frac{\pi}{2}\right)[\mathrm{V}]$$

② 자속 ϕ와 유도 기전력 V의 위상 관계

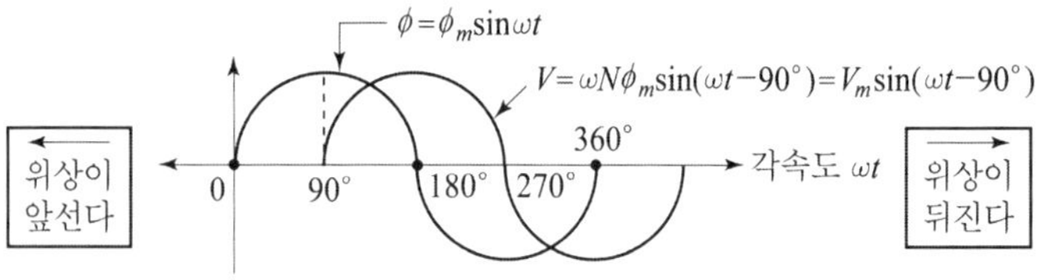

∴ 유도 기전력(전압) V가 자속 ϕ보다 위상이 90° 또는 $\frac{\pi}{2}$만큼 뒤진다.

3) 공식 및 출제 유형

출제 유형	자속 ϕ가 상수인 경우 사용식	정현파 자속 $\phi = \phi_m \sin\omega t$ 주어진 경우 사용식		자속밀도 B와 면적 $S = a \times b$가 주어진 경우 사용식
전압식	$V = -N\frac{d\phi}{dt}$	$= -\omega N\phi_m \cos\omega t$	$= +\omega N\phi_m \sin(\omega t - 90°)$	$= \omega NBab\sin(\omega t - 90°)$
용어	권수 N, 자속 ϕ[Wb], 각속도 ω[rad/s] $= 2\pi f$, 최대자속 ϕ_m[Wb], 자속밀도 B[Wb/m^2], 코일 가로길이 a와 세로길이 b			
결론	유도 기전력은 $\frac{\pi}{2}$(90°) 만큼 자속보다 뒤진다.			

과년도 ≫ [1] 저항 24[Ω]의 코일을 지나는 자속이 $0.3\cos 800t$[Wb]일 때 코일에 흐르는 전류의 최대값은?

풀이 최대전류 I_m 계산

대입값	적용식	계산 및 정답
• 자속 $\phi=\phi_m\cos\omega t$ $\downarrow$ $\downarrow$ $=0.3\cos800t$[Wb] • 저항 $R=24$ • 권수 $N=1$(없는 경우)	최대전류 $I_m=\dfrac{최대전압\ V_m}{저항\ R}$ $=\dfrac{\omega N\phi_m}{R}$	$=\dfrac{800\times1회\times0.3}{24}$ $=10$[A]

과년도 ≫ **[2] 권수 1회의 코일에 5[Wb]의 자속이 쇄교하고 있을 때 10^{-1}[s] 사이에 이 자속이 0으로 변하였다면 이때 코일에 유도되는 기전력[V]는?**

풀이 자속 ϕ[Wb]가 주어진 경우 유도 기전력 V[V] 계산

$$V=-N\frac{d\phi(자속변화량)}{dt(시간)}=-N회\times\frac{나중자속-처음자속}{시간}$$

$$=-1\times\frac{0-5}{10^{-1}}=50[\text{V}]$$

4) 변압기의 소음

구 분	내 용
원 인	교번자속의 변동 및 누설자속, 전류에 의한 권선의 진동
구성 성분	인가전압 주파수의 2배에 해당하는 (고조파) 소음 → 120[Hz]+240[Hz]+360[Hz] 섞음 소음
소음 크기	경부하시(작다), 무부하시(크다)

2 표피효과와 침투깊이 δ[m]

(1) 표피효과(전선의 유효단면적 감소 효과)

• **정의** : 전압 및 주파수가 클수록 전선(도체) 표면으로 전류가 집중적으로 흐르려는 현상. 즉 도체 중심으로 갈수록 전류밀도가 작아지고, 자속쇄교수가 많아져 인덕턴스$\left(L=N\dfrac{d\phi}{di}\right)$가 커지는 효과

(2) 침투깊이 δ[m]

1) 정의

전압(V)과 주파수(f)의 크기에 따른 전류가 흐르는 전선 표면 깊이 값

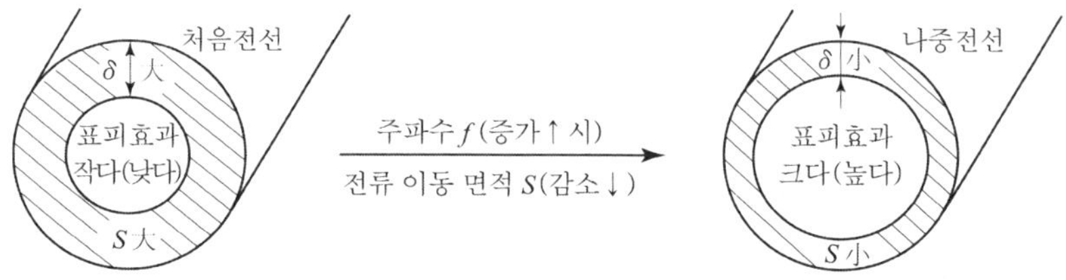

〈주파수 f 증가전 전선〉 ↓ 전선저항 $R = e\dfrac{l}{S}$

〈주파수 f 증가후 전선〉 ↓ 전선저항 $R(\uparrow \text{증가}) = e\dfrac{l}{S(\downarrow \text{감소 때문에})}$

2) 공식

$$\text{침투깊이 } \delta = \sqrt{\frac{2}{w\delta\mu}} = \sqrt{\frac{2e}{w\mu}}\,[\mathrm{m}]$$

3) 출제 유형

출제 유형	표피효과가 주어진 경우(비례 적용)	침투깊이 δ가 주어진 경우(반비례 적용)	주파수 f, 도전율 δ, 투자율 μ 주어진 경우 사용
적용 공식	표피효과(비례관계)	$\propto \dfrac{1}{\text{침투깊이 } \delta}$	$= \sqrt{\dfrac{\omega\delta\mu}{2}} \propto f \cdot \delta \cdot \mu \propto$ 저항 R
용 어	각속도 $\omega = 2\pi f\,[\mathrm{rad/s}]$, 도전율 $\delta(k)[℧/\mathrm{m}] = \dfrac{1}{\text{고유저항 } e[\Omega \cdot \mathrm{m}]}$, 투자율 $\mu = \mu_o \times \mu_s [\mathrm{H/m}]$		

과년도 » 주파수 f=10[kHz]일 때 구리의 표피 두께(skin depth)는 대략 몇 [m]인가? (단, 구리의 도전율은 $6 \times 10^{17}[℧/\mathrm{m}]$, 투자율은 $\dfrac{6}{\pi} \times 10^{-7}$이다.)

풀이 표피효과에 의한 침투깊이 δ 계산

$$\text{침투깊이 } \delta = \sqrt{\frac{2}{\omega\delta\mu}} = \sqrt{\frac{2}{2\pi f k\mu}}$$

$$= \sqrt{\frac{2}{2\times\pi\times10\times10^3\times6\times10^{17}\times\frac{6}{\pi}\times10^{-7}}}$$

$$= \sqrt{\frac{2}{2\pi\times6\times\frac{6}{\pi}\times10^{1+3+17-7}}}$$

계산기 사용

$$= \sqrt{\frac{1}{6^2\times10^{14}}}$$

$$= \frac{1}{6}\times10^{-7}[\mathrm{m}]$$

제10장 인덕턴스 L [H]

1 인덕턴스 L 정의

전선(코일) 주위에 전류 I에 의해 발생된 자장(전자유도) 값을 숫자로 표기한 것

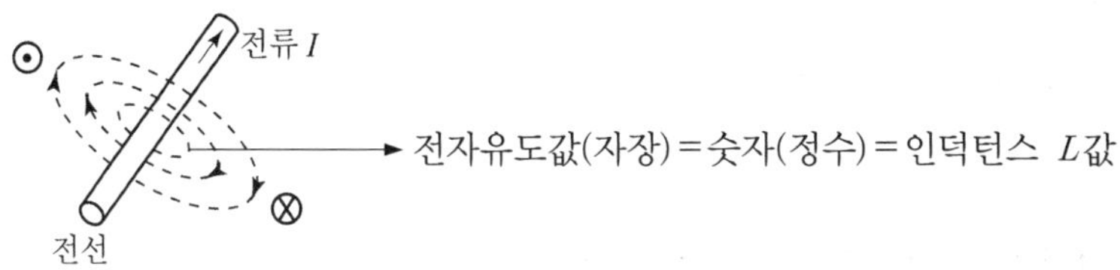

2 인덕턴스 L

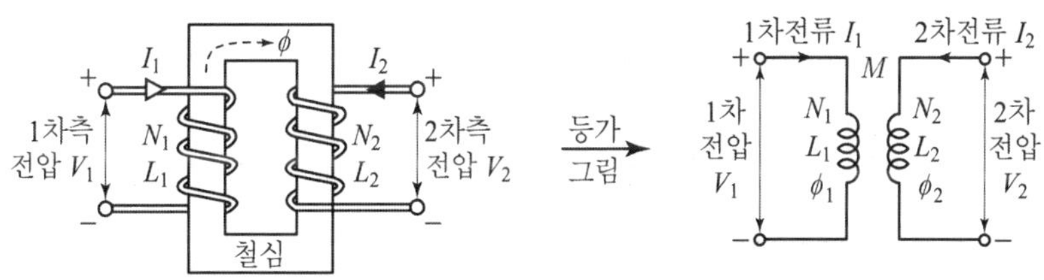

〈변압기〉 〈변압기 회로〉

(1) 용어

용어 및 정의	자기 인덕턴스 L_1, L_2 [H]	자기쪽(각 1차, 2차) 전류에 의해 생긴 전자유도값
	상호 인덕턴스 M [H]	상대편 전류에 의해 생긴 전자유도 값
	결합계수 k	이상결합시 $k=1$, 보통일 때 $0<k<1$
공식	$M=k\sqrt{L_1L_2}$ [H]	

(2) 유도 기전력 식

유도전압 방향(렌츠의 법칙)

- 1차측 전압 $V_1 = \ominus\ N_1 \dfrac{d\phi_1}{dt} = \ominus\ L_1 \dfrac{dI_1}{dt} = \ominus\ M \dfrac{dI_2}{dt}$ [V]
- 2차측 전압 $V_2 = \ominus\ N_2 \dfrac{d\phi_2}{dt} = \ominus\ L_2 \dfrac{dI_2}{dt} = \ominus\ M \dfrac{dI_1}{dt}$ [V]

유도 기전력 크기(패러데이 법칙)

(3) 공식 및 출제 유형

출제 유형	N과 ϕ 주어진 경우 사용식	L과 I 주어진 경우 사용식	M 주어진 경우 사용식
적용 공식	전압 $V = -N\dfrac{d\phi}{dt}$	$= -L\dfrac{dI}{dt}$	$= -M\dfrac{dI}{dt}$[V]
용 어	권수 N, 자속 ϕ[Wb], 시간 t[s], 인덕턴스 L[H], 전류 I[A], 상호 인덕턴스 M[H]		

과년도 >> **[1]** 두 코일이 있다. 한 코일이 전류가 매초 120[A]의 비율로 변화할 때 다른 코일에는 15[V]의 기전력이 발생하였다면 두 코일의 상호 인덕턴스[H]는?

풀이 상호 인덕턴스 M이 주어진 경우 2차 전압 V_2 계산식 적용할 것

① 변압기 그림

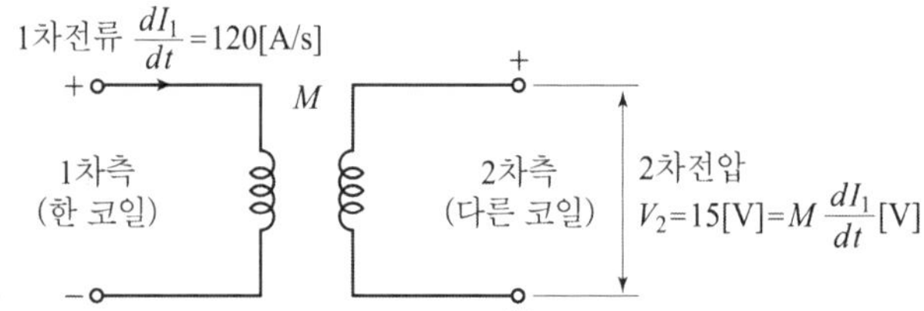

② 적용식 및 계산

$$2\text{차 전압 } V_2 = M\frac{dI_1}{dt}\ [\text{V}]$$

$$15 = M \times 120$$

$$\therefore \text{상호 인덕턴스 } M = \frac{15}{120} = 0.125\ [\text{H}]$$

3 인덕턴스 L 계산

• **적용 공식** : $LI=N\phi$ 사용 ← 유도 기전력 $V=-L\dfrac{dI}{dt}=-N\dfrac{d\phi}{dt}$ 에서 유도함

(1) 철심(솔레노이드)의 인덕턴스 L값

1) 환상철심인 경우

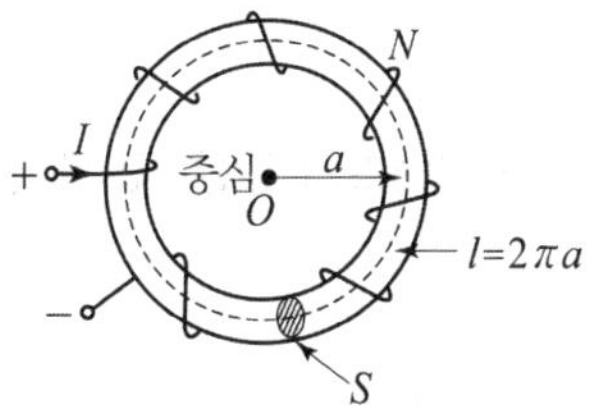

① 유도식

인덕턴스 $L=\dfrac{N}{I}\times\phi=\dfrac{N}{I}\times\dfrac{NI}{R}=\dfrac{N^2}{R}$

$=\dfrac{N^2}{\dfrac{l}{\mu S}}=\dfrac{\mu SN^2}{l}=\dfrac{\mu SN^2}{2\pi a}$

② 공식 및 출제 유형

출제 유형	N, ϕ, I 주어진 경우 사용식	N과 R 주어진 경우 사용식	μ와 S 주어진 경우 사용식
적용 공식	환상철심 $L=\dfrac{N\phi}{I}$	$=\dfrac{N^2}{R}$	$=\dfrac{\mu SN^2}{l}$ 또는 $\dfrac{\mu SN^2}{2\pi a}$ [H]
용 어	인덕턴스 L[H], 권수 N, 자속 ϕ[Wb], 전류 I[A], 자기저항 $R=\dfrac{l}{\mu S}$[AT/Wb], 투자율 $\mu=\mu_o\times\mu_s$[H/m], 철심 단면적 S[m^2], 자속이 다니는 길 자로 $l=2\pi a$[m]		
자계 H값	㉠ 철심 내부 자계 $H=\dfrac{NI}{2\pi r}$ ㉡ 외부 및 중심 자계 $H=0$		

2) 무한장 철심인 경우

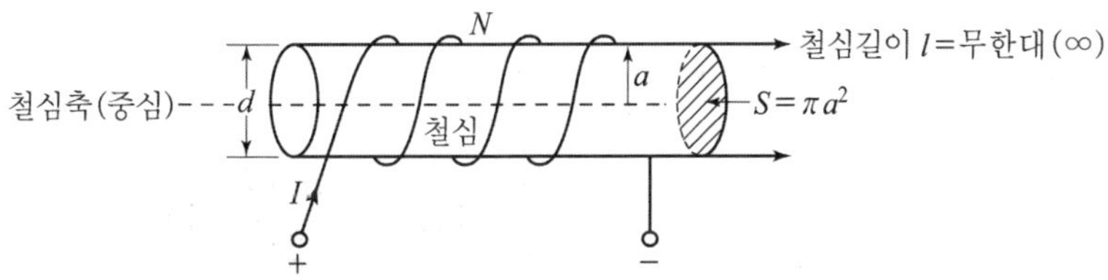

출제 유형	S가 주어진 경우 사용식	a가 주어진 경우 사용식	단위길이 1[m]당
적용 공식	무한장 철심 $L=\mu SN^2l$	$=\mu\pi a^2N^2l$[H]	$=\mu SN^2$[H/m]
용 어	투자율 $\mu=\mu_o\times\mu_s$[H/m], 철심면적 $S=\pi a^2=\dfrac{\pi d^2}{4}$[m^2], 철심 반지름 a[m], $\pi=3.14$, 철심길이 l[m]		
자계 H값	① 철심 내부 자계 $H=NI$ ② 외부 자계 $H=0$		

과년도 ≫ **[1]** 환상 솔레노이드 코일에 있어서 코일에 흐르는 전류가 2[A]일 때 자로의 자속이 1×10^{-2}[Wb] 되었다고 한다. 코일의 권수를 500회라 할 때 이 코일의 자기 인덕턴스[H]는?

풀이 환상철심의 인덕턴스 L 계산(N, ϕ, I 주어진 경우 적용할 것)

전류 $I = 2$[A], 자속 $\phi = 1 \times 10^{-2}$[Wb], 권수 $N = 500$회, 인덕턴스 L[H] = ?

$LI = N\phi$ 에서 인덕턴스 $L = \dfrac{N\phi}{I} = \dfrac{500 \times 10^{-2}}{2} = 2.5$ [H]

과년도 ≫ **[2]** 환상철심의 코일수를 10배로 하였다면 인덕턴스의 값은 몇 배가 되는가?

풀이 환상철심 인덕턴스 L값 비례 적용 문제

$L = \dfrac{\mu S N^2}{l}$ 식에서 인덕턴스는 $L \propto N^2$ 비례식 적용할 것

$$\text{몇 배(비)} = \frac{\text{나중 인덕턴스 } L_2 \propto \text{ 나중 권수 } N_2^2}{\text{처음 인덕턴스 } L_1 \propto \text{ 처음 권수 } N_1^2} = \frac{N_2^2}{N_1^2} = \frac{(10N_1)^2}{N_1^2}$$

$= 10^2 = 100$배 증가

(2) 원주(무한장 직선, 전선 1가닥, 단도체)의 L값 = 외부 + 내부

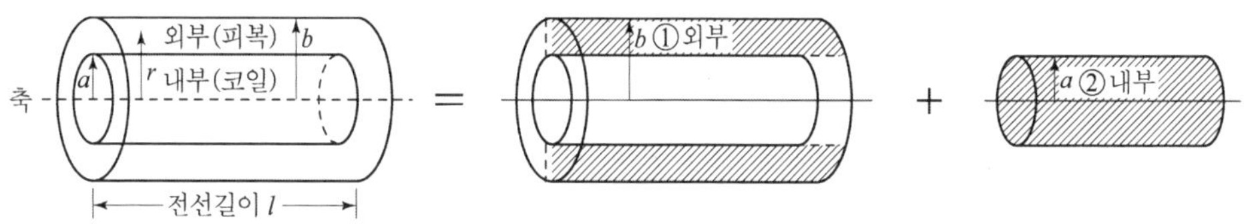

1) 외부(조건 : $a <$ 거리 $r < b$일 때)의 L값 계산 유도식

- 일부분 자속 $d\phi = BdS = \dfrac{\mu_o I l}{2\pi r} dr$
- 전체 자속 $\phi = \displaystyle\int_a^b \frac{\mu_o I l}{2\pi r} dr = \frac{\mu_o I l}{2\pi} [\ln r]_a^b = \frac{\mu_o I l}{2\pi} \times \ln \frac{b}{a}$
- 외부 인덕턴스 $L = \dfrac{\phi}{I} = \dfrac{\mu_o l}{2\pi} \ln \dfrac{b}{a}$ [H]

2) 내부(조건 : 거리 $r <$ 반지름 a 일 때)의 L값 계산 유도식

- 한점 에너지 $W = \dfrac{1}{2}\mu H_i^2 = \dfrac{1}{2}\mu \left(\dfrac{rI}{2\pi a^2}\right)^2 = \dfrac{\mu I^2 r^2}{8\pi^2 a^4}$ [J/m²]

- 일부분 에너지 $dW = W\times dv = \frac{\mu I^2 r^2}{8\pi^2 a^4}\times 2\pi r l \cdot dr = \frac{\mu I^2 r^3 l}{4\pi a^4} dr$
- 전체 에너지 $W = \int_0^a W dv = \int_0^a \frac{\mu I^2 r^3 l}{4\pi a^4} dr = \frac{\mu I^2 l}{4\pi a^4}\left[\frac{r^4}{4}\right]_0^a = \frac{\mu I^2 l}{16\pi}$[J]
- 코일 내부 축적 에너지 $W = \frac{1}{2}LI^2 = \frac{\mu I^2 l}{16\pi}$ 두 식에서 $L = \frac{\mu l}{8\pi}$[H]

3) 공식(동축 케이블의 유전체 인덕턴스)

구 분	외부 L값 공식	내부 L값 공식
원주 L 공식	인덕턴스 $L = \frac{\mu_o l}{2\pi}\times\ln\frac{b}{a}$	$+\frac{\mu l}{8\pi}$[H]
전력공학 : 선로정수 $L = 0.4605\log\frac{D}{r}$		$+0.05$ 값과 일치한다.
자계 H값	$H = \frac{I}{2\pi r}$[AT/m]	

(3) 평행(왕복)도선의 인덕턴스 L값(전선 2가닥, 복도체)

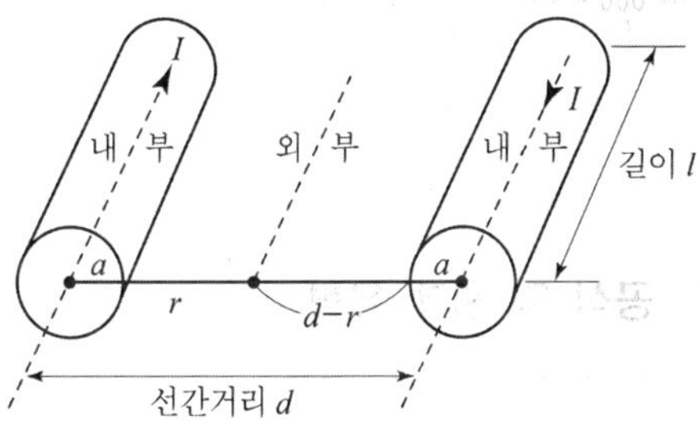

1) 외부 인덕턴스 L값 유도식

일부분 자속 $d\phi = BdS = Bdrl = \mu_o H d r l$

전체 자속 $\phi = \int_a^{d-a}\frac{\mu_o I l}{2\pi}\left(\frac{1}{r}+\frac{1}{d-r}\right)dr = \frac{\mu_o I l}{\pi}\times\ln\frac{d-a}{a}$

$= \frac{\mu_o l}{\pi}\ln\frac{d}{a}$ [H]

2) 내부(도선에 전류가 균일하게 흐름) 인덕턴스 L값

$L = 2\text{가닥}\times\frac{\mu l}{8\pi} = \frac{\mu l}{4\pi}$ [H]

3) 공식

구 분	외부 L값	내부 L값
평행도선 L 공식	인덕턴스 $L=\frac{\mu_o l}{\pi}\times\ln\frac{d}{a}$	$+\qquad\frac{\mu l}{4\pi}$[H]

4 인덕턴스(코일)의 접속(연결)

(1) 직렬 접속인 경우 합성 인덕턴스 L_o 계산

1) 가동접속인 경우 합성 인덕턴스 L_o

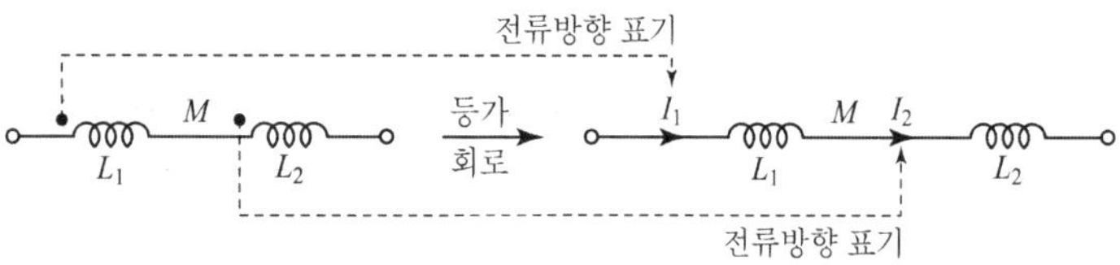

2) 차동접속인 경우 합성 인덕턴스 L_o

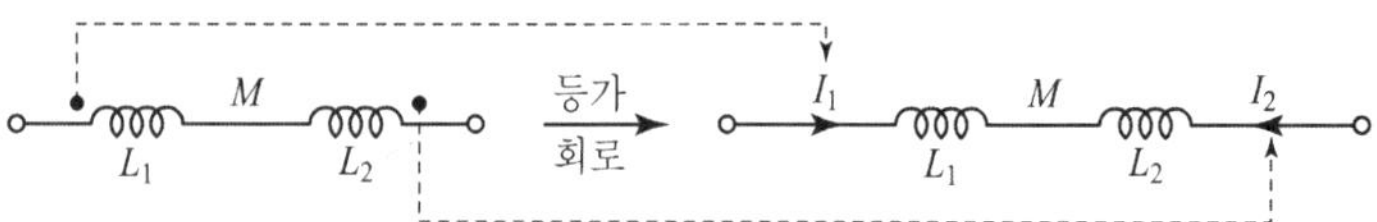

∴ 직렬시 합성 인덕턴스 $L_o=L_1+L_2\pm 2M$[H](가동 +, 차동 −)

3) 합성 인덕턴스 L_o 공식 및 출제 유형

출제 유형	가동접속인 경우 (전류방향이 같을 때) (大)값	차동접속인 경우 (전류방향이 다를 때) (小)값
변압기 적용 그림	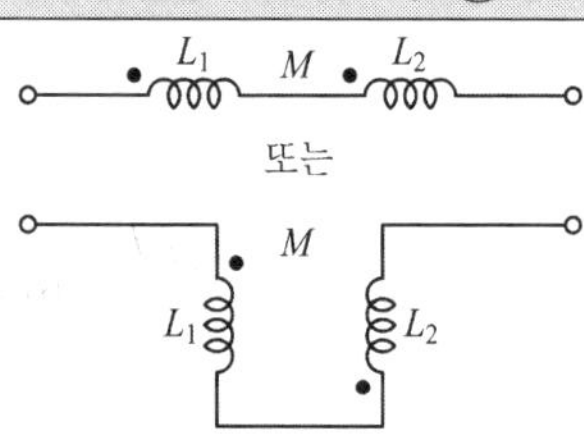	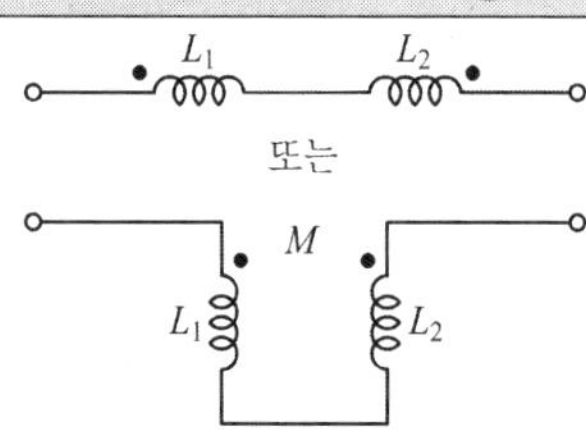
적용 공식	합성 $L_o=L_1+L_2+2M$[H] $=L_1+L_2+2k\sqrt{L_1L_2}$	합성 $L_o=L_1+L_2-2M$[H] $=L_1+L_2-2k\sqrt{L_1L_2}$
용 어	• 자기 인덕턴스 L_1, L_2[H] • 상호 인덕턴스 M[H]$=k\sqrt{L_1L_2}$ • 결합계수 k	

(2) 병렬 접속인 경우 합성 인덕턴스 L_o 계산

1) 가동접속인 경우 합성 인덕턴스 L_o

병렬 가동 접속 그림	합성 인덕턴스 L_o식	가동 특징
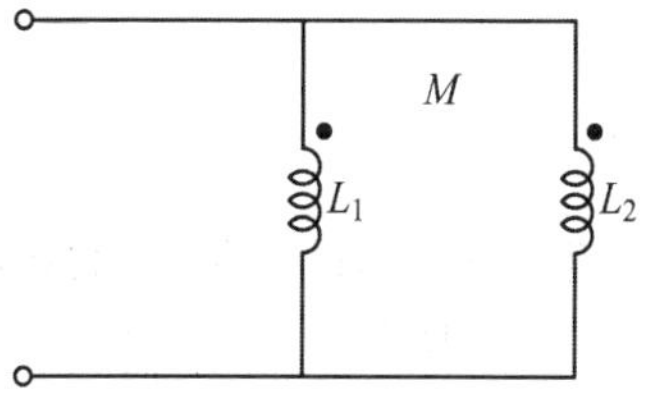	$L_o = \dfrac{L_1L_2 - M^2}{L_1 + L_2 - 2M}$ [H]	L_o로 가 ㊅값

2) 차동접속인 경우 합성 인덕턴스 L_o

병렬 차동 접속 그림	합성 인덕턴스 L_o식	차동 특징
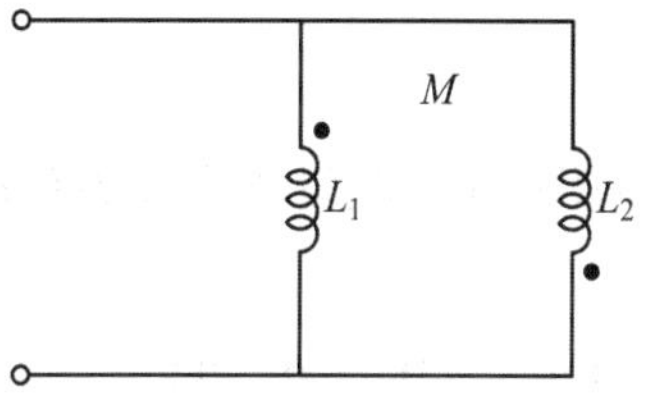	$L_o = \dfrac{L_1L_2 - M^2}{L_1 + L_2 + 2M}$ [H]	L_o로 가 ㊇값

과년도 » **[1]** 1차 코일과 2차 코일의 자기 인덕턴스가 각각 200[mH], 98[mH]일 때 누설자속이 각각 10[%]이면 두 코일의 상호 인덕턴스 M[mH] 및 결합계수 k의 값은?

풀이 ① 결합계수 $k=$ 전체자속 100[%] − 누설자속 10[%] = 90[%] = 0.9

② 상호 인덕턴스 $M = k\sqrt{L_1L_2} = 0.9\sqrt{200 \times 98} = 126$[mH]

과년도 » **[2]** 직렬로 연결한 2개의 코일에 있어서 합성 자기 인덕턴스는 80[mH]가 되고 한쪽 코일의 연결을 반대로 하면 합성 자기 인덕턴스는 50[mH]가 된다. 두 코일 사이의 상호 인덕턴스는 얼마인가?

풀이 직렬 연결시 합성 인덕턴스 $L_o = L_o = L_1 + L_2 \pm 2M$(단, 가동 大값 차동 小값)

가동 접속시 합성 L_o(大 값) $= 80 = L_1 + L_2 + 2M$

⊖ 차동 접속시 합성 L_o(小 값) $= 50 = L_1 + L_2 - 2M$

$$80 - 50 = L_1 - L_1 + L_2 - L_2 + 2M + 2M$$

∴ 상호 인덕턴스 $M = \dfrac{\text{大값} - \text{小값}}{4} = \dfrac{80 - 50}{4} = 7.5$ [mH]

5 코일(자계) 축적 에너지 W[J]

적용식	$W=\frac{1}{2}LI^2=\frac{1}{2}N\phi I=\frac{1}{2}F\phi$[J]

point
• 인덕턴스 종류와 각 코일 축적에너지 공식

인덕턴스 종류	환상철심인 경우 사용식	가동·차동 접속인 경우 사용식	원주 내부인 경우 사용식
공 식	$L=\frac{N\phi}{I}=\frac{\mu SN^2}{l}$	$=L_1+L_2\pm 2M$	$=\frac{\mu l}{8\pi}$[H]
에너지 식	$W=\frac{1}{2}\times\frac{\mu SN^2}{l}\times I^2$	$=\frac{1}{2}\times(L_1+L_2\pm 2M)\times I^2$	$=\frac{1}{2}\times\frac{\mu l}{8\pi}\times I^2$

과년도 ≫ **[1]** 10[mH]의 자기 인덕턴스를 가진 회로에 0.5[A]의 전류가 흐르고 있을 때 이 회로의 자계에너지[J]는?

풀이 1. 코일 축적 에너지 W[J] 계산(단위가 J = W·s 인 경우)

적용식	계 산	정 답
에너지 $W=\frac{1}{2}LI^2$	$=\frac{1}{2}\times 10\times 10^{-3}\times 0.5^2$	$=1.25\times 10^{-3}$[J]

2. 코일 축적 에너지 W[W · h] 계산(단위가 W · h인 경우)

$$W=\frac{1}{2}LI^2\text{ [J 또는 W · S]}\xrightarrow{\times\frac{1}{3600}\text{시간}}\text{[W · h]}$$

$$=\frac{1}{2}LI^2\times\frac{1}{3600}$$

$$=\frac{1}{2}\times 10\times 10^{-3}\times 0.5\times\frac{1}{3600}$$

$$=3.47\times 10^{-7}\text{[Wh]}$$

제11장 전자계

1 정의

코일(도체)에 전기를 흘리면 전기장(전계) 성분과 자기장(자계) 성분이 동시에 존재하는 전파로서 광속도($3\times10^{+8}$m/s)로 이동한다.

2 변위전류밀도 i_d [A/m^2]

(1) 정의

i_d 정의	정의식 표기
전속밀도의 시간적 변화 $\left(\frac{\partial D}{\partial t}\right)$	$i_d=\frac{\partial D}{\partial t}$ [A/m^2]

1) 콘덴서 회로

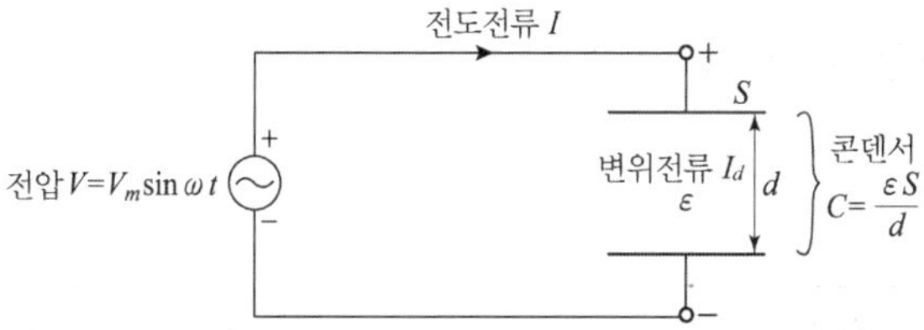

구분	전도전류 I	변위전류 I_d
정의	전선에 이동전류	콘덴서(축전기) 유전체의 전류
내용	전류=자유전자	전류=교류전원(가변전기장) 인가시 가변 자기장 발생. 즉 전류가 흐르는 효과와 동일하다.

2) 유도식

$$i_d=\frac{\partial D}{\partial t}=\frac{\partial \varepsilon E}{\partial t}=\frac{\partial\varepsilon\times\frac{V}{d}}{\partial t}=\frac{\varepsilon}{d}\,\frac{\partial V_m\sin\omega t}{\partial t}=\omega\frac{\varepsilon}{d}\,V_m\cos\omega t$$

3) 적용식

$$\text{변위전류밀도 } i_d = \frac{\partial D}{\partial t}(\text{전속밀도의 시간적 변화}) = w\frac{\varepsilon}{d}V_m\cos\omega t\ [\text{A/m}^2]$$

(2) 변위(충전)전류 $I_d(I_c)$ [A]

1) 정의

콘덴서 C[F]에 흐르는 전류 I 값

2) 유도식

$$I_d = i_d \times S = \omega \times \frac{\varepsilon S}{d}V_m\cos\omega t = \omega CV_m\cos\omega t = \omega CV_m\sin\left(\omega t + \frac{\pi}{2}\right)[\text{A}]$$

3) 적용식

$$\text{변위(충전)전류 } I_d = \omega CV_m\cos\omega t = \omega CV_m\sin\left(\omega t + \frac{\pi}{2}\right)[\text{A}]$$

3 전계 및 자계의 특성(고유, 파동) 임피던스 Z [Ω]

(1) 정의

도체(코일, 전선, 콘덴서)에 전류 I가 흐를 때 전계 E와 자계 H의 비 값
→ 전자파의 특성 임피던스

(2) 공식

구 분	조 건	특성 임피던스 Z 적용 공식
기준 식	공기중일 때 (공기의 $\mu_s = \varepsilon_s = 1$)	$Z = \frac{E}{H} = \sqrt{\frac{\mu_o}{\varepsilon_o}} = 377$ 또는 120π [Ω]
기타 식	μ_s와 ε_s 주어진 경우	$Z = \frac{E}{H} = \sqrt{\frac{\mu}{\varepsilon}} = \sqrt{\frac{\mu_o\mu_s}{\varepsilon_o\varepsilon_s}} = 377 \times \sqrt{\frac{\mu_s}{\varepsilon_s}}$ [Ω]
용 어	전계 E[V/m], 자계 H[AT/m], 진공중의 투자율 $\mu_o = 4\pi \times 10^{-7}$[H/m], $\pi = 3.14$ 진공중의 유전율 $\varepsilon_o = 8.855 \times 10^{-12}$[F/m], 투자율 $\mu = \mu_o \times \mu_s$, 유전율 $\varepsilon = \varepsilon_o \times \varepsilon_s$	
응용 식	① $\sqrt{\mu}H = \sqrt{\varepsilon}E$ ② 전계 $E = 377H$ ③ 자계 $H = \frac{1}{377}E$	

과년도 ≫ 비유전율 $\epsilon_s=80$, 비투자율 $\mu_s=1$인 매질의 전자파와 고유 임피던스(intrinsic impedance)는?

풀이

문제조건	적용식	계산	정답
μ_s와 ε_s가 주어진 경우	$Z=377\times\sqrt{\frac{\mu_s}{\varepsilon_s}}$	$=377\times\sqrt{\frac{1}{80}}$	$=42[\Omega]$

(3) 전자파(전자계 EMF) : 평면파의 전파와 좌파의 상호관계

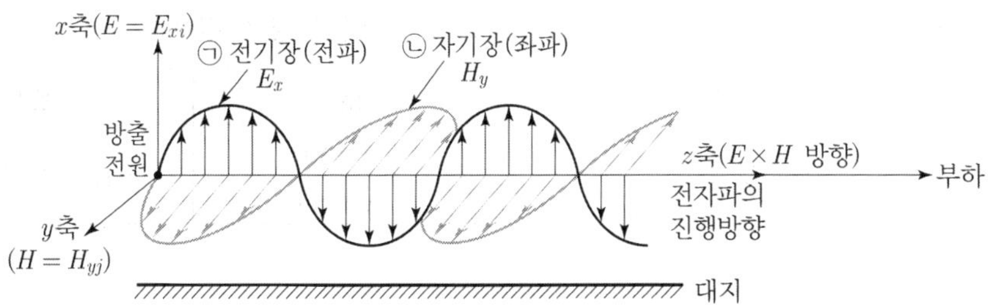

정의	전류 I를 가하면 전계 E(전파)와 자계 H(좌파)가 항상 존재하는 파형
전자파 특징	① 전계 E와 자계 H는 공존, 서로 직각(90° E방향, H방향) 방향으로 진동한다. ② 전계 E와 자계 H는 동위상이다.(진공 또는 완전유체시 위상이 서로 같다.) ③ 전자파의 진행방향은 $E\times H$(벡터표기)의 방향과 같다. ④ 전계 E와 자계 H의 비 : $\frac{E_x}{H_y}=\sqrt{\frac{\mu}{\varepsilon}}$ ⑤ 전자파 전달방향의 E, H 성분은 없다.
㉠ 수직전파	전자파의 전계(자기장)가 대지에 대해서 수직면에 있는 전자파(입사면에 수평)
㉡ 수평전파	전자파의 전계(전기장)가 대지에 대해서 수평면에 있는 전자파(입사면에 수직)

※ 세계보건기구 WHO 권고 기준치 : 전계 10[kV/m], 자계 50[가우스]

4 전파(위상)속도 V [m/s]

(1) 정의

전자파의 진행속도값

(2) 유도식

$$V=\frac{1}{\sqrt{\mu\varepsilon}}=\frac{1}{\sqrt{\mu_o\varepsilon_o}\times\sqrt{\mu_s\varepsilon_s}}=\frac{3\times10^8}{\sqrt{\mu_s\times\varepsilon_s}}=\lambda\times f\ [\text{m/s}]$$

(3) 공식 및 출제 유형

출제 유형	공기중일 때	μ_s 와 ϵ_s 주어진 경우 사용식	λ 와 f 주어진 경우
전파속도 적용 공식	$V=3\times10^8$	$=\dfrac{3\times10^8}{\sqrt{\mu_s \text{ 또는 } \mu_r\times\varepsilon_s \text{ 또는 } \varepsilon_r}}$	$=\lambda\times f\,[\mathrm{m/s}]$
용어	비투자율 $\mu_s(\mu_r)$ [H/m], 비유전율 $\varepsilon_s(\varepsilon_r)$ [F/m], 파장 λ [m], 주파수 f [Hz]		

과년도 ≫ 합성수지($\varepsilon_s=4$) 중에서의 전자파 속도는? (단, μ_s=1이다.)

풀이 전자파의 전파속도 v 계산(μ_s와 ε_s 주어진 경우 적용)

적용식	계산	정답
전파속도 $v=\dfrac{3\times10^8}{\sqrt{\mu_s\times\varepsilon_s}}$	$=\dfrac{3\times10^8}{\sqrt{1\times4}}$	$=1.5\times10^8\,[\mathrm{m/s}]$

5 포인팅 벡터(pointing vector) : $\overrightarrow{P}$ 또는 $R\,[\mathrm{W/m^2}]$

(1) 정의

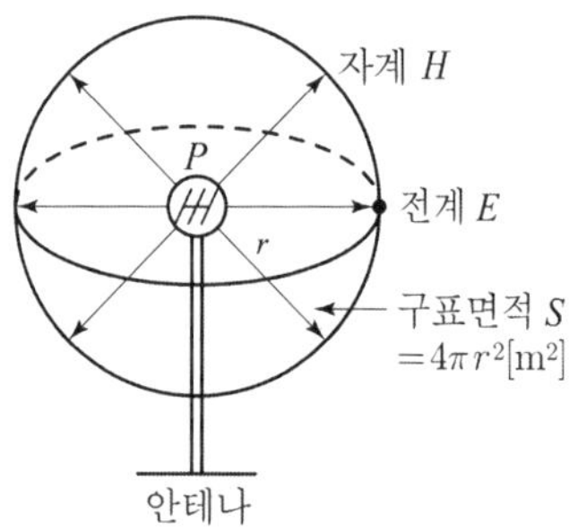

전계 E와 자계 H 에너지가 자유공간에서 속도 $V(c)[\mathrm{m/s}]$로 단위시간(1초)에 단위면적($1\mathrm{m^2}$)을 통과하는 에너지(전력 $P[\mathrm{W}]$)

(2) 유도식

$$\overrightarrow{P}(R)=\omega\cdot v$$

$$=\frac{1}{2}(\mu H^2+\varepsilon E^2)\times\frac{1}{\sqrt{\mu\varepsilon}} \quad \leftarrow\left(\omega=\frac{1}{2}(\mu H^2+\varepsilon E^2),\ v=\frac{1}{\sqrt{\mu\varepsilon}} \text{ 대입}\right)$$

$$=\frac{1}{2}(\mu H\cdot H+\varepsilon E\cdot E)\times\frac{1}{\sqrt{\mu\varepsilon}} \quad \leftarrow\left(H=\sqrt{\frac{\varepsilon}{\mu}}E,\ E=\sqrt{\frac{\mu}{\varepsilon}}H \text{ 대입}\right)$$

$$=\frac{1}{2}\left(\mu H\times\sqrt{\frac{\varepsilon}{\mu}}E+\varepsilon E\times\sqrt{\frac{\mu}{\varepsilon}}H\right)\times\frac{1}{\sqrt{\mu\varepsilon}}$$

$$=E\times H$$

(3) 기본공식 및 출제 유형

출제 유형	E와 H 주어진 경우 사용	H만 주어진 경우	E만 주어진 경우	P와 r이 주어진 경우
적용 공식	포인팅 벡터 $\overrightarrow{P}=EH$	$=377H^2$	$=\dfrac{E^2}{377}$	$=\dfrac{전력\ P}{S(4\pi r^2)}$ [W/m²]
용 어	전계 E, 자계 H, 전력 P[W], 구의 표면적 $S=4\pi r^2$ [m²]			

(4) 응용식 및 출제 유형

유형	전력 P 계산	거리 r지점의 전계 E	거리 r지점의 자계 H
공식	$P=377H^2\times S=\dfrac{E^2}{377}\times S$	$E=\sqrt{\dfrac{377P}{4\pi r^2}}$	$H=\sqrt{\dfrac{P}{377\times 4\pi r^2}}$

과년도 ≫ 100[kW]의 전력을 전자파의 형태로 사방에 균일하게 방사하는 전원이 있다. 전원에서 10[km] 거리인 곳에서의 전계의 세기[V/m]는?

풀이 포인팅 벡터 $\overrightarrow{P}(R)$에서 전계 E값 계산

$$\overrightarrow{P}=\frac{E^2}{377}=\frac{전력\ P}{구\ 표면적\ S}\ [\mathrm{W/m^2}]$$

전계의 세기 $E=\sqrt{\dfrac{377P}{4\pi r^2}}$

$$\therefore\ E=\sqrt{\frac{377\times 100\times 10^3}{4\times 3.14\times(10\times 10^3)^2}}=1.73\times 10^{-1}\ [\mathrm{V/m}]$$

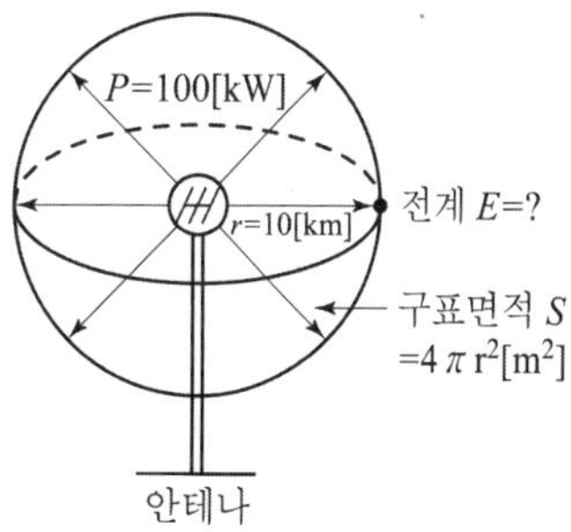

6 전파(맥스웰) 방정식

종류 및 표기	내 용	적용 법칙
① div$D$ 또는 $\nabla\cdot D=e$ [C/m³]	전속밀도 D 발산은 체적전하 e가 된다.	가우스 발산 정리
② div$B$ 또는 $\nabla\cdot B=0$	자계에서 고립된 자극(N, S)이 단독으로 존재하지 않으므로 자계의 발산은 0이다.	가우스 정리 (자속의 연속성)
③ rot$E$ 또는 $\nabla\times E=-\dfrac{\partial B}{\partial t}$	자계 B의 시간적 변화에 따라 전계 E의 회전이 생긴다.(발전기, 변압기에 적용)	패러데이의 전자유도 법칙
④ rot$H$ 또는 $\nabla\times H=i_c$(전도전류밀도)$+\dfrac{\partial D}{\partial t}$(변위전류밀도)$=J$(전류밀도) • 내용 : 전도전류와 변위전류는 자계 H를 발생시킨다.(전동기에 적용)		암페어의 주회적분 법칙
⑤ $B=\mathrm{rot}A=\nabla\times A$	자계 H는 비보존성이므로 그 회전값은 0이 아니다.	

Part

02

ELECTRICITY

전기기기

Key Point 전기기기

1. 전기기기(기계)의 종류

- 회전기
  - 직류기
    - ① 직류 발전기
    - ② 직류 전동기
    - ③ 특수 직류기 : 단극 발전기, 승압기, 전기 동력계
  - 교류기
    - ① 동기기
    - ② 유도 전동기
    - ③ 특수 교류기
- 정지기
  - 변압기
  - 전력변환기
    - ① 컨버터(교류 → 직류 변환) (converter)
    - ② 인버터(직류 → 교류 변환) (inverter)
    - ③ 주파수 변환기 (frequency converter)
    - ④ 초퍼(직류 변환기) (chopper)

2. 각 장의 출제 문항 수

구 분		출제문항수
① 직류기	발전기 G 전동기 M	5~7개
② 변압기	전기(산업)기사 공사(산업)기사	4~5개 5~6개
③ 동기기	발전기 G 전동기 M	4~5개
④ 유도기	발전기 G 전동기 M	4~5개
⑤ 정류기		2~3개
⑥ 교류정류기		0~1개

3. 출제 문제 유형(20문제 기준)

구 분	이해(암기) 문제	계산 문제
전기기사 전기공사기사	60~70[%] 출제	30~40[%] 출제
전기산업기사 전기공사산업기사	50~60[%] 출제	40~50[%] 출제

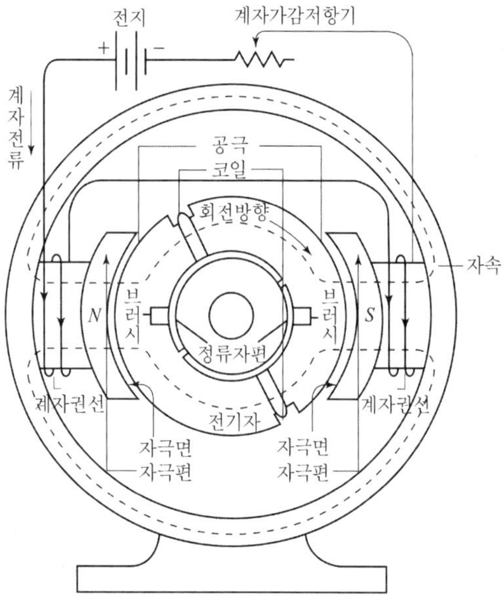

4. 발전기의 종류

No.	분 류	종 류
1	원동기에 의한 분류	엔진(engine) 발전기, 터빈 발전기, 수차 발전기, 풍력 발전기
2	출력에 의한 분류	직류 발전기, 교류 발전기
3	회전자에 의한 분류	회전 계자형, 회전 전기자형
4	계자 형식에 의한 분류	돌극형 발전기, 원통형 발전기
5	여자 방식에 의한 분류	자여자식, 타여자식, 자석식
6	자여자에 의한 분류	분권 발전기, 직권 발전기, 복권 발전기
7	복권 방식에 의한 분류	차동 복권 발전기, 가동 복권 발전기

Key Point 용어정리

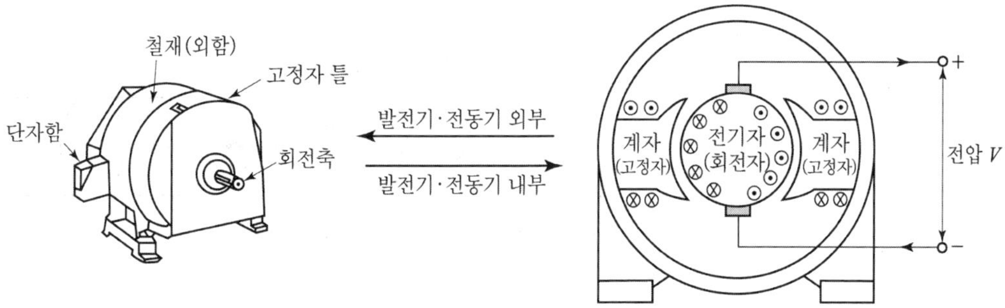

1. 자속 ϕ[Wb]

권선(코일)에 전류 I가 흐를 때 철심과 권선 주변에 생기는 자력선(자기장 값)

자속밀도 $B=\dfrac{\text{철심이동자속 }\phi}{\text{철심면적 }S}$ → 자속 $\phi=BS$

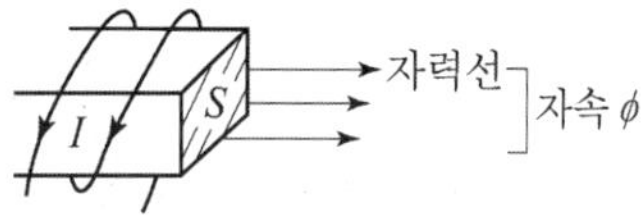

2. 여자

권선(코일)에 전류 I를 흘려주면 자속 ϕ가 발생되는 것(코일에 전류가 흐르는 것)

3. 여자기

1) **정의** : 자장(자속 ϕ)이 발생되도록 발전기 계자권선에 직류(DC)를 공급하는 장치

2) **역할** : 여자전류를 조정하여 발전기 전압이나 무효전력 제어

3) **여자기의 기능**

① 발전기 계자에 자계(자속 ϕ)를 발생(형성), 유지시킨다.
② 외란 유입시 적절한 과도응답으로 발전기 전압을 안정시킨다.
③ 기동시 발전기의 무부하 전압을 형성, 송전계통에 동기시킨다.
④ 병렬 운전시 유효전력에 무효전력을 공급한다.
⑤ 발전기 출력측 안정도 한계를 상시 측정하여 송전계통과 발전기를 보호한다.

4. 계자(고정자)

자속 ϕ 가 이동하는 철심 또는 자석(전자석의 N극, S극 의미)

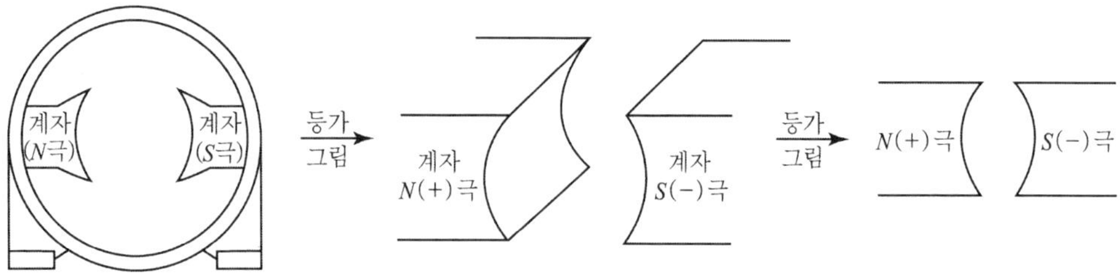

5. 계자(고정자) 권선(코일)

자속 ϕ 을 발생시키기 위해 주자극(계자) 또는 보극에 감는 코일

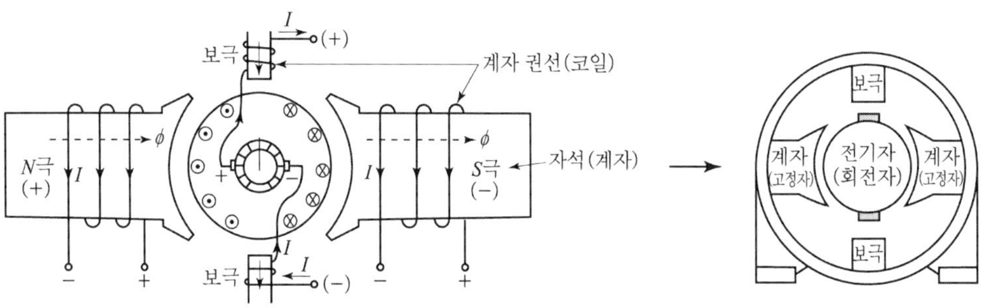

6. 전기자(회전자)

철심과 권선(코일)로 구성되며 회전시 자속 ϕ 와 쇄교(충돌)하여 기전력(전압)을 발생시킴

7. 전기자 권선(코일)

전기자(회전자)에 감겨진 코일(피복이 없는 구리선)

8. 쇄교

자속 ϕ (자기력선)이 코일과 부딪치는 것(충돌하는 것)

구분	분권 발전기 Ⓖ → 심벌 Ⓔ	분권 전동기 Ⓜ → 심벌 Ⓔ-Ⓛ
정의	기계에너지 → 전기에너지로 변환시키는 기계	전기에너지 → 기계에너지로 변환시키는 기계
적용법칙	플레밍의 오른손 법칙	플레밍의 왼손 법칙
실제회로	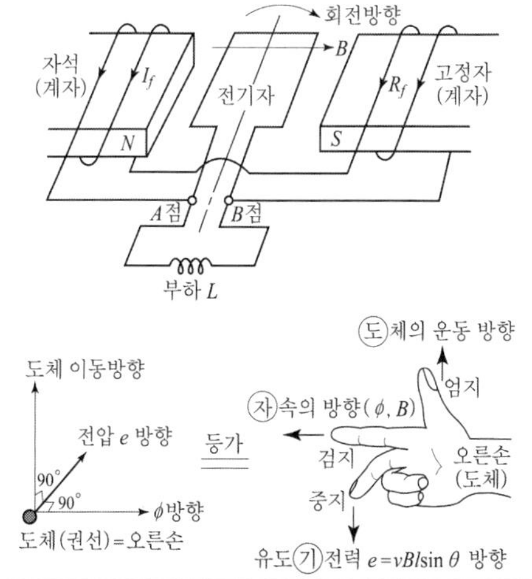	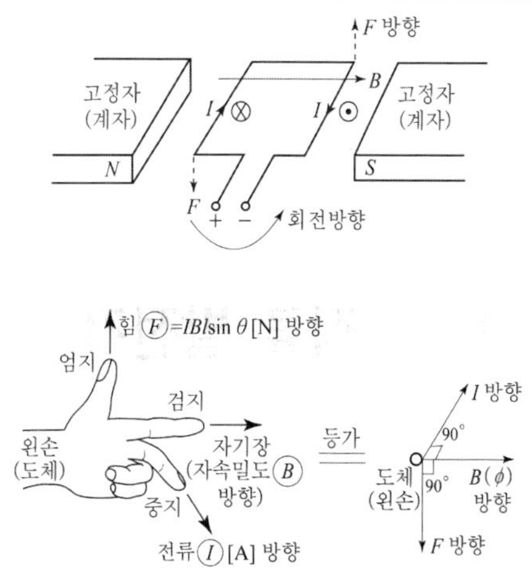
등가회로 및 공식	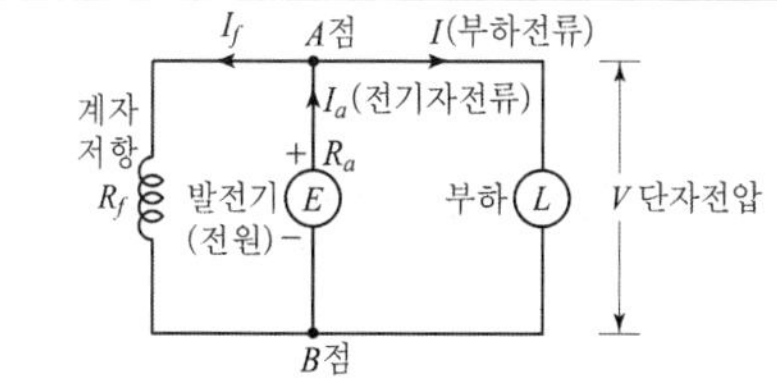 ① 전기자전류 $I_a = I + I_f = \frac{P}{V} + \frac{V}{R_f}$ $= \frac{E-V}{R_a}$[A] ② 유기기전력 $E = V + I_a \cdot R_a + e_b + e_a$ $= \frac{P}{a} Z\phi \frac{N}{60} = k\phi N$[V] ③ 입력 $P = EI_a$ ④ 출력 $P = VI$	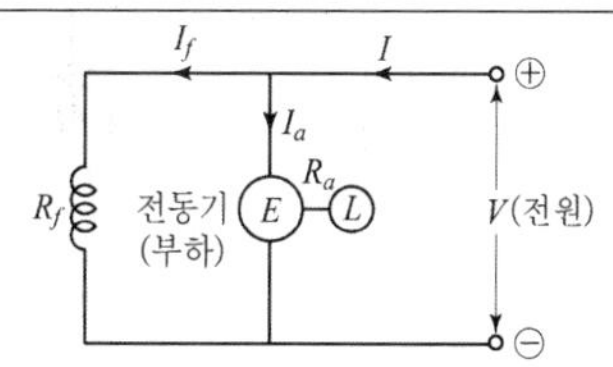 ① 전기자전류 $I_a = I - I_f = \frac{V-E}{R_a}$[A] ② 역기전력 $E = V - I_a \cdot R_a = \frac{P}{a} Z\phi \frac{N}{60}$ ③ 입력 $P = VI$ ④ 출력 $P = EI_a$ ⑤ 회전수 $N = k\frac{V - I_a \cdot R_a}{\phi}$[rpm] ⑥ 토크 $T = \frac{PZ}{2\pi a}\phi I_a$[N·m] $= 0.975\frac{P}{N}$[kg·m] 단위 1[kg·m] = 9.8[N·m]

앙페르의 오른나사 법칙 또는 암페어 오른손 법칙		
자기장 $\phi(B,H)$ 방향은 전류 I 방향의 오른쪽으로 향한다.	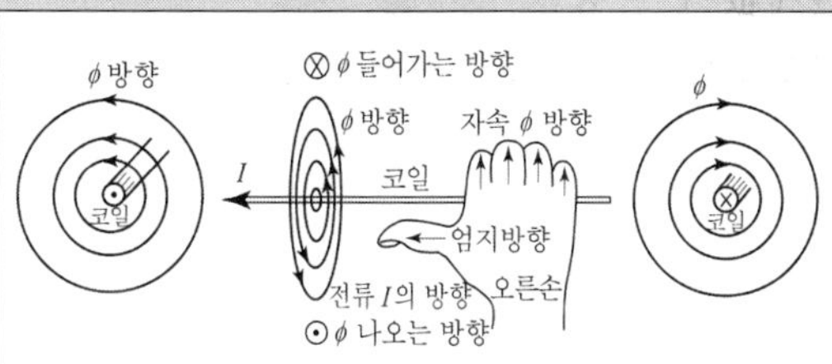	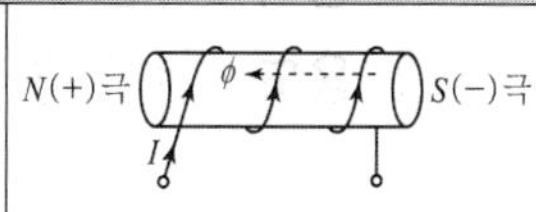 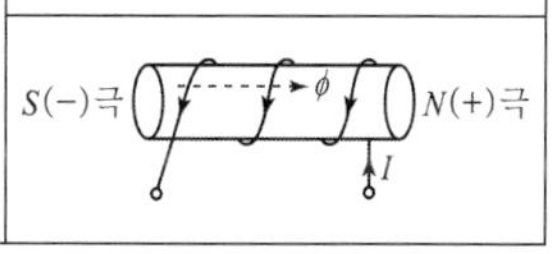

제1장

직류기

1 직류 발전기

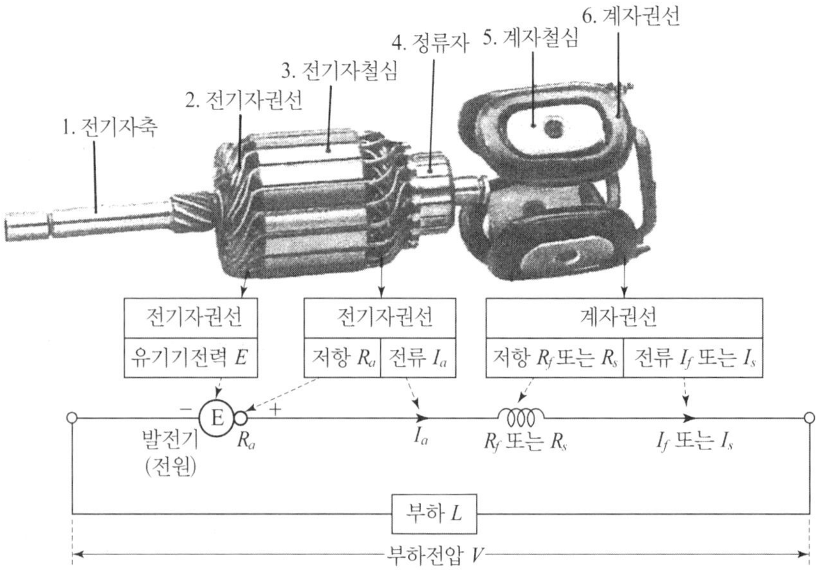

① 직류 발전기 원리(Direct current)

(1) 직류 발전기(정류자가 있다)

① **정의** : 시간에 관계없이 일정한 전기를 만드는 발전기

② **용도** : 전기 용접용, 화학 공업용, 통신용에 사용

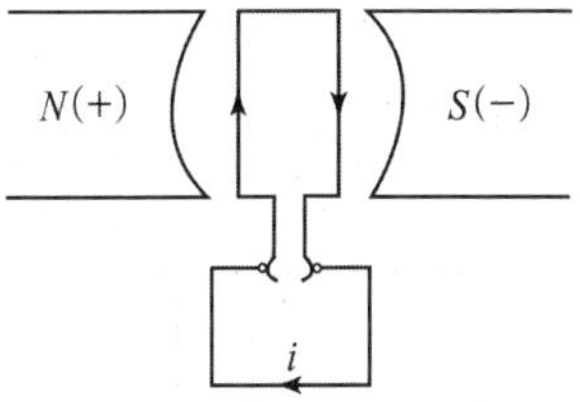

〈직류 발전기〉

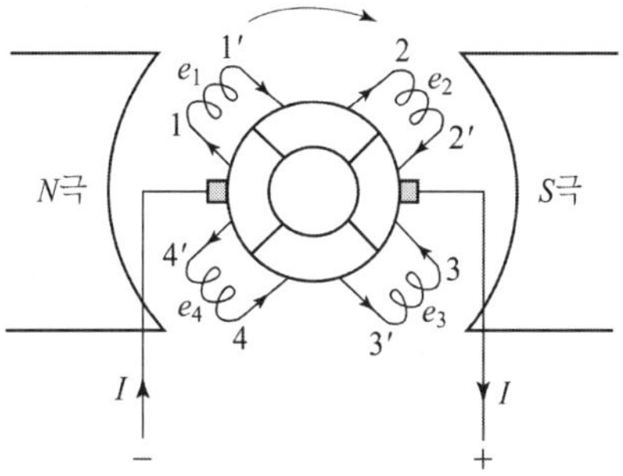

〈4개의 코일을 가진 직류기〉

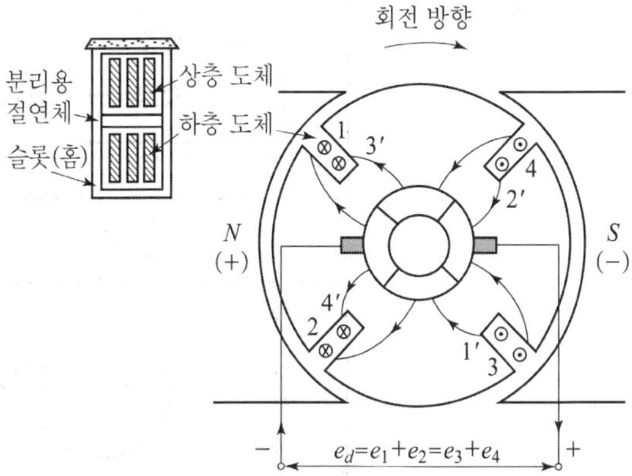

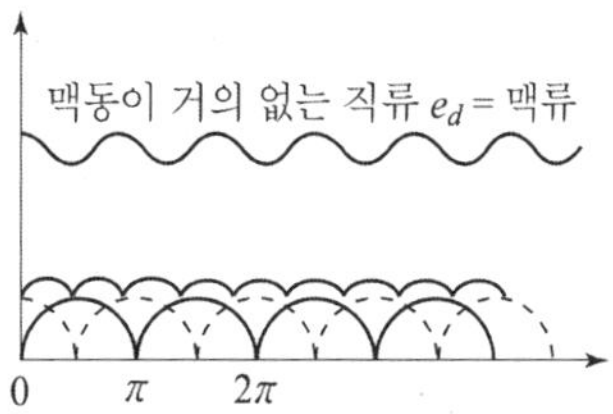

〈출력파형〉

(2) 정류자편 사이의 위상차 $\theta(t)$

이해 그림	위상차 식
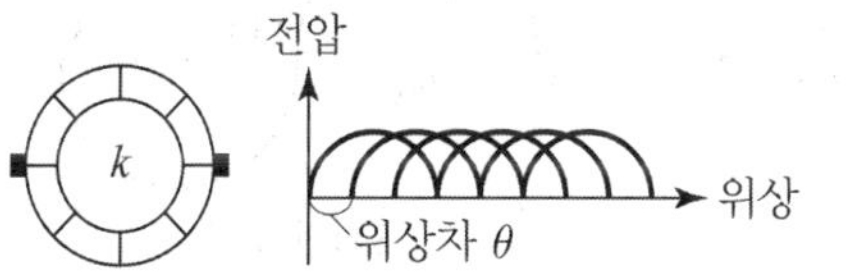	$\theta(t)=\dfrac{2\pi}{k(\text{정류자편수})}$

(3) 맥동을 줄이는 방법(거의 직류로 만드는 방법)

코일과 정류자편수를 증가시킨다.

2 교류 발전기의 원리(Alternating current)

(1) 교류 발전기(정류자가 없다)

시간에 따라 변하는 전기를 발생하는 발전기

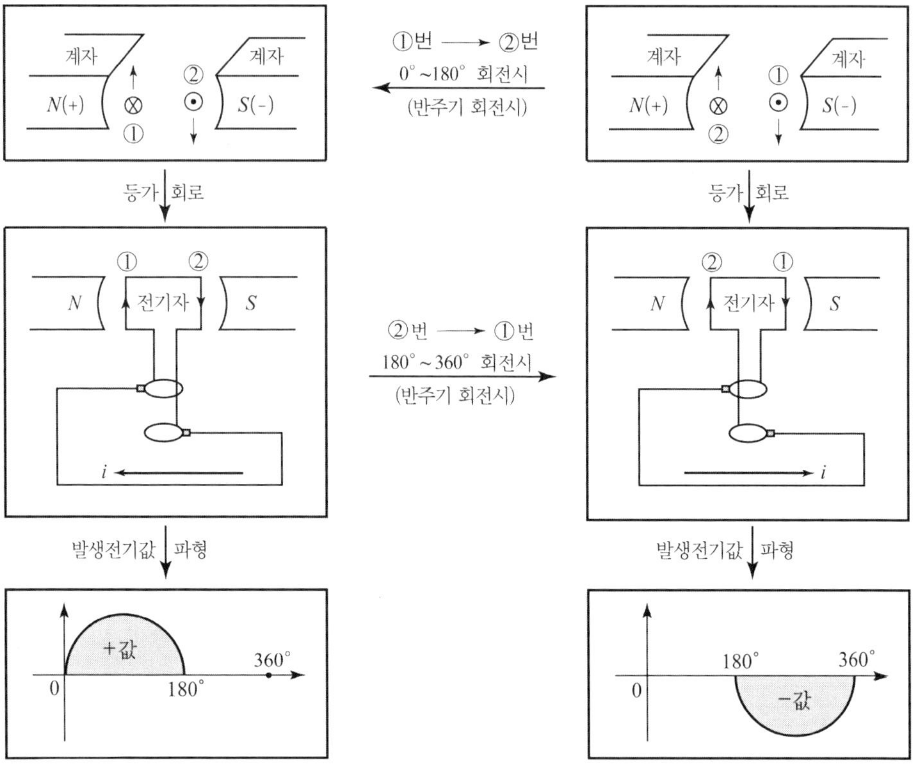

(2) 전기자(권선) 1회전시 발생전압 e값

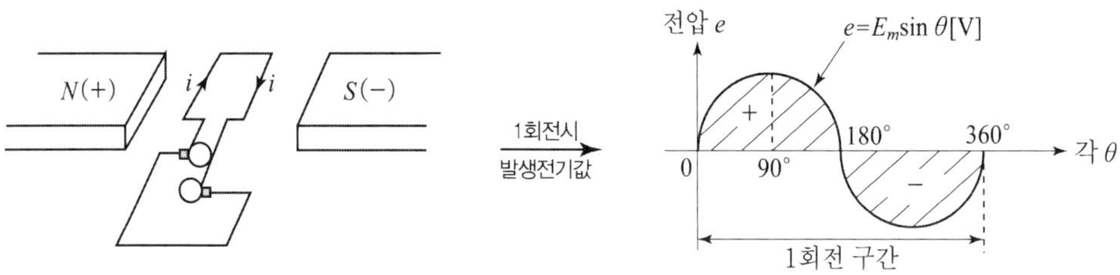

3 직류기 3대 요소

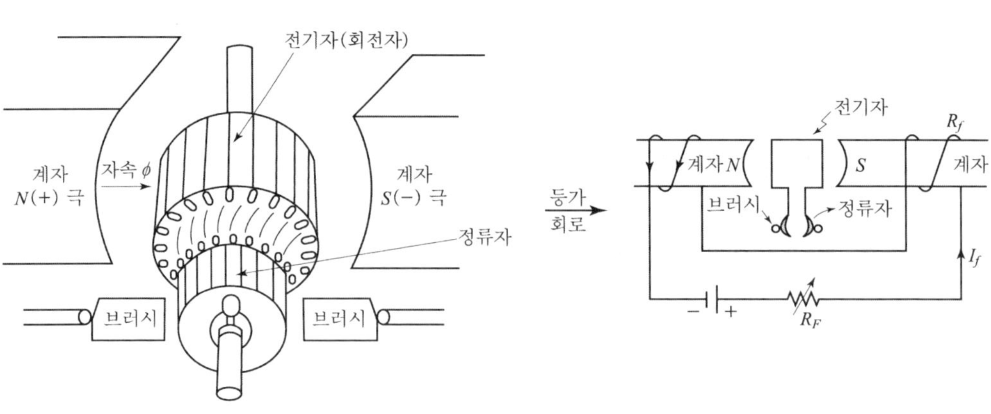

용어

계자(여자, 자화)전류 I_f[A] / 계자 권선 저항 $R_f[\Omega]$ / 계자 저항 $R_F[\Omega]$

(1) 계자(자석 N극 및 S극, 고정자) → 극수 P

N극에서 S극으로 자속 ϕ[Wb]을 공급하는 것

구 분	극수 P
비돌극기(비철극기)	터빈 발전기(화력, 원자력)인 경우 2~4극 사용
돌극기(철극기)	수차 발전기(수력)인 경우 16~32극 사용

(2) 전기자(철심, 회전자)

정 의	기전력(전압) e
자속 ϕ을 끊어서 기전력(전압)을 유도하는 것	$e=Blv$

(3) 정류자

1) **역할** : 교류(AC)를 직류(DC)로 바꾸어 주는 것

2) 직류발전기는 정류자가 있고 교류발전기는 정류자가 없다.

(4) 브러시

외부 회로와 내부 회로를 연결시켜 주는 것

구 분	종 류	용 도
브러시 종 류	금속 흑연질 브러시	저전압 및 대전류에 사용
	전기 흑연질 브러시	직류 기계에 사용
	천연 탄소 브러시	소형 기계에 사용

참고

- **직류기 3대 요소**

① 계자 ② 전기자 ③ 정류자

과년도 » 직류기의 3대 요소가 아닌 것은?

① 계자 ② 전기자 ③ 정류자 ④ 브러시

정답 ④

4 전기자 권선(코일)

(1) 정의

전기자(회전자)에 감겨진 코일(피복이 없는 구리선)

(2) 전기자 권선 종류

대분류	소분류
환상권	개로권, 폐로권 ─ 단층권, 다층권
고상권	개로권, 폐로권 ─ 단층권, 2층권 → 중권(병렬권) : $a=b=P$ / 파권(직렬권) : $a=b=2$

★ 2층권 사용 이유 : 코일 제작 및 권선 작업이 용이하기 때문에 많이 사용된다.

구 분	"직류기"에 이용 권선법		"교류기"에 사용 권선법	
명칭 및 그림	① 이층권	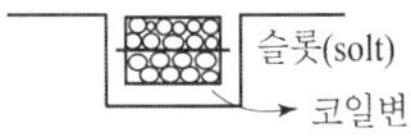	① 단층권	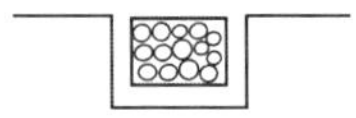
	② 고상권	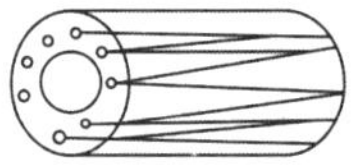	② 환상권	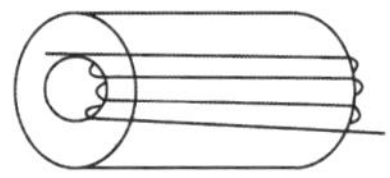
	③ 폐로권	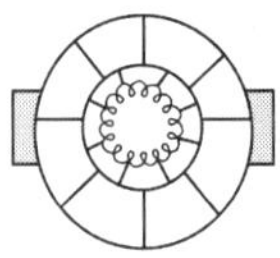 〈브러시로 오는 전류 연속적〉	③ 개로권	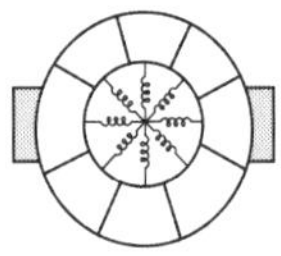 〈부하 접속시만 회로가 됨〉
암기법	㉮이 ㉯고 ㉰폐			

★ 슬롯 : 권선(코일)을 끼우기 위해 전기자 철심에 만든 홈

(3) 중권(병렬권) ← 병렬회로 적용(극수가 4극일 때)

1) 전기자 권선 중권시 실무그림 및 등가회로

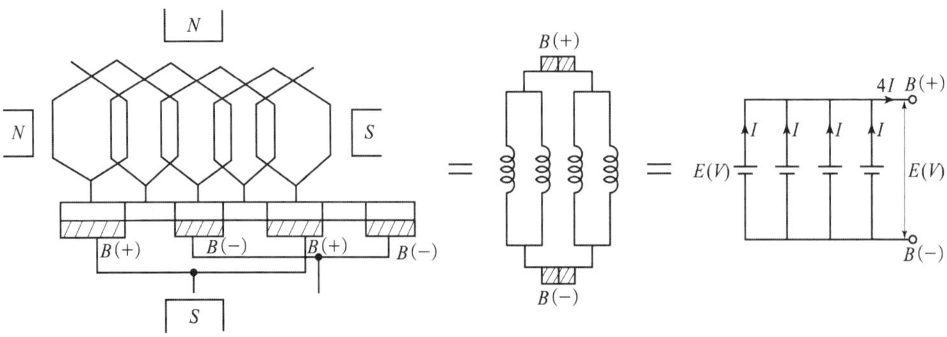

2) 중권의 특징

① 병렬시 전압은 같다(일정하다) : 병렬회로수와 브러시는 극수와 같다.

② 병렬연결이므로 전류를 크게 할 수 있다.

(4) 파권(직렬권) ← 직렬회로 적용(극수가 4극일 때)

1) 전기자권선 파권시 실무그림 및 등가회로

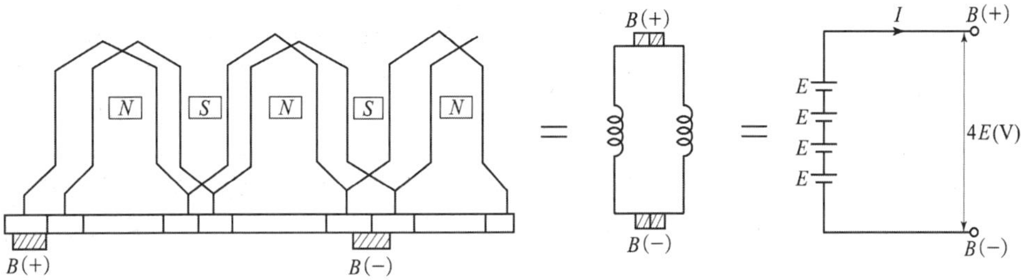

2) 파권의 특징

① 직렬시 흐르는 전류는 같다.(직렬연결시 내부 병렬회로수는 2이다.)

② 직렬연결이므로 전압을 크게 증가할 수 있다.

정리

• 전기자 권선

구 분	용 도	a와 B와 P의 관계
중권(병렬권)	저전압 대전류(장점)	병렬회로수 $a=$ 브러시수 $b=$ 극수 P → 다중도 $m \times P$
파권(직렬권)	고전압(장점) 소전류	병렬회로수 $a=$ 브러시수 $b=2$

• 정류자 편수 $k=\dfrac{\text{총 도체수 } Z}{2\text{개}}=\dfrac{\text{전 슬롯수} \times \text{한 슬롯 내 도체수}}{2}$

$=\dfrac{\text{전 슬롯수} \times 1\text{권수} \times 2\text{도체}}{2}$

(단, 도체수=코일권수, 1권수=2도체 적용할 것)

과년도 ≫ 4극 전기자 권선이 단중중권인 직류 발전기의 $I_a=20$[A]이면 전기자 권선의 병렬회로에 흐르는 전류는?

풀이 중권일 때 : 병렬회로수 a =극수, $P=4$ 적용할 것

∴ 전기자 병렬회로에 흐르는 전류 $I=\dfrac{I_a}{a}=\dfrac{20}{4}=5$ [A]

5 유기 기전력 E [V]

(1) 정의

전기자 권선이 회전하면서 발생시킨 전체 전압 E[V]값

(2) 공식

구 분	중권 또는 파권이 주어진 경우 사용식	중권 또는 파권이 안 주어진 경우 사용식
적용 공식	전압 $E=\frac{P}{a}Z\phi\frac{N}{60}$	$=k\phi N$ [V] (비례식)
용 어	중권 $a=b=P$ / 파권 $a=b=2$ / 총 도체수 Z=전 슬롯수×한 슬롯 도체수 (→ 1권수×2도체) 자속 ϕ [Wb] / 회전속도 N [rpm]	

(3) 유도식

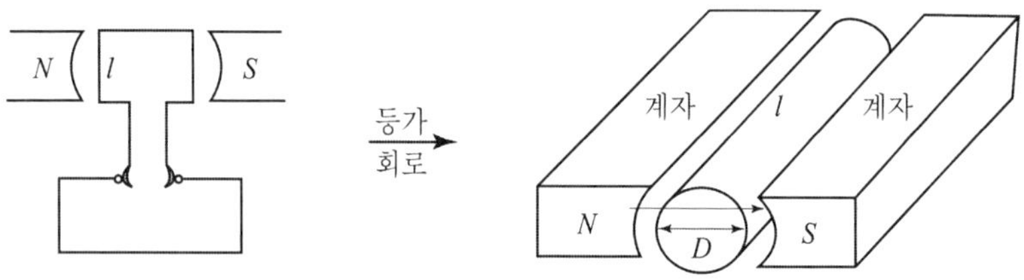

$$유기기전력\ E(전도체값)=Bl\,v\times\frac{Z(총도체수)}{a(병렬회로수)}=\frac{P\phi}{\pi Dl}\times l\times\pi D\frac{N}{60}\times\frac{Z}{a}$$

(B: 전기자 표면 자속밀도, v: 전기자 주변 속도)

$$=\frac{P}{a}Z\phi\frac{N}{60}\ 또는\ k\phi N\ \left(단,\ 상수\ k=\frac{PZ}{60a}값\ 적용\right)$$

과년도 ≫ 자극수 4, 전기자 도체수 400, 자극당 유효자속 0.01[Wb], 600[rpm]으로 회전하는 파권 직류 발전기의 유기 기전력은?

풀이 파권인 경우 : 병렬회로수 a=브러시수 $b=2$ 적용할 것

유기기전력 $E=\frac{P}{a}Z\phi\frac{N}{60}=\frac{4}{2}\times400\times0.01\times\frac{600}{60}=80$[V]

6 전기자 반작용

① **정의** : 전기자 코일에 전류가 흘러 주자속(계자)에 영향을 미치는 현상(발전기의 임피던스값)

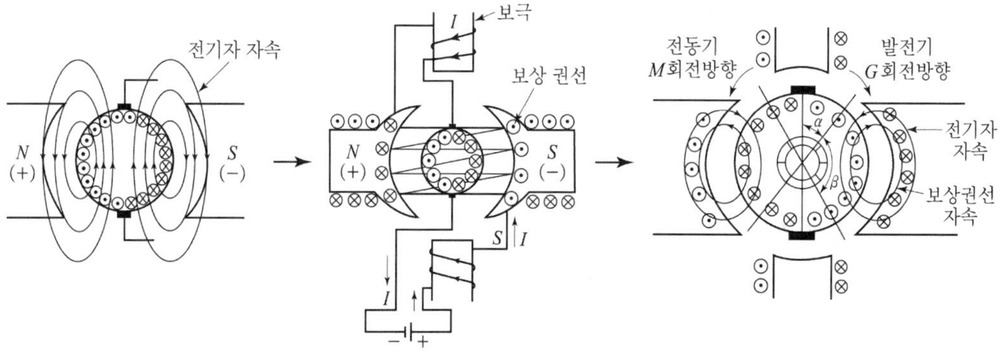

② 전기각=기하각(전기자 반작용에 의한 자기 중성축 이동각)$\times\dfrac{P(극수)}{2}$

(1) 전기자 반작용 영향

① **감자작용(주자속 감소)** : 자극이 어느 한쪽(국부적으로)에 포화되는 작용

- 극당 감자기자력 $F=\dfrac{Z}{2}\times\dfrac{I_a}{ap}\times\dfrac{4\alpha}{360}=\dfrac{I_aZ}{2ap}\times\dfrac{2\alpha}{180}$ [AT/P] (← 브러시 이동각: α)

② **편차작용** : 자기적 중심점의 이동
(발전기 G : 회전방향으로 이동, 전동기 M : 회전반대방향으로 이동)

- 극당 교차기자력 $F=\dfrac{Z}{2}\times\dfrac{I_a}{ap}\times\dfrac{2\beta}{360}=\dfrac{I_aZ}{2aP}\times\dfrac{\beta(\pi-2\alpha)}{180}$ [AT/P]

③ 브러시를 새축으로 이동시 감자작용에 의해서 발생되는 작용

㉠ 발전기 G : 유기기전력 $E=k\phi N$(감소)
㉡ 전동기 M : 토크 $T=k\phi I_a$(감소)

④ 정류자편 사이의 전압이 불균형하여 섬락원인이 된다.

⑤ 정류작용에 영향을 준다.

(2) 전기자 반작용 대책(방지법)

① **중성축 이동시킴**

- 발전기 G(회전방향으로 이동시킴)
- 전동기 M(회전 반대방향으로 이동시킴)

② **보극 설치**(전압정류 역할)

- 보극은 바로 밑의 전기자 권선에 의한 기자력(리액턴스 전압)을 상쇄한다.
- 무부하시(전기자 전류=0) 보극이 없는 직류기는 중성점의 위치가 변하지 않는다.

③ **보상권선 설치**(전류를 반대로 흘림)

전기자에 흐르는 전류와 반대방향으로 전류를 흘려준다.(가장 효과적임)

용도 직류기, 고속기(부하의 변화가 심할 때)에 사용

※ 보극이 없는 직류기 : 브러시를(회전방향으로) 이동시켜 정류하면 효과적이다.

※ 보극과 보상권선이 없는 직류 발전기 : 부하가 증가하면 전기적 중성축은 직류 발전기의 회전방향으로 이동하며 전기적 중성축과 기하학적 중성축의 사이각 θ는 증가한다.

7 정류

① **정의** : 전기자의 전류방향이 바뀌는 것. 즉 전기자 코일이 브러시(brush)에 단락된 후 브러시를 지날 때 전류의 방향이 바뀌는 것

② **정류 작용**

저항 정류	접촉저항이 큰 전기 흑연이나 탄소질의 브러시를 써서 정류시키는 것
전압 정류	보극에 의하여 정류 전압을 정류 코일에 유도시켜 직선 정류에 가까운 정류가 되게 하는 것

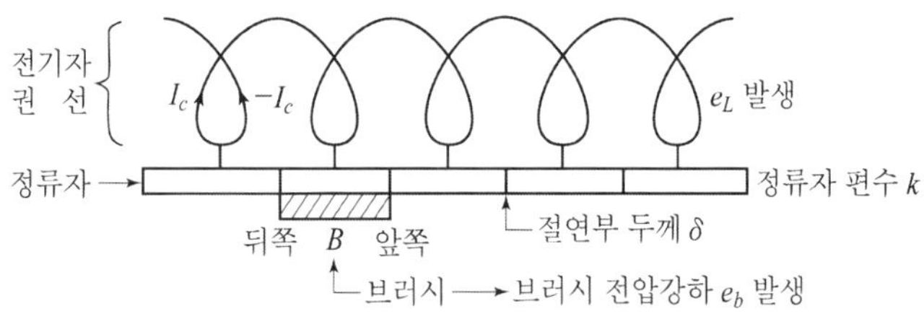

(1) 리액턴스 전압 e_L [V]

$$e_L = -L\frac{dI}{dt} = L \cdot \frac{I_c - (-I_c)}{T_c} = L \cdot \frac{2I_c(\text{전기자도체 전류})}{T_c(\text{정류주기})}\ [\text{V}]$$

(2) 정류곡선

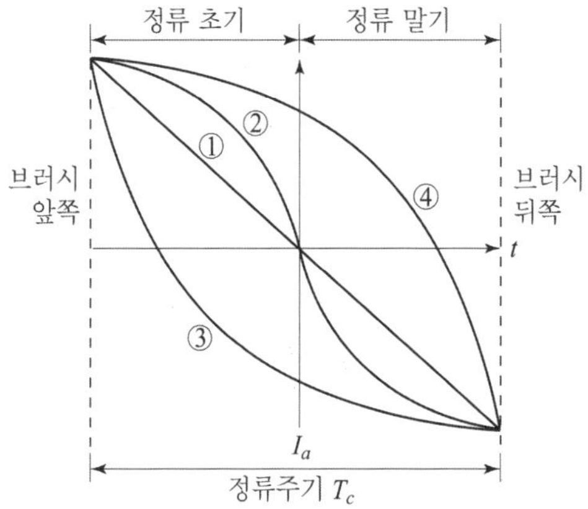

① 직선정류(이상적인 정류) ┐ 불꽃 없는 정류
② 정현파 정류(양호한 정류) ┘
③ **과정류**(정류 초기) : 브러시의 앞에서 불꽃 발생
④ **부족정류**(정류 말기) : 브러시의 뒤쪽에서 불꽃 발생

※ 정류자 편간전압 $= \dfrac{\text{총전압}(E \times P)}{\text{정류자 편수(직렬도체수)}\ k}$

(3) 불꽃 없는(양호한) 정류방법

⇒ 직선정류 하는 방법(브러시 접촉이 잘 되는 조건)

식 리액턴스 전압 $e_L\downarrow = L\downarrow \times \dfrac{2I_c}{T_c\uparrow}$ [V]을 적용한다.

① 리액턴스(인덕턴스) 전압이 적을 것(e_L ㉶)

※ 보극설치 이유 : 리액턴스(전기자권선) 전압을 상쇄시킨다 → 전압 정류

② 전기자 코일의 리액턴스(인덕턴스) 값이 적을 것(X_L ㉶)

③ 정류주기를 길게(크게) 할 것(T_c ㊅)

→ 브러시의 접촉저항 크게 하여 단락전류 제한한다.

④ 회전자 속도 적게 할 것

⑤ 리액턴스 전압 e_L(小) < 브러시 전압 강하 e_b(大) 일 것

⑥ 브러시의 접촉저항 크게 할 것(탄소 브러시 사용할 것)

⑦ 자속분포를 줄이고 자기적으로 포화시킨다.

(4) 정류주기 T_c(시간)

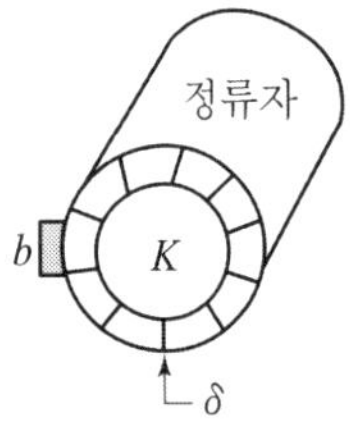

$$T_c = \frac{\text{브러시 길이 } b-\delta(\text{절연폭})}{\text{속도 } v}$$

$$= \frac{b-\left(\dfrac{\pi D}{k}-b\right)}{\pi D \dfrac{N}{60}} \quad [\text{단, } \pi D = k(b+\delta) \text{ 대입}]$$

$$= \frac{2b-\pi D/k}{\pi D \dfrac{N}{60}} \text{ [sec]}$$

8 여자 방식

전자석을 만들기 위해 계자권선에 전류를 공급하는 방식

여자 종류	① 타여자	외부에서 계자전류를 공급하는 방식
	② 자여자	내부 스스로 계자전류를 공급하는 방식

(1) 타여자 발전기

① **정의** : 계자전류 I_f를 외부 전원에서 공급받는 발전기. 즉, 계자코일을 별도의 다른 전원에 접속시킨 발전기(계자철심에 잔류자기가 없어도 발전가능)

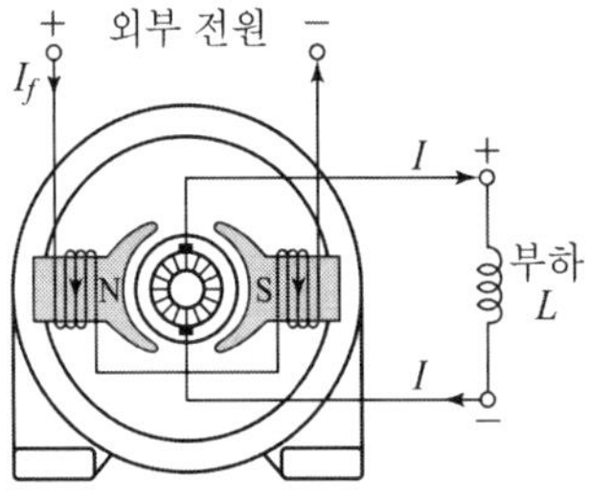

② **용도** : 전기 화학 공업용의 저전압 대전류용, 실험실용 전원, 대형 교류 발전기의 주여자기, 직류 전동기 속도 제어용 전원, 속도계용 발전기 등에 사용

타여자 발전기 실제 결선 그림

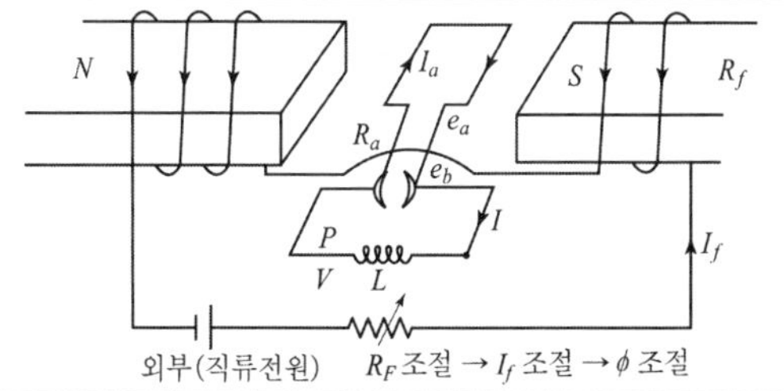

등가 회로 →

타여자 발전기 등가회로

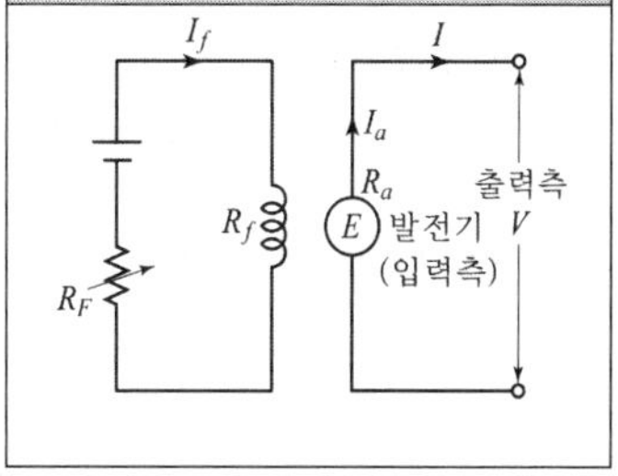

③ 전기자 전류 $I_a = I = \frac{P}{V} = \phi$(자속)와 같은 의미

④ 유기기전력 E[V] 계산

구분	중권, 파권이 주어진 경우 사용식	비례식에 사용식	단자전압 V 주어진 경우 사용식
공식	$E = \frac{P}{a} Z\phi \frac{N}{60}$	$= k\phi N$	$= V + I_a R_a + e_a + e_b$[V]
용어	전기자 전류 I_a / 계자전류 I_f / 전기자저항 R_a / 계자 권선저항 R_f / 출력 P 전기자 전압강하 e_a[V] / 브러시 전압강하 e_b[V] / 부하전류 I / 단자전압 V		
특징	전압강하가 작고, 전압을 광범위하게 조정하는 용도에 사용		

과년도 ≫ 정격이 5[kW], 100[V], 50[A], 1800[rpm]인 타여자 직류 발전기가 있다. 무부하시의 단자전압은 얼마인가? (단, 계자전압은 50[V], 계자전류 5[A], 전기자저항은 0.2[Ω]이고 브러시의 전압강하는 2[V]이다.)

풀이 타여자 직류 발전기

타여자 발전기 회로	유기기전력 E 적용식 및 계산
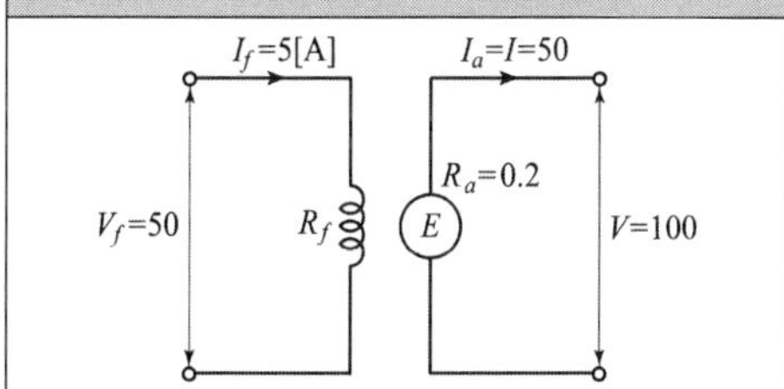	★ 무부하시 단자전압 V_o와 같다. $E(V_o) = V + I_a R_a + e_b$ $= 100 + 50 \times 0.2 + 2$ $= 112$[V]

(2) 자여자 발전기(직권, 분권, 복권)

- **정의** : 자체에서 발생한 유기 기전력에 의하여 계자전류 I_f 공급 발전기(자기여자 발전으로 잔류자기에 의해 단자전압이 상승(전압확립)되어야 발전한다.)
- **발전 절차** : 잔류자기(자속) → 잔류전압 발생 → 여자전류 점차 증가 → 단자전압 상승

1) 직권 발전기

① **정의** : 계자권선(R_s)과 전기자권선(R_a)을 직렬로 접속한 발전기

실무그림	내부결선 회로 이해도
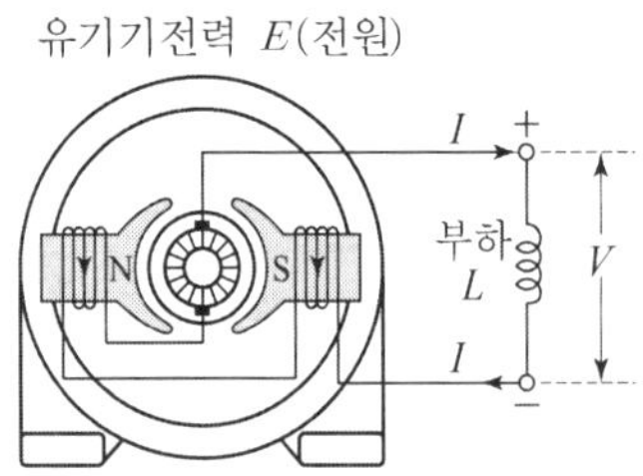	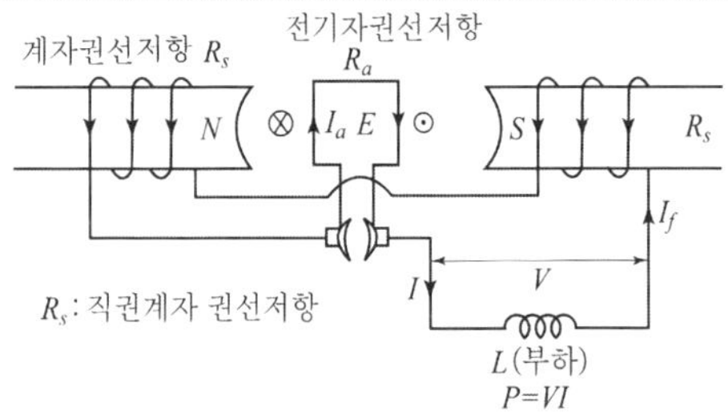

② **용도** : 부하의 변동에 따라 단자 전압이 심하게 변화하므로 보통의 직류 전원으로서는 사용할 수 없다. 그러나 특성 곡선이 부하전류에 거의 비례해서 전압이 상승하는 부분을 이용하여 선로의 전압 강하를 보상(수전전압 일정유지)하는 목적으로, 장거리 급전선에 직렬로 연결해서 승압기(booster)로 사용

③ **유기기전력(E)와 전기자전류(I_a) 유도식**

직권구분	직권 발전기 내부회로	직권 발전기 등가회로
직권 (직렬) 회로	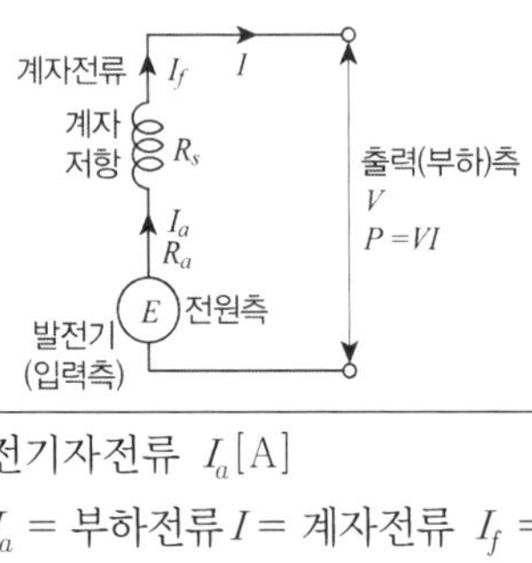	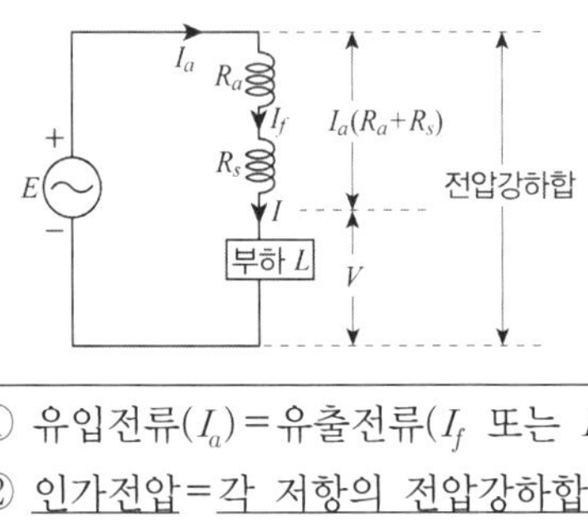
유도식	① 전기자전류 I_a[A] I_a = 부하전류 I = 계자전류 $I_f = \frac{P}{V}$ $= \frac{E-V}{R_a+R_s}$ ② 유기기전력 E[V] $E = V + I_a(R_a+R_s)$	① 유입전류(I_a)=유출전류(I_f 또는 I) ② 인가전압=각 저항의 전압강하합 ↓ ↓ 유기기전력 $E = V + I_a(R_a+R_s)$

④ **전기자 전류** I_a

$$I_a = I = I_f = \phi = \frac{P}{V} = \frac{E-V}{R_a+R_s}\ [\mathrm{A}]$$

⑤ **유기 기전력** E

구분	R_a와 R_s 주어진 경우 사용식	중권 및 파권 주어진 경우	비례식 적용
공식	$E = V + I_a(R_a+R_s) + e_a + e_b$	$=\frac{P}{a}Z\phi\frac{N}{60}$	$=k\phi N[\mathrm{V}]$
용어	전기자 전류 I_a / 계자전류 I_f / 전기자저항 R_a / 계자 권선저항 R_f 전기자 전압강하 e_a[V] / 브러시 전압강하 e_b[V] / 부하전류 I / 단자전압 V		
특징	무부하 상태에서는 발전이 불가능하다.(부하전류에 의해 여자되므로 무부하시 자기여자에 의한 전압확립은 일어나지 않는다.)		

⑥ **입력** $P = EI_a$

⑦ **출력** $P = VI$

2) 분권 발전기

① **정의** : 계자권선(R_f)과 전기자권선(R_a)을 [병렬]로 접속한 발전기

실무그림	내부결선 회로 이해도

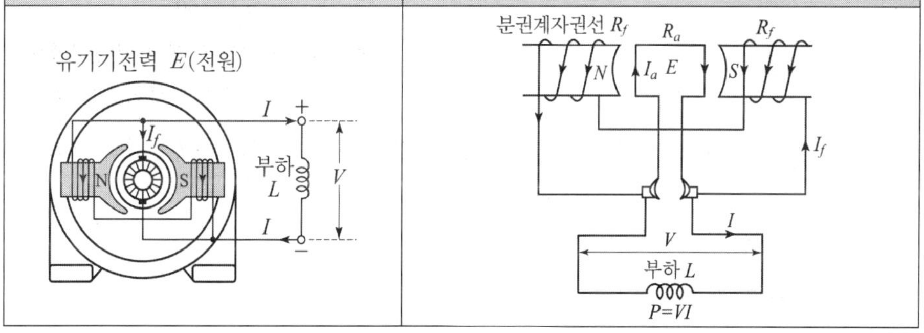

② **용도** : 전기 화학 공업용 전원, 축전지 충전용 발전기, 동기기의 여자용, 일반 직류 전원용

③ **유기기전력(E)와 전기자전류(I_a) 유도식**

분권구분	분권 발전기	분권 발전기 등가회로
분권 (병렬) 회로 및 공식	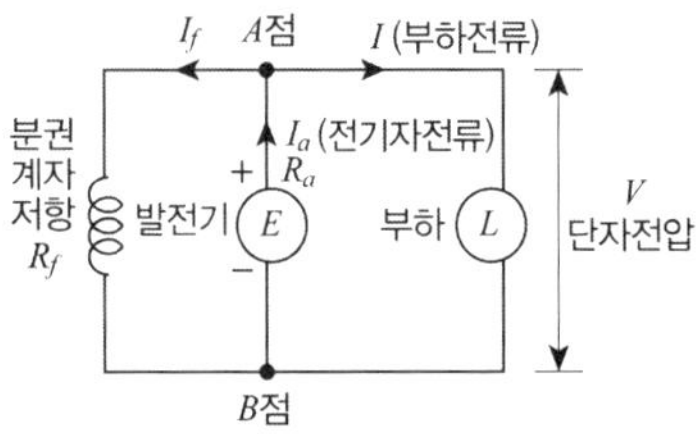 ① 전기자전류 $I_a = I + I_f = \frac{P}{V} + \frac{V}{R_f} = \frac{E-V}{R_a}$[A] ② 유기기전력 $E = V + I_a \cdot R_a + e_b + e_a$ $= \frac{P}{a} Z\phi \frac{N}{60} = k\phi N$[V]	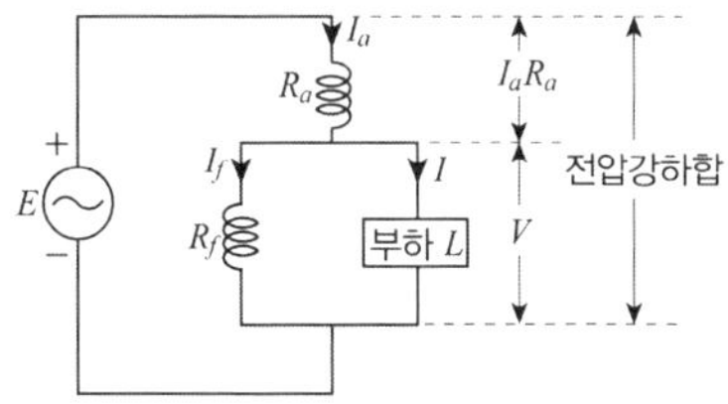 ① 유입전류(I_a)=유출전류($I+I_f$) ② 인가전압=각 저항의 전압강하합 ↓ ↓ $E = V + I_aR_a$ +기타전압강하

④ **전기자 전류** I_a =부하전류 I + 계자전류 $I_f = \frac{P}{V} + \frac{V}{R_f} = \frac{E-V}{R_a}$[A]

⑤ **유기 기전력** E

구분	R_a 주어진 경우 사용식	중권 및 파권 주어진 경우	비례식 적용
공식	$E = V + I_aR_a + e_a + e_b$	$= \frac{P}{a} Z\phi \frac{N}{60}$	$= k\phi N$[V]
용어	전기자 전류 I_a/ 계자전류 I_f / 전기자저항 R_a / 계자 권선저항 R_f 전기자 전압강하 e_a[V] / 브러시 전압강하 e_b[V] / 부하전류 I / 단자전압 V		
특성	타여자 발전기보다 전압강하가 크다.(V↓감소 → I_f↓감소 → E↓감소)		

⑥ **입력** $P = EI_a$

⑦ **출력** $P = VI$

⑧ 분권 발전기 회전방향을 반대로 하면 전기자 전류 방향이 반대로 되어 잔류 자기소멸(전압확립이 안 됨)되어 발전되지 않는다.

Key Point 키르히호프 법칙 적용 직권 및 분권 발전기 등가회로

과목	전기기기	전기회로(등가회로 해석)
유도식 적용법칙	1법칙 : 유입전류(전기자전류 I_a) = 유출전류	
	2법칙 : 인가전압(유기기전력 E) = 각 저항의 전압강하합	
직권구분	직권 발전기	직권 발전기 등가회로
직권(직렬) 회로 및 공식	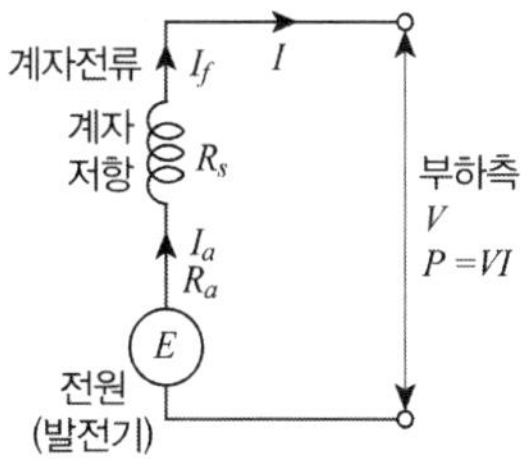 ① 전기자전류 I_a[A] I_a = 부하전류 I = 계자전류 $I_f = \frac{P}{V} = \frac{E-V}{R_a+R_s}$ ② 유기기전력 E[V] $E = V + I_a(R_a+R_s)$	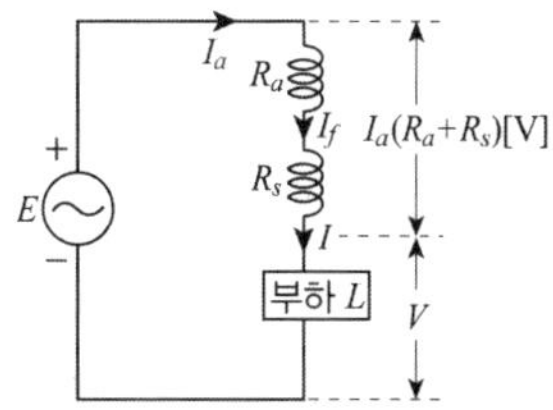 ① 유입전류(I_a) = 유출전류(I_f, I) ② 인가전압 = 각 저항의 전압강하합 ↓ ↓ 유기기전력 $E = V + I_a(R_a+R_s)$
분권구분	분권 발전기	분권 발전기 등가회로
분권(병렬) 회로 및 공식	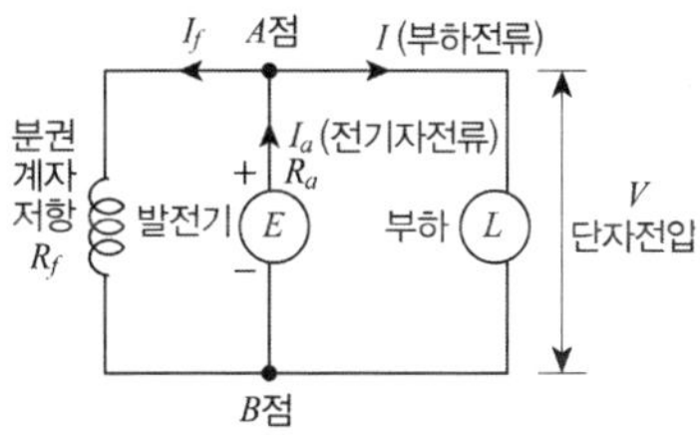 ① 전기자전류 $I_a = I + I_f = \frac{P}{V} + \frac{V}{R_f} = \frac{E-V}{R_a}$[A] ② 유기기전력 $E = V + I_a \cdot R_a + e_b + e_a$ $= \frac{P}{a} Z\phi \frac{N}{60} = k\phi N$[V] ③ 입력 $P = EI_a$ ④ 출력 $P = VI$	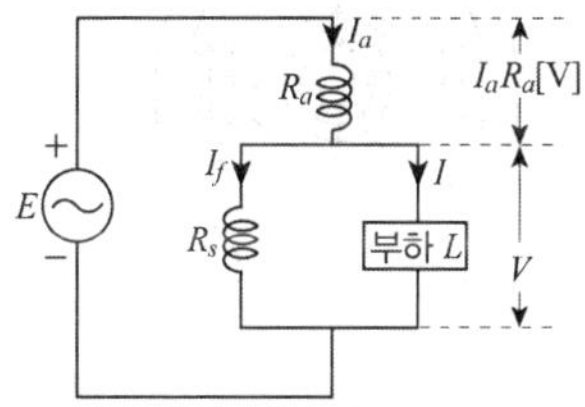 ① 유입전류(I_a) = 유출전류($I + I_f$) ② 인가전압 = 각 저항의 전압강하합 ↓ ↓ $E = V + I_aR_a$ + 기타전압강하

3) 복권 발전기(직권+분권)

<table>
<tr><td rowspan="3">복권의 종류</td><td>외분권 발전기</td><td colspan="2">① 가동(화동) 복권 발전기 → 평복권 발전기
② 차동(부족) 복권 발전기 → 과복권 발전기</td></tr>
<tr><td rowspan="2">내분권 발전기</td><td>① 가동복권 발전기</td><td>분권코일 ϕ_f와 직권코일 ϕ_s의 기자력이 같은 방향으로 작용하는 발전기. 즉 $\phi=\phi_f+\phi_s$ 작용
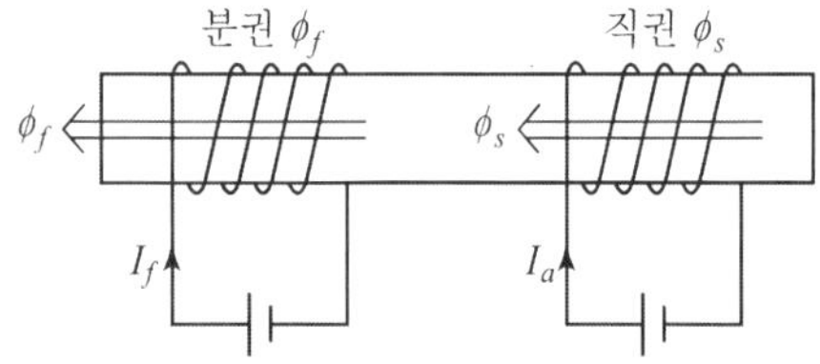</td></tr>
<tr><td>② 차동복권 발전기</td><td>분권코일 ϕ_f와 직권코일 ϕ_s의 기자력이 반대방향으로 작용하는 발전기. 즉 $\phi=\phi_f-\phi_s$[Wb] 작용
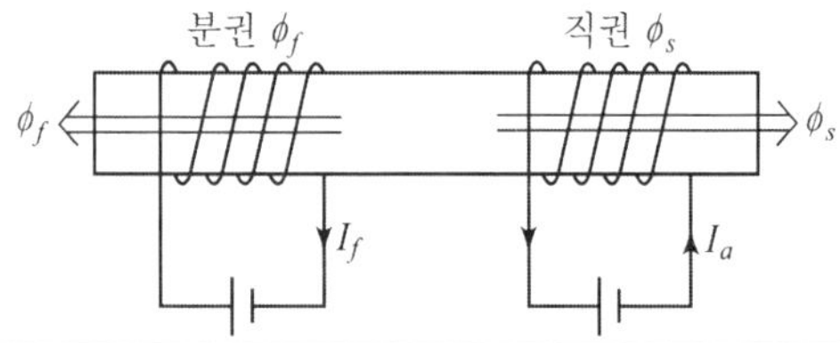</td></tr>
</table>

① 외분권 발전기

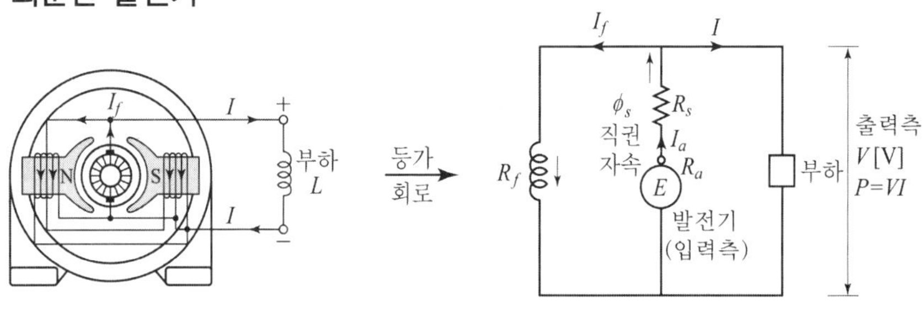

㉠ 전기자 전류 I_a

$$I_a=I+I_f=\frac{P}{V}+\frac{V}{R_f}=\frac{E-V}{R_a+R_s}\,[\mathrm{A}]$$

㉡ 유기 기전력 E

$$E=\frac{P}{a}Z\phi\frac{N}{60}=k\phi N=V+I_a(R_a+R_s)+e_a+e_b\,[\mathrm{V}]$$

정리

(1) 복권을 → 분권 또는 직권으로 사용하는 방법

구 분	사용방법
복권 발전기를 → 분권 발전기로 사용시	직권 계자권선을 단락(short)시킴
복권 발전기를 → 직권 발전기로 사용시	분권 계자권선을 개방(open)시킴

(2) 발전기를 ⇔ 전동기로 사용할 경우

발전기(generator)			전동기(motor)
가동 복권 발전기	승압용에 사용	⟺	차동 복권 전동기
차동 복권 발전기	아크용접(수하 특성)에 사용	⟺	가동 복권 전동기

(3) 외분권 종류

종 류	특 징	적 용
① 평복권	무부하전압 V_o = 정격전압 V	일정전압(정전압) 요구시 사용
② 과복권	무부하전압 V_o < 정격전압 V	직류 DC·송전계통
③ 차동복권	무부하전압 V_o > 정격전압 V	용접기, 수하특성 (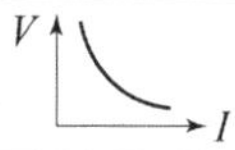)

② 내분권 발전기

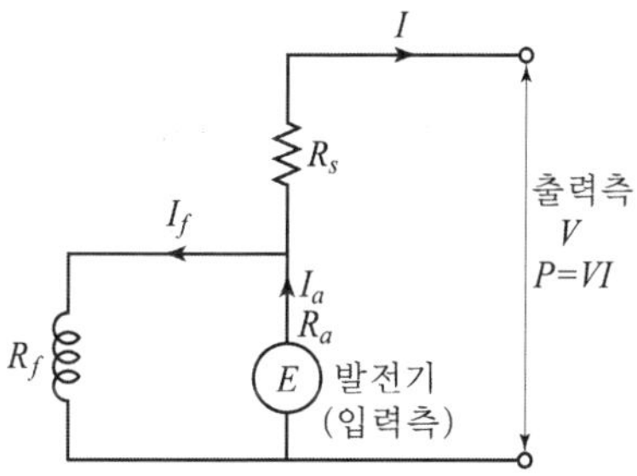

㉠ 전기자전류 $I_a = I + I_f = \frac{P}{V} + \frac{E - I_a R_a}{R_f} = \frac{P}{V} + \frac{V + IR_s}{R_f}$

∴ 전기자전류 $I_a = \frac{E - V - IR_s}{R_a}$ [A]

㉡ 유기기전력 $E = \frac{P}{a} Z\phi \frac{N}{60} = k\phi N = V + I_a R_a + IR_s$ [V]

과년도 » **[1]** 단자전압 220[V], 부하전류 50[A]인 분권 발전기의 유기 기전력[V]은? (단, 전기자저항 0.2[Ω], 계자전류 및 전기자 반작용은 무시한다.)

① 210 ② 225 ③ 230 ④ 250

풀이

분권 발전기 회로 →	전기자전류 I_a 계산 →	유기기전력 E 식 및 계산
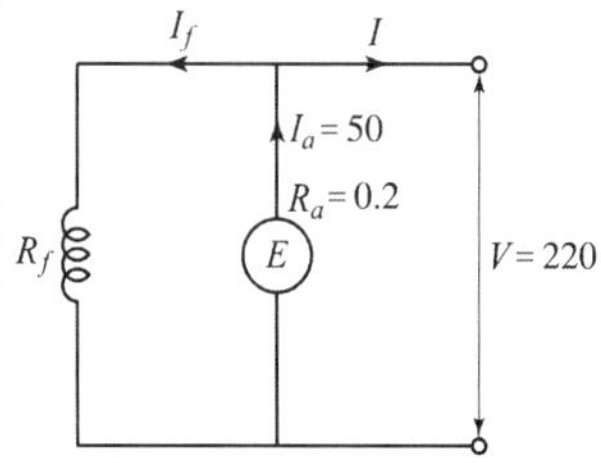	I_a = 부하전류 + 계자전류 ↓ ↓ $= I + I_f$ $= 50 + 0$ $= 50$[A]	$E = V + I_aR_a$ $= 220 + 50\times 0.2$ $= 230$ [V]

과년도 » **[2]** 정격 200[V], 20[kW] 직권 발전기의 유도 기전력[V]은? (단, $R_a = R_s = 0.05$ [Ω]이다.)

① 225 ② 220 ③ 215 ④ 210

풀이

분권 발전기 회로 →	전기자전류 I_a 계산 →	유기기전력 E 식 및 계산
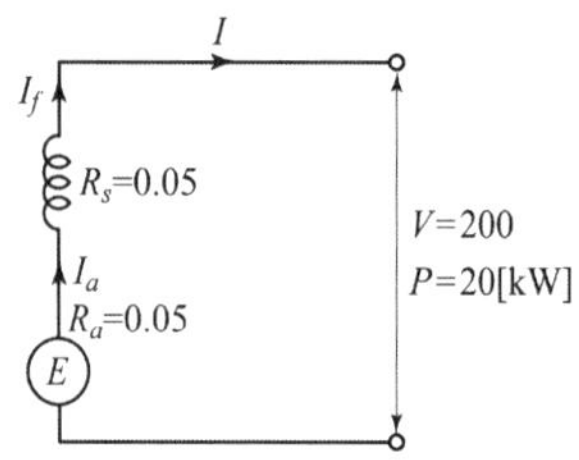	$I_a = \dfrac{\text{출력}P}{\text{단자전압}V}$ $= \dfrac{20\times 10^3}{200}$ $= 100$[A]	$E = V + I_a(R_a + R_s)$ $= 200 + 100(0.05 + 0.05)$ $= 210$ [V]

Key Point 키르히호프 법칙 적용 외분권 및 내분권 발전기 등가회로

과목	전기기기	전기회로(등가회로 해석)
유도식 적용법칙	1법칙 : 유입전류(전기자전류 I_a) = 유출전류	
	2법칙 : 인가전압(유기기전력 E) = 각 저항의 전압강하합	
외분권	외분권 발전기	외분권 발전기 등가회로
외분권 회로 및 공식	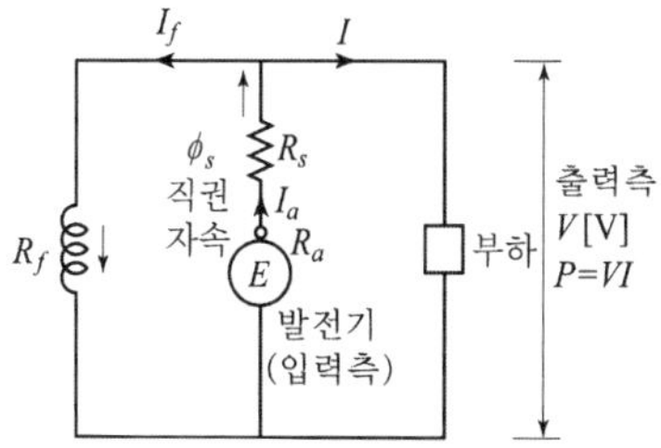 ① 전기자전류 $I_a = I + I_f = \frac{P}{V} + \frac{V}{R_f} = \frac{E-V}{R_a+R_s}$ ② 유기기전력 E $E = V + I_a(R_a+R_s)$	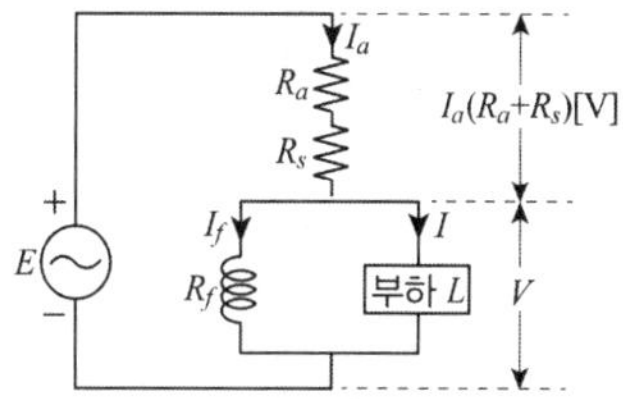 ① 유입전류(I_a) = 유출전류($I+I_f$) ② <u>인가전압</u> = <u>각 저항의 전압강하합</u> ↓ ↓ 유기기전력 $E = V + I_a(R_a+R_s)$
내분권	내분권 발전기	내분권 발전기 등가회로
내분권 회로 및 공식	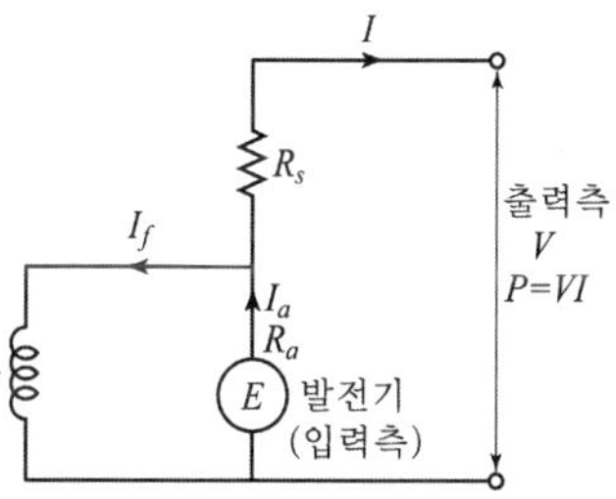 ① 전기자전류 $I_a = I + I_f$ $= \frac{P}{V} + \frac{E - I_a R_a}{R_f}$ 또는 $\frac{V + IR_s}{R_f}$ $\therefore I_a = \frac{E - V - IR_s}{R_a}$ ② 유기기전력 E $\therefore E = V + I_a R_a + IR_s$	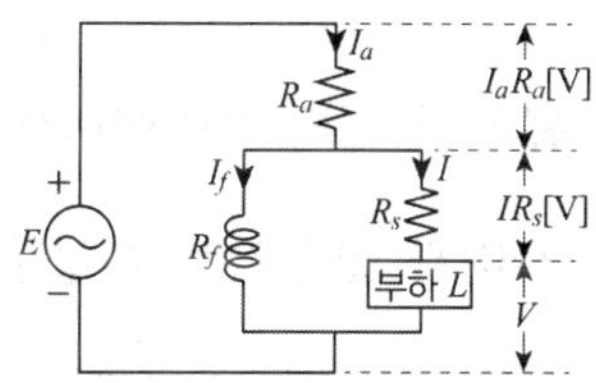 ① 유입전류(I_a) = 유출전류($I+I_f$) ② <u>인가전압</u> = <u>각 저항의 전압강하합</u> ↓ ↓ 유기기전력 $E = V + I_a R_a + IR_s$

9 무부하 특성곡선 및 외부 특성곡선

(1) 무부하 특성곡선

- **정의** : 직류 발전기를 정격속도, 무부하 운전시 E와 I_f의 곡선(자기회로의 포화 정도)으로 발전기에서 필요한 유기 기전력을 얻으려고 할 때 이 곡선에 의하여 계자전류를 결정하는 데 사용한다.

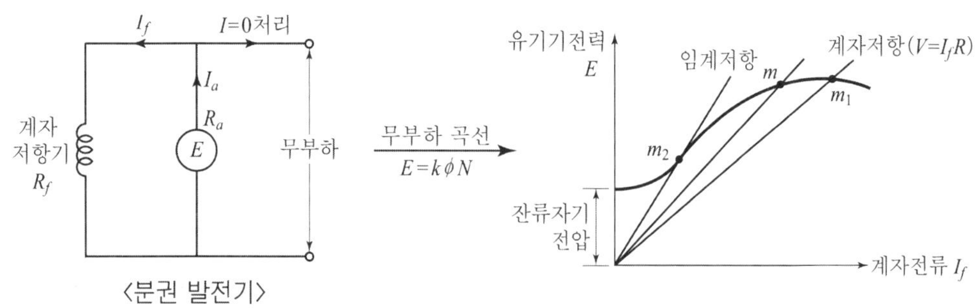

참고

※ **계자 저항기 R_f 조정**

- 계자저항($m \rightarrow m_1$일 때) : V(증가↑) → 발전이 됨
- 임계저항($m \rightarrow m_2$일 때) : V(감소↓) → 발전이 안 됨

• 임계저항 : 계자저항을 증가·감소하여 무부하 전압을 증감시키면 어느 값에 도달하면 전압을 안정하게 유지할 수 없는 저항값

1) 유기 기전력 E(단자전압 V)와 계자전류 I_f 관계 곡선

2) 자여자 발전기가 전압을 확립시키는 조건

전압 확립 조건	계자접속과 회전방향 반대방향시 (거꾸로 돌리는 경우)
① 잔류자기 존재할 것 ② 계자접속과 회전방향 정방향일 것 ③ 임계저항 > 계자저항일 것	① 잔류자기 상실 ② 발전 안 됨 ※ 타여자 발전기는 잔류자기 존재 안 해도 동작된다.

3) 무부하시 특징

발전기 종류 →	발전기 회로 →	특 징
직류 직권인 경우	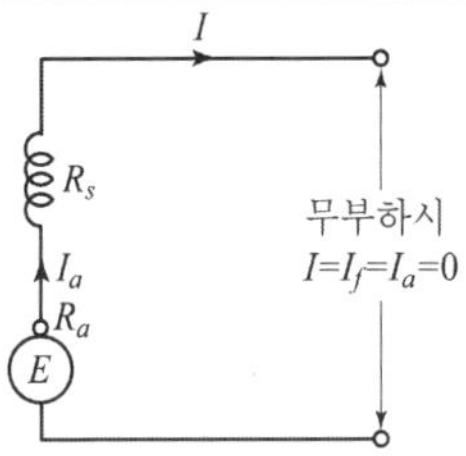	① 전류가 0이기 때문에 전압이 확립되지 못한다. ② 잔류자기만 존재한다.
직류 분권인 경우	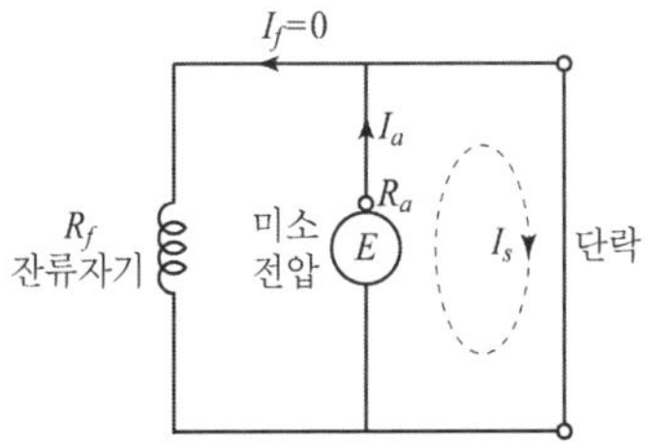	① 단락전류 I_s : 부하전류가 어느 값 이상 증가시 감자작용(전기자저항 강하와 전기자 반작용)으로 단자전압 급히 저하 I_s는 미소값 흐름 ② 역회전시 : 잔류자기 소멸(발전 불능 상태)
분권 전동기인 경우	전부하시 전기자전류 I_a=과전류	

(2) 외부 특성곡선

• **정의** : 발전기의 정격속도와 계자전류를 일정하게 하고 부하전류 증가시 단자전압의 변화곡선

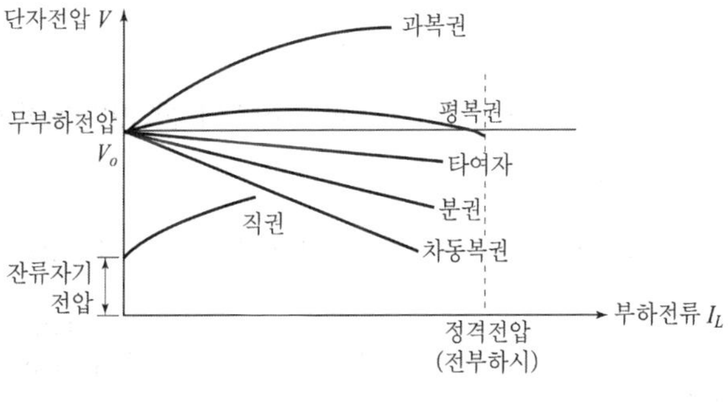

1) 단자전압 V와 부하전류 I_L 관계 곡선

2) 전압 변동률 $\varepsilon = \dfrac{\text{무부하 전압 } V_o - \text{정격전압 } V(\text{전부하시 전압})}{\text{정격전압 } V} \times 100\,[\%]$

$$= \frac{V_o - V}{V} \times 100\,[\%]$$

3) 전압변동률 $\varepsilon(+)$인 경우

① 타여자

② 분권

③ 차동복권

※ 그 외 (−)값

적용 발전기	무부하전압(V_o)		정격전압(V)	전압변동률 값
① 직권 발전기	V_o	$<$	V	$\varepsilon(-)$
② 분권 발전기	V_o	$>$	V	$\varepsilon(+)$
③ 복권(평복권) 발전기	V_o	$=$	V	$\varepsilon(0)$
④ 과복권 발전기	V_o	$<$	V	$\varepsilon(-)$
⑤ 차동복권 발전기(용접기)	V_o	$>$	V	$\varepsilon(+)$
⑥ 타여자 발전기	V_o	$>$	V	$\varepsilon(+)$

구 분	특징 및 전압변동률+원인
부하 포화곡선	단자전압 V와 계자전류 I_f 관계 곡선
타여자 발전기	$I_a R_a + e_a + e_b$ 전압강하 원인
분권 발전기	계자에 의한 전압강하 원인
차동 발전기	계자와 직권계자 차 원인

과년도 ≫ [1] 무부하에서 119[V] 되는 분권 발전기의 전압변동률이 6[%]이다. 정격 전부하 전압은 몇 [V]인가?

풀이

전압변동률 ε식 →	정격전압 V식	V 계산	정답
$\varepsilon = \dfrac{V_0 - V}{V} \times 100[\%]$ $\therefore V_0 = V(1+\varepsilon)$	$V = \dfrac{V_0}{1+\varepsilon}$	$= \dfrac{119}{1+0.06}$	$= 112.3\,[\mathrm{V}]$

10 직류 발전기 병렬운전

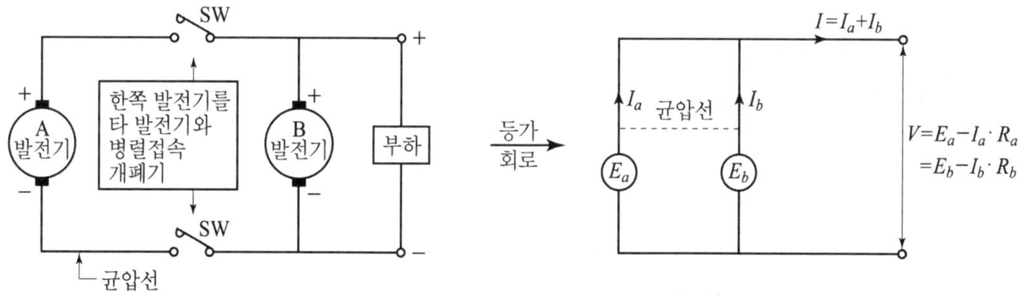

(1) 병렬운전 목적

① 1대의 발전기로 용량이 부족할 때 사용한다.

② 예비설비 및 수리점검이 유리하다.

③ 부하변동이 심한 수용가에 사용한다.

(2) 병렬운전 조건

조　　건	조건과 불일치하는 경우 문제점
① 두 발전기 극성이 일치할 것	단락사고
② 두 발전기 단자전압이 일치할 것	순환전류 흐름
③ 외부 특성이 수하 특성일 것	전압이 큰 쪽이 더 부하 분담한다.

(3) 균압선 설치

① 설치 목적	병렬운전을 안정하게 운전하기 위해 설치한다.
② 설치 기계	직권발전기, 복권발전기
③ 설치 위치	두 발전기의 전기자와 직권권선의 접속점에 연결

(4) 적용공식

① 전류 $I = I_a + I_b$

② 단자전압 $V = E_a - I_a R_a = E_b - I_b R_b$ [V]

(5) 부하분담

정 의	부하를 증가시키려면 그 발전기의 계자조정기 R_f를 감소시켜 계자전류를 증가시키면 자속 증가, 유기 기전력 증가하므로 자기분담이 커진다. (R_f ↓ 감소, I_f ↑ 증가, ϕ ↑ 증가, e ↑ 증가)	
방 법	계자전류 I_f(증가↑) : 부하분담 커진다.	I_f(감소↓) : 부하분담이 감소

과년도 » 2대의 직류 발전기를 병렬운전하여 부하에 100[A]를 공급하고 있다. 각 발전기의 유기 기전력과 내부 저항이 각각 110[A], 0.04[Ω] 및 112[V], 0.06[Ω]이다. 각 발전기에 흐르는 전류[A]는?

풀이

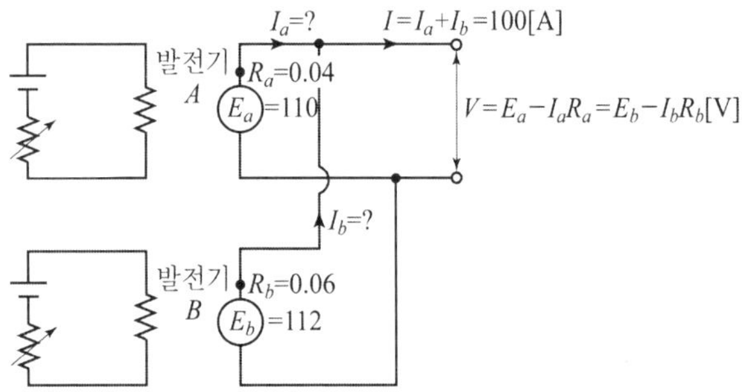

$I_a = 100 - I_b$을 대입하면

단자전압 $V = E_a - I_a R_a = E_b - I_b R_b$

$\Rightarrow 110 - 0.04(100 - I_b) = 112 - 0.06 I_b$ 양변 식을 정리하면

$0.1 I_b = 6 \rightarrow I_b = 60$[A]

$\rightarrow I_a = 100 - I_b = 100 - 60 = 40$[A]

∴ 발전기 B 전류 $I_b = 60$, 발전기 A 전류 $I_a = 40$

참고 발전기 병렬운전 중 원동기의 고장으로 토크가 못 가해지면 전기자에는 기전력이 모선 전압 이하로 떨어져 곧 운전시와 반대방향으로 전류가 흘러 원동기를 부하로 하여 회전을 계속하고 직권 계자코일에 흐르는 전류의 방향은 반대 방향으로 되므로 분권권선과 기자력의 방향이 반대가 되어 차동 복권 전동기가 된다.

2 직류 전동기

• **정의** : 전기 에너지 → 기계 에너지로 바꾸어 사용하는 기계
• **용도** : 전기철도, 제철, 제지공업, 엘리베이터, 시멘트 공업 등에 사용

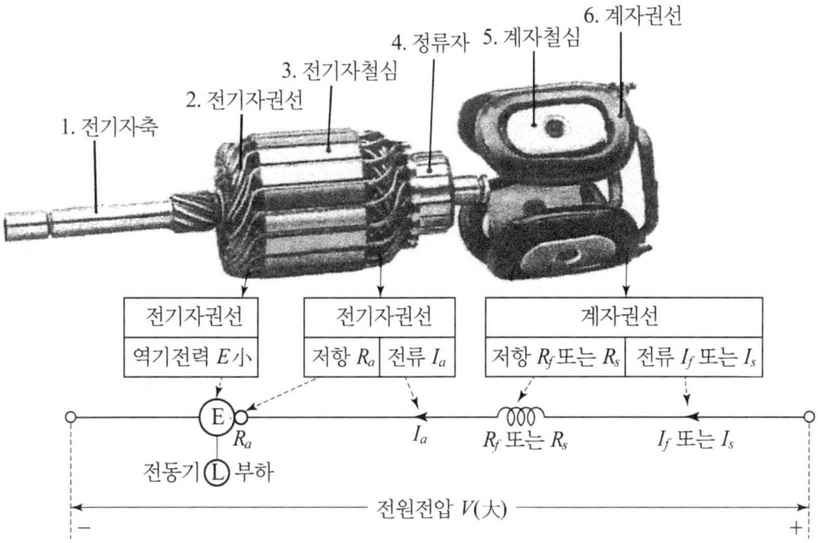

1 타여자 전동기(단자전압 $V >$ 역기전력 E)

① **정의** : 일그너 방식(Ilgener system)이나 워드-레오너드(Ward-Leonard) 방식의 속도 제어 장치를 사용하여 회전속도를 미세한 부분부터 광범위하게 하는데 널리 사용한다.(전동기 회전속도를 광범위하게 조정)

② **용도** : 압연기, 대형 권상기, 크레인, 엘리베이터 등의 주 전동기에 사용

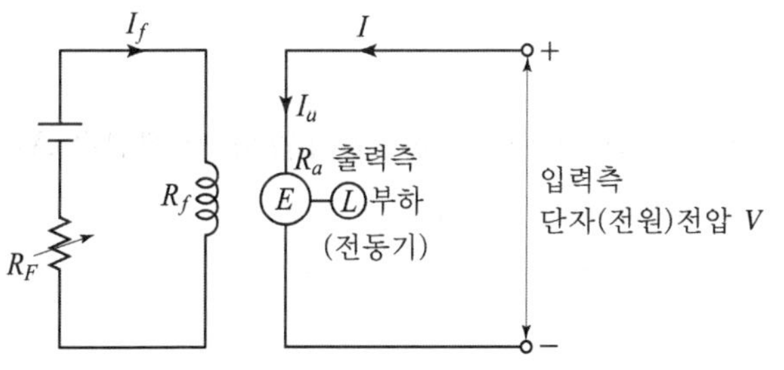

〈타여자 전동기〉

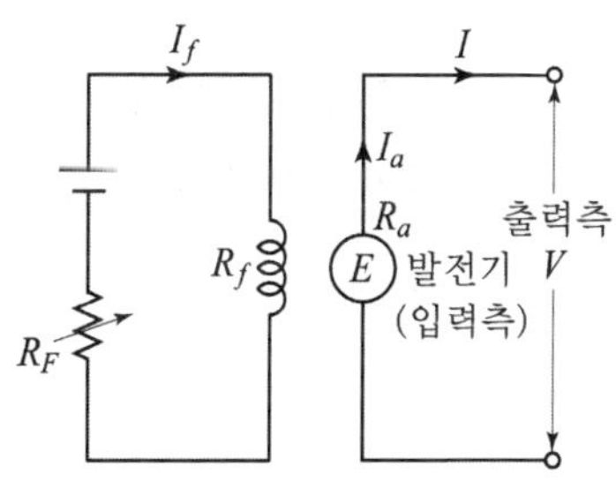

〈타여자 발전기〉

(1) 입력전류 I [A] (I_a)

타여자 구분	타여자일 때 전기자전류 I_a 계산식
전동기인 경우	입력(부하, 전기자)전류 $I_a = \dfrac{\text{단자전압 } V - \text{역기전력 } E}{R_a}$ [A]
발전기인 경우	전기자전류 $I_a = I = \dfrac{P}{V}$ = 자속 ϕ

(2) 역기전력 E [V]

① 역기전력 $E = V - I_a R_a$ [V]

출제유형	V, I_a, R_a 주어진 경우 사용식	중권, 파권 주어진 경우 사용식	비례식 적용
역기전력 E (전동기)	$E = V - I_a R_a$	$= \dfrac{P}{a} Z\phi \dfrac{N}{60}$	$= k\phi N$[V]
유기기전력 (발전기)	$E = V + I_a R_a + e_a + e_b$	$= \dfrac{P}{a} Z\phi \dfrac{N}{60}$	$= k\phi N$[V]

② 입력 $P = VI$

③ 출력 $P = EI_a$

(3) 회전수 N

1) 유도식 : 역기전력 $E = V - I_a R_a = k\phi N$에서

2) 적용식

회전수 $N = k \dfrac{V - I_a R_a}{\phi}$ [rpm] (단, k는 기계정수)

3) 회전수 조정방법

계자저항 R_F(↑증가) → 계자전류 I_f(↓감소) → 자속 ϕ(↓감소) → 회전수 N(↑증가)

★ 계자저항 R_F 증가(↑) → 회전수 N 증가(↑)

(4) 토크(회전력) T

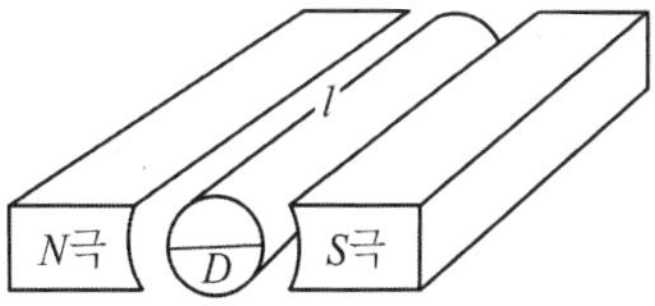

〈전동기〉

1) 유도식

$$토크\ T = 힘\ F\times 거리\ r \times \frac{Z(총도체수)}{a(병렬회로수)}\ [\mathrm{N \cdot m}]$$

$$= B l I_a \times \frac{D}{2} \times \frac{Z}{a}$$

$$= \frac{P\phi}{\pi D \times l} \times l \times I_a \frac{D}{2} \times \frac{Z}{a}$$

$$= \frac{DZ}{2\pi a}\phi I_a = k\phi I_a \quad \left(상수\ k = \frac{PZ}{2\pi a}\ 적용\right)$$

$$= \frac{출력\ P}{회전자\ 각속도\ W}$$

$$= \frac{P}{2\pi \frac{N}{60}} = \frac{60EI_a}{2\pi N} = \frac{60I_a(V - I_a R_a)}{2\pi N}\ [\mathrm{N \cdot m}]$$

$$= \frac{P}{9.8\omega} = 0.975\frac{P}{N} = 0.975 \cdot \frac{EI_a}{N}\ [\mathrm{kg \cdot m}]$$

주의 단위 : 1[kg]=9.8[N]

2) 토크 적용식

출제유형 구분	단 위	중권, 파권 주어진 경우 사용식	비례식 적용	E와 I_a 주어진 경우 사용	V, I_a, R_a 주어진 경우 사용식
토크 T 공식	[N·m] 요구시 사용	$T = \frac{PZ}{2\pi a}\phi I_a$	$= k\phi I_a$	$= \frac{60 I_a E}{2\pi N}$	$= \frac{60I_a(V - I_a R_a)}{2\pi N}$
출제유형 구분	단 위	출력 P와 회전수 N 주어진 경우		역기전력 E와 전기자 전류 I_a 주어진 경우	
토크 T 공식	[kg·m] 요구시 사용	$T = 0.975\frac{P}{N}$		$= 0.975 \times \frac{EI_a}{N}$ [kg · m]	

관년도 » 타여자 전동기에서 부하전류 10[A], 토크 T=10[kg·m]이다. 부하전류 20[A]일 때 토크 T[N·m]인가?

풀이 비례식 적용 : 토크 $T = k\phi I_a \rightarrow T \propto I_a$

부하전류 10[A]일 때 토크 $T = k\phi I_a = 10$ [kg · m]

부하전류 20[A]일 때 토크 $T' = k\phi I_a' = ?$ [kg · m]

토크 적용식	계산	정답	
나중토크 $T' = \dfrac{나중전류 I_a'}{처음전류 I_a} \times 처음토크 T$	$= \dfrac{20}{10} \times 10$	= 20 [kg·m]	= 20 × 9.8 = 196 [N·m]

2 자여자 전동기

(1) 직권 전동기

① **정의** : 전기자권선과 계자권선이 직렬 연결된 전동기

<table>
<tr><th>직권 전동기(부하) 실무그림</th><th>내부결선 회로 이해도</th></tr>
<tr><td>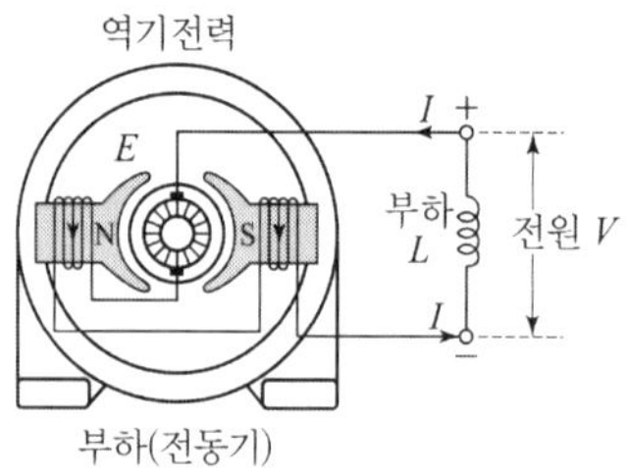
</td><td>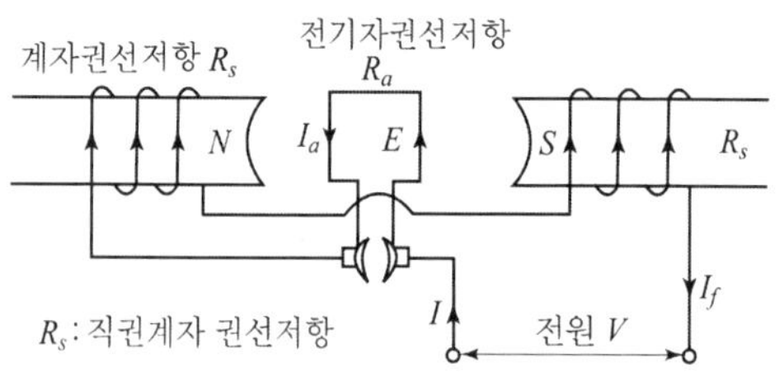
</td></tr>
</table>

② **특징 및 용도**

특징	무부하 하지 말 것. 또는 벨트 운전하지 말 것
용도	가변속도 전동기로서 부하 변동이 심하거나 또는 큰 토크 요구시 사용
	전기자동차, 전기철도, 전동차, 기중기, 권상기, 크레인 등에 사용된다.

③ 직권 전동기와 직권 발전기 회로 구분

구분	직권 전동기(부하)	직권 발전기(전원)
전압크기	$E < V$	$E > V$
회로	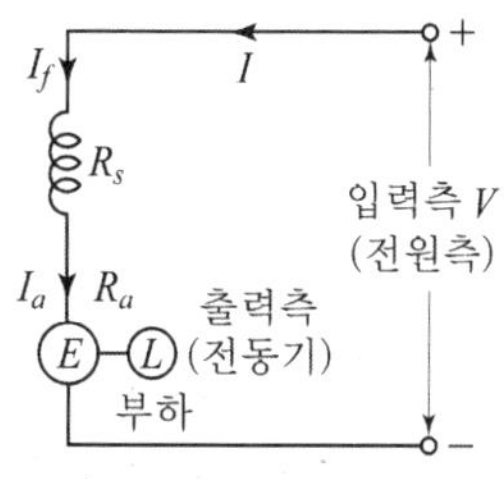	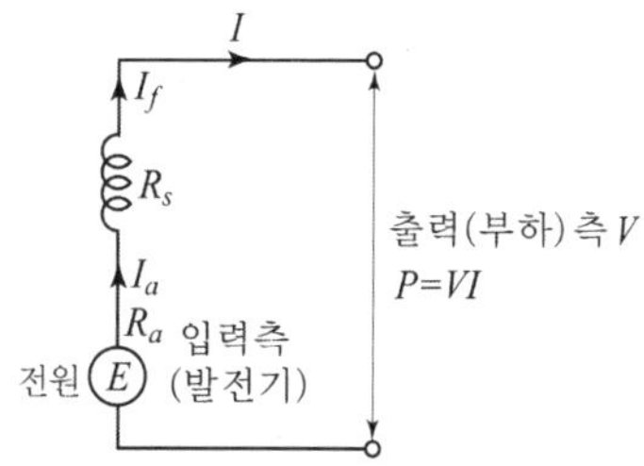

④ 역기전력(E)와 전기자전류(I_a) 유도식

직권구분	직권 전동기	직권 전동기 등가회로
직권(직렬) 회로 및 공식	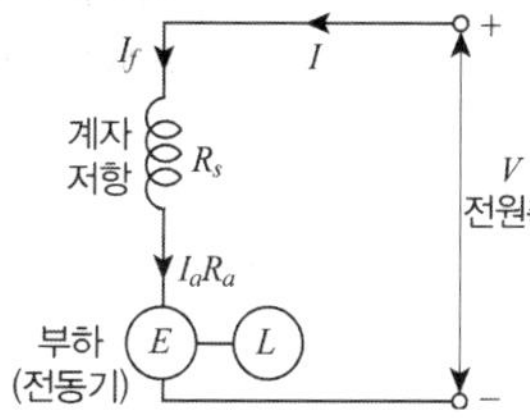 ① 전기자전류 I_a[A] $I_a = I = I_f = \dfrac{V-E}{R_a+R_s}$ ② 역기전력 E[V] $E = V - I_a(R_a+R_s)$	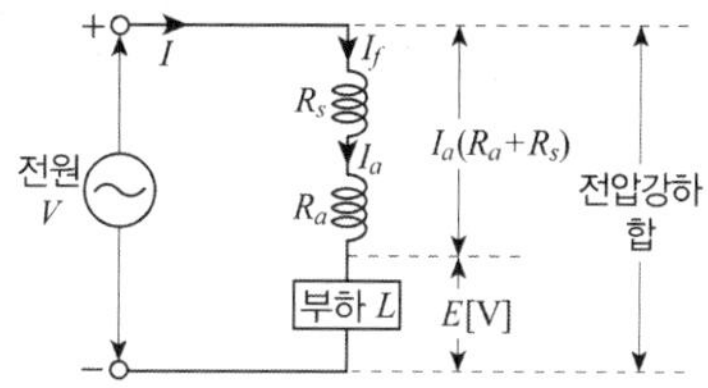 ① 유입전류(I)=유출전류(I_a 또는 I_f) ② 인가전압=각 저항의 전압강하합 ↓ ↓ 단자전압 $V=E+I_a(R_a+R_s)$ ∴ 역기전력 $E=V-I_a(R_a+R_s)$[V]

1) 전기자 전류 I_a

구분	공식
직권 전동기인 경우	전기자 전류 $I_a = I = I_f = \phi = \dfrac{V-E}{R_a+R_s}$[A]
직권 발전기인 경우	전기자 전류 $I_a = I = I_f = \phi = \dfrac{P}{V} = \dfrac{E-V}{R_a+R_s}$

2) 역기전력 E 공식

출제유형	V, I_a, R_a, R_s 주어진 경우	중권, 파권 주어진 경우	비례식 적용
역기전력 E (전동기일 때)	$E = V - I_a(R_a+R_s)$	$= \dfrac{P}{a} Z\phi \dfrac{N}{60}$	$= k\phi N$[V]
유기기전력 E (발전기일 때)	$E = V + I_a(R_a+R_s)$	$= \dfrac{P}{a} Z\phi \dfrac{N}{60}$	$= k\phi N$[V]

① 입력 $P = VI$

② 출력 $P = EI_a$

3) 회전수 N

$$N = k\frac{V - I_a(R_a + R_s)}{\phi(I_a)}\ [\text{rpm}]$$

4) 토크 T 공식

출제 유형	단위	중권, 파권 주어진 경우	비례식 적용	E와 I_a 주어진 경우 사용	V, I_a, R_a, R_s 주어진 경우 사용
토크 T 공식	[N·m] 요구시 사용	$T = \frac{PZ}{2\pi a}\phi I_a$	$= k\phi I_a = kI_a^2$	$= \frac{k}{N^2} = \frac{60I_aE}{2\pi N}$	$= \frac{60I_a\{V - I_a(R_a + R_s)\}}{2\pi N}$ [N·m]

출제 유형	단위	출력 P와 회전수 N 주어진 경우 사용식	역기전력 E와 전기자 전류 I_a 주어진 경우 사용식
토크 T 공식	[kg·m] 요구시 사용	$T = 0.975\frac{P}{N}$	$= 0.975 \times \frac{EI_a}{N} = 0.975 \times \frac{I_a\{V - I_a(R_a + R_s)\}}{N}$ [kg·m]

과년도 ≫ 출력 10[HP], 600[rpm]인 전동기의 토크(torque)는 약 몇 [kg·m]인가?

풀이

단위 환산	토크 적용식	계산	정답
1[HP]=746[W] =0.746[kW]	$T = 0.975\frac{P}{N}$	$= 0.975 \times \frac{10 \times 746}{600}$	$= 12.12$ [kg·m]

5) 직권 전동기의 회전방향을 반대로 하는 방법

★ 전기자권선(전류)이나 계자권선(전류) 중 1개의 방향을 바꾼다.
(일반적으로 전기자권선의 극성을 바꾸어 역회전시킨다.)

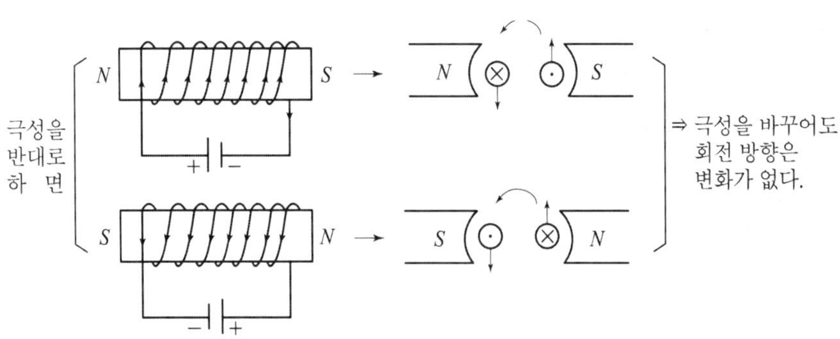

★ 극성을 바꾸어도 회전방향은 변화가 없다.

6) 직권 전동기의 정격전압에 무부하(무여자) 상태

무부하시	$I_a = I = I_f = \phi = 0$ 상태 → 회전속도 $N = k\dfrac{V - I_a(R_s + R_s)}{\phi(0)}$ (↑증가) → 위험상태
대 책	기어 또는 체인으로 운전할 것(벨트 운전하지 말 것)

과년도 ≫ 직권 전동기에서 위험속도가 되는 경우는?

① 정격전압, 무여자　　② 저전압, 과여자
③ 전기자에 저저항 접속　　④ 정격전압, 과부하

풀이 직권 전동기 위험속도 ⇒ 정격전압에 무여자(무부하) 상태

⇒ $I_a = I_f = I = \phi = 0$이므로

⇒ 회전속도 $N = k\dfrac{V - I_a R_a}{\phi(0)}$ (↑증가) → 위험속도

• 대책 : 기어나 체인으로 운전할 것(벨트는 안됨)

정답 ①

(2) 분권 전동기(역기전력 E < 단자전압 V)

① **정의** : 전기자권선과 계자권선이 병렬 연결된 전동기

분권 전동기(부하) 실무그림	분권 내부결선 회로 이해도
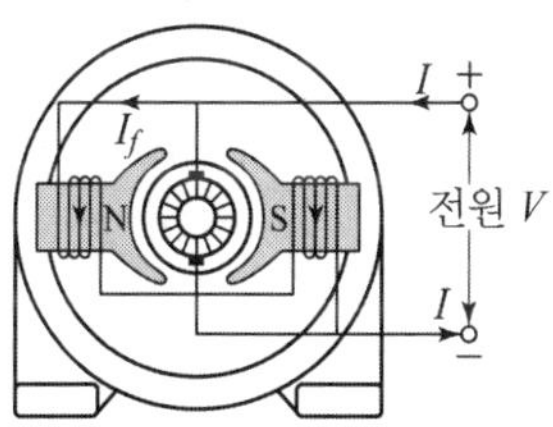	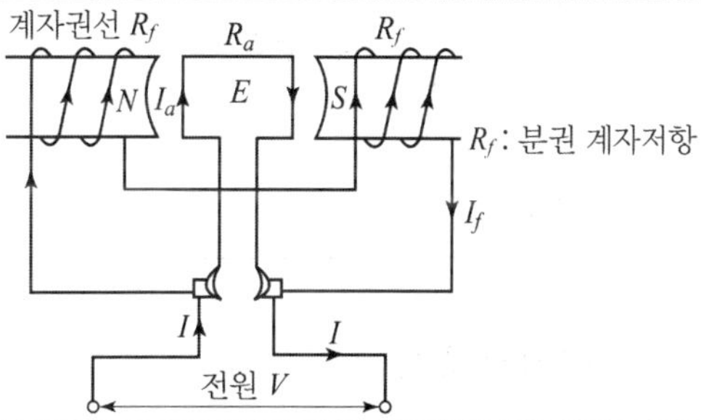

② **특징 및 용도**

특징	무여자(계자전류 $I_f = 0$)하지 말 것 : 계자회로에 퓨즈 사용하지 말 것
용도	정속도 전동기 / 정토크 / 정출력 부하에 적용한다.
	선박의 펌프, 송풍기, 공작기기, 권상기, 압연기 보조용에 사용한다.

③ 분권 전동기와 분권 발전기 회로 구분

<table>
<tr><th>구분</th><th>분권 전동기(부하)</th><th>분권 발전기(전원)</th></tr>
<tr><td>전압크기</td><td>$E < V$</td><td>$E > V$</td></tr>
<tr><td>회로</td><td>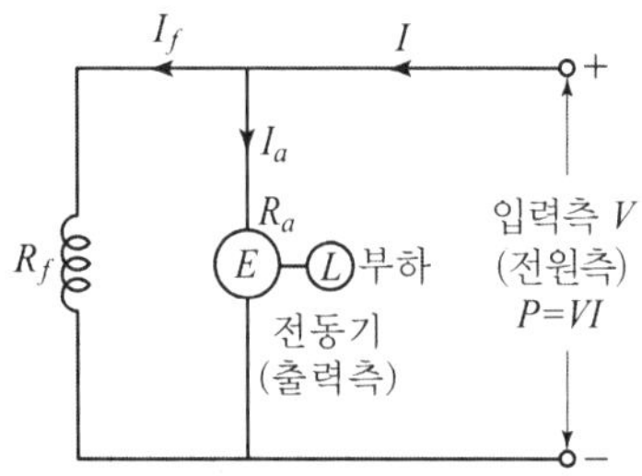
</td><td>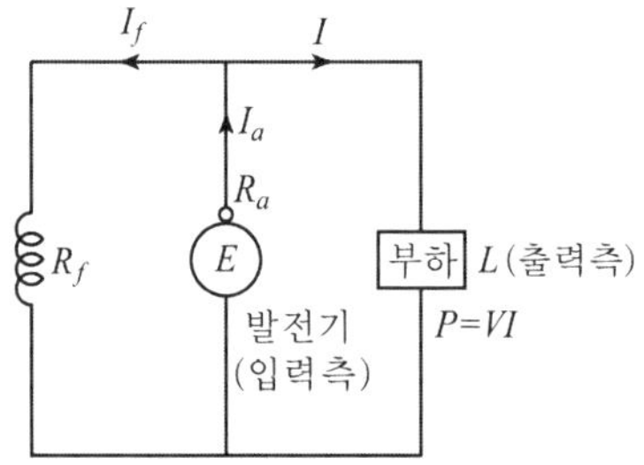
</td></tr>
</table>

④ 역기전력(E)와 전기자전류(I_a) 유도식

<table>
<tr><th>분권구분</th><th>분권 전동기</th><th>분권 전동기 등가회로</th></tr>
<tr><td>분권
(병렬)
회로 및
공식</td><td>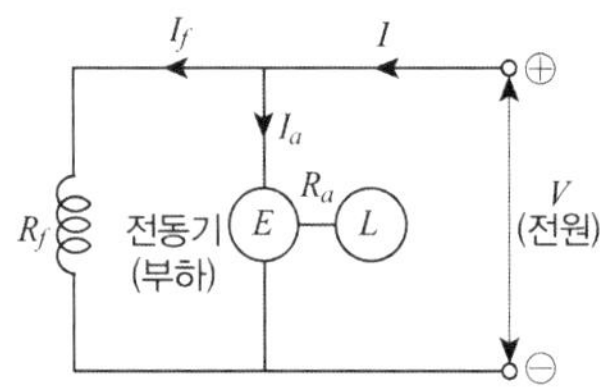

① 전기자전류 $I_a = I - I_f = \dfrac{V-E}{R_a}$[A]
② 역기전력 $E = V - I_a \cdot R_a = \dfrac{P}{a} Z\phi \dfrac{N}{60}$</td><td>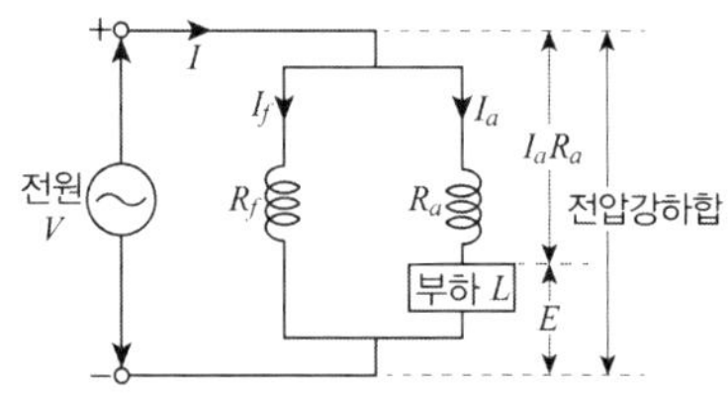

① 유입전류(I)=유출전류($I_a + I_f$)
∴ 전기자전류 $I_a = I - I_f$
② <u>인가전압</u> = <u>각 저항의 전압강하합</u>
↓ ↓
단자전압 $V = E + I_a R_a$
∴ 역기전력 $E = V - I_a R_a$</td></tr>
</table>

1) 전기자 전류 I_a

분권 전동기일 때	$I_a = I - I_f = \dfrac{P(\text{입력})}{V}$ 또는 $\dfrac{\text{출력}/\eta}{V} - \dfrac{V}{R_f}$ [A] $= \dfrac{V-E}{R_a}$ [A]
분권 발전기일 때	$I_a = I + I_f = \dfrac{P}{V} + \dfrac{V}{R_f} = \dfrac{E-V}{R_a}$ [A]

2) 역기전력 E

출제 유형	V, I_a, R_a 주어진 경우 사용식	중권, 파권 주어진 경우 사용식	비례식 적용할 때 사용식
역기전력 E(전동기)	$E=V-I_a \times R_a$	$=\frac{P}{a}Z\phi\frac{N}{60}$	$=k\phi N[\mathrm{V}]$
유기기전력 E(발전기)	$E=V+I_aR_a$	$=\frac{P}{a}Z\phi\frac{N}{60}$	$=k\phi N[\mathrm{V}]$

① 입력 $P=VI$

② 출력 $P=EI_a$

3) 회전수 N

구분	분권 전동기	직권 전동기
회전속도식	$N=k\frac{V-I_aR_a}{\phi(I_a)}[\mathrm{rpm}]$	$N=k\frac{V-I_a(R_a+R_s)}{\phi(I_a)}$

4) 토크 T

출제유형	단 위	중권, 파권 주어진 경우 사용	비례식 적용	E와 I_a 주어진 경우	V, I_a, R_a, R_s 주어진 경우 사용식
토크 T (분권)	$[\mathrm{N \cdot m}]$ 요구시 사용	$T=\frac{PZ}{2\pi a}\phi I_a$	$=k\phi I_a$	$=\frac{60I_aE}{2\pi N}$	$=\frac{60I_a(V-I_aR_a)}{2\pi N}$
토크 T (직권)	$[\mathrm{N \cdot m}]$ 요구시 사용	$T=\frac{PZ}{2\pi a}\phi I_a$	$=k\phi I_a$ $=kI_a^2$	$=\frac{60I_aE}{2\pi N}$	$=\frac{60I_a[V-I_a(R_a+R_s)]}{2\pi N}$

출제유형	단 위	출력 P와 회전수 N 주어진 경우 사용식	역기전력 E와 전기자 전류 I_a 주어진 경우 사용식
토크 T (분권)	$[\mathrm{kg \cdot m}]$ 요구시 사용	$T=0.975\frac{P}{N}$	$=0.975\times\frac{EI_a}{N}=0.975\times\frac{I_a(V-I_aR_a)}{N}$
토크 T (직권)	$[\mathrm{kg \cdot m}]$ 요구시 사용	$T=0.975\frac{P}{N}$	$=0.975\times\frac{EI_a}{N}=0.975\times\frac{I_a[V-I_a(R_a+R_s)]}{N}$

5) 분권 전동기 특징

출제 유형	결　　과
무부하시(전기자전류 $I_a=0$)시	회전수 $N=k\dfrac{V-I_a\cdot R_a}{\phi}$ (속도 가속)
정격전압·무여자 상태시	무부하시 계자회로에 단선이 생기는 경우(위험상태) 계자회로에 퓨즈 삽입 안 된다.
전부하시(회전자 속도 $N=0$)	$E=k\phi N=0$, $I_a=\dfrac{V-E(0)}{R_a}$ (과전류 : 망가짐)

과년도 ≫ 직류 분권 전동기가 있다. 전 도체수 100, 단중파권으로 자극수는 4, 자속수 3.14[Wb]이다. 여기에 부하를 걸어 전기자에 5[A]의 전류가 흐르고 있다면 이 전동기의 토크[N·m]는 약 얼마인가?

풀이 파권일 때 분권 전동기 토크 T 계산

파권 의미	적용식	계산	정답
병렬회로수 $a=2$ 브러시수 $b=2$	$T=\dfrac{PZ}{2\pi a}\phi I_a$	$=\dfrac{4\times100}{2\times3.14\times2}\times3.14\times5$	$=500$ [N·m]

Key Point 전기기기에서 직렬 및 병렬회로 적용

<table>
<tr><td>심벌구분</td><td>발전기 (G) → 심벌 (E)</td><td>전동기 (M) → 심벌 (E)−(L)</td></tr>
<tr><td>정의</td><td>기계에너지 → 전기에너지로 변환시키는 기계</td><td>전기에너지 → 기계에너지로 변환시키는 기계</td></tr>
<tr><td>적용법칙</td><td>플레밍의 오른손 법칙</td><td>플레밍의 왼손 법칙</td></tr>
<tr><td>직권종류</td><td>직권 발전기</td><td>직권 전동기</td></tr>
<tr><td>직권
(직렬)
회로
및
공식</td><td>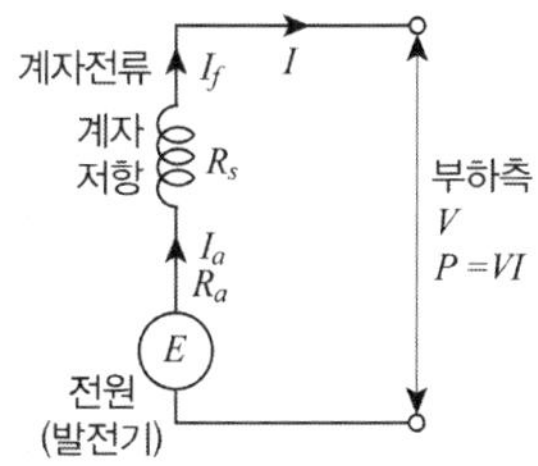

① 전기자전류 I_a[A]
I_a = 부하전류 I = 계자전류 $I_f = \dfrac{P}{V}$
$= \dfrac{E-V}{R_a+R_s}$
② 유기기전력 E[V]
$E=V+I_a(R_a+R_s)$</td><td>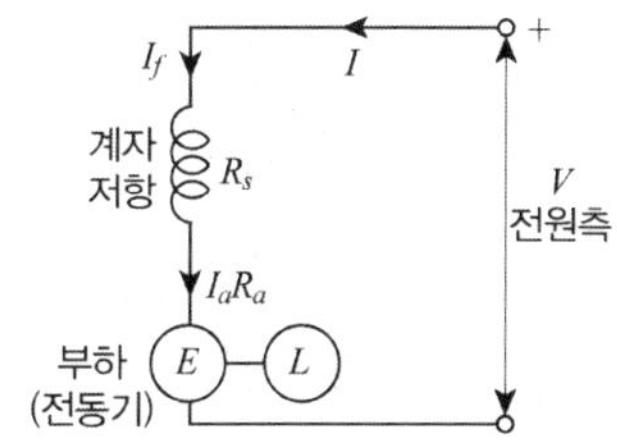

① 전기자전류 I_a[A]
$I_a=I=I_f=\dfrac{V-E}{R_a+R_s}$
② 역기전력 E[V]
$E=V-I_a(R_a+R_s)$</td></tr>
<tr><td>분권종류</td><td>분권 발전기</td><td>분권 전동기</td></tr>
<tr><td>분권
(병렬)
회로
및
공식</td><td>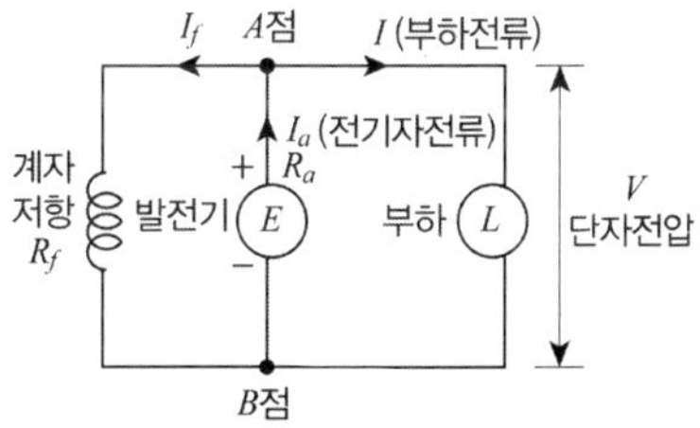

① 전기자전류
$I_a=I+I_f=\dfrac{P}{V}+\dfrac{V}{R_f}=\dfrac{E-V}{R_a}$[A]
② 유기기전력
$E=V+I_a\cdot R_a+e_b+e_a$
$=\dfrac{P}{a}Z\phi\dfrac{N}{60}=k\phi N$[V]
③ 입력 $P=EI_a$
④ 출력 $P=VI$</td><td>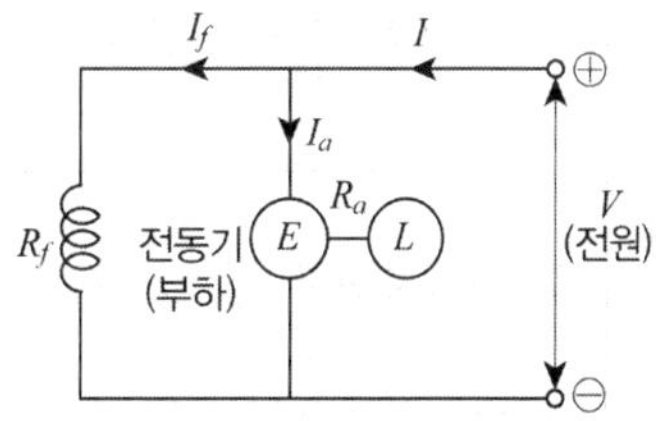

① 전기자전류 $I_a=I-I_f=\dfrac{V-E}{R_a}$[A]
② 역기전력 $E=V-I_a\cdot R_a=\dfrac{P}{a}Z\phi\dfrac{N}{60}$
③ 입력 $P=VI$
④ 출력 $P=EI_a$</td></tr>
</table>

Key Point 키르히호프 법칙 적용 직권 및 분권 전동기 등가회로

과목	전기기기	전기회로(등가회로 해석)
유도식 적용법칙	1법칙 : 유입전류(부하전류 I) = 유출전류 2법칙 : 인가전압(단자전압 V) = 각 저항의 전압강하합	
직권구분	직권 전동기	직권 전동기 등가회로
직권 (직렬) 회로 및 공식	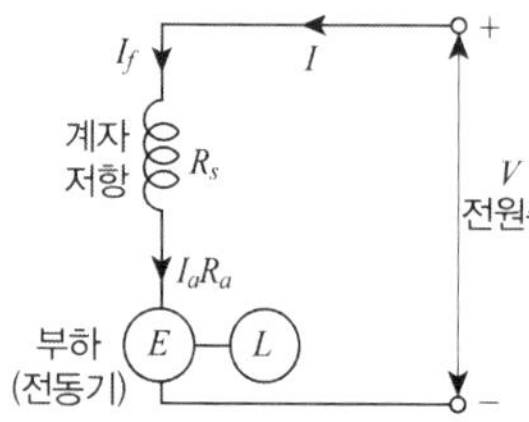 ① 전기자전류 I_a[A] $I_a = I = I_f = \dfrac{V-E}{R_a+R_s}$ ② 역기전력 E[V] $E = V - I_a(R_a+R_s)$	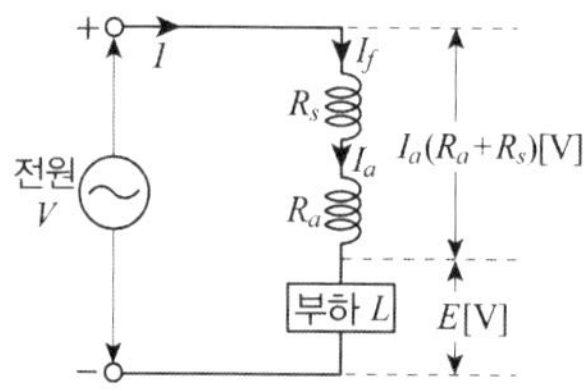 ① 유입전류(I) = 유출전류(I_a 또는 I_f) ② 인가전압 = 각 저항의 전압강하합 ↓ ↓ 단자전압 $V = E + I_a(R_a+R_s)$ ∴ 역기전력 $E = V - I_a(R_a+R_s)$[V]
분권구분	분권 전동기	분권 전동기 등가회로
분권 (병렬) 회로 및 공식	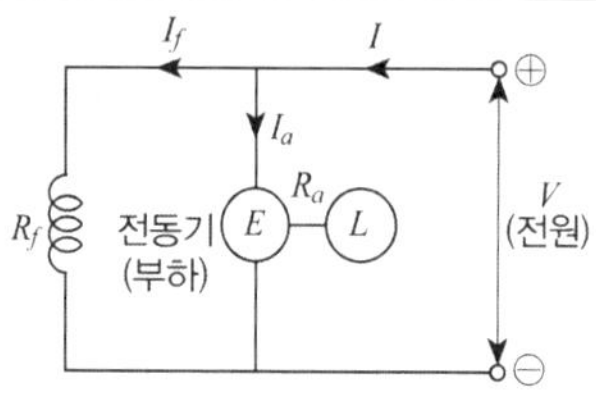 ① 전기자전류 $I_a = I - I_f = \dfrac{V-E}{R_a}$[A] ② 역기전력 $E = V - I_a \cdot R_a = \dfrac{P}{a}Z\phi\dfrac{N}{60}$ ③ 입력 $P = VI$ ④ 출력 $P = EI_a$	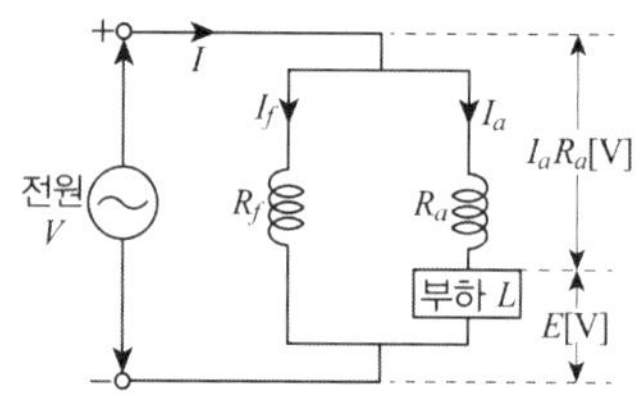 ① 유입전류(I) = 유출전류($I_a + I_f$) ∴ 전기자전류 $I_a = I - I_f$ ② 인가전압 = 각 저항의 전압강하합 ↓ ↓ 단자전압 $V = E + I_aR_a$ ∴ 역기전력 $E = V - I_aR_a$

(3) 복권 전동기

1) 외분권 전동기

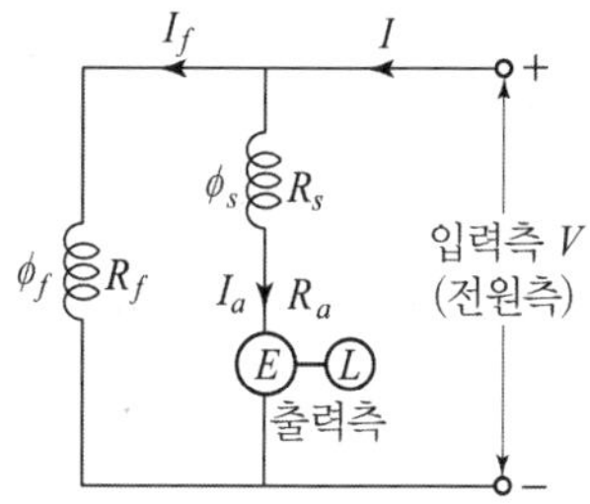

① 전기자 전류 $I_a = I - I_f = I - \dfrac{V}{R_f} = \dfrac{V-E}{R_a + R_s}$ [A]

② 역기전력 $E = V - I_a(R_a + R_s)$ [V]

③ 회전수 $N = k\dfrac{V - I_a(R_a + R_s)}{\phi}$ [rpm]

- $\phi = \phi_f + \phi_s$ (가동복권인 경우 사용)
- $\phi = \phi_f - \phi_s$ (차동복권인 경우 사용)

④ 토크 $T = \dfrac{P}{\omega} = \dfrac{60P}{2\pi N} = \dfrac{60 I_a\{V - I_a(R_a + R_s)\}}{2\pi N} = \dfrac{PZ}{2\pi a}\phi I_a$

$= k\phi I_a$ [N · m]

⑤ 외분권 전동기의 특징

구 분	사용 가능 전동기
직권 계자권선 단락시	분권 전동기
분권 계자권선 개방시	직권 전동기

2) 내분권 전동기

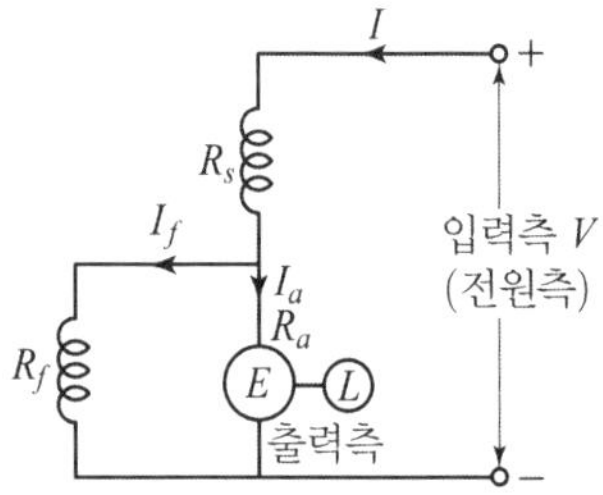

① 전기자 전류 I_a

$$I_a = I - I_f = I - \frac{E + I_a R_a \text{ 또는 } V - IR_s}{R_f}$$

$$= \frac{V - E - IR_s}{R_a} \text{ [A]}$$

② 역기전력 E

$$E = V - I_a R_a - IR_s \text{ [V]}$$

③ 회전수 N

$$N = k\frac{V - I_a R_a - IR_s}{\phi}$$

④ 토크 T

$$T = \frac{P}{\omega} = \frac{60EI_a}{2\pi N}$$

$$= \frac{60I_a(V - I_a R_a - IR_s)}{2\pi N} = \frac{PZ}{2\pi a}\phi I_a = k\phi I_a \text{ [N·m]}$$

관년도 » 직류 분권 전동기의 공급전압의 극성을 반대로 하면 회전방향은 어떻게 되는가?

① 변하지 않는다. ② 반대로 된다.
③ 회전하지 않는다. ④ 속도가 증가한다.

풀이 [직류 분권 전동기]

• 회전방향 : 극성을 반대로 하면 자속의 방향도 반대로 되어 회전방향은 변하지 않는다.

정답 ①

Key Point 키르히호프 법칙 적용 외분권 및 내분권 전동기 등가회로

과목	전기기기	전기회로(등가회로 해석)
유도식 적용법칙	1법칙 : 유입전류(단자전류 I) = 유출전류	
	2법칙 : 인가전압(단자전압 V) = 각 저항의 전압강하합	
외분권구분	외분권 전동기	외분권 전동기 등가회로
외분권 회로 및 공식	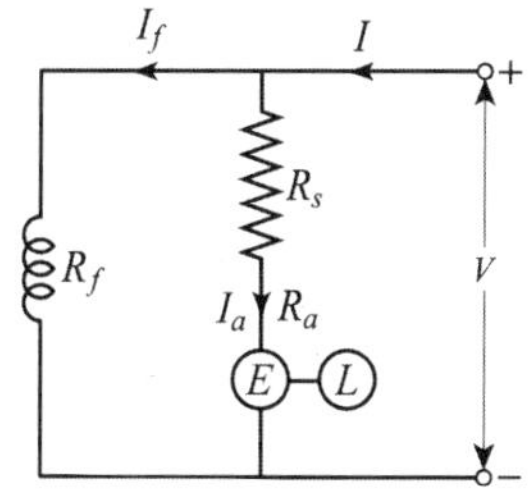 ① 전기자전류 $I_a = I - I_f = I - \frac{V}{R_f} = \frac{V-E}{R_a+R_s}$ ② 역기전력 E $E = V - I_a(R_a+R_s)$	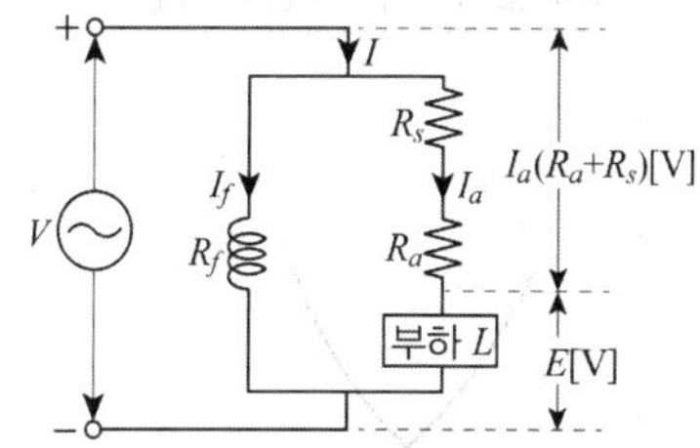 ① 유입전류(I)=유출전류(I_a+I_f) ∴ $I_a = I - I_f$ ② 인가전압 = 각 저항의 전압강하합 ↓ ↓ 단자전압 $V = E + I_a(R_a+R_s)$ ∴ 역기전력 $E = V - I_a(R_a+R_s)$
내분권	내분권 전동기	내분권 전동기 등가회로
내분권 회로 및 공식	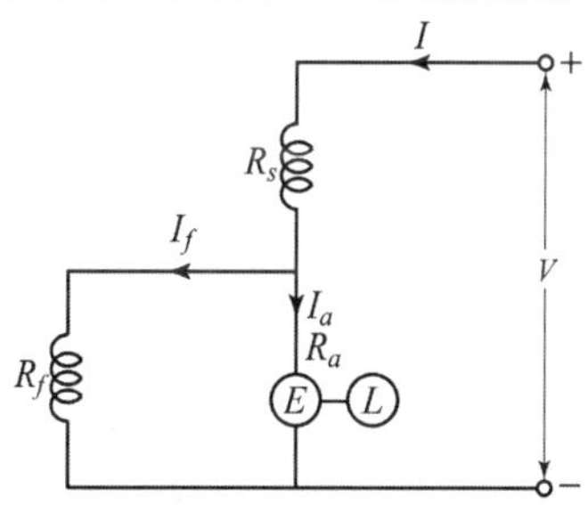 ① 전기자전류 $I_a = I - I_f$ $= I - \frac{E + I_a R_a}{R_f}$ 또는 $\frac{V - IR_s}{R_f}$ ∴ $I_a = \frac{V - E - IR_s}{R_a}$ ② 역기전력 E ∴ $E = V - I_a R_a - IR_s$	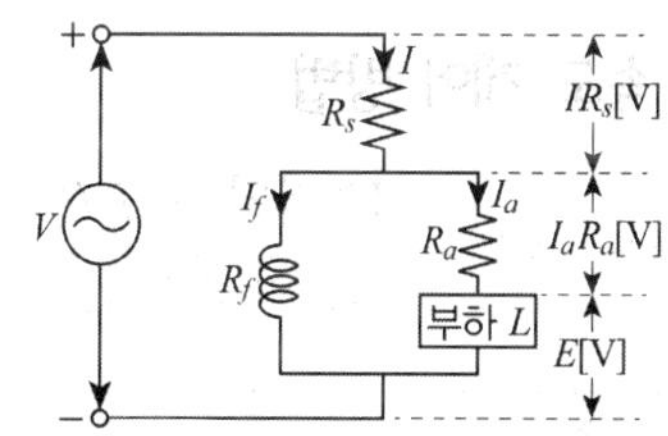 ① 유입전류(I)=유출전류(I_a+I_f) ∴ $I_a = I - I_f$ ② 인가전압 = 각 저항의 전압강하합 ↓ ↓ 단자전압 $V = E + I_a R_a + IR_s$ ∴ 역기전력 $E = V - I_a R_a - IR_s$

(4) 토크 T값 및 각 전동기 속도 특성(大→小관계)

전동기 종류	① 직권	② 가동복권	③ 분권	④ 차동복권
토크 T값	$T=kI_a^2=k\dfrac{1}{N^2}$	$T=k(\phi_f+\phi_s)I_a$	$k\phi I_a$	$k(\phi_f-\phi_s)\cdot I_a$
전기자전류 I_a값	$I_a=I=I_f=\phi$	$I_a=I-I_f=I-\dfrac{V}{R_f}$	$I_a=I-I_f$	$I_a=I-I_f$
회전속도 N값	$\dfrac{V-I_a(R_a+R_s)}{\phi(I_a)}$	$\dfrac{V-I_a(R_a+R_s)}{\phi_f+\phi_s}$	$\dfrac{V-I_a\cdot R_a}{\phi_f}$	$\dfrac{V-I_a(R_a+R_s)}{\phi_f-\phi_s}$
크기 순서	직권>가동복권>분권>차동복권			

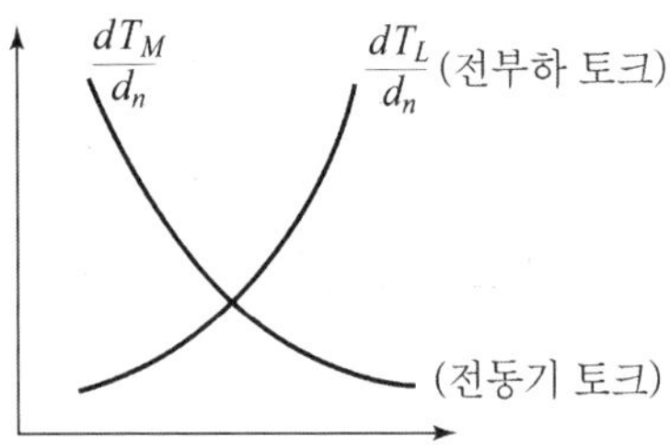

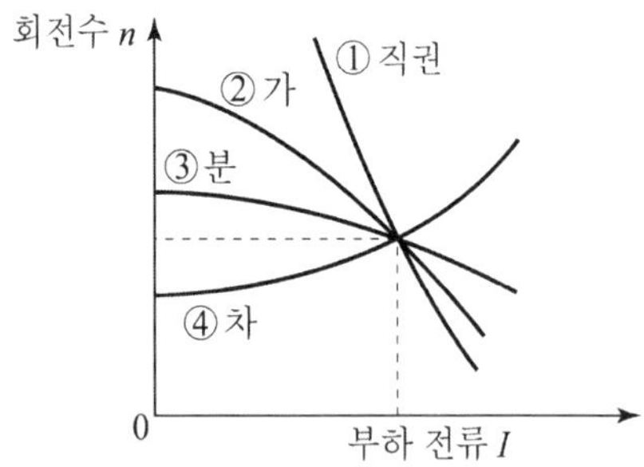

참고

속도변동률 $\varepsilon=\dfrac{\text{무부하속도 } N_o-\text{정격속도 } N}{\text{정격속도 } N}\times 100\ [\%]$

3 전동기 속도 제어 및 제동

(1) 속도 제어 방법

$$\text{속도 } N \propto \frac{V(\text{전압})-I_aR_a(\text{저항})}{\phi(\text{자속 또는 계자})}$$

종 류	특 징	용 도
① 계자제어	정출력 제어(미소 제어) 가능	정출력 가변속도용
② 전압제어(정토크제어 가능)	광범위한 속도 제어 가능	제철소의 압연기, 고속 엘리베이터
	워드 레오너드 방식(직류 DC 전원 사용) – 플라이휠 없음	소형 부하
	일그너 방식(교류 AC 전원 사용) – 플라이 휠 이용	대형 부하
③ 저항제어	손실이 크다	소형 전동기

전동기 종류	용　도	특　징
직권전동기	전동차(가변속도전동기)	부하가 줄면 속도가 증가한다.
분권전동기	공작기계(정속도전동기)	계자저항기로 쉽게 속도 조정 가능

(단, 직권 계자권선 전동기는 부하변화시 자속이 변하기 때문에 속도제어가 어렵다.)

(2) 제동법(정지)

종　류	내　　용
① 회생 제동	강하 중량의 위치에너지로 전동기를 발전기로 작동시켜 발생전력을 전원으로 공급하는 제동법
② 발전 제동	전동기를 발전기로 사용하여 전열 내에서 줄열로 소비하여 제동법
③ 역상 제동 또는 플러깅	계자(전기자) 전류 방향을 바꾸어 역토크 발생으로 제동(3상 중 2상을 바꾸어 제동)
④ 와전류 제동	구리의 원판을 자계 내에 회전시켜 와전류에 의해 제동(전기동력계법에 이용)
⑤ 기계 제동	전동기에 붙인 제동화에 전자력으로 가압하여 제동하는 방식

4 전동기 기동법

- 기동 : 전동기를 정지상태에서 운전(회전)상태로 하는 것
- 전동기 기동시 문제점과 대책 : 전동기 기동순간($E = k\phi N = 0$) 전기자회로에 전원전압(V)이 가해져 큰 기동전류$\left(I_a = \dfrac{V}{R_a}\right)$가 흘러서 전기자권선, 정류자, 브러시 등을 손상시키므로 전기자회로에 기동저항기를 직렬로 설치한다.

<table>
<tr><th rowspan="2">분권 전동기 회로</th><th colspan="2">기동저항(기)</th></tr>
<tr><th>실무 그림</th><th>용도(기능)</th></tr>
<tr><td>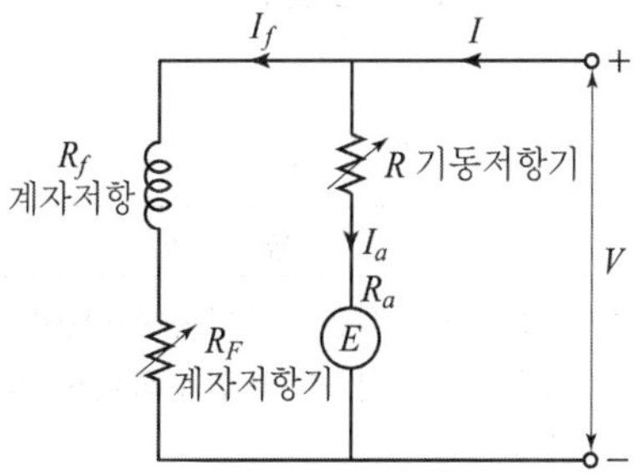
</td><td>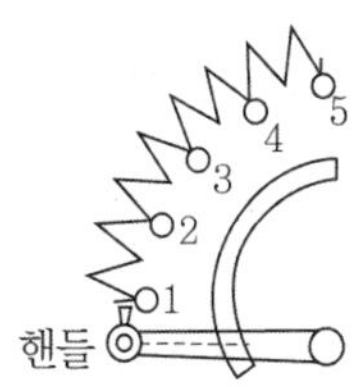
</td><td>직류전동기 운전 중 흐르는 전기자 전류 I_a(기동전류)를 제한하는 가감 저항기</td></tr>
</table>

(1) 기동시 조건 및 방법

기동 조건	기동 방법
① 기동전류 최소일 것	• 기동저항 R을 최대로 할 것 • 전기자전류 $I_a = \dfrac{V-E}{R_a+R}$ (단, 기동시 $N=0$, $E=k\phi N=0$) • 기동저항 $R=\dfrac{V}{\text{기동전류 } I_s(I_a \times \text{배수})}-R_a\,[\Omega]$
② 기동토크 최대일 것	계자저항 R_F을 최소로 할 것($R_F=0$) → 자속 ϕ 증가 → 토크 $T=k\phi I_a$ 증가

(2) 운전시 조건 및 방법

운전 조건	운전 방법
기동저항 R 최소일 것($R=0$)	계자저항 R_F 부하에 따라 선정할 것

과년도 >> 정격전압 225[V], 전부하 전기자전류 30[A], 전기자저항 0.2[Ω] 되는 직류 분권 전동기가 있다. 이 전동기에 정격전압을 걸어서 기동시킬 때 전기자회로에 몇 [Ω]의 저항을 넣어야 하는가? (단, 기동전류는 전부하전류의 1.5배로 제한하는 것으로 하고 계자전류는 무시한다.)

풀이 분권 전동기 기동저항 R값 계산

순서	적용식	계산	정답
내용	$R=\dfrac{V}{\text{기동전류 } I_s \text{ 또는 } (I_a \times \text{배수})}-R_a$	$=\dfrac{225}{30\times 1.5}-0.2$	$=4.8\,[\Omega]$

5 효율 η

(1) 실측 효율 η(실제 측정값 사용계산)

$$\text{실측 효율 } \eta=\frac{\text{출력}}{\text{입력}}\times 100\,[\%]=\frac{\text{출력 } P}{\text{출력 } P+\text{손실 } P_l}\times 100\,[\%]$$

(2) 규약 효율 η(손실값을 기준으로 계산)

구 분	공 식	용 어
발전기 효율 G_η	$G_\eta=\dfrac{\text{출력}}{\text{출력}+\text{손실}}\times 100\,[\%]$	① 손실 P_l = 고정손 + 가변손(부하손) ② 고정손 : 부하 증가·감소하여도 항상 일정한 손실 ③ 가변손 : 부하 증가·감소에 따라 변하는 손실
전동기 효율 M_η	$M_\eta=\dfrac{\text{입력}-\text{손실}}{\text{입력}}\times 100\,[\%]$	
최대 효율 조 건	• 발전기에서 : 고정손 = 가변손(부하손) • 변압기에서 : 철손 P_i = 동손 P_c	

6 손실 P_l

손실 P_l = 기계손 P_m + 철손 P_i = 출력 $P\left(\frac{1}{\eta}-1\right)[\text{W}] \xrightarrow{\times 10^{-3}} [\text{kW}]$

(1) 가변손(부하손)

- 전기자(동)손 $I_a^2 R_a$ + 브러시손 $e_b I_a$ + 계자(동)손 $V_f I_f$ + 표류부하손(누설자속)
- 표류부하손 : 부하전류가 흐를 때 도체 또는 철심내부에서 생기는 손실

(2) 기계손 P_m

P_m = 풍손 + 베어링(마찰)손 + 브러시(마찰)손

(3) 고정손(철손) $P_i[\text{W}]$

정의	철손 종류	철손 감소 대책
전기자를 통하는 자속의 방향변화로 철심에서 발생하는 손실	와류손 P_e	성층 철심 사용
	히스테리시스손 P_h	규소 강판 사용

7 온도 시험법

(1) 실부하법

전구 등 직접부하로 시험하는 온도시험법

(2) 반환부하법

종　류	내　　용
① 블론델법(Blondel)	발전기(전동기)의 무부하손은 보조 전동기에 의해 공급 동손은 승압기에 의해 공급하는 방법
② 홉킨슨법(Hopkinson)	전손실이 기계적으로 공급하는 방법
③ 카프법(Kapp)	전손실이 전기적으로 공급하는 방법

8 전기기기의 권선 절연재료의 허용온도 = 온도상승한도 + 주위온도

절연재료 종 류	Y종	A종	E종	B종	F종	H종	C종
최 고 허용온도	90	105	120	130	155	180	180 초과
절연물의 종 류	목재/면/견/종이 아닐린 수지	Y종, 즉 면/견/종이를 기름에 채운 것	멜라민수지 에폭시수지 폴리우레탄 수지	운모/석면 유리섬유 등을 접착제와 사용한 것	석면/유리섬유를 실리콘 알키드수지의 접착제와 사용한 것	석면/유리섬유를 실리콘 수지 등의 접착제와 사용한 것	운모/유리 등을 단독 또는 접착제와 사용한 것
용 도	저전압 기기	보통의 기기, 변압기	보통 기기, 대용량 기기	고전압 기기, 건식 변압기	고전압 기기, 건식 변압기	H종 건식 변압기	특수 기기

9 교직 양용 전동기의 특징

① 교류(AC)와 직류(DC) 모두 사용할 수 있다.
② 기동 토크가 크다.
③ 회전수가 전압에 비례한다.
④ 무부하 회전수가 높다.
⑤ 고속회전이 쉽게 얻어진다.
⑥ 전압의 극성이 변해도 회전방향은 일정하다.
⑦ 전기 노이즈, 기계적인 노이즈가 크다.

제2장

변압기(transformer)

1 변압기(TR) 원리

(1) 원리 및 목적

① 주상 변압기

② 변압기 구조

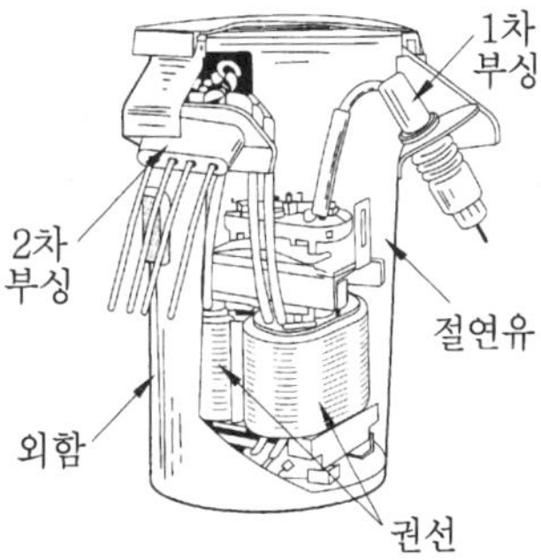

③ 유입 변압기

원 리	전기 에너지 → 자기 에너지 → 전기 에너지로 변환시키는 기계
목 적	고압을 저압으로 변성하여 부하에 전기를 공급

(2) 변압기 구조

1) 구조

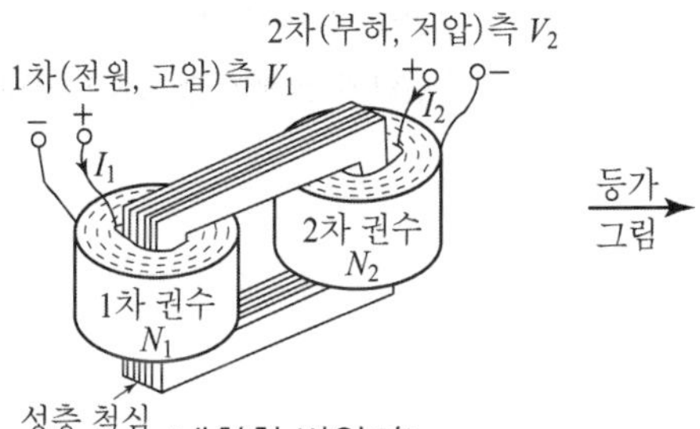

〈내철형 변압기〉

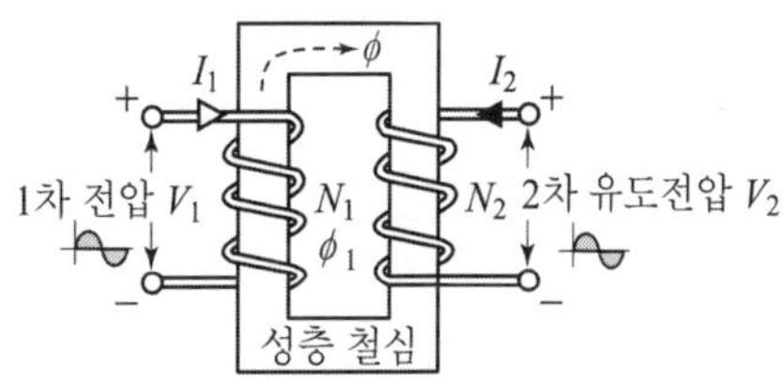

〈변압기 TR(환상철심)〉

2) 회로도

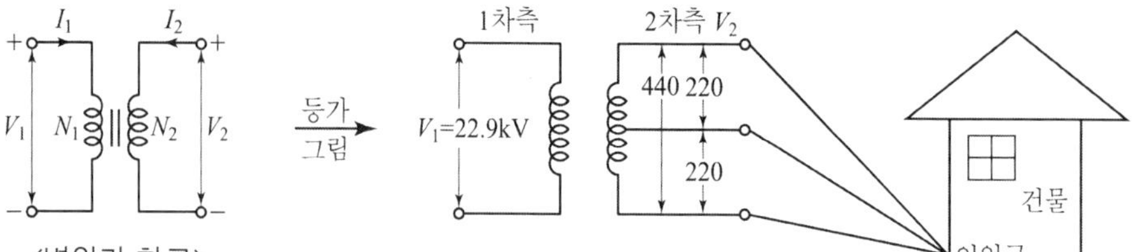

〈변압기 회로〉

3) 변압기의 주요 구조 명칭 및 역할(기능)

부분종류	구조 명칭	역할(사용 이유)	재질 구비조건 및 내용
자기부분	철심	• 자속통로의 자기저항 감소 • 여자전류 및 철손 감소 • 자속을 흘려 전압을 형성	철심은 비투자율과 저항률이 크고 히스테리시스손 감소를 위해 두께 0.27~0.35mm인 규소(4%)강판 사용
전기부분	고압(1차) 권선	자속을 만들어 주기 위한 코일이며, 1차 및 2차 전류를 흘려줌	• 도체(권선)는 전압에 따라, 종이테이프, 면사, 유리섬유 등으로 피복하여 사용함. • 소전류(20A 이하)는 둥근동선 사용 • 중전류(20A 이상)는 평각동선 사용 • 대전류는 2개 이상 병렬도체 사용
	저압(2차) 권선		
	단자대	2차 전압유도를 위한 권선 고정 지지대	(적합한) 탭 전압 선정
절연부분	고압 부싱 (1차 입력)	철심과 권선간, 권선상호간, 권선의 층간절연을 유효하게 유지	절연물로는 섬유재료(면사, 종이, 면포…) 사용, 절연 니스 속에 함침시켜 건조시킴
	저압 부싱 (2차 출력)		
	절연유 (광유)	절연 및 냉각작용	• 절연저항, 절연내력, 냉각효과, 인화점, 열전도율, 비열이 클 것 • 점도, 응고점, 비중, 화학반응, 석출물이 작을 것
구조부분	외함(탱크)	변압기 본체 수납 및 절연유를 채움	외상에 의한 방호, 유조, 냉각작용에 필요한 냉각핀 설치
	커버(뚜껑)		빗물 침투 방지
	(설치)틀		변압기 본체의 탱크에 단자대 고정설치

4) 변압기 종류

구분			
용도별 종류 (절연 및 냉각매체)	① 유입 변압기 (유중·기름 사용)	② 건식 변압기 (공기 사용)	③ 몰드 변압기 (진공 사용)
	• 일반용(옥내외용)	• 백화점, 대형 마트, 지하철, 신규 APT 등 화재 억제 장소(옥내용)	• 백화점, 대형 마트, 지하철, 신규 APT 등 화재 억제 장소(옥내용)
형식별 종 류	① 내철형(고전압 대용량용)	② 외철형(저전압 대전류용)	③ 권철심형
	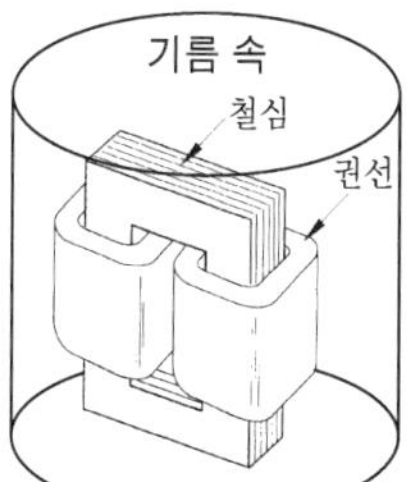	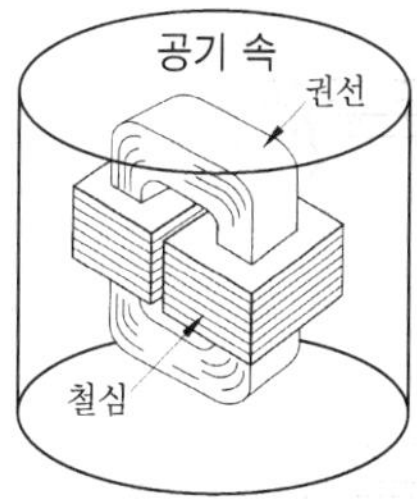	 합성수지 피복관에 진공 처리
	④ 방폭형 변압기(가연성 가스나 폭발성 분진장소에 사용)	⑤ SF_6 가스 변압기 (옥내외용)	⑥ 정류기용 변압기

5) 몰드 변압기와 건식 변압기 장점 및 단점

변압기 종류	장 점	단 점
몰드 변압기	① 내진(먼지)·내습성이 좋다. ② 소형, 경량이다. ③ 저전력 손실이다.(작다) ④ 단시간 과부하에 좋다. ⑤ 반입·반출이 용이하다.	① 가격이 비싸다. ② 소음 방지에 별도 대책이 필요하다. ③ 옥외 설치 및 대용량 제작이 어렵다.
건식 변압기	① 화재 계획이 없다. ② 소형, 경량이다. ③ 보수·점검이 용이하다. ④ 큐비클 설비가 용이하고 미관상 좋다.	① 가격이 비싸다. ② 설치시 흡습에 의한 절연저하 및 주위환경에 유의한다. ③ 옥외 설치 및 먼지가 많은 곳은 부적당하다.

6) 변압기 탭 조정(전압 크기 조정)

① 정의

변압기의 2차 출력 전압은 1차 쪽의 입력 전압이나, 2차 쪽의 부하 변동에 따라 달라진다. 출력 전압을 일정하게 유지하려면 변압기의 권수비를 변경하면 된다. 권수비의 변경은 1차 또는 2차 권선에 탭(tab)을 만들고 그 접속을 변경하는 것 [탭 절환 변압기(tap changing transformer)]

② **종류**

㉠ 탭의 절환은 변압기를 선로에서 분리하고 무부하 상태에서 전환하는 것(무부하 탭 절환기)이 보통이나 송전의 중단을 피하기 위하여

㉡ 부하시 탭 절환 장치를 사용하여 부하 상태에서 탭을 절환(부하시 탭 절환기)하는 경우도 있다.

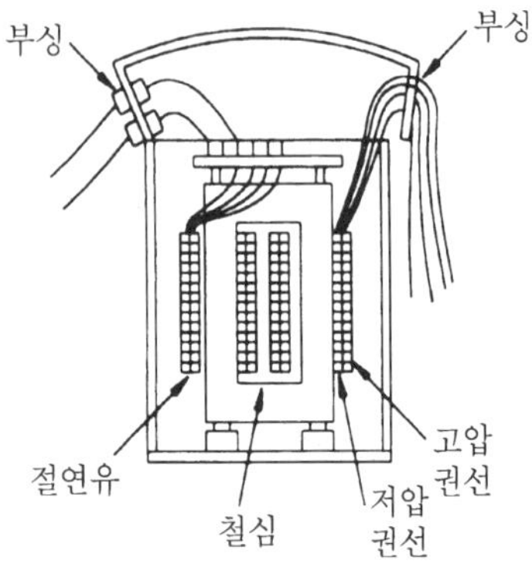

(a) 내부 구조

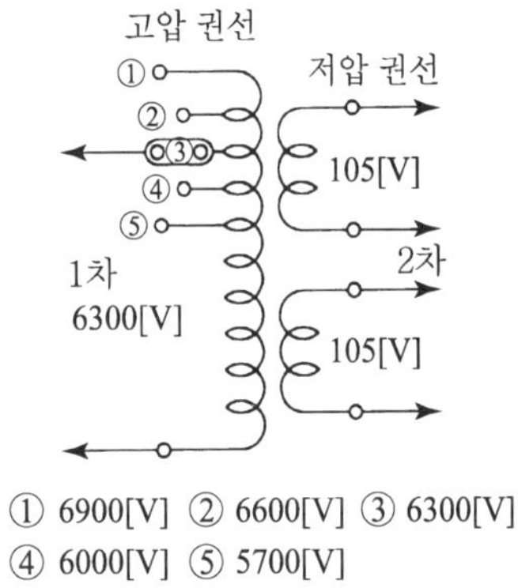

(b) 전압 탭

• 무부하 탭 절환기(NLTC)

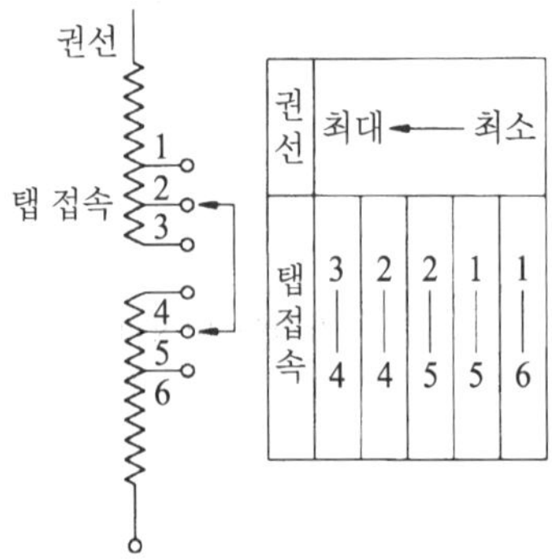

• 부하시 탭 절환기(OLTC)

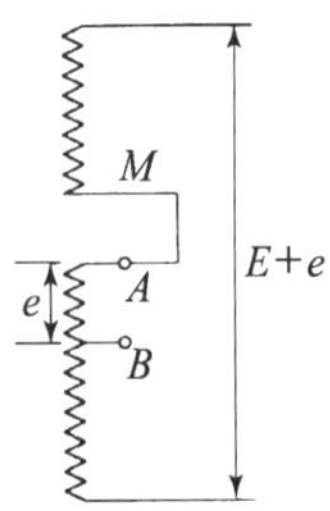

2 유기 기전력 E

(1) 정의

유도 기전력의 크기는 코일을 지나는 자속의 매초 변화량과 코일의 권수에 비례한다.

(2) 공식

유기 기전력 E = 코일의 권수$(N)\times$매초 변화하는 자속$\left(\dfrac{d\phi}{dt}\right)$[V]

렌츠의 법칙(기전력 방향의미)

$$=-N\frac{d\phi}{dt}=\ominus\times\ N\times\frac{d\phi}{dt}\ [\mathrm{V}]$$

패러데이 법칙(기전력 크기)

(3) 유도식

1) **기전력** "$N\cdot\dfrac{d\phi}{dt}=E_m\cdot\sin\omega t$" 식에서 양변에 적분을 취하면

2) **자속** $\phi=\displaystyle\int\frac{E_m}{N}\sin\omega t\,dt=\frac{E_m}{N}\left(-\frac{1}{\omega}\cdot\cos\omega t\right)=\frac{E_m}{N\omega}\cdot\sin\left(\omega t-\frac{\pi}{2}\right)$

3) **최대전압** $E_m=\sqrt{2}\,V(E)=\phi_m N\omega$

$\therefore\ E=\dfrac{1}{\sqrt{2}}\times 2\pi f\phi_m N=4.44f\phi_m N$ (단, 자속밀도 $B=\dfrac{\phi}{A}$ 적용)

(4) 유기 기전력 식 및 권수비

구 분	공 식
유기 기전력 E	$E=4.44f\phi_m N$[V] (단, $\phi_m=B\times A$ 적용)
	1차 전압 $E_1=4.44f\phi_m N_1$ / 2차 전압 $E_2=4.44f\phi_m N_2$
권수비 a 또는 n	$a(n)=\dfrac{1차\ 권수\ N_1}{2차\ 권수\ N_2}=\dfrac{1차\ 전압\ E_1}{2차\ 전압\ E_2}=\dfrac{2차\ 전류\ I_2}{1차\ 전류\ I_1}$
누설 리액턴스 L	$L=\dfrac{\mu A N^2}{l}$[H] → $L\propto N^2$ → 누설 리액턴스는 권수 제곱에 비례
용 어	주파수 f[Hz] / 최대자속 ϕ_m[Wb]=최대자속밀도 $B_m\times$변압기 철심단면적 A / 투자율 μ[H/m] / 철심면적 A[m^2] / 자로길이 l[m]

3 변압기 등가회로 및 임피던스 환산

(1) 등가회로

전력용 변압기에서 2차에 유기기전력(정현파 전압) 발생을 위해 1차에 흘러 들어가는 여자전류에는 기본파 전류 외에 3고조파 전류성분이 있어야 한다.

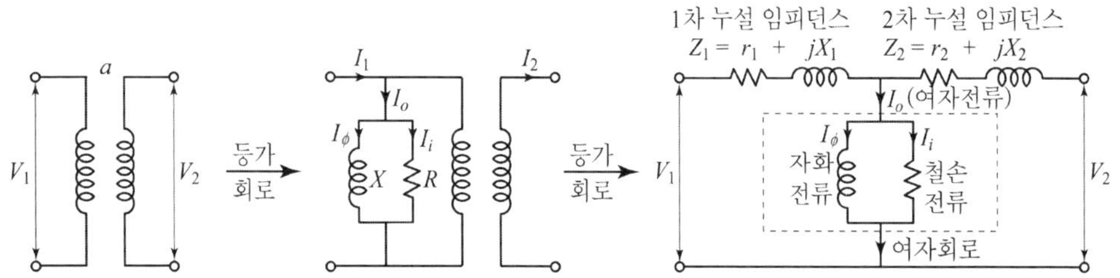

1) 여자전류 I_o(무부하전류) ★

① **정의** : 변압기에서 자속을 만드는 전류(변압기 2차측 무부하시 1차측 권선에 흐르는 전류)

$$\text{여자전류 } I_o = \text{철손전류 } I_i + j\,\text{자화전류 } I_\phi = \sqrt{I_i^2 + I_\phi^2}\ [\text{A}]$$

② **변압기 총전류** = 부하전류 + 여자전류(철손전류⊕자화전류)

용 어	내 용
부하전류	부하에 흐르는 전류이며 무부하시 0이다.
철손전류	여자전류가 자속발생시 철심(저항)에 흐르는 (손실)전류
철손	여자전류가 자속발생시 철심(저항)에서 생기는 (열)손실
자화전류	부하에 관계없이 변압기의 권선(코일)에 흐르는 전류로서 자속을 만드는 전류

2) 어드미턴스 Y

$\dfrac{V_1}{Z} = \dfrac{V_1}{R} + j\dfrac{V_1}{X}$ 식을 적용하면

$$\rightarrow \frac{1}{Z}(Y) = \frac{1}{R}(\text{컨덕턴스 } G) + j\frac{1}{X}(\text{서셉턴스 } B) = \sqrt{G^2 + B^2}\ [\mho]$$

3) 철손 P_i

$$P_i = V_1 I_i = V_1 \times \frac{V_1}{R_1} = \frac{1}{R_1} \times V_1^2 = GV_1^2 \,[\text{W}]$$

과년도 » 1차 전압이 2200[V], 무부하 전류가 0.088[A], 철손이 110[W]인 단상 변압기의 자화전류[A]는?

풀이 무부하 전류(여자전류) $I_0 = I_i(\text{철손전류}) + jI_\phi(\text{자화전류})$

$$\therefore \text{ 자화전류 } I_\phi = \sqrt{I_0^2 - I_i^2} = \sqrt{I_0^2 - \left(\frac{P_i}{V_1}\right)^2} = \sqrt{0.088^2 - \left(\frac{110}{2200}\right)^2}$$

$$= 0.0724\,[\text{A}]$$

[계산기] $\sqrt{\ }$(0.088 [x^2] [$-$] (110 [$\div$] 2200) [x^2]) [=]

(2) 임피던스 환산값 Z_{21} 또는 Z_{12}

1) 용어

구 분	표기 및 환산값
2차측 임피던스 Z_2를 1차측으로 환산하는 경우	Z_{21} 또는 Z_1' = 1차 자신값 Z_1 + 2차 환산값
1차측 임피던스 Z_1을 2차측으로 환산하는 경우	Z_{12} 또는 Z_2' = 1차 환산값 + 2차 자신값 Z_2

2) 유도식

$$\text{2차 임피던스 } Z_2 = \frac{V_2}{I_2} \xrightarrow[\text{적용}]{\text{권수비 } a} \frac{\frac{V_1}{a}}{aI_1} = \frac{Z_1}{a^2} \rightarrow Z_1 = a^2 Z_2$$

3) 공식 : $Z_1 = a^2 Z_2$ 적용★ $Z_2 = \dfrac{Z_1}{a^2}$ 적용

4) 변압기 1차와 2차 임피던스 변환

구 분	Z_{21}(2차 Z_2 → 1차로 환산하는 경우)	Z_{12}(1차 Z_1 → 2차로 환산하는 경우)
회로도	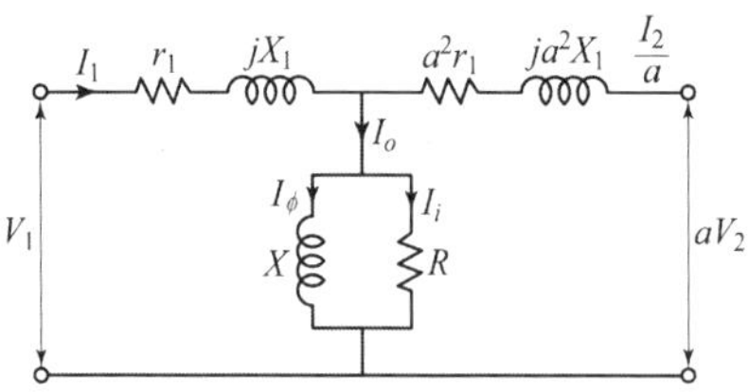	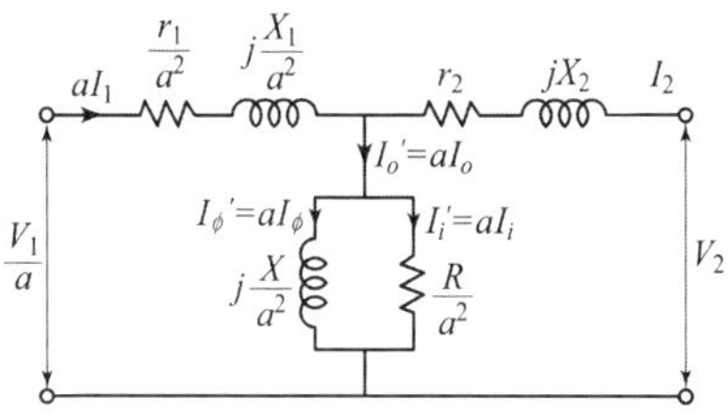
환산값	$Z_{21}=Z_1+a^2Z_2=r_1+jX_1+a^2(r_2+jX_2)$ $=r_1+a^2r_2+j(X_1+a^2X_2)[\Omega]$	$Z_{12}=\dfrac{Z_1}{a^2}+Z_2=\dfrac{1}{a^2}(r_1+jX_1)+r_2+jX_2$ $=\dfrac{r_1}{a^2}+r_2+j\left(\dfrac{X_1}{a^2}+X_2\right)[\Omega]$
권수비	$a(n)=\dfrac{N_1}{N_2}=\dfrac{E_1}{E_2}=\dfrac{V_1}{V_2}=\dfrac{I_2}{I_1}=\sqrt{\dfrac{Z_1}{Z_2}}$	

과년도 ≫ 1차 임피던스 $Z_1=100+j100$, 2차 임피던스 $Z_2=10+j10$이고 권수비 $a=1000/100$일 때 변압기 1차 환산 임피던스값 $Z_{21}(Z_1')$는?

풀이 변압기 1차 환산 임피던스 Z_{21}

$$Z_{21}=Z_1+a^2Z_2=r_1+a^2r_2+j(X_1+a^2X_2)$$
$$=100+10^2\times10+j(100+10^2\times10)$$
$$=1100+j1100=\sqrt{1100^2+1100^2}=1555.6[\Omega]$$

4 강하율 ($\%Z$, P, q)

- **정의** : 정격전압 V_p에 대한 각 임피던스 Z / 저항 r / 리액턴스 X의 전압강하의 비

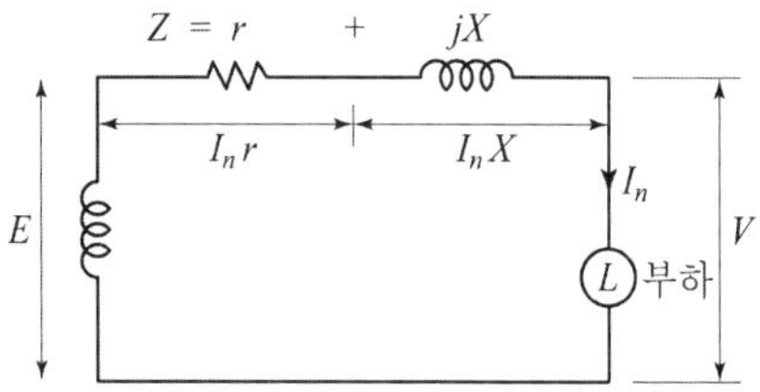

(1) 임피던스 강하율 $\%Z$

1) 정의

정격전압 V_p에 대한 임피던스 Z의 전압강하($I_n Z$)의 비

2) 기본공식

$$\%Z = \frac{\text{정격전류 } I_n \times (\text{변압기 내부}) \text{ 임피던스 } Z}{\text{정격전압 } V_p} \times 100\ [\%]$$

3) 응용공식 및 출제 유형

출제유형	I_n 및 Z 주어진 경우 사용	임피던스 전압 V_s가 주어진 경우 사용	변압기 용량 P가 주어진 경우 사용	P[kVA] 및 V[kV] 사용시
임피던스 강하율식	$\%Z = \frac{I_n Z}{V_p} \times 100\%$	$= \frac{\text{임피던스 전압 } V_s}{V_p} \times 100\%$	$= \frac{PZ}{V^2} \times 100\%$	$= \frac{PZ}{10V^2}$
용어	정격전류 I_n[A] / 변압기 내부 임피던스 Z[Ω] / 상전압 V_P / 변압기 용량 P[VA]			
	임피던스 전압 $V_s = I_n Z$: 변압기 내부에 정격전류 I_n가 흐를 때 내부전압 강하			

4) 1차 및 2차 환산 임피던스 강하율 계산식

$$\%Z = \frac{I \cdot Z'}{V} \times 100\% \text{에서}$$

① 2차를 1차로 환산시 1차측 임피던스 강하율 $\%Z$ 계산식

• 1차측 임피던스 강하율 $\%Z = \frac{I_{n_1} Z_1'}{V_1} \times 100\% = \frac{I_{n_1}(Z_1 + a^2 Z_2)}{V_1} \times 100\ [\%]$

② 1차를 2차로 환산시 2차측 임피던스 강하율 $\%Z$ 계산식

• 2차측 임피던스 강하율 $\%Z = \frac{I_{n_2} Z_2'}{V_2} \times 100\% = \frac{I_{n_2}(Z_1/a^2 + Z_2)}{V_2} \times 100\ [\%]$

(2) 저항 강하율 P ($\%r$ 값)

1) 정의

정격전압 V_P에 대한 저항 r의 전압강하($I_n r$)의 비

2) 기본공식

$$\text{저항 강하율 } P = \frac{\text{정격전류 } I_n \times (\text{변압기 내부}) \text{ 저항 } r}{\text{정격전압 } V_p} \times 100\ [\%]$$

3) 응용공식 및 출제 유형

출제유형	I_n 및 r 주어진 경우 사용식	"동손"주어진 경우 사용식	P 주어진 경우 사용	P[kVA] 및 V[kV] 사용시
저항강하율 공식	$P=\frac{I_n r}{V_p}\times 100\%$	$=\frac{동손\ I_n^2 r}{변압기\ 용량\ V_p I_n}\times 100\%$	$=\frac{Pr}{V^2}\times 100\%$	$=\frac{Pr}{10\,V^2}$
용어	정격전류 I_n[A] / 변압기 내부저항 r[Ω] / 상전압 V_P / 변압기 용량 P[VA]			
	임피던스 와트=동손[W] : 임피던스 전압 V_s을 걸 때 입력값			

4) 1차 및 2차 환산 저항강하율 계산식

① 2차를 1차로 환산시 1차측 저항강하율 $P(\%r)$ 계산식

- 1차측 저항강하율 $P=\frac{I_1 r_1'}{V_1}\times 100=\frac{I_1(r_1+a^2 r_2)}{V_1}\times 100\%$

② 1차를 2차로 환산시 2차측 저항강하율 $P(\%r)$ 계산식

- 2차측 저항강하율 $P=\frac{I_2 r_2'}{V_2}\times 100=\frac{I_2(r_2/a^2+r_2)}{V_2}\times 100\%$

(3) 리액턴스 강하율 q ($\%X$값)

1) 정의

정격전압 V_p에 대한 리액턴스 X의 전압강하($I_n X$)의 비

2) 기본공식

$$리액턴스\ 강하율\ q=\frac{정격전류\ I_n\times(변압기\ 내부)\ 리액턴스\ X}{정격전압\ V_p}\times 100[\%]$$

3) 응용공식 및 출제 유형

출제유형	I_n 및 X 주어진 경우 사용	P 주어진 경우 사용	P[kVA] 및 V[kV] 사용시
리액턴스 강하율식	$q=\frac{I_n X}{V_p}\times 100\%$	$=\frac{PX}{V^2}\times 100\%$	$=\frac{PX}{10\,V^2}$
용 어	정격전류 I_n[A] / 변압기 내부 리액턴스 X[Ω] / 상전압 V_P / 변압기 용량 P[VA]		

4) 1차 및 2차 환산 리액턴스 강하율 계산식

① 2차를 1차로 환산시 1차측 리액턴스 강하율 $q(\%X)$ 계산식

• 1차측 리액턴스 강하율 $q=\dfrac{I_1X_1'}{V_1}\times 100=\dfrac{I_1(X_1+a^2X_2)}{V_1}\times 100\%$

② 1차를 2차로 환산시 2차측 리액턴스 강하율 $q(\%X)$ 계산식

• 2차측 리액턴스 강하율 $q=\dfrac{I_2X_2'}{V_2}\times 100=\dfrac{I_2(X_1/a^2+X_2)}{V^2}\times 100\%$

(4) 임피던스 강하율 $\%Z$ = 저항 강하율 P $+j$리액턴스 강하율 $q=\sqrt{P^2+q^2}$

과년도 ≫ **[1]** 10[kVA], 2000/100[V] 변압기의 1차 환산 등가 임피던스가 $6.2+j7[\Omega]$일 때 %리액턴스는 얼마인가?

풀이

%리액턴스 식	계 산	정 답
$\%X=\dfrac{Px}{V_{n1}^2}\times 100$	$=\dfrac{10\times 1000\times 7}{2000^2}\times 100$	$=1.75\ [\%]$

과년도 ≫ **[2]** 3300/210[V], 5[kVA] 단상 변압기가 퍼센트 저항 강하 2.4[%], 리액턴스 강하 1.8[%]이다. 임피던스 전압[V]은?

풀이 **[포인트]** 묻고 있는 임피던스 전압 V_s은 $\%Z$ 식에 숨어 있다.

$$\%Z=\frac{V_s(\text{임피던스 전압})}{V_p}=\text{저항강하 } P+j\,\text{리액턴스 강하 } q$$

구분	적용식	계산	정답
내용	$V_s=V_p\sqrt{P^2+q^2}$	$=3300\times\sqrt{\left(\dfrac{2.4}{100}\right)^2+\left(\dfrac{1.8}{100}\right)^2}$	$=99\ [\text{V}]$

5 전압변동률 ε

(1) 정의식

$$\varepsilon=\frac{\text{무부하전압 } V_o(E)-\text{정격전압 } V}{\text{정격전압 } V(\text{전부하전압})}\times 100\,[\%]=\frac{V_o-V}{V}\times 100\,[\%]$$

(2) 변압기 회로도 및 벡터도

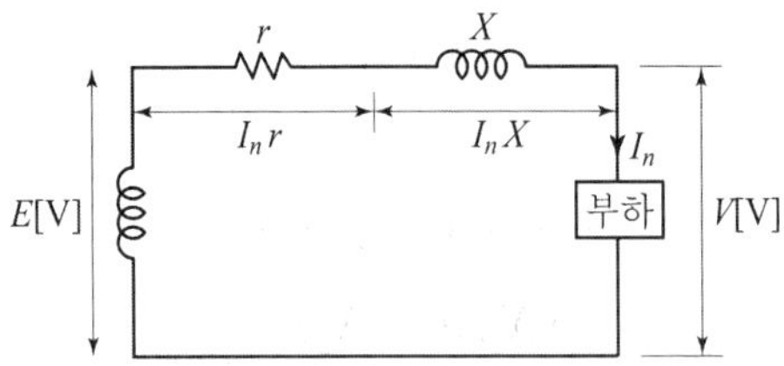

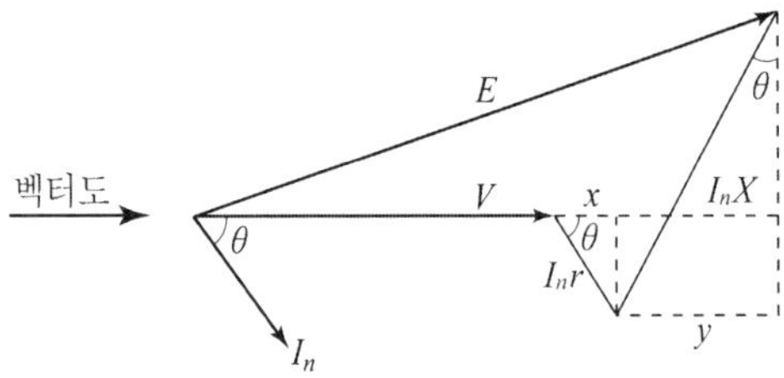

(3) 유도식

무부하전압 $E(V_o) \fallingdotseq V + x\text{값} + y\text{값} = V + I_n r\cos\theta + I_n X\sin\theta$

전압변동률 $\varepsilon = \dfrac{E-V}{V} \times 100\,[\%]$

$$= \underbrace{\frac{I_n r}{V} \times 100\,[\%]}_{\text{저항강하율 } P\text{값}} \times \cos\theta + \underbrace{\frac{I_n X}{V} \times 100\,[\%]}_{\text{리액턴스 강하율 } q\text{값}} \times \sin\theta$$

$\therefore\ \varepsilon = P \times \cos\theta + q \times \sin\theta$

(4) 응용 공식

출제 유형	적용 전압변동률 ε 공식
• 부하역률이 뒤지는 경우 • 유도성(지상=뒤진다)일 때 또는 X_L 성분일 때	$\varepsilon = P\cos\theta + q\sin\theta$
• 부하역률이 앞서는 경우 • 용량성(진상=앞선다)일 때 또는 X_c 성분일 때	$\varepsilon = P\cos\theta - q\sin\theta$

(5) 최대 역률이 되기 위한 조건("고정각 ϕ =부하각 θ"일 때)

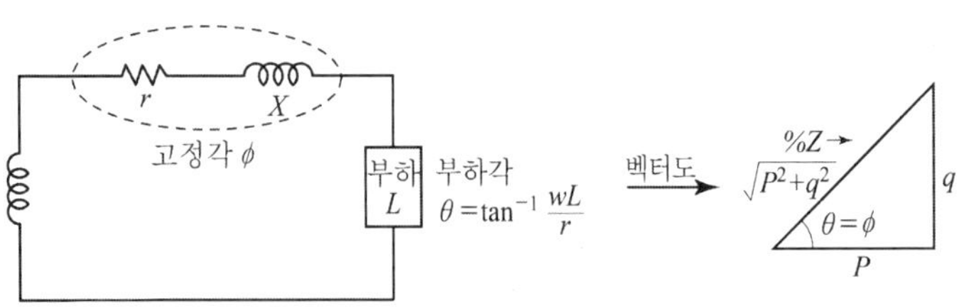

전압변동률 $\varepsilon = P\cos\theta + q\sin\theta = \sqrt{P^2+q^2}\ \cos(\phi-\theta)$

최대(부하) 역률 값	$\cos\phi = \cos\theta = \dfrac{P}{\sqrt{P^2+q^2} \text{ 또는 } \%Z}$

과년도 ≫ 변압기의 리액턴스 강하가 저항강하의 3배이고 정격전류에서 전압변동률이 0이 되는 앞선역률의 크기[%]는?

풀이 전압변동률 ε

$\varepsilon = P\cos\theta + q\sin\theta$ (단, 리액턴스 강하 q =3배×저항강하 P)

→ $\varepsilon = P\cos\theta + 3P\sin\theta = 0 \Rightarrow \tan\theta = \dfrac{1}{3}$ →

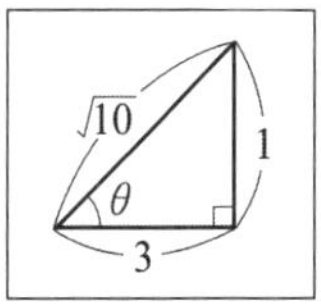

역률 $\cos\theta = \dfrac{3}{\sqrt{10}} = 0.95 = 95[\%]$ ←

도우미 $\tan\theta = \dfrac{\sin\theta}{\cos\theta}$,

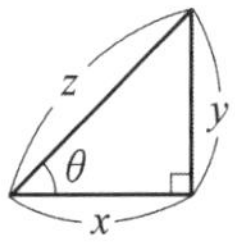

$\sin\theta = \dfrac{y}{z}$, $\cos\theta = \dfrac{x}{z}$, $\tan\theta = \dfrac{y}{x}$

6 단락전류 I_s

(1) 기본공식

$I_s = \dfrac{V_s}{Z} = \dfrac{100}{\%Z} \times I_n$(정격전류) → 단상은 $\dfrac{P}{V}$ 대입 / 3상은 $\dfrac{P}{\sqrt{3}\,V}$ 대입

(2) 응용공식 및 출제 유형

출제 유형	V_s와 Z 주어진 경우 사용	단상(1ϕ)인 경우 사용	3상(3ϕ)인 경우 사용
단락전류 I_s 공 식	$I_s = \dfrac{V_s}{Z}$	$= \dfrac{100}{\%Z} \times \dfrac{P}{V}$	$= \dfrac{100}{\%Z} \times \dfrac{P}{\sqrt{3}\,V}$ [A]

(3) 단락시 환산 임피던스 적용한 단락전류 계산식

① 1차측 단락전류 $I_{s_1} = \dfrac{V_{s_1}}{Z_1'} = \dfrac{V_{s_1}}{Z_1 + a^2 Z_2}$ [A]

② 2차측 단락전류 $I_{s_2} = \dfrac{V_{s_2}}{Z_2'} = \dfrac{V_{s_2}}{Z_1/a^2 + Z_2}$ [A]

(4) 권수비 a

$$a=\frac{N_1}{N_2}=\frac{E_1}{E_2}=\frac{V_1}{V_2}=\frac{I_2}{I_1}=\sqrt{\frac{Z_1}{Z_2}}=\frac{I_{s_2}}{I_{s_1}}=\frac{V_{s_1}}{V_{s_2}}$$

과년도 ≫ 100[kVA], 6000/200[V] 60[Hz]이고 %임피던스 전압이 3[%]인 3상 변압기의 저압측에 3상 단락이 생겼을 경우의 단락전류는 얼마인가?

풀이 **[포인트]** 임피던스 전압 3[%]$=\%Z=\dfrac{I_n \cdot Z}{E_n}\times 100$ 의미이다.

단락전류 I_s	적용식	계산	정답
$I_s=\dfrac{100}{\%Z}I_n$	$=\dfrac{100}{\%Z}\dfrac{P}{\sqrt{3}\,V}$	$=\dfrac{100}{3}\times\dfrac{100\times 10^3}{\sqrt{3}\times 200}$	$=9623[\text{A}]$

7 다상용량

변압기 용량 k = 상전압 V_p × 상전류 I_p [kVA]

(1) 단상 변압기 1대($1\phi 1$대)인 경우

변압기 용량 $P=V_pI_p\,[\text{kVA}]=k\,[\text{kVA}]$

(2) 단상 변압기 2대($1\phi 2$대)인 경우 → V결선

변압기 용량 $P_v=\sqrt{3}\,V_pI_p\,[\text{kVA}]=\sqrt{3}\,k\,[\text{kVA}]$

- V결선 : 변압기 3대 운전(Δ결선) 중 1대 고장 결선

① 이용률 : 단상 변압기 2대로 3상 부하 전력 공급 비율

② 출력비 : 고장전 출력에 대한 고장후 출력의 비율

V 결선시	이용률	출력비
공 식	$\dfrac{\sqrt{3}\,V_pI_p}{2\text{대}\times V_pI_p}\times 100[\%]=86.6[\%]$	$\dfrac{\sqrt{3}\,V_pI_p}{3\text{대}\times V_pI_p}\times 100[\%]=57.7[\%]$

(3) 단상 변압기 3대(1ϕ3대)인 경우

$$\text{변압기 용량 } P_\Delta = 3\text{대} \times V_p I_p = 3k[\text{kVA}]$$

(4) 단상 변압기 4대(V-V결선)인 경우

$$\text{변압기 용량 } P_{v-v} = 2\text{대} \times P_v = 2\sqrt{3}\, V_p I_p = 2\sqrt{3}\, k[\text{kVA}]$$

(5) 과부하율

$$\text{과부하율} = \frac{\text{부하(실제)용량} - \text{변압기 정격용량}}{\text{변압기 정격용량}} \times 100\ [\%]$$

과년도 » 30[kVA]의 단상 변압기 2대를 V-V결선을 하여 3상 전압을 사용하려고 한다. 이때 여기에 접속시킬 수 있는 3상 부하는 얼마까지 가능한가?

풀이

V결선시 출력 P_v식	계산	정답
$P_v = \sqrt{3} \times$ 단상 변압기 용량 P	$= \sqrt{3} \times 30$	$= 52$[kVA]

8 변압기 병렬운전

변압기를 단독으로 운전할 경우에는 극성을 무시해도 아무런 문제가 없으나 병렬로 운전할 경우에는 각 변압기의 권선의 방향이 같도록 결선하여야 한다. 만일 2차쪽 권선의 방향이 다르게 결선되면 매우 큰 순환전류가 흘러 변압기 권선의 절연이 열로 인하여 파괴되어 못쓰게 된다.

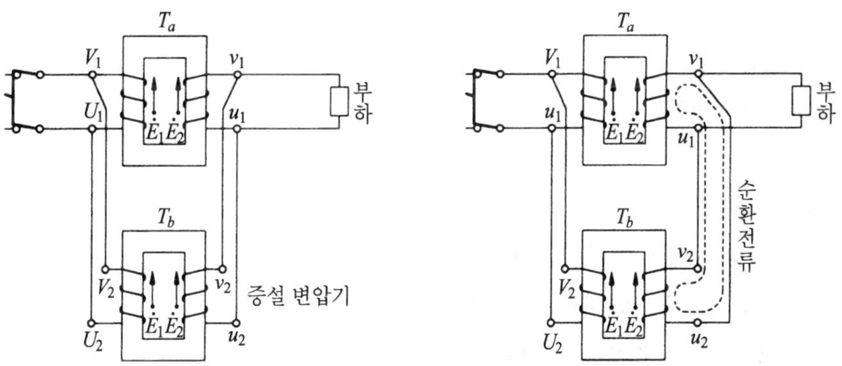

② **가극성** : $V = 1$차전압 $V_1 + 1$차전압 V_2

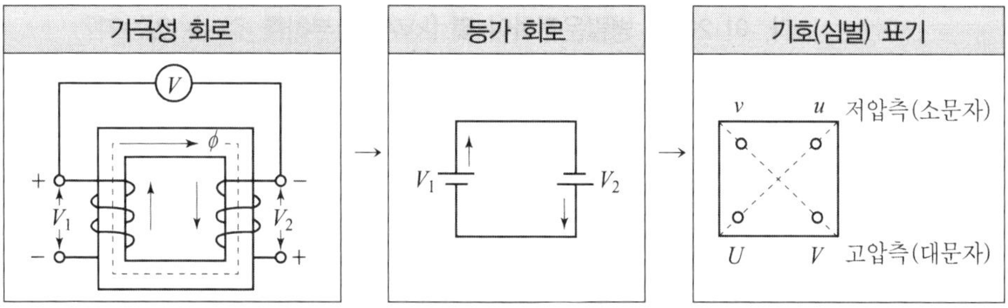

(2) 결선 방법(단상 변압기 3대 사용 → 3상ϕ결선)

단상 변압기 3대를 이용하여 3상 결선을 하는 방법은 Y−Y, Δ−Δ, Δ−Y, Y−Δ 등이 있고 이 밖에 2대의 단상 변압기를 결선하여 사용할 때에는 V−V 결선으로 한다.

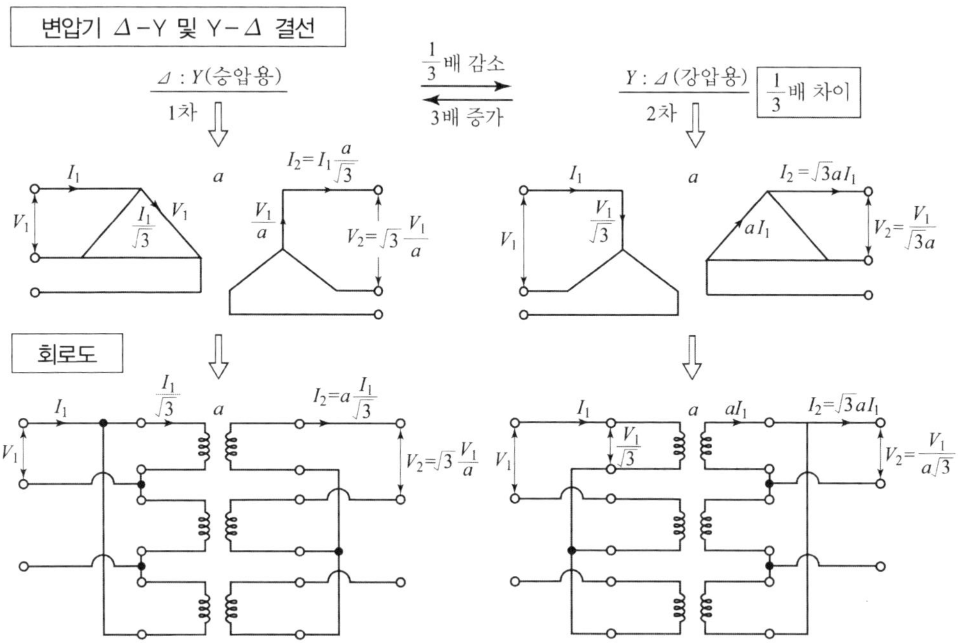

1) Y−Y 결선도

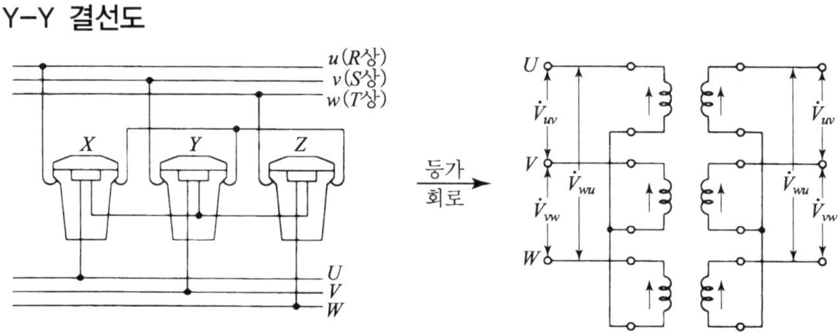

〈실무결선〉 〈회로도〉

2) Δ–Δ 결선

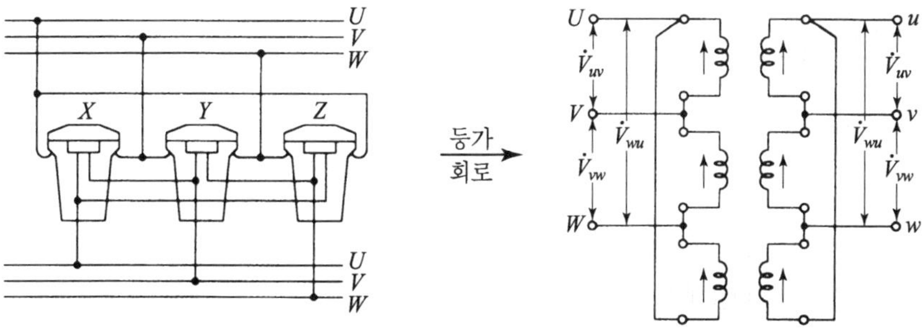

〈실무결선〉 〈회로도〉

3) Δ–Y 결선, Y–Δ 결선

① Δ–Y 결선

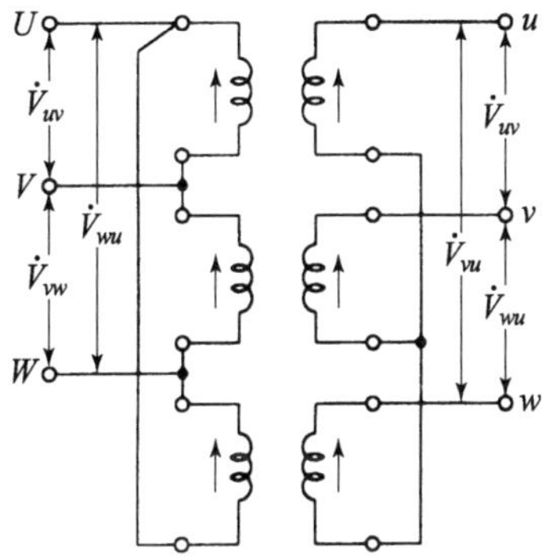

② Y–Δ 결선

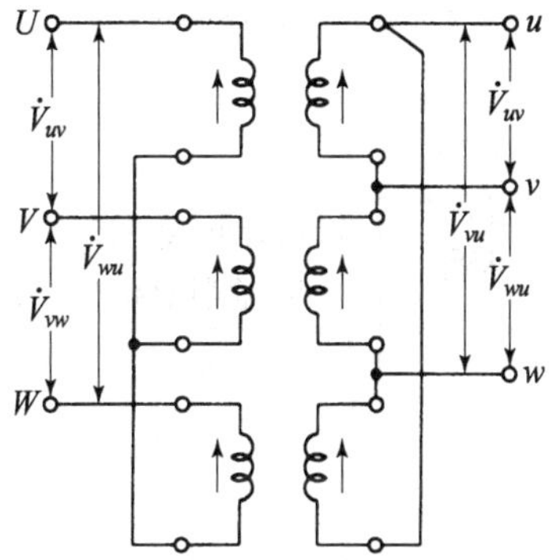

4) V–V 결선

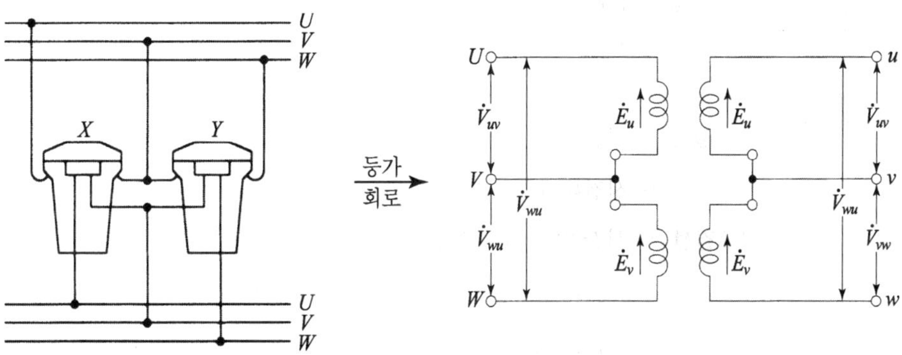

〈실무결선〉 〈회로도〉

5) 변압기 결선 장점 및 단점

결선 방법	장 점	단 점
〈단락결선〉 $\Delta-\Delta$ 60[kV] 이하의 배전용 변압기용	① 3고조파 전류가 Δ결선 내에 흘러 유기 기전력이 정현파를 유지한다. (변압기 외부에 3고조파 없어 통신 장애 없음) ② 한상 고장시 V-V 결선 운전 가능하다.(계속 V-V 결선으로 송전가능) ③ 상전류가 선전류의 $\frac{1}{\sqrt{3}}$ 배이므로 대전류에 적당하다. (변압기는 상이기준이다.)	① 중성점을 접지할 수 없으므로 지락사고 검출이 어렵다. ② 변압비가 다를 경우 큰 순환전류가 흐른다.(과전류) ③ 각상 권선의 임피던스가 다른 경우 3상 부하가 평형이라도 변압기의 부하전류는 불평형이 된다.
〈개방결선〉 Y-Y 특별한 경우만 사용	① 중성점 접지할 수 있으므로 지락사고시 검출이 용이하고(이상전압 감소), 단절연 방식을 채택할 수 있다. ② 상전압이 선간전압의 $\frac{1}{\sqrt{3}}$ 배이므로 고전압에 적합하다. ③ 변압비 및 각 권선 임피던스가 달라도 순환전류가 흐르지 않는다.	① 중성점 접지시 3고조파 전류가 흘러 유기 기전력이 일그러진다.(왜형파 유기) ② (중성점을 접지하면) 통신선에 유도장해가 생긴다.
V-V	① 장래 부하 증가가 용이하다. ② Δ-Δ 결선시 1대 고장시 사용할 수 있다.	① 이용률이 낮다.(86.6%) ② 출력이 작다.(57.7%) ③ 전압강하가 불평형이 된다.
Δ-Y (송전용) Y-Δ (수전용)	① 3고조파 전류가 Δ결선 내에 흘러 유기 기전력이 정현파가 된다. ② 중성점을 접지할 수 있으므로 지락사고 검출이 용이하다.	① 1상 고장시 송전(전원공급)이 불가능하다. ② 1차, 2차 전압에 30° 위상차가 있다.

포인트

① **Y결선**
- 선간전압 $V_l = \sqrt{3} \times$ 상전압 $V_p \angle +\frac{\pi}{6}$ 또는 $+30°$
- 선전류 I_l = 상전류 I_p

② **Δ결선**
- 선간전압 V_l = 상전압 $V_l = V_p$
- 선전류 $I_l = \sqrt{3} \times$ 상전류 $I_p \angle -\frac{\pi}{6}$ 또는 $-30°$

③ **권수비** $a = \frac{1\text{차 전압 } V_1}{2\text{차 전압 } V_2} = \frac{2\text{차 전류 } I_2}{1\text{차 전류 } I_1}$

(3) 변압기 병렬 운전 가능 여부

참고 [표기 방법] A 변압기 1차 : B 변압기 1차 ⇔ A 변압기 2차 : B 변압기 2차

병렬 운전 가능(짝수일 때 가능) 결선	병렬 운전 불가능(홀수일 때 불가능) 결선
YY : YY	YY : YΔ
ΔΔ : ΔΔ	ΔY : YY
YY : ΔΔ	ΔΔ : ΔY
YΔ : ΔY	YΔ : ΔΔ
ΔY : YΔ	불가능 이유 : 위상차 때문에 불가능하다.

10 특수 변압기

(1) 단권 변압기(1대)

① **정의** : 1차측 권선을 2차측(1차 권수 N_1 +2차 권수 N_2)에서 사용할 수 있는 변압기

② **용도** : 승압 및 강압용 변압기, 기동보상기, 단상 3선식 계통에서 저압 밸런서 및 중성점 직접접지계통에서 계통연계용으로 사용된다.

1) 승압용 변압기

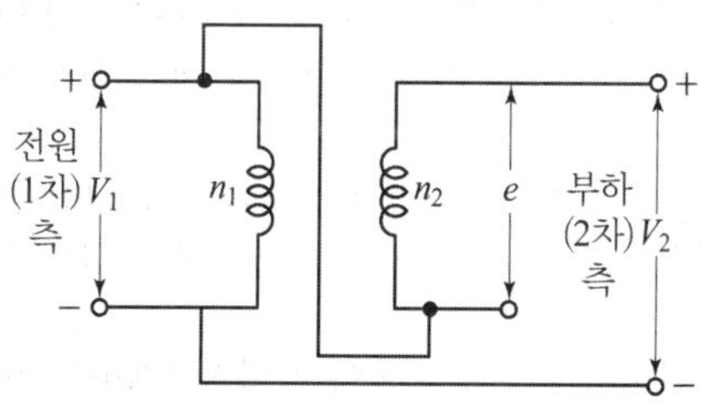

〈승압용〉

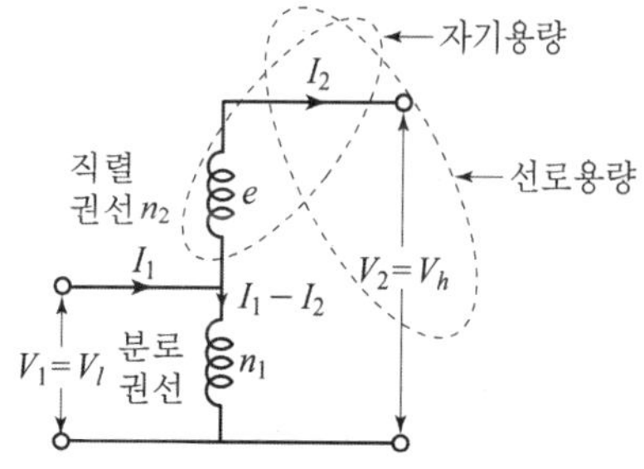

〈승압용〉

용어	자기용량=등가용량=단권 변압기 용량= $eI_2=(V_2-V_1)I_2$ 선로용량=부하용량=2차출력= V_2I_2
적용식	$\dfrac{\text{자기용량}}{\text{부하용량}}=\dfrac{(V_2-V_1)I_2}{V_2I_2}=\dfrac{V_2-V_1}{V_2}=\dfrac{V_h-V_L}{V_h}$

2) 강압용 변압기

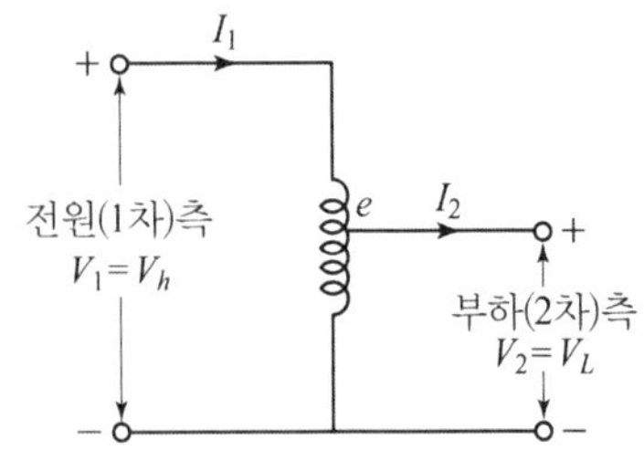

〈강압용〉

$$\frac{\text{자기용량}}{\text{부하용량}}=\frac{eI_1}{V_1 I_1}=\frac{V_1-V_2}{V_1}=\frac{V_h-V_L}{V_h}$$

$$\therefore\ \frac{V_2}{V_1}=\frac{n_1+n_2}{n_1}=1+\frac{1}{a}\ \rightarrow\ V_h=V_l\left(1+\frac{1}{a}\right)[\text{V}]$$

3) 단권 변압기의 장점 및 단점

장 점	단 점
① 효율이 우수하다.(분로권선에 1차와 2차 전류차가 흘러 동손이 작아 손실이 작다.)	① 단락전류가 크다.(임피던스가 작기 때문에 단락전류가 크므로 열적, 기계적 강도를 크게 함)
② 기기의 소형화 가능하다.	② 적절한 절연설계가 필요하다.(충격전압이 거의 직렬권선에 가해지므로)
③ 중량(철심량) 및 가격 감소한다.(권선 일부를 공통으로 사용 동선이 절약됨)	③ 중성점 역전현상 발생우려가 있다.(이상전압 내습시 중성점 전위 이상 상승)
④ 전압 변동률이 낮아 계통의 안정도 향상됨(분로권선은 누설자속이 없고, 리액턴스가 작기 때문에)	④ 사고파급확대 가능성이 있다.(한쪽 권선의 사고가 다른 쪽 권선에 파급되므로)
⑤ 소용량 변압기로 큰 부하에 사용가능하다.(부하용량이 변압기 고유용량보다 크기 때문에)	⑤ 1, 2차 계통이 직접접지계통이어야 하며 중성점 접지를 하지 않으면 피뢰기를 설치해야 한다.

(2) 단권 변압기 2대(V결선)인 경우

1) V결선 회로

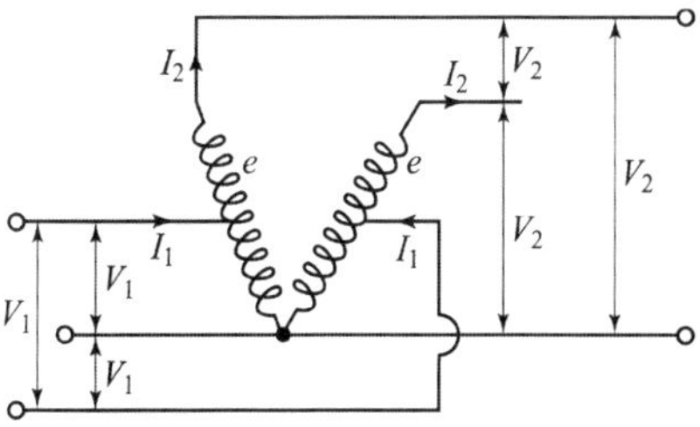

〈승압용〉

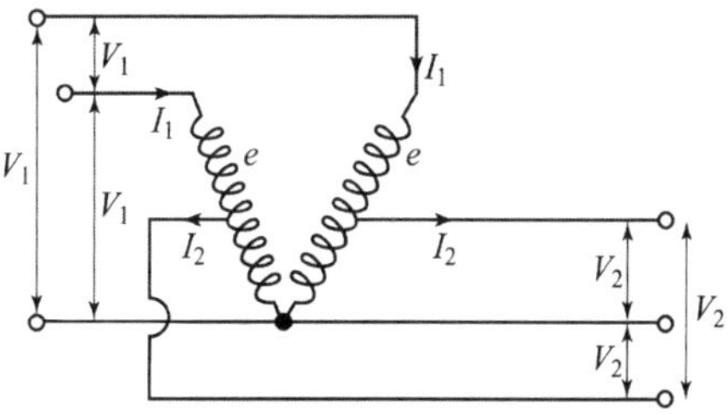

〈강압용〉

2) 유도식

$$\frac{\text{자기용량}}{\text{부하(선로)용량}} = \frac{2\text{대} \times e\,I_1}{\sqrt{3}\,V_2 I_2} = \frac{2(V_1 - V_2)}{\sqrt{3}\,V_1} = \frac{2(V_h - V_L)}{\sqrt{3}\,V_h}$$

3) 적용식

출제유형	단권 변압기 1대일 때 (승압, 강압용)	단권 변압기 2대일 때 (V결선, 승압, 강압용)	단권 변압기 3대일 때 (Y결선, 승압, 강압용)	단권 변압기 3대일 때 (Δ결선, 승압, 강압용)
$\frac{\text{자기용량}}{\text{부하용량}}$ 값	$=\frac{V_h - V_L}{V_h}$	$\frac{2}{\sqrt{3}}\frac{V_h - V_L}{V_h}$	$\frac{V_h - V_L}{V_h}$	$\frac{V_h^2 - V_L^2}{\sqrt{3}\,V_h V_L}$

과년도 ≫ 자기용량 20[kVA]의 단권 변압기를 사용하여 배전선 전압 6,000[V]를 6,600[V]로 승합할 때 역률 80[%]의 부하 몇 [kW]까지 걸 수 있는가?

풀이 [단권 변압기]

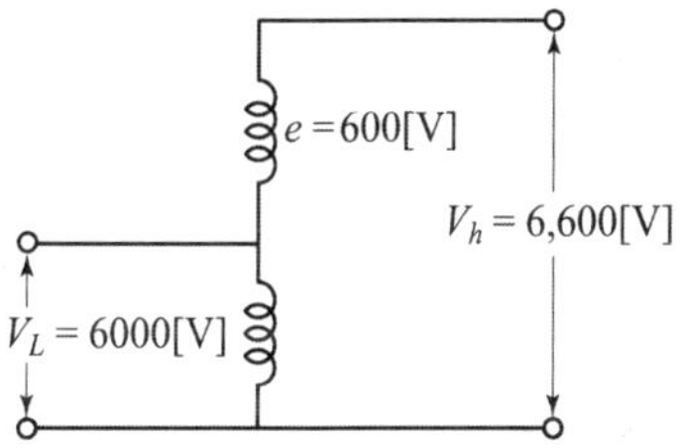

[포인트] 요구단위[kW] = 부하용량[kVA] × 역률

적용식	부하용량 계산식	계산	정답
$\frac{\text{자기용량}}{\text{부하용량}} = \frac{V_h - V_L}{V_h}$	$\frac{V_h}{V_h - V_L} \times \text{자기용량}$	$= \frac{6600}{6600 - 6000} \times 20 \times 0.8$	$= 176$[kW]

1) **전부하시 효율** $\eta = \dfrac{\text{변압기용량}[\mathrm{kVA}] \times \cos\theta}{\text{변압기용량}[\mathrm{kVA}] \times \cos\theta + P_i + P_c} \times 100[\%]$

① **최대 효율 조건**

고정손(무부하손) P_i = 가변손(부하손) P_c 일 때 변압기 효율이 최대이다.

② **최대 효율** η

$P_i = \eta^2 P_c$ 에서 최대 효율 $\eta = \sqrt{\dfrac{P_i}{P_c}}$ $= 70\ [\%]$ (주상 변압기일 때)

※ 〈주상변압기〉 동손 P_c와 철선 P_i비=2 : 1이고 최대 효율시비=1 : 1이다.

2) **부하** $\dfrac{1}{m}$ **감소시 효율** $\eta_{\frac{1}{m}} = \dfrac{\dfrac{1}{m} \times P}{\dfrac{1}{m} \times P + P_i + \left(\dfrac{1}{m}\right)^2 \times P_c} \times 100[\%]$

① **최대 효율 조건**

유형	최대효율조건	최대효율시 부하율	전손실 P_l	m
적용식	철손(P_i)=동손$\left[\left(\dfrac{1}{m}\right)^2 \times P_c\right]$	$\dfrac{1}{m} = \sqrt{\dfrac{P_i}{P_c}}$	$P_i + \left(\dfrac{1}{m}\right)^2 \times P_c$	전부하시 비율

② $\dfrac{1}{m}$ **부하시 최대효율** $\eta_{\max} = \dfrac{\dfrac{1}{m} \times \text{변압기용량}[\mathrm{kVA}] \times \cos\theta}{\dfrac{1}{m} \times [\mathrm{kVA}] \times \cos\theta + 2 \times P_i} \times 100[\%]$

3) T**시간**$[\mathrm{h}]$ **운전시 효율** $\eta_T = \dfrac{\text{출력 } P \times T(\text{운전시간})}{P \times T + 24P_i + P_c \times T} \times 100[\%]$

최대 효율 조건 : $24P_i = P_c \times T$

4) **전일(1일) 효율** η_{day}

① **정의** : 하루 중의 출력전력량과 입력 전력량의 비

② **식** : 전일효율 $\eta_{day} = \dfrac{P \times T \times \dfrac{1}{m}\text{부하}}{P \times T \times \dfrac{1}{m} + 24P_i + T \times \left(\dfrac{1}{m}\right)^2 \times P_c} \times 100\ [\%]$

③ **손실** $P_l = \underset{(\text{철손})}{\underline{24P_i}} + \underbrace{\text{전부하시간} \times P_c + \left(\frac{1}{m}\right)^2 \text{부하} \times P_c \times \text{운전시간 } T}_{\text{동손}}$

④ **전일효율을 좋게 하기 위한 조건**

철손(P_i)이 동손(P_c)보다 적게 운전해야 한다. 즉, $P_i < P_c$

과년도 ≫ [1] 전부하시 70[%] 최대효율을 철손과 동손비는?

풀이 $P_i = \eta^2 P_c$ 최대효율 조건 식에서

적용식	계산	정답
$\frac{P_i}{P_c} = \frac{\eta^2}{1}$	$= \frac{(0.7)^2}{1} = 0.49 = \frac{1}{2}$	철손(P_i) : 동손(P_c) → 1 : 2

과년도 ≫ [2] 전부하 6시간, 반부하 8시간, 철손 1[kW], 동손 1.25[kWh]일 때 일일 전손실 P_l 은?

풀이 손실 $P_l = 24P_i + P_c \times \text{전부하시간} + \left(\frac{1}{m}\right)^2 \text{부하} \times P_c \times \text{운전시간 } T$

$= 24 \times 1 + 1.25 \times 6\text{시간} + \left(\frac{1}{2}\right)^2 \text{반부하} \times 1.25 \times 8\text{시간}$

$= 34\,[\text{kW}]$

과년도 ≫ [3] 변압기의 전일효율을 최대로 하기 위한 조건은?

풀이 전부하 시간이 짧을수록 무부하손(철손)을 적게 한다.

(2) 변압기 손실 경감 대책

손실 감소 대책 종류	내 용
동손 감소 대책	① 동선의 권선수 저감시킴(권선수=길이 l 감소 → 동손 감소) ② 권선의 단면적 증가시킴(저항 $R = e\frac{l}{S\uparrow}$ → 동손 감소)
철손 감소 대책	① 자속밀도 감소시킴(자기저항 감소, 철심 단면적 증가) ② 저손실 철심재료 채용(히스테리시스손 저감, 누설자속 감소) ③ 고배향성 규소강판 사용(순도가 높은 규소강판 사용) ④ 아몰퍼스 변압기 채용(고효율 변압기 사용) ⑤ 철심구조의 변경(적철심보다 권철심 사용)

※ 아몰퍼스 금속 : 철+붕소+규소를 용융하여 제조 금속으로 규소강판에 비해 포화 자속밀도는 작지만 철손과 여자전류가 $\frac{1}{3} \sim \frac{1}{4}$로 작은 성질이 있다.

13 변압기의 무부하시험 및 단락시험

(1) 무부하시험(개방시험 open)

① **시험방법** : 변압기 2차측을 개방시키고 1차측에서 값을 측정

② **목적** : 무부하전류 I_o, 여자 임피던스 $Z_o(Y_o)$, 철손 P_i 값을 구할 수 있다.

구 분	철손 종류	철손 식	감소 대책	총 손실 비율
철손 P_i (철심을 자화시키는 소비에너지)	• 와전류손 P_e (철손 중 70% 차지) • 히스테리시스손 P_h	• $P_e = k(fB_mt)^2 = kE^2$ • $P_h = kfB_m^{1.6}t$	• 성층철심 사용 • 규소강판 사용	• 철손 30[%] • 동손 70[%]
용 어	손실계수 k / 주파수 f[Hz] / 최대자속밀도 B_m[Wb/m^2] / 철 두께 t			
변압기 철심	규소 4[%] 함량, 두께 0.35[mm] 강판을 성층철심 사용			
철심구비 조건	투자율과 저항률이 크고 히스테리시스손이 작은 규소강판 사용			

※ 변압기의 유기기전력 $E \propto fB_m$이므로 와류손은 E^2에 비례한다.

주의 와류손 P_e에서

전류 $I = \dfrac{V}{\omega L} = \dfrac{V}{2\pi f(\text{증가}\uparrow)\times L}(\text{감소}\downarrow) \propto$ 자속 $\phi(\text{감소}\downarrow) \propto B(\downarrow)$

즉, 주파수 f 증가($\uparrow$)시 동시에 자속밀도 B_m 감소($\downarrow$)하므로 와류손 P_e는 일정하다.

∴ 와류손 P_e는 주파수 f에 영향을 받지 않는다.

(2) 단락시험

① **시험방법** : 변압기 2차측을 단락시키고 1차측에서 값 측정

② **목적** : 동손(임피던스 와트), 변압기 임피던스값을 구할 수 있다.

구 분	적용 값			
주파수 f에 비례요소	전압변동률 ε 역률 $\cos\theta$	강하율 $\%Z$ 효율 η	리액턴스 강하율 q 회전자 속도 N	
주파수 f에 반비례요소	손실 P_l	여자전류 I_o	자속밀도 B	온도

(3) (권선)저항시험

변압기 권선의 단선유무 확인 및 권선의 동손, 온도 상승 계산한다.

과년도 » 변압기 등가회로 작성시 필요 시험

풀이 ① 무부하시험
② 단락시험
③ (권선)저항시험

14 변압기 기름(광유, 절연유) 구비 조건

① 절연저항 및 절연내력이 클 것(30kV/2.5mm)
② 점도가 낮고 냉각효과 클 것
③ 인화점이 높고(130℃ 이상) 응고점이 낮을 것(-30℃ 이하)
④ 비중이 적고 비열 및 열전도율이 클 것
⑤ 절연재료와 (금속에) 접해도 화학작용 일으키지 말 것
⑥ 절연재료와 석축물이 생기거나 산화하지 않을 것

(1) 콘서베이터(conservation)

① **사용 목적** : 변압기 기름의 열화(기름의 능력이 떨어지는 것) 방지
② **열화 영향** → 아크 방전에 의해서 생기는 가스 : 수소 H
㉠ 절연내력 저하
㉡ 냉각효과 감소
㉢ 침식작용
③ **변압기 열화의 원인**

열화의 원인	내용
㉠ 열	변압기 전기 투입→열 발생→기름의 성능 저하(산화, 열분해)
㉡ 흡수(흡습)	• 절연유→대기중 수분 흡수→절연내력(성능) 저하 • 고체 절연물→대기중 수분 흡수→기계적 강도 저하
㉢ 부분방전	절연물(체)의 부분방전 발생→절연물의 탄화→절연내력 저하 및 기계적 강도 저하
㉣ 기계적 응력	변압기 부하(2차)측 단락사고시 전자 기계력 충격으로 고체 절연물(구조물)이 기계적으로 파괴된다.

④ 열화 정도 파악 방법

방법 종류	내 용
절연저항 측정	절연물에 직류인가 → 변위전류, 흡수전류, 누설전류 → 저항측정
유전 정접시험	유전체에 교류인가 → 손실 발생 → 전전류 I가 충전전류 I_c보다 δ(손실각)만큼 뒤진 $\tan\delta$값 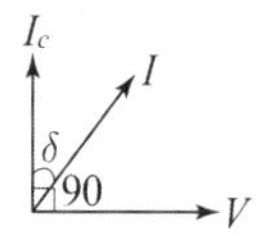
유중가스 분석시험	변압기 국부과열·방전시 변압기유 중의 용해가스 분석
변압기유 절연내력 시험	절연유에 수분 포함시 절연내력 저하되므로 상용주파수 교류전압상승 인가시 절연파괴 전압측정 시험

⑤ 변압기 기름의 열화 방지법

열화 방지법 종류	내 용
㉠ 개방형 콘서베이터 설치	통풍에 의한 습기 제거
㉡ 밀봉 방식(진공법)	변압기를 탱크에 밀봉하고 절연물 속의 습기를 제거시킴
㉢ 흡습제 방식	습기를 흡수하는 흡습제 사용 및 흡습제 교환
㉣ 열풍법	송풍기와 전열기로 열풍을 보내 습기를 제거시킴
㉤ 단락법	변압기 1차 또는 2차 권선 단락시킴 → 단락전류 흐름 → 구리손 발생 → 가열 건조 → 습기 제거
㉥ 콘서베이터	유면위에 질소봉입하여 공기와 접촉을 차단하는 장치
㉦ 브리더(호흡 흡습기)	공기중에 습기를 차단하는 장치(실리카겔로 흡수시킴)

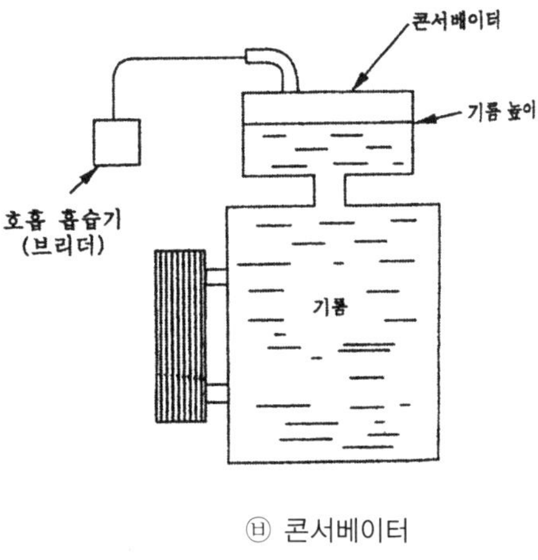

㉥ 콘서베이터

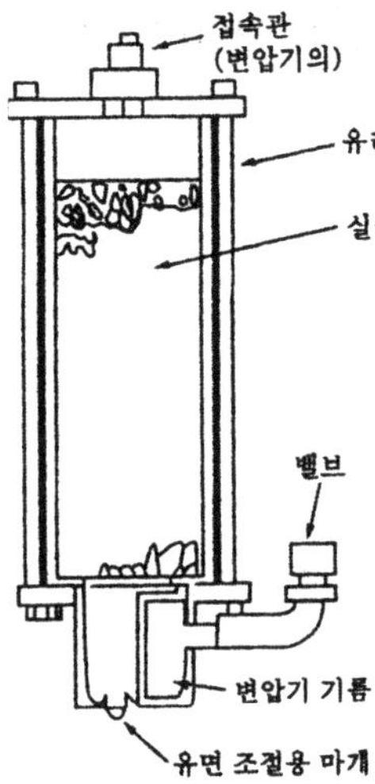

㉦ 브리더

⑥ **변압기 건조법**

변압기 건조법		변압기 절연내력시험
변압기 권선과 철심 사이의 습기 제거	• 진공법 • 열풍법 • 단락법	• 가압시험 : 코일과 대지 사이 • 유도시험 : 1차와 2차 권선 사이 • 충격시험 : 코일에 뇌전압 인가시

(2) 변압기 보호 계전기

1) 전기적 보호방식

① **비율 차동 계전기(DFR)** : 단락이나 접지(지락)사고시 전류의 변화로 동작

② **전류 차동 계전기** : 과전류 계전기 OCR을 설치하여 보호

2) 기계적 보호방식

① **부흐홀츠 계전기(BHR)** : 변압기 내부 고장시 동작으로 차단기 개로시킴

- 위치 : 주탱크와 콘서베이터(변압기 상부에 설치된 원통형의 기름통)와의 연결관 중간에 설치
- 원리 : 가스(기포)나 기름의 흐름을 감지하여 동작시킴

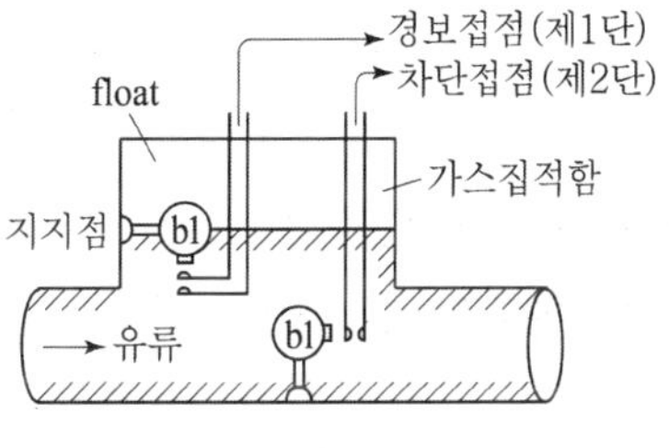

② **충격 압력 계전기** : 변압기 내부사고시 발생가스 이용

③ **온도 계전기** : 온도 상승 검출 이상시 경보

④ **유면계** : 유면 저하시 경보

(3) 3상을 → 2상으로 변성법

① **스코트(Scott) 결선(T결선)법**

권수비 $a = \frac{\sqrt{3}}{2} \times \frac{E_1}{E_2}$(변압기 권수비)

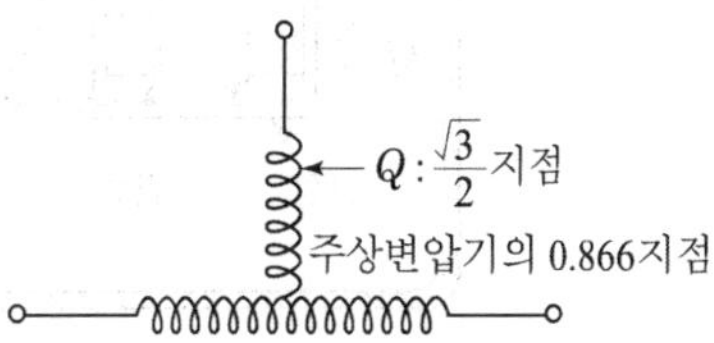

참고
- **용도**
  ㉠ 특별고압 또는 고압 수전시 단상부하 평형 유지가 곤란한 경우
  ㉡ 전기 철도에서 전동차의 전원 공급하기 위해 사용

② **우드브리지(Woodbridge) 결선법**

③ **메이어(Meyer) 결선법**

(4) 3상을 → 6상으로 변성법

① 환상 결선(ring)

② 2중 3각 결선(double star)

③ 포크 결선(Fork)

(5) 변압기 온도 시험법

종 류	내 용
① 반환부하법	실제 부하를 가하지 않고 그 손실(철손과 구리손)에 해당하는 전기력을 전원에 가하는 시험으로 가장 좋은 방법
② 등가부하법	변압기의 권선 하나를 단락하고 등가 전류를 흘려서 시험(단락시험법)
③ 실부하법	전부하를 걸어서 시험 소용량 변압기에 적용(물저항기, 금속저항기 사용)

변압기 내부에서 발생하는 무부하손과 부하손은 열로 되고 그의 일부만 공기 중으로 방산하므로, 변압기 내부의 철심이나 권선 또는 절연물의 온도를 상승시킨다.

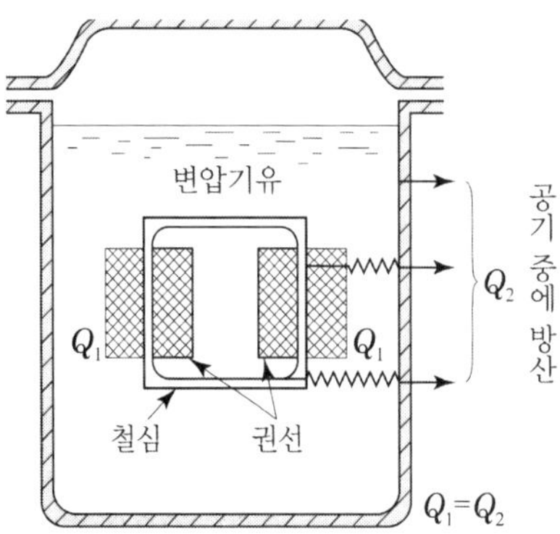

〈온도의 발생〉

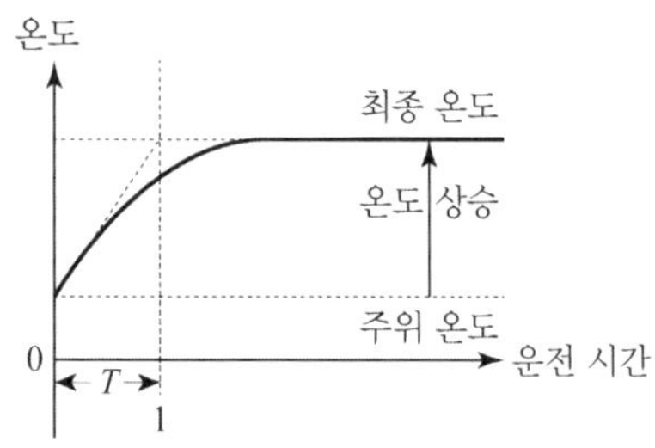

〈온도 상승 곡선〉

변압기를 오랜 시간 동안 높은 온도로 사용하면 변압기 내의 절연물이 열화되어 절연 내력이 약화되고 수명이 단축되어 사용하기 어렵게 된다. 따라서, 변압기는 적절한 냉각방법으로 냉각시켜 줄 필요가 있다.

(6) 변압기 냉각 방식

냉각 방식 종류	내　　용
① 건식 자냉식(AN)	공기에 의한 자연냉각방식(소용량 변압기용)
② 건식 풍냉식(AF)	송풍기를 이용 강제냉각방식(22kV 변압기용)
③ 유입 자냉식(ONAN, OA)	공기의 대류 및 방사에 의해 냉각시키는 방식(소형~대형)
④ 유입 수냉식(ONWF, OW)	냉각수를 이용해서 기름열을 냉각시키는 방식
⑤ 유입 풍냉식(ONAF, FA)	방열기에 의해 강제 통풍시켜 냉각시키는 방식(대형변압기)
⑥ 유입 수냉식(OFWF, FOW)	냉각기에서 물로 냉각시키는 방식
⑦ 송유 풍냉식(OFAF, FOA)	강제 통풍에 의해 냉각시키는 방식(30,000kV 이상 대형)

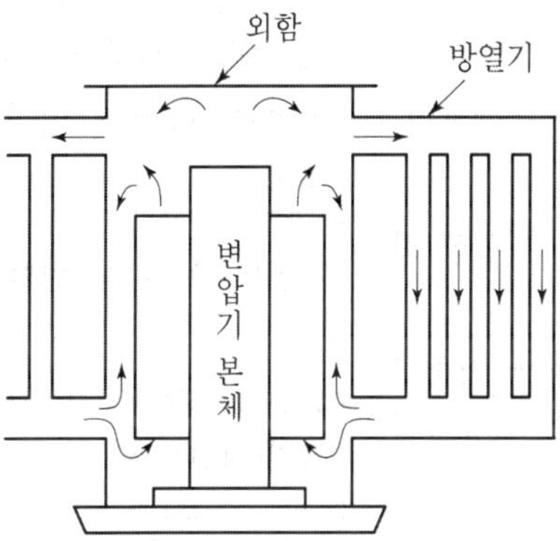

〈유입 자냉식〉

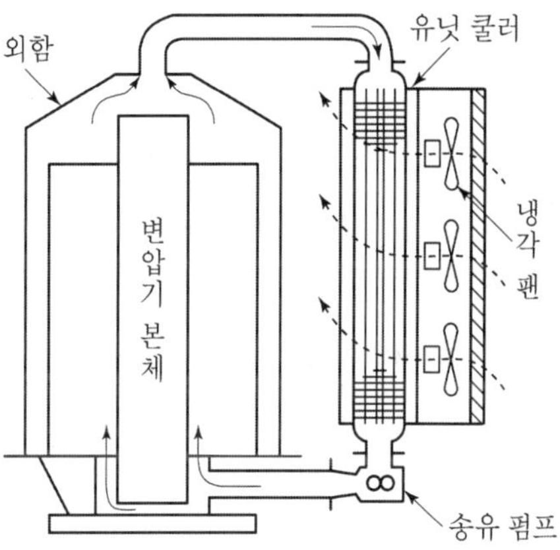

〈송유 풍냉식〉

경부하시	중(과)부하시 : 송유 풍냉식	명판 표기
유입 자냉식으로 운전	자동(수동)으로 송풍기를 가동시켜 운전하며 유입 자냉식에 비해 용량은 20~30[%] 증가됨	OA/FA

제3장

동기기(synchronous machine)

구분(용어)	내용 및 정의	용도 및 사용목적
동기기	동기속도(전기자 발생주파수가 계자극수와 회전속도의 일정비)로 운전하는 기기(위상이 일정하다.)	동기 발전기 동기 전동기
비동기기	동기속도로 회전하지 않는 기기(위상이 다르다.)	유도기, 교류 정류자기
동기 발전기	기계에너지를 단상 및 3상 전기에너지를 발생시키는 회전기(교류 발전기는 동기 발전기를 의미한다.)	수차 또는 증기 터빈 발전기(우리나라 발전소에 설치된 3상 교류 발생 발전기)
동기 전동기	동기 발전기와 동일구조로 전기에너지를 기계에너지(동력)로 변환시키는 회전기	전력계통의 조상기 큰 출력이 요구되는 부하
동기 조상기	무부하로 운전되는 동기 전동기로서 전력계통의 모선에 접속 여자(전류)의 크기를 조정	전력계통의 역률 및 전압을 조정
동기 주파수 변환기	동기 발전기 및 동기 전동기의 원리를 조합한 회전기기장치	계통의 주파수를 변환 공급
동기 변류기(회전 변류기)	직류 발전기와 동기 전동기를 동일축에 접속시킨 것과 같은 원리로 교류입력은 슬립링이 직류출력은 정류자 및 브러시가 발생시키는 회전기	교류를 직류로 변환시키는 기기(대전류용)
고주파 발전기(동기 발전기)	전원(고조파 유도가열용)이 되는 상용주파수보다 높은 주파수(1~20[kHz])인 전력을 발생하는 극수가 많은 동기발전기	• 항공기, 선박 등의 무선기 전원 • 전기로용 발전기

1 정 의

정상 운전 상태에서 동기속도(회전자기장의 회전속도)로 회전하는 교류 전기 기계로서 비교적 낮은 회전수로서 큰 출력이 요구되는 부하에 사용된다.

② 종 류

① 동기 발전기
② 동기 전동기(정속도 전동기)

1 동기 발전기(수차 또는 증기 터빈 발전기)

- 동기 발전기의 종류

종류	회전 전기자형	회전 계자형	유도자형
구조	전기자를 회전시킴	계자를 회전시킴	전기자, 계자 모두 고정(유도자를 회전시켜 유기기전력 발생)
용도	소형기기용	중·대형기기용	고주파 발전기용

회전계자형(3상 동기 발전기 : 전력계통에 사용) 사용 이유
① 전기자 권선은 고압이며 결선이 복잡·대용량시 대전류 필요, 3상에서는 4개 도선 인출해야 한다.
② 고압 전기자보다 계자회로는 직류의 저압회로로 소요동력이 작다.(인출도선 2개로 간단하다.)
③ 철 분포가 계자가 커 회전시 기계적으로 튼튼하고 만드는 데 용이하다.
④ 고장시의 과도 안정도를 높이기 위하여 회전자의 관성을 크게 하기 쉽다.
⑤ 고압인 전기자가 고정이므로 절연이 용이하다.
⑥ 전기자 단자에 발생한 고전압을 슬립링 없이 간단하게 외부회로에 인가할 수 있다.
⑦ 회전자에 전기인출선 사용시 전선이 굵어지고 용량의 한계 발생

① 원리

직류 여자전류를 흘려서 전자석을 만들어 자석(2극)을 회전시켜서 계자자속이 전기자 고정자 권선에 부딪혀(끊겨) 기전력(전압)이 발생한다.

(1) 구조

- **동기발전기 극수** : ① 터빈 발전기는 2극 사용
  ② 수차 발전기는 용량과 낙차에 따라 6극, 32극, 48극 사용
- **여자기** : 동기 발전기의 계자권선에 여자전류를 공급하는 직류전원 공급장치
- **원동기** : 발전기 회전자를 구동시키는 장치(디젤엔진, 가스엔진, 가스터빈…)로서 동기 발전기의 회전수 결정 및 기계적인 출력 kW 발생시킴

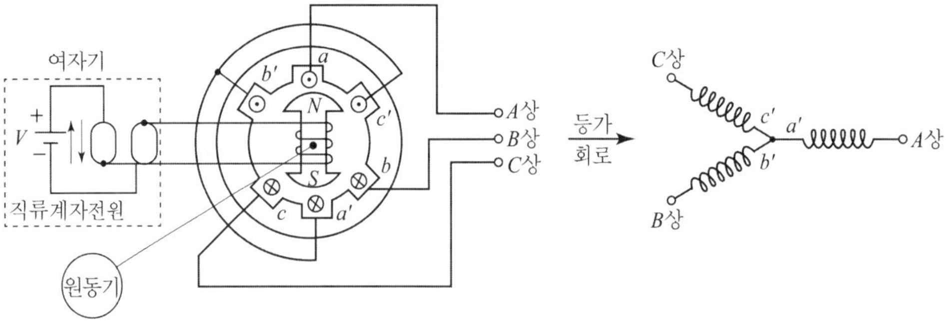

(2) 기전력(전압) 파형

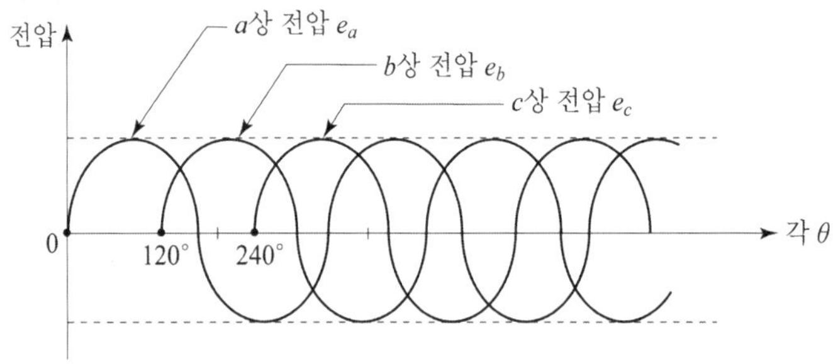

2 동기속도 N_s (회전자 속도)

(1) 정의

회전자계의 극수 P와 교류전원의 주파수 f로 정해지는 회전자계의 속도

(2) 동기속도 공식

$$N_s = \frac{120f}{P}$$

3 전기자 권선법 : 권선계수($k < 1$)

- **정의** : 극피치보다 간격을 줄이면서 코일을 나누어서 슬롯(slot)에 넣을 때 효과
  - 극피치보다 간격을 줄이면서: 단절권 k_p 적용
  - 코일을 나누어서 슬롯(slot)에 넣을 때: 분포권 k_d 적용

효과	권선계수 k 적용 공식	
기전력의 파형 개선	$k=$ 단절권 $k_p\times$ 분포권 $k_d=\sin\dfrac{n\beta\pi}{2}\times\dfrac{\sin\dfrac{n\pi}{2m}}{q\sin\dfrac{n\pi}{2qm}}$	
용어	코일 피치 $\beta=\dfrac{\text{권선피치}}{\text{극피치}}=\dfrac{\text{권선피치}}{\dfrac{\text{전슬롯수 } S}{\text{극수 } P}}<1$	매극매상의 슬롯수 $q=\dfrac{\text{슬롯수 } S}{\text{극수 } P\times\text{상수 } m}$

(1) 단절권 계수 k_p

1) 정의 : 극피치보다 간격을 줄여서 슬롯에 넣을 때 효과

$$\text{단절권 계수 } k_p=\frac{\text{단절권 유기기전력 } e''(\text{극피치}>\text{권선피치인 경우})}{\text{전절권 유기기전력 } e'(\text{극피치}=\text{권선피치인 경우})}$$

$$=\sin\frac{n\beta\pi}{2},\ \text{단) } n\text{은 고조파 차수}$$

2) 이해 그림 및 유도식

전기자권선 그림	유기기전력 벡터도
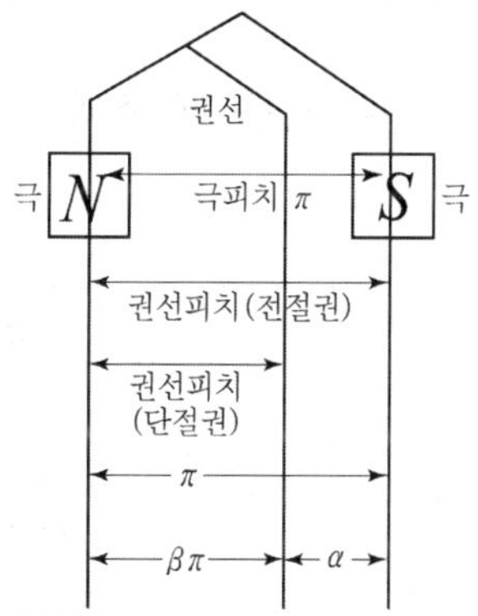	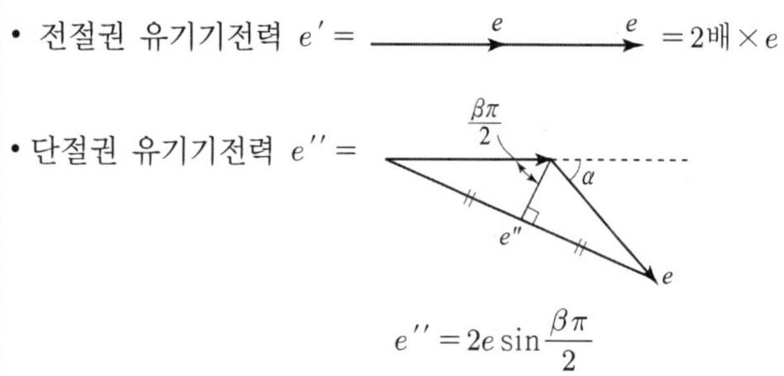

$$\therefore\ \text{단절권 계수 } k_p=\frac{e''}{e'}=\frac{2e\sin\dfrac{\beta\pi}{2}}{2e}=\sin\frac{\beta\pi}{2}$$

- 코일피치 $\beta=\dfrac{\text{권선피치}}{\text{극피치}}=\dfrac{\text{권선피치}}{\dfrac{\text{전슬롯수 } S}{\text{극수 } P}}<1$

3) 단절권시 공식 및 장점

단절권 계수 k_p 공식	단절권의 이점
$k_p = \sin\frac{n\beta\pi}{2}$	① 파형 개선(고조파 $n=3, 5, 7\cdots$ 제거) ② 동량(구리량)이 적게 든다. ③ 기계적으로 축소됨(코일 끝부분이 단축되기 때문에)

과년도 ≫ 전슬롯수 54, 극수 6, 3ϕ 동기발전기, 코일피치 제1슬롯 ~ 8슬롯 기본파 단절권 계수 k_p는?

풀이 단절권 계수 k_p 계산

코일피치 대입값	단절권 계수 k_p식	계산	정답
$\beta = \dfrac{\text{권선피치}}{\dfrac{\text{전슬롯수}}{\text{극수}}} = \dfrac{8-1}{\dfrac{54}{6}} = \dfrac{7}{9}$	$k_p = \sin\frac{\beta\pi}{2}$	$= \sin\dfrac{\frac{7}{9}\pi}{2}$ $= \sin\dfrac{7\pi}{18}$	$= 0.9397$

(2) 분포권 계수 $k_d < 1$

1) 정의 : 코일을 한 슬롯에 집중해서 넣지 않고 나누어 넣을 때 효과

2) 공식 및 용어

표기	정의식	공식
분포권 계수 k_d	$=\dfrac{\text{분포권의 유기기전력(매극매상의 슬롯 2개 이상에 나누어서 넣음)}}{\text{집중권의 유기기전력(매극매상의 슬롯 1개에 집중해서 넣음)}}$	$=\dfrac{\sin\frac{n\pi}{2m}}{q\sin\frac{n\pi}{2qm}}$
용어	매극매상의 슬롯수 $q = \dfrac{\text{슬롯수 } s}{\text{극수 } P \times \text{상수 } m}$ (계자가 회전하면서 전기자에 그때그때 마주치는 전기자의 슬롯수)	

3) 유도식

① 집중권인 경우

전기자권선 그림

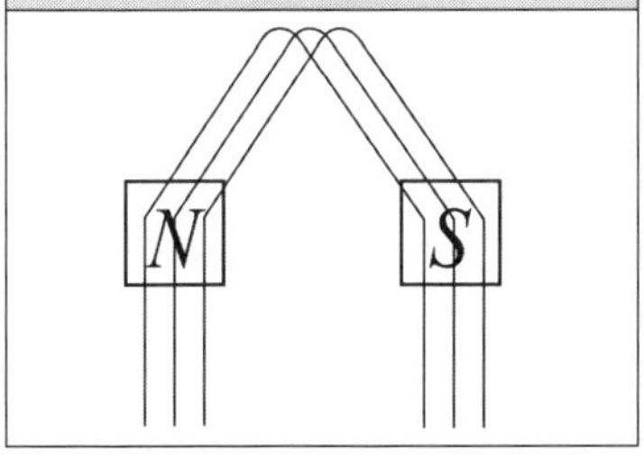

→

유기기전력 벡터도

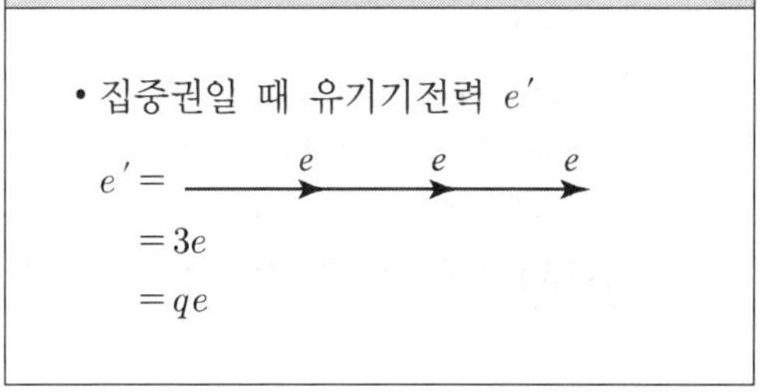

② 분포권인 경우

전기자권선 그림

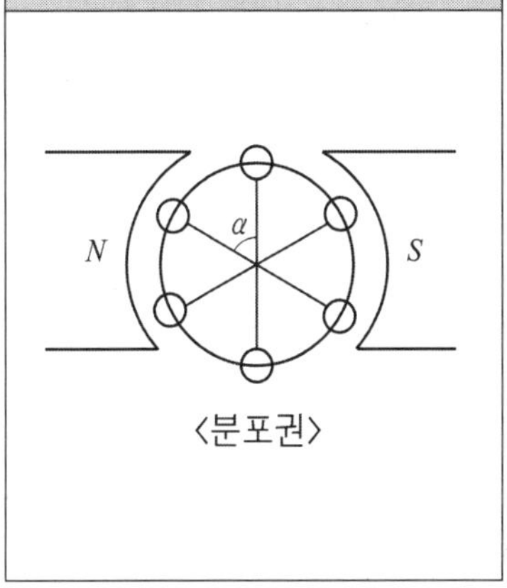

→

분포권일 때 유기기전력 벡터도

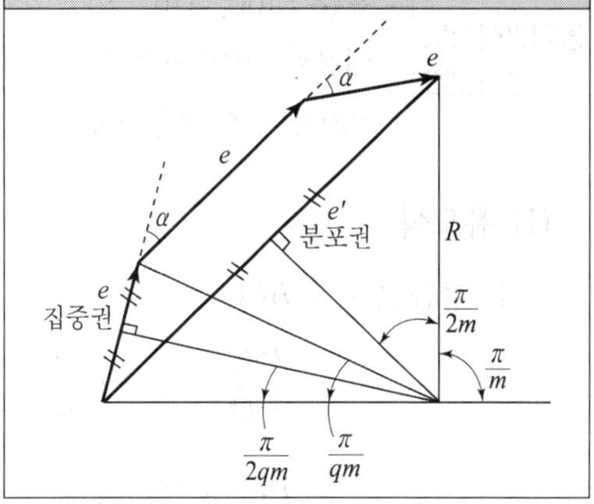

• 분포권일 때 유기 기전력 $e' = 2R\sin\dfrac{\pi}{2m}$ [V]

• 집중권일 때 유기 기전력 $e = 2R\sin\dfrac{\pi}{2qm}$ [V]

$$\therefore \text{ 분포권계수 } k_d = \frac{\text{분포권시 유기기전력 } e'}{q\times\text{집중권시 유기기전력 } e}$$

$$= \frac{2R\sin\dfrac{n\pi}{2m}}{q2R\sin\dfrac{n\pi}{2qm}} = \frac{\sin\dfrac{n\pi}{2m}}{q\sin\dfrac{n\pi}{2qm}} \quad \left(\text{단, } q = \frac{S}{P\times m}\right)$$

4) 분포권 및 단절권의 장점

분포권 이점	단절권의 이점
① 기전력 파형 개선(고조파를 감소시키기 때문에) ② 권선 과열 방지(코일 배치 균일하기 때문에) ③ 권선의 누설 리액턴스 감소 ④ 분포계수만큼 합성 유도 기전력 감소 **[단점]** 집중권에 비해서 기전력이 작다.	① 기전력 파형 개선(고조파 $n=3, 5, 7\cdots$ 제거) ② 동량(구리량)이 적게 든다. ③ 기계적으로 축소됨 (코일 끝부분이 단축되기 때문에) ④ 단절계수만큼 합성 유도 기전력 감소

4 유기 기전력 E[V]

동기발전기의 정격전압
- 표준 : 100, 110, 200, 220, 440, 3300, 6600, 11000[V]
- 대용량 터빈 발전기 : 13200, 15400, 16500, 18000, 22000, 24000[V]
- 3300[V] 이하는 A종 절연, 6600[V] 이상은 B종 절연 적용

(1) 유도식

① 평균값 $e = Bl\,V$

$$= \frac{P\phi_m}{\pi Dl} \times l \times \pi D \frac{N_s}{60}$$

$$= P\phi_m \times \frac{2f}{P} = 2f\,\phi_m \quad \left(\text{단, } \frac{N_s}{60} = \frac{2f}{P} \text{ 대입}\right)$$

② 실효값 $E =$ 파형률$(1.11) \times$ 평균값 $e \times 1$권선(2도체 적용)

$$= 1.11 \times 2f\,\phi_m \times 2\text{도체}$$

$$= 4.44 f\,\phi_m\,\omega k \text{ [V]}$$

(2) 공식 및 적용방법

유기 기전력 식	유기기전력 $E = 4.44\,f\,\phi_m\,\omega\,k$[V] • 유기기전력 E → $\dfrac{\text{선간전압 } V_l}{\sqrt{3}}$ • 주파수 f → $\dfrac{N_s P}{120}$ • 최대자속 ϕ_m → $B \times A$ • 권수 ω → 단상 : 전 슬롯수 $S \times$ 한 슬롯 내의 권수$\left(\text{또는 } \dfrac{\text{도체수}}{2}\right)$ 　　　→ 3상 : $\dfrac{\text{전 슬롯수 } S \times \text{한 슬롯 내의 권수}\left(\text{또는 } \dfrac{\text{도체수}}{2}\right)}{3}$
용어	유기 기전력 $E =$ 상전압 $V_p = \dfrac{\text{선간전압 } V_l}{\sqrt{3}}$
권선 계수 식	권선계수 $k =$ 단절권계수 $k_p \times$ 분포권계수 $k_d < 1$ = 주어지지 않으면 1 대입할 것 • 단절권계수 k_p → $\sin\dfrac{n\beta\pi}{2}$ • 분포권계수 k_d → $\dfrac{\sin\dfrac{n\pi}{2m}}{q\sin\dfrac{n\pi}{2qm}}$
용어	코일피치 $\beta = \dfrac{\text{권선피치}}{\dfrac{S}{P}}$, 매극매상의 슬롯수 $q = \dfrac{\text{슬롯수 } S}{\text{극수 } P \times \text{상수 } m}$

과년도 » 20극, 360[rpm]인 3ϕ 동기 발전기가 있다. 전 슬롯수 180, 2층권 각 코일의 권수 4, 전기자 권선 성형으로 단자전압 6600[V]인 경우 1극의 자속은 얼마인가? (단, 권선계수 0.9)

풀이 유기 기전력 $E = \dfrac{V_l}{\sqrt{3}} = \dfrac{6600}{\sqrt{3}}$, 주파수 $f = \dfrac{N_s P}{120} = \dfrac{360 \times 20}{120} = 60$ [Hz]

권수 $W = \dfrac{\text{전 슬롯수 } S \times \text{한 슬롯 내 권선수}}{3} = \dfrac{180 \times 4}{3} = 240$,

권선계수 $k = 0.9$

유기기전력 $E = 4.44 f\,\phi_m\,\omega\,k$ 식에서

구분	적용식	계산	정답
내용	자속 $\phi_m = \dfrac{E}{4.44 f \omega k}$	$= \dfrac{6600/\sqrt{3}}{4.44 \times 60 \times 240 \times 0.9}$	$= 0.0662$ [Wb]

3상 동기 발전기의 전기자 권선을 Δ결선보다 Y결선 채택 이유	① 절연상태 양호(전압 $\frac{1}{\sqrt{3}}$배 감소↓하므로) ② 권선의 보호 및 이상전압 방지(중성점 접지 때문에) ③ 고조파 순환전류 흐르지 않음(Y결선이기 때문에) ④ 권선의 코로나손과 열화손 감소(전압 $\frac{1}{\sqrt{3}}$배 감소하므로)

5 전기자 반작용

(1) 발생 원리

아래 그림과 같이 3상 회전 계자형 동기 발전기에 평형 3상 부하 Z를 접속하고 회전자를 동기속도 N_s[rpm]로 회전시키면 전기자 권선이 되고 있는 고정자로부터 부하에 전류 i_u, i_v, i_w가 흐르게 된다.

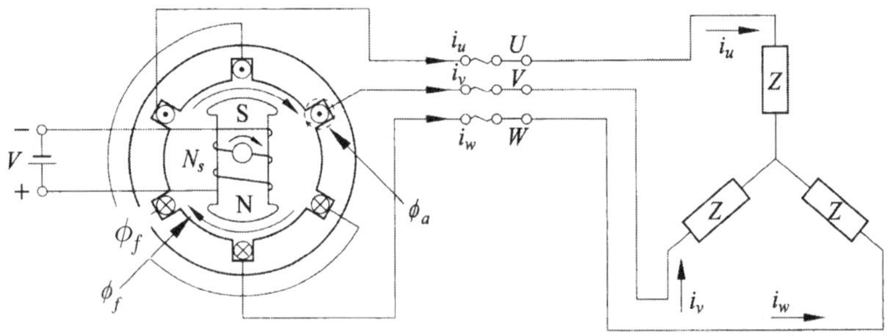

부하전류에 따라 변하는 유도 기전력 E와 전류 I의 위상차에 의해서 전기자 쪽 자속 ϕ_a는 회전자 계자 쪽 자속(ϕ_f)에 일정한 크기의 영향을 주게 되므로, 출력되는 유도 기전력을 변화시키게 된다. 이와 같은 현상을 전기자 반작용(armature reaction)이라 하고, 교차 자화작용, 감자작용, 증자작용으로 분류된다.

(2) 정의

전기자 회전자속이 계자자속에 영향을 미치는 현상(부하 종별에 따라 정해짐). 즉, 발전기 전기자권선에 흐르는 부하($R/L/C$) 전류로 인해 전기자 회전자자속이 주(계자)자속에 영향을 미쳐 내부 유도 기전력을 변화시켜 발전기 단자전압에 영향을 미치는 현상을 말한다.(단자전압과 부하 종별에 의한 전기자 전류 위상차에 의한 작용)

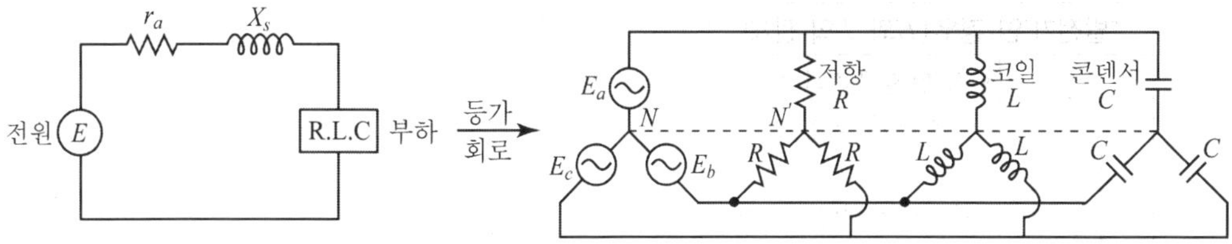

• 유도기전력 E(전기자) = V_x(전기자코일 jX_a) + V(단자)

• 동기 발전기 1상분 동기 임피던스 Z_s = 전기자 저항 $r_a + j$동기 리액턴스 X_s

$= r_a + j$(전기자 반작용을 일으키는 리액턴스 x_a + 전기자, 계자 누설 리액턴스 x_l)

→ 주자속 통로를 지나는 자속 → 전기자권선에만 쇄교하는 자속

(3) 발전기 및 전동기의 부하 종별에 따른 전기자 반작용

1) 교차 자화 작용(유효분 $I\cos\theta$)

① **발생 원인** : 유도기전력과 전기자전류가 동상인 경우(R부하)

② **영향** : 합성기자력에 의한 증자작용으로 단자전압 상승

2) 감자작용(무효분 $I\sin\theta$) 및 증자작용(무효분 $I\sin\theta$)

구분	감자작용	증자작용
발생원인	전기자전류가 유도기전력보다 $\frac{\pi}{2}(90°)$ 뒤지는 경우	전기자전류가 유도기전력보다 $\frac{\pi}{2}(90°)$ 앞서는 경우
영향	합성기전력이 감소하여 유도기전력 감소시켜 단자전압 저하됨	합성기전력이 증가하여 유도기전력 증가시켜 단자전압 상승됨

3) 정리

"발전기"인 경우(E와 I의 관계)		부하종별	"전동기"인 경우(V와 I의 관계)	
	• 교차자화작용 ∥ • 횡축 반작용 ∥ • $I\cos\theta$(동상성분)	저항 R 부하(동위상) 허수부=0 $\theta=0$ $\cos\theta=1$ 전기자 전류 $i_a=\frac{V}{R}\angle 0$	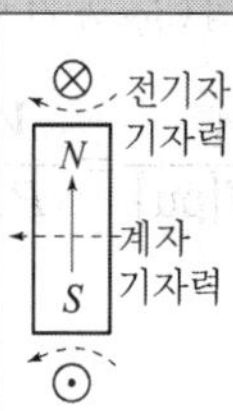	• 교차자화작용 ∥ • 횡축 반작용 ∥ • $I\cos\theta$

"발전기"인 경우(E와 I의 관계)		부하종별	"전동기"인 경우(V와 I의 관계)	
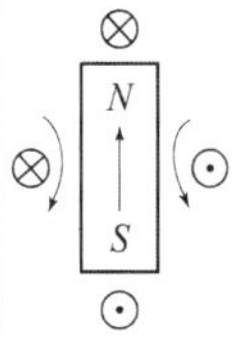	• 직축(자극축과 일치) 반작용에 의한 감자작용(↓감소) 즉, 단자전압↓감소 ‖ • $I\sin\theta$(직각성분)	코일 L(지상) 부하 $\cos 90 = 0$ $\omega L \angle +90°$ $i_a = \dfrac{V}{\omega L} \angle -90°$	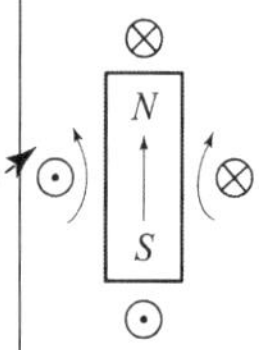	• 직축(자극축과 일치) 반작용에 의한 증자작용(↑증가)
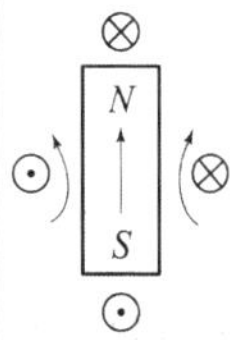	• 직축(자극축과 일치) 반작용에 의한 증자작용(↑증가) 즉, 단자전압↑증가 ‖ • $I\sin\theta$(직각성분)	콘덴서 C(진상) 부하 $\cos(-90) = 0$ $\dfrac{1}{\omega C} \angle -90°$ $i_a = j\omega CV$ $= \omega CV \angle +90°$	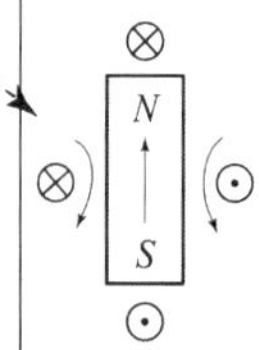	• 직축(자극축과 일치) 반작용에 의한 감자작용(↓감소)

6 단락비 k

필요한 시험	구할 수 있는 값	구할 수 없는 값
① 무부하시험(개방시험) ② 단락시험(short)	철손(고정손) 동손, 동기 임피던스 Z_s	전기자반작용

(1) 단락비 k

1) 정의

발전기가 자기여자현상 없이 안전하게 선로를 충전할 수 있는가를 나타내는 정수(기계의 특성을 나타내는 표준)

2) 공식

$$K = \frac{\text{무부하시험(}3\phi\text{ 동기 발전기를 무부하하고 정격전압이 될 때까지 필요한 계자전류) } I_f'}{\text{단락시험(}3\phi\text{ 동기 발전기를 단락하고 정격전류가 될 때까지 필요한 계자전류) } I_f}$$

$$= \frac{I_s}{I_n} = \frac{1}{\%Z[\text{pu}]} = \frac{V_l^2}{P Z_s} \quad \left(\text{단락전류 } I_s = \frac{V_p}{Z_s} = \frac{V_l}{\sqrt{3} Z_s}\right)$$

3) 용어

단락전류 I_s, 정격전류 I_n, 발전기 출력 P, 동기 임피던스 Z_s, 퍼센트 동기

$$\text{임피던스 PU값} = \%Z[\text{PU}] = \frac{\%\text{Z값}}{100}$$

(2) 단락곡선

3상발전기의 모든 단자를 단락시키고 정격속도 운전시 계자전류와 단락전류의 관계곡선

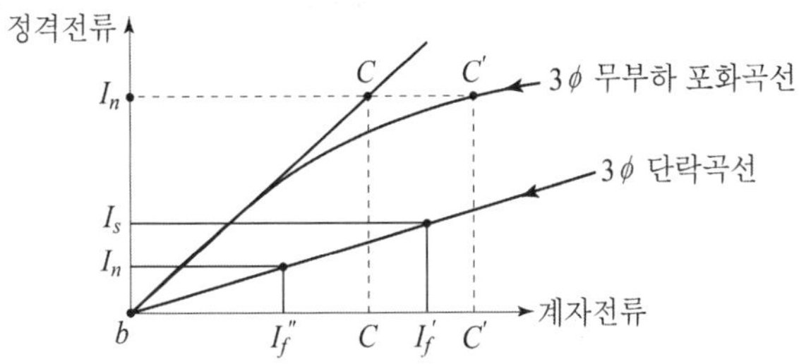

① 포화율	② 단락곡선이 직선인 이유
$\frac{cc'}{bc}$	"전기자 반작용" 때문에 → 단락전류는 지상인 전류(감자작용↓) 때문에 철심의 자기포화가 없어 단락곡선이 직선이 된다.

과년도 ≫ 4,500[kVA], 정격전압 3,000[V]의 3상 교류 발전기의 [%] 동기 임피던스가 80[%]일 때 이 발전기의 동기 임피던스 $Z_s[\Omega]$와 단락비 k는?

풀이

단락비 k 적용식	단락비 k 계산	동기 임피던스 Z_s 계산
$k = \frac{1}{\%Z(\text{p}\cdot\text{u})} = \frac{V_l^2}{PZ_s}$	$= \frac{1}{0.8} = 1.25$	$Z_s = \frac{V_l^2}{1.25 \times p} = \frac{3000^2}{1.25 \times 4500 \times 10^3}$ $= 1.6[\Omega]$

7 동기기 출력 P[W] (발전기 G 및 전동기 M)

상 종류 구분	출력식	용 어	
단상인 경우	$P = \frac{EV}{X_s}\sin\delta$	발전기인 경우	송전단 전압 E 수전단 전압 V
3상인 경우	$P = 3\text{대분} \times \frac{EV}{X_s}\sin\delta$	전동기인 경우	역기전력 E 단자전압 V
용 어	동기 리액턴스 X_s, 부하각 δ, 위상차 θ		

(1) 동기 발전기의 출력 P

1) 회로도 및 벡터도

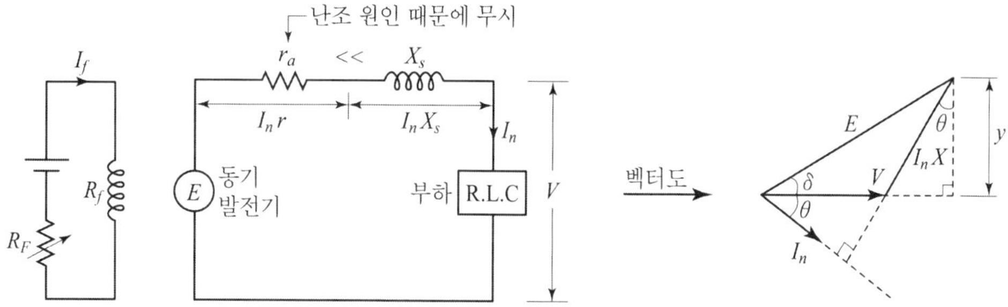

2) 유도식

출력 $P = VI\cos\theta$ 식 사용

$y = I_n X\cos\theta = E\sin\delta$ 에서 $I\cos\theta = \dfrac{E \cdot \sin\delta}{X}$ 대입하면

$\therefore$ 출력 $P = \dfrac{EV}{X_s}\sin\delta$ [W]

3) 출력식 : $P = \dfrac{EV}{X_s}\sin\delta$ [W]

(2) 동기 전동기의 출력 P

1) 회로도 및 벡터도

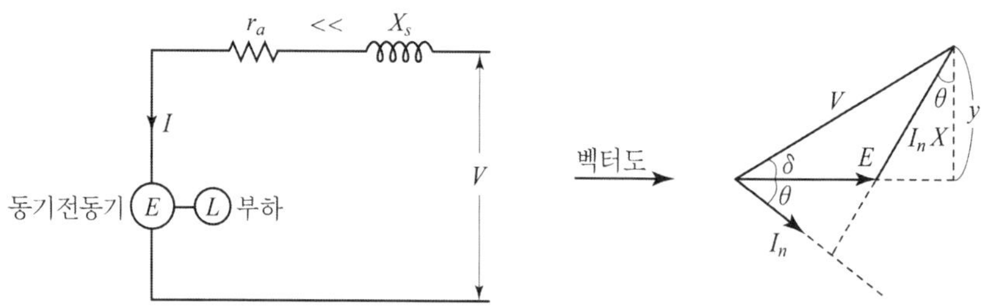

2) 유도식

$y = IX \cdot \cos\theta = V\sin\delta$ 에서 $I\cos\theta = \dfrac{V\sin\delta}{X}$ 대입하면

$\therefore$ 출력 $P = E \cdot I \cdot \cos\theta = \dfrac{EV}{X_s}\sin\delta$ [W]

3) **출력식** : $P = \dfrac{EV}{X_s}\sin\delta$ [W]

과년도 » 동기 리액턴스 $X_s = 10[\Omega]$, 전기자저항 $r_a = 0.1[\Omega]$인 Y결선의 3상 동기 발전기가 있다. 3상 중 1상의 단자 전압은 $V = 4{,}000$[V]이고 유도 기전력은 $E = 6{,}400$[V]이다. 부하각은 $\delta = 30°$라고 하면 발전기의 출력[kW]은 얼마인가?

풀이 3상 동기 발전기 출력 P

적용식	계산	정답
$P = 3 \times \dfrac{EV}{X_s}\sin\delta$	$= 3 \times \dfrac{6400 \times 4000}{\sqrt{10^2 + 0.1^2}} \times \sin 30° \times 10^{-3}$	$= 3840$ [kW]

8 동기기 병렬운전

(1) 동기기 병렬운전시 부하분담 조건

구 분	병렬운전시 부하분담 조건
유효전력	원동기의 입력으로 조정(부하를 증가시키려고 하는 발전기의 원동기 속도를 증가하도록 입력을 증가하면 된다. → 부하전류 증가)
무효전력 ☆★	여자전류를 약하게(L 감소) → 진상 무효전력(역률이 좋아진다.) 여자전류를 강하게(L 증가) → 지상 무효전력(역률이 나빠진다.)

(2) 병렬회로 및 여자전류에 따른 현상

A와 B 동기발전기 병렬회로	A 발전기 여자전류 증가시 영향
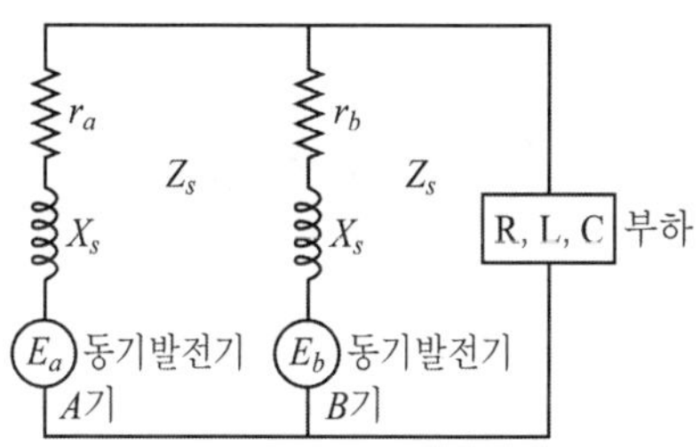	① A기 역률은 나빠진다.(저하됨) ② A기 전류 증가 ③ A기 무효전력 증가 ④ 전력 불변 ⑤ B기 역률은 좋아진다.(앞선전류 흐름)

(3) 동기 발전기의 병렬운전 조건

병렬운전 조건	병렬운전 조건 같지 않을 경우	대 책
① 기전력의 크기가 같을 것	기전력차 → 무효순환전류 흐름 → 역률변화	계자전류 조정
② 기전력의 위상이 같을 것	동기화(유효순환) 전류 흐름 → 발전기 출력(부하부담) 변함	(원동기의) 출력 조정
③ 기전력의 주파수가 같을 것	전압차 → 무효횡류 → 난조 → 탈조	(원동기의) 속도 조정
④ 기전력의 파형이 같을 것	고조파 무효순환전류 (전기자 동손 증가 → 과열)	발전기 개선시킴
⑤ 기전력의 상회전 방향이 같을 것	동기 검전기 전등 (어느 순간 단락상태가 됨)	상회전 일치시킴

※ 난조 : 출력이 요동치고 권선이 가열되는 현상

(4) 무효순환전류 I_c

① **정의** : 두 발전기의 전압차($E_a - E_b$)에 의한 90° 느린(지상)인 무효분 전류(횡류)가 출력에는 영향이 없고 양발전기 사이를 순환하여 저항손을 발생시킨다.

② **공식** : $I_c = \dfrac{E_a - E_b}{2X_s\, j} = \dfrac{\text{전압차 } V_s}{2X_s} \angle -90°$

(5) 동기화(유효순환) 전류 I_c

① **정의** : 두 발전기의 위상차 발생시 흐르는 순환전류(유효 횡류)

② **공식** : $I_c = \dfrac{E}{X_s} \sin\dfrac{\delta}{2}$ [A]

두 발전기의 전압차 벡터도	동기화전류 I_c 유도식
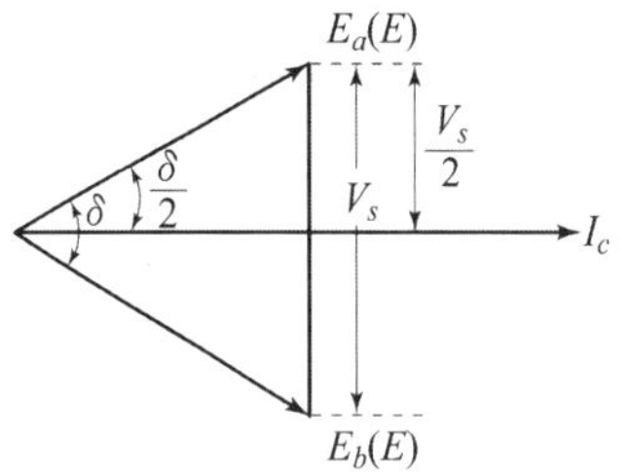	$I_c = \dfrac{V_s}{2X_s}\left(\sin\dfrac{\delta}{2} = \dfrac{\frac{V_s}{2}}{E} \text{ 대입}\right)$ $= \dfrac{2E}{2X_s}\sin\dfrac{\alpha}{2}$ [A] $= \dfrac{E}{X_s}\sin\dfrac{\delta}{2}$ [A]

③ **영향** ┌ 위상이 앞서는 발전기는 부하 증가, 회전속도 감소한다.
　　　　 └ 위상이 뒤지는 발전기는 부하 감소, 회전속도 상승한다.

④ **대책** : 동기화력이 생겨 두 기전력의 위상이 동상이 되도록 작용한다.

(6) 수수전력 P

① **정의** : 두 발전기 위상차의 순환전류에 의해서 발생되는 전력, 즉 한 쪽 발전기에서 다른 쪽 발전기에 공급되는 유효전력

② **공식** : $P=\dfrac{E^2}{2X_s}\sin\delta\ [\mathrm{W}]$

유도식 $P=EI_c\cos\dfrac{\delta}{2}=E\dfrac{E}{X_s}\sin\dfrac{\delta}{2}\cos\dfrac{\alpha}{2}=\dfrac{E^2}{2X_s}\sin\delta\ [\mathrm{W}]$

(7) 동기화력 $P_s=\dfrac{dP(\text{수수전력})}{dS}$

① **정의** : 동기운전(동위상)을 하기 위한 전력(동기기 병렬 운전시 어떤 원인으로 동기기간 위상각이 변해 원래의 위상각으로 회복하려는 힘)

② **공식** : $\dfrac{dP}{dS}=\dfrac{E^2}{2X_s}\cos\delta\ [\mathrm{W}]$

유도식 $\dfrac{dP}{ds}=\dfrac{d}{ds}\left(\dfrac{E^2}{2X_s}\sin\delta\right)=\dfrac{E^2}{2X_s}\cos\delta\ [\mathrm{W}]$

③ 안정(동기운전) 조건 : $\dfrac{dP}{d\theta}>0$, 불안정 조건 : $\dfrac{dP}{d\theta}<0$

과년도 ≫ 무부하로 병렬운전하는 동일 정격의 2대의 3상 동기 발전기에 대응하는 두 기전력 사이에 30°의 위상차가 있을 때 한 발전기에서 다른 발전기에 공급되는 (1상의) 유효전력은 몇 [kW]인가? (단, 각 발전기의 (1상의) 기전력은 1,000[V], 동기리액턴스는 4[Ω]이고, 전기자 저항은 무시한다.)

풀이 수수전력(주고받는 전력)

순서	적용식	계산	정답
내용	$P=\dfrac{E^2}{2X_s}\cdot\sin\delta$	$=\dfrac{1000^2}{2\times 4}\times\sin 30°\times 10^{-3}$	$=62.5\ [\mathrm{kW}]$

9 자기 여자 작용

(1) 정의

동기기(발전기)의 무부하 충전(송전선에 투입)시 나타나는 작용(무부하시 또는 경부하시 → 충전(진상)전류 → 증자작용 → 단자전압 증가 → 충전전류 증가)으로 발전기를 송전선로에 접속시 발전기 전압의 이상상승 현상

(2) 발생원인

전기자 진상전류에 의한 증자작용

동기발전기 회로	동기발전기 자기여자 작용
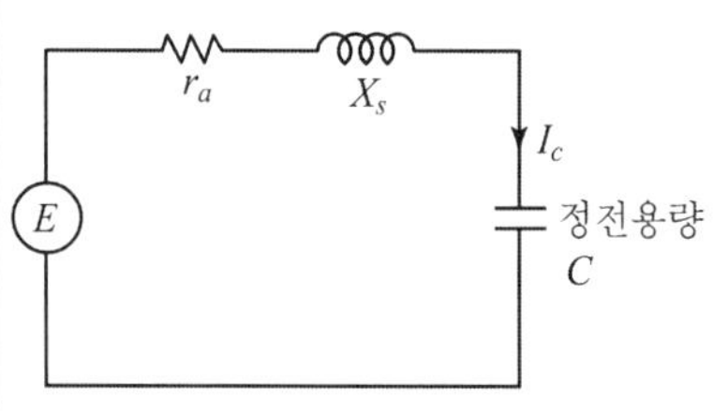	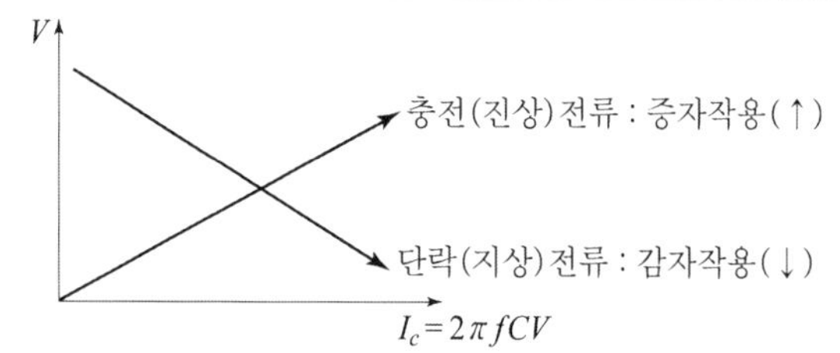

(3) 단락전류 감자작용 이유

전기자의 누설 임피던스는 리액턴스가 대부분이고 단락전류 I_s는 위상이 90° 뒤져 전기자 반작용이 강하게 작용하여 계자자속이 감소하기 때문이다.

(4) 자기 여자 작용 방지법

- **적용** : 장거리 고압 송전선을 무부하 또는 경부하로 충전하는 발전기에 적용

① 동기조상기 설치(수전단 단자에 설치 지상전류 흘려 충전전류를 감소시킴)
② (수전단에) 리액터를 병렬 접속시킴
③ (송전선로의 수전단 부근에) 변압기 설치할 것
④ 발전기(2대 또는 3대로) 병렬운전 할 것(모선에 접속운전)
⑤ 충전전압을 낮은 전압(정격의 80% → 0.8V)으로 할 것
⑥ 단락비 k가 큰 발전기를 사용(충전)할 것(발전기용량 > 선로의 충전용량)

(5) 자기 여자를 일으키지 않고 충전할 조건

① **발전기 단락비**

$$k\left[\frac{I_{fo}}{I_{fs}}\right] \geq \frac{\text{송전선의 소요충전용량 } Q'}{\text{발전기의 정격출력 } Q} \times \left[\frac{\text{발전기 정격전압 } V}{\text{충전전압 } V'}\right]^2 \times [1+\text{포화계수}\sigma]$$

② 단락비가 1 정도일 때 경제적임(단락비가 크면 발전기가 대형이 되어 비경제적이다.)

10 단위법(PU)

(1) 정의

- **기준** : 단자전압 $V=1$로 보고 계산한 값

예 리액턴스 강하 $X[\text{Pu}] = q = \dfrac{I_n X}{V}$

(2) 회로도 및 벡터도

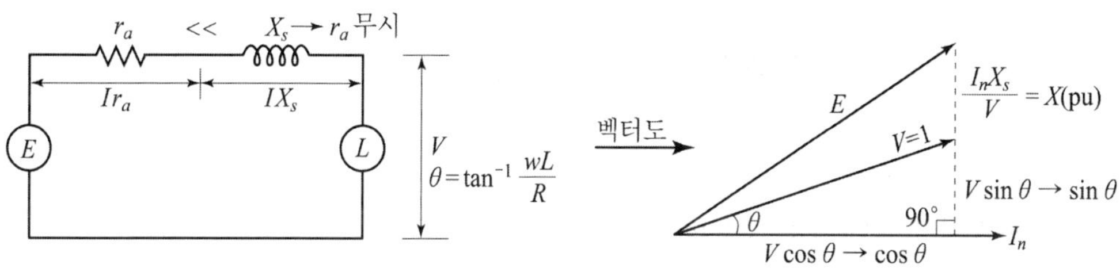

(3) 전압변동률 ε

$$\varepsilon = \frac{\text{무부하시 전압 } V_o(E) - V}{\text{정격단자 전압 } V} \times 100\,[\%] = \frac{\sqrt{\cos^2\theta + (\sin\theta + X)^2} - 1}{1} \times 100\,[\%]$$

(4) 최대전력 $P_{\max}$

$$P_{\max} = \frac{EV}{X[\text{Pu}]} \times \text{기준용량 } P_m\,[\text{kW}] = \frac{\sqrt{\cos^2\theta + (\sin\theta + X)^2}}{X[\text{Pu}]} \times P_m\,[\text{kW}]$$

과년도 » 3상 동기 발전기의 정격출력이 10,000[kVA], 정격전압은 6,600[V], 정격역률은 0.8이다. 1상의 동기 리액턴스를 1.0[p·u]이라 할 때 정태안정 극한전력을 구하면?

풀이 정태안정 극한전력 P_{max}

$$P_{max} = \frac{E \cdot V}{X(\mathrm{p \cdot u})} \times P_n$$

$$= \frac{\sqrt{\cos\theta^2 + (X + \sin\theta)^2}}{X(\mathrm{p \cdot u})} \times p_n$$

$$= \frac{\sqrt{0.8^2 + (1 + 0.6)^2}}{1.0} \times 10000$$

$$= 17800\ [\mathrm{kW}]$$

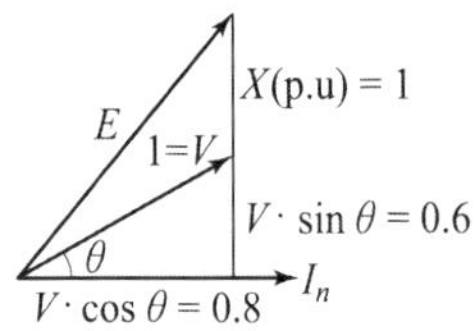

11 동기 발전기의 난조(hunting) 원인 및 방지대책

- **정의** : 동기 발전기 병렬운전 중 부하의 가속·감속에 대응속도도 가속·감속 반복현상(떨림현상), 즉 부하 급변시 부하각의 주기적 진동 현상

(1) 난조 원인

난조 원인	난조 방지대책(방지법)
① 원동기의 조속기가 예민한 경우	조속기를 무디게 할 것
② 원동기의 토크에 고조파가 포함된 경우	플라이 휠을 적당히 선정할 것(축세륜을 붙임)
③ 부하가 급변(맥동, 진동)하는 경우	제동권선을 자극면에 설치할 것
④ 전기자회로의 저항이 큰 경우	전기자권선 저항을 적게 할 것

(2) 난조 방지 대책

1) "제동권선" 설치

자극표면에 홈을 파서 코일을 넣어 양끝에 두 개의 단락고리를 접속한 권선
→ 동기속도 유지 역할

2) 제동권선 설치시 효과

① 역상전류 내량 강화
② 병렬운전시 난조 방지
③ 고조파에 의한 전압왜곡 방지

3) 동기전동기에 설치된 제동권선의 효과

① 전동기의 정지시간 단축

② 시동(기동) 토크의 발생

③ 난조 방지

④ 동기화력 증대

⑤ 송전선 불평형 단락시 이상전압 방지

12 터빈발전기 냉각방식

<table>
<tr><td rowspan="2">수소냉각방식 사용
(공기냉각방식에 비해)</td><td>장점</td><td>① 출력이 25[%] 증대된다.
② 풍손이 $\frac{1}{10}$ 감소된다.
③ 권선의 수명이 길어진다.(냉각효과가 양호하기 때문)
④ 운전중 소음이 적다.
⑤ 절연효과가 크다.(절연물의 산화작용이 없기 때문)
⑥ 열전도율이 좋고 가스냉각기의 크기가 작다.
⑦ 수분, 먼지 등이 없어 코로나에 의한 손상이 없다.</td></tr>
<tr><td>단점</td><td>① 냉각수가 많이 든다.
② 공기와 혼합시 폭발 위험이 있다.(수소+공기 → 폭발)</td></tr>
</table>

※ 폭발예방을 위해 전폐형하며 부속설비가 필요하다.

2 동기 전동기(Synchronous Motor) : SM

1 원리

- 플레밍의 왼손법칙 적용.(동기속도로 회전하고 있을 때에만 토크 발생하므로 동기 전동기 자체로는 기동 토크가 0이다. 따라서 유도 전동기로 기동을 시켜야 한다.)
- 동기 전동기 회전속도 N은 여자권선의 동기속도 $N_s = \frac{120f}{P}$와 같다.

(1) 구조

동기 발전기와 동일

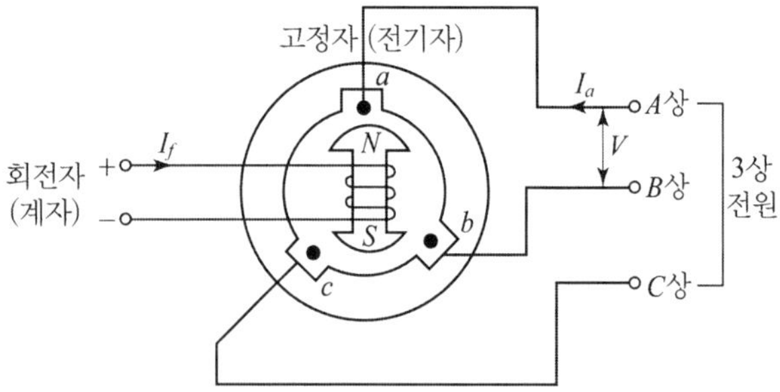

(2) 특징

정속도 전동기로 회전수가 낮고 큰 출력 요구시 전력 계통의 역률 개선용으로 조상기에 쓰인다.

(3) **조상기** : 무부하로 운전 중인 동기 전동기

2 동기 전동기의 장점 및 단점

장 점★	단 점★
① 필요시 진상·지상으로 변환 가능하다. ② 정속도 전동기(속도가 불변) ③ 유도기에 비해서 효율이 좋다. ④ 역률 $\cos\theta = 1$로 운전 가능하다.	① 기동 토크 0이다.(기동 불가) ② 기동장치·여자전원이 필요하므로 구조 복잡하다. ③ 난조 일기 쉽다. ④ 탈조 현상(난조가 커져 동기운전을 이탈하는 현상) ⑤ 속도 조정 곤란(주파수로 조정) ⑥ 고가이다.(비싸다.)

★ 유도 전동기로 동기 전동기 기동시 방법 : 같은 극수로는 유도기는 동기속도보다 sN_s만큼 늦으므로 동기기의 극수보다 2극 적은 유도기를 사용한다.

3 위상 특성 곡선(V곡선) : I_a와 I_f 관계곡선

공급전압 V와 부하가 일정할 때 회전계자전류 I_f의 변화에 대한 고정 전기자전류 I_a와 V의 위상변화를 나타낸 곡선

(1) 동기 조상기 역할 및 용도

동기 조상기; 전력계통의 역률 개선과 전압조정을 위해 무부하로 운전중인 동기 전동기

① 무효분 전류 조절 지상(L), 진상(C) 작용

② 전력계통에 접속된 변압기 또는 장거리 송전시 정전용량으로 인한 충전특성 보상용

(2) 여자 종류 판별

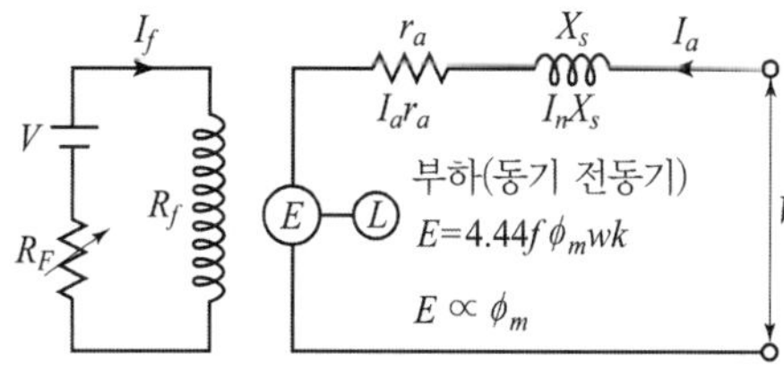

〈동기 전동기〉

→
- $E < V$ → $\cos\theta$ 지상 (부족여자)
- $E \fallingdotseq V$ → $\cos\theta = 1$ (기준)
- $E > V$ → $\cos\theta$ 진상 (과여자)

(동기 전동기는 여자전류크기를 조정하여 전기자 전류의 크기와 위상을 조정한다.)

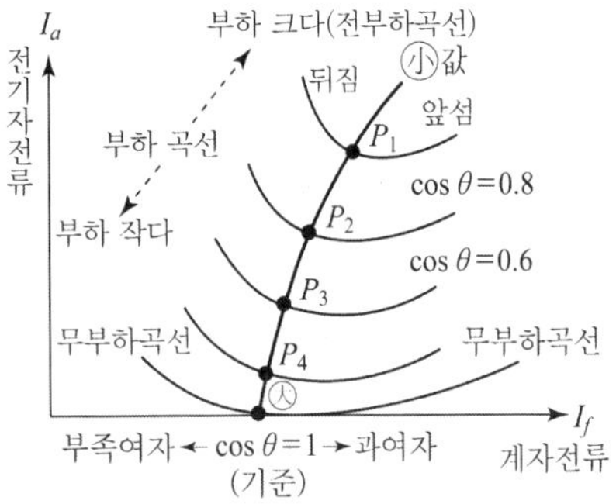

여자 종류	경부하시(발생>소비)	중부하시(발생<소비)
	부족(저) 여자 I_f(↓)	과여자 I_f(↑)
내용	C만의 회로	L만의 회로
대책	동기 조상기 부족여자 사용시 =뒤진(지상무효) 전류 =코일(L작용) =병렬(분로) 리액터로 작용	동기 조상기 과여자 사용시 =앞선(진상무효) 전류 =콘덴서(작용) =직렬 콘덴서로 작용

(3) 위상 특성 곡선의 특징

① 출력(부하) P 대㊅ → 소㊈ 관계를 알 수 있다.

$$P_1 > P_2 > P_3 > P_4$$

② 출력 P 일정, 계자전류 I_f와 전기자 전류 I_a 관계 곡선

③ 과 여 자 : 전기자 전류 증가(진상작용) → 무효분 전류(진상)

부족여자 : 전기자 전류 증가(지상작용) → 무효분 전류(지상)

④ 계자전류 I_f 조정시킴 → 전기자 전류 I_a와 역률(부하각)을 조정한다.

⑤ 전기자 전류 I_a가 최소일 때 역률 $\cos\theta=1$이다.

⑥ 부하가 작을수록 V곡선은 아래쪽으로 이동한다.

(4) 동기 조상기 위치 및 역할

한상 등가 회로 및 동기 조상기 설치	동기 조상기(전동기 Ⓜ)의 역할
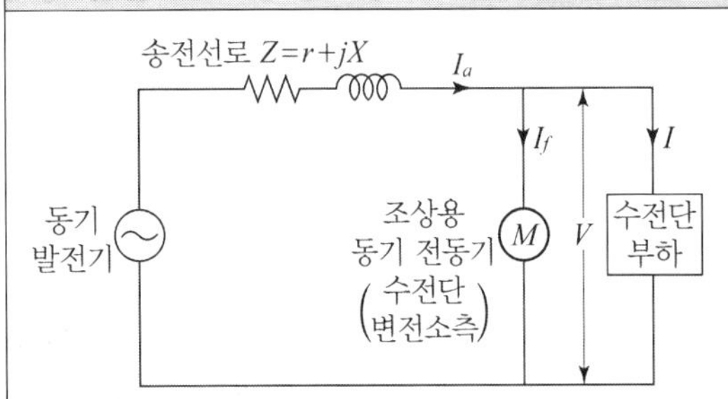	① 경부하시 → 부족여자 운전 Ⓜ = 코일(지상) L 작용(—ooo—) ② 중부하시 → 과여자 운전 Ⓜ = 콘덴서(진상) C 작용(—||—)

4 역률 개선

(1) 목적

① 선로의 손실(I^2R) 감소

② 전압강하 방지

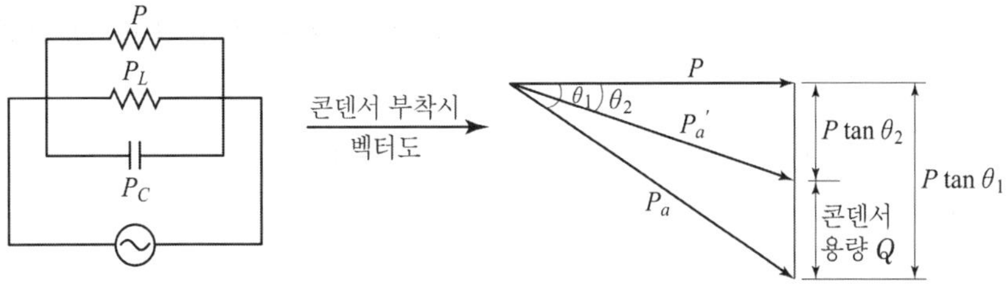

(2) 콘덴서 용량 Q

$$Q = P\tan\theta_1 - P\tan\theta_2 = P\left(\frac{\sin\theta_1}{\cos\theta_1} - \frac{\sin\theta_2}{\cos\theta_2}\right)$$

$$= P\left(\frac{\sqrt{1-\cos^2\theta_1}}{\cos\theta_1} - \frac{\sqrt{1-\cos^2\theta_2}}{\cos\theta_2}\right)\ [\text{kVA}]$$

용어 유효전력 P[kW] / 개선 전 역률 $\cos\theta_1$ / 개선 후 역률 $\cos\theta_2$

5 비철극기(비돌극기)와 철극기(돌극기)의 비교

구분	적용 발전기	극수	회전기	크기	단락비 k	리액턴스 X	최대출력 부하각 δ	발전기 설치
비철극기 (비돌극기)	터빈 발전기 (화력·원자력)	2극~4극	고속기	직경 D 작다. 길이 l 크다.	0.6~1.0	직축 X =횡축 X	90°일 때 발생	수평형
철극기 (돌극기)	수차 발전기 (수력)	16극~32극	저속기	직경 D 크다. 길이 l 작다.	0.9~1.2	직축 X > 횡축 X	60°일 때 발생	수직형

참고 • 철기계와 동기계의 특성 비교

구 분	구성재료	• 전기자 반작용 • 전압 변동률 • 동기 임피던스 Z_s	• 안정도 영향 • 계자자속 및 공극 • 단락비 k	시충전
철기계	동 小 철 大	小	大	적합
동기계	동 大 철 小	大	小	부적합

6 단락비가 큰 기계(철기계)의 특성(동기기에서)

① 동기 임피던스 Z_s가 작기 때문에 전기자 반작용이 작다.

② 계자자속(大)이 커서 기전력 유도하는데 계자전류 I_f 커진다.

③ 기계 중량이 무겁고 비싸다.

④ 기계에 여유있고, 전압변동률 ε 양호, 과부하 내량이 크고, 송전선로의 충전 용량이 크다.

⑤ 고정손(기계손, 철손)이 커서 효율이 나쁘다.

⑥ 공극이 크고 안정도가 높다.

7 동기기(발전기) 운전시 안정도 증진법

① 정상과도 리액턴스(동기화 리액턴스)를 적게 한다.

② 영상 임피던스 Z_o, 역상 임피던스 Z_2을 크게 한다.

③ 회전자의 관성을 크게 한다.(회전자의 플라이휠 효과를 크게 할 것)

④ 속응 여자 방식 채용(자동전압 조정기 AVR의 속응도를 크게 할 것)

⑤ 발전기 G의 조속기 동작을 신속히 할 것

⑥ 단락비를 크게 한다.

8 유도 전동기에 비해 동기 전동기의 장점

① 전부하 효율이 양호하다.

② 여자 전류 조정 → 전기자 전류 크기와 위상 조절 가능

9 동기기의 용도

① 분쇄기(시멘트 공장) : 저속·대용량

② 압연기, 송풍기

③ 제지용 쇄목기

④ 소형 : 전자시계, 오실로 그래프, 전송사진

※ 크레인 : 3ϕ 권선형 유도 전동기

10 동기 전동기 기동법

기동법 종류	내 용
자기(자체)기동법	기동용권선(회전자 자극표면에 감아 만든 권선)을 이용하여 기동(유도 전동기 원리)
타기동법	기동용 전동기인 유도 또는 직류 전동기로 동기속도까지 회전시켜 주전원에 투입하는 기동법(단, 기동 전동기는 극수가 2극적은 유도 전동기 사용할 것. 이유는 동기속도 이상으로 운전해야 하므로)
저주파기동법	낮은 주파수에서 시동하여 동기속도가 되면 주전원에 투입하는 기동법

11 동기 전동기에서 설치된 제동권선의 역할(효과)

① 기동토크를 발생한다.

② 난조 방지

③ 급격한 부하 변화시 속도요동 방지

제4장 유도기

1 유도기(유도 전동기 Induction Motor) = IM

유도 전동기(induction motor)는 각종 전동기 중에서 범용으로 많이 쓰이고 있는 전동기로서 공장용에서부터 가정용에 이르기까지 그 용도는 매우 넓다. 유도 전동기 가운데 3상 유도 전동기는 공장의 공작 기계, 양수 펌프, 컨베이어 벨트, 방적기 등과 같이 큰 기계 장치를 움직이는 동력으로 사용되고 있다. 또, 단상 유도 전동기는 선풍기, 냉장고, 펌프, 드릴, 믹서, 재봉틀 등과 같이 작은 동력(1마력 이하)을 필요로 하는 곳에 주로 사용하고 있다.

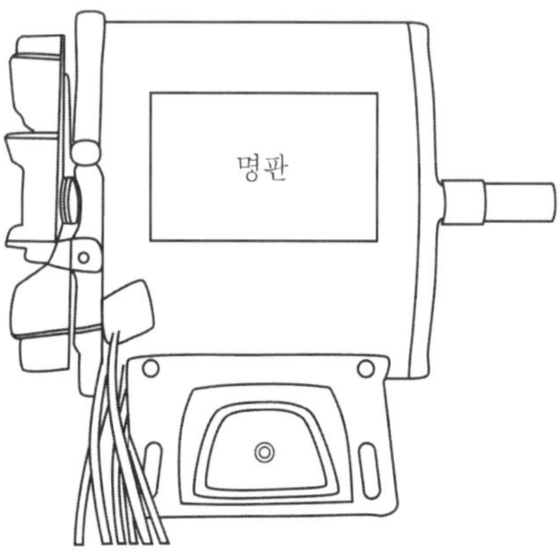

〈1/4 마력 3상 농형 유도 전동기〉

<table>
<tr><td>프레임 71</td><td>형식
GTFOA</td><td>㉺ 10-6-978</td></tr>
<tr><td>출력 1/4
HP 0.2[kW]</td><td>모델
KMi200K7</td><td>전압
220/380[V]</td></tr>
<tr><td>주파수 60[Hz]</td><td>극수 4P</td><td>회전수
1720[rpm]</td></tr>
<tr><td colspan="2">전류 1.2/0.7[A]</td><td>효율 65[%]</td></tr>
<tr><td colspan="2">기동 계급 G</td><td>정격 40[°C] 연속</td></tr>
<tr><td colspan="2">베어링(부하측)
6202ZZ</td><td>베어링(반부하측)
6202ZZ</td></tr>
<tr><td colspan="2">절연 계급 E</td><td>중량 6[kg]</td></tr>
<tr><td colspan="2">제조연월일</td><td>제조자</td></tr>
</table>

〈명 판〉

3상 유도 전동기의 구조

3상 유도 전동기의 구조는 고정자(stator) 부분과 회전자(rotor) 부분으로 구성되고, 권선형 회전자와 농형 회전자가 있다.

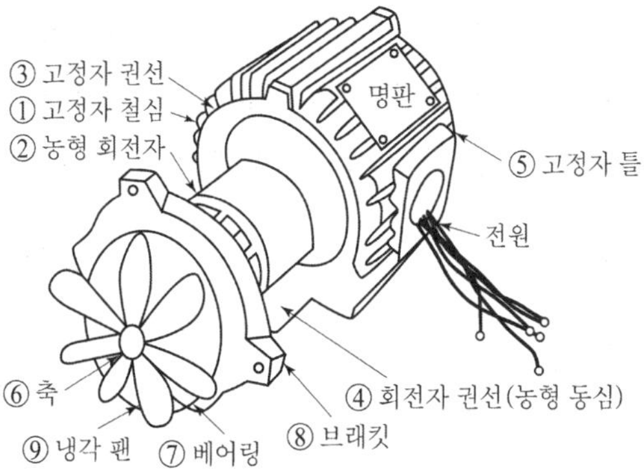

〈3상 농형 유도 전동기〉

① 고정자 철심 : 고정자의 권선을 감는 지지물로서 공기보다 자기 저항이 적은 자기력선속 통로를 만든다.
② 농형 회전자 : 원형 규소 강판을 적층하여 원통형의 자로를 만든다. 원형 철심(core) 내에 구리로 된 막대 도체를 삽입하여 농형 막대 도체를 가진다.
③ 고정자 권선 : 회전 자기장을 만드는 고정자의 권선(winding)이다.
④ 회전자 권선(농형 동심) : 2차적 유도 전자력을 발생시키기 위해서 회전자의 권선이 있다.
⑤ 고정자 틀(frame) : 고정자 철심을 고정시킨다.
⑥ 축(shaft) : 회전자 철심을 지지하고 회전 중심이 된다.
⑦ 베어링(bearing) : 회전축을 지지해 준다.
⑧ 브래킷(bracket) : 베어링을 지지하고 고정자와 회전자를 결합시킨다.
⑨ 냉각 팬(fan) : 내부 발생 열을 냉각시킨다.

(1) 농형 회전자

농형 회전자의 철심은 원통형이다. 원 둘레부분에 원형 또는 사각형 모양의 반폐 슬롯을 만든다. 그 슬롯 속에 구리막대를 넣고 양끝을 구리로 만든 단락 고리(end ring) 도체에 접속시키면 농형 유도 전동기는 회전자의 구조가 간단하고 튼튼하다.

(2) 권선형 회전자

농형 회전자의 철심과 같이 규소 강판으로 적층하여 만든 원통형이다. 슬롯의 모양은 절연 코일을 삽입할 수 있는 반폐 슬롯이 사용된다. 큰 전류가 흐르는 대형 전동기에는 평각 구리선을 슬롯 속에 끼우고, 그 양끝을 구부려 3상 접속을 하고 납땜을 한다. 권선형 회전자 내부 권선의 결선은 일반적으로 Y결선으로 슬립링에 연결하고 브러시는 외부기동저항기와 연결한다.

2 원리

회전자에 전류를 공급하는 방식이 다르다.(직류기와의 차이점)

① **직류기** : 브러시를 통해서 공급

② **유도기** : 고정자(1차 코일)에 전원 인가 → 회전자기장 발생

→ 회전 자기장이 회전자 도체(2차)에 유도전압 발생(플레밍의 오른손 법칙 적용)

→ 유도전류 공급 → 힘 F(전자력) 발생(플레밍의 왼손 법칙 적용)

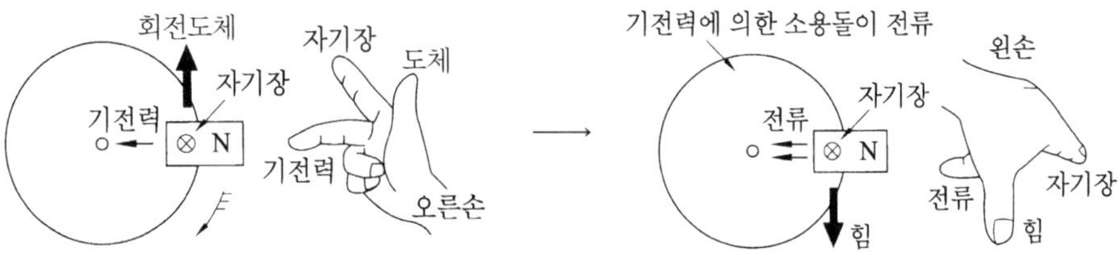

〈플레밍의 오른손 법칙〉 〈플레밍의 왼손 법칙〉

과년도 » 유도 전동기의 동작원리는?

정답 전자유도(전자력)와 플레밍의 왼손법칙

(1) 고정자 : Y결선

고정자권선은 2층권(3상 권선 사용), 소형은 보통 4극, 홈수는 24개 또는 36개 사용

(2) 회전자

① **농형 회전자** : 구조가 간단하고 튼튼하며 취급이 쉽고 효율이 양호하다. 단, 속도 조정이 어렵다.(중형 및 소형 전동기용)

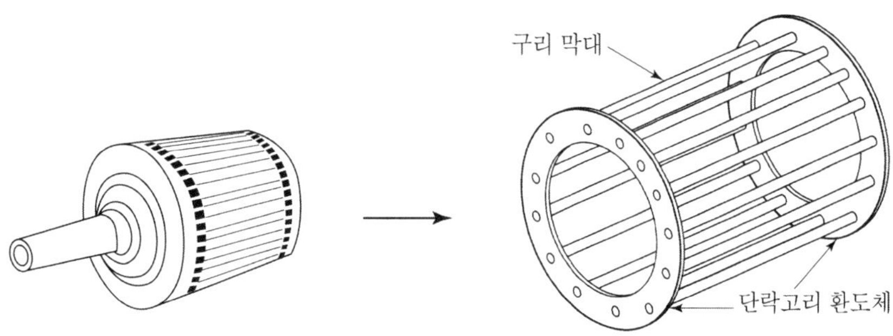

※ 비뚤어진 홈(스큐 skew 슬롯)을 쓰는 이유 : 소음경감, 파형개선, 기동특성개선

② **권선형 회전자** : 기동이 쉽고 속도 조정이 용이하다.(대형 전동기용)

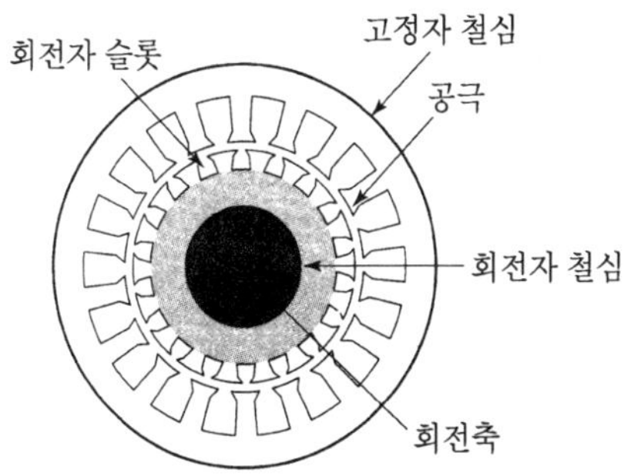

㉠ 농형 유도 전동기

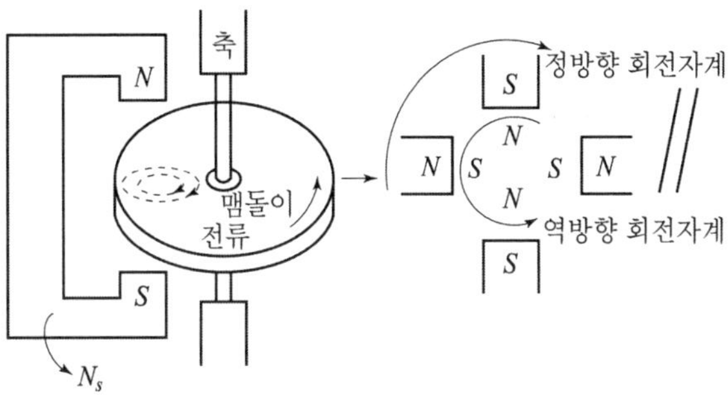

㉡ 권선형 유도 전동기

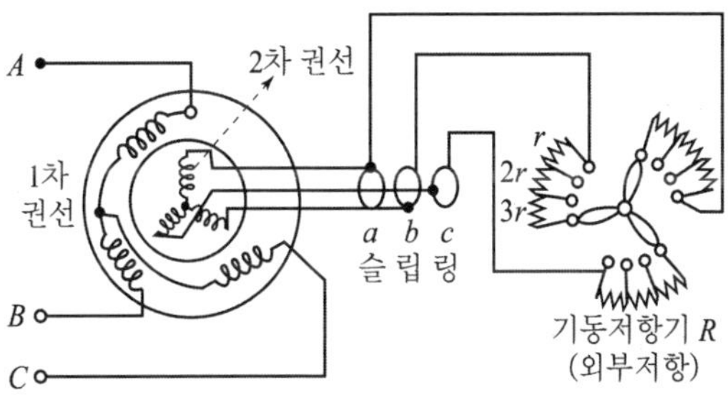

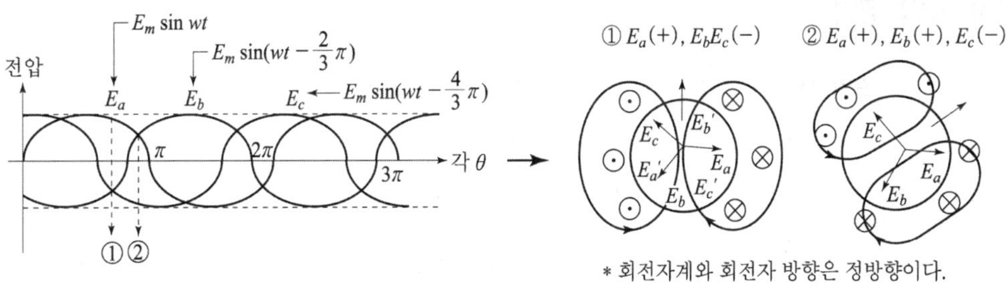

＊회전자계와 회전자 방향은 정방향이다.

★ 3상 유도전동기 회전방향=전동기 발생 회전자계 방향

3 동기속도 N_s

정 의	1분 동안 회전 자기장의 회전수
공 식	동기속도 $N_S = \frac{120f(\text{주파수})}{P(\text{극수})}$[rpm] $\therefore N_s \propto \frac{1}{P}$

과년도 ≫ 50[Hz], 500[rpm]의 동기전동기에 직결하여 이것을 기동하기 위한 유도전동기의 적당한 극수는?

풀이 동기속도 $N_s = \frac{120f}{P}$에서 극수 $P = \frac{120 \times 50}{500} = 12$극

기동기로 사용시 유도전동기 극수=동기전동기 극수−2극

=12−2=10극 사용

(∵ 동기속도 이상으로 운전해야 하므로 2극 작게 한다.)

4 슬립(slip)

(1) 정의

동기속도(고정자속도) N_s와 회전자속도 N의 상대비 / 동기속도 N_s

(2) 공식

슬립 s 공식	$s=1$일 때	$s=0$일 때	슬립 범위
$s = \frac{N_s - \text{회전자속도 } N}{\text{동기속도 } N_s} \times 100$ [%]	정지상태 (기동시)	동기속도 회전상태 (무부하 운전시)	• 소형 : 5~10% • 중대형 : 2.5~5%

※ 회전자속도(실제 전동기 회전속도) $N=(1-s)N_s$

(3) 슬립 영역

슬립 식	구 분	슬립 영역
$s = \frac{N_s - N}{N_s}$	유도 전동기($N_s > N$인 경우)	$0 < s < 1$
	유도 발전기($N_s < N$인 경우)	$-1 < s < 0$
$s = \frac{N_s + N}{N_s}$	유도 제동기($N_s > N$인 경우)	$1 < s < 2$

※ 변압기 : $s = 1$

과년도 ≫ 극수가 6극인 50[Hz]용 3상 유도 전동기가 있다. 슬립이 4[%]일 때 이 전동기의 회전수[rpm]는?

풀이 3상 유도 전동기의 회전수 N 계산

계산순서	동기속도 N_s →	슬립 4%시 회전수 N
공식	$N_s = \frac{120f}{P} = \frac{120 \times 50}{6} = 1000\,[\text{rpm}]$	$N = (1-s)N_s = (1-0.04) \times 1000 = 960[\text{rpm}]$

5 유기 기전력 E

구 분	유기 기전력 E값	권수비(정지시 전압비) α
공식	$E = 4.44 f \phi_m N k_w$	$\alpha = \frac{E_1}{E_2} = \frac{k_{w_1} N_1}{k_{w_2} N_2}$
용어	주파수 f[Hz] / 최대자속 ϕ_m[Wb] / 권수 N / 권선계수 k_w / 권수비 α	

- 1차 유기 기전력(전압) $E_1 = 4.44 f \phi_m N_1 k_{w_1}$ [V]
- 2차 유기 기전력(전압) $E_2 = 4.44 f \phi_m N_2 k_{w_2}$ [V]

※ 농형은 권수비가 0 이다.

6 회전자 2차 관계

회전자 2차 이해그림	용어
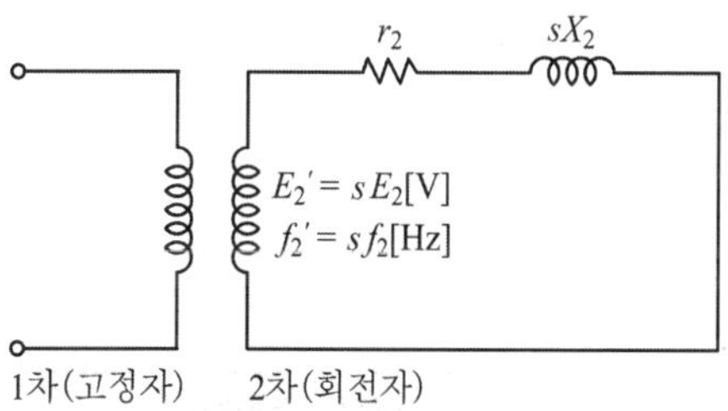	• 2차 전압 E_2[V] • 2차 권선저항 $r_2[\Omega]$ • 2차 리액턴스 $X_2[\Omega]$ • 2차 주파수 f_2[Hz]

슬립 $s(\downarrow) = \frac{N_s - N(\uparrow)}{N_s}$ → 유기 기전력(감소↓)

$N_s - N = sN_s$ → 2차 권선에 유기되는 전압 E_2', 주파수 f_2'는 s 배 차이

(1) 회전자 2차 회로 전압 E_2'

$$E_2' = sE_2 = \frac{N_s - N}{N_s} \times E_2 \,[\mathrm{V}]$$ (단, 2차 정지시 전압 E_2)

(2) 회전자 2차 회로 주파수 f_2'

$$f_2' = sf_1 = \frac{N_s - N}{N_s} \times f_1 \,[\mathrm{Hz}]$$

(단, 2차 정지시 주파수 f_2=1차 주파수 f_1값 사용)

(3) 2차 회전자 전류 I_2

회전시 전동기 2차 전류 I_2	정지시 2차 전류 I_2
$I_2 = \frac{E_2'}{Z_2} = \frac{sE_2}{\sqrt{r_2^2 + (sX_2)^2}} = \frac{E_2}{\sqrt{(r_2/s)^2 + X_2^2}}$ [A]	$\frac{E_2}{\sqrt{r_2^2 + X_2^2}}$ [A]

(4) 역률 $\cos\theta$

$$\cos\theta = \frac{r_2}{\sqrt{r_2^2 + (sX_2)^2}}$$

(5) 위상 θ

$$\theta = \tan^{-1}\frac{X_2}{r_2}$$

(6) 전압비

정지시 전압비 α	회전시 전압비
$\alpha = \frac{\text{1차 고정자 전압 } E_1}{\text{2차 정지시 전압 } E_2}$	$\frac{\text{1차 전압 } E_1}{\text{2차 회전시 전압 } E_2'} = \frac{E_1}{sE_2} = \frac{\alpha}{s} = \frac{\mathrm{kw}_1 N_1}{s\,\mathrm{kw}_2 N_2}$

(7) 1차 전류 I_1

$$I_1 = I_2' = \frac{I_2}{\alpha\beta}\ [\mathrm{A}]$$

(단, 권수비 α, 상수비 $\beta = \frac{1\text{차 상수}}{2\text{차 상수}} = \frac{m_1}{m_2}$, 1차(단상) $\xrightarrow[\text{적용}]{\text{상수비}}$ 2차(3상))

(8) 임피던스 1차 환산(Z_{21})값

유도식	1차 임피던스 Z_1식
$Z_{21} = Z_2 = \frac{E_2}{I_2} = \frac{\frac{E_1}{\alpha}}{\alpha\beta I_1} = \frac{Z_1}{\alpha^2\beta}$	$Z_1 = a^2\beta Z_2[\Omega]$

과년도 ≫ **[1]** 극수 $P=4$, 주파수 $f=60$[Hz], 회전수 $N=1{,}710$[rpm], 2차 저항 $r_2=0.1$, 2차 리액턴스 $X_2=0.4[\Omega]$일 때 다음 값들은? (단, 2차 정지시 전압 100V)

1) 동기속도　　　　2) 슬립
3) 2차 전압　　　　4) 2차 주파수
5) 2차 전류

풀이

1) 동기속도 $N_s = \frac{120f}{P} = \frac{120\times 60}{4} = 1800$

2) 슬립 $s = \frac{N_s - N}{N_s}\times 100 = \frac{1800-1710}{1800}\times 100 = 5\%$

3) 2차 전압 $E_2' = sE_2 = 0.05\times 100 = 5\ [\mathrm{V}]$

4) 2차 주파수 $f_2' = sf_2 = 0.05\times 60 = 3\ [\mathrm{Hz}]$

5) 2차 전류 $I_2 = \frac{E_2'}{Z_2} = \frac{sE_2}{\sqrt{r_2^2 + (SX_2)^2}}$

$= \frac{5}{\sqrt{0.1^2 + (0.05\times 0.4)^2}} = 49\ [\mathrm{A}]$

계산 순서

과년도 ≫ **[2]** 60[Hz], 6극 10[kW]의 3상 유도 전동기기 960[rpm]으로 회전하고 있을 때의 회전자 기전력의 주파수[Hz]는?

풀이 회전자 2차 주파수 $f_2' = sf_1$ (2차 정지시 주파수 f_2=1차 주파수 f_1 사용)

계산순서	동기속도 N_s →	슬립 s →	회전자 2차 주파수 f_2'
공식	$N_s = \frac{120f}{P}$	$s = \frac{N_s - N}{N_s}$	$f_2' = sf_1'$
계산	$= \frac{120 \times 60}{60} = 1200$	$= \frac{1200 - 960}{1200} = 0.2$	$= 0.2 \times 60 = 12$ [Hz]

7 전력의 변환(등가회로 이용)

(1) 유도 전동기 구조 및 입력, 출력 관계

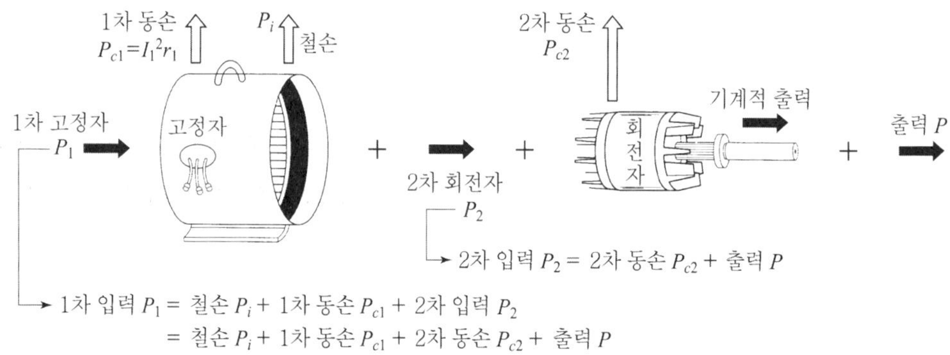

(2) 1차 및 2차 회로 그림

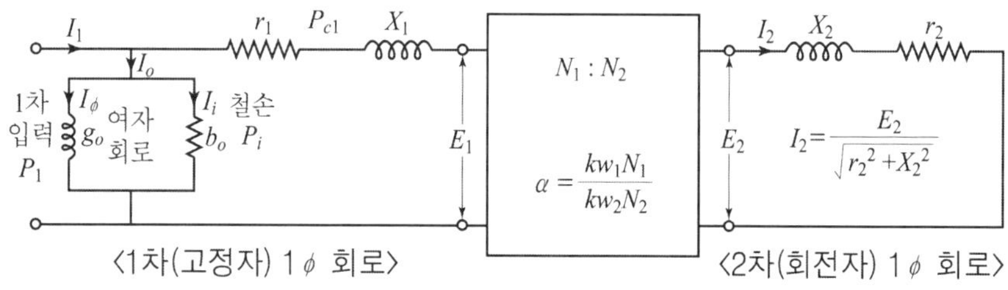

(3) 1차로 환산한 2차측 회로

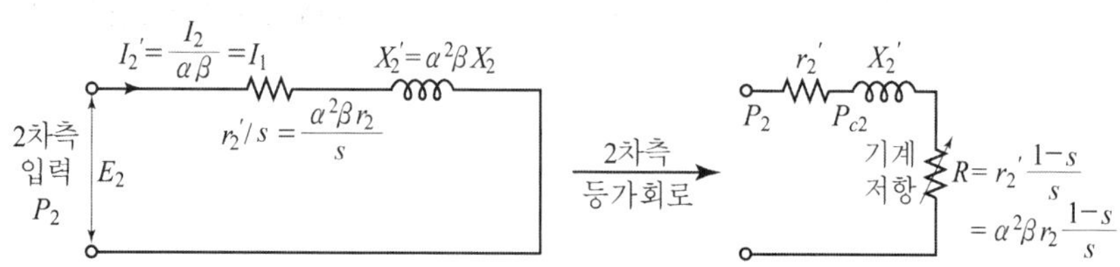

→ 기계저항 R : 전동기의 기계적 출력을 발생시킨다고 보는 등가저항
출력 P = 실제 전달되는 값 P_o + 기계손 P_m

$$\frac{r_2'}{s} = r_2' + R \quad \rightarrow \quad \therefore \text{ 기계저항 } R = r_2' \times \frac{1-s}{s}$$

$$\text{등가부하저항(기계저항) } R = r_2' \frac{1-s}{s} = \alpha^2 \beta r_2 \frac{1-s}{s}$$

(4) 3상 출력(기계적 출력)

$$P = 3I^2 R = 3I^2 r_2' \frac{1-s}{s} \text{ [W]}$$

(5) 1차 입력 P_1

1차 입력 P_1 = 철손 P_i + 1차 동손 P_{c_1} + 2차 입력 P_2

(1차 동손 P_{c_1} ← $I_1^2 r_1$[W])

(6) 2차 입력 P_2

2차 입력 P_2 = 2차 동손 P_{c_2} + 출력 P = $(I_2')^2 \times \dfrac{r_2'}{s}$

(2차 동손 P_{c_2} ← $(I_2')^2 \times r_2' = sP_2$)

(7) 출력 P

출력 $P = (I_2')^2 R$

$$= (I_2')^2 \times r_2' \frac{1-s}{s} = (I_2')^2 \times \frac{r_2'}{s} - (I_2')^2 r_2' = P_2 - sP_2 = (1-s)P_2$$

(8) 전력 변환값 정리

구 분	값	2차 입력 P_2에 대한 (비) 값	$s = \dfrac{N_s - N}{N_s}$
2차 입력 P_2(기준)	P_2(기준값)	1(기준)	
2차 출력 P	$P = (1-s)P_2$	$1 - s = \dfrac{N}{N_s}$	$N = N_s(1-s)$
2차 동손 P_{c2}	sP_2	s	

과년도 >> 15[kW]의 3상 유도 전동기의 기계손이 350[W] 전부하시의 슬립이 3[%]라고 할 때 전부하시의 2차 동손은?

풀이 3상 유도 전동기 전부하시 2차 동손 P_{c2} 계산

대입식 →	2차 동손 P_{c2} →	계산
2차 출력 $P=(1-s)P_2$ 2차 입력 $P_2=\dfrac{P}{1-s}$	$P_{c2}=s\,P_2$ $=s\times\dfrac{P}{1-s}$	$=0.03\times\dfrac{15000+350}{1-0.03}$ $=475\,[\mathrm{W}]$

8 효율 η

(1) 기계손 $P_m=0$ 무시한 경우 효율 → 출력 $P=P_o+P_m=P_o$ 적용

$$\text{효율 } \eta=\frac{P(P_o)}{P_1}\times 100\,[\%]$$

$$=\frac{P_o}{P_o+P_i+P_{c1}+P_{c2}}\times 100\,[\%]$$

(2) 기계손 P_m 존재시 효율 → 출력 $P=P_o+P_m$ 적용

$$\text{효율 } \eta=\frac{P_o+P_m}{P_o+P_m+P_i+P_{c1}+P_{c2}}\times 100\,[\%]$$

(3) 유도 전동기 2차 효율 η_2

$$\eta_2=\frac{\text{출력 }P}{\text{2차 입력 }P_2(\text{동기와트})}\times 100\,[\%]=(1-s)\times 100\,[\%]$$

$$=\frac{\text{회전자속도 }N}{\text{동기속도 }N_s}\times 100\,[\%]=\frac{W(\text{회전자 각속도})}{W_o(\text{동기 각속도})}\times 100\,[\%]$$

유도식

$$\text{2차 효율 } \eta_2=\frac{\text{출력 }P}{\text{2차입력 }P_2}=\frac{(1-s)P_2}{P_2}=1-s$$

9 토크(동기와트) T

└ 동기속도하에서 2차 입력

(1) 토크 단위가 [N·m]인 경우

$$T=\frac{\text{출력 }P}{W}=\frac{P}{2\pi\frac{N}{60}}=\boxed{\frac{60P}{2\pi N}}=\frac{60P}{2\pi(1-s)N_s}=\frac{60P}{2\pi(1-s)\times\frac{120f}{P}}$$

W → 회전자 각속도

$$=\frac{\text{출력 }P\times\text{극수 }P}{4\pi f(1-s)}\,[\mathrm{N\cdot m}]$$

$$\therefore \text{ 기계적 출력 } P=\frac{4\pi f(1-s)}{P(\text{극수})}\times T\,[\mathrm{W}]$$

$$\frac{60P_2(1-s)}{2\pi N_s(1-s)}=\frac{60P_2}{2\pi N_s}\,[\mathrm{N\cdot m}]$$

$$T=\frac{P}{W}=\frac{60P(\text{출력})}{2\pi N(\text{회전자속도})}=\frac{60P_2(2\text{차입력})}{2\pi N_s(\text{동기속도})}\,[\mathrm{N\cdot m}]$$

(P_2 ← $\frac{P_{C_2}}{s}$)

→ $T=\frac{\text{회전자 입력 }P_2}{\text{동기각속도 }W_o}$ [식]도 가능하다.

(2) 토크 단위가 [kg·m]인 경우

$$T=0.975\frac{P}{N}=0.975\frac{P_2}{N_s}\,[\mathrm{kg\cdot m}]\quad(\text{단, }1[\mathrm{kg\cdot m}]=9.8[\mathrm{N\cdot m}])$$

(P → $P_2(1-s)$, N → $N_s(1-s)$)

(3) 전부하 토크 T

$$T=\frac{P}{W}=\boxed{\frac{1}{W}}\times E_2I_2\cos\theta=\frac{1}{W}E_2\times\frac{sE_2}{\sqrt{r_2^2+(sX_2)^2}}\times\frac{r_2}{\sqrt{r_2^2+(sX_2)^2}}$$

($\frac{1}{W}$ ← k(상수))

$$\text{전부하 토크 } T=k\frac{sE_2^2r_2}{r_2^2+(sX_2)^2}\,[\mathrm{N\cdot m}]$$

따라서, 슬립 $s\propto\frac{1}{V^2}$, 토크 $T\propto V^2\propto I^2\propto P$

(4) 최대 토크 T_{max}

① **최대 토크 발생조건** : $r_2 = sX_2$일 때 발생한다.

② **최대 토크** : $T_{max} = k\dfrac{sE_2^2 \cdot sX_2}{2(sX_2)^2} = k\dfrac{E^2}{2X_2}$ [N·m]

(5) 최대 토크를 갖는 슬립 s_t

① **회로도**

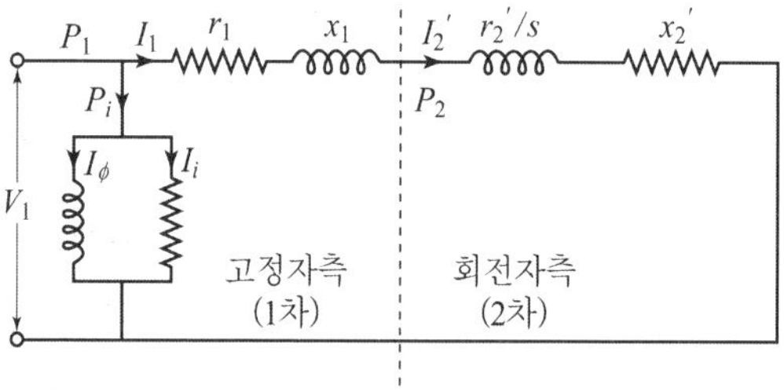

② 최대 슬립 s_t 계산식

출제 유형	모든 값이 주어진 경우 사용	$r_1=0$인 경우 사용	$r_1=x_1=0$인 경우 사용
최대 슬립식	$s_t = \dfrac{r_2'}{\sqrt{r_1^2+(x_1+x_2')^2}}$	$= \dfrac{r_2'}{x_1+x_2'}$	$= \dfrac{r_2'}{x_2'}$

(6) 최대 토크를 갖는 속도 $N = N_s(1-s_t)$

과년도 **[1]** 15[kW]의 3상 유도 전동기의 기계손이 350[W], 전부하시의 슬립이 3[%]라고 할 때 전부하시의 2차 동손은?

풀이 3상 유도 전동기 2차 동손 P_{c2} 계산

적용식	계산	정답
$P_{c2} = s\,P_2 = s \times \dfrac{P(2차\ 출력)}{1-s}$	$= 0.03 \times \dfrac{15000+350}{1-0.03}$	$=475$ [W]

과년도 **[2]** 3상 유도 전동기의 전압이 15[%] 저하하면 기동 토크의 감소율[%]은 대략 얼마인가?

풀이 슬립 $s \propto \dfrac{1}{V^2}$, 토크 $T \propto V^2 \propto I^2 \propto P$에서 $T \propto V^2$ 비례식 이용

적용식	계산	기동토크 감소율
나중토크 $T_2 = \left[\dfrac{나중전압\ V_2}{처음전압\ V_1}\right]^2 \times T_1$	$= \left[\dfrac{0.85\,V_1}{V_1}\right]^2 \times T_1$ $= 0.725\,T_1$	토크 감소분$\times 100[\%]$ $= (1-0.7225) \times 100$ $= 27.8[\%]$

(7) 토크-속도 특성

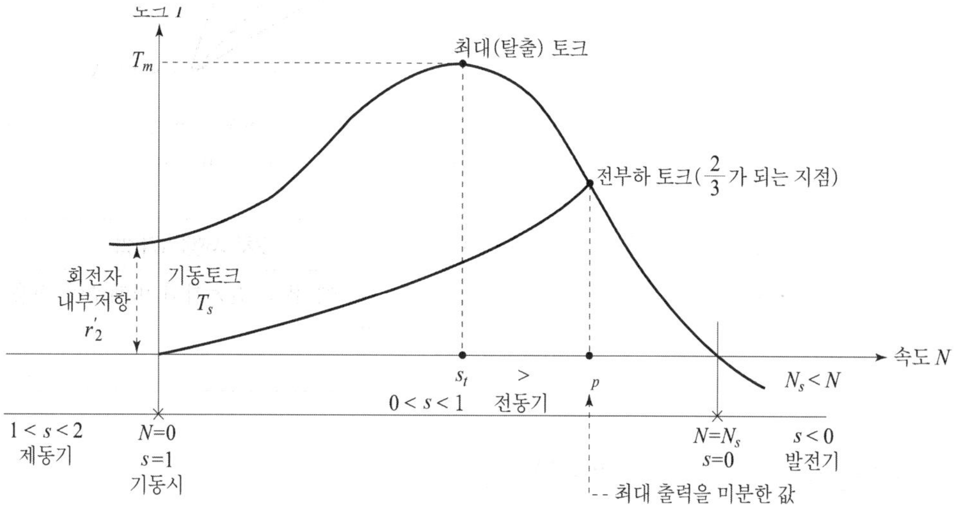

10 비례추이(권선형 유도 전동기에 적용)

(1) 정의(비례 추이 → 2차 저항가감법)

권선형 유도 전동기의 회전자에 (2차)저항을 외부에서 접속하여 증가시킬 때 전동기의 토크 곡선은 슬립이 증가(또는 낮은 속도쪽)하는 방향으로 비례하여 이동한다. (최대 토크는 일정하다.)

(2) 권선형 유도 전동기 비례추이 그래프

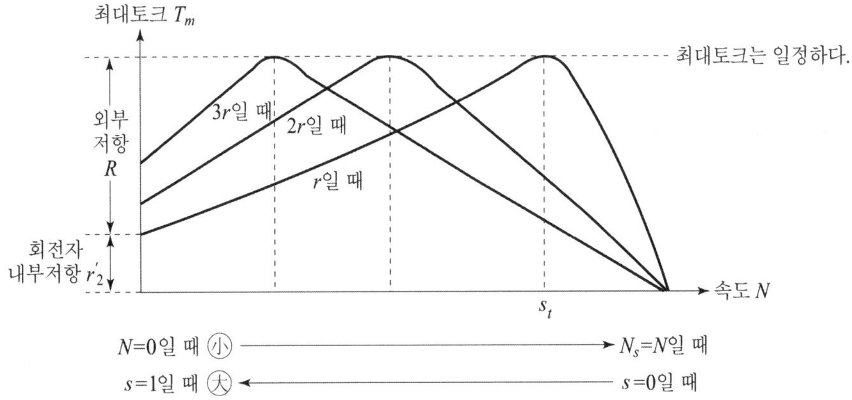

3상 유도 전동기에서 비례추이할 수 없는 것	2차 저항(가감)법
① 출력 ② 효율 ③ 2차 동손	3상 권선형 유도 전동기의 비례추이 적용 속도 제어법

(3) 회전자 내부저항 r_2' 값이 클수록

① 기동토크가 커진다.(↑증가)
② 기동전류가 적어진다.(↓감소)

(4) 회전자 내부저항 r_2'과 최대 슬립 s_t와 외부저항 R 관계

내부저항 $r_2' \propto$ 최대슬립 $s_t \propto$ 외부저항 R

(5) (권선형 기동시) 2차 회로(회전자)의 저항 삽입 이유

① 속도를 제어한다.
② 기동 토크를 크게 해 준다.
③ 기동전류를 줄여준다.

(6) 외부저항 R값 구하기

외부저항 R(2차 삽입저항) : 외부에서 2차 회로에 삽입해야 할 저항

1) 내부 임피던스 존재하는 경우 R값

식 $\frac{r_2'}{s_t} = \frac{r_2' + R}{1}$ 사용

단, $s_t = \frac{r_2'}{\sqrt{r_1^2 + (X_1 + X_2')^2}}$ 대입하면

$$\text{외부저항 } R = \sqrt{r_1^2 + (X_1 + X_2')^2} - r_2' \ [\Omega]$$
$$\fallingdotseq (X_1 + X_2') - r_2' \ [\Omega] \qquad (\text{단, } r_1 = 0\text{인 경우 적용식})$$

(단, 1차 저항 r_1, 1차와 2차 합성 리액턴스 $X_1 + X_2$, 2차 1상의 저항 r_2')

2) 최대 슬립 s_t 존재하는 경우 R값

식 $\frac{r_2'}{s_t} = \frac{r_2' + R}{1}$ 에서

$$\text{외부저항 } R = r_2' \frac{1 - s_t}{s_t} \ [\Omega]$$

3) 최대 토크 속도 $\begin{bmatrix} N_1 & \rightarrow & N_2 \\ \vdots & & \vdots \\ s_1 & \rightarrow & s_2 \end{bmatrix}$ 이동시 외부저항 R값

식 $\frac{r_2'}{s_1} = \frac{r_2' + R}{s_2}$ 에서

$$\text{외부저항 } R = r_2' \frac{s_2 - s_1}{s_1} \ [\Omega]$$

과년도 ≫ [1] $P=4$ 극기, 주파수 $f=60$[Hz], 회전수 $N=1{,}700$[rpm]일 때 최대토크를 갖는 슬립이 있다. 최대 토크 기동시 발생하는 외부저항 값은? (단, 2차 내부저항 r_2')

풀이

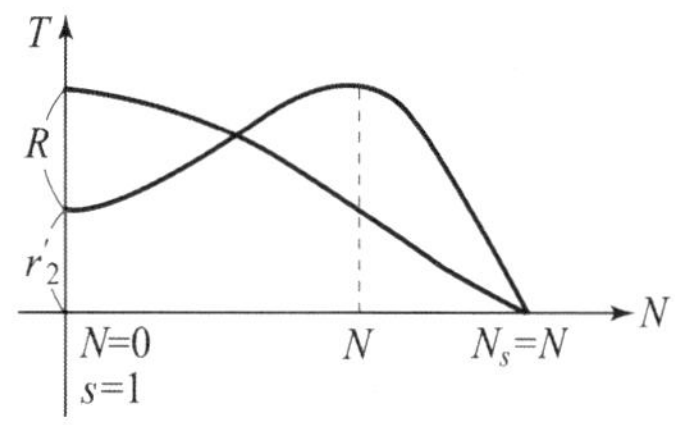

순서	동기속도 N_s →	슬립 s →	외부저항 R
공식	$N_s=\frac{120f}{P}$	$s=\frac{N_s-N}{N_s}$	$R=r_2'\left(\frac{1-s}{s}\right)$
계산	$=\frac{120\times 60}{4}$ $=1800[\text{rpm}]$	$=\frac{1800-1700}{1800}$ $=0.05$	$=r_2'\left(\frac{1-0.05}{0.05}\right)$ $=19r_2'\ [\Omega]$

과년도 ≫ [2] $N=1{,}700$[rpm]일 때 최대 토크 발생 1,000[rpm]시 최대 토크를 발생시킬 때 외부 저항 값은? (단, $P=4$극, $f=60$[Hz])

풀이

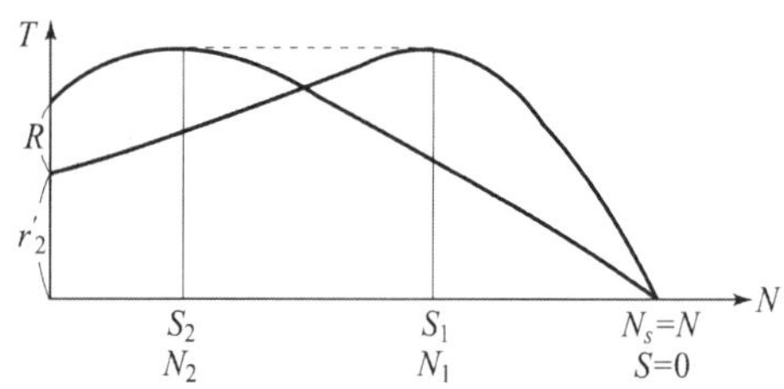

순서	동기속도 N_s →	슬립 s 계산 →	외부저항 R
공식	$N_s=\frac{120f}{P}$	$s_1=\frac{1800-1700}{1800}=\frac{1}{18}$	$R=r_2'\left(\frac{s_2-s_1}{s_1}\right)$
계산	$=\frac{120\times 60}{4}$ $=1800[\text{rpm}]$	$s_2=\frac{1800-1000}{1800}=\frac{8}{18}$	$=r_2'\left(\frac{8-1}{1}\right)$ $=7r_2'$

11 3상 유도 전동기 속도제어법

(1) 농형 유도 전동기인 경우의 속도제어법

<table>
<tr><th>종 류</th><th>적용식</th><th colspan="3">속도제어법 종류</th></tr>
<tr><td rowspan="3">농 형</td><td rowspan="3">• $N_s = \frac{120f}{P}$
• $N_s = (1-s) \times N_s$</td><td>① (1차)주파수제어법</td><td>② 극수제어법</td><td>③ 전압제어법
($T \propto V^2$)</td></tr>
<tr><td>가변전압 가변주파수 제어</td><td>고정자 권선을 전환</td><td>1차 전압을 제어</td></tr>
<tr><td colspan="3">역률 cosθ ㊮ ←——→ cosθ ㊯</td></tr>
<tr><td>권선형</td><td colspan="4">① 2차 저항법 ② 종속법 ③ 2차 여자법 ④ 크레이머 방식 ⑤ 셀비우스 방식</td></tr>
</table>

(2) 권선형 유도 전동기인 경우의 속도제어법

1) 2차 저항제어법

비례추이 원리 이용(권선형의 2차 삽입 저항)

2) 종속법

종 류	내 용	(무부하) 속도 공식
① 직렬 종속법	두 개의 전동기 극수를 합한 하나의 전동기로서 속도제어	$N = \frac{120f}{P_1 + P_2}$ [rpm]
② 병렬 종속법	1대 발전기 1대 전동기로서 속도 제어	$N = 2 \times \frac{120f}{P_1 + P_2}$ [rpm]
③ 차동 종속법	2대 전동기의 극수차를 갖는 전동기로서 속도 제어	$N = \frac{120f}{P_1 - P_2}$ [rpm]

3) 2차 여자법

• **정의** : 회전자 유기 기전력과 동일 전압(주파수)을 회전자(여자기)에 공급하여 슬립을 변화시켜 제어하는 방법(동기속도 이하로 광범위 제어)

여자 전원 $E_c = sE_2$[V], 여자 주파수 $f_c = sf_2$[Hz]

① 2차 유기 기전력 E_2'과 여자전원 E_c 동일 방향인 경우

이해도	전류 식	특 징
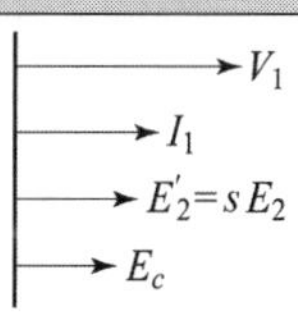	$I_2 = \frac{sE_2 + E_c}{\sqrt{r_2^2 + (sX_2)^2}}$[A]	속도 N(↑) 증가 역률이 증가(좋아짐)

② 2차 유기 기전력 E_2'과 여자전원 E_c 반대 방향인 경우

이해도	전류 식	특 징
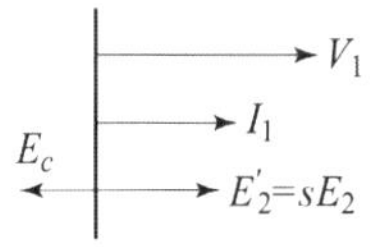	$I_2=\dfrac{sE_2-E_c}{\sqrt{r_2^2+(sX_2)^2}}[A]$	속도 $N(\downarrow)$ 감소 역률이 감소(나빠짐)

과년도 » 3상 유도 전동기의 전압이 일정하고 주파수가 감소시 현상은?

풀이 ① 동기속도 감소
② 누설 리액턴스 감소
③ 철손 증가
④ 역률이 나빠짐

4) 크레이머 방식 및 셀비우스 방식

크레이머 방식	2차에 정류기를 연결하여 2차 출력을 직류로 변환하여 유도기와 직결한 직류기의 전원으로 이용하는 제어법
셀비우스 방식	정류한 2차 출력을 인버터로 변환시키고 인버터의 게이트를 조정하여 제어하는 방식

※ 3상 유도전동기 경부하 운전 중 1선 퓨즈 용단시 전류 감소되나 일정동안 운전 지속된다.

과년도 » 16극와 8극의 유도 전동기를 병렬접속법으로 속도 제어할 때, 전원 주파수가 60[Hz]인 경우 무부하 속도 n_0는?

풀이 유도 전동기의 병렬 종속시 무부하 속도 n_0 계산법

적용식	계산	정답
$n_0=2\times\dfrac{120f}{p_1+p_2}$	$=\dfrac{2\times120\times60}{16+8}=\dfrac{14400}{24}$	$=600[\text{rpm}]$

(3) 3상 유도 전동기 회전방향을 바꾸는 방법

3상의 3선중 2선의 접속을 바꾼다.

12 기동법

- **기동시** : 회전속도 $N=0$, 슬립 $s=1$

(1) 농형 유도 전동기 기동법

종 류	내 용(특징)
① 전전압(직입) 기동법	전동기에 직접 전원을 접속하여 기동하는 방식으로 5[kW]의 소형 전동기에 적용, 기동시 역률이 좋지 않다.
② Y-Δ 기동법	5[kW]~15[kW] 이하 중형 전동기에 사용(200V급은 7.5kW 이상, 380V급은 15kW 이상) 기동시 Y결선하여 기동전류 $\frac{1}{3}$ 제한하고(전전압의 57.7% 인가) 운전시 Δ결선하여 전전압 인가(기동토크 $\frac{1}{3}$ 감소)
③ 기동 보상기법	15[kW] 이상 대형 전동기에 사용(대용량 냉동기용 컴프레셔) 단권 변압기의 탭 조정에 의해 감전압 기동하여 전전압 운전한다. (기동전압을 떨어뜨려서 기동전류를 제한하는 기동방식으로 고전압 농형 기동시 사용) (200V급은 7.5kW 이상, 380V급은 11kW 이상)
④ 리액터 기동법	전동기의 전원측에 직렬로 리액터를 넣어 이 리액터에 전압강하를 시켜서 감압 기동하고 기동 후에는 단락시키는 방식으로 기동 보상기에 의한 기동에 비하여 기동조작이 간단하다.(소형 전동기용)
⑤ 콘돌퍼 기동법	Y-Δ 기동법과 기동 보상기법 결점을 보완한 기동법
⑥ 크샤 기동법	기동 토크를 감소할 목적으로 유도 전동기의 1차 권선에 3상 중에 1~2상에 저항을 삽입한 것
⑦ VVVF 기동	가변전압 가변주파수 기동 방식으로 기동시 축전지를 사용, 기동 후에는 사용전원으로 바이패스하는 기동법
⑧ VVCF 기동	가변전압 고정주파수 기동 방식으로 전압만을 조정하여 기동하는 방식

기동법 사용이유 : 전동기 기동시 큰 기동전류에 의해 차단기 트립 방지, 전동기에 전기적 무리 방지

(2) 권선형 유도 전동기 기동법 : 2차 저항법

종류	내용(특징)
① 기동저항기법 (2차 저항 기동법)	유도전동기의 비례추이 특성 이용 기동방식으로 회전자 회로에 슬립링을 통하여 각상 권선과 직렬로 가변(외부) 저항을 접속하고 그 저항값을 속도의 상승과 더불어 순차적으로 바꾸어 작게 하면서 최종에는 단락시켜 기동하는 방법
② 2차 임피던스 기동	2차 회전자 회로에 고정저항과 리액터를 병렬 접속한 것을 삽입기동 방식으로 R $(X_L = 2\pi f L)$ 기동시 : 큰 기동토크로 기동(기동시 2차 주파수가 커서 전류는 저항에 흐르기 때문에) 운전시 : 동기속도(속도상승 → 2차주파수 감소 → 리액턴스 감소 → 전류는 인덕턴스에 흐름 → 리액턴스 단락상태)

종류	내용(특징)
③ 게르게스법	회전자 권선의 접속을 원심력 개폐기에 의해 직렬, 병렬로 바꾸어 속도를 제어하는 방법(회전자에 소권수코일 2개를 설치하여 기동시 병렬로 사용하여 전류를 제한하고, 기동 후에는 각상 권선이 단락하여 큰 토크를 얻는 방식)

2차 회로저항 →	기동토크 →	기동전류
크게(↑) 한다.	큰 값 얻음	억제됨

2차 권선저항 →	운전 특성
크게(↑) 한다.	나빠진다.

13 유도 전동기의 이상현상

크로링 현상 (농형에서 발생)	농형 유도 전동기 계자에 고조파가 유기되거나 공극이 일정하지 않을 때(슬롯수가 적당하지 않을 때)는 전동기 회전자가 정격속도에 이르지 못하고 도중에서 주저앉아 버리는 현상(소음 발생) • 방지책 : 사구(skew slot) 방식 채용
게르게스 현상 (권선형에서 발생)	전류에 고조파 성분이 포함되어서 1선이 단선되는 현상으로, 3상 운전 중 1선이 단선된 경우에는 2차에 단상전류가 흐르게 되고, 부하가 많이 걸리면, 토크가 감소하여 정격속도의 $\frac{1}{2}$배로 운전되는 현상(슬립이 0.5일 때 발생)

14 3상 유도전동기 종류 및 장점·단점·용도

종 류		기동토크	장 점	단 점	용 도	
농형	보통 농형	150[%]	• 구조가 간단하다. • 취급이 용이하다. • 저가이며 직입기동이 가능하다.	• 기동전류가 크다. • 중관성부하의 기동이 곤란하다.	송풍기, 공작기계	일반 산업용
	특수 농형	200~250[%]			컨베이어, 압축기 왕복동 펌프	
권선형		300[%]	• 2차 저항으로 기동 • 전류 억제하여 큰 기동토크 발생 • 속도제어가 용이하다.	• 구조가 복잡하다. • 보수가 어렵다.	엘리베이터 권상기 펌프, 압축기	중관성 부하용

15 원선도

(1) 정의

유도 전동기가 무부하 운전시 1차에 여자전류만 흐르고 부하가 걸리면 슬립이 발생하여 2차 전류가 흐르고 이것에 대응하여 1차 전류가 흘러 벡터값은 반원주상에 있고 크기와 방향은 변화하는 반원 전동기의 특성값은 실부하 시험을 하지 않고도 원선도(반원 : 등가회로값)에서 쉽게 전부하 전류, 역률, 효율, 슬립, 토크 등을 구할 수 있다.

(2) 원선도

1) 원선도 작성시 요구시험

① 무부하 시험 ② 구속 시험 ③ 고정자권선의 저항 측정 시험

2) 원선도 그림

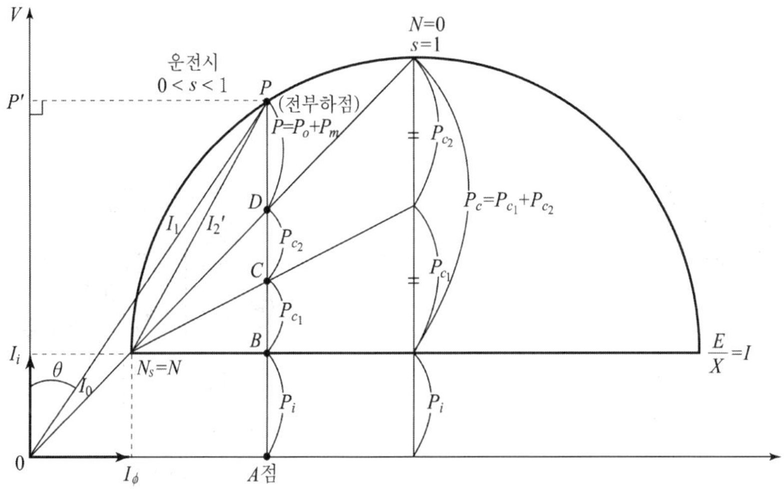

3) 특성값

① 원선도 직경 $I=\dfrac{E_1}{X_1+X_2}\fallingdotseq\dfrac{E}{X}$

② 원선도에서 구할 수 없는 값

㉠ 기계손

㉡ 기계적 출력 $P=P_o+P_m$

③ 전동기 1차 입력 $P_1=P_i+P_{c1}+P=\overline{AP}$

④ 전동기 2차 입력(동기와트) $P_2=P_{c2}+P=\overline{CP}$

⑤ 전동기 효율 $\eta=\dfrac{P}{P_1}\times 100\,[\%]=\dfrac{\overline{DP}}{\overline{AP}}\times 100\,[\%]$

⑥ 전동기 2차 효율 $\eta_2 = \dfrac{P}{P_2} \times 100\,[\%] = \dfrac{\overline{DP}}{\overline{CP}} \times 100\,[\%]$

⑦ 역률 $\cos\theta = \dfrac{\overline{OP'}}{\overline{OP}}$

⑧ 슬립 $S = \dfrac{P_{c2}}{P_2} = \dfrac{\overline{CD}}{\overline{CP}}$

16 단상 유도 전동기

속도 변동이 크고 효율이 낮아 가정용(선풍기, 가정용 펌프, 헤어드라이기)에 사용된다.

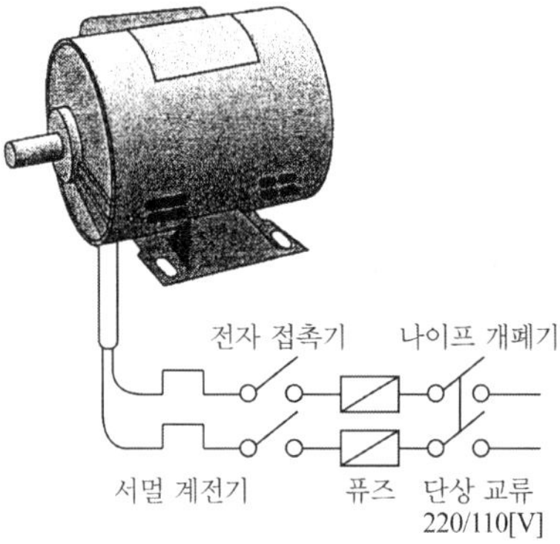

〈외관과 접속도〉

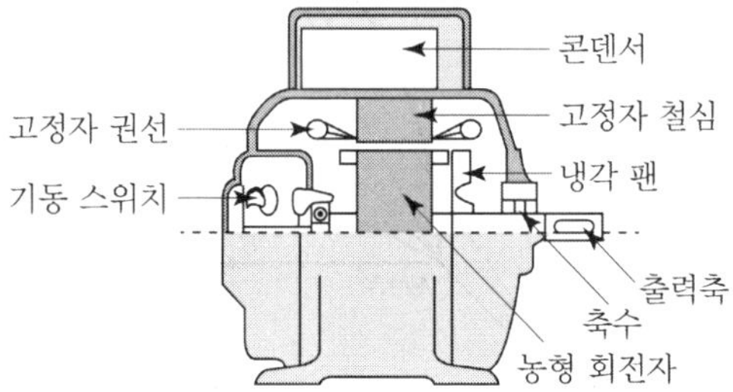

〈구조도〉

(1) 원리

① 단상 유도 전동기의 고정자 권선에 단상교류를 공급하면, 권선의 축방향으로 N극, S극의 극성만이 바뀌지는 교번(이동)자기장(altrnation field)이 발생한다.

특 징	토크=0	정방향 회전자계=역방향 회전자계 때문에

② 교번자계는 회전 자기장 발생이 없기 때문에 기동토크가 없으므로(별도의 기동장치 필요하므로) 기동권선(보조권선)을 사용하여 기동토크를 발생하여 회전시킨다.

특 징	토크 발생	교류를 가한 순으로 불평등 자계를 만들어야 토크 발생된다.

③ 단상 유도 전동기의 회전자 구조는 3상 농형 유도 전동기의 회전자와 같이 농형이고, 고정자 권선은 단상 권선으로 되어 있으며 3상에서와 같이 회전자기장이 발생하지 않고 교번(이동) 자기장이 발생한다.

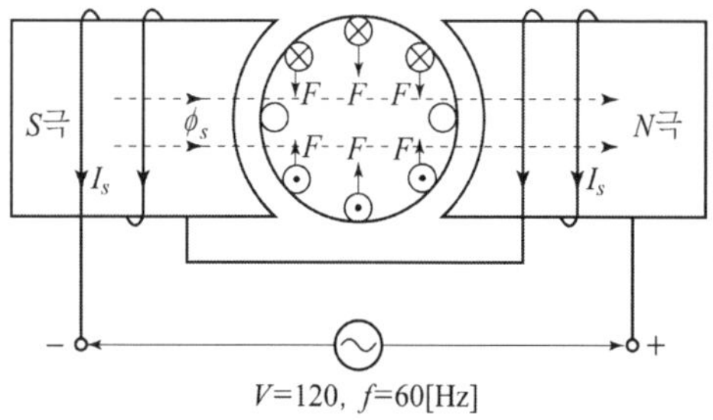

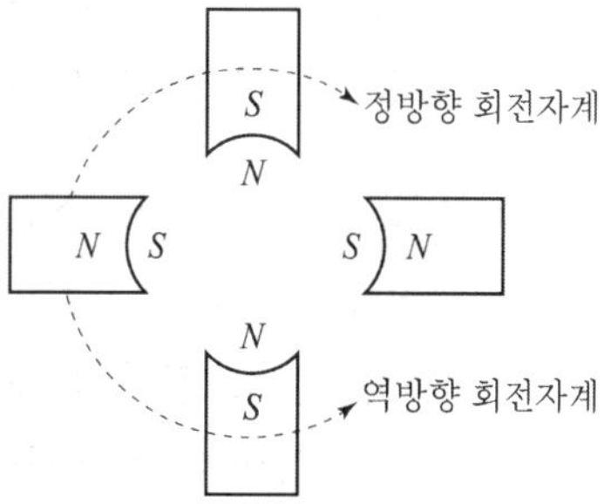

토크를 얻기 위해 불평등자계(위상차)를 만들어야 한다.

(2) 단상 유도 전동기 기동 방식 및 토크 크기 관계

토크≠0 (불평등 자계를 만들어야 토크가 발생한다.)

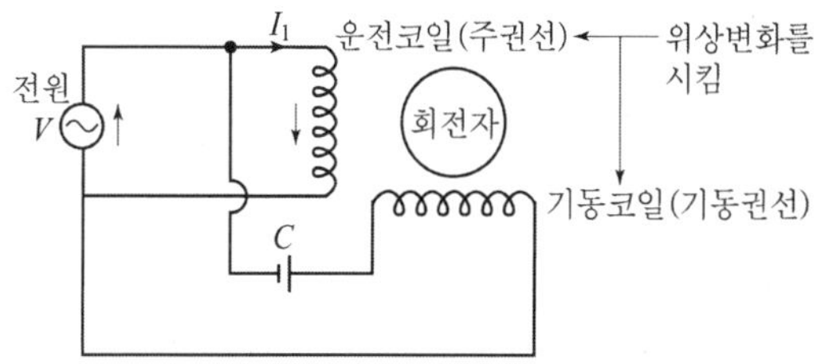

〈콘덴서 기동형〉

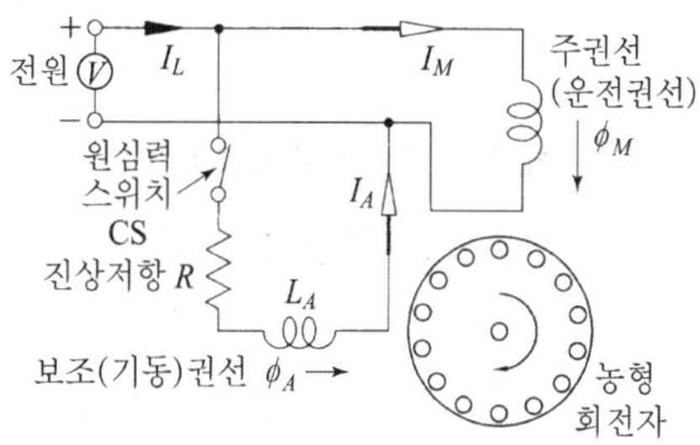

〈분상 기동형〉

1) 콘덴서 기동형 단상 유도 전동기

① **원리** : 대용량의 전해 콘덴서를 보조(기동)권선과 직렬로 삽입한 방식으로 역률을 보상해준다.

$$\left(\text{운전시 위상 } \theta_A = \tan^{-1}\frac{X_L}{R},\ \text{기동시 위상 } \theta_B = \tan^{-1}\frac{X_L' - X_c}{R'}\right)$$

② **특징** : 콘덴서 전동기는 역률이 좋고, 원형에 가까운 회전자계가 생기므로 토크의 맥동 소음이 적어 운전 특성이 좋다.

2) 분상 기동형 단상 유도 전동기

① **원리** : 기동시에만 주권선과 90° 진상용 저항 R을 접속한 보조(기동)권선에

의해 회전자기장을 만들어 기동시키고, 가속(원심개폐기 CS 작동시기 : 회전자속도가 동기속도의 70~80%)되면 (보조권선을 제거하고) 주권선으로만 운전하는 방식

② **특징** : 기동 토크가 작아 대개 200[W] 이하의 작은 단상 전동기에 사용한다. 회전 방향을 바꾸려면 A권선의 단자를 바꾸어 M권선에 접속한다.

3) 반발 기동형 유도 전동기

① **원리** : 고정자는 주권선을, 회전자는 직류 전동기와 같이 정류자를 갖는 권선을 감고 전기각 180°의 위상을 갖는 2개의 브러시가 굵은 도선으로 단락되어 있어서 기동시에는 반발 전동기로 되어 기동하는 방식으로 브러시 위치를 이동시켜 회전방향을 역회전 시킬 수 있다.

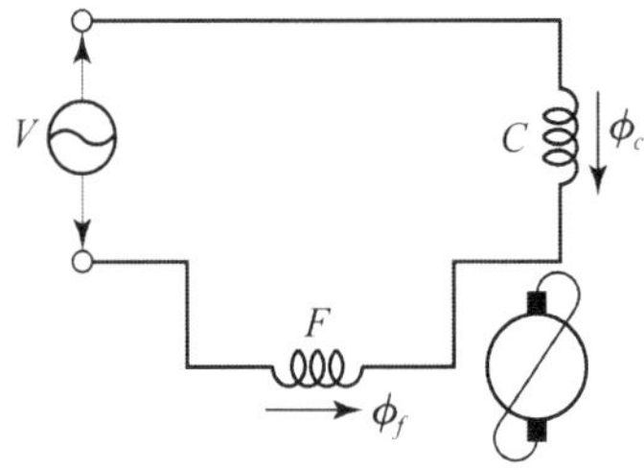

② **특징** : 동기 속도의 70~80[%]까지 올라가면 원심력 장치로 정류자를 단락하여 농형 회전자가 되어 회전한다. 회전 방향을 바꾸려면 고정자 권선측에 대해 브러시 위치를 반대로 하면 된다.
기동 전류가 적고 기동 토크는 전부하 토크의 30~500[%] 정도로 대단히 크며, 기동 토크가 큰 부하에 적당하나 분상 기동형보다 크고 가격이 비싸다.

4) 셰이딩 코일형 유도 전동기

셰이딩 코일형 유도 전동기(shaded-pole motor)는 회전자가 농형의 구조이고, 고정자의 성층 철심은 주극을 돌극으로 하고 끝부분에서 세돌극을 둔다. 세돌극에는 굵은 구리선으로 두 번 정도 감아 단락시킨 셰이딩 코일(shading coil)을 설치하여 시변되는 자기력선속을 회전자에 통과시키면 셰이딩 코일이 있는 쪽으로 자계가 발생하여 토크가 생

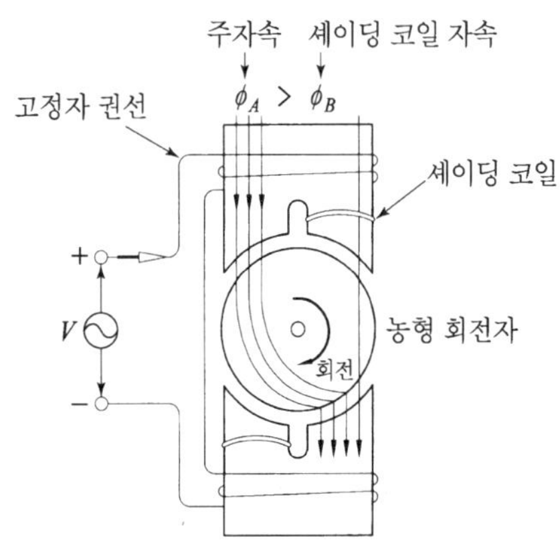

긴다.(회전방향을 바꿀 수 없고, 기동토크가 작다.)

기동토크 크기 순서	단상 유도 전동기 종류 (기동장치에 의한 분류)	특 징
㊢값	반발 기동형	정류자편, 브러시가 있다, 기동토크(大) 예 소형펌프, 에어컨
↑	반발 유도형	
↑	콘덴서 기동형	역률 $\cos\theta$(좋다 大), 기동토크(大), 기동전류(小) 예 가정용(냉장고, 선풍기, 세탁기)
↑	분상 기동형	기동권선저항 R(大), 리액턴스 L(小) 예 복사기, 계산기, 세탁기, 전기냉장고
㊛값	셰이딩 코일형	기동토크 작은 출력 10[W] 이하 소형전동기에 사용 예 플레이어, 테이프, 레코더, 소형선풍기

(3) 역회전시키는 방법(회전방향 반대)

1) **원리** : 기동권선(코일)이나 운전권선(주권선) 중 한쪽 권선의 접속을 반대로 한다.

전동기 회전 방향	시계 방향으로 회전	반시계 방향으로 회전
결선그림	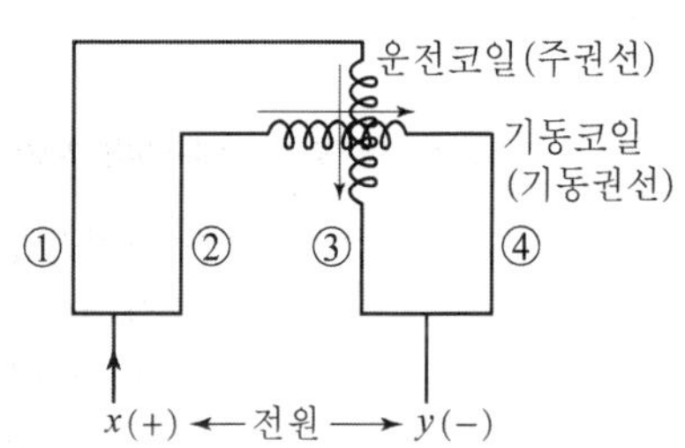	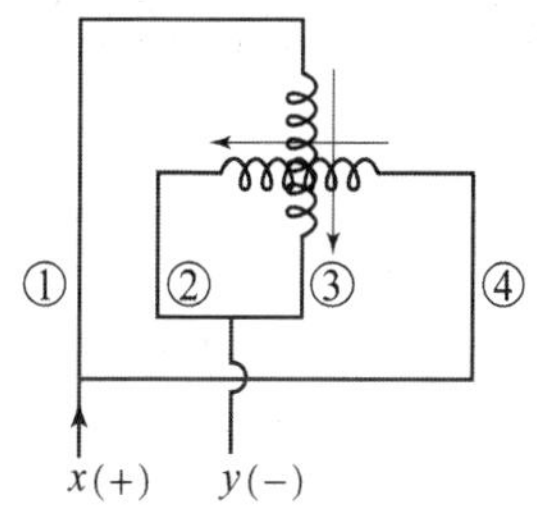

2) 단상 유도 전동기 종류별 역회전 방법

종류	분상(콘덴서) 기동형	반발 기동형	셰이딩 코일형
역회전시키는 방법	주권선 또는 보조권선 중 1개 단자 접속을 반대로	2개 브러시 위치를 반대로	구조상 바꿀 수 없다.

17 유도 전압 조정기(특수 유도 전동기)

(1) 정의

1차 권선(회전자 : 분로권선)과 2차 권선(고정자 : 직렬권선)의 상대적 위치를 변화함으로써 출력전압을 광범위하게 조절할 수 있도록 한 변압기이고, 구조상으로는 유도기와 비슷하다.

(2) 원리

종 류	단상 유도 전압 조정기	3상 유도 전압 조정기
적용 원리	변압기(교번자계) 원리 적용	3상 유도 전동기의 (회전자계) 원리 적용
입·출력 전압관계	위상차가 없다.	유도 전압 조정기의 1차와 2차 전압은 위상차가 있다.
특 징	단락권선을 분로(1차)권선과 수직(90°)으로 놓아 2차 권선의 누설 리액턴스에 의한 전압강하를 방지한다.	분로권선이 있으나 단락권선이 불필요하다.

(3) 유도 전압 조정기 용량 W

종 류	용량 W 및 2차(출력)측 전압 조정 범위
1ϕ 유도 전압 조정기 (단권 변압기 원리)	• 2차 선간(부하단자)전압 V_2 = 1차 전원전압 V_1 + 2차 유도전압 $E_2 \sim V_1 - E_2$ [V] $= V_1 \pm E_2 \cos 2\alpha$ ($\alpha = 0 \sim \pi$ 까지 조절 가능) • 정격용량(출력) $W = E_2 I_2 \times 10^{-3}$ [kVA] (단, E_2 : 조정전압)
3ϕ 유도 전압 조정기 (회전자계 원리)	• 2차 선간전압 $V_2 = \sqrt{3}(V_1 + E_2 \sim V_1 - E_2)$ [V] • 정격용량(출력) $W = \sqrt{3} E_2 I_2 \times 10^{-3}$ [kVA]

과년도 » 선로용량 6,000[kVA]의 회로에 사용하는 6600±660[V]의 3상 유도 전압 조정기의 정격용량[kVA]은 얼마인가?

풀이 [3상 유도 전압 조정기 용량 W]

적용식	계산	정답
$W = \sqrt{3} E_2 I_2 = \sqrt{3} \times E_2 \times \dfrac{P}{\sqrt{3} V_2} = \dfrac{E_2 P}{(V_1 + E_2)}$	$= \dfrac{660 \times 6000}{(6600 + 660)}$	$= 545$ [kVA]

18 유도 발전기의 특성 및 용도

① 유도 발전기는 단독으로 운전할 수 없으며 동기 발전기를 갖고 운전시킴
② 유도 발전기의 주파수는 전원의 주파수로 정해지며 회전속도와는 무관하다.
③ 출력은 상대속도($N_s - N$)에 비례하며 출력을 증가시키려면 속도를 크게 한다.
④ 기동, 운전 조직이 쉬우며 고장이 적고 동기 조정을 할 필요가 없다.
⑤ 난조 등의 이상은 없으나 효율, 역률이 좋지 않다.

제5장 정류기

용어 • **정류기** : 전류의 흐름 방향을 바꾸어 주는 것

1 회전 변류기

정 의	교류 형태를 직류 형태로 변환시키는 회전기기
원 리	동기 전동기 원리 적용(대전류용)

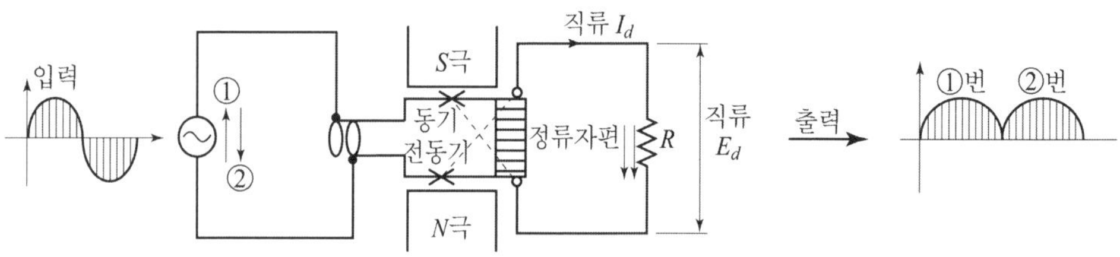

용어 E_d : 직류전압, E_a : 교류전압, m : 상수, $\cos\theta$: 역률, I_d : 직류전류, I_a : 교류전류

(1) 전압비 및 전류비

① 전압비	$\dfrac{교류\ E_a}{직류\ E_d} = \dfrac{1}{\sqrt{2}}\sin\dfrac{\pi}{m}$	② 전류비	$\dfrac{교류\ I_a}{직류\ I_d} = \dfrac{2\sqrt{2}}{m\cos\theta}$

(2) 회전 변류기 기동법 및 전압 조정법

회전 변류기 기동법	직류측 전압 조정법
① 교류측 기동법	① 직렬 리액턴스에 의한 방법
② 기동 전동기에 의한 기동법	② 유도 전압 조정기(AVR)를 사용하는 방법
③ 직류측 기동법	③ 부하시 전압 조정기를 사용하는 방법
	④ 동기 승압기(변압기 탭 변환)에 의한 방법

(3) 난조의 원인 및 방지법

난조의 원인	난조의 방지법
① 브러시의 위치가 중성점보다 늦은 위치에 있을 때 ② 직류측 부하가 급변한 경우 ③ 교류측 주파수가 주기적으로 맥동하는 경우 ④ 역률이 나쁜 경우 ⑤ 전기자 회로 저항이 리액턴스에 비해 큰 경우	① 제동 권선의 작용을 강하게 할 것 ② 전기자 저항에 비해서 리액턴스를 크게 할 것 ③ 허용되는 범위 내에서 자극수를 적게 하고 기하학적 각도와 전기각도의 차를 적게 할 것

2 수은 정류기

정의	교류를 직류로 변환시키는 정류기
수은 정류기 직류전압	맥동을 작게 하기 위해 상수를 6상 또는 12상으로 한다.
수은 정류기용 변압기 2차 결선방식	6상 2중 성형(Y)결선 (고전압, 대전류용→방송국용)
용도	대용량→전철, 화학용

(1) 전압비

$$\frac{\text{교류전압 } E_a}{\text{직류전압 } E_d} = \frac{\frac{\pi}{m}}{\sqrt{2}\sin\frac{\pi}{m}}$$

(2) 전류비

$$\frac{\text{교류전류 } I_a}{\text{직류전류 } I_d} = \frac{1}{\sqrt{m}}$$

(3) 수은 정류기 이상현상

구 분	내 용
① 점호	음극점을 만들어 양극의 아크 방전을 유도시키는 것
② 역호	과부하전류 및 과부하전압으로 정류기 밸브작용이 상실되는 것
③ 실호	양극에 전류를 통과시켜야 할 때 통전되지 않는 현상
④ 통호	전류를 저지하지 못하고 통과하는 현상

(4) 역호의 원인과 방지법

역호 발생 원인	역호 방지법
① 양극 표면의 불순물 부착 ② 양극 재료의 불량시 ③ 전류 및 전압의 과대시 ④ 증기밀도의 과대시 ⑤ 내부 잔존가스 압력의 상승시 ⑥ 양극의 수은방울 부착시	① 정류기를 과부하로 되지 않도록 할 것 ② 내각장치에 주의하여 과열, 과냉을 피할 것 ③ 진공도를 충분히 높게 할 것 ④ 양극 재료의 선택에 주의할 것 ⑤ 양극에 직접 수은증기가 접촉되지 않도록 양극부의 유리를 구부린다. ⑥ 철제 수은 정류기에서는 그리드를 설치하고 이것을 부전위하여 역호를 저지시킨다.

과년도 ≫ 6상 회전 변류기의 직류측 전압 E_d와 교류측 전압 E_a의 실효값과의 비 $\dfrac{E_d}{E_a}$는 어느 것인가?

풀이 [회전 변류기]

전압비 $\dfrac{E_a}{E_d}=\dfrac{1}{\sqrt{2}}\sin\dfrac{\pi}{m(상수)}$ [식]에서

$$\frac{E_d}{E_a}=\frac{\sqrt{2}}{\sin\dfrac{\pi}{m}}=\frac{\sqrt{2}}{\sin\dfrac{\pi}{6}}=\frac{\sqrt{2}}{\dfrac{1}{2}}=2\sqrt{2}=2.83$$

[계산기] [√] 2 [÷] [sin] (180 [÷] 6) [=] ⇒ 2.83

3 전력용 반도체 소자

(1) 다이오드(diode)

1) 정의

성질이 다른 두 가지 반도체를 결합하여 한쪽 방향으로만 전류가 흐를 수 있도록 만들어진 소자.(★ 전류 이동방향 : +극 → −극으로 이동한다.)

2) 심벌(기호)

실제외형	구조	기호
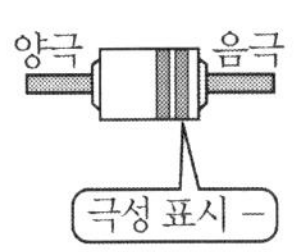	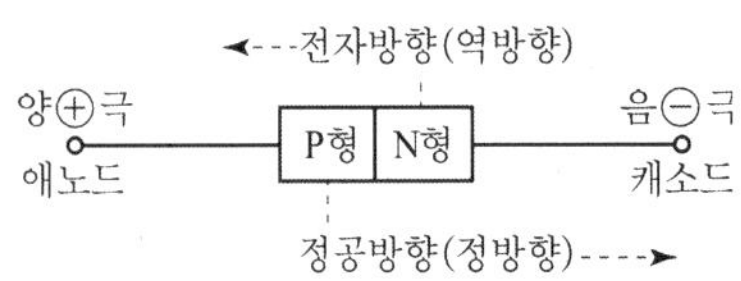	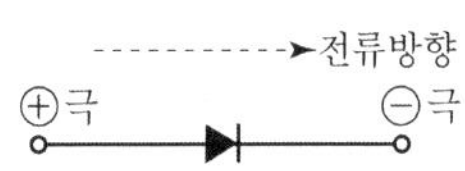

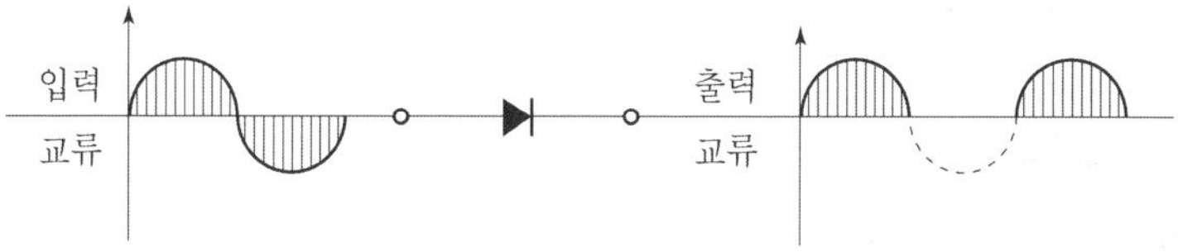

(2) 사이리스터(thyristor)

1) 정의

다이오드는 순방향 전압이 가해지면 도통하고, 역방향 전압이 가해지면 도통하지 않는 수동 소자이나, 반면에 사이리스터는 원하는 시점에 게이트 Gate 단자를 통해서 도통(ON)시킬 수 있는 소자이다. 즉, 사이리스터는 게이트 전류가 흐르면 순방향의 저지상태에서 온(On) 상태로 된다. 게이트 전류를 가하여 도통 완료까지의 시간을 턴온(Turn on), 시간이라고 하나 이 시간이 길면 스위칭 시의 전력손실이 많고 사이리스터 소자가 파괴되는 수가 있다.

★ **래칭전류** : 사이리스터가 턴온하기 시작하는 양극전류(턴온시키기 위한 최소 순전류)
유지전류 : 사이리스터가 온상태에서 양극전류를 줄여 사이리스터에 전류가 흐르지 않기 전 전류

2) 용도

위상 제어, 정지 스위치, 인버터, 초퍼, 타이머 회로, 트리거 회로, 카운터, 과전압 보호용

3) 실리콘 제어 정류기 SCR(Silicon Controlled Rectifier)

① **사용 목적** : 대전류 제어, 정류 기능, 위상 제어, 시간 지연회로, 모터 제어, 릴레이 제어

실제외형	구조	기호
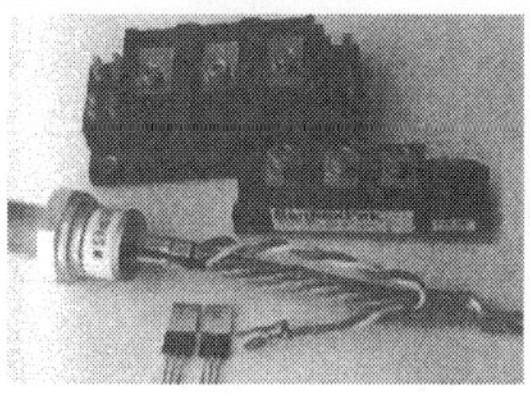	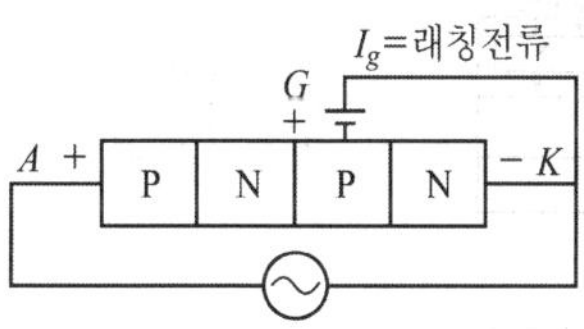	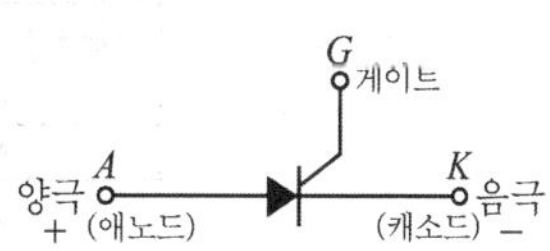

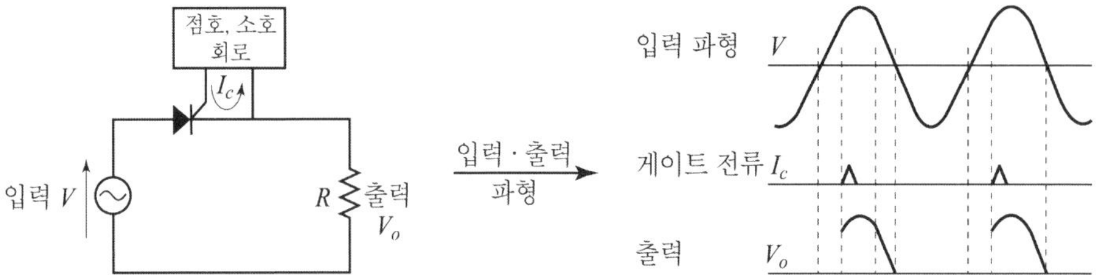

② **내용 및 특징**

특징	내용
㉠ 직류 및 교류부하 제어 가능 ㉡ 과전압에 약함 ㉢ 열용량이 작아 고온에 약하다. ㉣ 아크가 없어 열발생이 적다. ㉤ 역률각 이하에서는 제어 안 됨	㉠ 게이트 전류(+펄스) 인가시 통전되어 정류작용 시작되고 게이트 전류 차단해도 주전류는 차단 안됨. ㉡ 주전류(애노드전류) 차단은 애노드전압을 0 또는 −로 한다. ㉢ 대전류 제어 정류용으로 사용

③ **전류소호방법**

주전류가 유지전류 이하일 때 또는 애노드, 캐소드 간 역전압 인가시

(3) 정류소자 종류 및 심벌

소자 종류	SCR 단방향 3단자 소자	SSS 쌍방향 2단자 소자	SCS 단방향 4단자 소자	TRIAC ★ 쌍방향 3단자 소자
심 벌	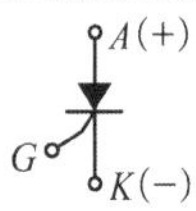		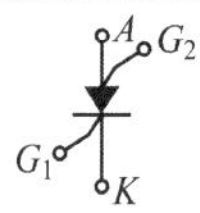	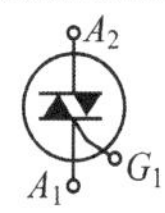

※ 자기소호형(턴오프) 소자 : ① GTO ② IGBT ③ MOSFET ④ 바이폴러 트랜지스터

명 칭	내부의 원리적 구조	그림 기호	특 징	용 도
전력용 MOSFET	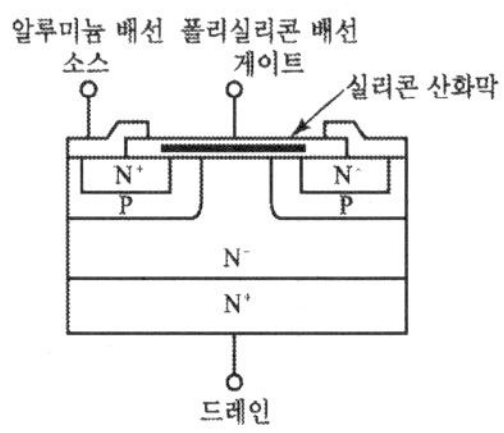	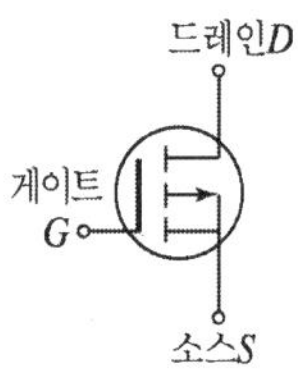	게이트에 전압을 인가했을 때만 드레인 전류가 흐른다. 고속 스위칭에 사용된다.	• 저전력용 • 고속 인버터 제어 • 고속 초퍼 제어
절연 게이트형 바이폴러 트랜지스터 IGBT	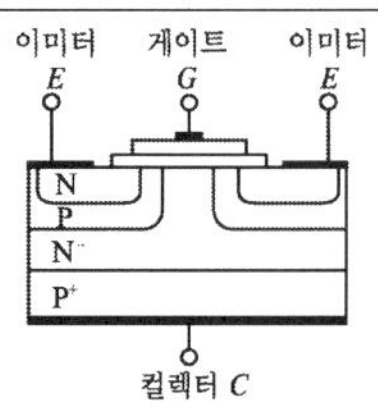	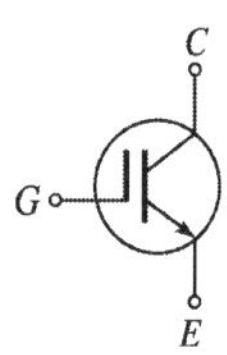	게이트에 전압을 인가했을 때만 컬렉터 전류가 흐른다.	• 무정전 전원장치 UPS • 각종 인버터 • 전자레인지 • 전기밥솥

(4) 사이리스터의 단자수, 방향성별 종류

단자수	방향성	사이리스터
2	1	SUS
2	2	DIAC, SSS
3	1	TR, SCR, LASCR, GTO, UJT, PUT, SUS
3	2	SBS
4	1	SCS

(5) 사이리스터의 특징과 용도

① 고전압 대전류의 제어가 용이하다.
② 게이트의 신호가 소멸해도 온상태를 유지할 수 있다.
③ 수명은 반영구적이고 신뢰성이 높다.
④ 서지전압, 전류에도 강하다.
⑤ 소형 및 경향이며 기기나 장치에 부착이 용이하다.
⑥ 기계식 접점에 비하여 온-오프 주파수 특성이 좋다.

4 정류 회로

(1) 단상(1ϕ) 반파 정류 회로(다이오드 1개 사용 회로)

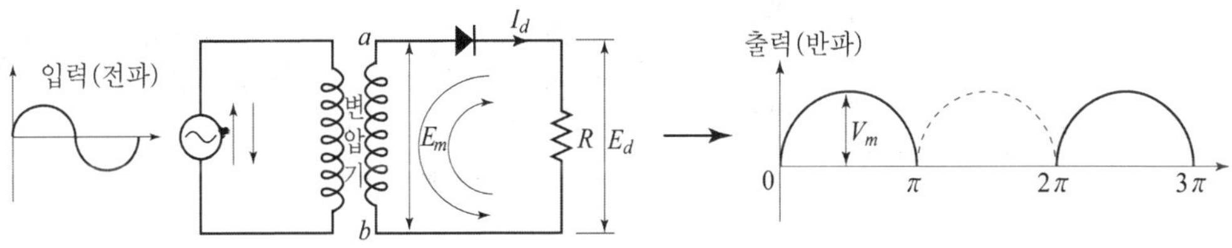

〈다이오드 전압강하 e=0 무시한 경우〉

1) 직류(평균)전압 E_d

$$\text{직류전압 } E_d = \frac{V_m}{\pi} = \frac{\sqrt{2}\,V(\text{교류전압})}{\pi} = 0.45\,V\ [\mathrm{V}]$$

2) 직류(평균)전류 I_d

$$\text{직류전류 } I_d = \frac{E_d}{R} = \frac{V_m}{\pi R} = 0.45\frac{V}{R}\ [\mathrm{A}]$$

3) 최대 첨두전압 PIV

• **정의** : 역방향시 다이오드가 견딜 수 있는 전압, 너무 크면 다이오드 파괴된다.

$$PIV = V_m = ab\sqrt{2} = \sqrt{2}\,V = \sqrt{2} \times \frac{\pi E_d}{\sqrt{2}} = \pi E_d\ [\mathrm{V}]$$

참고

• **다이오드 전압강하 e가 존재하는 경우**

① 직류전압 $E_d = \frac{\sqrt{2}}{\pi} V(\text{교류전압}) - e\ [\mathrm{V}] = 0.45\,V - e\ [\mathrm{V}]$

② 직류전류 $I_d = \frac{E_d}{R} = \frac{\frac{\sqrt{2}}{\pi} V(\text{교류전압}) - e}{R}\ [\mathrm{A}]$

③ 최대 첨두전압 $PIV = ab\sqrt{2} = V_m = \sqrt{2}\,V = \sqrt{2} \times \frac{\pi}{\sqrt{2}} \times (E_d + e)$

∴ 최대 첨두전압 $PIV = \pi(E_d + e)\ [\mathrm{V}]$

(2) 단상(1ϕ) 전파 정류회로

1) 단상전파 회로 및 출력파형

① 다이오드 4개인 경우　　② 다이오드 2개인 경우

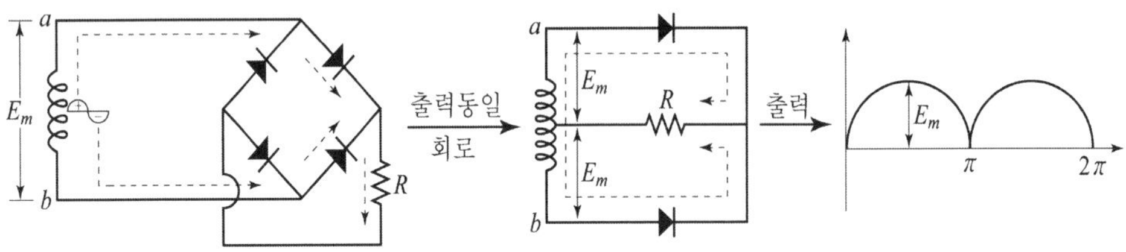

2) 전압강하 유·무에 따른 공식

구 분	다이오드 전압강하 무시한 경우		다이오드 전압강하 e 존재하는 경우
직류전압	$E_d = \frac{2\sqrt{2}}{\pi} V(\text{교류}) = 0.9\,V\ [\mathrm{V}]$		$E_d = \frac{2\sqrt{2}}{\pi} V - e\ [\mathrm{V}]$
직류전류	$I_d = \frac{E_d}{R} = \frac{\frac{2\sqrt{2}}{\pi} V}{R}\ [\mathrm{A}]$		$I_d = \frac{\frac{2\sqrt{2}}{\pi} V - e}{R}\ [\mathrm{A}]$
최대 첨두전압 PIV	다이오드 4개인 경우	$\sqrt{2}\,V\ [\mathrm{V}]$	$\sqrt{2}\,V - e\ [\mathrm{V}]$
	다이오드 2개인 경우	$2\sqrt{2}\,V\ [\mathrm{V}]$	$2\sqrt{2}\,V - e\ [\mathrm{V}]$

과년도 [1] 그림의 단상전파 정류회로에서 교류측 공급전압 $628\sin 314t$[V] 직류측 부하저항 20[Ω]일 때의 직류측 부하전류의 평균치 I_d[A] 및 직류측 부하전압의 평균치 E_d[V]는?

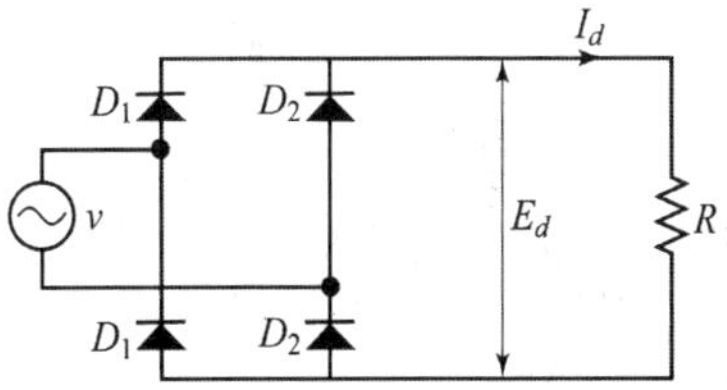

① $I_d = 20$, $E_d = 400$
② $I_d = 10$, $E_d = 200$
③ $I_d = 14.1$, $E_d = 282$
④ $I_d = 28.2$, $E_d = 565$

풀이 [단상전파 정류회로]

평균치(직류분) 전압 $E_d = \dfrac{2E_m}{\pi} = \dfrac{2\times 628}{3.14} = 400$ [V]

직류분 전류 $I_d = \dfrac{E_d}{R} = \dfrac{400}{20} = 20$ [A]

정답 ①

과년도 [2] 그림과 같은 단상 전파 정류 회로를 사용하여 직류전압 100[V]를 얻으려고 한다. 회로에 사용한 D_1, D_2는 몇 [V]의 PIV인 다이오드를 사용해야 하는가? (단, 부하는 무유도 저항이고 정류회로 및 변압기 내의 전압강하는 무시한다.)

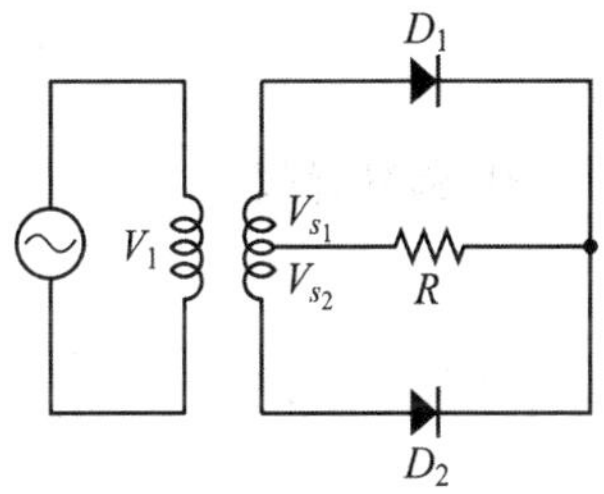

① 314[V]
② 222[V]
③ 111[V]
④ 100[V]

풀이 [단상 전파 정류기]

직류전압 $E_d = \dfrac{2\sqrt{2}}{\pi}V$에서

교류전압 $V = \dfrac{\pi}{2\sqrt{2}} \times E_d = \dfrac{\pi}{2\sqrt{2}} \times 100 = 111$ [V]

역 첨두전압 PIV
- 다이오드 4개 : $\sqrt{2}\,V - e$
- 다이오드 2개 : $2\sqrt{2}\,V - e = 2\sqrt{2} \times 1 = 314$ [V]

정답 ①

(3) 3상(3ϕ) 반파 정류 회로(다이오드 3개 사용)

1) 3상 반파 정류 회로 및 출력 파형

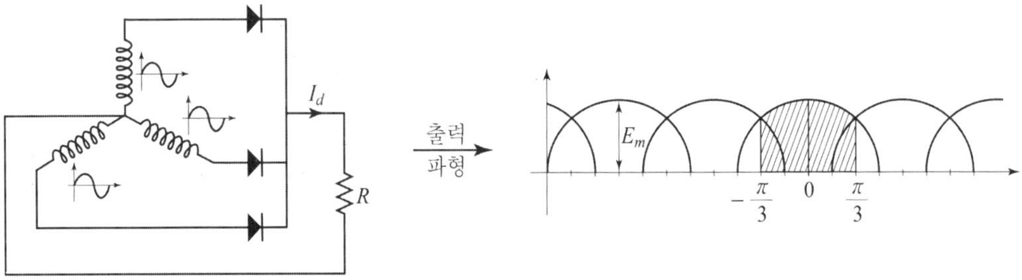

2) 유도식

$$직류전압\ E_d = \frac{1}{\frac{2\pi}{3}} \int_{-\frac{\pi}{3}}^{\frac{\pi}{3}} E_m \cos\theta d\theta$$

$$= \frac{3\sqrt{2}}{2\pi} V \left[\sin\theta\right]_{-\frac{\pi}{3}}^{\frac{\pi}{3}}$$

$$= \frac{3\sqrt{2}}{2\pi} V \left[\sin\frac{\pi}{3} + \sin\frac{\pi}{3}\right] = \frac{3\sqrt{2}\sqrt{3}}{2\pi} V = 1.17V\ [\mathrm{V}]$$

3) 출제유형

직류전압 $E_d = \frac{3\sqrt{2}\sqrt{3}}{2\pi} V(교류) = 1.17V\ [\mathrm{V}]$	직류전류 $I_d = \frac{E_d}{R} = \frac{1.17V}{R}\ [\mathrm{A}]$

(4) 3상(3ϕ) 전파 정류회로(다이오드 6개 사용)

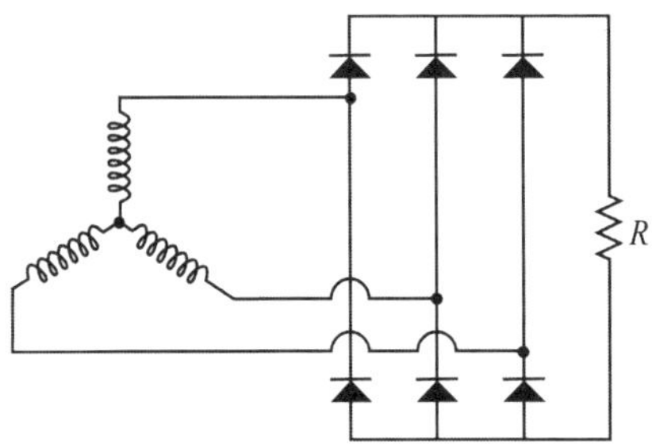

$$\text{직류전압 } E_d = 3\text{상 반파값} \times \frac{2}{\sqrt{3}} = \frac{3\sqrt{2}\sqrt{3}}{2\pi} V \times \frac{2}{\sqrt{3}}$$

$$= \frac{6\sqrt{2}}{2\pi} V = 1.35V\,[\mathrm{V}]$$

직류전압 $E_d = \dfrac{6\sqrt{2}}{2\pi} V = 1.35V$	직류전류 $I_d = \dfrac{6\sqrt{2}}{2\pi} \times \dfrac{V}{R} = \dfrac{1.35V}{R}$

5 위상제어(SCR 사용회로)

(1) 단상 반파 위상제어(정류)회로

1) 단상 반파 위상제어 회로 및 출력파형

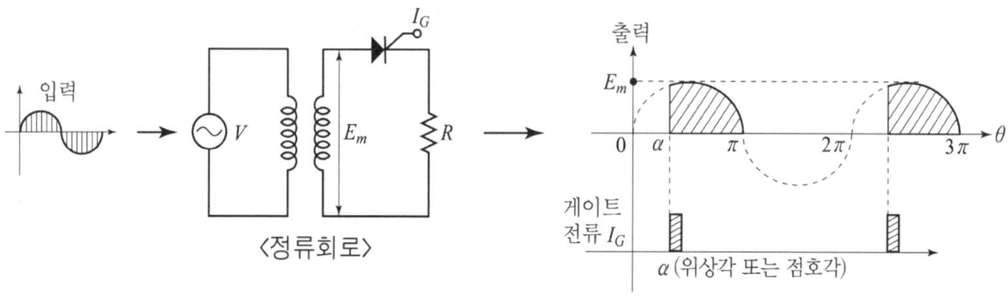

2) 유도식

$$\text{직류전압 } E_d = \frac{1}{2\pi}\int_{\alpha}^{\pi} E_m \sin\theta d\theta = \frac{\sqrt{2}}{2\pi} V[-\cos\theta]_{\alpha}^{\pi}$$

$$= \frac{\sqrt{2}\,V}{2\pi}[-\cos\pi + \cos\alpha]$$

3) 공식

전압구분	실효값 전압 주어진 경우 사용	최대 전압 V_m 주어진 경우 사용
직유전압식	$E_d = \dfrac{\sqrt{2}\,V}{2\pi}[1+\cos\alpha]\,[\mathrm{V}]$	$\dfrac{V_m}{2\pi}[1+\cos\alpha]\,[\mathrm{V}]$

주의 부하의 역률각 $\tan^{-1}\dfrac{\omega L}{R} \leqq$ 전압 제어 가능 범위각 $\alpha \leqq \pi$ 또는 180°

(2) 단상 전파 위상제어(정류) 회로

1) 단상 전파 위상제어 회로 및 출력파형

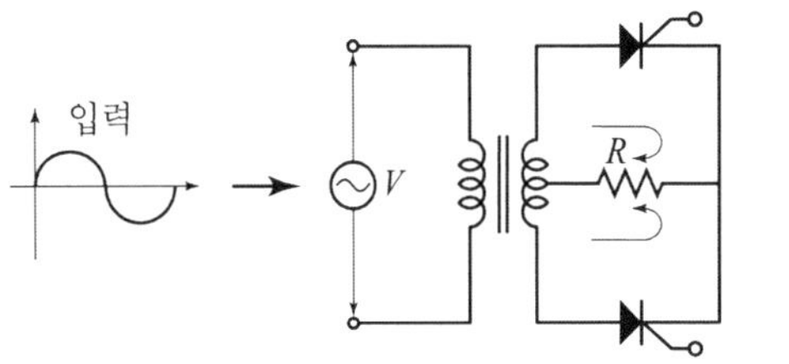

〈정류회로〉

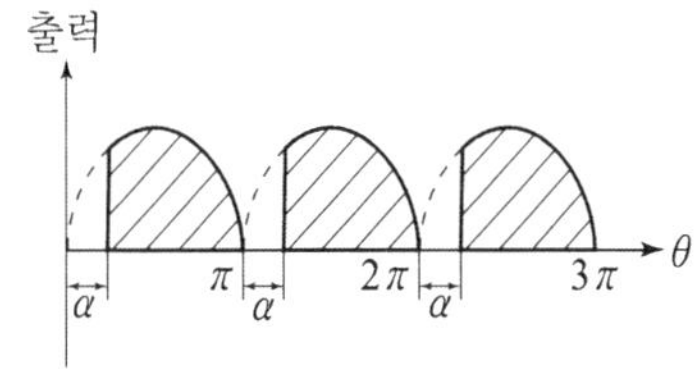

〈정류전압〉

2) 유도식

직류전압 $E_d = \frac{1}{\pi}\int_{\alpha}^{\pi} E_m \sin\theta\, d\theta = \frac{\sqrt{2}}{\pi} V[-\cos\theta]_{\alpha}^{\pi}$

$$= \frac{\sqrt{2}\,V}{\pi}[-\cos\pi + \cos\alpha]$$

∴ 직류전압 $\underline{E_d = \frac{\sqrt{2}}{\pi} V[1+\cos\alpha]\ [\mathrm{V}]}$

주의 부하의 역률각 $\tan^{-1}\frac{\omega L}{R}$ ≦ 전압 제어 가능 범위각 α ≦ π 또는 180°

3) 부하 종별에 따른 공식

부하종류	저항 R 부하인 경우	코일 L 부하인 경우
출력(정류, 직류) 전압 E_d	$\frac{\sqrt{2}}{\pi} V[1+\cos\alpha] = \frac{E_m}{\pi}[1+\cos\alpha]$	$\frac{2\sqrt{2}}{\pi} V\cos\alpha = \frac{2E_m}{\pi}\cos\alpha$

6 맥동률

(1) 정의

정류된 직류값 속에 교류 성분이 포함된 율(정도)

(2) 공식

$$\text{맥동률} = \frac{\text{교류분 전압}}{\text{직류분 전압}} \times 100\,[\%] = \sqrt{\frac{\text{실효값}^2 - \text{평균값}^2}{\text{평균값}^2}} \times 100\,[\%]$$

(3) 각 파형의 맥동률 크기 순서

단상반파 120[%] > 단상전파 48[%] > 3상반파 17[%] > 3상전파 4[%]

※ 정류회로의 상수 증가시 맥동주파수는 증가하고 맥동률은 감소한다.

(4) 다이오드 보호

① 과전압 보호	다이오드 직렬 추가 접속한다.()
② 과전류 보호	다이오드 병렬 추가 접속한다.(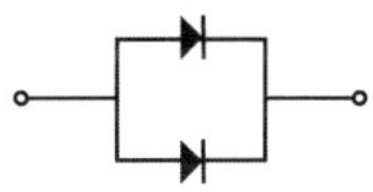)

(5) 정류회로에서 평활회로

평활회로	평활회로 사용이유
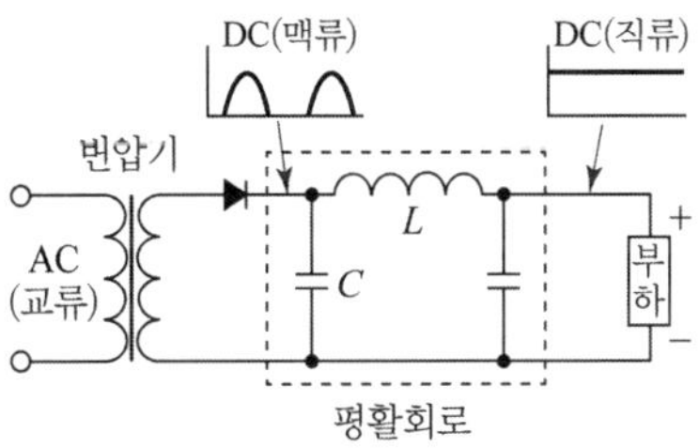	정류 후(교류를 직류로 바꿈)에 출력의 직류에 포함된 교류성분 제거 회로

7 전력 변환장치

① **변압기** : 고압을 저압으로 변성하는 장치
② **정류기**(다이오드) : 교류(AC)를 직류(DC)로 바꾸어 주는 장치
③ **인버터** : 직류(DC)를 교류(AC)로 변환시키는 장치(교류전동기 속도 제어)
④ **컨버터** : 교류(AC)를 직류(DC)로 변환시키는 장치(직류전동기 속도 제어)
⑤ **사이클로컨버터**(AC → AC) : 사이리스터를 조합하여 교류에서 직접 주파수가 다른 기타의 낮은 주파수 교류로 변환하는 주파수 변환장치(가변주파수, 전압 발생), 즉, 제어정류기를 사용한 주파수 변환기
⑥ (직류)**초퍼**(DC → DC) : 직류전압의 크기를 높이거나 낮추는 것을 조정하는 장치(직류전동기 속도 제어)로서 ON, OFF 고속변환 스위치이고 직류 변압기에 사용되는 회로
⑦ **회전변류기** : 회전기를 사용하여 교류(AC)를 직류(DC)로 변환장치(대전류용에 사용)
⑧ **셀렌**(반도체) **정류기** : 단상반파에서 교류를 직류로 변환장치(소전력용)
⑨ **전동 직류발전기** : 유도전동기와 직류전동기를 직결하여 교류를 직류로 변환
⑩ **충전기** : 1차 변환강압(AC → DC 10~20V로 변환) → 2차 충전전압으로 강압(DC → DC 4.2V로 변환)

SCR 이외의 각종 사이리스터

명 칭	내부의 원리적 구조	그림 기호	특 징	용 도
SSS (실리콘신 메트리컬 스위치)	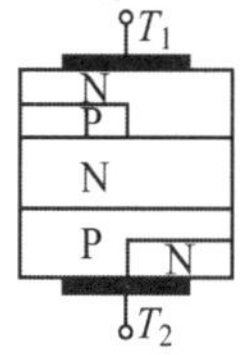	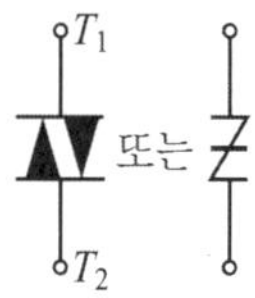	스리에스 또는 사이더크라 부르고 있다. NPNPN의 5층으로 되며 2단자를 가지며 양방향으로 오프상태에서는 상태로 스위칭을 할 수가 있다.	• 네온사인의 조광 • 전동기의 회전제어 • 스트로보 프레스 회로
TRIAC (트라이액)		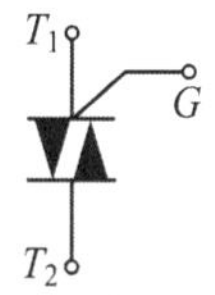	3단자의 교류제어소자이며 게이트 전극을 가지고 있으므로 약간의 전압으로 쌍방향으로 턴온할 수 있다.	• 무접점 스위치 • 가정용 조광 기능의 간단한 교류제어
DIAC (다이액)	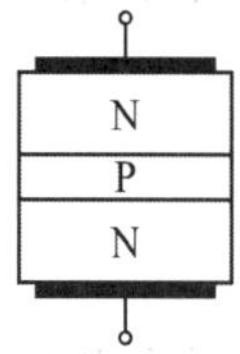		NPN의 3층으로 되어 있으며 쌍방향에 대칭적으로 부성저항을 나타낸다.	• 가정용 조광기 • 소형 전동기의 속도 제어
GTO (게이트 턴오프 스위치)	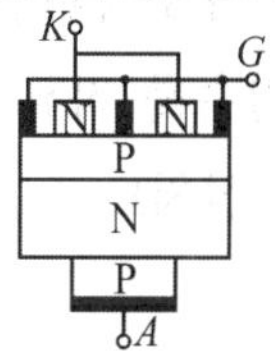	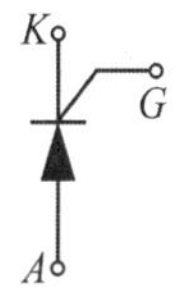	게이트의 부전압을 주면 도통상태에 있던 것이 오프상태가 된다.	• 직류 DC 초퍼 회로 • 고압 발생 회로 • 전동기의 속도조정
SCS (실리콘 컨트롤드 스위치)	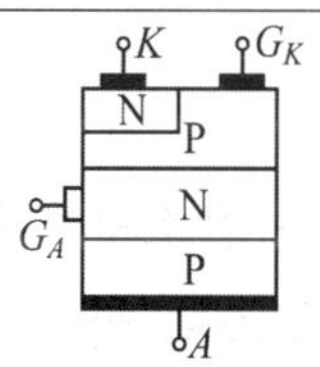	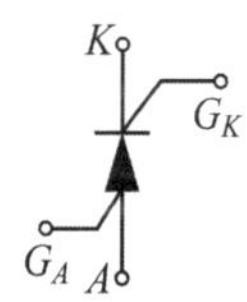	보통의 SCR은 P층에서 게이트전극을 꺼내지만 SCS는 N층에서도 게이트를 꺼낸 4개의 전극이 있다.	
전력용 MOSFET	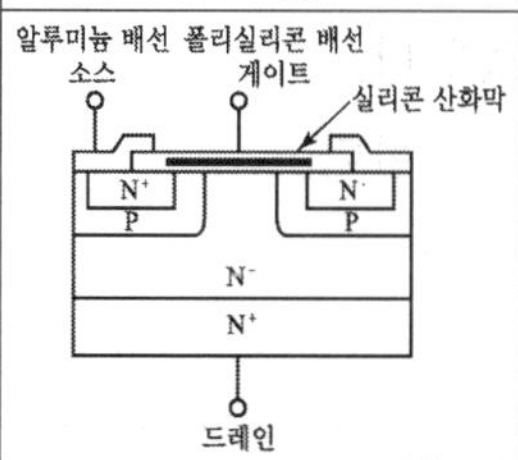	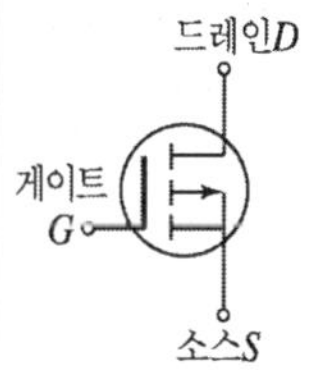	게이트에 전압을 인가했을 때만 드레인 전류가 흐른다. 고속 스위칭에 사용된다.	• 고속 인버터 제어 • 고속 초퍼 제어
절연 게이트형 바이폴러 트랜지스터 IGBT	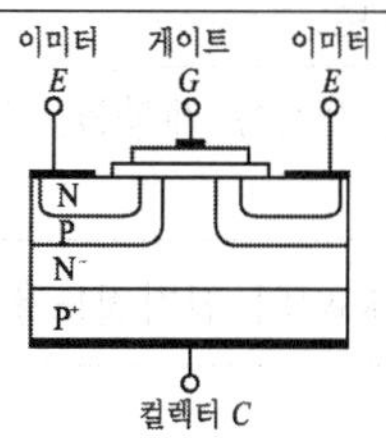	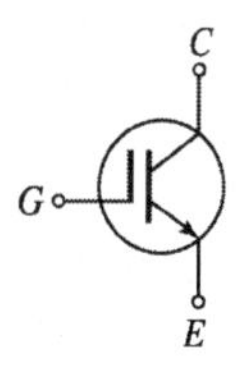	게이트에 전압을 인가했을 때만 컬렉터 전류가 흐른다.	• 무정전 전원장치 UPS • 각종 인버터 • 전자레인지 • 전기 밥솥

제6장

교류 정류 자기

1 교류 단상 직권 정류자 전동기

(1) 정의

교류 및 직류 양용으로 쓰이는 만능 전동기로서 전기자에 정류자가 붙어 있는 교류기(직류 직권 전동기 특성과 비슷함)

(2) 특성

① 철손을 감소시키기 위해 계자 및 전기자 철심에 규소강판을 성층한다.
② 계자권선에 의한 리액턴스강하가 커지므로 계자권수를 직류기보다 적게 한다.
③ 보상권선 설치(역률 및 정류를 개선시키기 위해 설치)
  ㉠ 전동기 역률 개선
  ㉡ 전기자 기자력 상쇄(전기자 반작용 제거)
  ㉢ 누설리액턴스 감소
④ 저항도선 설치(변압기 기전력에 의한 단락전류를 감소시키기 위해 설치)
⑤ 역률 및 정류 개선을 위해 약계자 강전기자형 구조로 한다.
⑥ 역률을 개선하기 위해 전동기 회전속도를 높인다.
⑦ 토크를 증가시키기 위해 전기자권선수를 많게 한다.

(3) 용도

구분	용도
소 형	75[W] 이하 소형공구, 치과의료용, 가정용 재봉틀, 전기청소기, 믹서, 전기드릴 등
대 형	잘 쓰이지는 않으나, 50[Hz], 500[kW]의 전기철도용도 있다.

2 단상 반발 전동기

(1) 정의

브러시에 의해 단락된 정류자가 있는 단상 전동기로서 브러시를 이동하여 회전속도를 제어하는 전동기

(2) 종류

① 애트킨슨 전동기
② 톰슨 전동기
③ 테리 전동기

3 3상 정류자 전동기

(1) 3상 직권 정류자 전동기

중간 변압기를 사용. 회전자 전압을 선택하고, 실효 권수비를 조정하여 속도 상승을 제한하는 전동기

참고

• 3상 직권정류자 전동기 중간변압기 사용 목적

① 정류자 전압의 크기를 조정
(전원 전압의 크기에 관계없이 회전자 전압을 정류작용에 맞는 값을 선정한다.)
② (중간 변압기의 철심을 포화하면) 경부하시 급변하는 이상속도 방지
③ 실효 권수비 조정 역할
(중간 변압기의 권수비를 바꾸어 전동기 특성을 조정한다.)

(2) 3상 분권 정류자(슈라게 또는 시라게) 전동기

슈(시)라게 전동기라고도 하며 정속도 특성 및 가변속도 전동기이며, 브러시를 이동시켜서 속도제어 및 역률을 개선한다.
(1차 권선을 회전자에 둔 3상 권선형 유도전동기로 브러시의 이동이나 2차 회로에 가변저항기를 넣어 간단히 속도제어를 하는 전동기)

4 서보 전동기(servo motor)

(1) 정의

명령에 따라서 정확한 위치와 가속 및 감속을 요구하는 경우 신속 정확하게 전동기의 속도를 빈번하게 제어할 수 있는 모터

(2) 서보 모터 구비 조건

① 기동토크가 크고, 회전부의 관성 모멘트가 작을 것
② 토크-속도곡선이 수하 특성일 것
③ 회전자(전기자)는 가늘고 길게 할 것
④ 큰 돌입전류에 견딜 것
⑤ 전압이 0일 때 신속히 정지할 것
⑥ 전기적 시정수가 짧을 것

(3) 종류 및 특징

1) 교류 AC 및 직류 DC 서보 모터

종 류	교류 AC 서보 모터	직류 DC 서보 모터
구 조	3상 인버터를 사용한 회전 계자형으로 구조가 복잡하다.	단상 인버터를 사용한 회전 전기자형으로 구조가 간단하다.
특 징	① 정격용량이 크고 최대속도가 크다. ② 큰 회전력이 요구되지 않는 시스템에 사용 ③ 기준권선과 제어권선의 두 가지 고정자 권선이 있으며 90°의 위상차가 있는 2상 전압을 인가하여 회전자계를 만들어 회전시키는 유도 전동기 ④ 기준 권선에는 정전압을 인가하고 제어 권선에는 제어용 전압 인가 ⑤ 값이 비싸다.	① 정격용량이 작고 최대속도가 낮다. ② 고성능의 추종능력 요구시 사용 ③ 기계적 접점이 없고 신뢰성이 높다. ④ 보수가 불필요하다. ⑤ 기계적 시간상수가 크고 응답이 빠르다. ⑥ 단위전류당 발생토크가 크고 효율이 좋다. ⑦ 값이 싸다. ⑧ 전류, 속도, 위치제어 기능

2) 브러시리스(브러시가 없는) DC 서보 모터

원리	특징
브러시가 없는 동기전동기를 직류 전동기 대용으로 활용	① 단위 전류당 발생 토크가 크고 효율이 좋다. ② 토크 맥동이 작고, 안정된 제어가 용이하다. ③ 기계적 접점이 없고 신뢰성이 높다.

(4) 용도

프린터, DVD, 공작기계, CCTV 카메라, 캠코더 등에 사용

5 스테핑 모터(stepping motor)

(1) 정의

정의	디지털 기계기구에 사용되며 1펄스 주파수 입력마다 일정한 각도로 회전하는 모터
특징	직류전원 사용, 오픈루프로 제어회로 간단, 위치 결정 오차가 누적되지 않는다.

(2) 속도 및 토크 특성

① 무부하 상태에서 이 값보다 빠른 입력 펄스 주파수에서는 기동시킬 수가 없게 되는 주파수를 최대자기동주파수라 한다.

② 탈출(풀아웃) 토크와 인입(풀인) 토크에 의해 둘러싸인 영역을 슬루(slew) 영역이라 한다.

③ 무부하시 이 주파수 이상의 펄스를 인가하여도 모터가 응답할 수 없는 것을 최대응답주파수라 한다.

(3) 스테핑 모터의 장점 및 용도

1) 장점

① 기동, 정지, 정역전 및 변속, 가·감속이 용이하고 신호에 대한 응답성이 좋다.

② 브러시 등의 접촉 섭동 부분이 없어 수명이 길고 신뢰성이 높다.

③ 제어가 간단하고 정밀한 동기 운전이 가능하고, 또 고속시에 발생하기 쉬운 미스 스텝(miss step)도 누적되지 않는다.

④ 브러시 등의 특별한 유지 보수를 필요로 하지 않는다.

⑤ 입력 펄스 제어만으로 속도 및 위치 제어가 용이하다.

2) 용도

공작 기계, 수치 제어 장치, 로봇 등의 서보 기구에 사용되는 대형 스테핑 모터에서 프린터, 플로터 등 컴퓨터의 주변 장치나 사무기기에 채용되는 소형 모터까지 넓은 분야에서 사용

6 반작용 전동기

직류전원은 필요하지 않으며 자극만 있고 여자권선이 없는 동기 전동기로서 역률이 낮고 출력이 낮아 각종 측정장치용으로 많이 사용된다.

7 브러시리스 DC 모터(소형)

(1) 구조

동기 전동기의 일종인 브러시리스 DC 모터(brushless DC motor)의 고정자 권선은 단상, 2상, 3상, 4상 권선 등이 사용되고 회전자에는 자극을 사용하고 있다. 자석의 재질은 페라이트(ferrite) 자석이 사용되고, 브러시가 없다.

(2) 용도

오디오 레코더(recorder player), VTR, 보일러 블로어, 진공청소기 등의 가전용품과, 플로피 디스크(floppy disk), 하드 디스크(hard disk), 천공기(puncher), 스캐너, DVD 등 전산기 주변 장치 분야에 사용

Part

03

ELECTRICITY

전기설비기술기준

1편 공통사항

제1장 일반사항(통칙)

◆ 전기설비기술기준의 목적

전기설비(발전·송전·변전·배전 또는 전기사용 기계·기구·댐·수로·저수지·전선로·보안통신선로등 설비)의 안전성능과 기술적 요구사항을 정하는 것

◆ 용어

명 칭	용어 해설
발전소	발전기, 원동기, 연료전지, 태양전지 등을 시설하여 전기(**전압**)를 **발생하는 곳**(단, 비상용 예비전원, 휴대용 발전기는 제외)
변전소	구외에서 전기를 변압기, 정류기 등에 의해 변성하여 구외로 전송하는 곳 (구외에서 전송되는 **5만[V] 이상**의 전기를 **변성하는 곳** 포함)
개폐소	발전소 상호간, 변전소 상호간 또는 발전소와 변전소간 5만[V] 이상의 송전선로를 연결 또는 차단하기 위한 전기설비
급전소	전력계통의 운용에 관한 지시 및 급전조작을 하는 곳
전 로	전기가 통하는 곳
전선로	발전소·변전소·개폐소 이에 준하는 곳, 전기사용장소 상호간의 전선(전차선 제외) 및 이를 지지하거나 수용하는 시설물
송전선로	발전소 상호간, 변전소 상호간, 발전소와 변전소간의 전선로
배전선로	송전선로(발전소·변전소) 와 전기 수용설비상호간의 전선로
조상설비	무효전력을 조정하는 기계기구(전력용 콘덴서, 분로리액터, 조상기)
지중관로	지중전선로, 지중 약전류 전선로, 지중 광섬유 케이블 선로, 지중에 시설하는 수관 및 가스관과 이와 유사한 것 및 이들에 부속하는 지중함
제1차 접근상태	가공전선이 다른 시설물과 접근시 시설물의 위쪽 또는 옆쪽에서 수평거리로 가공전선로의 지지물의 지표상의 높이와 같은 거리 안에 시설됨으로써 전선이 다른 시설물에 접촉할 우려가 있는 상태 ① 지지물이 지표상 높이에 상당하는 거리 안에 시설되는 상태 ② 반경내에 가공전선이 다른 공작물에 접촉할 우려가 있는 상내
제2차 접근상태	가공전선이 다른 시설물(지지물)의 위쪽(상방) 또는 옆쪽(측방)에서 **수평거리 3[m] 미만인 곳**에 시설되는 상태

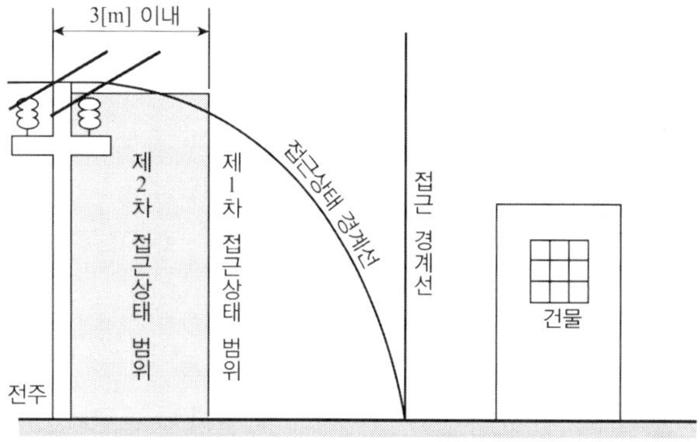

명 칭	용어 해설
전력보안 통신설비	전력의 수급에 필요한 급전·운전·보수 등의 업무에 사용되는 전화 및 원격지 설비의 감시·제어·계측·계통보호를 위한 전기적·광학적으로 신호를 송신·수신장치·전송로 설비 및 전원설비 등 총집합체
관등회로	방전등용 안정기(방전등용 변압기 포함)로부터 방전관까지의 전로
인입선	가공인입선 및 수용장소의 조영물의 옆면 등에 시설하는 것으로 그 수용장소의 인입구(붙임점)에 이르는 부분의 전선
가공인입선	가공전선로 지지물에서 **다른 지지물을 거치지 않고** 수용장소의 붙임점에 이르는 가공전선
연접인입선	한 수용장소의 인입선에서 분기하여 지지물을 거치지 않고 다른 수용장소의 인입구에 이르는 전선
배선	전기사용 장소에 시설하는 전선(전기기계기구 내의 전선 및 전선로의 전선 제외)
옥내배선	건축물 내부의 전기사용장소에 고정시켜 시설하는 전선
옥측배선	건축물 외부의 전기사용장소에서 조영물(지붕 및 기둥 또는 벽이 있는 시설물)에 고정시켜 사용하는 전선(단, 기계기구내부전선, 관등회로, 접촉전선, 소세력 및 출퇴표시등 회로 제외)
옥외배선	건축물 외부의 전기사용장소(담이 있는 정문등)에 고정시켜 사용하는 전선(단, 기계기구 내부전선, 관등회로, 접촉전선, 소세력 및 출퇴표시등 회로 제외)
약전류전선	약전류 전기의 전송에 사용하는 전선(최대사용전압 직류 60[V] 이하 소세력 회로 또는 출퇴표시등 회로의 전선 즉, 전신선, 전화선, 인터폰, 확성기 음성전송회로, 고조파(펄스)에 의한 신호전송회로, 최대사용전압이 10[V] 이하이고 사용전류가 5[A]를 넘지 않는 전기회로)
약전류전선로	약전류전선 및 이를 지지하거나 수용하는 시설물
지중관로	지중(약전류, 광섬유 케이블)전선로·지중에 시설하는 수관 및 가스관과 이와 유사한 것 및 이들에 부속하는 지중함 등
건조물	지붕·기둥·벽을 갖는 조영물(사람이 거주하는 건물)
전기기계기구	전선로를 구성하는 기계기구
전기기계기구의 방폭구조	**가스증기 위험장소 사용에 적합한 구조**를 말하며 내압방폭구조, 유압방폭구조, 안전증방폭구조, 본질안전증방폭구조 및 특수방폭구조와 분진위험장소 사용에 적합한 분진방폭구조가 있다.
우선내	옥측의 처마의 선단에서 연직선에 45° 각도로 그은 선로의 옥측부분(강우 상태에서 비를 맞지 않는 부분)

명 칭	용어 해설
정격전압	발전기가 정격운전 상태시 동기기 단자의 전압
대지전압 E	① **비접지**(3.3 또는 6.6[kV]) 전로인 경우: 전선과 전선 사이의 전압 ② **접지식**(22.9, 154, 345[kV]) 전로인 경우: 대지와 전선 사이의 전압
특별저압 ELV	인체에 위험을 초래하지 않는 저압: 교류 50[V] 이하, 직류 120[V] 이하 ① SELV는 **비접지**회로 ② PELV는 **접지**회로
스트레스전압	지락고장 중에 접지부분 또는 기기의 외함과 기기의 다른 부분 사이에 전압
임펄스내전압	절연파괴가 없는 파형 및 극성의 최대피크값(충격내전압)
접지전위상승	EPR: 접지계통과 기준대지 사이의 **전위차**
계통접지	중성점을 대지에 접속하는 것 = **변압기 중성점접지** (전력계통에서 발생하는 이상현상에 대비하여 대지와 계통을 연결하는 것)
소세력회로	전자개폐기 조작회로 또는 초인벨·경보벨 등에 접속하는 최대사용 전압이 **60[V] 이하인 전로**
광섬유케이블	광신호 전송에 사용되는 전선(절연물이며 전자유도·정전유도·통신장애가 없다)
지지물	목주(나무), 철주(철근), 철근콘크리트주(철근+콘크리트), 철탑으로 전선, 약전류전선, 케이블 등 지지하는 것
접속설비	공용 전력계통으로부터 특정 분산형전원 설치자의 전기설비에 이르기까지의 전선로와 개폐장치, 모선 및 기타관련설비
중성선 다중 접지방식	전력계통의 중성선을 대지에 다중 접속하고 변압기의 중성점을 전력계통의 중성선에 연결하는 계통접지 방식
계통연계	둘 이상의 전력계통 사이를 전력이 상호 융통될 수 있도록 선로를 연결하는 것으로 전력계통 상호간을 송전선, 변압기 또는 직류-교류변환설비등에 연결하는 것
분산형전원	신재생에너지 발전설비, 전기저장장치 등 **전력 소비지역 부근에 분산한 전원**(상용전원의 정전시에만 사용하는 비상용 예비전원은 제외)
단독운전	전력계통 일부가 전력계통의 전원과 전기적으로 분리된 상태에서 분산형전원에 의해서만 가압되는 상태
단순병렬운전	자가용(저압 소용량)발전설비를 배전계통에 연계운전하되 생산한 전력의 전부를 자체 소비하기 위해 송전되지 않는 병렬 형태
계통 도전성 부분	충전부(상 L_1, L_2, L_3), 절연부, 노출 도전성(전기설비 외함) 부분
계통외도전부 보호도체 없음	전기설비의 일부는 아니지만 지면에 전위 등을 전해줄 위험이 있는 도전성 부분(수도관, 가스관, 건물의 철재부분, 비절연성 바닥)
접촉범위	사람이 서있거나 손을 뻗어 접촉이 가능한 접근구역
직접접촉	충전부(상 L_1, L_2, L_3)에 사람 또는 동물의 직접 접촉하는 것
간접접촉	고장시 충전된 노출도전부(전동기 외함)에 사람이 간접 접촉하는 것
접촉가능범위	사람이 보조기구 없이 손이 미칠 수 있는 한계
기본보호	기기의 충전부에 **직접접촉 보호**
고장보호	고장시 기기의 노출도전부에 **간접접촉 보호**
충전부 (도전부)	**전압이 인가되는 도체**로 중성선 포함(전기가 통하는 부분으로 철제분전반함은 감전주의 또는 접근 금지 스티커 부착할 것) 단) PEN 도체, PEM 도체 및 PEL 도체는 제외

명 칭	용어 해설
위험충전부	외부조건에 따라 감전 가능성이 있는 부분
노출도전부	(기기 보호도체=접촉 가능한 전기장비의 도전부) 충전부는 아니지만 고장시에 충전될 위험이 있고 사람이 쉽게 접촉할 수 있는 기기의 도전성 부분(판넬외함, 기계기구 외함, 전동기외함)
리플프리 직류	교류를 직류로 변환시 리플성분의 실효값이 10% 이하로 포함된 직류
지락고장 전류	충전부에서 대지 또는 고장(지락)점 접지에 흐르는 전류
등전위본딩	건축물 내 금속체부분(기기외함, 수도관, 가스관, 철재)의 등전위 형성을 위해 도전부 상호간을 연결하여 감전사고 방지를 하는 것(노출도전부와 계통외도전부를 연결하여 위험 접촉전압 발생 방지를 위해 전위를 같게 하는 것)
등전위본딩망	내부설비를 접지극에 상호 접속한망(도전부, 충전도체 제외)
보호 등전위본딩	계통외 도전부(가스관, 수도관, 철재) 모두를 보호도체로 접지단자에 접속하는 것(감전 보호와 같은 안전을 목적으로 하는 등전위본딩)
보조 등전위본딩	사람이 동시접근 노출도전부(기기외함) 상호간 또는 노출도전부와 계통외 도전부(수도관, 가스관, 철제)를 접속하는 것
절연성장소	비도전성 장소로 바닥과 벽을 대지와 절연시킨 것
비접지국부 등전위본딩	비도전성 장소(벽과 바닥)에서 동시접근 가능 모든 노출도전부(기기외함)와 계통외도전부를 상호 접속하는 것(인체감전시 흐르는 전류를 10[mA] 이하로 하는 것)
보호본딩도체	등전위본딩을 확실하게 하기 위한 보호도체
보호접지	고장시 감전보호를 위해 기기의 한(또는 여러) 점을 접지하는 것
보호도체(PE)	감전에 대한 보호 등 안전을 위해 제공되는 도체
PEN도체	보호도체와 중성선 기능 모두를 가진 도체
접지도체	계통, 설비, 기기의 한 점과 접지극 사이의 도체
접지시스템	기기나 계통을 접지하기 위한 접속 및 장치로 구성된 설비
계통접지	전력(공급)계통에서 대지와 계통(중성점)을 연결하는 것
단독접지	저압계통 및 (특)고압 계통의 접지극을 각각 독립 시설하는 것
공통접지	저압계통 및 (특)고압 계통의 접지극을 공통으로 시설하는 것 (공통접지 이유 : 등전위 형성을 위해)
통합접지	계통접지, 통신접지, 피뢰접지의 접지극을 통합하여 접지하는 것
주접지단자	접지하는 것을 목적으로 보호도체의 접속에 사용되는 단자
뇌전자기 임펄스	뇌전류에 의한 전자기 영향서지 및 전자계를 발생하는 저항성, 유도성 및 용량성 결합을 통한 뇌전류의 전자기 영향
서지보호장치	과전압 제한 및 서지전류를 분류시키기 위한 장치(SPD)
수뢰부시스템	낙뢰 유도 목적으로 피뢰침, 망상도체, 피뢰선 등을 이용
피뢰시스템 LPS	구조물 뇌격시 손상 감소를 위해 사용되는 전체시스템 피뢰시스템 = 외부피뢰시스템+내부피뢰시스템
외부피뢰시스템	수뢰부시스템, 인하도선시스템, 접지극시스템으로 구성된 피뢰시스템(낙뇌 적용)
내부피뢰시스템	등전위본딩 또는 외부 피뢰시스템의 절연으로 구성된 피뢰시스템의 일부(서지전압, 유도뢰 적용)

명 칭	용어 해설
피뢰 등전위본딩	뇌전류에 의한 전위차 감소를 위해 도전접속 또는 서지보호 장치를 통해 분리된 금속부를 피뢰시스템에 본딩하는 것
인하도선시스템	뇌전류를 수뢰시스템에서 접지극으로 흘리는 외부 피뢰시스템
가섭선	지지물에 가설되는 모든 선
과전류	전기기기는 정격전류이상, 도체는 허용전류 이상 흐르는 전류
과부하전류	전기적인 고장없이 회로에 발생한 과전류
단락전류	정상운전시 전위차가 있는 충전도체 사이에 임피던스가 0인 상태에 흐르는 전류(상과상, 상과중성선, 상과대지 사이 흐르는 전류)
지락고장전류	충전부에서 대지 또는 지락점의 접지된 부분으로 흐르는 전류로 전로의 외부 유출로 화재, 감전, 기기손상을 발생시킴
기초절연	감전에 대한 기본보호가 이루어진 위험 충전부의 절연
보조절연	고장보호용으로 기초절연에 추가하여 적용하는 독립된 절연
2중절연	기초절연과 보조절연을 모두 포함하는 절연
강화절연	감전에 대한 2중절연과 동등의 보호를 하는 위험충전부의 절연(2중절연 불가능시 사용전압의 2배에 견디는 절연방식 적용)
격벽	직접접촉을 방지하기위한 절연성능이 보장되는 보호벽
장애물	충전부에 접근하지 못하도록 하는 설비(울타리, 난간, 철망, 보호프레임)
전기적 분리	회로의 위험충전부를 다른 모든 회로 및 대지로부터 절연보호대책
보호분리	기본절연 및 전기적 보호차폐 이중(강화)절연 같은 방법으로 회로분리
공간차폐	기기에 직접 영향을 주는 전기장 및 자기장을 차폐하는 것
정상적인 상황	건조 또는 습한 장소, 큰 저항을 갖은 바닥의 조건
특수상황	인체가 젖은 상태로 젖은 장소, 젖은 피부 낮은 저항을 갖은 바닥의 조건

전기적 분리에 의한 보호 : 절연변압기를 사용 부하측 및 설비를 비접지하여 감전보호

제2장 전 선

(1) 전압의 종별

1) 전압의 종류 및 범위

종류		범위	예(사용전압)
저 압	교류 AC	1[kV] 이하	전등, 전열용 110, 220[V] 동력용 380, 440[V]
	직류 DC	1.5[kV] 이하	110, 220[V]
고 압	교류	1[kV] 초과 ~ 7[kV] 이하	대용량고압기기용 3,300, 6,600[V]
	직류	1.5[kV] 초과 ~ 7[kV] 이하	
특고압	교류 (직류)	7[kV] 초과 ~	초고층빌딩의 특고압 수전실 22[kV], 22.9[kV], 66[kV]
			154[kV], 345[kV], 765[kV]

☆ 암기법 ☆

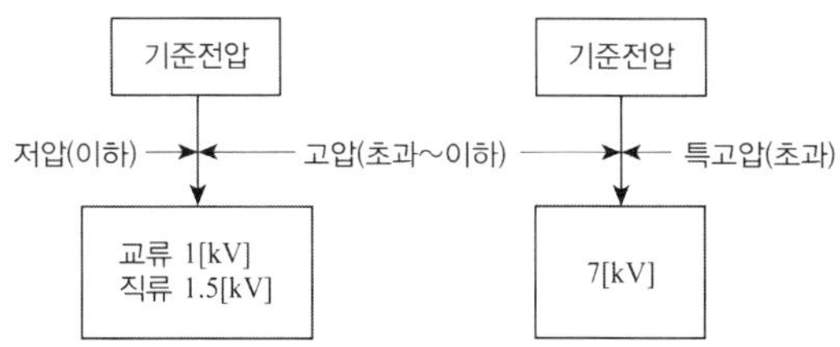

2) 설비의 공칭전압 U 적용

① 전압제한설비(감전보호설비) : 전기통신, 신호, 벨, 제어, 경보설비

② 배전계통 전체 : 가정용, 산업용, 공업용 설비

적용 범위	접지계통			
	대지전압 U[V]		선간전압	
	교류	직류	교류	직류
전압제한설비	$U \leq 50$	$U \leq 120$	$U \leq 50$	$U \leq 120$
배전계통 전체	$50 < U \leq 600$	$120 < U \leq 900$	$50 < U \leq 1000$	$120 < U \leq 1500$

적용 범위	비접지계통 또는 비유효접지계통	
	선간전압	
	교류	직류
전압제한설비	$U \leq 50$	$U \leq 120$
배전계통 전체	$50 < U \leq 1000$	$120 < U \leq 1500$

(2) 전선의 굵기

1) 전선의 규격

전선 표기 방법 : ① 지름[mm] ② 공칭 단면적[mm^2] ③ 인장강도[kN]

구분	KS 전선 규격		IEC 전선 규격
	단선 지름[mm]	연선 공칭단면적[mm^2]	연선 공칭단면적[mm^2]
	0.8		1.5
	1	0.75	1.5
	1.2	1.25	1.5
	1.6	2.0	2.5
	2.0	3.5	4
	2.6	5.5	6
	3.2	8.0	10
		14, 22, 30, 38, 50, 60, 100, 125, 150, 200, 250, 325	16, 25, 35, 50, 70, 95, 120, 150, 185, 240, 300, 400

2) 전선의 굵기 결정 요소

① 허용전류 ② 전압강하 ③ 기계적 강도 ④ 허용온도

3) 전선의 구비 조건

① 비중이 적을 것 ② 도전율이 클 것 ③ 가설하기 용이할 것
④ 기계적 강도가 클 것 ⑤ 내부식성이 있을 것 ⑥ 경제적일 것

4) 전선의 식별(색상)

① 교류에서

전선 구분	L_1선 (+상)	L_2선 (+상)	L_3선 (+상)	N(−선) 중성선	PE(−선) 보호(접지)도체	PEN중성선 겸용 보호도체(−선)
색상	갈색	흑색 (검정)	회색	청색	녹색-노란색 교차(황녹색)	녹색-노란색에 청색마킹
※ 개정전	R상 흑색	S상 적색	T상 청색	N상 백색 회색	접지선 녹색 황색	

색상 식별이 종단 및 연결 지점에서만 이루어지는 나도체 등은 전선 종단부에 색상이 유지되는 도색, 밴드, 색 테이프 등으로 표시할 것

약 호	명 칭
OE	옥외용 폴리에틸렌 절연전선
PN	0.6/1[kV] EP 고무 절연 클로로프렌 시스(외장) 케이블
PNCT	0.6/1[kV] EP 고무 절연 클로로프렌 캡타이어 케이블
PV	0.6/1[kV] EP 고무 절연 비닐 시스(외장) 케이블
PDC	6/10[kV] 고압 인하용 가교 폴리에틸렌 절연전선
PDP	6/10[kV] 고압 인하용 가교 EP 고무 절연전선
VCT	0.6/1[kV] 비닐 절연 비닐 캡타이어 케이블
VV	0.6/1[kV] 비닐 절연 비닐 시스 케이블
WCT	리드용 1종 케이블 WNCT : 리드용 2종 케이블
WRCT	홀더용 1종 케이블 WRNCT : 홀더용 2종 케이블

6) 전선 접속시 주의점

나전선 상호간 또는 나전선과 절연전선 또는 캡타이어 케이블과 접속하는 경우

1. 전선 상호간의 접속
   ① 전선의 전기저항을 증가시키지 않도록 할 것
   ② 전선의 세기(인장하중)를 20[%] 이상 감소시키지 말 것(80[%] 이상 유지)
   ③ 절연전선 상호·절연전선과 코드, 캡타이어 케이블과 접속시 전선의 절연물과 동등 이상의 절연효력이 있는 **접속기 사용** 또는 충분히 **피복**할 것
   ④ 코드 상호, 캡타이어 케이블 상호 접속시 **코드 접속기·접속함**의 기구 사용
   ⑤ 전기 화학적 성질이 다른 도체(알루미늄 전선과 동전선) 접속시 **전기적 부식**이 생기지 않도록 할 것

2. 두 개 이상의 전선을 병렬로 사용시 시설 규정
   ① 각 전선 굵기는 **동선** 50[mm^2](**알루미늄**(Al)은 70[mm^2]) 이상 사용할 것
   ② 전선은 동일 도체, 재료, 길이 및 굵기의 것 사용할 것
   ③ 같은 극 전선은 동일한 터미널러그에 완전히 접속할 것
   ④ 같은 극 전선의 터미널러그는 2개 이상의 리벳(나사) 접속할 것
   ⑤ 병렬 사용 전선에는 각각에 **퓨즈**를 설치하지 말 것
   ⑥ 금속관 안에 **전자적 불평형**이 생기지 않도록 시설할 것

제3장 전로의 절연

(1) 전로의 절연

전로는 충분히 절연되어 있지 않으면 누설 전류에 의한 누전, 화재와 사람, 가축에 대한 감전 및 전력 손실의 증가, 지락 전류에 의한 통신 장해 등을 일으키기 때문에 사용 전압에 따라서 충분히 대지로부터 절연할 것

1) 대지로부터 절연하지 않아도 되는 경우(생략 가능한 경우)

① 저압전로에 접지공사를 하는 경우의 접지점
② 전로의 중성점에 접지공사를 하는 경우의 접지점
③ 계기용 변성기(PT, CT)의 2차측 전로에 접지공사를 하는 경우의 접지점
④ 저압·고압 가공전선과 특고압 가공전선이 동일 지지물에 시설된 부분에 접지공사를 하는 경우의 접지점
⑤ 중성점 접지된 특고압 가공전선의 중성선에 다중 접지를 하는 경우의 접지점
⑥ 저압전로와 사용전압이 300[V] 이하의 저압전로 제어회로 등을 결합하는 변압기의 2차측 전로에 접지공사를 하는 경우의 접지점
⑦ 소구 경관(박스 포함)에 접지하는 경우의 접지점
⑨ 저압 옥내직류 전기설비 접지에 의하여 직류계통에 접지공사를 하는 경우의 접지점

2) 대지로부터 절연할 수 없는 경우

① 전기를 사용하는 것이 부득이한 경우
시험용 변압기, 전력선 반송용 결합 리액터, 전기울타리용 전원 장치, 엑스선 발생 장치, 전기 방식용 양극, 단선식 전기철도의 귀선 등
② 대지로부터 절연하는 것이 기술상 곤란한 것
전기욕기·전기로·전기보일러·전해조 등

(2) 저압전로의 절연저항

1) 저압(사용전압) 전로에서 절연저항 측정이 곤란한 경우(정전이 어려운 경우 등) 저항성분의 누설전류가 1[mA] 이하면 그 전로의 절연성능은 적합으로 본다.

2) 누설전류 I_l = 최대 공급(사용)전류 $I_m \times \frac{1}{2000}$[A] 이하를 유지할 것

단상 2선식 전원공급조건	단상 2선식 누설전류 I_l	계산
변압기 용량 30[kVA] 1차 22.9[kV], 2차 220[V]	$I_m \times \frac{1}{1000}$[A] 이하 =	$\frac{30 \times 1000}{220} \times \frac{1}{1000}$ = 136[mA]

3) 절연저항(Megger) $R = \frac{사용전압\ V}{누설전류\ I_l} \times 10^{-6}[M\Omega]$

전로의 사용전압 구분	직류 DC 시험전압	★ 절연저항값
SELV 및 PELV	250[V]	0.5[MΩ]
FELV, 500[V] 이하	500[V]	1.0[MΩ]
500[V] 초과	1000[V]	1.0[MΩ]

① 측정시 분리가 어려운 SPD/기타기기는 250[V]로 측정가능 1[MΩ] 이상일 것

② 특별저압(ELV) = 2차측 인체 안정전압

2차 전압이 교류 AC 50[V](벨, 제어기, 현관문 개폐장치), 직류 DC 120[V] 이하 회로

㉠ SELV(비접지회로) 및 PELV(접지회로) : 1차와 2차가 절연된 회로

㉡ FELV : 1차와 2차가 전기적으로 절연되지 않은 회로

4) 특별저압(ELV)의 구분 및 전원 및 특징

전원을 자동차단 하지 않는 직접접촉 또는 간접접촉에 대한 보호대책

구 분		전 원	1, 2차 회로상태	대지와의 관계
안전 전원	안전특별 저압 SELV	① 안전 절연변압기 * 전력용 변압기 ② 독립전원 * 디젤발전기 * 축전지 ③ 이동용 전원 강화절연 전동발전기	SELV 계통과 대지간 전기적 절연이 된 전로 (구조적 분리)	① 비접지식 회로 ② 노출도전부는 비접지
	보호특별 저압 PELV			① 접지식 회로 ② 노출도전부는 접지할 것
안전 전원 아님	기능적 특별저압 FELV	① 단순분리형 변압기 ② SELV, PELV용 전원 ③ 단권변압기	비절연(구조적 분리 없음)	① 접지식 회로 ② 노출도전부는 1차측 회로의 보호도체에 접속할 것 ③ 보호도체가 있는 회로로 접속하는 것은 허용

5) 특별저압의 회로

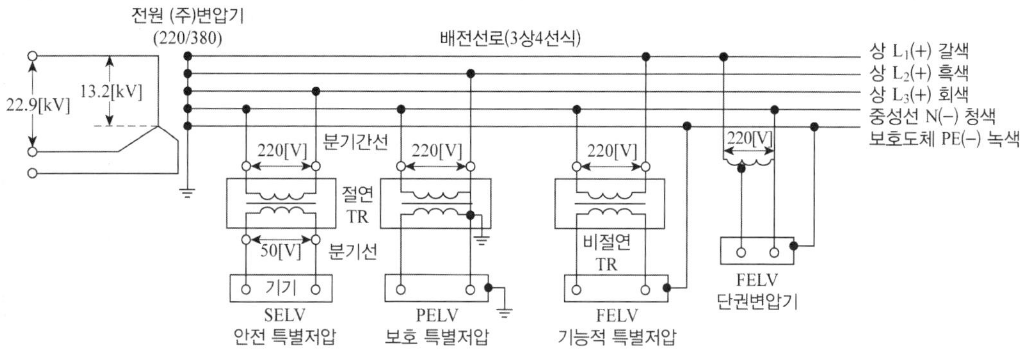

(3) 절연내력시험 (교류시험전압 ⇒ 연속 10분간 가함)

1) 회전기 및 정류기의 절연내력 시험전압

회전변류기 제외한 교류의 회전기는 직류시험시 1.6배 적용

종류 (최대사용전압 적용)			시험전압	최저시험전압	시험방법
회전기인 경우	발전기 전동기 조상기 기타회전기	7[kV] 이하	최대사용전압×1.5배	500[V]	권선과 대지간 연속 10분간 가함
		7[kV] 초과	최대사용전압×1.25배	10.5[kV]	
	회전변류기		직류측 최대사용전압×1배의 교류전압	500[V]	
정류기인 경우	60[kV] 이하		직류측 최대사용전압×1배의 교류전압	500[V]	충전부분과 외함간에 연속 10분간 가함
	60[kV] 초과		직류 또는 교류측 최대사용전압×1.1배의 직류전압		교류측 및 직류 고전압측 단자와 대지 간에 연속 10분간 가함

2) 전로의 절연내력 시험전압

① 사용전압 저압전로에서 절연저항 측정이 곤란한 경우(정전이 어려운 경우)에는 누설전류를 1[mA] 이하로 유지할 것

② 고압 및 특고압 전로의 절연내력시험은 전로(권선)와 대지 사이에 연속 10분간 견딜 것

1. 교류 시험인 경우 ☆★

전로의 종류 (최대사용전압기준)	적용배수	최저값 시험전압	시험전압(과년도문제) =최대사용전압 × 배수
7[kV] 이하 전로인 경우	1.5배	없음	
7[kV] 초과 ~ 25[kV] 이하 **중성점 다중 접지식 전로**인 경우	0.92배	없음	22.9[kVY]인 경우 22,900 × 0.92 = 21,068[V]
7[kV] 초과 ~ 60[kV] 이하 전로인 경우	1.25배	10.5[kV] 이상	7,200[V]인 경우 7,200 × 1.25 = 9,000[V] → 10,500[V] 사용
60[kV] 초과 **중성점 비접지식 전로**인 경우		없음	
60[kV] 초과 **중성점 접지식** 전로인 경우	1.1배	75[kV] 이상	66,000[V]인 경우 66,000 × 1.1 = 72,600[V] → 75,000[V] 사용
60[kV] 초과 ~ 170[kV] 이하 **중성점 직접접지식**인 경우	0.72배	없음	154[kV] × 0.72 = 110,880[V]
170[kV] 초과 **중성점 직접접지식**인 경우(발변전소에 준하는 장소시설)	0.64배	없음	345[kV] × 0.64 = 220,800[V]

2. 직류시험인 경우(케이블 사용 교류 전로)

적용식	교류시험전압 × 2배(케이블 이용시에만)
내 용	① 교류 시험전압의 2배의 직류전압을 전로와 대지간에 연속 10분간 시험 ② 다심 케이블은 심선상호간 및 심선과 대지간 연속 10분간 시험

3) 변압기 전로의 절연내력 시험전압

절연내력 시험은 권선과 다른 권선 사이, 철심과 외함 사이에 연속 10분간 견딜 것

권선 전로의 종류 (최대사용전압기준)	적용 배수	최저값 시험전압	시험전압 (과년도문제) = 최대사용전압 × 배수
7[kV] 이하 권선	1.5	500[V] 이상	① 500[V]변압기 : 500×1.5=750[V] ② 220[V]변압기 : 220×1.5=330[V] 무시 → 500[V] 사용
7[kV] 이하 중성점 다중접지식	0.92		
7[kV] 초과~25[kV] 이하 중성점 다중접지식	0.92	없음	22.9[kVY]인 경우 22,900×0.92=21,068[V]
7[kV] 초과~ 60[kV] 이하	1.25	10.5[kV] 이상	7,200[V]인 경우 7,200×1.25 = 9,000[V] → 10,500[V] 사용
60[kV] 초과 중성점 비접지식		없음	
60[kV] 초과 중성점 접지식	1.1	75[kV] 이상	66,000[V]인 경우 66,000×1.1 = 72,600[V] → 75,000[V] 사용
60[kV] 초과 중성점 직접접지식	0.72	없음	154[kV]×0.72=110,880[V]
170[kV] 초과 중성점에 직접접지식 피뢰기 시설시		없음	
170[kV] 초과 중성점 직접접지식	0.64	없음	345[kV]×0.64=220,800[V]
60[kV] 초과 정류기에 접속 권선	정류기의 교류(직류)측의 최대 사용전압의 1.1배		

4) 기구 등의 전로의 절연내력 시험전압

개폐기·차단기·전력용 커패시터·유도전압조정기·계기용 변성기 기타기구의 전로·발/변전소/개폐소의 기계기구 접속선·모선은 충전부분과 대지간에 연속 10분간 가하여 절연내력 시험에 견딜 것(다심 케이블은 심선상호간 및 심선과 대지간 시험전압을 가함)

기구 전로의 종류 (최대사용전압 기준)	적용배수	최저값 시험전압	시험전압 (과년도문제) = 최대사용전압 × 배수
7[kV] 이하 기구등의 전로	1.5	500[V] 이상	① 500[V]×1.5=750[V] ② 220[V]×1.5= 330[V] →500[V]
7[kV] 초과 ~ 25[kV] 이하 중성점 다중 접지식	0.92	없음	22,900[V]×0.92=21,068[V]
7[kV] 초과 ~ 60[kV] 이하	1.25	10.5[kV] 이상	7,200[V]×1.25= 9[kV] → 10.5[kV]
60[kV] 초과 중성점 비접지식		없음	
60[kV] 초과 중성점 접지식	1.1	75[kV] 이상	66,000[V]×1.1= 72.6[kV] →75[kV] 사용
170[kV] 초과 중성점 직접접지식	0.72	없음	
170[kV] 초과 중성점 직접접지식 (발변전소에 준하는 장소시설)	0.64	없음	345[kV]×0.64=220,800[V]

5) 연료전지 및 태양전지 모듈의 절연내력시험

① 절연내력 시험전압 = 최대사용전압 × 1.5배의 직류전압 또는 1배의 교류전압 (최저시험전압 500[V])

② 충전부분과 대지간 연속 10분간 절연내력을 시험시 견딜 것

〔과년도〕 최대사용전압이 69[kV] 중성점 비접지식 지중 케이블 선로의 절연내력시험을 직류전압인가 할 경우 시험전압[kV]은?

〔풀이〕 케이블 시험전압 $E = 69 \times 1.25 \times 2 = 172.5$[kV] 이상 가함

제4장 접지시스템

1) 접지방식 및 접지선의 최소단면적

<table>
<tr><th>접지 대상</th><th>개정 전 접지방식
(접지저항) 및 접지선</th><th>개정 후 접지방식</th><th>개정 후 접지 또는 보호도체
최소단면적</th></tr>
<tr><td>(특)고압설비</td><td>1종
10[Ω] 6[mm²] 이상</td><td rowspan="3">① 계통접지(TN, TT, IT 계통)
② 보호접지(등전위본딩 등)
③ 피뢰시스템접지</td><td rowspan="4">상도체 S[mm²]에 따라 결정함
㉠ $S \le 16 \rightarrow S$
㉡ $16 < S \le 35 \rightarrow 16$
㉢ $S > 35 \rightarrow \frac{S}{2}$
차단시간 5초 이하 → $\frac{\sqrt{I^2 t}}{K}$</td></tr>
<tr><td>600[V] 이하 설비</td><td>특3종
10[Ω] 2.5[mm²]</td></tr>
<tr><td>400[V] 이하 설비</td><td>3종
100[Ω] 2.5[mm²]</td></tr>
<tr><td>변압기</td><td>2종
계산[Ω] 2.5[mm²]</td><td>변압기 중성점접지</td></tr>
</table>

접지도체와 상도체의 재질이 다른 경우에는 재질보정계수$\left(\frac{K_1}{K_2}\right)$를 곱함

2) 전선 및 접지선의 최소단면적(굵기)

<table>
<tr><th>구분</th><th colspan="9">전선 및 접지선의 굵기[mm²]</th></tr>
<tr><td>전선</td><td>2.5</td><td>4</td><td>6</td><td>10</td><td>16</td><td>25</td><td>35</td><td>50</td><td>70</td></tr>
<tr><td>접지선</td><td>2.5</td><td>4</td><td>6</td><td>10</td><td colspan="3">16</td><td>25</td><td>35</td></tr>
<tr><td>전선</td><td>95</td><td>120</td><td>150</td><td>185</td><td>240</td><td>300</td><td>400</td><td>500</td><td>630</td></tr>
<tr><td>접지선</td><td>50</td><td>70</td><td colspan="2">95</td><td>120</td><td>150</td><td>240</td><td>300</td><td>400</td></tr>
</table>

(1) 접지시스템의 구분

접지 구분	내 용
계통접지	전력계통의 이상현상에 대비하여 대지와 계통을 접속하는 것
보호접지	고장시 감전보호를 목적으로 기기의 한 점 이상을 접지하는 것
피뢰시스템접지	뇌전류를 안전하게 대지로 방전하여 건축물 등을 보호

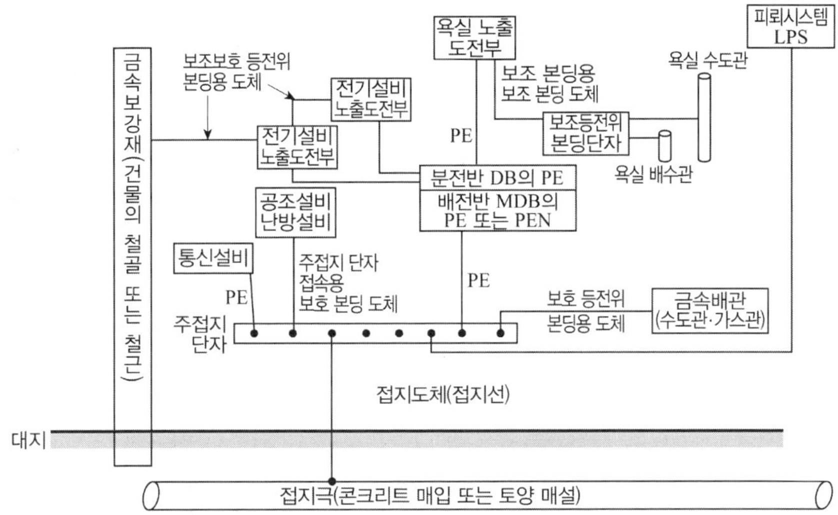

(2) 접지시스템의 시설 종류

1) 접지시설 종류 및 내용

접지시설 종류	내 용	시설 장소
단독접지	특고압, 고압, 저압의 전기설비를 각각 개별로 하는 접지	전력계통
공통접지	등전위 형성을 위해 특고압, 고압, 저압의 전기설비를 공용으로 하는 접지[(특)고압, 저압의 접지가 근접한 경우]	변전소, 변전실
통합접지	설비 사이 전위차 해소하여 등전위형을 위해 전기설비접지, 전기통신설비접지, 피뢰시스템접지를 통합한 접지 * 저압수전설비 또는 변압기 저압측 주배전반에는 서지보호장치(SPD)를 시설할 것	변전소, 변전실

2) 접지시설 그림

① 단독접지

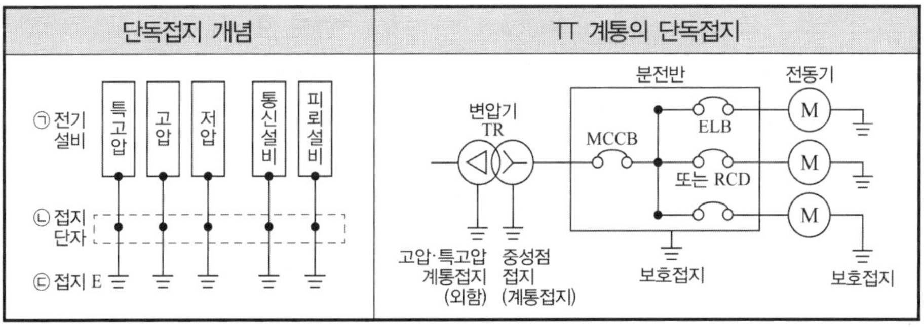

② 공통접지

공통접지 개념	TN 계통의 공통접지
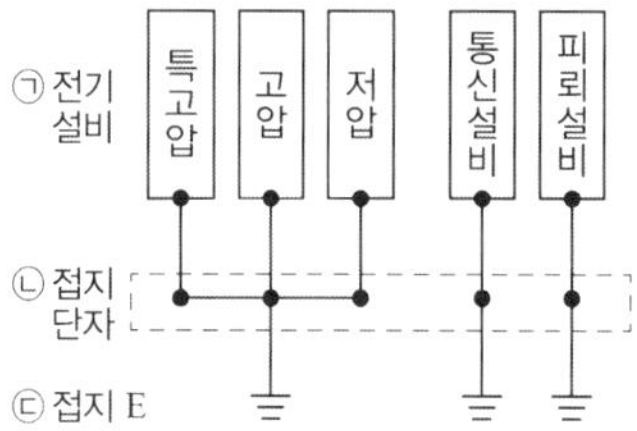	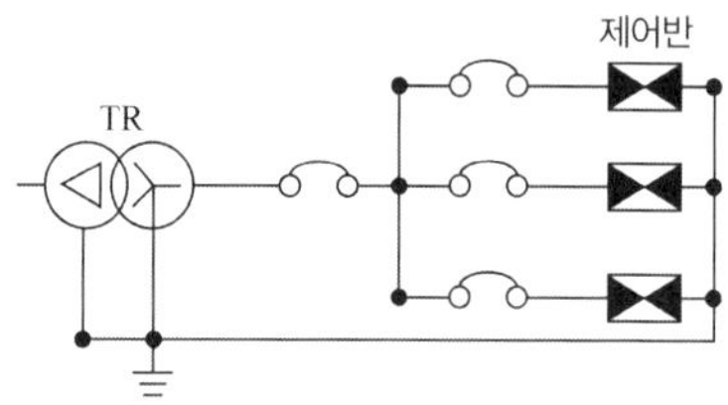

③ 통합접지

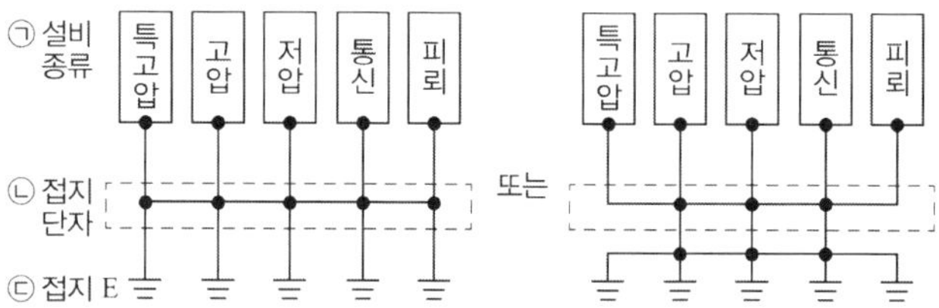

(3) 접지시스템의 구성요소

구 분	내 용
구성요소	접지극 + 접지도체(선) + 보호도체(전기설비기기) * 접지극은 접지도체를 사용하여 주 접지단자에 연결할 것

(4) 접지시스템의 요구사항

구 분	내 용
적합 요구사항	① 전기설비의 보호요구사항을 충족할 것 ② 지락전류와 보호도체 전류를 대지에 전달할 것 단) 열적, 열·기계적, 전기·기계적 응력 및 전류로 인한 감전 위험이 없을 것 ③ 전기설비의 기능적 요구사항을 충족할 것
접지저항값 요구사항	① 부식, 건조 및 동결 등 대지환경 변화에 충족할 것 ② 인체감전보호값 및 전기설비의 기계적 요구값을 만족할 것

(5) 접지극의 시설 및 접지저항

구 분	내 용
접지극의 시설 방법	① 콘크리트에 매입된 기초 접지극 ② 토양에 매설된 기초 접지극 ③ 토양에 수직(수평)으로 직접 매설된 금속전극(봉, 전선, 테이프, 배관, 판 등) ④ 케이블의 금속외장 및 그 밖에 금속피복 ⑤ 지중 금속구조물(배관) ⑥ 대지에 매설된 철근콘크리트의 용접된 금속 보강재. 단) 강화콘크리트는 제외한다.
접지극의 매설 방법	① 토양을 오염시키지 말고 가능한 다습한 부분에 설치할 것 ② 고압 이상 전기설비와 변압기중성점 접지시 접지극의 매설깊이는 지표면에서 지하 0.75[m] 이상일 것 ③ 접지도체를 철주(금속체)에 시설시 접지극을 철주의 밑면에서 0.3[m] 이상의 깊이에 매설하는 경우 이외에는 접지극을 지중에서 그 금속체(철주)로부터 1[m] 이상 떼어 매설할 것
접지극 부식 고려사항	① 폐기물 집하장 및 번화한 장소에 접지극 설치하지 말 것 ② 서로 다른 재질의 접지극을 연결시 전식을 고려할 것 ③ 콘크리트 기초 접지극에 접속하는 접지도체가 용융아연도금강제인 경우 접속부를 토양에 직접 매설하지 말 것
접지극 접속방법	① 발열성 용접 ② 압착접속 ③ 클램프 ④ 기계적 접속장치로 접속
접지극으로 사용할 수 없는 경우	가연성 액체나 가스를 운반하는 금속제 배관 단) 보호 등전위본딩은 예외

(6) 수도관 접지극 사용시 시설방법 = 접지저항 3[Ω] 이하

암기법 : 수삼

1) 대지와 전기저항값이 3[Ω] 이하인 지중에 매설된 금속제 수도관 안지름이 75[mm] 이상이거나, 분기한 수도관 안지름이 75[mm] 미만일 때 분기점으로부터 5[m] 이내에 접지공사 실시 가능

★ 단) 2[Ω] 이하시에는 규정의 접촉을 받지 않음(5[m]를 초과 가능)

수도관 안지름	75[mm] 이상	75[mm] 미만 길이 5[m] 이내	75[mm] 미만 길이 5[m] 초과
전기저항값	3[Ω] 이하	3[Ω] 이하	2[Ω] 이하

2) 접지도체와 금속제 수도관로의 접속부를 수도계량기로부터 수도 수용가 측에 설치시에는 수도계량기를 사이에 두고 양측 수도관로를 등전위본딩 할 것

3) 2[Ω] 이하를 유지하는 건물의 철골, 기타 금속체를 접지극으로 사용 가능

① 비접지식 고압전로에 시설 기계기구의 철대 또는 금속제 외함의 접지공사

② 비접지식 고압전로와 저압전로를 결합하는 변압기의 저압전로의 접지공사

4) 공사방법 : 케이블 공사
5) 접속부에 전기부식이 생기지 않을 것
6) 건물의 철골접지 접지저항
   ① 3[Ω] 이하
   ② 비접지식 2[Ω] 이하

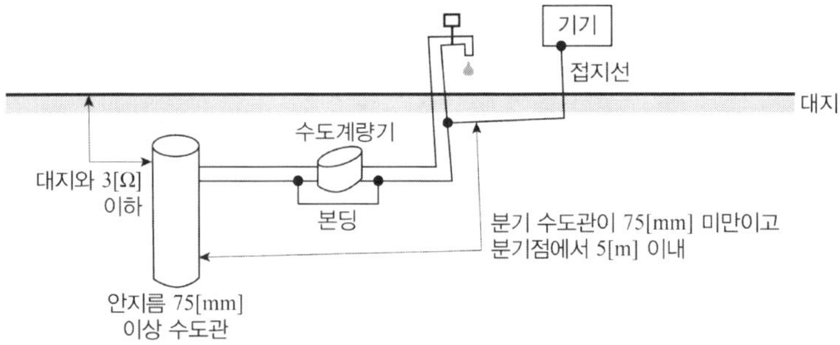

(7) 접지도체 및 보호도체

1) 접지도체 ☆☆

1. 접지도체의 선정

도체 종류	접지도체 최소 단면적	
	큰 고장전류가 흐르지 않을 경우	접지도체에 피뢰시스템 접속시
구리	6[mm^2] 이상	16[mm^2] 이상
철제	50[mm^2] 이상	

2. 접지도체와 접지극의 접속
   ① 접속부는 발열성 용접, 압착접속, 클램프 또는 기계적 접속장치로 할 것
   ② 클램프 사용시 접지극(접지도체)을 손상시키지 말 것. 납땜만은 불가

3. 금속체(철주)의 접지공사 시설 규정
   ① 접지극은 지표면으로부터 지하 0.75[m] 이상의 깊이에 매설할 것
   ② 접지극을 철주 바로 밑에 시설시에는 0.3[m] 이상 이격하며 이외(0.3[m] 미만시)에는 금속체와 1[m] 이상 이격하여 시설(매설)할 것
   ③ 접지도체(선)는 접지극에서 지상 0.6[m]까지 절연전선·케이블(옥외용 절연전선·통신용 케이블 제외)을 사용할 것
   ④ 접지도체(선)의 지표면하 0.75[m]에서 지상 2[m]까지 합성수지관(두께 2[mm] 이상) 또는 이와 동등 이상의 절연효력 및 강도가 있는 것으로 몰드로 덮을 것. 단) 두께 2[mm] 미만 합성수지제 전선관 및 콤바인덕트관은 제외

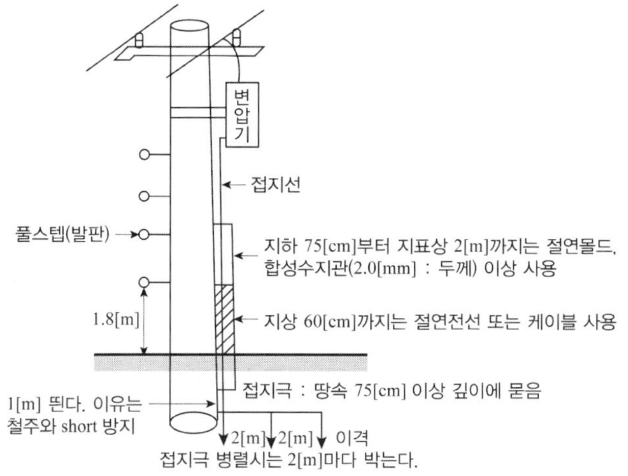

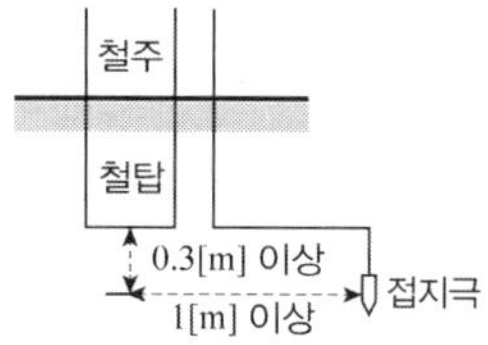

⑤ 접지극 병렬 매설시 접지극 상호간 2[m] 이상 이격할 것

⑥ 접지선을 시설한 지지물에는 피뢰침용 접지선을 시설하지 말 것

⑦ (통합)접지공사시 사람이 접촉할 우려가 있는 범위(수평 방향 2.5[m], 높이 2.5[m])의 고정설비 노출도전성 부분 및 계통외 도전성부분은 등전위접속 할 것

⑧ 접지극(동봉, 철관, 철봉, 탄소피복강봉)의 길이 : 0.9[m] 이상 사용할 것

4. (특)고압전기설비 및 변압기 중성점 접지시스템의 경우

사람 접촉 우려 시설된 접지도체는 절연전선(OW 제외) 또는 케이블(통신용 제외)을 사용할 것. 단) 접지도체를 철주(금속체)에 시설시 이외의 경우는 접지도체의 지표상 0.6[m]를 초과하는 부분에 절연전선을 사용하지 않을 수 있다.

5. 접지도체의 굵기(단면적)

구 분	접지도체(접지선)의 단면적
특고압 및 고압 전기설비 접지도체	6[mm^2] 이상의 연동선 또는 동등 이상의 단면적 및 강도
변압기 중성점 접지용 접지도체	① 공칭단면적 16[mm^2] 이상의 연동선 ② 6[mm^2] 이상의 연동선을 사용 하는 경우 ㉠ 7[kV] 이하 전로 ㉡ 25[kV](22.9[kV]) 이하 중성점 다중접지방식에 2초 이내 차단장치시설시
이동용 전기기계기구 금속제외함 접지	① 특고압 또는 고압 접지도체 : 10[mm^2] 이상 ㉠ 클로로프렌 캡타이어 케이블 3종 4종의 1개 도체 ㉡ 다심캡타이어 케이블의 차폐 기타의 금속체 ㉢ 클로로설포네이트 폴리에틸렌 캡타이어 케이블 3종 4종 1개 도체 ② 저압 전기설비(기기)용 접지도체 다심코드 또는 다심 캡타이어 케이블 1개 도체 단면적 : 0.75[mm^2] 또는 유연성 있는 연동연선 1개 도체 단면적 : 1.5[mm^2]

2) 보호도체

1. 보호도체의 종류
   ① 다심케이블의 도체
   ② 고정된 절연도체 또는 나도체
   ③ 충전도체와 같은 트렁킹에 수납된 절연도체 또는 나도체
   ④ 금속케이블 외장, 케이블 차폐, 케이블 외장, 전선묶음(편조전선), 동심도체, 금속관

2. 보호도체 또는 보호본딩도체로 사용할 수 없는 금속부분
   ① 금속 수도관
   ② 가요성 금속전선관
   ③ 가스·액체·분말과 같은 인화성 물질을 포함하는 금속관
   ④ 상시 기계적 응력을 받는 지지 구조물 일부
   ⑤ 가요성 금속배관(보호도체의 목적으로 설계된 경우는 제외)
   ⑥ 지지선, 케이블 트레이 및 이와 비슷한 것

3. 보호도체는 개폐장치를 연결하지 말 것 ☆☆

4. 보호도체의 최소 단면적 ☆☆

선도체(전원공급용전선)의 단면적(구리 S[mm^2])	보호도체의 최소 단면적[mm^2], 구리 보호도체(접지선)의 재질		용어
	선도체와 같은 경우	선도체와 다른 경우	
$S \le 16$	$\boldsymbol{S}$	$\frac{K_1}{K_2} \times S$	I : 고장전류실효값 t : 자동차단동작시간 K : 보호도체계수 K_1 : 상도체계수 K_2 : 보호도체계수
$16 < S \le 35$	**16**	$\frac{K_1}{K_2} \times 16$	
$S > 35$	$\boldsymbol{\frac{S}{2}}$	$\frac{K_1}{K_2} \times \frac{S}{2}$	

① 차단시간이 5초 이하인 경우 계산식을 적용할 것

보호도체 단면적	용어
$S = \frac{\sqrt{I^2 t}}{K}$[mm^2]	I[A] : 보호장치에 흐르는 예상 고장전류(실효값) t[s] : 자동차단을 위한 보호장치의 동작시간 k : 보호도체, 절연, 재질, 초가온도, 최종온도에 의한 계수

② 보호도체가 케이블의 일부가 아니거나 선도체와 동일외함에 설치되지 않으면 단면적은 다음의 굵기 이상으로 할 것

구 분	구리	알루미늄
기계적 손상에 대한 보호가 되는 경우	2.5[mm^2] 이상	16[mm^2] 이상
기계적 손상 보호가 되지 않는 경우	4[mm^2] 이상	

3) 보호도체의 단면적 보강(10[mA] 초과시 보호도체의 단면적)

① 보호도체는 정상 운전상태에서 전류의 경로로 사용되지 말 것

② 전기설비의 보호도체에 10[mA] 초과시 도체를 증강하여 사용할 것

구 분	보호도체의 단면적	
	구리	알루미늄
보호도체가 1개인 경우	10[mm^2] 이상	16[mm^2] 이상
추가 보호도체 단자가 구비된 경우		

4) 보호도체와 계통도체 겸용

1. 보호도체와 계통도체를 겸용하는 겸용도체의 구분
   ① 중성선과 겸용
   ② 선도체와 겸용
   ③ 중간도체와 겸용

2. 겸용도체는 고정된 전기설비에서만 사용할 것

겸용도체 조건	① 단면적 : 구리 10[mm^2] 또는 알루미늄 16[mm^2] 이상일 것 ② 중성선과 보호도체의 겸용도체는 전기설비의 부하측으로 시설하지 말 것 ③ 폭발성 분위기 장소는 보호도체를 전용으로 할 것

3. 겸용도체의 시설
   ① 전기설비에서 중성선·중간도체·선도체 및 보호도체 별도로 배선시
      ㉠ 중성선·중간도체·선도체를 전기설비의 다른 접지된 부분에 접속하지 말 것
      ㉡ 겸용도체에서 각각의 중성선·중간도체·선도체와 보호도체 구성은 가능
   ② 겸용도체는 보호도체용 단자 또는 바에 접속할 것
   ③ 계통외도전부는 겸용도체로 사용하지 말 것

5) 주접지단자 시설

1. 접지시스템은 주접지단자를 설치하고 다음의 도체들을 접속할 것
   ① 등전위본딩도체
   ② 접지도체

③ 보호도체

④ 기능성 접지도체(관련이 있는 경우)

2. 여러 개의 접지단자 장소는 접지단자를 상호 접속할 것
3. 주접지단자의 각 접지도체는 개별 분리 가능하며 접지저항을 측정할 수 있을 것
4. 접속은 견고 하며 공구에 의해 분리되는 방법으로 할 것

(8) 전기수용가 접지

1) 저압수용가 인입구 접지 ★

수용장소 인입구 부근 변압기 중성점 접지를 한 저압전선로의 중성선 또는 접지측 전선에 추가로 다음의 것을 접지극으로 접지공사를 할 수 있다.

① 지중에 매설시 대지와의 전기저항 3[Ω] 이하의 금속제 수도관로

② 대지 사이의 전기저항 3[Ω] 이하인 건물의 철골

③ 접지도체 : 공칭단면적 6[mm^2] 이상의 연동선 또는 동등 이상의 세기

2) 주택 등 저압수용장소 접지

① 계통접지가 TN-C-S 방식인 경우의 보호도체의 단면적

중성점 겸용 보호도체(PEN) 단면적 : 구리 10[mm^2] 이상, 알루미늄 16[mm^2] 이상

② 접지는 감전보호용 등전위본딩을 할 것

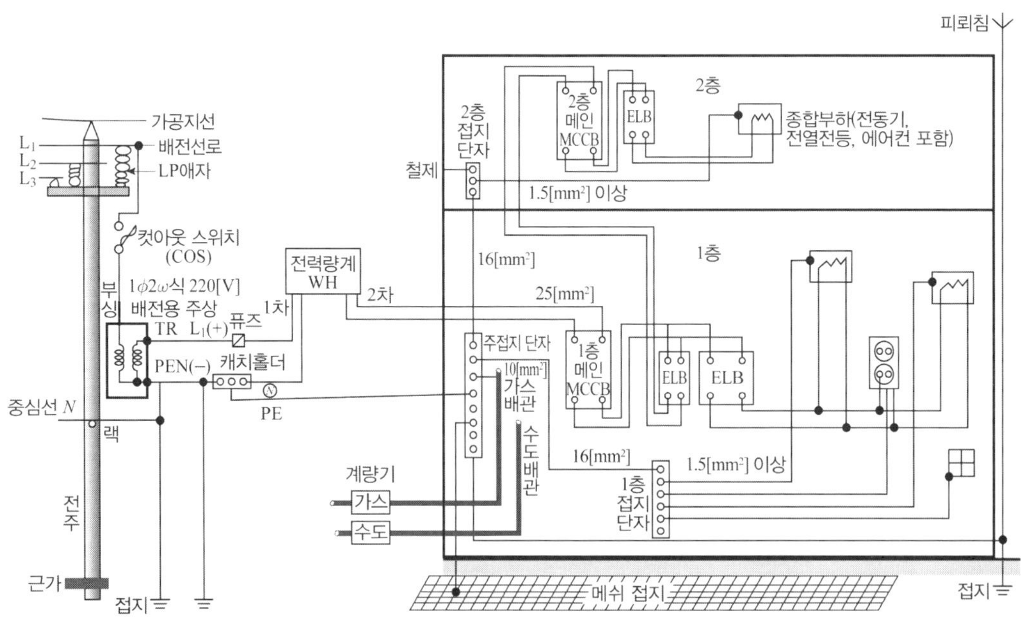

전선 구분	약호	명칭(허용온도)	적용부분	적용부하
절연전선 (PVC계열)	HFIX	폴리오레핀절연전선(90℃)	분기회로 (세대내)	전등 1.5[mm^2] 이상 전열 2.5[mm^2] 이상 에어컨 4[mm^2] 이상
	HIV	내열용 절연전선(90℃)		
	IV	비닐절연전선(70℃)		
	F-GV	트레이접지용비닐절연전선	보호도체	접지선 16[mm^2]
저압케이블 (XLPE계열)	F-CV	가교폴리에틸렌 난연 비닐시스 트레이용 전력케이블	간선 일반부하	• 다심케이블일 때 16[mm^2] 이하 • 단심케이블일 때 16[mm^2] 초과
	FR-8	소방 내화 케이블	간선 비상 (소방)용전원	
	VV	비닐절연비닐시스케이블	세대내 이중천장	조명부하

(9) 변압기 중성점 접지저항값

접지저항 = 변압기의 고압 및 특고압측 전로 1선 지락전류로 150을 나눈 값

1) 변압기의 고압·특고압측 전로 또는 사용전압이 35[kV] 이하의 특고압 전로가 저압측 전로와 혼촉하고 저압전로의 대지전압이 150[V]를 초과하는 경우

접지대상 구분	★ 중성점 접지저항값
일반적인 경우	$\dfrac{150}{1\text{선지락전류}I_g}[\Omega]$ 이하
2초 이내에 고압·특고압 전로 자동차단장치 설치시	$\dfrac{300}{1\text{선지락전류}I_g}[\Omega]$ 이하
1초 이내에 고압·특고압 전로 자동차단장치 설치시	$\dfrac{600}{1\text{선지락전류}I_g}[\Omega]$ 이하

2) 전로의 1선 지락전류는 실측값(단, 실측이 곤란시 선로정수로 계산)

(10) 공통접지 및 통합접지

1) **공통접지**(변전소 또는 이와 유사한 곳)

고압 및 특고압과 저압 전기설비의 접지극 근접 시설시 공통접지시스템 시설

① 저압 접지극이 (특)고압 접지극의 접지저항 영역에 포함시 위험전압이 발생하지 않도록 접지극을 상호 접속할 것

② (특)고압 계통 지락사고시 저압계통에 가해지는 상용주파 과전압은 다음 표에서 정한 값을 초과하지 말 것(접지시스템에서)

고압 계통접지 적용 구분	고압 계통지락 고장시간 t	저압설비 허용 상용주파 과전압 V
긴 차단시간일 때 적용 (비접지, 소호리액터 접지)	t >5[초]	$V = U_0 + 250$[V]
짧은 차단시간일 때 적용 (저저항접지)	t ≤5[초]	$V = U_0 + 1{,}200$[V]
U_0 : 중성선 도체가 없는 계통의 선간전압		

2) 통합 접지

전기설비의 접지계통·건축물의 피뢰설비·전자통신설비 등의 접지극을 공용으로 하는 통합접지시스템으로 시설하고 낙뢰의 과전압으로부터 전기전자기기 보호를 위해 서지보호장치(SPD) 설치할 것

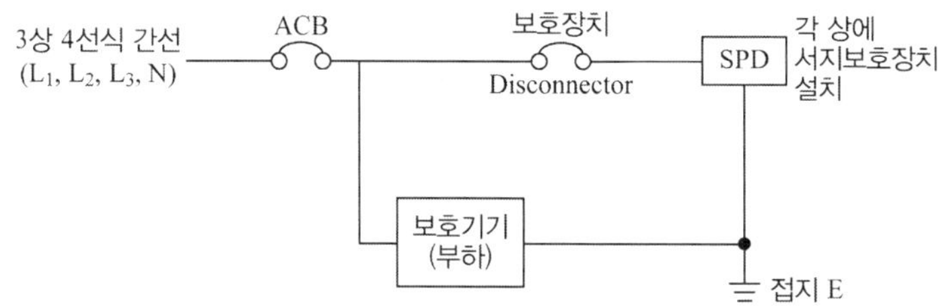

(11) 기계기구의 철대 및 외함의 접지

1) 전로에 시설하는 기계기구의 철대 및 금속제외함(외함이 없는 변압기 또는 계기용 변성기는 철심)에는 접지공사를 할 것

2) 접지공사 생략 가능한 경우

① 사용전압 직류 300[V](교류 대지전압 150[V]) 이하 기계기구 건조한 곳에 시설시
② 저압용 기계기구를 건조한 목재의 마루 등 절연성 물건 위에 시설시
③ 사람이 쉽게 접촉할 우려가 없는 저압용 기계기구를 목주의 위에 시설시
④ 철대(외함)의 주위에 적당한 절연대(2중절연)를 설치하는 경우
⑤ 외함이 없는 계기용변성기가 고무·합성수지 기타의 절연물로 피복한 것일 경우
⑥ 이중절연구조로 되어 있는 기계기구를 시설시
⑦ 저압용 기계기구에 전기를 공급하는 전로의 전원측에 절연변압기(2차 전압이 300[V] 이하, 정격용량 3[kVA] 이하)를 시설하고 부하측을 비접지한 경우
⑧ 물기 있는 장소 이외의 장소에 저압용의 개별 기계기구 전로에 인체감전보호용

누전차단기(정격감도전류 30[mA] 이하, 동작시간 0.03초 이하 전류동작형) 시설시

⑨ 기계기구(외함 충전용)에 사람 접촉 우려가 없도록 시설하거나 절연대 시설시

(12) 감전보호용 등전위본딩

등전위본딩이란 건축물공간에서 금속도체를 서로 연결하여 전위를 같게 하는 것(등전위화)으로 저압전로설비, 통신설비, 피뢰시스템에 필수임

1) 등전위본딩의 적용

1. 건축(구조)물의 접지도체 및 주 접지단자와 등전위본딩을 해야 할 곳
   단) 다른 보호도체로 주 접지단자에 연결된 경우는 제외
   ① 금속배관(외부에서 내부로 인입되는 수도관·가스관)
   ② 금속보강재[건축(구조)물의 철근, 철골]
   ③ 계통외도전부(접촉이 가능한 금속제 난방배관 및 공조설비)
2. 주접지단자에 보호 등전위본딩(접지/보호/기능성접지) 도체를 접속할 것

2) 등전위본딩의 시설

1. 등전위본딩 분류

등전위본딩 시설 분류		내 용
감전보호용 등전위본딩	보호 등전위본딩	건축물(구조물) 내부로 들어오는 금속제 배관, 철근, 철골, 금속제 난방배관등 계통외 도전부
	보조보호 등전위본딩	전원 자동차단에 의한 감전보호 보조보호방식(계통별 최대차단시간 초과인 경우 시설)
	비접지국부 등전위본딩	절연성 바닥인 비접지 장소의 기기 2대 사이(2.5[m] 이내)에 인체감전사고 방지를 위해 기기외함간 및 설비와 금속지지체간의 본딩(노출도전부 상호간 전위차 발생 방지용)
	등전위본딩도체 단면적	설비내 가장 큰 보호도체 단면적의 $\frac{1}{2}$ 이상일 것
피뢰시스템 등전위본딩	금속제설비 등전위본딩	구조물에 접속된 외부 도전성 부분
	인입설비 등전위본딩	건축물(구조물) 외부에서 내부로 인입설비
	내부피뢰시스템	구조물 내부의 전기전자설비보호시스템(SPD) 설치

2. 보호 등전위본딩 시설

건축물(구조물)의 내부로 들어오는 각종 금속제 배관

① 1개소에 인입하고 인입구 부근에서 접속하여 등전위본딩바에 접속할 것

② 1개소에 인입불가 대형건축물은 본딩도체를 1개의 본딩바에 연결할 것

③ 수도(가스)관은 내부로 인입된 최초의 밸브 후단에서 등전위본딩할 것

④ 건축(구조)물의 금속보강재(철근, 철골)는 등전위본딩을 할 것

3. 보조보호 등전위본딩

동시에 접근(양팔을 벌렸을 때 닿는 거리)한 2개의 노출도전부를 연결 또는 노출도전부와 계통외도전부를 본딩도체로 연결(접속)하는 것

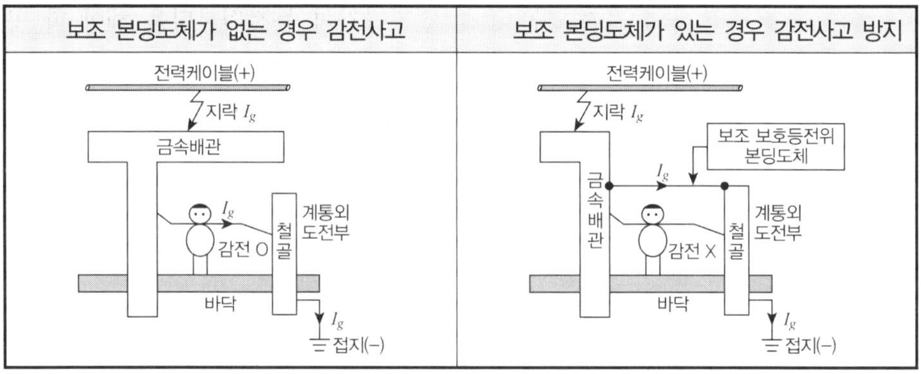

① 보조보호 등전위본딩의 대상

전원자동차단에 의한 감전보호방식에서 고장시 자동차단시간이 계통별 최대차단시간을 초과시(32[A] 이하 분기회로의 최대차단시간 표)

계통	50 [V]< U_0 ≤120[V]		120[V]< U_0 ≤230[V]		230[V]< U_0 ≤400[V]		U_0 >400[V]	
			예 220[V]					
	교류	직류	교류	직류	교류	직류	교류	직류
TN	0.8[초]		★0.4	5	0.2	0.4	0.1	0.1
TT	0.3[초]		0.2	0.4	0.07	0.2	0.04	0.1

TT 계통에서 차단은 과전류보호장치에 의해 이루어지고 보호 등전위본딩은 설비 안의 모든 계통외도전부와 접속되는 경우 TN 계통에 적용 가능한 최대차단시간이 사용될 수 있다.
U_0 : 대지에서 공칭교류전압 또는 직류 선간전압

② 표의 계통별 최대차단시간을 초과하고 2.5[m] 이내에 설치된 고정기기의 노출도전부와 계통외도전부는 보조보호 등전위본딩을 할 것. 다만, 보조보호 등전위본딩의 유효성에 관해 의문이 생길 경우 동시에 접근 가능한 노출도전부와 계통외도전부 사이의 저항값 R이 다음의 조건을 충족하는지 확인할 것

구 분	보조보호 등전위본딩의 유효성 성립 조건식	
	교류계통	직류계통
노출도전부와 계통외 도전부 사이의 저항값	$R \le \dfrac{50\,V}{I_a}[\Omega]$	$R \le \dfrac{120\,V}{I_a}[\Omega]$

I_a: 보호장치의 동작전류[A] 단) 누전차단기의 경우 $I_{\triangle n}$(정격감도전류), 과전류보호장치의 경우 5초 이내 동작전류

4. 비접지 국부 등전위본딩
   ① 절연성 바닥(비접지 장소)에서 국부 등전위본딩을 해야 하는 경우 ★
      ㉠ 전기설비 상호 간 거리 2.5[m] 이내인 경우
      ㉡ 전기설비와 이를 지지하는 금속체 사이
   ② 전기설비 또는 계통외 도전부를 통해 대지에 접촉하지 말 것

<table>
<tr><th>구 분</th><th>보호 등전위본딩</th><th>비접지 국부 등전위본딩</th></tr>
<tr><td>이해 그림</td><td>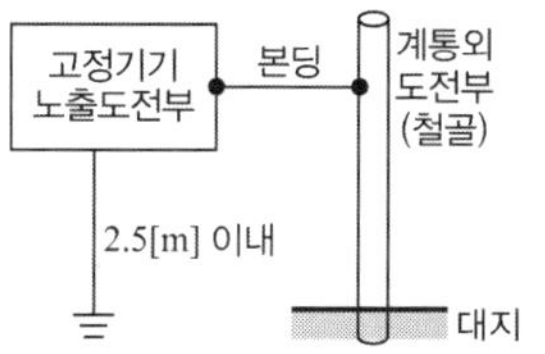
</td><td>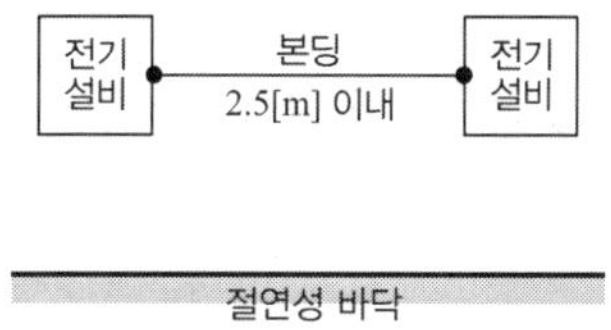
</td></tr>
<tr><td>본딩 이유</td><td>사람이 노출도전부와 계통외 도전부 접촉시 감전사고 발생 방지</td><td>양쪽 전기설비 모두 지락사고인 경우 사람 접촉시 감전사고 방지</td></tr>
</table>

3) 등전위본딩 도체

1. 보호 등전위본딩 도체(주접지단자에 접속시 등전위본딩 도체)
   설비 내에 가장 큰 보호접지도체 단면적의 $\frac{1}{2}$ 이상일 것

도체 종류	구리	알루미늄	강철
도체 굵기[mm^2]	6(보호본딩도체는 25를 초과하지 말 것)	16	50

2. 보조보호 등전위본딩 도체
   ① 두 개 노출도전부 접속시 도전성은 더 작은 보호도체보다 클 것
   ② 노출도전부를 계통외도전부에 접속시 도전성은 같은 단면적을 갖는 보호도체의 $\frac{1}{2}$ 이상일 것

<table>
<tr><th>구분</th><th>2개의 노출도전부 접속시</th><th>노출도전부를 계통외 도전부에 접속시</th></tr>
<tr><td>이해 그림</td><td>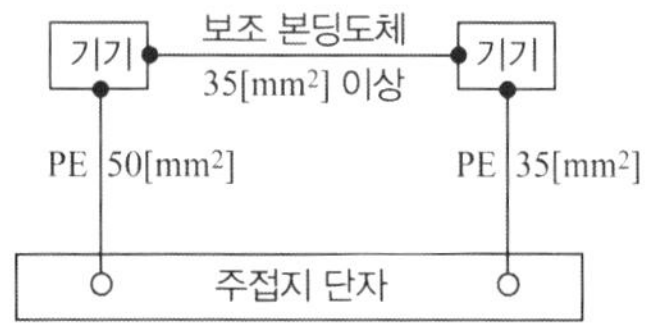
</td><td>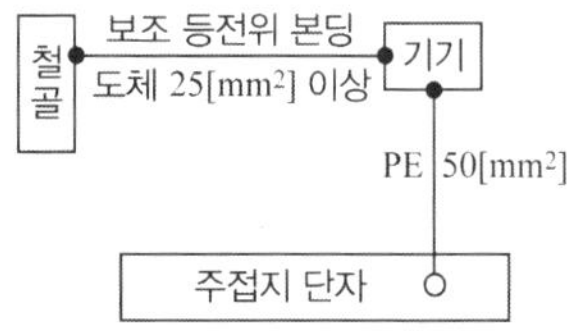
</td></tr>
</table>

③ 케이블 일부가 아닐 때 또는 선로도체와 수납 않은 본딩도체 굵기

<table>
<tr><th rowspan="2">구 분</th><th colspan="2">본딩도체 굵기</th></tr>
<tr><th>구리 도체</th><th>알루미늄 도체</th></tr>
<tr><td>기계적 보호가 된 것</td><td>2.5[mm^2] 이상</td><td rowspan="2">16[mm^2] 이상</td></tr>
<tr><td>기계적 보호가 없는 것</td><td>4[mm^2] 이상</td></tr>
</table>

제5장 피뢰시스템(LPS)

<table>
<tr><th colspan="2">피뢰시스템 분류</th><th colspan="2">내 용</th></tr>
<tr><td rowspan="5">피뢰시스템
LPS</td><td rowspan="3">외부 피뢰시스템</td><td colspan="2">수뢰부시스템</td></tr>
<tr><td colspan="2">인하도선시스템</td></tr>
<tr><td colspan="2">접지극시스템</td></tr>
<tr><td rowspan="2">내부 피뢰시스템</td><td>등전위본딩(SPD 사용 포함)</td><td rowspan="4">등전위
본딩</td></tr>
<tr><td>외부 LPS와 절연(안전 이격거리 확보)</td></tr>
<tr><td rowspan="5">뇌전자기보호대책
SPM</td><td rowspan="3">뇌서지 저감설계</td><td>뇌보호구역(피뢰구역 LPZ)</td></tr>
<tr><td>자기차폐/배선경로</td></tr>
<tr><td colspan="2">접지와 등전위본딩</td></tr>
<tr><td rowspan="2">SPD 사용
뇌서지 저감설계</td><td colspan="2">전원회로의 보호</td></tr>
<tr><td colspan="2">통신/신호회로의 보호</td></tr>
</table>

(1) 피뢰시스템의 적용 범위

① 전기전자설비 설치 건축(구조)물로서 낙뢰로부터 보호가 필요한 것

② 지상으로부터 높이가 20[m] 이상인 건축(구조)물

③ 저·고·특고압 전기설비 및 전자설비 중 낙뢰로부터 보호가 필요한 설비

(2) 피뢰시스템의 구성 = 외부피뢰시스템 + 내부피뢰시스템

① 외부피뢰시스템 : 직격뢰로부터 대상물을 보호

② 내부피뢰시스템 : 간접뢰 및 유도뢰로부터 대상물을 보호

구분	직격뢰	간접뢰	유도뢰
정의	구조물 또는 인입설비 뇌격	구조물 또는 인입설비 근처 뇌격	인하도선의 뇌전류
보호대책	피뢰침	접지, 등전위본딩, 서지보호장치 SPD	

(3) 외부피뢰시스템 = 수뢰부시스템 + 인하도선시스템 + 접지극시스템

전기설비 보호를 위한 건축물(구조물) 피뢰시스템

1) 수뢰부시스템

① 수뢰부 종류

돌침, 수평도체, 메시도체의 요소 중 한 가지 또는 조합으로 사용할 것

② 수뢰부시스템 배치

㉠ 보호각법, 회전구체법, 메시법 또는 조합된 방법으로 배치할 것

구분	보호각법	회전구체법	메시법
적용	간단한 형상 건물	모든 건물	표면이 평평한 구조물

㉡ 건축물(구조물)의 뾰족한 부분(모서리)에 우선 배치할 것

구분	보호각법	회전구체법
적용	60[m] 이하 건축물	60[m] 초과 건축물
방법	건축물의 뾰족한 부분, 모서리에 돌침부로부터 보호각 결정	가상구체를 건축물의 상부, 둘레, 대지에서 회전구체 표면이 닿는 곳에 수뢰부를 설치하는 방법
적용 그림	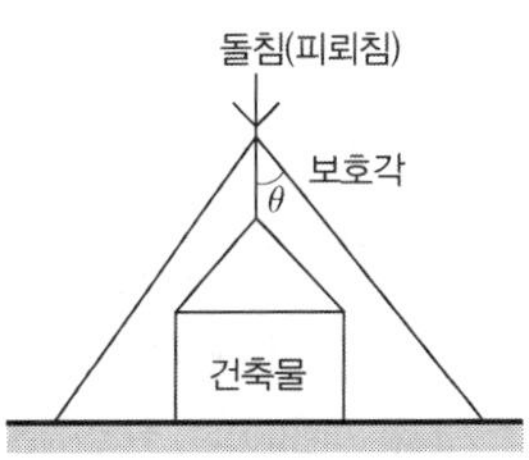	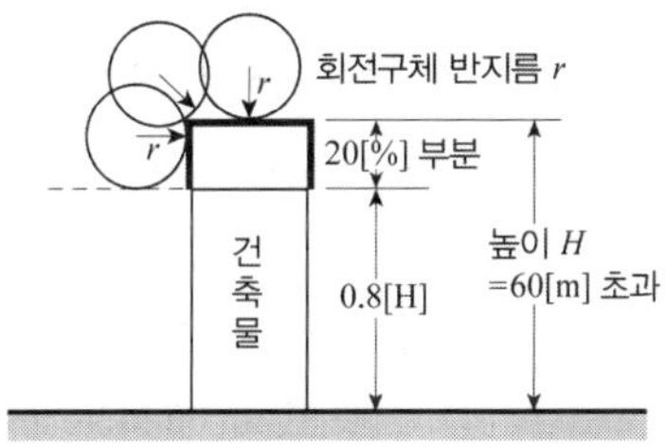

③ 측뢰보호가 필요한 경우 수뢰부시스템 시설

㉠ 높이 60[m] 초과 건축(구조)물의 최상부로부터 20[%] 부분에 한함

㉡ 돌출부(코너, 모서리)에 배치 피뢰시스템 등급은 Ⅳ 이상일 것

㉢ 수뢰부는 구조물의 금속(철골 프레임)에 인하도선을 설치할 것

피뢰등급	I등급	II등급	III등급	IV등급 ★
적 용	원자력발전소 화학물 취급소	정유공장 주유소	통신사 발전소	주택 농장
회전구 반지름	20[m]	30[m]	45[m]	60[m]
등급별 보호각	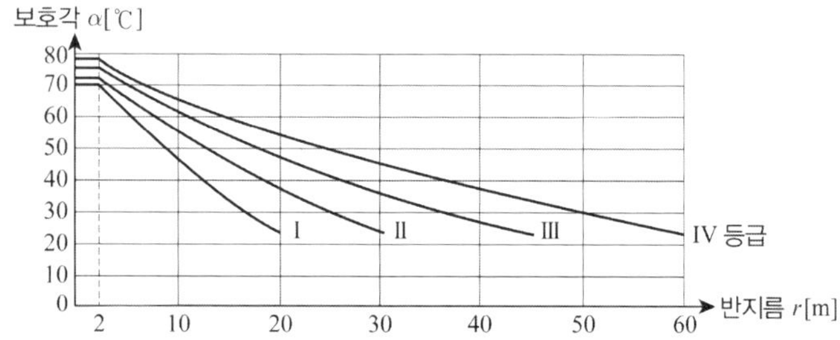			

④ 건축물(구조물)과 분리되지 않은 수뢰부시스템의 시설

㉠ 지붕 마감재가 불연성 재료인 경우는 지붕표면에 사용할 것

㉡ 지붕 마감재가 가연성 재료인 경우 지붕재료와 이격거리

지붕 마감재 재료 구분	지붕재료와 이격거리
초가지붕 또는 이와 유사한 경우	0.15[m] 이상
다른 재료의 가연성 재료인 경우	0.1[m] 이상

2) 인하도선시스템

1. 수뢰부시스템과 접지시스템 연결 방법

① 복수의 인하도선을 병렬로 구성할 것(건축물 및 구조물과 분리된 피뢰시스템은 제외)

② 도선경로의 길이가 최소가 되도록 할 것

2. 인하도선시스템의 배치 방법

① 건축물(구조물)과 분리된 피뢰시스템인 경우

㉠ 뇌전류의 경로가 보호대상물에 접촉하지 않도록 할 것

㉡ 별개의 지주에 설치시 각 지주마다 1가닥 이상 인하도선 시설할 것

㉢ 수평도체(메시도체)시 지지 구조물마다 1가닥 이상 인하도선 시설

② 건축물(구조물)과 분리되지 않은 피뢰시스템인 경우

벽 재료의 종류		시설 규정
불연성 재료		벽의 표면 또는 내부에 시설
가연성 재료	이격 가능 거리	0.1[m] 이상 이격
	이격 불가능한 경우	도체 단면적 100[mm^2] 이상 사용

㉠ 인하도선의 수는 2가닥 이상 할 것

㉡ 건축물(구조물)의 투영에 다른 둘레에 균등 간격 배치할 것

㉢ 병렬 인하도선의 최대 간격(피뢰시스템 등급에 따른 구분)

피뢰시스템 등급	Ⅰ 또는 Ⅱ 등급	Ⅲ 등급	Ⅳ 등급
인하도선 사이 최대 간격	10[m]	15[m]	20[m]

3. 수뢰부시스템과 접지극시스템 사이(인하도선)에 시설 규정

① 경로는 최단거리(수직)로 시설 루프 형성이 없을 것

② 처마 또는 수직으로 설치된 홈통 내부에 시설하지 말 것

③ 자연구성부재(철근콘크리트 구조물의 철근)을 인하도선으로 사용시 해당 철근 전체 길이의 전기저항 값은 0.2[Ω] 이하일 것

④ 시험용 접속점을 인하도선과 접지극시스템의 연결부분에 시설하고 측정시에 공구로만 개방할 수 있을 것. 단) 자연구성부재 이용 및 본딩시 예외

4. 자연적 구성부재 종류(인하도선으로 사용)

① 전기적 연속성과 내구성이 확실하고, 인하도선의 규정된 값 이상인 것

② 구조물(전기적 연속성)의 금속제 구조체(철골, 철근)일 것

③ 강제 구조체(구조물이 상호 접속된)일 것

④ 두께 0.5[mm] 이상 금속관(장식벽재, 측면레일 및 금속제 장식 벽의 보조재)

⑤ 철근(철골)을 인하도선으로 사용시 수평 환상도체는 미설치 가능

3) 접지극시스템(뇌전류를 대지로 방류시킴)

접지극시스템은 A(B)형 접지극 중 하나 또는 조합으로 시설 가능

① 접지극(시스템)의 종류

접지극 종류	A형(개별) 접지극 (방사형, 수직형, 판상형)		B형 접지극(환상형, 메시형, 자연적 구성부재인 기초, 건물구조체)	
	수직	수평 접지극	환상도체 접지극	기초 접지극
그림		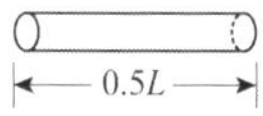		① 콘크리트 매입 ② 토양 매설
극수	2개 이상		2개 이상, 인하도선보다 많을 것	
길이 L	수평형 L, 수직형=$0.5L$		접지극 면적의 평균반지름 $r=\sqrt{\frac{ab}{\pi}}$	

② 접지극(시스템)의 배치

㉠ A형 접지극 배치

최소 2개 이상 균등 간격 배치, 피뢰시스템 등급별로 대지저항률에 따른 최소길이 L 이상으로 할 것. 단) 설치방향의 환산율은 수평 1, 수직 0.5

㉡ B형 접지극 배치

접지극면적 환산 평균반지름 r이 최소길이 L 이상일 것($r \geq L$).

단) 최소길이 미만시($r < L$) 수평(수직) 접지극을 2개 이상 추가할 것

접지극 면적	☞ 접지극 면적 환산 평균반지름 r	
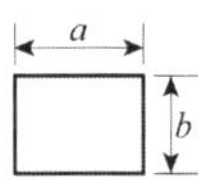	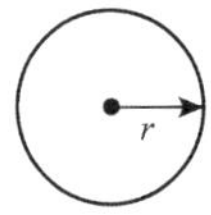	$r=\sqrt{\frac{ab}{\pi}}$

㉢ 접지극시스템의 접지저항이 10[Ω] 이하시 최소 길이 이하로 가능

③ 접지극의 시설

㉠ 지표면에서 0.75[m] 이상 깊이로 매설할 것

㉡ 대지저항이 높은 암반지역, 건축물(전자통신시스템) 시설은 환상도체(기초) 접지극으로 할 것

㉢ 접지극 재료는 대지에 환경오염 및 부식의 문제가 없을 것

㉣ 철근콘크리트 기초와 접속된 구성부재(철근/금속제 지하구조물)는 접지극 사용가능

4) 부품 및 접속

① 수뢰도체, 피뢰침, 인하도선의 재료, 형상(테이프형, 원형, 연선)과 최소단면적

재료 종류	구리	주석도금 구리	용융아연 도금강	알루미늄 합금	알루미늄	스테인리스강
최소 단면적	테이프형 단선, 원형 단선, 연선=50[mm^2]				테이프형 70 원형 50 연선 50	테이프형 50 원형 50 연선 70

② 피뢰시스템용 부품 재료는 기계적, 전기적, 화학적 특성이 동등 이상인 경우 다른 재료(구리, 용융아연도강, 알루미늄, 납, 스테인리스강) 사용가능

5) 옥외에 시설된 전기설비의 피뢰시스템

① (특)고압 전기설비는 건축(구조)물 피뢰(수뢰부)시스템에 따른다.

② 외부에 낙뢰차폐선이 있는 경우 접지할 것

③ 강철제 구조체를 자연적 구성부재 인하도선으로 사용 가능

(4) 내부 피뢰시스템 = 접지, 등전위본딩, 서지보호장치 SPD

① 목적 : 외부 피뢰시스템 또는 뇌전류에 의한 구조물 내부에서 불꽃방전 발생 방지

② 불꽃방전 발생장소

외부 피뢰시스템과 금속제설비, 내부시스템, 외부도전성 부분과 선로 사이

설비 보호 방법 구분	시설 용도
접지	뇌서지 전류를 대지로 방류시킴
등전위본딩	위험 전위차 해소 및 자계 감소시킴

1) 전기전자설비의 보호를 위한 접지와 피뢰 등전위본딩

① 접지극은 다음에 적합할 것

㉠ 전자(통신)설비 접지는 환상도체(기초)접지극으로 할 것

㉡ 개별 접지시스템으로 된 복수의 건축(구조)물을 연결하는 콘크리트덕트·금속제 배관 내부에 케이블 존재시 각각의 접지 상호 간은 병행 설치된 도체로 연결할 것 단) 차폐케이블인 경우 = 등전위본딩 하는 것으로 한다.

② 전자(통신)설비의 위험 전위차 및 자계 감소를 위한 등전위본딩망 시설

㉠ 건축(구조)물의 도전성 부분(또는 내부설비 일부분)을 통합 시설할 것

㉡ 메시폭 5[m] 이내 시설하고 내부의 금속부분은 다중접속할 것. 단) 피뢰구역 경계를 지나는 경우 직접(서지보호장치를 통하여) 본딩할 것

ⓒ 도전성 부분의 등전위본딩은 방사형, 메시형, 조합형일 것

2) 전기(전자)설비 보호 서지보호장치 시설

① 전기전자설비의 전선로에 서지보호장치(SPD)를 설치할 것

② 지중 저압수전시 기기의 과전압범주별 임펄스내전압이 규정값 충족시 서지보호장치 시설 생략 가능

3) 피뢰(시스템) 등전위본딩

뇌전류에 의한 전위차를 줄이기 위해 직접 도전접속 또는 서지보호장치를 통해 분리된 금속부를 피뢰시스템에 본딩하는 것

① 피뢰시스템의 등전위화는 다음의 설비들을 접속함으로써 이루어지며 외부피뢰시스템의 도체부분은 다음의 금속성 부분과 등전위본딩을 할 것

㉠ 금속제 설비

㉡ 구조물에 접속된 외부 도전성 부분

ⓒ 내부시스템

② 등전위본딩의 상호 접속 방법

시설 장소	자연적 구성부재의 본딩으로 전기적 연속성 확보 불가능장소	본딩도체로 직접접속	
		할 수 없는 장소	허용되지 않는 장소
상호 접속방법	본딩도체로 연결	서지보호장치를 이용	절연방전갭(ISG)을 이용
실무 그림	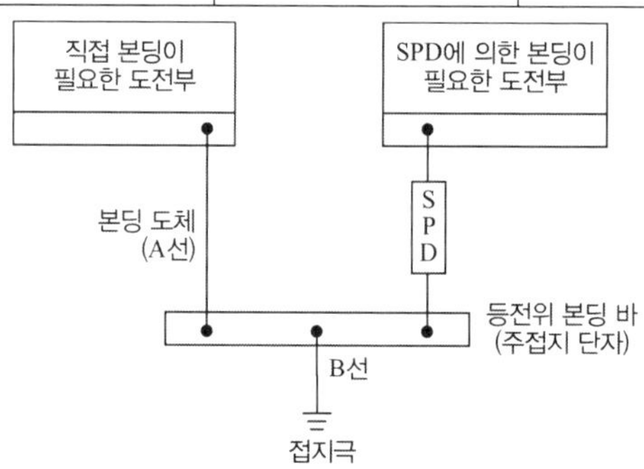		

전선 최소굵기	재료 구분	구리	알루미늄	강철
	A선	6[mm^2]	10[mm^2]	16[mm^2]
	B선	16[mm^2]	25[mm^2]	50[mm^2]

4) 금속제설비의 등전위본딩 시설

① 건축(구조)물과 분리된 외부피뢰시스템은 지표면 부근에서 등전위본딩 할 것

② 건축(구조)물과 접속된 외부피뢰시스템의 피뢰 등전위본딩 시설

㉠ 기초부분 또는 지표면 부근 위치에 시설할 것

㉡ 등전위본딩도체는 등전위본딩바에 접속할 것

㉢ 등전위본딩바는 접지시스템에 접속하고 쉽게 점검할 수 있을 것

㉣ 안전이격거리를 확보할 수 없는 경우

- 피뢰시스템과 구조물(내부설비의 도전성 부분)은 등전위본딩 할 것
- 충전부(직접 접속)인 경우는 서지보호장치(SPD)를 경유하여 접속할 것. 단) SPD사용시 보호레벨은 보호구간 기기의 임펄스 내 전압보다 작을 것

③ 건축(구조)물에는 지하 0.5[m]와 높이 20[m]마다 환상도체를 설치할 것
단) 철근콘크리트, 철골구조물에 인하도선을 등전위본딩시 환상도체 제외

5) 인입설비의 등전위본딩 시설

① 건축(구조)물 인입설비의 도전부에 대한 등전위본딩 시설

㉠ 인입구 부근에서 등전위본딩 할 것

㉡ 전원선은 서지보호장치를 사용하여 등전위본딩 할 것

㉢ 통신(제어)선은 직접(서지보호장치를 통해) 등전위본딩 할 것(전위차 억제)

② 가스(수도)관의 연결부가 절연체인 경우 절연방전갭 사용 등전위본딩 할 것

6) 등전위본딩바 시설

① 설치위치는 접지시스템에 짧은 경로로 접속할 것

② 접지시스템(환상, 기초접지극, 구조물 접지보강재)에 짧게 접속할 것

③ 외부 도전성 부분, 전원선과 통신선의 인입점이 다른 경우 여러 개의 등전위본딩바를 설치할 수 있다.

④ 저압 수전계통시 주 배전반에 가까운 지표면 근방 내부 벽면에 설치할 것

⑤ 건축(구조)물이 낮은 서지내전압이 요구되는 전자(통신)설비용인 경우 시설하는 내부 환상도체는 5[m]마다 보강재에 접속할 것

2편 저압 전기설비

제1장 일반사항(통칙)

(1) 저압의 적용 범위

교류 1[kV](직류 1.5[kV]) 이하 저압을 사용하는 전기설비에 적용

1) 전기설비를 구성 및 연결하는 선로와 전기기계기구의 구성품
2) 저압기기에서 유도된 1[kV] 초과 회로 및 기기(저압 전원 고압방전등, 전기집진기)

(2) 배전방식

1) 교류 회로

① 3상 4선식 중성선(PEN 도체) = 운전전류 도체(충전도체가 아님)

② 3상 4선식에서 파생된 단상 2선식 배전방식인 경우
= 선도체 + 선도체 = 선도체 + 중성선 = 선도체 + PEN 도체

③ 모든 부하가 선간접속된 전기설비는 중성선이 필요하지 않을 수 있다.

2) 직류 회로

PEL과 PEM 도체는 운전전류 도체이고 2(3)선식 배전방식을 적용한다.

① 도체 종류와 적용전류 및 배전방식

도체 종류		적용 전류	적용 배전방식
PEN	보호도체(PE)와 중성선(N) 겸용전선	운전 전류이동 도체	3상 4선식 중성선
PEM	보호도체(PE)와 중간선(M) 겸용전선		1상 3선식 중성선
PEL	보호도체(PE)와 전압선(L) 겸용전선		1상 2선식의 (−)선

② 배전방식 실무그림

구분	PEN 도체	PEM 도체	PEL 도체
실무 그림	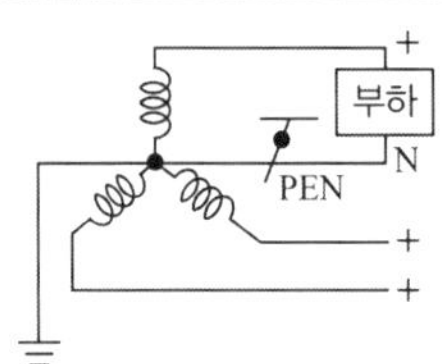	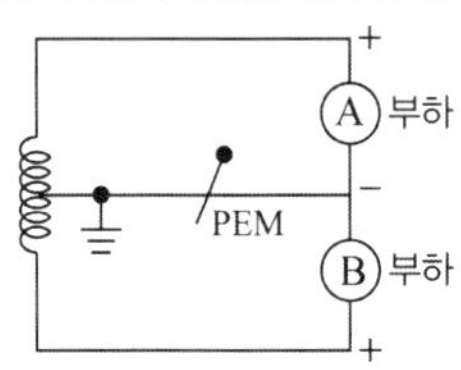	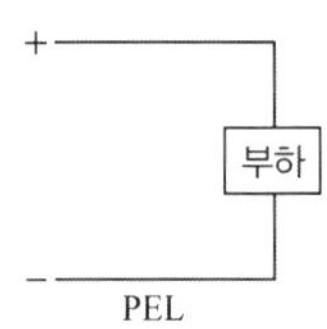

(3) 계통접지의 방식

1) 계통접지 구성

1. 저압전로의 보호도체 및 중성선의 접속 방식에 따른 분류
   ① TN 계통　　② TT 계통　　③ IT 계통

2. 계통접지에서 문자의 정의
   ① 제1문자 ☛ 전원계통과 대지의 관계
      ㉠ T : 대지에 직접 접속
      ㉡ I : 모든 충전부를 대지와 높은 임피던스(절연)를 통하여 대지에 접속
   ② 제2문자 ☛ 전기설비의 노출도전부와 대지의 관계
      ㉠ T : 노출도전부를 대지로 직접 접속
      ㉡ N : 전원계통의 중성점, 중성점이 없을 경우는 선도체에 접속
   ③ 2문자 다음 문자(3문자) ☛ 중성선와 보호도체의 배치
      ㉠ S : 중성선(접지된 도체) 외에 별도의 보호 기능 도체
      ㉡ C : 중성선과 보호도체 겸용도체(PEN 도체)

계통접지 분류	1문자 – 전원측 (변압기 접지상태)	2문자 – 부하측 (설비접지상태)	3문자 – 도체상태 (PE와 N의 상태)	용도 및 특징
TN 계통 (다중 접지식) 미국 한국 영국 독일	Terra 대지(접지)	Netural 중성선	TN-Separator (PE와 N 분리)	* 통신기기, 전산센터, 병원전기설비 * N에 불평형 전류 흐름-열화 발생
	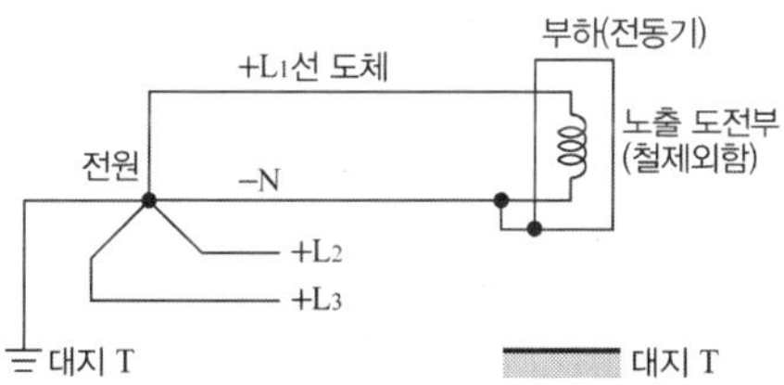		TN-Combine (PE와 N 결합) ☞ PEN 겸용	* 고압 배전선로용 * PEN에 불평형 전류 흐름
			① TN-C-S (전원측 TN-C 부하측 TN-S) ② TN-S-C 사용불가능	대형건물용
TT 계통 한국 일본 독일 영국	T(대지)	T(대지)	독립접지방식 (전원, 부하 각각)	저압배전선로용
	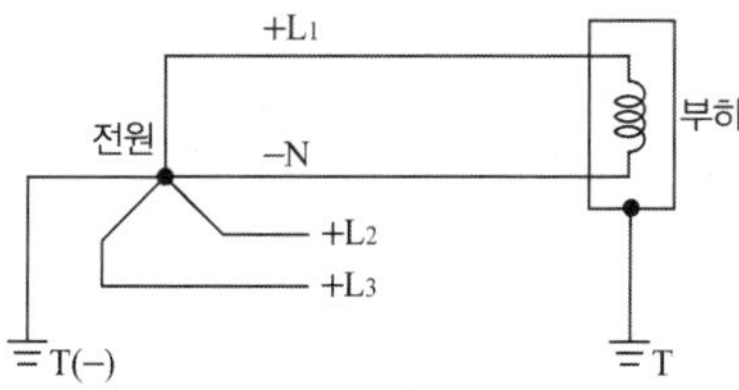			

계통접지 분류	1문자-전원측 (변압기 접지상태)	2문자-부하측 (설비접지상태)	3문자-도체상태 (PE와 N의 상태)	용도 및 특징
IT 계통 영국 독일 프랑스	Insulation 또는 Impedance 비접지	T(대지)		
	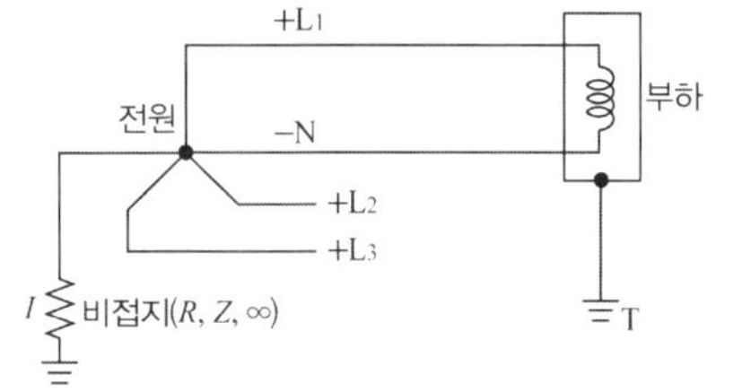			

* 불평형전류 : 중성선에 상전류의 30[%] 이상 흐르는 전류

3. 각 계통의 그림 기호 및 구분

① 그림 기호 및 명칭

기호(심벌)	명칭(약호)	이동전류
	중성선(N) 또는 중간도체(M)	부하전류 I_n
	보호도체(PE)	사고전류 I_s
	중성선과 보호도체겸용 도체(PEN)	$I_n + I_s$

② 배전계통(전원공급측) 및 전기설비(전기소비측)의 접지방식 구분

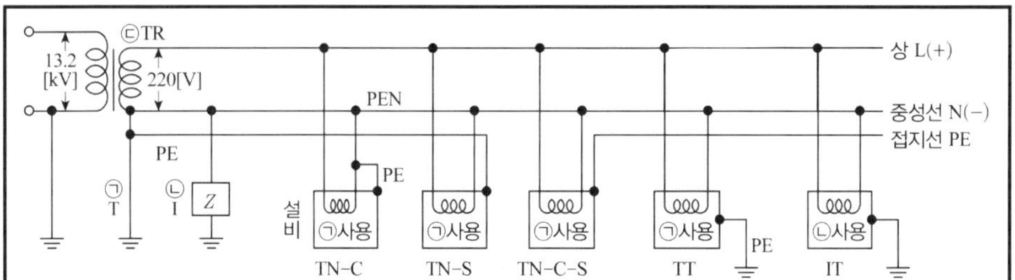

㉠ 유효접지(T) : 전원측 변압기 중성점 직접 접지방식
㉡ 비유효접지(I) : 전원측 변압기 중성점 비접지 또는 저항접지 또는 리액터 접지방식
㉢ 전원측 변압기(TR)
1차측 전압(Primary volt) : 선간전압 22.9[kV] / 상(대지)전압 13.2[kV]
2차측 전압(Secondary volt) : 선간전압 380[V] / 상(대지)전압 220[V]

* 변압기 2차측 직접 접지 이유

장점 : 1, 2차 혼촉사고시 선로 L과 대지사이 전압이 13.2[kV]가 되어 부하설비의 기본절연(1[kV] 이하) 파괴되므로 직접 접지를 사용한다.

단점 : 1선 지락사고시(큰 지락전류 발생) 차단기 동작으로 건전상 정전, 통신선 유도전압 증가

대책: 비접지 방식 사용

* 변압기 2차측 비접지식 사용 이유

2선지락 사고시 사고제거를 위해 저항접지 또는 리액터 접지방식을 사용한다.

2) TN 계통

전원측을 직접접지하고 설비의 노출도전부를 보호도체로 접속하는 방식

① **TN-S 계통** : 계통 전체에 별도의 중성선 또는 보호도체(PE)를 사용한다. 배전계통에서 PE 도체를 추가로 접지할 수 있다.

㉠ 계통에 별도의 중선선과 보호도체가 있는 TN-S 계통

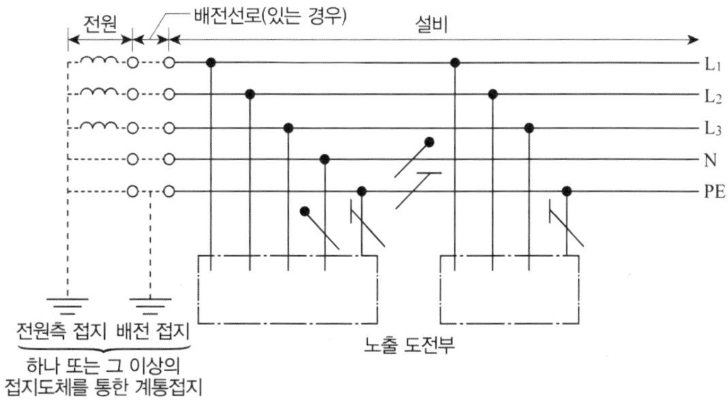

㉡ 계통에 접지된 선도체와 보호도체가 있는 TN-S 계통

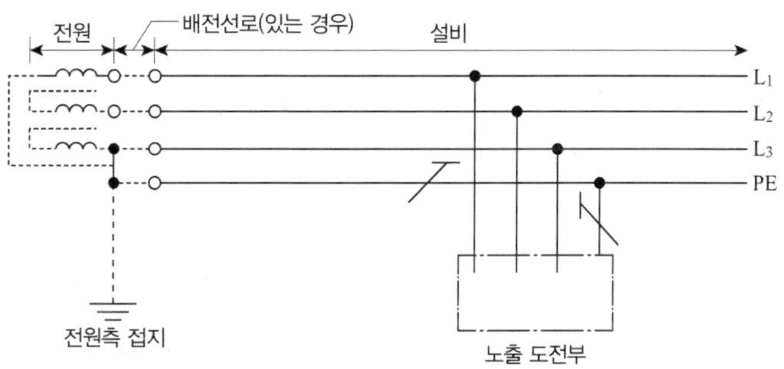

㉢ 계통에 접지된 보호도체와 중성선이 없는 TN-S 계통

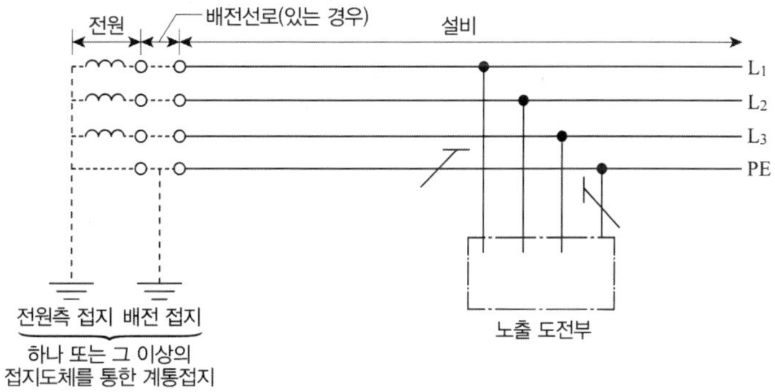

㉣ TN-S 계통 실무 회로도

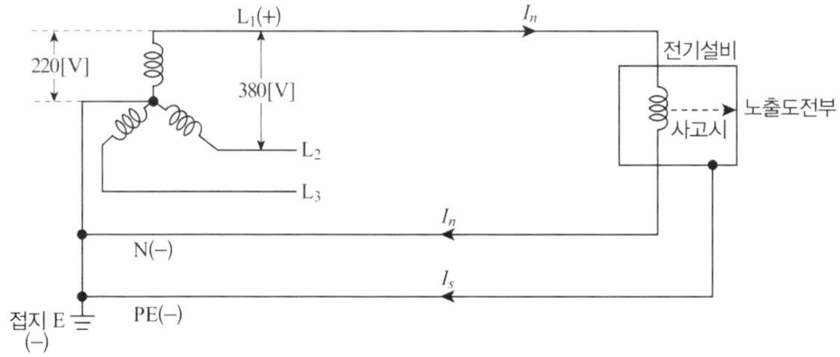

㉤ 아파트의 특고압수전 TN-S 계통 실무 회로도

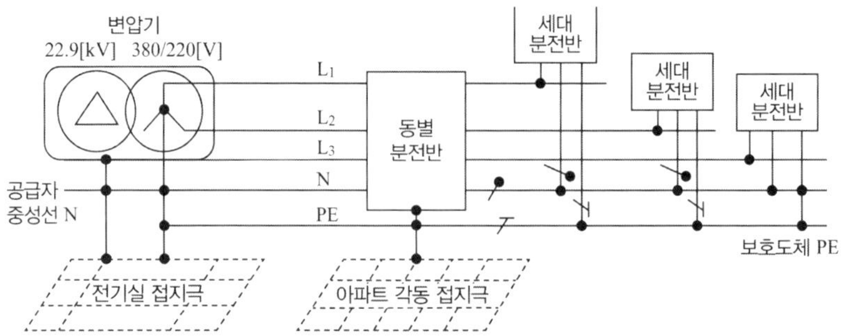

② TN-C 계통 : 계통에 중성선 겸용 보호도체(PEN)를 사용 방식으로 배전계통에서 PEN 도체 추가 접지 가능하다.

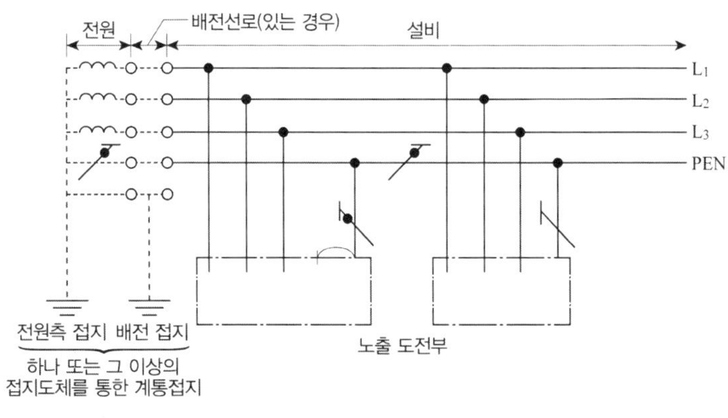

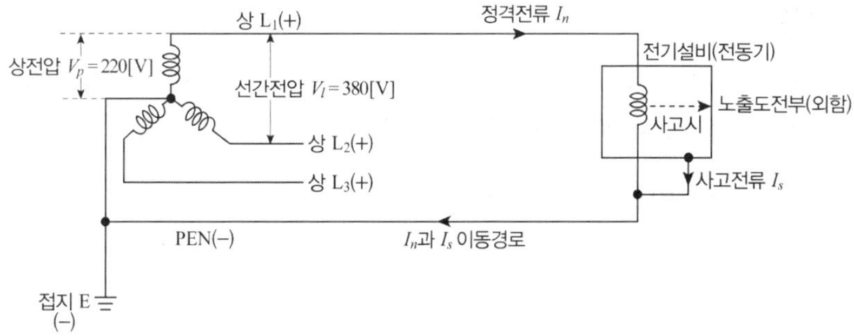

③ TN－C－S 계통

계통 일부에 PEN 도체 사용 또는 중성선과 별도의 PE 도체 사용 방식으로 배전계통에서 PEN 도체와 PE 도체 추가 접지 가능하다.

㉠ 설비의 어느 곳에서 PEN이 PE와 N으로 분리된 3상 4선식 TN-C-S 계통

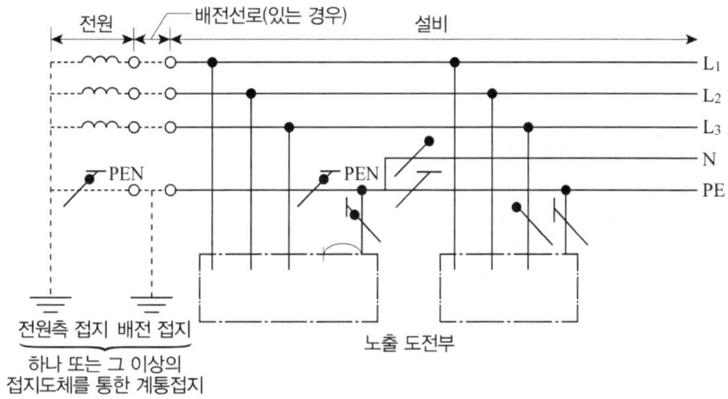

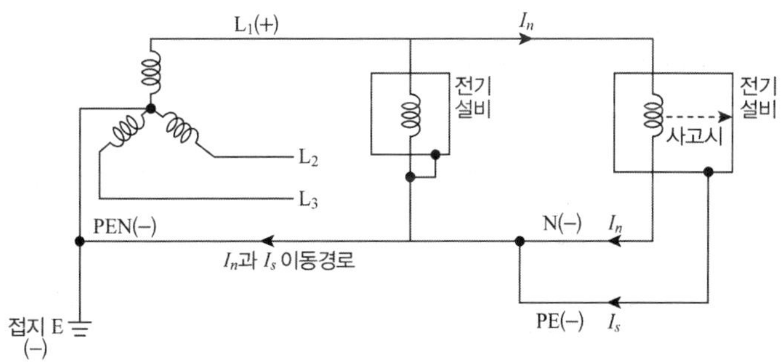

3) TT 계통

전원의 한 점을 직접 접지하고 설비의 노출도전부는 독립적인 접지극에 접속방식으로 배전계통에서 PE 도체 추가로 접지할 수 있다.

① 설비전체에 별도의 중성선과 보호도체가 있는 TT 계통

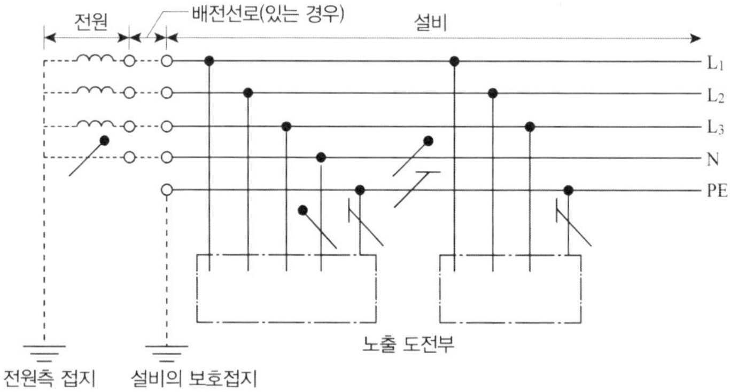

② 설비의 접지된 보호도체가 있고 배전용 중성선이 없는 TT 계통

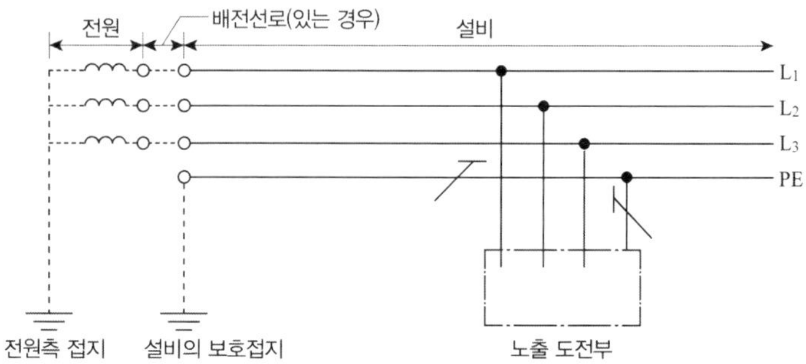

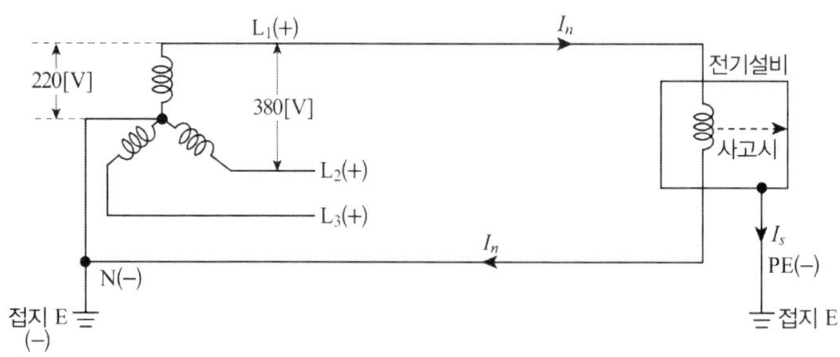

4) IT 계통

① 전원(충전부)측을 대지에 절연(임피던스)하고 전기설비의 노출도전부를 단독 또는 계통의 PE 도체에 접속시키는 방식으로 배전계통에 추가 접지 가능하다.

② 중성선은 배선할 수도 있고 하지 않을 수도 있다.

㉠ 계통의 모든 노출도전부가 보호도체에 접지된 IT 계통 방식

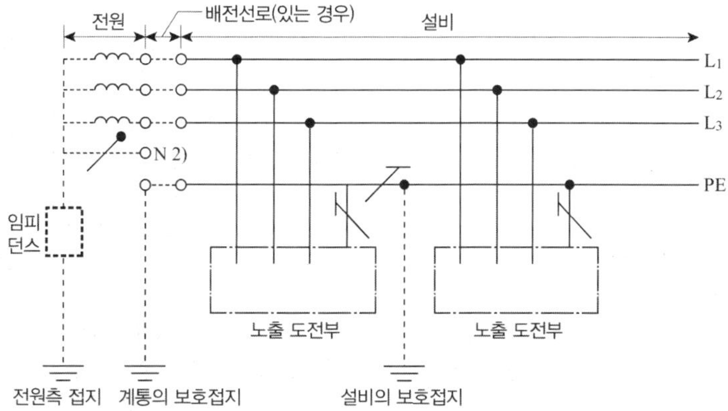

㉡ 노출도전부가 조합 또는 개별 접지된 IT 계통 방식

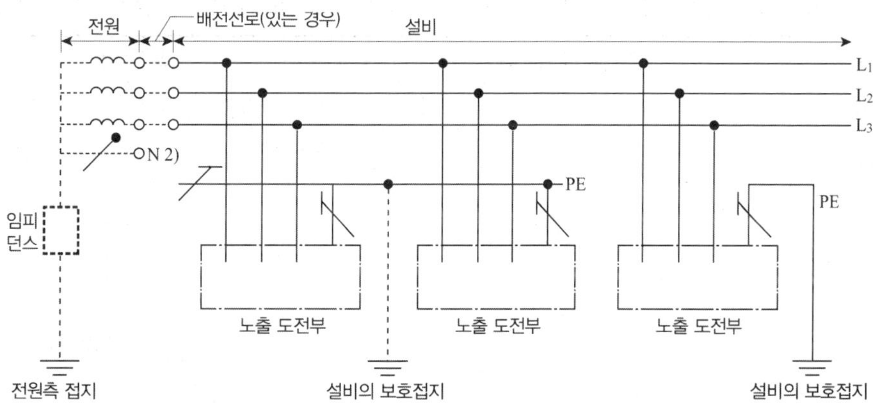

제2장 안전을 위한 보호

(1) 감전에 대한 보호

보호대책 필수 조건 : 인축에 대한 기본보호와 고장보호

구분	기본보호방식 = 의식적 및 무의식 접촉에 대한보호	고장보호방식	특별저압보호(전원 자동 차단이 없는 ELV 보호)
내용	전기설비 운전 중 충전부(상)에 직접 접촉시 감전보호	전기설비 고장(누전)시 노출성도전부인 기기외함에 간접 접촉시 감전보호	* 단독 보호(인체위험이 없는 저압에 의한 보호)
보호 방법 또는 대책	① 완전한 보호(일반인 접근가능설비) ㉠ 충전부의 기본절연 ㉡ 격벽 또는 외함설치 ② 부분적인 보호(숙련자 감독 설비) ㉢ 장애물 설치 ㉣ 접촉범위 밖에 설치 ③ 직접접촉 추가보호 30[mA] 또는 그 이하 누전차단기 사용 보호	① 일반적인 장소(접지선 필요) ㉠ 전원자동차단 보호 ② 특수(물기)장소(접지선 불필요) ㉡ 이중절연 또는 강화절연 보호 ㉢ 전기적분리(기기 1대) 보호 ③ 숙련자가 있는 특수장소 ㉤ 비전도성 장소에 의한 보호 ㉥ 비접지 국부 등전위본딩 보호 ㉦ 2대 이상 전기기기 전원 분리	교류 50[V], 직류 120[V] 이하 회로인 경우 ① SELV(비접지회로) ② PELV(접지회로) ③ FELV(접지회로)

인체 허용접촉(감전)전압의 한계 : 기준 = 안전전류 30[mA] 이하, 감전전류 30[mA] 초과

구분		정상적(일반적)인 장소	특수장소
환경 특성		건조한 장소, 습한 장소, 큰 저항 바닥	젖은(물기)장소, 젖은 피부, 작은 저항바닥
인체의 저항		몸통(1000)+발과 대지와 접촉저항(725)[Ω]	몸통(200)+발과 대지와 접촉저항(875 또는 725[Ω])
허용접촉 전압 한계	교류	50[V]	25[V]
	직류	120[V]	60[V]
인체 통과전류		$I=\frac{V(50)}{R(1000+725)}=29[mA]$	① $I=\frac{V(25)}{R(200+875)}=23[mA]$ ② $I=\frac{V(50)}{R(200+725)}=54[mA]$
누전차단기 동작 여부		30[mA] 이하이므로 안전(동작 안함)	① 30[mA] 이하 안전(동작 안함) ② 30[mA] 초과 감전(동작함)
누전차단기		일반장소에 사용	정격감도전류 30[mA] 이하 0.03초 이내 동작형 사용(주택용 누전차단기 전등 또는 산업용에 적용)
고감도 누전차단기		습기장소에 사용 (욕실, 지하철 내부)	정격감도전류 15[mA] 이하 0.03초 이내 동작형 사용(주택용 누전차단기 전열부하에 적용)

1) 보호대책의 일반 요구사항

보호전압 규정	보호대책의 구성	설비의 보호대책	
① 교류전압은 실효값일 것 ② 직류전압은 리플프리일 것	① 기본보호와 고장보호를 독립적 적절 조합 ② 기본보호와 고장보호를 모두 하는 보호 ③ 추가적 보호는 외부 조건과 특수장소의 보호대책	일반적인 경우	① 전원의 자동차단
		특수한 경우	② 이중(강화)절연 ③ 1개의 기기에 전기를 공급하기 위한 전기적 분리 ④ SELV와 PELV에 의한 특별저압 (50[V] 이하면 감전되지 않음)

2) 전원의 자동차단 보호대책

일반 요구사항	내 용
기본 보호	충전부의 기본절연(격벽)이나 외함에 의한 보호
고장 보호	보호 등전위본딩 및 자동차단에 의한 보호
추가 보호	누전차단기 시설 보호(특수장소에 적용)

1. 고장보호의 요구사항

① 보호접지

㉠ 노출도전부는 계통접지별로 특정 조건에 따라 보호도체에 접속할 것

㉡ 동시접근 노출도전부는 개별(집합)적으로 같은 계통접지에 접속할 것

② 보호 등전위본딩

㉠ 도전성부분은 보호 등전위본딩 접속할 것

㉡ 인입된 도전부는 건축물 안쪽의 가까운 지점에서 본딩할 것

㉢ 통신케이블의 금속외피는 보호 등전위본딩에 접속할 것

③ 고장시의 자동차단(보호장치: 배선용차단기 및 누전차단기 차단시간)

㉠ 선도체와 노출도전부(기기 보호도체)의 임피던스가 무시할 정도로 되는 고장시 차단시간 내에 선도체(설비 전원)를 자동차단할 것

㉡ 공칭전압에 따른 32[A] 이하 분기회로의 보호장치의 고장시 최대차단시간

계통	$50[V] < U_0 \leq 120[V]$		$120[V] < U_0 \leq 230[V]$		$230[V] < U_0 \leq 400[V]$		$U_0 > 400[V]$	
			예 220[V]					
	교류	직류	교류	직류	교류	직류	교류	직류
TN	0.8		★ 0.4	5	0.2	0.4	0.1	0.1
TT	0.3		☆ 0.2	0.4	0.07	0.2	0.04	0.1

- TT 계통은 과전류보호장치로 차단하고 보호 등전위본딩은 설비 안의 모든 계통외도전부와 접속되는 경우 TN 계통에 적용 가능한 최대차단시간이 사용될 수 있다.
- U_0는 공칭(교류)전압 또는 직류 선간전압

㉢ 32[A] 초과 분기(배전)회로의 보호장치의 고장시 최대차단시간

Ⓐ TN 계통은 5초 이하

Ⓑ TT 계통은 1초 이하의 차단시간을 허용

④ 추가적인 보호(누전차단기로 차단 보호할 것)

㉠ 일반적으로 사용되는 정격전류 20[A] 이하 콘센트

㉡ 옥외에서 사용되는 정격전류 32[A] 이하 이동용 전기기기

2. 누전차단기(과전류겸용)의 시설

약자	ELB(ELCB)	RCCB 또는 RCD	RCBO
명칭	누전차단기	누전차단기 또는 잔류전류차단기	과부하보호기능 있는 잔류전류 차단기 또는 과전류겸용 누전차단기

① 전원측 저압전로에 누전차단기를 시설하는 경우

㉠ 금속제외함이 있는 사용전압 50[V] 초과 저압 기계 기구 전로

㉡ 주택의 인입구에 누전차단기 설치를 요구하는 전로

㉢ 특고압전로, 저(고)압전로와 변압기 결합 400[V] 초과의 저압전로

㉣ 발전기에서 공급하는 사용전압 400[V] 초과의 저압전로. 단) 발(변)전소의 부분의 전로는 제외

② 일반인 접촉할 우려장소(세대내 분전반 및 유사장소)에 주택용 누전차단기를 위쪽이 켜짐(ON)으로 아래쪽이 꺼짐(Off)으로 사용할 것

③ 누전차단기 시설 생략 가능한 경우

㉠ 기계기구를 발전소·변전소·개폐소 또는 이에 준하는 곳에 시설시

㉡ 기계기구를 건조한 곳에 시설시

㉢ 대지전압 150[V] 이하 기계기구를 물기 있는 곳 이외의 곳에 시설시

㉣ 이중 절연구조의 기계기구를 시설하는 경우

㉤ 절연변압기(2차 300[V] 이하)를 시설하고 부하측의 전로가 비접지시

㉥ 기계기구가 고무(합성수지), 기타 절연물로 피복된 경우

㉦ 기계기구가 유도전동기의 2차측 전로에 접속되는 것

㉧ 기계기구 내에 누전차단기를 설치하고 기계기구의 전원 연결선이 손상을 받을 우려가 없도록 시설하는 경우

④ 누전차단기 종류

종 류		정격감도전류[mA]	동작시간
고감도형	고속형	5[mA] 10[mA] 15(고감도형) 30(일반용)	정격감도전류에서 0.1초 이내 동작 (인체 감전보호용은 0.03초 이내 동작)
	시연형		정격감도전류에서 0.1초 초과 ~ 2초 이내 동작
	반한시형		정격감도전류에서 0.2초 초과 ~ 1초 이내 동작 정격감도전류 1.4배에서 0.2초 초과 ~ 0.5초 이내 정격감도전류↑ 4.4배에서 0.05초 이내 동작↓
중감도형	고속형	50, 100, 200	정격감도전류에서 0.1초 이내 동작
	시연형	500, 1000	정격감도전류에서 0.1초 초과 ~ 2초 이내 동작
저감도형	고속형	3000, 5000	정격감도전류에서 0.1초 이내 동작
	시연형	10000, 20000	정격감도전류에서 0.1초 초과 ~ 2초 이내
용도	고속형	감전방지용	
	시연형	동작시간 조정가능용으로 즉시 차단해서는 안되는 경우 사용	
	반한시형	지락전류가 크면 빨리 동작, 접촉전압 상승억제용	

㉠ 일반장소 : 정격감도전류 30[mA] 이하 동작시간 0.03초 이하 전류 동작형 사용

㉡ 습기장소 : 정격감도전류 15[mA] 이하 동작시간 0.03초 이하 전류 동작형 사용

3. TN 계통

① 설비 접지는 PEN(PE) 도체와 접지극과 접속할 것

② 접지가 공공(다른 전원)계통인 경우 설비의 외부측에 필요한 조건

㉠ PEN 도체는 단선위험을 최소화할 것(여러 지점을 접지하여)

㉡ 설비의 외부측에 필요한 조건

$$\frac{\text{병렬접지극 접지저항값 } R_B}{\text{계통외도전부의 대지와의 최소접촉저항 } R_E} \leq \frac{50}{\text{공칭대지전압 } U_0 - 50}$$

③ 전원 공급계통의 중성점이나 중간점을 접지할 것

④ 중성(중간)점을 접지할 수 없는 경우에는 선도체 중 하나를 접지할 것

⑤ 설비의 노출도전부는 보호도체로 전원공급계통의 접지점에 접속할 것

⑥ 다른 접지점 존재시 보호(PE 및 PEN)도체는 추가로 접지할 것

⑦ 고정설비는 보호도체와 중성선 겸용(PEN)도체를 사용할 것.

단) PEN 도체에는 개폐장치(단로장치) 설치하지 말 것

⑧ 보호장치(배선용차단기)의 자동차단 조건

구분	정상 조건인 경우	비정상 조건인 경우
조건식	$Z_S \times I_a \leq U_0$(예 : 220[V])	$Z_S \times I_a > U_0$(예 : 220[V])
해석	차단기 정상동작	보조보호 등전위 추가할 것
용어	고장루프임피던스 Z_S, 차단장치 동작전류 I_a, 공칭대지전압 U_o 단) I_a : 보호장치의 동작 전류=과전류보호장치 정격전류 I_n×동작배율(표값)	
예	$Z_S(0.65) \times I_a(400) = 260[V] > U_0(220[V])$이면 추가로 보조보호 등전위본딩을 할 것	

Z_S = 변압기 + 간선 + 분기선 + 보호도체 + 간선보호도체

⑨ TN계통은 과전류보호장치 및 누전차단기(과전류보호 겸용)로 보호할 것

TN-S 계통도	TN-S 계통의 감전보호 및 특징
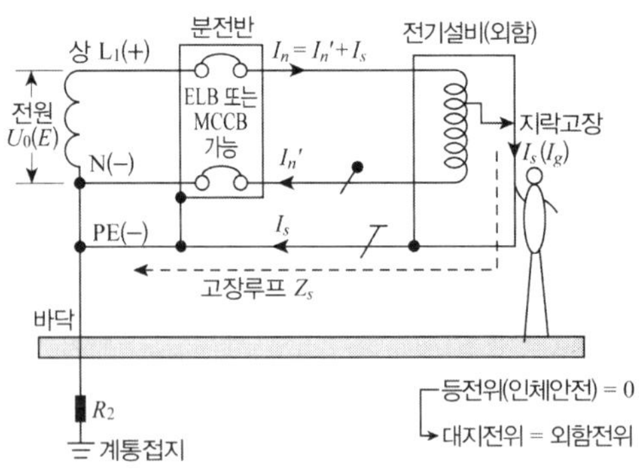	① 누전시 단락상태로 큰 전류가 흐름, 즉 고장전류 I_s가 크다. ② 과전류차단기 MCCB로 보호 ③ 누전차단기 추가보호 적용장소 ㉠ 일반 : 20[A]이하 콘센트회로 ㉡ 32[A] 이하 이동용 전기기기 * 정격감도전류 30[mA] 이하 누전차단기 설치 권장 ㉢ ELB 가능이유 : $I_n \neq I_n'$이므로

⑩ TN-C 계통에는 누전차단기를 사용 불가능

TN-C 계통도	감전보호 및 특징
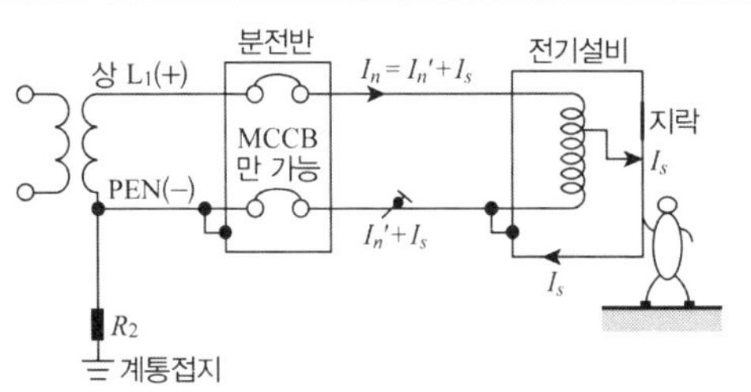	① 과전류차단기 MCCB로 보호 ② 누전차단기 사용 불가능 이유 정격전류(I_n=사고시 정격 I_n' + 사고 전류 I_s) 때문에

⑪ TN-C-S 계통에 누전차단기 설치시에는 누전차단기의 전원측에 PEN 도체를 접속할 것. 누전차단기의 부하측에는 PEN 도체 사용불가

누전차단기 사용 가능($I_n \neq I_n'$ 이므로)	누전차단기 사용 불가능($I_n = I_n' + I_s$ 이므로)
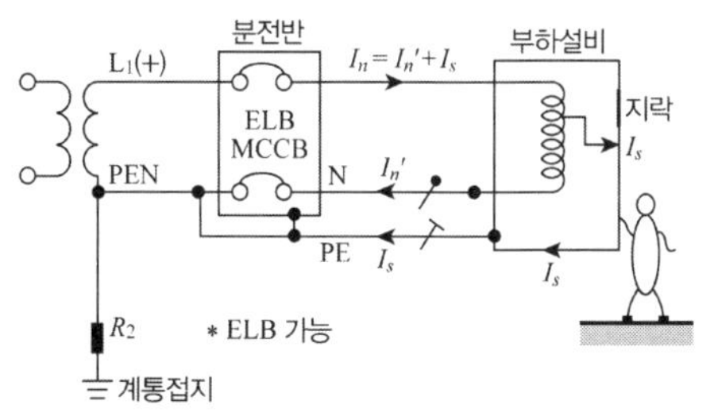	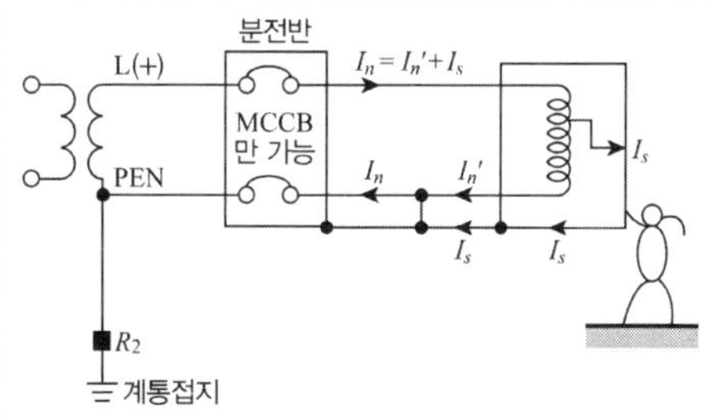

4. TT 계통

① 전원 공급계통의 중성점이나 중간점을 접지할 것

② 중성(중간)점을 접지할 수 없는 경우는 선도체 중 하나를 접지할 것

③ 보호장치 설치 및 자동차단 조건

㉠ 일반적으로 감전보호를 위해 누전차단기를 설치할 것

구 분	누전차단기(RCD) 사용시 자동차단(고장보호) 조건
조건식	$R_a \times$ 누전차단기동작전류 $I_n \le 50$[V](기기 접촉전압)
용어	R_a : 기기접지저항(노출도전부의 접속 보호도체와 접지극 저항합) I_n : 누전차단기동작전류(정격감도전류)

㉡ 고장루프 임피던스 Z_S가 작을 때는 과전류보호장치로 보호할 것

㉢ 과전류차단기(MCCB) 보호장치 사용시 자동차단 조건

고장루프 임피던스 $Z_S \times$ 차단장치 자동동작 전류 $I_a \le$ 공칭대지전압 U_0 (예 : 220[V])

TT 계통도	TT 계통의 감전보호 및 특징
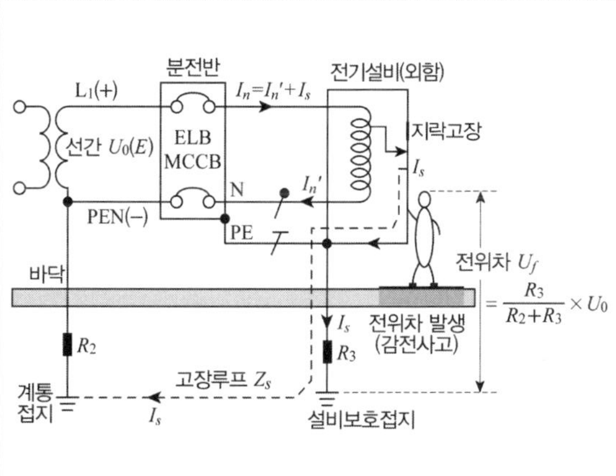	① 누전시 큰저항(R_2과 R_3) 때문에 고장전류 I_s가 작다.(Z_S 큰 값) ② 누전차단기 RCD로 보호 * 정격감도전류 300[mA] 이하 ③ 감전사고 발생이유 : 대지전위(0) ≠ 외함전위 U_f 때문 ④ 전위차 U_f 등가회로 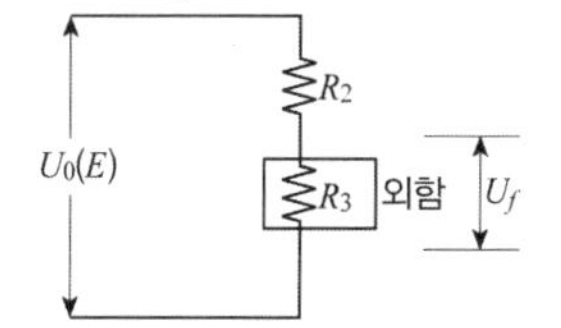

④ 고장회로의 구성

㉠ 누전차단기로 감전보호하는 경우

접촉전압 U_f 구분	$U_f \geqq 50$[V] 이상인 경우	$U_f \leqq 50$[V] 이하인 경우
보호장치 시설여부	누전차단기 시설 필요	누전차단기 시설 불필요

㉡ 과전류보호장치(배선용 차단기)로 감전보호하는 경우

5. IT 계통

① 노출도전부(대지)로 단일고장시 고장전류가 작으나 두 곳 고장시 근접 노출도전부에 접촉시에는 인체 위험방지 조치를 할 것

② 노출도전부 개별 또는 집합 접지시 자동차단장치 충족 조건

구 분	교류 계통인 경우	직류 계통인 경우	자동차단장치 시설여부
인체위험방지 접촉전압 충족식	$R_A \times I_d \leq 50$[V]	$R_A \times I_d \leq 120$[V]	설치 생략 가능 절연감시장치 필히 부착
	$R_A \times I_d > 50$[V]	$R_A \times I_d > 120$[V]	필히 설치할 것
R_A	접지극과 노출도전부에 접속된 보호도체 저항의 합		
I_d	하나의 선도체와 노출도전부 사이에서 무시할 수 있는 임피던스로 1차 고장시 고장전류[A]로 전기설비의 누설전류와 총 접지임피던스를 고려한 값		

③ 감시장치와 보호장치 사용 가능

전원의 연속성을 이유로 IT 계통을 적용하는 경우 충전부로부터 노출도전부 또는 대지로의 1차 고장 검출표시 및 고장동안 음향 또는 시각신호 발생 장치를 갖출 것

㉠ 절연감시장치 IMD(1차 고장시 검출표시장치)

㉡ 누설전류 감시장치

㉢ 절연고장점 검출장치

㉣ 과전류보호장치

㉤ 누전차단기

IT 계통의 1차 고장전류 계통도	용 어
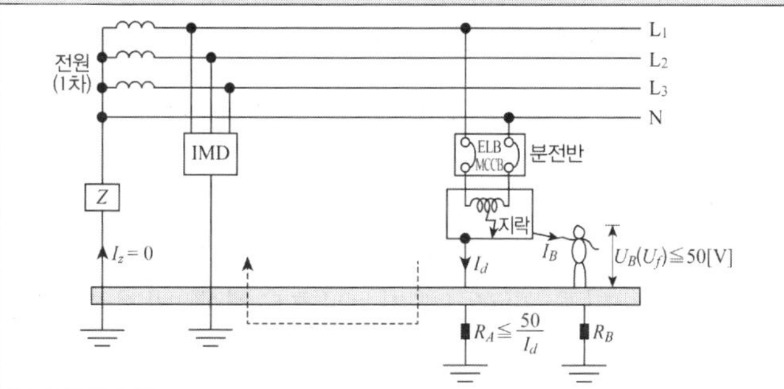	① 절연감시장치 IMD ② 대지절연 $Z=\infty$ ③ 고장전류 I_d ④ 기기접지저항 R_A ⑤ 인체저항 R_B ⑥ 감전전류 I_B ⑦ 인체접촉전압 U_B

④ 1차 고장 후 다른 2차 고장시 자동차단 조건은 노출도전부가 같은 접지계통에 집합 접지된 보호도체와 상호 접속된 경우에는 TN 계통과 유사 조건 적용

계통구분	비접지계통	접지계통	노출도전부의 개별 또는 그룹접지
조건식	$2I_a \times Z_S \leq U$	$2I_a \times Z_S' \leq U_0$	$R_A \times I_d \leq 50$[V]
용어	선간공칭전압 U, 선도체와 대지간 공칭전압 U_0[V]		
	Z_S : 선도체와 보호도체 포함 고장루프 임피던스[Ω]		
	Z_s': 중성선과 보호도체 포함 고장루프 임피던스[Ω]		
	R_A : 접지극과 노출도전부에 접속된 보호도체와 접지극 저항의 합		
	I_a(TN계통)와 I_d(TT계통) : 차단시간 내에 보호장치를 동작시키는 전류[A]		

6. 기능적 특별저압(FELV)

기능상의 이유로 교류 50[V], 직류 120[V] 이하인 공칭전압을 사용하는 것

구 분	내 용
기본보호	① 충전부에 접촉 방지를 위한 기본절연 ② 인체 충전부 접촉방지 격벽(외함)
고장보호	전원의 자동차단에 의한 보호가 될 경우 FELV 회로 기기의 노출도전부는 전원의 1차 회로의 보호도체에 접속할 것
플러그와 콘센트 요구사항	① 플러그를 다른 전압 계통의 콘센트에 꽂을 수 없을 것 ② 콘센트는 다른 전압 계통의 플러그를 수용할 수 없을 것 ③ 콘센트는 보호도체에 접속할 것

3) 이중(강화)절연에 의한 보호

기본절연 고장시 전기기기의 접근 부분에 위험전압 발생 방지 보호대책

① 기본보호는 기본절연에 의함

② 고장보호는 보조절연에 의함

③ 기본 및 고장보호는 충전부의 접근 가능한 부분의 강화절연에 의함

4) 전기적 분리에 의한 보호

1. 기본보호 : 충전부의 기본절연 또는 격벽(외함)에 의한 보호
2. 고장보호 : 분리된 다른 회로와 대지로부터 분리에 의한 보호
3. 고장보호 요구사항
   ① 분리된 회로의 분리된 전원 전압은 500[V] 이하일 것
   ② 분리회로 충전부는 다른 회로, 대지, 보호도체에 비접속하고, 회로간 기본절연할 것
   ③ 가요케이블과 코드는 육안으로 확인 가능할 것(기계적 손상 우려부분)
   ④ 분리된 회로는 분리된 배선계통의 사용이 권장됨
   ⑤ 분리된 회로와 다른 회로가 동일 배선계통 내에 있는 경우 조건
      ㉠ 금속외장이 없는 다심케이블, 절연전선관 내의 절연전선, 절연덕팅 또는 절연트렁킹에 의한 배선할 것
      ㉡ 정격전압은 최대 공칭전압 이상이고 각 회로는 과전류에 대한 보호를 할 것
      ⑥ 분리된 회로의 노출도전부는 다른 회로의 보호도체, 노출도전부, 대지에 비접속

5) SELV와 PELV를 적용 특별저압에 의한 보호

교류 50[V] 이하로 하면 감전되지 않는 보호

1. 특별저압계통의 전압 상한(한계)값 및 구분
   ① 전압 상한(한계)값 : 교류 50[V] 이하, 직류 120[V] 이하
   ② 구분
      ㉠ SELV(안전특별저압) : 비접지회로 보호
      ㉡ PELV(보호특별저압) : 접지회로 보호
   ③ 모든 회로(특별저압 제외)에서 특별저압 계통을 보호 분리하고, 특별저압 계통과 다른 특별저압 계통 간은 기본절연 할 것
   ④ SELV 계통과 대지간은 기본절연 할 것
2. SELV과 PELV용 전원 종류
   ① 안전절연변압기 및 이와 동등한 절연의 전원
   ② 독립전원 : 축전지 및 디젤발전기
   ③ 전자장치 : 내부고장시 출력전압이 교류 50(직류 120)[V] 이하 유지장치
   ④ 이중(강화)절연 이동용 전원 : 저압 공급되는 안전절연변압기, 전동발전기

3. SELV와 PELV 회로 요구사항
   ① 충전부와 다른 SELV와 PELV 회로 사이 기본 절연할 것
   ② 이중(강화)절연 또는 S(P)ELV 이외 회로의 충전부로부터 보호 분리할 것
   ③ SELV 회로는 충전부와 대지 사이에 기본절연 할 것
   ④ PELV회로 및 PELV회로에서 공급되는 기기의 노출도전부는 접지할 것

4. 다른 회로 충전부에서 특별저압 회로 배선계통의 보호분리 방법
   ① S(P)ELV 회로 도체는 기본절연 하고 비금속외피(절연된 외함) 시설할 것
   ② S(P)ELV는 큰 전압 도체로부터 접지 금속시스(금속차폐물)에 의해 분리할 것
   ③ S(P)ELV 절연시 큰 전압 도체들과 다심케이블(다른 도체그룹)에 수용가능

5. SELV와 PELV 계통의 플러그와 콘센트 시설
   ① 플러그 시설 : 다른 전압 계통의 콘센트에 꽂을 수 없음
   ② 콘센트 시설 : 다른 전압 계통의 플러그를 수용할 수 없음
   ③ SELV 계통에서 플러그 및 콘센트는 보호도체에 접속하지 말 것

6. SELV회로의 노출도전부는 대지(다른 노출도전부, 보호도체)에 접속 불가능

7. 건조한 상태에서 기본보호를 하지 않는 경우
   ① SELV 회로의 전압이 교류 25(직류 60)[V] 이하시
   ② PELV 회로의 전압이 교류 25(직류 60)[V] 이하 노출도전부 및 충전부가 보호도체에 의해 주접지단자에 접속된 경우

8. S(P)ELV 계통이 교류 12[V](직류 30[V]) 이하시 기본 보호하지 않음

6) 추가적 보호 시설 방법(특수한 장소 = 물기가 많은 장소에 적용)

① 누전차단기가 시설된 경우
   설비의 고장시 누전차단기를 사용은 추가적인 보호로 본다.

② 보조보호 등전위본딩이 시설된 경우
   동시접근 고정기기의 노출도전부와 계통외도전부에 보조보호 등전위본딩을 한 경우에는 추가적인 보호로 본다.

7) 기본 보호 방법

1. 충전부의 기본절연(충전부 접촉 방지) 보호 방법
   ① 충전부는 절연물로 완전히 보호할 것
   ② 기기에 대한 절연은 그 기기의 표준을 적용할 것

2. 격벽 또는 외함(인체가 충전부에 접촉하는 것을 방지) 사용 보호 방법
   ① 충전부는 외함 내부 또는 격벽 뒤쪽에 있을 것
   ② 격벽 및 외함은 고정하고 충전부로부터 충분히 이격할 것
   ③ 격벽 제거 또는 외함 개방, 외함 일부 제거시 필요조건
      ㉠ 열쇠 또는 공구를 사용할 것
      ㉡ 전원 차단 후 격벽(외함)을 교체시 닫은 후 전원복구가 가능할 것
      ㉢ 열쇠(공구)의 사용으로 중간 격벽의 제거가 가능할 것
   ④ 충전상태의 커패시터 시설시 경고표지를 할 것
      단) 아크소거, 계전기의 지연 동작용 소용량 커패시터는 제외
   ⑤ 쉽게 접근 가능한 격벽(외함)의 상부 수평면의 보호등급은 최소한 IPXXD 또는 IP4X 등급 이상일 것

8) 비접지 국부 등전위본딩 보호(위험 접촉전압 발생 방지)

① 등전위본딩용 도체는 동시접근 모든 노출(계통외)도전부와 상호 접속할 것
② 국부 등전위본딩계통은 노출(계통외)도전부를 통해 대지와 접촉되지 않을 것
③ 비접지 등전위본딩계통에 접속된 곳에서 사람이 전위차에 노출되지 않을 것

9) 두 개 이상의 전기사용기기에 전원 공급을 위한 전기적 분리

① 분리된 회로가 손상(절연고장)시 보호 조치를 할 것
② 분리된 회로의 노출도전부는 절연된 비접지 등전위본딩도체에 접속할 것
   단) 보호도체, 다른 노출도전부(계통외도전부)에 접속하지 말 것
③ 모든 콘센트는 보호용 접속점이 있고 시설된 등전위본딩 계통에 연결할 것
④ 가요케이블은 등전위본딩용 도체용 보호도체를 갖출 것
   단) 강화(이중)절연된 기기에 공급하는 경우는 제외
⑤ 극성이 다른 도체에 전원이 공급되고 2개의 고장시 전원 차단설비 필요

(2) 과전류에 대한 보호

① 선도체 보호
② 중성선 보호

1) 선도체 보호시 요구사항

1. 과전류 검출기의 설치
   ① 모든 선도체에 과전류 검출기(과전류 차단)를 설치할 것

② 3상 전동기(단상 차단이 위험한 경우)는 동시차단 보호조치를 할 것

2. 과전류 검출기의 설치 생략 가능한 경우(TT 또는 TN 계통에서)
   ① 부하 불평형시 전원측 선도체의 차단보호장치가 설치된 경우
   ② 보호장치 부하측 회로의 중성점에서 중성선을 배선하지 않는 경우

2) 중성선 보호시 요구사항

1. TT 또는 TN 계통에서
   ① 중성선 단면적(≥선도체)이고 중성선전류(≤선도체전류)일 경우
   중성선에는 과전류 검출기(차단장치) 불필요
   ② 중성선 단면적(<선도체)인 경우 과전류 검출기 설치 필요
   과전류가 설계전류초과시 선도체차단 필요, 중성선은 차단 불필요
   ③ 단락전류로부터 중성선을 보호할 것
   ④ 위 사항은 중성선 차단을 제외하고 중성선겸용(PEN) 도체에도 적용할 것

2. IT 계통에서
   ① 중성선에 과전류검출기 설치하고 과전류시 중성선 및 충전도체를 차단할 것
   ② 과전류검출기를 설치하지 않아도 되는 경우
   ㉠ 전원측 보호장치에 의해 중성선이 과전류에 보호되는 경우
   ㉡ 정격감도전류가 중성선 허용전류의 0.2배 이하인 누전차단기로 보호된 경우

3) 중성선의 차단 및 재폐로시 회로 요구사항

① 개폐기 및 차단기 차단시에는 중성선이 선도체보다 늦게 차단되고
② 재폐로시에는 상도체와 동시 또는 그 이전에 재폐로 되는 것을 설치할 것

4) 과전류보호장치의 종류 및 용단특성

1. 저압전로의 과전류차단기(gG퓨즈) 시설

정격전류[A]	시간	정격전류의 배수		용도
		불용단전류	용난전류	
4 이하	60[분]	1.5배	2.1배	일반용 gG
4 초과 ~ 16 미만	60[분]	1.5배	1.9배	일반용 gG
16 이상 ~ 63 이하	60[분]	1.25배	1.6배	gG, 전동기용 gM
63 초과 ~ 160 이하	120[분]	1.25배	1.6배	gG, gM
160 초과 ~ 400 이하	180[분]	1.25배	1.6배	gG, gM
400 초과 ~	240[분]	1.25배	1.6배	gG, gM

* **퓨즈 종류** : 일반용 gG, 전동기용 gM, 한시형 gD, 순시형 gN

2. 저압전로의 배선용차단기(과전류차단기) 시설

① 배선용 차단기 MCCB(과전류트립 동작시간 및 특성) : 옥내배선 분기회로용

㉠ 주택용 배선용차단기(주택, 숙박시설등에 적용)

일반인이 접촉할 우려가 있는 장소 세대내 분전반에 시설할 것

㉡ 산업용 배선용차단기(계단, 주차장, 공용설비등에 적용): 주택용외 적용

일반인이 접촉할 우려가 없는 (세대내 이외의) 장소에 시설할 것

정격전류 I_n[A]	시간 [분]	정격전류 I_n의 배수[배]			
		주택용 배선차단기		산업용 배선차단기	
		부동작전류	동작전류	부동작전류	동작전류
63 이하 63 초과	60 120	1.13 1.13	1.45 ★ 1.45	1.05 1.05	1.3 1.3

㉢ 정격전류 I_n =20[A] 주택용 배선차단기인 경우 적용 예

전류상태	통전가능 전류	60분 이내 차단전류	즉시 차단전류
적용범위	$1.13I_n$ 이하	$1.13I_n$ 초과 ~ $1.45I_n$ 미만	$1.45I_n$ 이상
적용값	20×1.13=22.6[A] 이하	22.6[A] 초과 ~ 29[A] 미만	20×1.45=29[A] 이상

② 순시트립(전기사고)에 따른 주택용 배선차단기 ☞ 사고시 즉시 차단전류값

순시트립전류에 따른 분류	B형 (기동전류가 낮은 부하)	C형 (기동전류가 보통인 부하)	D형 (돌입전류가 큰 부하)
적용 부하(장소)	조명설비, 저항성부하, 난방기기, 온수기	소형(유도)전동기, 조명, 콘센트	부하측 변압기 X선 발생장치
순시트립(차단)범위 (차단기정격전류 I_n)	$3I_n$ 초과~$5I_n$ 이하	$5I_n$ 초과~$10I_n$ 이하	$10I_n$ 초과~$20I_n$ 이하

예) 조명, 콘센트에서 순시트립 정격(차단)전류 I_n = 20[A]인 경우

차단기 동작전류 = $5I_n$ 초과 ~ $10I_n$ 이하 = 5×20 ~ 10×20

= 100 초과 ~ 200[A] 이하

3. 고압용 과전류차단기(퓨즈)

퓨즈 종류	견딜 정격전류	용단전류	용단시간
포장 퓨즈	1.3배	2배	120분
비포장 퓨즈	1.25배	2배	2분

5) 과부하전류에 대한 보호

1. 도체와 과부하보호장치 사이의 협조

과부하시 전선보호장치(배선용차단기)의 동작특성 충족 조건

① 회로설계(전부하)전류

$I_B \leq$ 보호장치(차단기) 정격전류 $I_n \leq$ 케이블 허용전류 I_Z

② **보호장치 규약**시간 내 **유효동작**(보장)**전류** $I_2 \leq 1.45 \times I_Z$(전선허용전류)

㉠ 기준이 없는 경우 ☞ 배선용차단기 60분 규약동작전류 $I_2 = 1.3 \times I_n$

㉡ **보호장치**(배선차단기) **규약동작전류** I_2 계산(LH 설계)

구분	동작시간		(규약)동작전류 I_2 계산	
	63[A] 이하	63[A] 초과	63[A] 이하	63[A] 초과
주택용 배선차단기	60분	120분	**$1.45I_n$**	$1.52I_n$
산업용 배선차단기	60분	120분	**$1.3I_n$**	$1.37I_n$

③ 보호가 불확실한 경우 선정된 케이블보다 단면적이 큰 케이블을 선정할 것

㉠ I_n : 사용현장의 전류 설정값(차단기 정격전류)

㉡ I_2 : 보호장치의 유효한 동작을 보장하는 전류(차단기 규약동작전류)

㉢ I_B : 선도체의 이동전류 또는 영상분 3고조파가 흐르는 중성선 전류

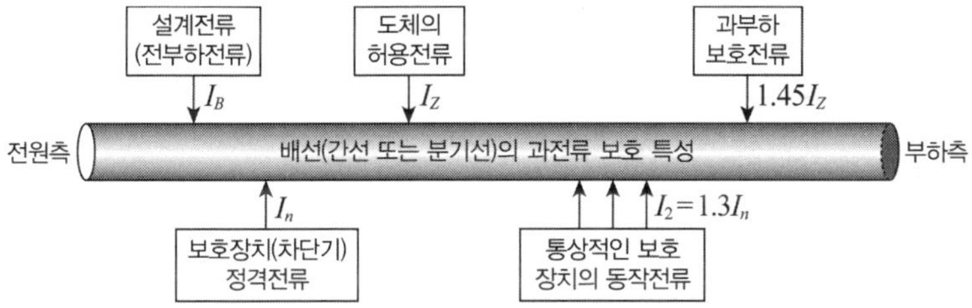

④ 과부하보호장치의 정격전류 I_n 선정 계산 방법

3상 380[V] 전동기 출력 P=22[kW], 효율 η=0.88, 역률 $\cos\theta$=0.8, 주위온도 40[℃] 과부하보호장치는 산업용 배선용차단기 사용, 도체종류는 3C 0.6/1[kV] F-CV케이블 공사방법은 B1(전선관 배선공사)일 때 과부하보호장치의 정격전류 I_n값은?

㉠ 전동기회로의 설계전류(전동기최대 부하전류) I_B 계산

$$I_B = \frac{P}{\sqrt{3} \times V \times \eta \times \cos\theta} = \frac{22}{\sqrt{3} \times 0.38 \times 0.88 \times 0.8} = 47.5[\text{A}]$$

㉡ 허용전류표에서 도체의 허용전류 I_Z=54[A] 선정, 정격전류 I_n=50[A]

공칭단면적		6[mm²]	10[mm²]	16[mm²]	25[mm²]	35[mm²]
허용전류	30[℃] 1회선	44[A]	60[A]	80[A]	105[A]	128[A]
	★40[℃] 1회선	40[A]	★54[A](47.5)	72[A]	95[A]	116[A]

㉢ 설계전류를 고려한 과부하보호장치(차단기)의 정격전류

회로 설계전류 I_B(47.5) ≤ 차단기 정격전류 I_n(50) ≤ 케이블 허용전류 I_Z(54)

㉣ 보호장치 규약 동작전류 $I_2 = 1.3I_n \le 1.45 \times I_Z$(전선 허용전류) 고려

$I_2 = 1.3 \times 50 = 65[A] \le 1.45 \times I_Z = 1.45 \times 54 = 78.3[A]$

㉤ 전동기 기동전류 고려 정격전류 $= \dfrac{\text{전동기 정격전류} \times \text{기동배율}}{\text{동작배율}} = 78[A]$ 일 때

㉥ 과부하보호장치(차단기)의 정격전류 최종선정 방법

고려사항	설계전류 I_B 고려	규약전류 고려 $I_2 \le 1.45 \times I_Z$	전동기 기동전류 고려	3가지 중 가장 큰 값 선정
정격전류	50[A]	50[A]	80[A](계산 78일 때)	★ 80[A]

⑤ 일반부하(전등 및 전열) 전선의 굵기 선정 계산 방법

고려사항	설계전류 I_B	과전류보호장치 정격전류 I_n ($I_B < I_n < I_Z$)	정상운전시 허용전압강하	3가지 중 가장 큰 값 선정
단면적	소[mm²]	중[mm²]	대[mm²]	대[mm²]

⑥ 동력부하 전선의 굵기 선정 계산 방법

고려사항	설계 전류 I_B 고려	과전류 보호장치 정격전류 I_n	전동기 전압강하 고려	전동기 기동전류 고려	단락 고장전류 고려	5가지 중 가장 큰 값 선정
단면적	소[mm²]	중소[mm²]	중대[mm²]	대[mm²]	특[mm²]	특[mm²]

2. 분기회로의 과부하보호장치(P_2)의 설치 위치

① 분기점 O(허용전류가 감소하는 곳)에 설치할 것

② 분기점으로부터 3[m]까지 설치 가능한 경우

단) 보호장치(P_2)와 분기점(O) 사이에 다른 분기회로(콘센트)의 접속이 없고 단락의 위험과 화재 및 인체 위험성이 최소화 시설시

③ 분기점으로부터 임의 설치 가능한 경우(IT 계통은 제외)

분기회로에 대한 단락보호(P_1)가 시설된 경우

간선 및 분기선	명칭 및 용도(기능, 역할)
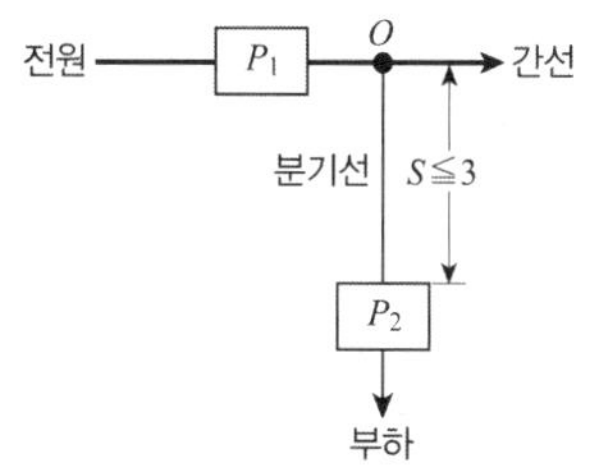	① P_1(간선의 과전류차단기) ㉠ 명칭 : 배선용 차단기 MCCB ㉡ 용도 : 전원의 개로 및 폐로, 선로분리 과전류차단(단락 또는 과부하) 회로(간선, 모선)보호 및 기기보호 ② P_2(분기선의 과전류차단기) ㉠ 명칭 : 누전차단기 ELB ㉡ 용도 : 누전전류차단 및 감전방지, 선로분리

3. 과부하보호장치의 생략 가능한 경우
   ① 분기회로 전원측 보호장치에 의해 보호되는 분기회로
   ② 단락보호가 되고 다른 분기회로 및 콘센트가 없는 분기회로 중, 부하의 과부하 보호장치가 분기회로에 영향이 없는 경우
   ③ 통신(제어, 신호)회로용 설비
   ④ IT 계통에서 2차 고장시 누전차단기로 각 회로를 보호하는 경우
   ⑤ IT 계통에서 최초 고장시 회로를 차단하는 기능이 있는 경우
   ⑥ 중성선이 없는 IT 계통에 누전차단기 설치시 선도체 중 1개 생략가능
   ⑦ 회전기의 여자회로
   ⑧ 전자석 크레인의 전원회로
   ⑨ 전류변성기의 2차회로
   ⑩ 소방설비의 전원회로
   ⑪ 안전설비(주거침입경보, 가스누출경보 등)의 전원회로

4. 병렬도체의 과부하보호
   하나의 보호장치로 여러 개 병렬도체 보호시 병렬도체는 분기회로, 분리, 개폐 장치를 사용할 수 없다.

5) 단락전류에 대한 보호

1. 단락보호장치의 설치위치
   ① 분기점(O)에 설치할 것
   ② 분기점에서 3[m]까지 설치 가능한 경우
   단) 보호장치(P_2)와 분기점(O) 사이에 다른 분기회로(콘센트)의 접속이 없고, 단락의 위험과 화재 및 인체 위험성이 최소화 시설시

③ 임의 설치(거리제한이 없음) 가능한 경우
분기회로에 대한 단락보호(P_1)가 시설된 경우

④ 간선(S_1) 및 분기선(S_2)의 굵기

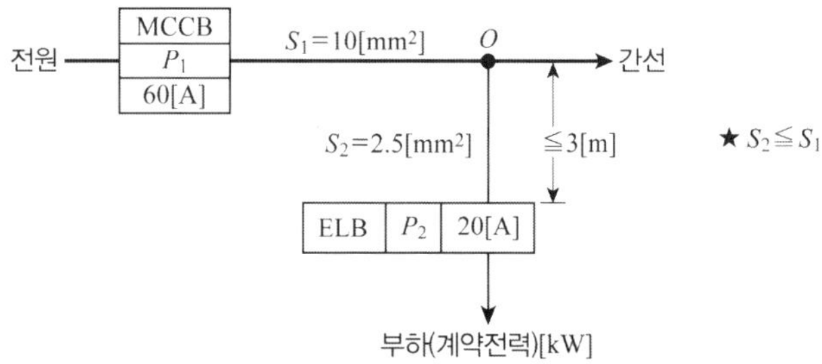

⑤ 한전 규정에 따른 전선굵기, 차단기(MCCB, RCB) 용량, 허용전류표

P_1(산업용 배선용 차단기 MCCB 정격전류 용량)								
단상 220[V]		3상 380[V]		부하 최대전류	정격 전류	CV케이블(가공용) 허용전류		
계약전력 [kW]	전선 굵기	계약 전력	전선 굵기			전선 굵기	2C (2본)	4C (4본)
2	2.5[㎟]	7	2.5[㎟]	12[A]	15[A]	2.5[㎟]	36[A]	32[A]
3	2.5[㎟]	9	2.5[㎟]	16[A]	20[A]	4[㎟]	49[A]	42[A]
5	4[㎟]	14	4[㎟]	24[A]	30[A]	6[㎟]	63[A]	54[A]
6	6[㎟]	18	6[㎟]	32[A]	40[A]	10[㎟]	86[A]	75[A]
7	6[㎟]	23	10[㎟]	40[A]	50[A]	16[㎟]	115	100
9	10[㎟]	28	16[㎟]	48[A]	60[A]	25[㎟]	149	127
11	10[㎟]	35	16[㎟]	60[A]	75[A]	35[㎟]	158	158
14	16[㎟]	47	25[㎟]	80[A]	100	50[㎟]	225	192
19	25[㎟]	59	35[㎟]	100	125	70[㎟]	289	246
24	35[㎟]	71	50[㎟]	120	150	95[㎟]	352	298
29	35[㎟]	89	70[㎟]	140	175	120	410	346
31	50[㎟]	94	70[㎟]	160	200	150	473	399
35	70[㎟]	106	70[㎟]	180	225	185	542	456
39	70[㎟]	118	95[㎟]	200	250	240	641	538
49	95[㎟]	142	120	240	300	300	741	621
비고	P_2(산업용 누전 차단기 ELB 또는 RCD 또는 RCCB 용량)							

㉠ 적용방법

구 분	단상 220[V]	3상 380/220[V]
부하전류 I[A]	$\frac{\text{계약전력 } P}{V \times \text{역률}}$	$\frac{\text{계약전력 } P}{\sqrt{3} \times V \times \text{역률}}$
1[kW]당 부하전류 I값	$\frac{1000}{220}$=4.5[A]로 계산	$\frac{1000}{\sqrt{3} \times 380}$=1.5[A]로 계산
메인차단기 정격전류용량	1[kW]당 6[A]로 계산	1[kW]당 2[A]로 계산
분기차단기 정격전류용량	1[kW]당 5[A]로 계산	1[kW]당 1.7[A]로 계산
계약전력	10[kW] 이하는 단상송전	11[kW] 이상은 3상 4선식 동력으로 송전
CT계량기 설치	계약전력 24[kW] 이상	계약전력 72[kW] 이상
3상 4선식에서	단상용량[kW] × 3 = 3상4선식용량이다.	

㉡ 차단기 용량 선정 예제

구분	단상 220[V], 계약전력 10[kW]일 때	3상 동력 380[V], 10[kW]일 때
차단기용량계산	10 × 5[A] = 50[A]	10 × 1.7[A] = 17[A]
차단기용량선정	50[A]	20[A]

㉢ 전선굵기 선정 예제

구분	단상 220[V], 계약전력 19[kW]일 때	3상 380/220[V], 59[kW]일 때
차단기용량계산	단상표 19[kW]에서 125[A]값을 허용전류표 2C에서 149[A]에 적용	3상표 59[kW]에서 125[A]값을 허용전류표 4C에서 158[A]에 적용
전선굵기	25[mm^2]	35[mm^2]

㉣ 메인차단기 용량 및 전선굵기 선정 예제

구분	단상 계약전력 7[kW]일 때	3상 4선식 18[kW]일 때
차단기용량계산	단상표 7[kW]에서 50[A]	3상표 18[kW]에서 40[A]
전선굵기	단상표 7[kW]에서 6[mm^2]	3상표 18[kW]에서 6[mm^2]

㉤ 접지선 굵기 선정(참고용)

적용식	차단기용량=50[A]일 때	100[A]일 때	225[A]일 때
차단기용량 × 0.052	=50×0.052=2.6	100×0.052=5.2	225×0.052=11.7
접지선굵기	4[mm^2]	6[mm^2]	16[mm^2]

2. 단락보호장치의 생략 가능한 경우
   ① 발전기, 변압기, 정류기, 축전지와 보호장치가 설치된 제어반 연결 도체
   ② 전원차단이 (특정)설비의 운전에 위험을 가져올 수 있는 회로
   ③ 특정 측정회로

3. 병렬도체의 단락보호장치
① 병렬도체의 전원측에 1개의 단락보호장치가 설치시 1도체의 단락고장에 동작이 확실한 경우 단락보호장치로 사용 가능
② 1개 보호장치로 단락보호가 안되면 다음의 조치를 취할 것
   ㉠ 병렬배선은 단락위험 및 화재(인체)의 위험 최소화로 설치할 것
   ㉡ 2가닥 병렬도체시 단락보호장치를 각 병렬 전원측에 설치할 것
   ㉢ 3가닥 이상 병렬도체시 각 병렬도체의 전원측과 부하측에 설치할 것

4. 차단기 용량 및 케이블 단락전류(단락보호장치의 특성)
① 정격차단용량은 단락전류보다 클 것
   단) 전원측에 단락전류 이상 차단능력 과전류차단기 설치시 제외
② 단락전류는 케이블 및 절연도체의 허용온도 초과 시간 내에 차단할 것

단락시간이 5초 이하인 경우 단락전류(에 의한 절연체의 허용온도도달) 지속시간 t	용 어
$t = \left[\frac{kS}{I}\right]^2$	㉠ 도체의 단면적 S[mm^2] ㉡ 유효 단락전류 I[A] ㉢ K : 도체 재료의 저항률, 온도계수, 열용량, 해당 초기온도와 최종온도를 고려한 계수

6) 저압전로의 개폐기 시설

1. 저압전로 중의 개폐기의 시설
   ① 각 극에 설치할 것
   ② 사용전압이 다른 개폐기는 상호 식별이 용이하도록 시설할 것

2. 저압 옥내전로 인입구에서의 개폐기의 시설
   ① 인입구에 가까운 곳에 개폐기를 각 극에 시설할 것
      단) 화약류 저장소에 시설하는 것을 제외
   ② 개폐기의 용량이 큰 경우는 분할하여 각 회로별로 개폐기를 시설하고 집합하여 시설할 것

3. 인입구의 개폐기 생략 가능 시설
   ① 사용전압 400[V] 이하인 옥내 전로로서 다른 옥내전로(정격전류 16[A] 이하

과전류차단기 또는 16[A] 초과 20[A] 이하 배선차단기로 보호)에 길이 15[m] 이하의 전로에 전기공급을 받는 경우

② 저압 옥내전로에 접속하는 전원측의 전로(가공, 옥상 부분보다 부하측 부분)의 인입구에 전용의 개폐기를 쉽게 개폐할 수 있는 곳의 각 극에 시설하는 경우

7) 저압전로 전동기 보호용 과전류보호장치의 시설

전동기 과전류 발생시 자동적으로 전로를 차단하는 것

① 과전류차단기로 과부하보호장치와 단락보호 전용차단기(퓨즈) 조합장치는 전동기만의 저압전로에 사용하고 다음 각각에 적합할 것

㉠ 과부하보호 장치로 전자접촉기사용시 과부하계전기가 부착되어 있을 것

㉡ 단락보호전용 차단기의 단락동작설정 전류값은 기동방식에 따른 기동돌입전류를 고려할 것

㉢ 단락보호전용 퓨즈는 다음표의 용단 특성에 적합한 것일 것

단락보호전용 퓨즈의 용단 특성		
정격전류의 배수	불용단시간	용단시간
4배	60초 이내	−
6.3배	−	60초 이내
8배	0.5초 이내	−
10배	0.2초 이내	−
12.5배	−	0.5초 이내
19배	−	0.1초 이내

㉣ 과부하(단락) 보호장치(차단기, 퓨즈)를 전용함 속에 넣어 시설할 것

㉤ 과부하장치와 단락퓨즈 조합장치는 단락보호 전용퓨즈의 정격전류가 과부하장치의 설정 전류값 이하일 것

㉥ 과부하보호장치가 단락전류로 손상되기 전에 단락전류 차단 능력을 가진 단락보호전용 차단기(퓨즈)를 시설한 것일 것

㉦ 퓨즈의 표준 정격에 미해당시 바로 상위의 정격이 되도록 시설할 것

② 저압옥내시설 보호장치의 정격전류(설정값)는 기동방식에 따른 기동전류와 다른 전기사용 기계기구의 정격전류를 고려하여 선정할 것

③ 옥내시설 전동기 과전류시 자동으로 저지하거나 경보하는 장치를 할 것

단) 전동기 과부하보호장치 생략 가능한 경우

① 정격출력 0.2[kW] 이하인 전동기 시설인 경우

② 운전 중 상시 취급자가 감시할 수 있는 위치에 시설한 경우

③ 과전류가 생길 우려가 없는 경우의 전동기

④ 단상전동기로서 과전류차단기 16[A](배선용 20[A]) 이하로 보호된 경우

8) 분기회로의 시설

① 분기 개폐기는 각 극에 시설할 것

② 분기회로의 과전류차단기는 각 극에 시설할 것(중성극 및 접지측 제외)

③ 50[A]를 초과하는 기계기구(전동기 제외)에 이르는 저압전로 시설

㉠ 과전류차단기 정격전류는 그 기계기구 정격전류의 1.3배를 넘지 말 것

㉡ 과전류차단기의 정격에 미해당시 상위의 정격의일 것

㉢ 저압전로에 그 기계기구 이외의 부하를 접속하지 말 것

(3) 과전압에 대한 보호

1) 고압계통 지락고장시 저압계통 설비의 과전압 보호

1. 변전소 고압측 지락고장시 과전압이 저압설비에 영향을 미치는 요인

① 상용주파 고장전압(U_f)

변압기 고압측 지락시 저압기기의 노출도전부와 대지 사이 나타나는 전압

② 상용주파 스트레스전압(U_1 및 U_2)

지락시 변압기외함과 선도체 사이의 전압 U_1 및 기기외함과 선도체 사이의 전압 U_2로 기기가 갖고 있는 내전압보다 스트레스전압이 작도록 회로구성(접지저항, 지락전류 크기, 고압측 접지와 중성점접지연결여부)을 고려할 것

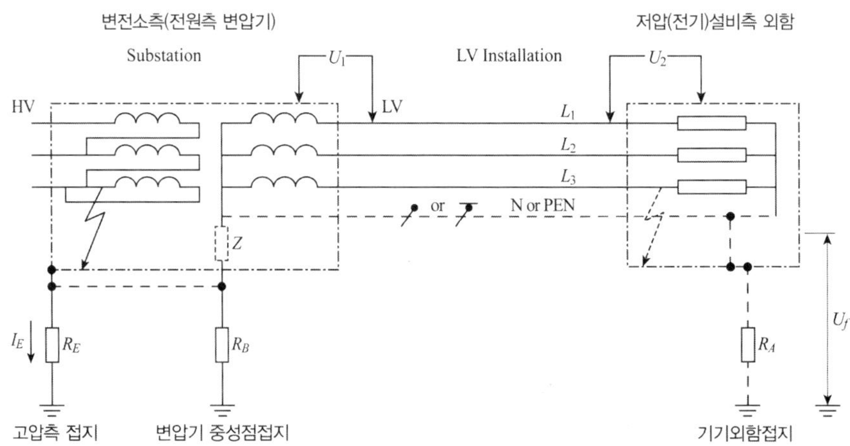

2. 상용주파 스트레스전압의 크기와 지속시간

고압계통 지락시 저압기기의 상용주파 스트레스전압(U_1과 U_2)의 크기와 지속시간은 표 값을 초과하지 말 것

고압계통에서 지락고장시간	저압설비 허용상용주파 과전압	비 고
$t > 5$[초]	$U_0 + 250$[V]	중성선이 없는 계통에서 U_0는 선간전압을 의미함
$t \leq 5$[초]	$U_0 + 1{,}200$[V]	
① 순시 상용주파 과전압에 대한 저압기기의 절연 설계기준이 된다. ② 중성선이 변전소 변압기의 접지계통에 접속된 계통에서 건축물외부에 설치한 외함이 비접지된 기기의 절연에는 일시적 상용주파 과전압이 나타날 수 있음.		

2) 낙뢰 또는 개폐에 따른 과전압 보호

① 기기의 정격 임펄스 내전압이 최소한 표 값에 제시된 필수 임펄스 내전압보다 작지 않도록 기기를 선정할 것(충전도체와 보호도체 PE 사이에 적용)

설비 공칭전압 [V]	교류(직류) 공칭전압에서 산출한 상전압 [V]	기기에 요구되는 임펄스 내전압[kV]			
		과전압 범주 IV	과전압 범주 III	과전압 범주 II	과전압 범주 I
		매우 높은 정격 임펄스 전압 장비	높은 정격 임펄스 전압 장비	통상 정격 임펄스 전압 장비	감축 정격 임펄스 전압 장비
		예) 계기, 원격 제어시스템	예) 배전반, 개폐기, 콘센트	예) 가전용 배전 전기기기 및 도구	예) 민감한 전자 장비
120/208	150	4	2.5	1.5	0.8
220/380 (국내 적용)	300	6	4	2.5	1.5
230/400 277/480					
400/690	600	8	6	4	2.5
1000	1000	12	8	6	4
1500 DC	1500 DC			8	6

② 전원계통에 서지전압 침입시 뇌서지의 영향 비교

TN-S 계통의 뇌서지 전위	TT 계통의 뇌서지 전위
노출도전부 전위와 전원전위가 같게 되어 설비기기의 손상 없음	전원접지와 설비접지가 독립되어 노출도전부 전위와 전원전위차로 설비기기의 손상을 줌
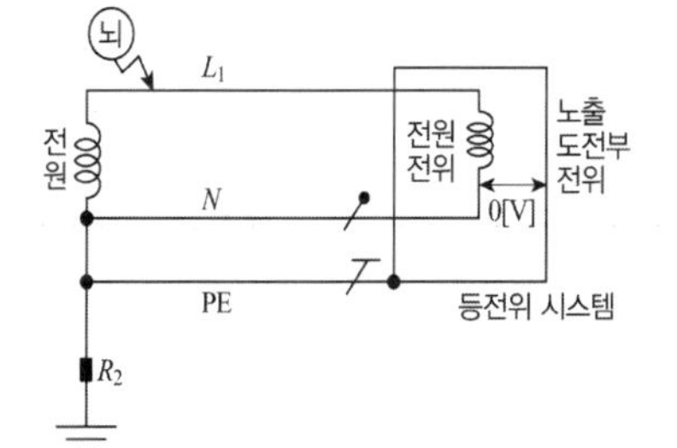	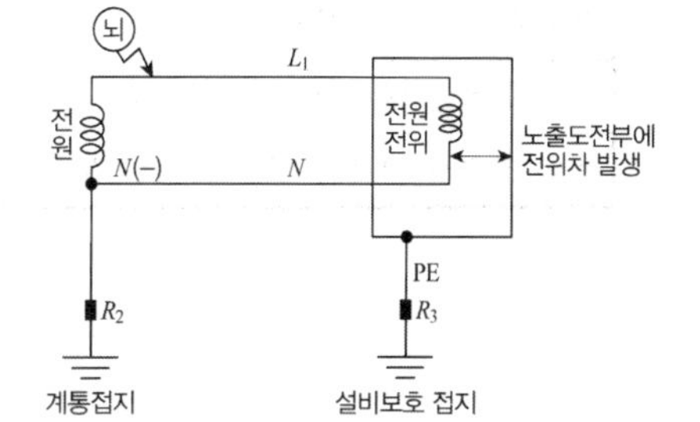

(4) 열 영향에 대한 보호

1) 전기설비에 적용해야 할 영향(인축과 재산의 보호 방법)

① 전기기기의 열 영향(재료의 연소, 기능저하, 화상의 위험)
② 화재 재해(격벽으로 분리된 인근의 다른 화재 구획으로 전파되는 화염)
③ 전기기기 안전 기능의 손상

2) 전기기기에 의한 화재방지 대책

① 전기기기의 발생 열은 근처의 재료나 기기에 화재 위험을 주지 말 것
② 고정기기 온도가 화재 위험 온도 도달 우려시 다음의 조치를 취할 것
㉠ 고온에 견디고 열전도율이 낮은 재료 사용 내부에 기기를 설치할 것
㉡ 열영향을 받는 재료는 거리를 유지하고 열전도율이 낮은 지지대에 설치할 것
③ 운전 중 아크(스파크)발생 가능 기기에는 다음 중 하나의 보호조치를 취할 것
㉠ 내 아크 재료로 기기 전체를 둘러싼다.
㉡ 유해한 영향을 줄 수 있는 재료로부터 내 아크 재료로 차폐할 것
㉢ 유해 영향 재료로부터 분출을 안전하게 소멸시키도록 기기를 설치할 것
④ 열 집중 고정기기는 건축부재가 고온도에 노출되지 않도록 거리를 유지할 것
⑤ 인화성 액체 포함시에는 액체, 불꽃 및 연소 생성물의 전파 방지 예방책을 취할 것
㉠ 누설 액체용 저유조를 설치하고 화재시 소화할 것
㉡ 기기를 내화성이 있고 연소 액체 확산 방지턱 방에 설치하고 환기가 될 것
⑥ 기기외함 재료는 최고 온도에 견디고 이외의함은 가연성 재료는 부적합하다.
⑦ 20[A] 이하의 분기회로에는 전기 아크 화재의 우려가 없도록 적합 장치를 할 것

3) 전기기기에 의한 화상 방지

접촉 가능 전기기기 부품류는 보호제한값을 준수할 것(인체 화상 방지를 위해)

접촉 범위 내에 있는 기기에 접촉 가능성이 있는 부분에 대한 온도 제한		
접촉 가능성 부분의 구분	접촉 가능성이 있는 표면의 재료	최고 표면온도[℃]
손으로 잡고 조작시키는 것	금속(비금속)	55(65)
손으로 잡지 않지만 접촉하는 부분	금속(비금속)	70(80)
통상 조작시 접촉할 필요가 없는 부분	금속(비금속)	80(90)

4) 과열에 대한 보호

1. 강제 공기 난방시스템
   ① 발열체(중앙 축열기제외)는 정해진 풍량 도달시까지는 미동작, 미만이면 정지될 것
   ② 온도제한장치가 있을 것(공기덕트 내 초과 허용온도가 없도록 2개의 독립된 장치)
   ③ 불연성 재료일 것(열소자의 지지부, 프레임과 외함)

2. 온수기 또는 증기발생기
   ① 온수(증기) 발생 장치는 어떤 운전 상태도 과열 보호가 되도록 설계(공사)를 할 것
   ② 보호장치는 비자동 복귀형 장치일 것(자동 온도조절장치로부터 독립적 기능)
   ③ 장치에 개방 입구가 없는 경우에는 수압을 제한하는 장치를 설치할 것

3. 공기난방설비
   ① 공기난방설비의 프레임 및 외함은 불연성 재료일 것
   ② 복사 난방기(열복사에 비접촉용)의 측벽은 가연성 부분에 간격을 유지할 것
   ③ 불연성 격벽은 복사 난방기의 외함 및 가연성 부분에서 0.01[m] 이상 이격
   ④ 복사 난방기는 복사 방향 가연성 부분에 2[m] 이상의 안전거리를 확보할 것

3편 고압 및 특고압 전기설비

제1장 일반사항(통칙)

(1) 고압 및 특고압의 적용 범위

교류 1(직류1.5)[kV] 초과 (특)고압 사용 전기설비에 적용

(2) 전기적 요구(고려)사항

설비(기기) 설치장소에는 전기적, 기계적, 환경적 영향에 견딜 능력이 있을 것

1) **중성점 접지**(방법)의 선정시 고려사항
   ① 전원공급의 연속성 요구
   ② 지락고장시 기기의 손상제한
   ③ 고장부위의 선택적 차단
   ④ 고장위치의 감지
   ⑤ 접촉전압 및 보폭전압
   ⑥ 유도성 간섭
   ⑦ 운전 및 유지보수 측면
2) 계통 **전압등급**(공칭전압 및 최대운전전압)을 결정할 것(사용자가)
3) 설비는 **정상운전전류**에 견딜 것(모든 부분에)
4) **단락전류**
   ① 설비는 단락전류로의 **열적**(**기계적**) 영향에 견딜 수 있도록 설치할 것
   ② 설비는 **단락 자동차단장치**에 의하여 보호될 것
   ③ 설비는 **지락 자동차단**(지락상태 자동표시)장치에 의하여 보호될 것
5) 설비는 운전될 계통의 **정격주파수**에 적합할 것
6) 코로나에 의한 **전자기장의 전파장해** 방지를 할 것
7) 기기에서 발생하는 **전계 및 자계**의 한도가 인체에 허용 수준 이내로 제한할 것
8) 기기를 낙뢰 또는 개폐동작에 의한 **과전압**으로부터 보호할 것
9) **고조파** 전류(전압)에 의한 영향을 고려할 것

(3) 기계적 요구사항

1) 기기 및 지지구조물은 기초를 포함하여 예상 **기계적 충격**에 견딜 것
2) 인장하중은 현장의 가혹한 조건에서 계산된 **최대도체인장력**에 견딜 것
3) 전선로는 **빙설 하중**을 고려할 것
4) **풍압하중**은 지형적인 영향과 주변 구조물의 높이를 고려할 것
5) 지지물을 설계할 때에는 **개폐전자기력**을 고려할 것
6) 단락시 **전자기력**에 의한 기계적 영향을 고려할 것
7) 인장애자련이 설치된 구조물은 최악의 하중이 가해지는 애자나 도체(케이블)의 손상으로 인한 **도체인장력의 상실**에 견딜 것
8) 지진 우려 지역에 설치하는 설비는 **지진하중**을 고려하여 설치할 것

(4) 기후와 환경조건 및 특별요구사항

1) 설비는 기후(환경)조건에 적합기기를 선정 정상 운전이 되도록 설치할 것
2) 설비는 작은 동(미생)물의 활동에 안전 영향이 없도록 설치할 것

제2장 안전(을 위한) 보호

(1) 절연수준의 선정

절연수준은 기기최고전압(충격내전압)을 고려하여 결정할 것

(2) 직접 접촉에 대한 보호

1) 전기설비의 충전부에 직접 접촉 또는 위험구역(충전부 근처) 도달 방지를 할 것
2) 계통 도전성 부분(충전부, 절연부, 노출 도전성 부분)에 접촉 방지보호를 할 것
3) 보호는 설비 위치가 출입제한 전기운전구역 여부에 의해 될 수 있다.

(3) 간접 접촉에 대한 보호

전기설비의 노출도전성 부분은 고장시 충전으로 인한 인축의 감전을 방지할 것

(4) 아크고장에 대한 보호

전기설비는 운전중에 아크고장으로부터 운전자 보호시설을 할 것

(5) 직격뢰에 대한 보호

낙뢰에 의한 과전압으로부터 전기설비보호를 위해 피뢰시스템을 시설할 것

(6) 화재에 대한 보호

전기기기 설치시 화재예방을 위한 대책(공간분리, 내화벽, 불연재료의 시설)을 고려할 것

(7) 절연유 누설에 대한 보호

1) 환경보호를 위하여 절연유 기기의 누설 대책이 있을 것
2) 옥내기기의 절연유 유출방지설비
   ① 누설 절연유가 스며들지 않는 바닥에 유출방지 턱을 시설 또는 집유할 것
   ② 유출방지 턱 높이(집유조용량) 선정시 화재보호시스템의 용수량을 고려할 것
3) 옥외설비의 절연유 유출방지설비
   ① 기기의 절연유양, 우수, 화재보호시스템 용수량, 수로, 토양조건을 고려할 것
   ② 집유조(집수탱크)는 최대 용량 변압기 유량에 대한 집유능력이 있을 것
   ③ 벽, 집유조(집수탱크)배관은 액체가 침투하지 않는 것일 것
   ④ 절연유(냉각액) 집유조(집수탱크)의 용량은 자연(강제)배수가 가능할 것
   ⑤ 추가적인방법(수로 및 지하수 보호방법)
      ㉠ 집유조(집수탱크)는 바닥에서 절연유(냉각액)의 유출을 방지할 것
      ㉡ 배출액체는 유수분리장치를 사용하고 액체의 비중을 고려할 것

(8) SF_6의 누설에 대한 보호

육불화유황가스(SF_6)가 함유된 기기의 누설에 대한 대책 및 환기설비가 필요함

(9) 식별 및 표시

① 표시(게시판, 공고)는 내구성(내부식성)이 있을 것

② 개폐기반(제어반)의 운전 상태는 표시할 것(주 접점 제외)
③ 케이블 단말 및 구성품은 확인하고 배선목록 및 결선도는 상세 표시할 것
④ 전기(기기)실은 출입문에 전기기기실임과 위험성 확인 안내(경고)판을 표시할 것

제3장 접지설비

(1) 고압 및 특고압 접지계통

1) 일반사항

① (특)고압 기기는 접촉(보폭)전압의 허용값 이내로 사용할 것
② (특)고압 기기가 출입제한 된 운전구역 이외장소에 설치시 접지시스템 할 것
③ 모든 케이블의 금속시스는 접지를 할 것

2) (특)고압 전기설비의 접지

(특)고압 과 저압 전기설비의 접지극이 서로 근접 시설시 변전소 또는 이와 유사한 곳에서는 다음과 같이 공통접지시스템으로 할 수 있다.

① 저압 전기설비의 접지극이 (특)고압 접지극의 접지저항 영역에 포함시 위험전압이 발생하지 않도록 이들 접지극을 상호 접속할 것
② 접지시스템에서 (특)고압 계통의 지락사고시 저압계통에 가해지는 상용주파 과전압은 다음 표에서 정한 값을 초과해서는 안 된다.

고압계통 접지 적용 구분	고압계통 지락 고장시간 t	저압설비 허용상용주파 과전압 V
비접지나 소호리액터 접지시 긴 차단시간일 때 적용	$t>5$[초]	$V=U_0+250$[V]
저저항 접지시 짧은 차단시간일 때 적용	$t\leq 5$[초]	$V=U_0+1{,}200$[V]
U_0 : 중성선 도체가 없는 계통의 선간전압		

3) (특)고압과 저압 접지시스템이 서로 근접한 경우

① (특)고압 변전소내 저압전원은 각각의 접지시스템은 서로 접속할 것
② (특)고압 변전소에서 인입(인출)되는 저압전원의 접지시스템 시공 방법
  ㉠ 공통(통합)접지 또는 다중접지 계통의 중성선에 접속할 것
  ㉡ 공통(통합)접지가 아닌 경우 표 값에 따라 각 접지 상호 접속 여부를 결정할 것

<table>
<tr><th colspan="5">접지전위상승 제한값에 의한 접지시스템(저압, 고압, 특고압) 상호접속의 최소요건</th></tr>
<tr><th colspan="2" rowspan="3">저압계통의 형태</th><th colspan="3">대지전위상승(EPR) 요건(특고압 접지극의 접지저항값 선정 기준)</th></tr>
<tr><th rowspan="2">접촉전압</th><th colspan="2">스트레스 전압</th></tr>
<tr><th>고장지속시간 $t_f \le 5[s]$</th><th>고장지속시간 $t_f > 5[s]$</th></tr>
<tr><td colspan="2">TT</td><td>해당 없음</td><td rowspan="4">EPR ≤ 1200[V]</td><td rowspan="4">EPR ≤ 250[V]</td></tr>
<tr><td colspan="2">TN</td><td>$EPR \le F \times U_{Tp}$</td></tr>
<tr><td rowspan="2">IT</td><td>보호도체 있음</td><td>TN 계통에 따름</td></tr>
<tr><td>보호도체 없음</td><td>해당 없음</td></tr>
<tr><td colspan="5">* 접지(대지) 전위상승 EPR(접촉전압) = 접지극 접지저항 × 접지극유입 지락전류
* F의 기본값은 2이고 토양구조에 따라 5까지 될 수도 있음
① 표토층별 저항률 차이가 큰 토양에 적용하며 접촉전압은 EPR의 50[%] 적용
② PEN(저압 중간)도체가 (특)고압접지계통에 접속된 경우는 F = 1 적용
* U_{Tp} : 허용접촉전압
* 스트레스전압 : 지락시 변압기 외함과 선도체 사이의 전압 및 기기외함과 선도체 사이의 전압</td></tr>
</table>

㉢ (특)고압과 저압 접지시스템 분리시 접지극은 (특)고압 고장으로 인한 위험방지를 위해 접촉전압과 보폭전압을 허용값 이내로 할 것

㉣ (특)고압 변전소에 인접 시설된 저압전원의 접지계통을 분리하는 것이 불가능한 경우에는 공통 또는 통합접지로 시공할 것

(2) 혼촉에 의한 위험 방지시설(변압기 접지 시설)

1) (특)고압 과 저압의 혼촉에 의한 위험방지 시설

1. (특)고압과 저압전로의 변압기(철도 신호용 제외)는 저압측의 중성점에 접지할 것

① 특고압과 저압전로 결합시 접지저항값이 10[Ω] 초과시 10[Ω] 이하로 할 것

<table>
<tr><th>예외 규정</th><th>내용</th><th>접지저항</th></tr>
<tr><td>사용전압 35[kV] 이하 특고압전로</td><td>지락시 1초 이내 자동차단장치가 있는 것</td><td rowspan="2">10[Ω] 초과 가능</td></tr>
<tr><td>25[kV] 이하 특고압전로서 중성선 다중접지식</td><td>지락시 2초 이내 자동차단장치가 있는 것</td></tr>
</table>

② 300[V] 이하 저압전로를 변압기 중성점에 접지하기 곤란한 경우 저압측의 1단자에 할 것

2. 접지공사

① 변압기 접지 : 시설 개소마다 접지공사 할 것(원칙)

② 토지의 상황에 따라 접지 저항값을 얻기 어려운 경우 가공접지선은 변압기의 시설장소로부터 200[m]까지 떼어 놓을 수 있다.

③ 위 규정이 어려울 때는 가공공동지선을 설치 2 이상의 시설장소에 접지할 것

㉠ 가공공동지선(저압 접지측 공통전선) : 2 이상의 시설장소에 공통접지공사 굵기 : 지름 4[mm] 이상 경동선 또는 5.26[kN] 이상 사용

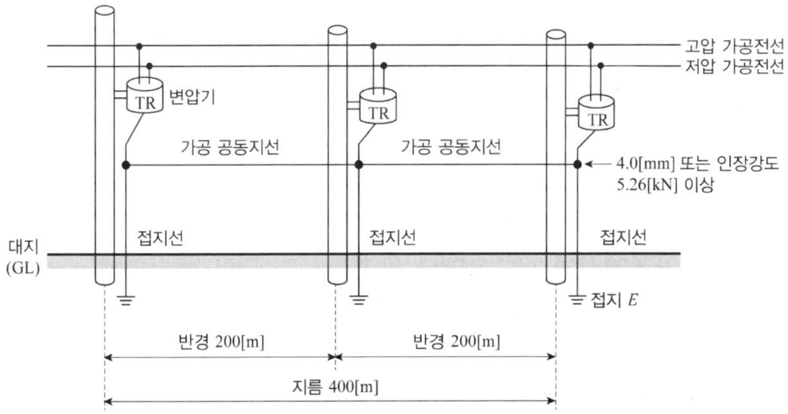

변압기 시설장소에서 접지 저항값을 얻기 어려운 경우 200[m]까지 할 수 있다. 즉, 반경 200[m](지름 400[m])까지 끌고 가서 규정된 저항값을 얻을 수 있다.

㉡ 접지공사

각 변압기 주변지름 400[m] 이내 지역에 그 변압기의 전선로 바로 아래의 부분에서 각 변압기의 양쪽에 있도록 할 것

단) 그 시설장소에서 접지공사를 한 변압기는 제외

㉢ 전기저항값

구 분	전기저항값
가공공동지선과 대지 사이	지름 1[km] 지역 안마다 접지저항값일 것
각 접지선을 가공공동지선과 분리시	접지선과 대지 사이 300[Ω] 이하일 것

㉣ 접지저항 R(가공공동지선과 대지간 합성 전기저항) 계산

접지저항 R식	용 어
$R=\frac{150N}{I}[\Omega]$ 이하	• 1선지락 전류 : I • 접지 개소 : N

3. 기계기구(변압기) 설치 높이

전압 구분		변압기 높이
고압용 기계기구	시가지인 경우	4.5[m] 이상
	시가지 외인 경우	4[m] 이상
특고압	흡상변압기	5[m] 이상 : 전자유도 감음장치(누설전류 흡수)

2) 변압기(혼촉방지판용) 접속 저압 옥외전선의 시설

(특)고압전로와 저압전로(비접지식) 결합 변압기로서 (특)고압권선과 저압권선 간에 금속제의 혼촉방지판에 접지한 것에 접속하는 저압전선을 옥외에 시설시

① 특고압과 저압전로 결합시 접지저항값이 10[Ω] 초과시는 10[Ω] 이하로 할 것

예외 규정	내용	접지저항
사용전압 35[kV] 이하 특고압전로	지락시 1초 이내에 자동차단장치가 있는 것	10[Ω] 초과 가능

② 저압전선은 1구내에만 시설하고 저압 가공(옥상)전선로의 전선은 케이블일 것

③ 저압 가공전선과 (특)고압의 가공전선을 동일 지지물에 시설하지 말 것
단) (특)고압 가공전선로의 전선이 케이블인 경우는 제외

3) 특고압과 고압의 혼촉에 의한 위험방지(방전장치) 시설

변압기에 의한 특고압 전로에 결합된 고압측 전로에 사용전압의 3배 이하가 가해지는 경우 방전장치를 변압기의 단자에 가까운 1극에 설치할 것

조 건	예외 사항(방전장치 생략 가능한 경우)
고압측 전로에 사용전압의 3배 이하시	① 방전 피뢰기를 고압전로의 모선의 각상에 시설한 경우 ② 특고압권선과 고압권선에 혼촉방지판 시설하여 접지저항값이 10[Ω] 이하인 경우

4) (특)고압 계기용변성기(MOF)의 2차측 전로에는 접지공사를 할 것

5) 전로의 중성점의 접지(공사) 시설 규정

1. 중성점 접지목적
   ① 전로 보호장치의 확실한 동작의 확보
   ② 이상전압 억제
   ③ 대지전압저하

2. 접지공사 시설
   ① 접지극은 고장시 대지 전위차에 의한 인축 위험이 없도록 시설할 것
   ② 접지도체
      ㉠ (특)고압전로는 16[mm^2](저압전로 중성점에 시설시 6[mm^2]) 이상의 연동선
      ㉡ 금속선(부식방지용)이고 고장전류 방전 및 손상우려가 없도록 시설할 것
   ③ 접지도체 접속 저항기(리액터)는 고장전류를 잘 방전하는 것을 사용할 것
   ④ 취급자 이외 출입 못하도록 시설된 경우 외는 사람 접촉우려가 없도록 시설

⑤ 변압기의 안정(유휴)권선 또는 전압조정기의 내장권선은 이상전압 보호를 위해 그 권선에 접지공사를 할 것

⑥ 특고압 직류전로는 필요한 경우 전로에 접지공사 할 것(접지 이유 : 보호장치 동작 확보 및 이상전압 억제)

제4장 기계 및 기구의 시설

(1) 특고압 (옥외) 배전용 변압기 시설 규정

① 변압기 전압

구분	1차 전압	2차 전압	사용전선
내용	35[kV] 이하(22.9[kVY])	저압 또는 고압일 것	특고압 절연전선, 케이블

② 변압기의 특고압측에는 개폐기 및 과전류 차단기를 설치할 것

③ 변압기의 2차 전압이 고압인 경우 고압측에 개폐기를 시설하고 또한 쉽게 개폐할 수 있도록 할 것

(2) 특고압을 직접 저압으로 변성하는 변압기의 시설 규정

특고압을 직접 저압으로 변성하는 변압기는 다음의 것 이외에는 시설하지 말 것

① 전기로 등 전류가 큰 전기를 소비하기 위한 변압기

② 발전소·변전소·개폐소 등에 사용되는 소내용 변압기

③ 25[kV] 이하 중성점 다중 접지식 전로(지락시 2초 이내 차단장치시설에 한함)에 접속하는 변압기

④ 교류 전기철도용 신호 회로에 전기를 공급하기 위한 변압기

⑤ 사용전압 35[kV] 이하 변압기(특고압과 저압 혼촉시 자동차단장치가 있는 것)

⑥ 사용전압 100[kV] 이하의 변압기[특고압과 저압 권선간에 중성점 접지공사(접지저항값 10[Ω] 이하)를 한 금속제의 혼촉방지판이 부착되어 있는 것]

(3) 특고압용 기계기구의 시설 가능한 경우

특고압용 기계기구는 발전소·변전소·개폐소에 준하는 시설외는 할 수 없다.

① 기계기구의 주위에 울타리(담)를 시설한 경우

울타리·담등의 높이	지표면과 울타리·담등의 하단 사이 간격
2[m] 이상	0.15[m] 이하

② 기계기구를 지표상 5[m] 이상의 높이에 시설하고 충전부분의 지표상의 높이를 표값 이상으로 하고 사람이 접촉할 우려가 없도록 시설된 경우

사용전압의 구분		울타리(담)의 높이와 울타리(담)로부터 충전부분까지의 거리의 합계 또는 지표상의 높이
고압용 기계기구	시가지외	지표상 4[m] 이상
	시가지	지표상 4.5[m] 이상
특고압용 기계기구	35[kV] 이하	5[m] 이상
	35[kV] 초과 ~ 160[kV] 이하	6[m] 이상
	160[kV] 초과시	6[m]에 초과하는 10,000[V]당 12[cm]씩 추가한 값
		식) $6+(X-16)\times 0.12$[m] 이상

③ 공장 구내 기계기구를 콘크리트제의 함 또는 접지공사를 한 금속제의 함에 넣고 충전부분이 노출 안 된 시설인 경우

④ 옥내 기계기구를 취급자 이외 출입할 수 없도록 설치한 곳에 시설하는 경우

⑤ 충전부분이 비노출된 기계기구를 사람 접촉 우려가 없도록 시설하는 경우

(4) 고조파 이용 설비의 장해 방지 시설 규정

고조파 이용 설비에 누설되는 고주파 전류의 허용한도는 고주파 측정장치로 2회 이상 연속하여 10분간 측정하였을 때 각각 측정치의 최대치의 평균값이 −30[dB]일 것 (1[mW]를 0[d]B로 한다)

(5) 전기기계기구의 열적 강도

전로에 시설하는 변압기, 차단기, 개폐기, 전력용 커패시터, 계기용변성기 기타의 전기기계기구는 한국전기기술기준위원회 표준(전기기계기구의 열적강도 확인방법)에서 정하는 열적강도에 적합할 것

(6) 아크를 발생하는 기구의 시설 규정

(특)고압용의 기구(개폐기·차단기·피뢰기) 동작시 아크가 발생하는 것은 가연성 물체(목재의 벽, 천장)로부터 이격하여 시설할 것

기구의 구분	기구(개폐기·차단기·피뢰기·단로기)의 이격거리
고압용의 것	1[m] 이상(목재의 벽, 기타 천장 가연성 물질로부터 이격거리)
특고압용의 것	2[m] 이상 단) 사용 전압이 35[kV] 이하의 특고압용의 기구로서 동작시 화재 발생할 우려가 없는 경우는 1[m] 이상

암기법 : 아! 고일(1), 특이(2) 하다.

(7) 고압 및 특고압용 개폐기(차단기) 시설규정

1) 전로 중에 개폐기는 각 극에 시설할 것
2) (특)고압용 개폐기는 개폐상태 표시장치가 되어 있을 것. 단) 개폐상태를 쉽게 확인할 수 있는 것은 제외
3) 중력에 의해 자연히 작동할 우려가 있는 것은 자물쇠장치를 할 것
4) 부하전류 차단용이 아닌 개폐기(단로기 DS)는 부하전류가 통하고 있을 경우 개로할 수 없도록 시설할 것. 단, ① 보기 쉬운 곳에 부하전류 유무표시 장치시설, ② 전화기 기타 지령장치시설, ③ 태블릿 사용시는 제외.
5) 전로 이상시 자동 전로개폐장치시설의 기능에 장해가 없도록 시설할 것

(8) 고압 및 특고압 전로의 과전류차단기(퓨즈) 시설

1) 고압용 퓨즈

① 포장용 : 정격전류의 1.3배에 견디고 2배의 전류에서는 120분 안에 용단될 것
[예] 통형퓨즈 또는 유리관 퓨즈

암기법 : 포일삼(1·3) 투(2)·120

② 비포장용 : 정격전류의 1.25배에 견디고 2배의 전류에서는 2분 내에 용단
[예] 실퓨즈 또는 고리퓨즈

퓨즈 종류	견딜 정격전류	용단전류	용단시간
포장 퓨즈	1.3배	2배	120분
비포장 퓨즈	1.25배	2배	2분

2) (특)고압의 단락사고시 과전류차단기는 단락전류 차단 능력을 가질 것

3) (특)고압용 과전류차단기는 개폐상태 표시장치가 되어 있을 것
단) 개폐상태를 쉽게 확인할 수 있는 것은 제외

4) 과전류차단기의 시설제한(시설생략 장소)

① 접지공사의 접지도체(선)
② 다선식 선로의 중성선(3상 4선식의 중성선, 단상 3선식의 중성선)
③ 전로의 일부에 접지공사를 한 저압 가공전선로의 접지측 전선
④ 다선식 전로 중성선의 과전류차단기 동작시 각 극이 동시에 차단될 때 또는 저항기·리액터 사용 접지공사는 과전류차단기의 동작에 의하여 그 접지도체가 비접지 상태로 되지 않는 경우는 적용하지 않는다.

(9) 지락 차단장치(누전차단기 ELB 또는 RCD) 시설규정

누전차단기는 정격감도 전류 30[mA] 동작시간 0.03초 이내 전류동작형이다.

1) 저압인 경우 지락 차단장치 시설

1. 사용전압 50[V] 이상 저압 기계기구(금속제외함 있는 것) 및 전로(저압)에 지락 사고시 자동 전로차단장치를 시설할 것

2. 지락차단장치 생략 가능한 경우
   ① 대지전압 150[V] 이하 기계기구를 건조한 장소에 시설하는 경우
   ② 전로의 전원측 절연변압기 부하측(300[V] 이하)을 비접지식으로 하는 경우
   ③ 전기안전관리법에서 2중 절연구조의 기계기구 시설하는 경우
   ④ 기구 내 누전차단기가 설치된 경우
   ⑤ 기계기구를 발전소, 변전소, 개폐소 또는 이에 준하는 곳에 시설하는 경우
   ⑥ 기계기구가 고무·합성수지, 기타 절연물로 피복된 경우
   ⑦ 기계기구 전원 연결선이 손실을 받을 우려가 없도록 시설하는 경우

2) 고압 및 특고압 전로인 경우

1. (특)고압 변압기에 의한 사용전압 400[V] 초과 저압전로 또는 발전기에서 공급하는 사용전압 400[V] 초과 저압전로(발전소 및 변전소의 전로 제외)에는 전로 지락시 자동차단장치 시설할 것

2. (특)고압 전로 중 지락시 자동차단장치를 시설하는 경우
   ① 발전소 또는 변전소 또는 이에 준하는 장소의 인출구
   ② 다른 전기사업자로부터 공급을 받는 수전점
   ③ 배전용 변압기(단권 변압기 제외) 시설 장소

(10) 피뢰기(LA)의 시설

(특)고압 전로의 시설장소에 근접한 곳에는 피뢰기를 시설할 것

목적	전선로에 이상전압 내습시 전위 상승을 억제하여 기계기구 보호
접지	(특)고압 전로에 시설시 접지공사 할 것
접지저항	10[Ω] 이하 단) 단독(전용)접지인 경우는 30[Ω] 이하
피뢰기 시설장소 ⊗	① 발전소, 변전소 이에 준하는 장소의 가공전선의 인입구 및 인출구 ② 고압 및 특고압으로부터 수전 받는 수용가의 인입구 ③ 가공전선과 지중 전선이 접속되는 곳 ④ 특고압 가공전선로에 접속된 배전용 변압기의 고압측 및 특고압측
피뢰기 생략 가능한 장소	① 피뢰기 시설하는 곳에 직접 접속하는 경우(전선이 짧은 경우) ② 피보호기기가 보호범위 내에 위치한 경우 ③ 습뢰 빈도가 적은 지역으로 방출 보호통을 장치한 경우

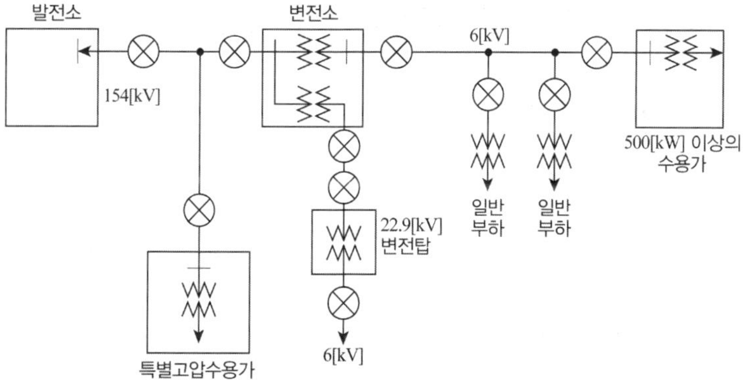

(11) 압축공기 계통 시설

발전소·변전소·개폐소 또는 이에 준하는 곳에 개폐기 또는 차단기에 사용하는 압축공기장치는 다음에 따라 시설할 것

① 압축공기장치는 최고사용압력 1.5배의 수압 또는 1.25배의 기압을 연속 10분간 가하여 견디고 새지 아니할 것

② 공기탱크는 개폐기 또는 차단기의 투입 및 차단을 1회 이상 할 수 있는 용량일 것
③ 주공기탱크 또는 이에 근접한 곳에 사용압력의 1.5배 이상 3배 이하의 최고눈금이 있는 압력계를 시설할 것
④ 주공기탱크의 압력저하시 자동 압력회복장치를 시설할 것
⑤ 절연가스는 가연성, 유독성, 부식성이 아닐 것

참고 **보호망, 보호선** : 사고 방지(도로횡단시 시설)

사용 목적		사고 방지용(도로횡단시 시설)으로 접지공사할 것
상호간격	보호선	★ 75[cm]=0.75[m] 아연도금 철선 이용 ➡ 암기법 : (윤)보선 땡(0)칠오(75)
	보호망	★ 1.5[m] 이하 ➡ 암기법 : 보망 일오(1.5)
굵기	선의 굵기	저압·고압 – 4.0[mm] 이상 특고압 – 5.0[mm] 이상
	보호망의 횡선 굵기	저압·고압 – 2.6[mm] 이상 특고압·기타 – 4.0[mm] 이상

제5장 고압 및 특고압 옥내설비의 시설

(1) 고압 옥내배선의 시설

1) 고압 옥내배선 방법

① 애자사용(배선) 공사(건조한 장소의 전개된 장소에 한함)
② 케이블(배선) 공사
③ 케이블 트레이(배선) 공사

2) 고압 애자사용(배선)공사(사람이 접촉할 우려가 없도록 시설할 것) 시설

전선이 조영재 관통시 관통부분은 난연(내수)성이 있는 절연관에 넣을 것

사용전선	전선의 지지점 거리	전선상호간 거리	전선과 조영재 이격거리	애자 성질
① 6[mm^2] 이상연동선 ② (특)고압 절연전선 ③ 인하용 고압절연전선	① 6[m] 이하 ② 조영재면 따라 시설시 2[m] 이하	0.08[m] 이상	0.05[m] 이상	① 절연성 ② 난연성 ③ 내수성

3) 케이블(배선)공사 시설 방법(전선은 케이블 사용)

관 기타의 케이블을 넣는 방호장치의 금속제 부분, 금속제의 전선 접속함 케이블의 피복에 사용하는 금속체에는 접지공사를 할 것

4) 케이블 트레이(배선)공사 시설 방법

① 사용 전선
  ㉠ 난연성 케이블(연피 케이블, 알루미늄피 케이블)
  ㉡ 연소방지 조치를 한 케이블
② 금속제 케이블 트레이는 기계(전기)적으로 완전하게 접속할 것
③ 금속제 트레이는 접지시스템에 접속할 것
④ 동일 케이블 트레이의 케이블 수는 트레이의 내측 폭 이하가 되도록 하고 케이블은 단층으로 시설할 것
⑤ 단심 케이블을 트리프렉스형, 쿼드랍프렉스형, 회로군으로 일괄하여 묶은 경우에는 지름의 합계가 트레이의 내측 폭 이하가 되도록 하고 단층배열로 시설할 것

5) 저(고)압 옥내배선·관등회로·약전류·수도·가스관 접근(교차)시 이격거리

고압 옥내배선과 접근 또는 교차 부분	이격거리
저(고)압 옥내배선·관등회로·약전류·수도·가스관 접근(교차)시	0.15[m] 이상
저압 옥내전선이 나전선인 경우(애자사용 배선일 때)	0.3[m] 이상
가스계량기 및 가스관의 이음부와 전력량계 및 개폐기	0.6[m] 이상
고압 옥내배선을 케이블배선으로 시설하는 경우 ① 둘 사이 내화성 격벽 또는 케이블 내화성 관 시설시 ② 다른 고압 옥내배선이 케이블일 때	미적용

(2) 옥내 고압용 이동전선의 시설 규정

구분	사용가능 전선
사용전선	고압용의 캡타이어 케이블일 것
시설 방법	① 전기공급 전로(유도전동기 2차측 전로 제외)에 전용개폐기 및 과전류차단기(다선식 중성극 제외)를 각 극에 사용할 것 ② 전로에 지락시 자동차단장치를 시설할 것 ③ 이동전선과 기계기구는 볼트 조임 등 견고히 접속할 것

(3) 옥내에 시설하는 고압 접촉전선 공사

1) 애자사용 배선공사(전개된 장소 또는 점검할 수 있는 은폐된 장소에 가능)

사용전선	전선의 지지점 거리	전선상호간 거리	전선과 조영재 이격거리
① 지름 10[mm]의 경동선으로 단면적 70[mm²] 이상인 구부리기 어려운 것 ② 인장강도 2.78[kN] 이상 ③ 사람 접촉 우려가 없도록 시설할 것	6[m] 이하	0.3[m] 이상	0.2[m] 이상

2) 옥내전선·약전류전선·수(가스)관과 접근(교차)시 이격거리

고압 접촉전선(충전부)과 접근 또는 교차 부분 내용	이격거리
다른 옥내전선·약전류전선·수도·가스관 접근(교차)시	0.6[m] 이상
다른 옥내(약전류)전선 사이에 격벽(절연성 및 난연성) 설치시	0.3[m] 이상

(4) 특고압 옥내 전기설비의 시설 규정

1) 케이블배선공사(사용전선은 케이블)일 것

구 분	시 설 규 정
케이블(배선) 공사	사용전압 100[kV] 이하일 것
케이블 트레이(배선) 공사	사용전압 35[kV] 이하일 것
케이블시설방법	철재(철근콘크리트제)의 관(덕트)의 방호장치에 넣어 시설할 것
접지부분	케이블을 넣는 방호장치의 금속제 부분·금속제의 전선 접속함, 케이블의 피복에 사용하는 금속체는 접지공사할 것

2) 옥내전선·관등회로·약전류전선·수(가스)관과 접근(교차)시 이격거리

특고압 옥내배선 과 접근 또는 교차 부분 내용	이격거리
저(고)압옥내전선·관등회로 배선 접근(교차)시	0.6[m] 이상
	격벽(내화성) 설치시 미적용
약전류전선·수도·가스관 접근(교차)시	접촉 불가능

4편 전선로

◆ 전선로의 종류

① 가공전선로 ② 옥측전선로 ③ 옥상전선로 ④ 지중전선로
⑤ 수상전선로 ⑥ 농사용전선로 ⑦ 터널전선로 ⑧ 물밑전선로

(1) 가공전선 및 지지물의 시설

① 가공전선로의 지지물은 다른 가공전선, 가공약전류전선, 가공광섬유케이블, 약전류전선 또는 광섬유케이블 사이를 관통하여 시설하지 말 것
② 가공전선은 다른 가공전선로, 가공전차전로, 가공약전류전선로 또는 가공광섬유케이블선로의 지지물을 사이에 두고 시설하지 말 것
③ 가공전선과 다른 가공전선, 가공약전류전선, 가공광섬유케이블 또는 가공전차선을 동일지지물에 시설 가능하다.

(2) 가공전선로 지지물의 철탑(전주)오름 방지 시설

가공전선로의 지지물에 취급자가 오르고 내리는 발판 볼트 등을 지표상 1.8[m] 미만에 시설하지 말 것(1.8[m] 이상 할 것). 단) 다음에 해당되는 경우는 제외

① 발판 볼트를 내부에 넣을 수 있는 구조의 지지물에 시설하는 경우
② 지지물에 철탑오름 및 전주오름 방지장치를 시설하는 경우
③ 지지물 주위에 취급자 이외의 사람이 출입할 수 없도록 울타리(담) 시설시
④ 지지물이 산간에 있고 사람이 쉽게 접근할 우려가 없는 곳에 시설하는 경우

(3) 지지물과 전선의 풍압하중[Pa]

가공전선로에 사용하는 지지물의 강도 계산에 적용

1) **갑종 풍압하중(기준)** : 고온계(봄, 여름, 가을) 지역에서의 풍압하중

<table>
<tr><th colspan="3">지지물에 따른 풍압을 받는 구분</th><th>구성재의 수직 투영면적 1[m²]에 대한 풍압하중(기초)</th></tr>
<tr><td colspan="3">목 주</td><td>588[Pa]</td></tr>
<tr><td rowspan="5">철 주</td><td colspan="2">원형의 것</td><td>588 [Pa]</td></tr>
<tr><td colspan="2">삼각형, 마름모(능)형의 것</td><td>1412 [Pa]</td></tr>
<tr><td colspan="2">강관에 의해 구성된 4각형의 것</td><td>1117 [Pa]</td></tr>
<tr><td colspan="2">기타의 것으로 복재가 전후면에 겹치는 경우</td><td>1627 [Pa]</td></tr>
<tr><td colspan="2">기타의 것으로 복재가 겹치지 않는 경우</td><td>1784 [Pa]</td></tr>
<tr><td rowspan="2">철근 콘크리트주</td><td colspan="2">원형</td><td>588 [Pa]</td></tr>
<tr><td colspan="2">기타의 것</td><td>882 [Pa]</td></tr>
<tr><td rowspan="4">철 탑</td><td rowspan="2">단주(완철류 제외)</td><td>원형</td><td>588 [Pa]</td></tr>
<tr><td>기타의 것</td><td>1117 [Pa]</td></tr>
<tr><td colspan="2">강관(단주 제외)으로 된 것</td><td>1255 [Pa]</td></tr>
<tr><td colspan="2">기타의 것</td><td>2157 [Pa]</td></tr>
<tr><td rowspan="2">전선 및 가섭선</td><td colspan="2">다도체(복도체-수평배열 2가닥, 지름 20배 이하 거리에 한함)</td><td>666 [Pa] ★★</td></tr>
<tr><td colspan="2">기타(단도체)</td><td>745 [Pa]
(강심 알루미늄연선) ★★</td></tr>
<tr><td colspan="3">특고압 가공전선로의 애자장치</td><td>1039 [Pa]</td></tr>
<tr><td colspan="2" rowspan="2">철주(원형만) 및 철근콘크리트주의 완금류(특고압 전선로용에 한함)</td><td>단일재</td><td>1196 [Pa]</td></tr>
<tr><td>기타의 것</td><td>1627 [Pa]</td></tr>
</table>

※ 1[kgf/m²]=9.8047[Pa]

2) **을종 풍압하중 = 갑종의 $\frac{1}{2}$값(50%) 적용 = 갑종값 × $\frac{1}{2}$**

빙설(눈)이 많이 내리는 저온계(겨울, 봄) 지역의 풍압하중

> 전선 및 가섭선의 주위에 **빙설의 두께 6[mm](비중 0.9)**인 경우(지역) 빙설이 부착된 상태에서 수직 투영 면적 372[Pa](다도체 구성 전선은 333[Pa]) 적용, 그 이외 것은 갑종 풍압하중의 $\frac{1}{2}$을 기초로 계산

3) **병종 풍압하중(갑종의 $\frac{1}{2}$값 적용)** : 빙설이 적은 저온계 지역의 풍압하중

① 인가가 많이 연접된 시가지(도심지역)의 저(고)압 가공전선로인 경우

② 저압 또는 고압 가공전선로의 지지물 및 가섭선인 경우

③ 사용 전압이 35[kV] 이하의 전선에 특고압 절연전선 또는 케이블을 사용하는

㉠ 특고압 가공전선로의 지지물, 가섭선

㉡ 특고압 가공전선을 지지하는 애자장치 및 완금류

4) **풍압하중의 적용**

지 역		고온계절	저온계절
빙설이 많은 지방 이외의 지방		갑종	병종
빙설이 많은 지방	일반지역	갑종	을종
	해안지방, 기타 저온계절에 최대풍압이 생기는 지역	갑종	갑종, 을종 중 큰 값 선정
인가가 많이 연접되어 있는 장소		병종	

(4) 지선의 시설 규정

★ 철탑은 지선을 시설할 수 없다.

1) **지선의 사용 목적** : 지지물의 전도 방지

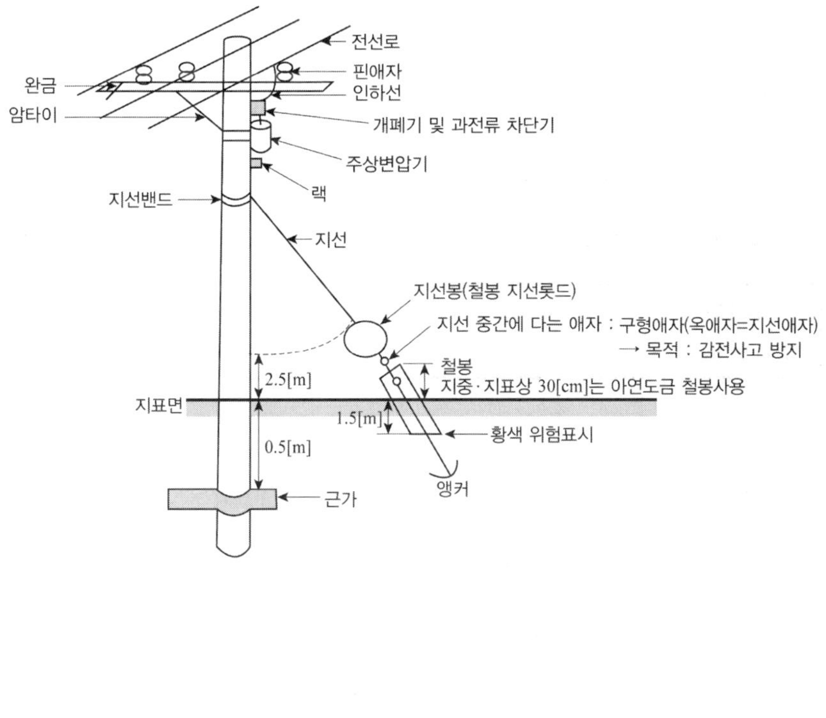

2) 지선 시설 규정

① 지선의 허용 인장하중 : 4.31[kN] 이상

② 안전율 : 2.5 이상(단, 목주·A종 철주·A종 철근콘크리트주는 1.5)

③ 연선 사용시 소선수 : 1조(소선 3가닥) 이상의 연선일 것

④ 지선의 굵기

㉠ 금속선 : 소선의 지름 2.6[mm] 이상 사용할 것

㉡ 아연도 강연선 : 지름 2.0[mm]이고 인장강도 0.68[kN] 이상

⑤ 지중부분 및 지표상 0.3[m]까지 내식성이 있는 것 또는 아연도금을 한 철봉을 사용하고 근가에 견고히 붙일 것

⑥ 지선의 근가는 지선의 인장하중에 충분히 견디도록 시설할 것

☆★ 지선가닥수 구하기

$$T_o(\text{지선수평장력}) = \frac{T(\text{전선수평장력})}{\cos\theta} = \frac{\text{인장하중}}{\text{안전율}} \times \text{가닥수}(n)$$

3) 지선의 종류

종류	보통지선	Y지선	궁지선	공동지선	수평지선
사용 용도	일반용	장력이 큰 경우	장력이 작고 버팀목사용	직선로에 사용 (두 개 지지물에 공동사용)	도로횡단시사용 (전주와 전주 또는 지주간)
그림	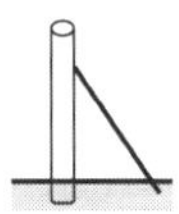	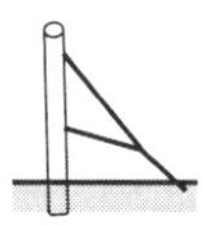	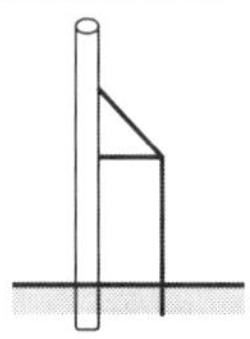	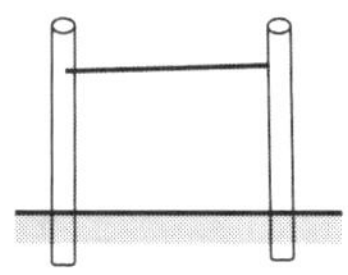	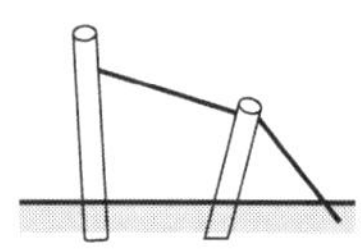

4) 지선의 설치시 지표상 높이

시설장소	도로 횡단시	교통에 지장이 없는 곳	보도
지표상 높이	5[m] 이상	4.5[m] 이상	2.5[m] 이상

(5) 가공전선로의 지지물

1) 지지물 종류(기계적 강도 차이에 의한 분류)

A종 지지물	목주	철근콘크리트주(CP주)	철주
B종 지지물	×	철근콘크리트주	철주
철 탑			

2) 지지물의 기초 안전율

지지물 안전율	이상시 상정하중에 대한 철탑 안전율	안전율 식
이상	1.33 이상	$\text{안전율} = \dfrac{\text{인장하중(인장강도}\times\text{면적)}}{\text{수평장력}}$

3) 지지물 땅에 묻히는 깊이(건주공사) : 기준 → CP주(철근콘크리트주) 20[m]를 초과할 수 없다.

<table>
<tr><th colspan="3">설계 조건</th><th colspan="2">지지물 매설(근입) 깊이</th><th>기준</th></tr>
<tr><td colspan="3" rowspan="2">전장 16[m], 설계하중 6.8[kN] 이하 강관사용 철주 및 철근콘크리트주 또는 목주</td><td>전장 15[m] 이하</td><td>전장×$\frac{1}{6}$[m] 이상</td><td rowspan="2">2.5[m] 이상
(단, 지반이 약한 곳은 견고한 근가를 사용할 것)</td></tr>
<tr><td>전장 15[m] 초과</td><td>2.5[m] 이상</td></tr>
<tr><td rowspan="7">철근콘크리트주</td><td>전장</td><td>14[m] 이상 ~ 20[m] 이하</td><td colspan="2" rowspan="2">기본(2.5[m] 이상)+0.3[m]
=2.8[m] 이상</td><td rowspan="4">2.8[m] 이상
설계하중 : 9.8[kN]</td></tr>
<tr><td>설계하중</td><td>6.8[kN] 초과 ~ 9.8[kN] 이하</td></tr>
<tr><td>전장</td><td>16[m] 초과 ~ 20[m] 이하</td><td colspan="2" rowspan="2">2.8[m] 이상</td></tr>
<tr><td>설계하중</td><td>6.8[kN] 이하</td></tr>
<tr><td>전장</td><td>14[m] 이상 ~ 20[m] 이하</td><td>15[m] 이하</td><td></td><td rowspan="3">3[m] 이상
설계하중 : 9.8[kN]</td></tr>
<tr><td rowspan="2">설계하중</td><td rowspan="2">9.8[kN] 초과 ~
14.72[kN] 이하</td><td>15[m] 초과 ~
18[m] 이하</td><td>3[m]</td></tr>
<tr><td>18[m] 초과 ~
20[m] 이하</td><td>3.2[m]</td></tr>
</table>

(6) 가공전선로

1) 전선의 굵기

① 가공전선에 사용하는 전선의 종류

㉠ 저압 가공전선 : 절연 전선, 다심형 전선, 케이블, 나전선(중성선에 한함)

㉡ 고압 가공전선 : 고압 절연 전선, 특고압 절연 전선 또는 케이블
㉢ 특고압 가공전선 : 알루미늄(Al) 전선, 절연 전선 또는 케이블

② 가공전선에 사용하는 전선의 굵기(전선표기 : 지름[mm], 인장강도[kN], 단면적[mm^2])

<table>
<tr><th colspan="2">사용전압 종류</th><th>구분</th><th>사용전선의 종류</th><th></th></tr>
<tr><td colspan="2" rowspan="3">저압 가공
전선로
400[V] 이하</td><td>나전선</td><td>3.2[mm] 이상 경동선(또는 3.43[kN] 이상)</td><td rowspan="3">케이블
가능</td></tr>
<tr><td>절연전선</td><td>2.6[mm] 이상 경동선(또는 2.3[kN] 이상)</td></tr>
<tr><td>보안공사</td><td>4.0[mm] 이상 경동선(또는 5.26[kN] 이상)</td></tr>
<tr><td colspan="2" rowspan="3">저(고)압 가공
전선로
400[V] 초과</td><td>시가지</td><td>5.0[mm] 이상 경동선(또는 8.01[kN] 이상)</td><td rowspan="2">DV
불가</td></tr>
<tr><td>시가지외</td><td>4.0[mm] 이상 경동선(또는 5.26[kN] 이상)</td></tr>
<tr><td>보안공사</td><td>5.0[mm] 이상 경동선(또는 8.01[kN] 이상)</td><td>케이블
가능</td></tr>
<tr><td rowspan="4">특고압
가공전선</td><td rowspan="3">시
가
지</td><td>100[kV] 미만</td><td>55[mm^2] 이상 경동연선(21.67[kN] 이상 연선)</td><td rowspan="5">케이블
가능</td></tr>
<tr><td>100[kV] 이상</td><td>150[mm^2] 이상 경동연선(58.84[kN] 이상 연선)</td></tr>
<tr><td>300[kV] 이상</td><td>200[mm^2] 이상 경동연선</td></tr>
<tr><td colspan="2">시가지외</td><td>22[mm^2] 이상(8.71[kN] 이상)</td></tr>
<tr><td colspan="2">22.9[kVY]</td><td>시가지내·외</td><td>22[mm^2] 이상의 경동연선</td></tr>
</table>

③ 가공전선의 안전율

경동선 및 내열동 합금선인 경우	2.2 이상
기타 전선(ACSR : 강심 알루미늄 연선)인 경우	2.5 이상

2) 저(고)압 및 특고압 가공전선의 높이 규정

① 저압 및 고압 가공전선의 높이([m] 이상)

시설장소	저압 및 고압 가공전선	특고압 가공전선
도로 횡단시	지표상 6[m] 이상	6[m] 이상
철도 또는 궤도횡단시	레일면상 6.5[m] 이상	6.5[m] 이상
횡단보도교 위 (노면상)	나전선 3.5[m] 이상 절연(다심형)전선, 케이블 3[m] 이상	35[kV] 이하 : 특고압절연전선, 케이블 4[m] 160[kV] 이하 : 케이블 5[m]
일반장소 (도로를 따라 시설시)	지표상 5[m] 이상 교통에 지장없다 4[m] 이상	35[kV] 이하 : 특고압절연전선, 케이블 5[m]

※ 횡단보드 위 저압선 종류 : DV, OW전선, 450/750[V]비닐 절연전선(또는 고무절연전선)

② 특고압 가공전선(시가지외) 높이

<table>
<tr><th>사용전압 구분</th><th colspan="5">높이([m] 이상)</th></tr>
<tr><td>35[kV] 이하</td><td colspan="2">지표상 5[m] 이상</td><td rowspan="3">· 도로 횡단시
지표상 6[m]
· 철도 횡단시
레일면상 6.5[m]</td><td rowspan="3">횡단
보도교</td><td>특고압 절연전선, 케이블 4[m]</td></tr>
<tr><td rowspan="2">35[kV] 초과 ~
160[kV] 이하시</td><td>산지</td><td>5[m] 이상</td><td rowspan="2">케이블 사용시 5[m]</td></tr>
<tr><td>평지</td><td>6[m] 이상</td></tr>
<tr><td>사용전압 160[kV]
초과시</td><td colspan="5">1만[V]마다 12[cm]씩 가산한다.
★ 산지인 경우 : $5+(x-16)\times 0.12=$높이
★ 평지인 경우 : $6+(x-16)\times 0.12=$높이
[주의] 괄호( ) 안 값 절상할 것 : 소수첫째자리 “1”부터 올림</td></tr>
</table>

※ 레일면상－철도 또는 궤도를 횡단하는 경우, 노면상－횡단보도교를 횡단하는 경우

③ 특고압 가공전선 시가지 높이

사용전압 구분	지표상 높이([m] 이상)
35[kV] 이하시	10[m] 이상. 단, 특고압 절연전선인 경우 8[m] 이상
35[kV] 초과시	1만[V]마다 12[cm]씩 가산한다. ★ 기준 : $\mathbf{10+(x-3.5)\times 0.12=}$높이 케이블, 절연전선인 경우 : $\mathbf{8+(x-3.5)\times 0.12=}$높이 [주의] 괄호( ) 안 값 절상할 것
과년도 문제	66[kV]일 때 → 10.48[m] 이상, 154[kV]일 때 → 11.44[m] 이상

3) 고압 및 특고압 가공전선로의 가공지선 시설 규정

가공지선 : (특)고압 가공전선로의 낙뢰(뇌해) 방지용

<table>
<tr><th colspan="2">전압종류</th><th>가공지선의 굵기 및 종류</th></tr>
<tr><td rowspan="2">나선</td><td>고 압</td><td>지름 4[mm] 이상의 나경동선 또는 인장강도 5.26[kN] 이상의 것 사용</td></tr>
<tr><td>특 고 압</td><td>지름 5[mm] 이상의 나경동선 또는 인장강도 8.01[kN] 이상의 것 사용</td></tr>
</table>

4) 가공전선과 타 시설물과의 접근 및 교차시 이격거리

① 가공전선과 건조물의 조영재 사이의 이격거리

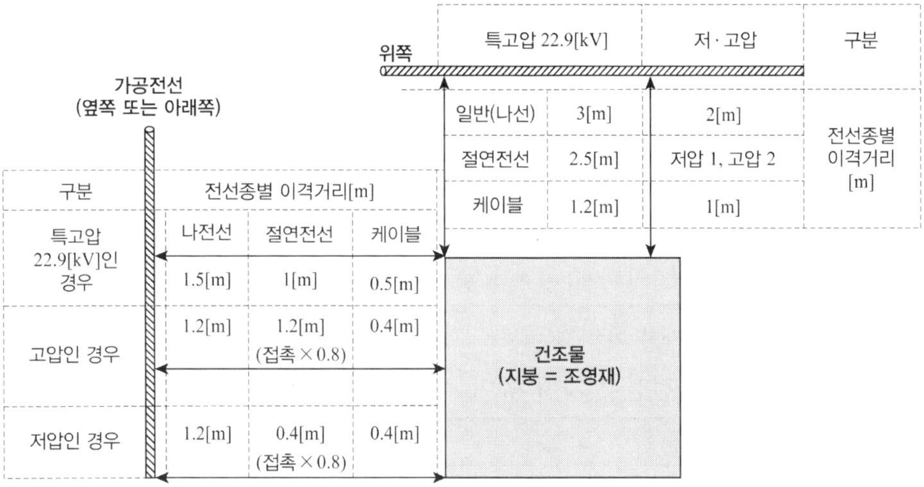

② 저압 및 고압 가공전선과 도로 등의 이격거리

구분	도로 등의 이격거리	
	저압 가공전선	고압 가공전선
도로·횡단보도교·철도 또는 궤도인 경우	3[m]	3[m]
삭도나 그 지주 또는 저압 전차선인 경우	0.6[m] (특)고압 절연전선, 케이블인 경우 0.3[m]	0.8[m] 케이블인 경우 0.4[m]
저압 전차선로의 지지물인 경우	0.3[m]	0.6[m] 케이블 0.3[m]

③ 특고압 가공전선과 건조물, 도로, 교량 접근 교차시 이격거리

사용전압의 구분	이격거리
35[kV] 이하	3[m] 이상
35[kV] 초과	사용전압 35[kV] 초과시 1만[V]당 15[cm]씩 가산
	식) $3+(X-3.5)\times0.15$[m] ( )값은 소수점 첫째자리에서 절상할 것
과년도 문제	66[kV]→3.6[m] 이상, 154[kV]→4.8[m], 345[kV]→7.65[m]

단) 특고압 절연전선을 사용하는 전압이 35[kV] 이하의 특별 고압 가공전선과 도로 등 사이의 수평거리가 1.2[m] 이상인 경우는 적용받지 않음

④ 특고압 절연전선 또는 케이블 사용 35[kV] 이하인 특고압 가공전선과 저압·고압 가공전선의 지지물(지주) 사이의 이격거리

저압·고압 가공전선 등 또는 이들의 지지물이나 지주의 구분	전선의 종류	이격거리
저압 가공전선 또는 (저)고압의 전차선	특고압 절연전선	1.5[m] (저압선이 절연전선 또는 케이블인 경우 1[m])
	케이블	1.2[m] (저압선이 절연전선 또는 케이블인 경우 0.5[m])
고압 가공전선	특고압 절연전선	1[m]
	케이블	0.5[m]
가공 약전류 전선 등 또는 저·고압 가공전선 등의 지지물이나 지주	특고압 절연전선	1[m]
	케이블	0.5[m]

5) 저압 및 고압 가공전선로 지지물의 강도

목주	말구의 지름	12 [cm] 이상
	★★ 안전율	저압 : 풍압하중의 1.2 고압 : 풍압하중의 1.3 보안공사 : 1.5 이상 특고압 : 풍압하중의 1.5 보안공사 : 2 이상
A종 철근콘크리트주	고압 가공전선로의 지지물로 사용하는 것은 풍압하중 및 상시 상정하중의 수직 하중에 견디는 강도를 가질 것	
B종 철주 및 철근콘크리트주, 철탑	고압 가공전선로의 지지물로 사용하는 것은 상시 상정하중에 견디는 강도를 가질 것	

6) 농사용 전선로

구분	시설 규정
시용전압	저압일 것
목주 말구의 지름	9[cm] 이상
전선굵기 ☆	지름 2.0[mm] 이상 경동선(OW) 사용(또는 1.38[kN] 이상) 단) 경간이 10[m] 이하는 4[mm^2] 이상의 연동 절연전선 사용
전선로 경간	30[m] 이하
지표상 높이	3.5[m] 이상 단) 사람이 쉽게 출입하지 않는 곳은 3[m] 이상
각극시설장치	전용의 개폐기 및 과전류차단기(중성극 제외)를 시설할 것

7) 특고압 가공전선로의 시가지 등에서 시설 제한 규정

① 특고압 가공전선로의 애자장치는 다음에 의할 것

사용전압 구분	특고압 가공전선을 지지하는 애자 장치 시설제한 조건
130[kV] 이하	50[%]의 충격섬락 전압의 값이 그 전선에 근접한 상태에서 다른 부분을 지지하는 애자장치 값의 110[%] 이상일 것
130[kV] 초과	50[%]의 충격섬락 전압의 값이 그 전선에 근접한 상태에서 다른 부분을 지지하는 애자장치 값의 105[%] 이상일 것

암기법 : 130[kV] 이하시 → 110[%], 130[kV] 초과시 → 105[%]

② 특고압 가공전선로 시가지에서 지지물의 경간

지지물의 종류	경간 규정
A종 지지물	A종 철주 또는 A종 철근콘크리트주 75[m] 이하
B종 지지물	B종 철주 또는 B종 철근콘크리트주 150[m] 이하
철 탑 ☆	400[m] 이하. 단주인 경우 300[m] 이하
	단, 전선이 수평으로 2 이상 있는 경우 전선 상호간격이 4[m] 미만시 → 250[m] 이하로 한다.

★ 특고압 가공전선로의 지지물은 철주, 철근콘크리트주, 철탑만 사용할 것

★ 목주는 시가지에 시설할 수 없다.

③ 특고압 가공전선 지락(단락)시 지락 계전기 종류 및 차단(동작)시간

종류	GR(지락 계전기) → 1회 선용
	SGR(선택 지락 계전기) → 다회선용(2회선 이상)

사용전압	특고압 가공전선의 자동차단장치 시설 조건
25[kV] 이하시	지락, 단선시 2초(보안공사 – 3초) 이내 차단장치 시설할 것
100[kV] 초과시	지락, 단선시 1초(보안공사 – 2초) 이내 차단장치 시설할 것

암기법 : 전압 첫 숫자가 2면 2초, 1이면 1초이다.

④ 시가지에서 특고압 가공전선로 전선의 굵기

사용전압		사용전선 굵기(단면적)
170[kV] 이하	100[kV] 미만	55[mm^2] 이상의 경동연선(또는 21.67[kN] 이상 연선) 또는 동등이상의 인장강도 알루미늄 전선, 절연전선
	100[kV] 이상	150[mm^2] 이상의 경동연선(또는 58.84[kN] 이상 연선) 또는 동등이상의 인장강도 알루미늄 전선, 절연전선
170[kV] 초과		철탑사용 경간은 600[m] 이하, 단면적 240[mm^2] 이상 강심알루미늄선 또는 동등이상의 연선 사용

⑤ 유도장해의 방지

특고압 가공전선로는 기설 가공전화선로에 정전유도작용에 의한 통신상의 장애가 없도록 시설하고 유도전류를 다음과 같이 제한함

사용전압	전화선로의 길이	유도전류
60[kV] 이하	12[km]마다	2[μA]를 넘지 말 것
60[kV] 초과	40[km]마다	3[μA]를 넘지 말 것

(7) 보안공사

1) 저압 및 고압 보안공사

사용전압	사용전선 굵기(케이블은 제외)
400[V] 이하	지름 4.0[mm] 이상 경동선 사용(또는 5.26[kN] 이상)
400[V] 초과	지름 5.0[mm] 이상 경동선 사용(또는 8.01[kN] 이상)
표준경간인 경우	① 저압 가공전선에 단면적 22[mm^2]의 경동선(8.71[kN] 이상) ② 고압 가공전선에 단면적 38[mm^2]의 경동선(14.51[kN] 이상)

2) 특고압 보안공사

① 제1종 특고압 보안공사 : 35[kV] 초과(전선과 건물이 제2차 접근상태)

㉠ 지지물 : B종 철주, B종 철근콘크리트주, 철탑
(단, 목주·A종 지지물 사용할 수 없다.)

㉡ 지락 또는 단락시 사용전압 100[kV] 미만은 3초 이내 자동차단장치 시설할 것
단) 사용전압 100[kV] 이상인 경우는 2초 이내일 것

㉢ 사용전선 굵기 단면적[mm^2] 및 인장강도[kN]

사용전압	사용전선 굵기(케이블 사용 이외시 적용)	적용
100[kV] 미만	55[mm^2] 이상 경동연선(21.67[kN] 이상 연선)	66[kV]
100[kV] 이상 ~ 300[kV] 미만	150[mm^2] 이상 경동연선(58.84[kN] 이상 연선)	154[kV]
300[kV] 이상	200[mm^2] 이상 경동연선(77.47[kN] 이상 연선)	345[kV]
공통적용사항	동등이상 인장강도의 알루미늄 전선, 절연전선 가능	

② 제2종 특고압 보안공사 : 35[kV] 이하(제2차 접근상태)

구분	특고압 가공전선	지지물	목주사용 풍압하중 안전율
시설 내용	연선일 것	모두 시설가능	2이상

③ 제3종 특고압 보안공사(제1차 접근 상태)

㉠ 특고압 가공전선은 연선일 것

㉡ 지지물의 경간

지지물 종류	경 간
목주, A종 지지물	100[m] 38[mm^2] 이상 경동연선(14.51[kN] 연선) 사용시 150[m]
B종 지지물	200[m] 55[mm^2] 이상 경동연선(21.67[kN] 연선) 사용시 250[m]
철탑	400[m] 55[mm^2] 이상 경동연선(21.67[kN] 연선) 사용시 600[m]

(8) 가공전선로 경간의 제한시설규정

1) 가공전선로 및 보안공사의 표준경간

지지물 종류	표준경간 (이하)	보안공사			특고압 시가지 시설
		저압 및 고압	특고압 1종	특고압 2종 및 3종	
목주·A종	150[m] 이하	100[m] 이하	시설불가능	100[m]	75[m]
B종	250[m] 이하	150[m] 이하	150[m]	200[m]	150[m]
철탑	600[m] 이하	400[m] 이하	400[m]	400[m]	400[m] (단, 수평으로 2조 시설, 상호간의 간격 : 250[m])
단주	400[m] 이하	300[m] 이하	300[m]	300[m]	

2) 사용전선 단면적에 따른 가공전선로 및 보안공사의 장경간

지지물 종류	장경간(조건)	저압 및 고압보안공사	특고압 보안공사		
	고압 : 22[mm²] 특고압 : 50[mm²]	저압 : 22[mm²] 이상 경동선 고압 : 38[mm²] 이상 경동선	1종 150[mm²]	2종 95[mm²]	3종
목주·A종	300[m]	22[mm² → 150[m] 38[mm² → 100[m]	시설불가능	100[m]	38[mm²] → 150[m]
B종	500[m]	250[m]	250[m]	250[m]	55[mm²] → 250[m]
철탑	경간제한 없음	600[m]	600[m]	600[m]	55[mm²] → 600[m]

단) 보안공사는 위 표의 전선 단면적이 주어진 경우는 표준경간을 적용한다.

(9) 가공전선과 가공약전류전선 등의 접근 또는 교차시설 규정

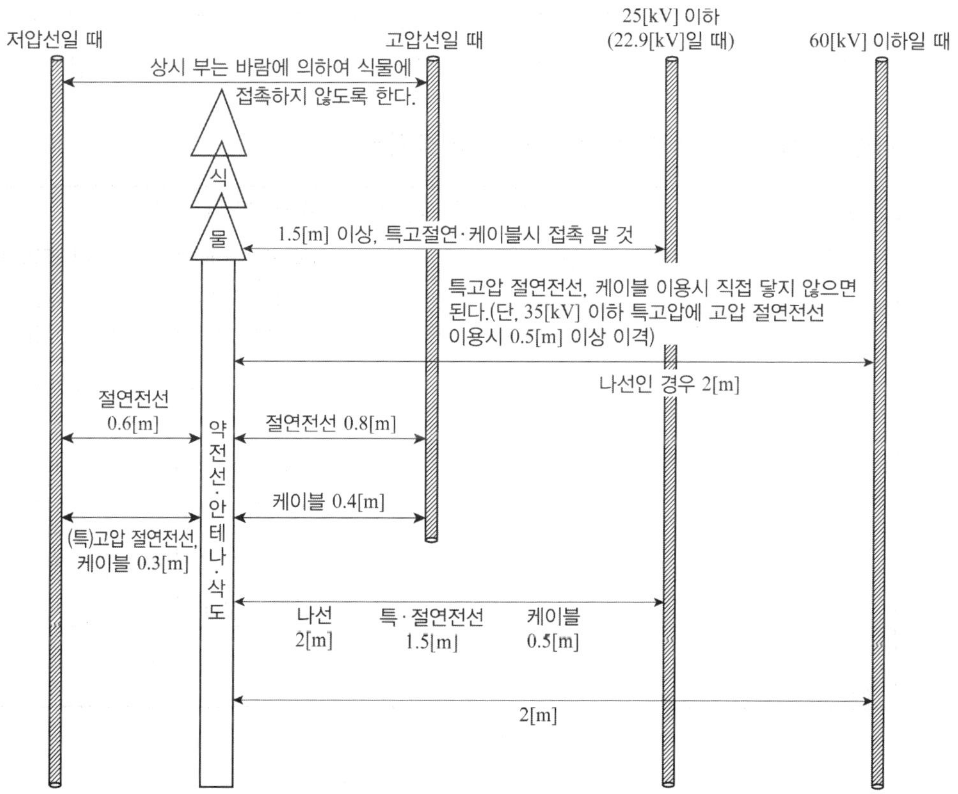

1) 가공전선과 타가공전선, 약전선, 안테나, 삭도 이격거리([m] 이상)

<table>
<tr><th colspan="2">사용전압 구분</th><th>나선</th><th>절연전선</th><th>케이블 또는
(특)고압절연전선</th></tr>
<tr><td rowspan="2">저압</td><td>일반</td><td>×</td><td>0.6[m]</td><td>0.3[m]</td></tr>
<tr><td>약전선(절, 통신케)</td><td>×</td><td>0.3[m]</td><td>0.15[m]</td></tr>
<tr><td colspan="2">고압</td><td>×</td><td>0.8[m]</td><td>케이블 0.4[m]</td></tr>
<tr><td rowspan="4">특고압</td><td>35[kV] 이하
(22.9[kV])</td><td>2[m]</td><td>특고압 절연전선
1.5(삭도 1)</td><td>케이블 0.5[m]</td></tr>
<tr><td>35[kV] 초과
60[kV] 이하</td><td colspan="3">2[m]</td></tr>
<tr><td>60[kV] 초과</td><td colspan="3">$2+(X-6)\times 0.12$[m]
소수점 첫째자리에서 절상할 것</td></tr>
<tr><td>과년도 문제</td><td colspan="3">66[kV] → 2.12[m], 154[kV] → 3.2[m], 345[kV] → 5.48[m]</td></tr>
</table>

① 삭도와 제1차 접근상태로 시설 : 특고압 가공전선로는 제3종 특고압 보안공사

② 삭도와 제2차 접근상태로 시설 : 특고압 가공전선로는 제2종 특고압 보안공사

2) 가공전선과 건조물의 조영재 사이 이격거리

<table>
<tr><th rowspan="2">건조물 조영재
접근형태</th><th colspan="3">상부 조영재(지붕·차양)의 이격거리([m] 이상)</th></tr>
<tr><th>위쪽</th><th colspan="2">옆쪽 또는 아래쪽 또는 기타 조영재</th></tr>
<tr><td>저압</td><td>나선 2[m] 이상
(특)고압 절연전선, 케이블 1[m]</td><td colspan="2">나선 1.2[m], 인무시 0.8[m]
(특)고압 절연전선, 케이블 0.4[m]</td></tr>
<tr><td>고압</td><td>2[m] 기타(케이블 외)
단, 케이블 1[m]</td><td colspan="2">기타 1.2[m], 인무시 0.8[m]
단, 케이블 0.4[m]</td></tr>
<tr><td rowspan="4">특고압
35[kV] 이하</td><td>35[kV] 이하(22.9[kV])</td><td>25[kV] 이하(22.9[kV])</td><td>35[kV] 이하</td></tr>
<tr><td>나전선 3[m]</td><td>나전선 1.5[m]</td><td>3[m]</td></tr>
<tr><td>특고압 절연전선 2.5[m]</td><td>특고압 절연전선 1[m]</td><td>1.5[m]</td></tr>
<tr><td>케이블 1.2[m]</td><td>케이블 0.5[m]</td><td>0.5[m]</td></tr>
<tr><td>특고압
35[kV] 초과</td><td colspan="3">각 이격거리 + $(X-3.5)\times 0.15$[m] 단) 가로는 절상할 것</td></tr>
</table>

* 조영재 : 사람이 출입하여 올라갈 우려가 있는 시설물

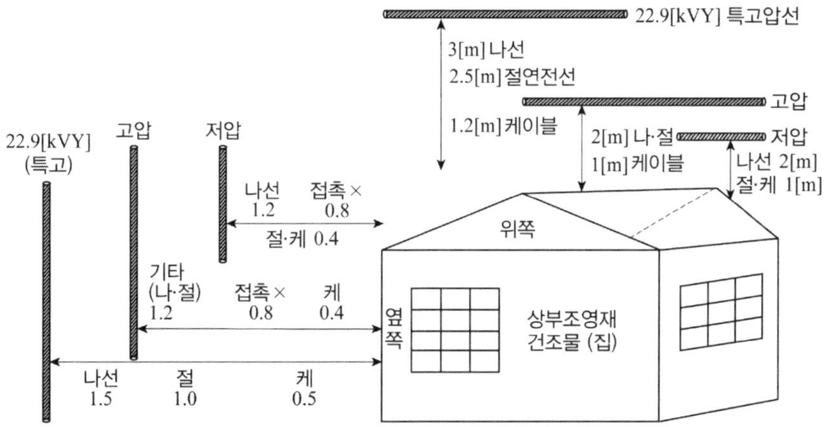

3) 가공전선과 건조물, 교량, 도로 접근 또는 교차시 이격거리

사용전압 구분	저(고)압 및 35[kV] 이하	35[kV] 초과
이격거리	3[m] 이상	$3+(x-3.5)\times 0.15$[m] 이상

4) 가공전선과 식물(수목)의 이격거리

사용전압 구분		이격거리([m] 이상)
저(고)압		상시 부는 바람에 식물에 접촉하지 않도록 시설할 것
특고압	25[kV] 이하 (22.9[kV])	나전선 1.5[m]. 단) 특고압 절연전선, 케이블 사용시 직접 닿지 않도록 시설할 것
	35[kV] 이하	특고압 가공전선에 고압절연전선 사용시 0.5[m]
	60[kV] 이하	2[m] 이상
	60[kV] 초과	$2+[X-6]\times 0.12$[m]

5) 가공전선과 전차선로의 지지물과 이격거리([m] 이상)

사용전압 구분		나선	절연전선	케이블
저압		0.3[m]	0.3[m]	0.3[m]
고압		0.6[m]	0.6[m]	0.3[m]
특고압	35[kV] 이하(22.9[kV])	2[m]	1	0.5[m]
	35[kV] 초과～60[kV] 이하	2[m]		
	60[kV] 초과	$2+[X-6]\times 0.12$[m]		

(10) 구내에 시설하는 저압 가공전선로 시설 규정

1) 1구내에만 시설하는 사용전압 400[V] 미만 저압 가공전선이 건조물 위의 시설
2) 사용전선 : 2[mm] 이상의 경동선의 절연 전선(1.38[kN] 이상)
   단) 경간이 10[m] 이하인 경우 4[mm^2] 이상 연동 절연전선 사용
3) 전선로의 경간 : 30[m] 이하일 것
4) 가공전선과 조영물의 조영재에 따른 이격거리

다른 시설물의 구분	접근 형태	이격거리([m] 이상)
조영물의 상부 조영재	위쪽	1[m]
	옆쪽 또는 아래쪽	0.6[m] 단) (특)절연전선 또는 케이블 사용시 0.3[m]
상부 조영재 이외의 부분		

5) 도로 횡단시 높이 : 4[m] 이상(이외는 3[m] 이상)

(11) 저압 가공전선과 다른 시설물과 접근 교차시 이격거리

다른 시설물의 구분	접근 형태	이격거리([m] 이상)
조영물의 상부 조영재	위쪽	2[m] 단) (특)절연전선 또는 케이블 사용시 1[m]
	옆쪽 또는 아래쪽	0.6[m] 단) (특)절연전선 또는 케이블 0.3[m]
상부 조영재 이외의 부분		

※ 다른 시설물 : 건조물·도로·횡단보도교·철도·궤도·삭도·가공 약전류 전선로 등·안테나·교류 전차선 등·저압 또는 고압 전차선·다른 저압 가공전선·고압 가공전선 및 특고압 가공전선 이외의 시설물

(12) 가공전선의 병행(병가 및 공가) 시설 규정 ☆★

1) **병가** : 동일 지지물에 전력선과 전력선이 동시 시설된 경우
   ① 저압 및 고압 가공전선의 병가(병행)
      ㉠ 저압 가공전선을 고압 가공전선 아래에 시설하고 별개의 완금을 시설할 것 (단, 저압 가공인입선을 분기하기 위하여 저압 가공전선을 고압용의 완금류에 견고하게 시설하는 경우 별개의 완금류에 시설하지 않을 수 있다)
      ㉡ 저압 가공전선과 고압 가공전선 이격거리 : 0.5[m] 이상

㉢ 저압 가공전선과 고압 가공전선(케이블인 경우) 이격거리 : 0.3[m] 이상

㉣ 저압 및 고압 가공전선의 굵기

기준(표준)	케이블 또는 인장강도 8.31[kN] 이상의 것
가공전선로 경간 50[m] 이하	지름 4[mm] 경동선 또는 인장강도 5.26[kN] 이상
가공전선로 경간 50[m] 초과	지름 5[mm] 경동선 또는 인장강도 8.01[kN] 이상

② 특고압선(사용전압 35[kV] 이하)과 저·고압 전선의 병가(병행)

㉠ 특고압 가공전선은 별개의 완금에 시설하고 연선일 것

㉡ 특고압선과 저(고)압선의 이격거리 : 1.2[m] 이상(특고압인 케이블 0.5[m])

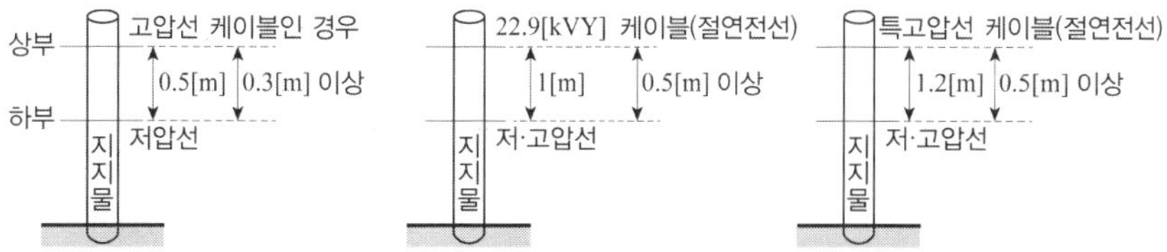

③ 특고압(35[kV] 초과 ~ 100[kV] 미만)과 (저)고압 전선의 병가

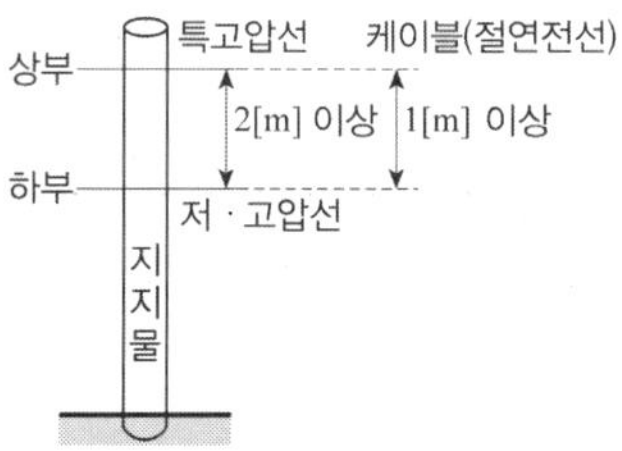

㉠ 특고압선 : 2종 특고압 보안공사에 준해서 시설할 것

㉡ 전선 : 단면적 50[mm^2] 이상 경동연선(인장강도 21.67[kN] 이상 연선)

㉢ 지지물 : 철주, 철근콘크리트주, 철탑일 것(강판조립주 제외)

㉣ 사용전압 100[kV] 이상인 특고압 가공전선과 저·고압 전선은 병가불가

④ 60[kV] 초과시에는 1만[V]당 12[cm]씩 가산시 이격거리([m] 이상)

병가(사용)전압	기준(표준)	고압측 케이블 사용시	특고압 케이블이고 저고압측에 절연전선 또는 케이블 사용시
저(고)압 병가	0.5[m]	0.3[m]	×
35[kV] 이하	1.2[m]	×	0.5[m]
35[kV] ~ 60[kV] 이하	2[m]	×	1[m]
60[kV] 초과 ~ 100[kV] 미만	2[m](케이블외 경우), 1[m](케이블인 경우) $+(x-6)\times 0.12=$ 이격거리		

2) **공용설치(공가)** : 동일 지지물에 전력선과 가공 약전류 전선이 동시시설된 경우

기준 : 사용전압 35[kV] 이하만 시설 가능(35[kV] 초과 시설 불가능)

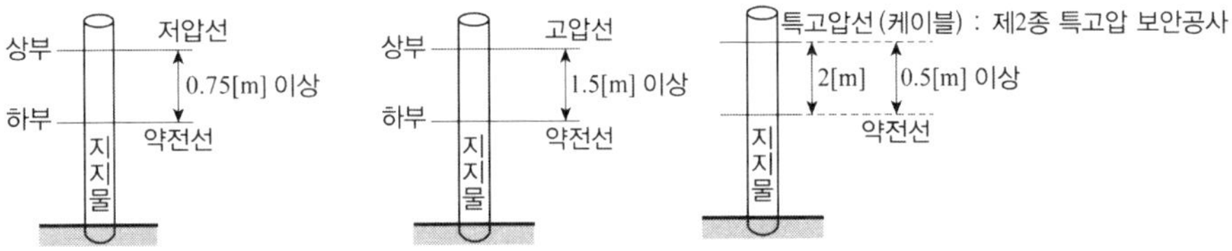

① (저)고압 가공전선과 약전류 전선의 공가(병행)

㉠ 목주의 풍압하중에 대한 안전율 : 1.5 이상일 것

㉡ 가공전선을 가공 약전류 전선의 위로하고 별개의 완금류에 시설할 것

㉢ 이격거리

구 분	이격거리([m] 이상)	
	저압	고압
기준(표준)	0.75[m]	1.5[m]
약전선측 : 절연전선 또는 통신용 케이블 사용시 전력선측 : 절연전선 또는 케이블 사용시	0.3[m]	0.5[m]
관리자의 승낙을 얻는 경우	0.6[m]	1[m]

㉣ 가공전선로의 접지선에 절연전선 또는 케이블을 사용하고 접지선 및 접지극과는 별개로 시설할 것

② 특고압(35[kV] 이하) 가공전선과 가공 약전류 전선의 공가(병행)

㉠ 특별고압 가공전선과 약전선은 제2종 특고압 보안공사로 시설할 것

㉡ 전선 : 연선 단면적이 50[m^2] 이상인 경동연선(인장강도 21.67[kN] 이상)

㉢ 이격거리 : 2[m] 이상(케이블 사용시 0.5[m] 이상)

㉣ 가공 약전류 전선을 특고압 가공전선이 케이블인 경우 이외에는 금속제의 전기적 차폐층이 있는 통신용 케이블일 것

(13) 25[kV] 이하 특별고압 가공전선로의 시설규정

특고압 가공전선로 중성선의 다중접지한 중성선은 저압가공전선의 규정에 준해서 시설하며 접지도체(접지선)는 공칭단면적 6[mm^2] 이상 연동선 사용

★ 중성선 시설기준 : 저압 가공전선

1) 특고압 22.9[kVY] 3ϕ 4W 중성점 다중접지

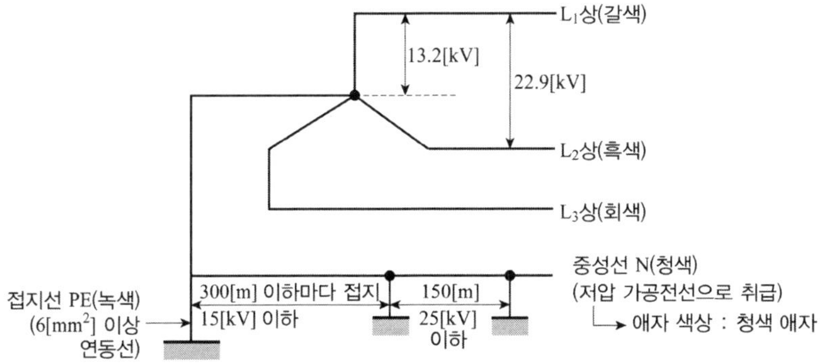

[22.9[kVY] 3ϕ4W 중성점 다중접지]

2) 각 접지선을 중성선으로부터 분리한 경우 각 접지점의 대지 전기저항치가 1[km] 마다의 중성선과 대지 사이의 합성(접지)저항값(다중 접지 원칙)

사용전압 범위	접지간거리	1[km]마다 합성저항값	각 접지점의 대지 전기저항값
15[kV] 이하	300[m] 이하	30[Ω] 이하	단독인 경우 300[Ω] 이하
15[kV] 초과 ~ 25[kV] 이하 (22.9[kV])	150[m] 이하	15[Ω] 이하	단독인 경우 300[Ω] 이하

① 중성선 다중접지식(22.9[kVY]) : 전로지락시 2초 이내 자동차단장치 시설할 것

② 다중 접지한 중성선은 저압 접지측 전선이나 중성선과 공용 가능

3) 특별고압 가공전선로의 시가지 경간규정

지지물의 종류	경간	사용전압 15 ~ 25[kV] 이하 전로지락시 2초 이내 차단장치 시설된 경우 경간
A종 지지물 (목주 시설 불가)	75[m] 이하	100[m] (목주 가능)
B종 지지물	150[m] 이하	150[m] 이하
철탑	400[m] 이하(단주는 300[m]) 단) 전선이 수평으로 2 이상 있고 전선 상호간의 간격이 4[m] 미만시 250[m]	400[m] 이하

4) 특고압 가공전선이 교류전차선 등과 접근 또는 교차시

특고압 가공전선이 전차선 위쪽·옆쪽(아래쪽)·위에서 교차하는 경우 시설

<table>
<tr><th>구분</th><th colspan="2">시설 내용</th></tr>
<tr><td>위쪽에 접근시</td><td colspan="2">수평이격거리 3[m] 이상</td></tr>
<tr><td>옆쪽(아래쪽)에 접근시</td><td>수평이격거리</td><td>① 전차선 지지물의 지표상 높이에 상당한 거리 이상
② 3[m] 이상(경간 60[m] 이하, 접촉 우려가 없는 경우)
③ 3[m] 미만 2[m] 이상(경간 60[m], 지선 설치, 안전율 2 이상)</td></tr>
<tr><td>위에서 교차시</td><td colspan="2">① 전선
㉠ 38[mm²] 이상 경동 연선(인장강도 14.5[kN] 이상)
㉡ 특고압 가공전선이 케이블인 경우(인장강도 19.61[kN] 이상 또는 단면적 38[mm²] 이상 강연선으로 조가하여 시설할 것)
② 가공전선 상호간 거리 : 0.65[m] 이상
③ 가공전선로는 내장 애자 장치를 가질 것
④ 목주 : 안전율 2.0 이상
⑤ 가공전선로의 경간 : 목주·A종은 60[m] 이하, B종은 120[m] 이하
⑥ 가공전선로의 완금류는 금속제이며 접지공사를 할 것</td></tr>
</table>

5) 특고압 가공전선 상호간 접근 또는 교차하는 경우의 이격거리

사용전선의 종류	이격거리
어느 한쪽 또는 양쪽이 나전선인 경우	1.5[m]
양쪽이 특고압 절연전선인 경우	1.0[m]
한쪽이 케이블이고, 다른 한쪽이 케이블이거나 특고압 절연전선인 경우	0.5[m]

특고압 가공전선과 다른 특고압 가공전선로의 지지물 사이의 이격거리 1[m] (케이블인 경우 0.6[m] 이상)

(14) 특고압 가공전선로 지지물에 시설되는 저압 기계기구의 시설

(단, 특고압 가공전선이 케이블인 경우는 제외)

① 저압의 기계기구에 접속하는 전로에는 다른 부하를 접속하지 말 것
② 절연 변압기를 사용할 것
③ 접지공사
절연 변압기의 부하측의 1단자 또는 중성점 및 기계기구의 금속제외함

(15) 특별고압 가공전선로의 지선 및 지지물 시설 규정

1) 특고압 가공전선로의 내장형 지지물 사용시 지선 시설 규정 ★★

지지물 종류	지선 시설 규정	용도
A종 지지물 (목주, 철주, 콘크리트주)	5기 이하마다 → 직각지선 시설할 것 연속15기 이하마다 → 양쪽(사방)지선 시설할 것 ▶ 암기법 : 애(A)인은 오(5)직, 일오(15), 양(양쪽)이다.	배전용
B종 지지물 (철주, 철근콘크리트주)	10기 이하마다 → 내장형(장력보강) 지지물 1기 시설할 것 5기 이하마다 → 보강형 지지물 1기 시설할 것 ▶ 암기법 : B십(10) 내(내장형) 오보(5기마다 보강형)	송전용
직선형 철탑	10기 이하마다 → 내장형 애자장치를 한 철탑 1기 시설할 것	

2) 특별고압 가공전선의 철주, 철근콘크리트주, 철탑의 종류

철탑 종류	내 용
직선형	전선로의 직선부분(수평각도가 3°이하)에 사용. 단) 내장형 및 보강형 제외
각도형	전선로중 수평각도가 3° 초과 이루는 곳에 사용
인류형	전가섭선을 인류하는 장소(개소)에 사용
내장형	전선로에 지지물 양쪽의 경간의 차가 큰 장소에 사용
보강형	전선로의 직선부분을 부분적으로 보강에 사용하는 것

3) 특별고압 가공전선과 그 지지물(완금류·지주·지선 사이)과 이격거리

(단, 기술상 부득이한 경우에 위험의 우려가 없도록 시설한 때에는 0.8배까지 가능)

사용전압범위		이격거리
저압		30[cm] 이상
고압		60[cm] 이상 케이블인 경우 30[cm] 이상
특고압	15[kV] 미만	15[cm] 이상
	15[kV] 이상 ~ 25[kV] 미만	20[cm] 이상 ⇒ [과년도] 22.9[kVY]
	25[kV] 이상 ~ 35[kV] 미만	25[cm] 이상
	35[kV] 이상 ~ 50[kV] 미만	30[cm] 이상
	50[kV] 이상 ~ 60[kV] 미만	35[cm] 이상
	60[kV] 이상 ~ 70[kV] 미만	40[cm] 이상 ⇒ [과년도] 69[kV]
	70[kV] 이상 ~ 80[kV] 미만	45[cm] 이상
	80[kV] 이상 ~ 130[kV] 미만	65[cm] 이상

사용전압범위		이격거리
	130[kV] 이상 ~ 160[kV] 미만	90[cm] 이상
	160[kV] 이상 ~ 200[kV] 미만	110[cm] 이상
	200[kV] 이상 ~ 230[kV] 미만	130[cm] 이상
	230[kV] 이상	160[cm] 이상

접지공사 : 특고압 가공전선을 지지하는 애자장치를 붙이는 완금류

(16) 가공 케이블(조가용선) 시설 규정

가공전선에 케이블 사용시 시설규정

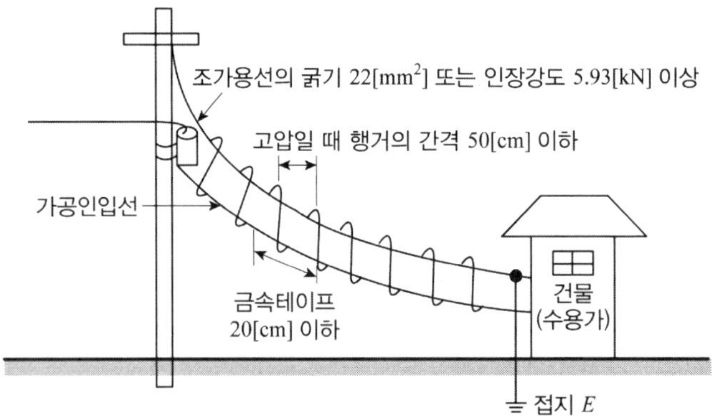

① 가공케이블 시설 방법

구분	조가용선 사용	행거간격	금속(철)테이프 사용시 간격	조가용선외함 및 케이블피복금속체
시설 내용	행거로 시설할 것	0.5[m] 이하 (고압 이상)	0.2[m] 이하로 감아붙일 것	접지공사 할 것

② 조가용선 굵기(이상) ☆

㉠ 저(고)압 : 22[mm^2] 이상 아연도 강연선 또는 5.93[kN] 연선 사용

㉡ 특고압 : 22[mm^2] 이상 아연도 강연선 또는 13.93[kN] 연선 사용

암기법 : 조선 투투(22)아

(17) 지중전선로(케이블 사용)

1) 케이블 매설방식 종류 및 방법

<table>
<tr><th></th><th>직접 매설식(직매식)</th><th>관로식(관로 인입식)</th><th>암거식</th></tr>
<tr><td>시설 종류</td><td>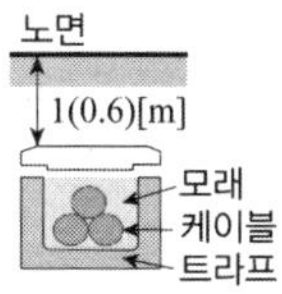</td><td>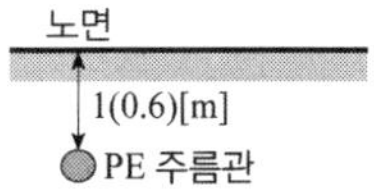</td><td></td></tr>
<tr><td rowspan="2">방법</td><td rowspan="2">트라프 이용
(견고한 관)</td><td>관 이용(150 ~ 200[m]마다 맨홀 설치)</td><td>공동구 사용</td></tr>
<tr><td colspan="2">견고하고 차량 기타 중량물의 압력에 견딜 것</td></tr>
</table>

① 지중전선은 견고한 트라프 또는 방호물에 넣어 시설할 것

② 견고한 트라프 등에 넣지 않고 시설 가능한 경우

㉠ 중량물(차량)의 압력이 없는 경우는 견고한 판(몰드)으로 덮는 경우

㉡ 저(고)압의 지중선을 콤바인덕트 또는 개장한 케이블로 시설하는 경우

㉢ 지중전선에 파이프형 압력케이블을 사용하는 경우

㉣ 최대사용전압 60[kV] 초과 특고압(연피, 알루미늄피) 케이블, 금속피복 특고압 케이블을 사용하고 지중 전선의 위를 견고한 판(몰드)으로 덮어 시설한 경우

2) 케이블 전선 종류

① CV-CN 케이블(22.9[kVY]용 : 다중접지식)

② CV 케이블(22[kV], 154[kV]용 : 비접지식-△결선)

③ 콤바인덕트(CD) 케이블(직매식에 이용) : 콘크리트 트라 후에 넣지 않고 직접 묻을 수 있는 케이블

④ 연피 케이블 : 부식 방지용

⑤ 파이프형 압력 케이블 : 특고압 지중전선로용 ★★

⑥ 강대 외장 케이블

3) 압력의 유무에 따른 케이블 매설 깊이

<table>
<tr><th rowspan="2">압력 유무에 따른 구 분</th><th colspan="2">매설 깊이</th></tr>
<tr><th>직접매설식</th><th>관로식 또는 암거식</th></tr>
<tr><td>차량 또는 중량물의 압력을 받을 우려 장소(도로)</td><td colspan="2">1[m] 이상</td></tr>
<tr><td>차량(중량물)의 압력을 받지 않을 경우(도로 외)</td><td colspan="2">0.6[m] 이상</td></tr>
</table>

4) 지중전선로의 외함(지중함) 크기 1[m^3] 이상 : 외함은 접지할 것

지중전선로 지중함의 시설 기준	① 견고하고 차량, 기타 중량물의 압력에 견딜 수 있는 구조일 것 ② 지중함 안에 고인 물을 제거할 수 있는 구조일 것 ③ 뚜껑은 시설자 이외의 자가 쉽게 열 수 없는 구조일 것 ④ 폭발성·연소성 가스 침입우려시 크기가 1[m^3] 이상시 통풍장치 기타 가스를 방산시키는 장치 시설할 것

5) 지중전선로의 절연내력 시험(케이블 가압장치의 시설) : 연속 10분

압축기의 압력구분	유압 또는 수압일 때	기압일 때	가압시험
최고 사용압력의	1.5배 이상 암기 : 유수일오	1.25배 이상	연속 10분간 견디고 누설하지 말 것

6) 접근 또는 교차시 이격거리

① 지중전력선과 지중전력선 이격거리

전압 구분		이격거리
저압 지중전선 ↔ 고압 지중전선		0.15[m] 이상
저압·고압 지중전선 ↔ 특고압 지중전선		0.3[m] 이상
가연성, 유독성 유체 내포시 관과	특고압 지중선과 접근교차시 내화성 격벽 시설시	1[m] 이하
	25[kV] 이하 다중접지식에서 내화성 격벽 시설시	0.5[m] 이하

② 지중전력선과 지중약전선과의 이격거리

지중전선이 다음 이격거리 이내로 시설시에는 상호간에 격벽을 시설할 것

전압 구분	이격거리		격벽 성질
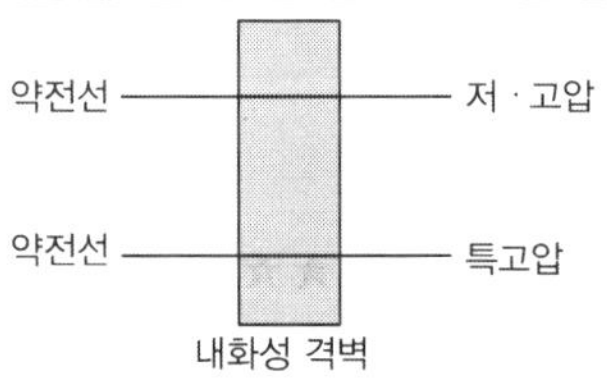	저고압 0.3[m]	내화격벽 시설시 이격거리 이내 가능	내화성 난연성 불연성
	특고압 0.6[m]		

7) 지중전선의 접지공사

① 지중전선을 넣은 방호장치(관·암거)의 금속제부분·전선 접속함(금속제)

② 지중전선의 피복으로 사용하는 금속체

8) 지중전선로는 기설 기중 약전류 전선로에 대하여 누설전류 또는 유도작용에 대하여 통신상 장해 방지를 위해 충분히 이격시키거나 적당한 방법으로 시설할 것

9) 지중관로의 종류

① 지중전선로
② 지중 약전류 전선로
③ 지중 광섬유 케이블 선로

(18) 인입선 시설 규정

1) 가공인입선

① 정의 : 가공전선로의 지지물로부터 분기하여 다른 지지물을 거치지 않고 수용가의 인입구에 이르는 전선

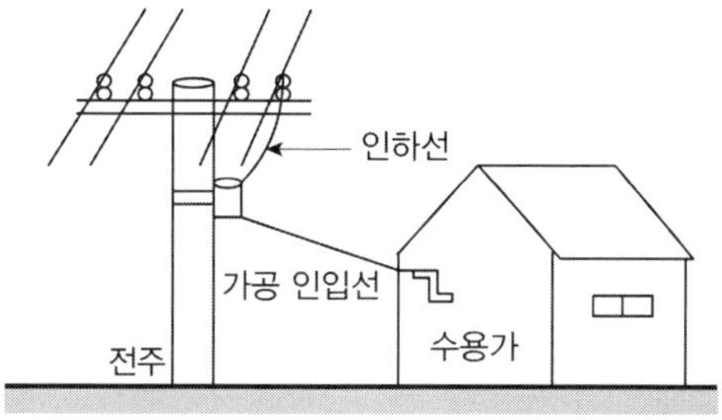

② 가공인입선의 굵기

<table>
<tr><th colspan="2">가공인입선 종류</th><th colspan="2">사용 전선 굵기(지름[mm], 인장강도[kN])</th></tr>
<tr><td rowspan="2">저압 가공 인입선</td><td>경간 15[m] 이하</td><td colspan="2">2.0[mm] 이상 DV전선(1.25[kN] 이상), 절연전선, 케이블</td></tr>
<tr><td>경간 15[m] 초과</td><td colspan="2">2.6[mm] 이상 DV전선(2.30[kN] 이상), 절연전선, 케이블</td></tr>
<tr><td colspan="2">고압 가공인입선</td><td colspan="2">5.0[mm] 이상의 경동선의(특)고압 절연전선, 케이블 또는 인장강도 8.01[kN] 이상의 (특)고압 절연전선</td></tr>
<tr><td colspan="2" rowspan="2">특고압 가공인입선</td><td>변전소·개폐소의 곳</td><td>특고압 가공전선 규정과 동일</td></tr>
<tr><td>변전소·개폐소 이외의 곳</td><td>케이블 사용(사용전압 100[kV] 이하일 것)
22[mm^2] 이상의 경동연선(8.71[kN] 이상 연선)</td></tr>
</table>

2) **가공인입선의 설치 높이**([m] 이상)

시설 장소	저압 가공인입선인 경우	고압	특고압인 경우
지표상 높이	4[m] 이상 (교통 지장없다 : 2.5[m])	5[m]	① 사용전압 35[kV] 이하 케이블을 사용시 도로·횡단보도교·철도 및 궤도를 횡단하는 이외는 지표상 4[m]까지 시설 가능 ② (특)고압 연접인입선은 시설 불가능 ③ 특고압 인입선은 옥측(옥상)부분은 사용전압 100[kV] 이하일 것
도로 횡단시 (노면상 높이)	5[m] 이상 (교통 지장 없다 : 3[m])	6[m]	
철도 횡단시 (레일면상 높이)	6.5[m] 이상	6.5[m]	
횡단보도교 위	3[m] 이상	3.5[m]	
전선의 위험 표시시		3.5[m]	

3) **연접인입선의 시설**(★ 저압만 시설 가능)

한 수용장소 인입구에서 분기하여 다른 지지물을 거치지 않고 다른 수용장소의 인입구에 이르는 전선(고압 가공인입선 시설 불가능)

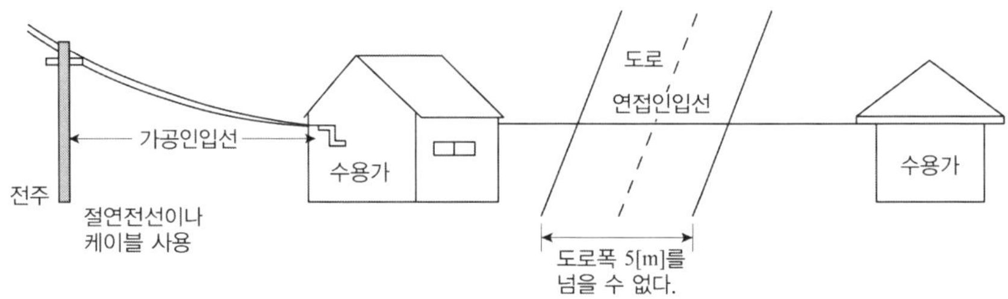

① 인입선에서 분기하는 (접속)점으로부터 100[m] 이내 시설된 전선

② 옥내를 관통해서는 안 됨

③ 사용전선 : 2.6[mm] 이상 경동선 또는 1.25[kN] 이상 전선 사용.
단) 길이 15[m] 이하시는 2.0[mm] 사용 가능

④ 폭 5[m] 이상 도로를 횡단할 수 없다.

(19) 옥측전선로 시설 규정

1) 저압 옥측전선로

① 시설방법

시설공사 종류	시설가능 조건
애자사용공사	전개된 장소만 가능(사람이 쉽게 접촉우려가 없도록 시설할 것)
합성수지관공사	목조 조영물에 시설 가능
금속관공사	목조 이외의 조영물에 시설하는 경우만 가능
버스덕트공사	목조 이외의 조영물에 한함(점검할 수 없는 은폐장소 시설불가)
케이블공사	목조 이외의 조영물에 한함(단, 연피케이블·알루미늄피케이블 또는 미네럴 인슈레이션 케이블을 사용한 경우)

② 애자사용공사에 의한 저압 옥측전선로

㉠ 사용전선 굵기 : 4[mm^2] 이상 연동 절연전선(OW, DV 제외), 2.0[mm] 이상 경동선, 1.38[kN] 이상

㉡ 전선 지지점 간의 이격거리 : 2[m] 이하

㉢ 식물과의 이격거리 : 0.2[m] 이상

㉣ 시설장소별 조영재 사이의 이격거리

시설장소(사용전압)	전선 상호간의 간격		전선과 조영재 간의 이격거리	
	400[V] 미만	400[V] 이상	400[V] 미만	400[V] 이상
비나 이슬에 젖지 아니하는 장소	6[cm]	6[cm]	2.5[cm]	2.5[cm]
비나 이슬에 젖는 장소	6[cm]	12[cm]	2.5[cm]	4.5[cm]

2) 고압 및 특고압 옥측전선로

① 전선은 케이블을 사용하며 트라프(견고한관)에 시설하고 사람이 접촉할 우려가 없도록 시설할 것

② 케이블 지지점 간의 거리
조영재의 옆(아랫)면에 붙일 경우 2[m] 이하(수직인 경우는 6[m] 이하)

③ 특고압 옥측전선로의 시설

㉠ 사용전압 100[kV] 이하 케이블공사로만 가능

㉡ 특고압 옥측전선로는 시설할 수 없다.(특고압 인입선의 옥측 부분 제외)

(20) 옥상전선로의 시설규정

1) 저압 옥상전선로 : 전개된 장소에 시설할 것

① 전선은 지름 2.6[mm] 이상의 경동선(2.30[kN] 이상)

② 전선은 절연전선 또는 동등이상 절연성능이 있는 것 사용

③ 전선은 애자를 사용하여 지지하고 지점간의 거리는 15[m] 이하일 것

④ 전선은 상시 부는 바람 등에 의하여 식물에 접촉하지 않도록 시설할 것

⑤ 조영재와 이격거리는 2[m] 이상일 것
단) (특)고압절연전선 또는 케이블 사용시 1[m] 이상일 것

2) 고압 옥상전선로 시설

① 전선은 케이블(공사)을 사용하고 1.2[m] 이하마다 지지할 것

② 전선은 상시 부는 바람 등에 의하여 식물에 접촉하지 않도록 시설할 것

③ 전선이 다른 시설물(가공전선 제외)과 접근 교차시 이격거리는 0.6[m] 이상일 것
④ 견고한 관(트라프)에 넣거나 사람이 접촉할 우려가 없도록 사용할 것

3) 특고압 옥상전선로

특고압 옥상전선로는 시설할 수 없다.(단, 특고압의 인입선의 옥상부분은 예외)

4) 건조물과 전력선의 이격교차 접근 이격거리

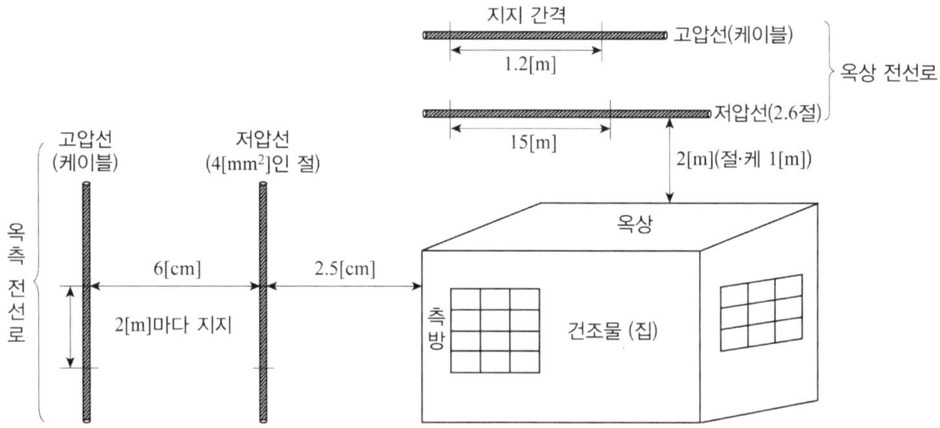

(21) 터널안 전선로의 시설규정

암기법 : 터널 저·고 이(2)육(6)사(4)

구분	철도, 궤도, 자동차도 전용 터널 안의 전선로 높이 및 공사방법	사람이 상시 통행하는 터널 안의 전선로 높이 및 공사방법
저압인 경우	1) 애자(공사)사용 배선에 의한 시설시 ① 높이: 레일면상 또는 노면상 2.5[m] 이상 ② 2.6[mm] 이상 경동선 또는 2.30[kN] 이상 절연전선 사용 2) 합성수지관공사, 금속관공사, 금속제가요전선관공사에 의해시설 3) 케이블 공사 : 2[m] 이하마다 지지	1) 애자(공사)사용 배선에 의한 시설시 ① 설치 높이 : 노면상 2.5[m] 이상 ② 2.6[mm] 이상 경동선의 절연전선 (OW, DV 전선 제외)(2.30[kN] 이상) 사용 2) 합성수지관공사, 금속관공사, 금속제가요전선관공사에 의해 시설 3) 케이블 공사 : 2[m] 이하마다 지지
고압인 경우	1) 애자(공사)사용 배선에 의한 시설시 ① 높이 : 레일면상 또는 노면상 3[m] 이상 ② 4[mm] 이상의 경동선 또는 5.26[kN] 이상 (특)고압 절연전선 사용 2) 케이블 공사 : 2[m] 이하마다 지지	전선은 케이블(공사)을 사용할 것 ① 지지점간 거리 : 2[m] 이하마다 지지 ② 수직으로 시설시 지지점 거리 : 6[m]
특고압인 경우	케이블 공사 : 2[m] 이하마다 지지	시설하지 않는다.

◉ 터널 등의 전구선 또는 이동전선 등의 시설 규정

1) 사용전압 : 400[V] 미만
2) 전선 : 단면적 0.75[mm^2] 이상(300/300[V] 편조 고무코드 또는 0.6/1[kV] EP 고무 절연 클로로프렌 캡타이어 케이블) 사용할 것

(22) 수상전선로 시설 규정

★ 저압 및 고압만 시설가능(특고압은 시설할 수 없다)

1) 사용전선

① 저압인 경우 : 클로로프렌 캡타이어 케이블 사용
② 고압인 경우 : 고압용 캡타이어 케이블 사용

2) 수상전선과 가공전선의 접속점 높이 규정

① 접속점이 육상에 있는 경우 : 지표상 5[m] 이상
 단) 사용전압이 저압인 경우 도로 이외의 곳 : 4[m] 이상
② 접속점이 수면상에 있는 경우
 ㉠ 저압인 경우 : 수면상 4[m] 이상
 ㉡ 고압인 경우 : 수면상 5[m] 이상

3) 고압인 경우 지기 발생시 자동차단장치 시설할 것

수상전선로에는 전용개폐기 및 과전류차단기를 각 극에 시설할 것

(23) 물밑전선로의 시설 규정

★ 물밑전선로는 손상을 받을 우려가 없는 곳에 위험 우려가 없도록 시설할 것

1) 저압 및 고압 물밑전선로

전선은 표준에 적합한 물밑케이블 또는 개장한 케이블일 것
단) 다음 어느 하나에 의하여 시설하는 경우는 제외

① 전선은 케이블을 사용하고 이를 견고한 관에 넣어서 시설한 경우
② 지름 4.5[mm] 아연도철선이상의 금속선으로 개장한 케이블을 사용하고 물밑 매설시
③ 지름 4.5[mm](비행장의 유도로 등 기타 표지 등에 접속선은 지름 2[mm]) 아연도

철선 이상의 금속선으로 개장하고 개장 부위에 방식피복을 한 케이블을 사용시

2) 특고압 물밑전선로

① 전선은 케이블을 사용하고 견고한 관에 넣어 시설할 것
단) 지름 6[mm] 아연도철선 이상 금속선으로 개장한 케이블을 사용시 제외

(24) 교량(에 시설하는) 전선로

1) 교량의 윗면에 시설시

① 사용 전선의 굵기

㉠ 저압 : 케이블 이외시 2.30[kN] 이상 또는 지름 2.6[mm] 이상 경동선의 절연전선

㉡ 고압 : 케이블일 것
단) 철도 또는 궤도 전용의 교량은 5.26[kN] 이상 또는 지름 4[mm] 이상의 경동선

② 전선의 높이 및 전선과 조영재 사이의 이격거리
전선이 케이블 이외시 조영재에 견고하게 붙인 완금류에 애자로 지지할 것

사용전압	교량의 윗면 시설시 전선 높이(노면상)	전선과 조영재 사이의 이격거리([m] 이상)	
		케이블 사용시	케이블 이외시
저 압	5[m] 이상	0.15[m]	0.3[m]
고 압	5[m] 이상	0.3[m]	0.6[m]

2) 교량의 아랫면에 시설시

합성수지관, 금속관, 가요전선관공사 또는 케이블공사로 시설할 것

5편 발전소·변전소·개폐소 전기설비 시설 규정

(1) 발전소 등의 울타리·담 등의 시설 규정

고압 또는 특고압의 기계기구·모선 등을 옥외에 시설하는 발전소·변전소·개폐소 또는 이에 준하는 곳은 구내에 취급자 이외에 들어가지 못하도록 시설할 것

1) 울타리·담 등을 시설할 것
2) 출입구에는 출입금지의 표시를 할 것
3) 출입구에는 자물쇠장치 및 기타 적당한 장치를 할 것
4) 울타리, 담 등의 높이는 최소 2[m] 이상, 지표면과 울타리, 담 등의 하단 사이의 간격은 0.15[m] 이하로 할 것

(2) 충전부 울타리·담 등의 높이 시설

1) 울타리·담 등과 고압 및 특고압의 충전 부분이 접근하는 경우

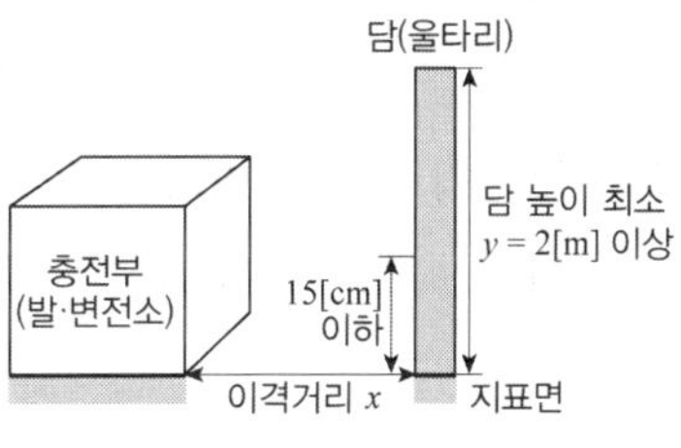

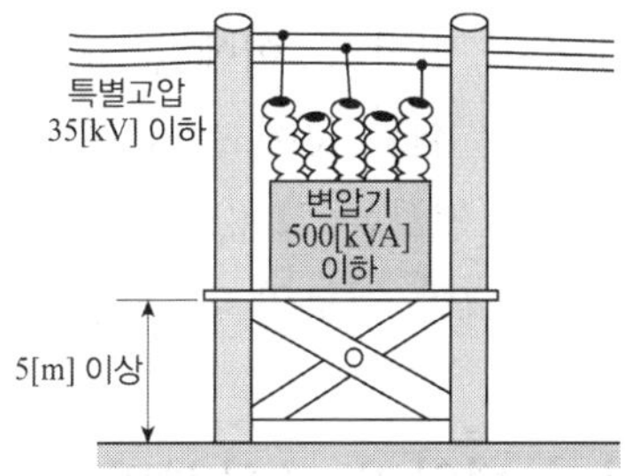

사용전압의 구분	울타리(담)의 높이(x)와 울타리(담)로부터 충전부분까지의 거리(y)의 합계($x+y$) 또는 지표상의 높이
35[kV] 이하인 경우	5[m] 이상($x+y$) 이격시킴
35[kV] 초과 ~ 160[kV] 이하	6[m] 이상($x+y$) 이격시킴
160[kV] 초과시	6[m]에 초과하는 10,000[V]당 12[cm]씩 추가한 값
	식) $6+\underline{(X-16)}\times 0.12 = x+y$[m] 이상 → 절상할 것.(소수점 : 0.1~ 이상은 반올림)

2) 접지공사

① 고압 또는 특별고압 가공전선(케이블 사용시 제외)과 금속제의 울타리·담 등이 교차하는 경우에 금속제의 울타리·담 등에는 교차점과 좌·우로 45[m] 이내의

개소에 접지공사를 할 것

② 토지상황에 의해 접지저항값을 얻기 어려울 경우 100[Ω] 이하로 하고, 고압 가공선로는 고압 보안공사시설, 특고압 가공선로는 제2종 특고압 보안공사로 시설할 것

(3) 절연유 구외유출 방지 시설 규정

사용전압이 100[kV] 이상인 변압기를 설치하는 곳에는 절연유의 구외유출 및 지하침투를 방지하기 위하여 절연유 유출방지 설비를 사용할 것

1) 변압기 주변에 집유조 등을 설치할 것
2) 절연유 유출방지설비의 용량은 변압기 탱크 내장유량의 50[%] 이상으로 할 것
3) 변압기 탱크가 2개 이상일 경우는 공동의 집유조를 설치할 수 있으며 그 용량은 변압기 1 탱크 내장유량이 최대인 것의 50[%] 이상일 것

(4) 특별고압 전선로의 상 및 접속상태의 표시 규정

1) 발전소, 변전소, 이에 준하는 곳의 특별고압 전로에는
   ① 보기 쉬운 곳에 상별 표시를 할 것
2) 특고압 전로는 그 ② 접속상태를 모의 모선의 사용 기타 방법에 의해 표시
   단) 특고압 전로의 ③ 회선수가 2 이하이고 모선이 단일모선인 경우 제외

(5) 발전기·변압기·조상설비 등의 보호장치규정

다음의 경우에 전로로부터 자동차단하는 장치를 사용할 것

적용기기	용량	사고(동작조건)의 종류	보호장치 시설종류
발전기인 경우	모든 발전기	발전기에 과전류가 생긴 경우	자동차단장치
	용량 100[kVA] 이상	풍차의 유압, 공기압 전원전압이 현저히 저하시	
	용량 500[kVA] 이상	발전기 수차의 압유장치의 유압이 현저히 저하시	
	용량 2000[kVA] 이상	수차발전기 스러스트 베어링의 온도가 현저히 상승시	
	용량 1만[kVA] 이상	발전기 내부고장시	
증기터빈발전기	정격출력 1만[kW] 초과시	증기터빈 발전기의 스러스트 베어링이 마모되거나 온도가 상승시	자동차단장치

적용기기	용량	사고(동작조건)의 종류	보호장치 시설종류
특고압용 변압기인 경우	뱅크용량 5천[kVA] 이상~ 1만[kVA] 미만인 경우	변압기 내부 고장시	자동차단장치 또는 경보장치
	뱅크용량 1만[kVA] 이상	변압기 내부 고장시	자동차단장치
	타냉식 변압기	냉각장치 고장시 또는 변압기 온도가 현저히 상승시	경보장치
전력용콘덴서(SC) 및 분로리액터(Sh)	뱅크용량 500[kVA] 초과~ 1만5천[kVA] 미만	내부 고장 또는 과전류가 생긴 경우	자동차단장치
	뱅크용량 1만5천[kVA] 이상	내부고장 및 과전류 또는 과전압이 생긴 경우	자동차단장치
조상기인 경우	뱅크용량 1만5천[kVA] 이상	내부고장이 생긴 경우	자동차단장치

(6) 발전기 등의 기계적 강도 규정

1) 발전기, 변압기, 조상기, 계기용 변성기, 모선 및 지지 애자는 단락전류에 의한 기계적 충격에 견딜 것
2) 수차(풍차)에 접속하는 발전기 회전 부분은 부하 차단시에 속도에 대하여, 증기 터빈, 가스터빈 또는 내연기관에 접속하는 발전기의 회전하는 부분은 비상조속 장치 및 비상정지장치가 동작하여 도달하는 속도에 견딜 것

(7) 발전소, 변전소, 동기조상기 계측장치

구분	계측장치(시설장치)
발전소측	① 발전기, 연료전지 또는 태양전지 **모듈의 전압 및 전류 또는 전력** ② 발전기의 베어링(수중 메탈제외) 및 고정자의 **온도 측정장치** ③ 발·변전소 주요 **변압기의 전압 및 전류 또는 전력 측정장치** ④ 특별고압용 변압기의 온도 측정장치 시설할 것 ⑤ 정격출력이 10,000[kW]를 초과 증기터빈에 접속하는 발전기의 진동의 진폭, 단) 정격출력이 10[kW] 미만의 내연력 발전소는 전류 및 전력을 측정하는 장치를 시설 생략가능 ⑥ **동기발전기** 시설시 **동기검정장치**를 시설할 것
변전소측	① 주요 변압기의 전압 및 전류 또는 전력 측정장치 시설할 것 ② 특별고압용 변압기의 온도 측정장치 시설할 것
동기 조상기측	① 동기조상기의 **전압** 및 **전류** 또는 **전력** 측정장치 시설할 것 ② 동기조상기의 베어링 및 고정자의 **온도** 측정장치 시설할 것 ③ **동기검정장치**(동기조상기의 용량이 전력계통의 용량과 비교하여 현저히 적은 경우는 동기검정장치 시설 생략가능)

(8) 수소냉각식 발전기·조상기 수소냉각장치의 시설 규정

1) 발전기(조상기)는 기밀구조이고 수소가 (대기압에서) 폭발시 압력에 견디는 강도를 가질 것
2) 누설된 수소 가스를 외부에 방출(하는) 장치를 설치할 것
3) 발전기(조상기) 안의 수소의 순도가 85[%] 이하로 저하시 경보장치 시설
4) 발전기(조상기) 안의 수소의 압력을 계측하는 장치 및 그 압력이 현저히 변동시 경보하는 장치를 시설할 것
5) 발전기(조상기)안의 수소의 온도를 계측하는 장치를 시설할 것
6) 발전기(조상기)내부로 수소 도입 장치 및 발전기(조상기)안의 수소를 안전하게 외부 방출 장치를 시설할 것
7) 수소를 통하는 관은 동관(이음매 없는 강판)일 것 또한 수소가 대기압에서 폭발시 생기는 압력에 견디는 강도일 것
8) 수소를 통하는 관, 밸브 등은 수소가 새지 아니하는 구조일 것
9) 발전기(조상기)에 붙인 유리제의 점검 창 등은 쉽게 파손되지 말 것 구조

(9) 발전소, 변전소, 개폐소 또는 이에 준하는 곳에서 개폐기 또는 차단기에 사용하는 압축공기장치 등의 시설 규정

1) 발전소·변전소, 개폐소, 가스 절연기기에서 개폐기나 차단기의 공기압축기는 최고 사용압력 1.5배의 수압 또는 1.25배의 기압을 연속 10분간 가하여 견딜 것
2) 공기 탱크는 공기보급 없이 개폐기 및 차단기의 투입 및 차단을 연속하여 1회 이상 할 수 있는 용량을 가질 것
3) 주공기탱크에는 사용압력의 1.5배 이상 3배 이하의 최고 눈금이 있는 압력계를 시설할 것
4) 가스압축기에 접속하여 사용하는 가스 절연기기는 최고 사용압력의 1.25배 수압으로 시험(누설이 없는 경우 생략)한다.

(10) 발전소·변전소·개폐소의 배전반 시설 규정

1) 배전반에 붙이는 기구 및 전선(관에 넣은 전선 및 개장한 케이블을 제외)은 점검할 수 있도록 시설할 것
2) 배전반에 (특)고압용의 기구 또는 전선 시설시 방호장치 또는 통로를 시설하고 기기조작에 필요한 공간을 확보할 것

(11) 상주 감시를 하지 않는 발전소의 시설 규정

발전소의 운전 지식 및 기능을 가진 자(기술원)가 상주하여 감시를 하지 않는 발전소

1) 다음과 같은 경우에는 발전기를 전로에서 자동차단하고 또한 수차(풍차) 자동정지장치 또는 내연기관에 연료 유입 자동차단장치를 시설할 것
   ① 원동기 제어용의 압유장치의 유압, 압축 공기장치의 공기압 또는 전동제어장치의 전원 전압이 현저히 저하한 경우
   ② 원동기의 회전속도가 현저히 상승한 경우
   ③ 발전기에 과전류가 생긴 경우
   ④ 정격출력이 500[kW] 이상의 원동기(풍차를 시가지 또는 인가가 밀집된 지역에 시설시 100[kW] 이상) 또는 발전기의 베어링의 온도가 현저히 상승시
   ⑤ 용량이 2,000[kVA] 이상의 발전기의 내부에 고장이 생긴 경우
   ⑥ 내연기관의 냉각수 온도가 현저히 상승시 또는 냉각수의 공급이 정지시
   ⑦ 내연기관의 윤활유 압력이 현저히 저하시
   ⑧ 내연력 발전소의 제어회로 전압이 현저히 저하시
   ⑨ 인가 밀집지역(시가지)에 시설한 정격출력이 10[kW] 이상 풍차의 중요한 베어링 또는 축에서 회전중에 발생하는 진동의 진폭이 현저히 증가시

2) 다음의 경우에 연료전지를 전로로부터 자동차단하여 연료전지, 연료 개질계통 설비 및 연료기화기에의 연료의 공급을 자동차단하고 또한 연료전지 및 연료 개질계통 설비의 내부의 연료가스를 자동 배제하는 장치를 시설할 것
   ① 발전소의 운전 제어 장치에 이상이 생긴 경우
   ② 발전소의 제어용 압유장치의 유압, 압축 공기 장치의 공기압 또는 전동식 제어장치의 전원전압이 현저히 저하한 경우
   ③ 설비내의 연료가스 배제 불활성 가스의 공급 압력이 현저히 저하한 경우

3) 다음의 경우에 발전소의 발전 제어소에 경보하는 장치를 시설할 것
   ① 원동기가 자동정지한 경우
   ② 운전조작에 필요한 차단기가 자동차단시(차단기 자동 재폐로시 제외)
   ③ 수력(풍력)발전소의 제어회로 전압이 현저히 저하시
   ④ 특고압용의 타냉식 변압기의 온도가 현저히 상승시 또는 냉각장치가 고장
   ⑤ 발전소 안에 화재가 발생시
   ⑥ 내연기관의 연료유면이 이상 저하시
   ⑦ 가스절연기기의 절연가스의 압력이 현저히 저하시

4) 발전 제어소에 다음의 장치를 시설할 것
단) 차단기 중 자동재폐로 장치를 한 고압 또는 25[kV] 이하인 특고압의 배전선로용의 것은 제외
① 원동기 및 발전기, 연료전지의 부하를 조정하는 장치
② 운전 및 정지를 조작하는 장치 및 감시하는 장치
③ 운전 조작에 필요한 차단기 조작 장치 및 개폐상태 감시 장치
④ (특)고압의 배전선로용 차단기 조작 장치 및 개폐를 감시하는 장치

(12) 상주 감시를 하지 않는 (무인)변전소의 시설 규정

발전소의 운전 지식 및 기능을 가진 자(기술원)가 상주하여 감시를 하지 않는 발전소

1) 사용전압 170[kV] 이하 변압기 시설 변전소로서 기술원이 수시로 순회 또는 원격감시 제어하는 제어소(변전제어소)에서 상시 감시하는 경우

2) 170[kV] 초과 변압기 시설 변전소로서 변전제어소에서 상시 감시하는 경우

안전장치 종류	적용 내용
변전제어소 또는 기술원이 상주하는 장소에 경보장치시설인 경우	① 운전조작에 필요한 차단기가 자동차단한 경우(재폐로한 경우 제외) ② 주요 변압기의 전원측 전로가 무전압시 ③ 제어 회로의 전압이 현저히 저하시 ④ 출력 3,000[kVA]를 초과하는 특고압용 변압기는 그 온도가 현저히 상승한 경우 ⑤ 특고압용 타냉식 변압기의 냉각장치가 고장난 경우 ⑥ 수소냉각식 조상기는 그 조상기안의 수소의 순도가 90[%] 이하로 저하한 경우, 수소압력 현저한 변동 또는 수소온도 현저히 상승시 ⑦ 옥내 변전소에 화재 발생시 ⑧ 조상기 내부에 고장 발생시 ⑨ 가스절연기기의 절연가스 압력이 현저히 저하시
자동차단장치 시설인 경우	① 수소냉각식 조상기를 시설하는 변전소는 그 조상기안의 수소의 순도가 85[%] 이하로 저하한 경우 ② 전기철도용 변전소는 주요 변성기기에 고장시 또는 전원측 전로의 전압이 현저히 저하한 경우에 그 변성기기를 전로로부터 자동차단할 것

6편 전력보안 통신설비 시설

전력보안 통신설비는 가공전선로로부터 정전유도작용 또는 전자유도작용에 의하여 사람에게 위험을 줄 우려가 없도록 시설하며 (특)고압 가공전선로에는 휴대용 또는 이동용의 전력보안 통신용 전화설비를 사용할 것

단) 사용전압 35[kV](22.9) 이하의 원격감시제어가 되지 않는 변전소에 준하는 곳은 전력보안 통신설비에 갈음하는 휴대용 또는 이동용 전화 시설시 제외

(1) 전력보안 통신설비의 시설 장소

1) 송전선로측 시설 장소

① 송전선로(66, 154, 345, 765[kV]) 계통 구간(가공, 지중, 해저) 및 안전상 필요한 경우에 전선로의 적당한 곳

② (특)고압 지중전선로가 시설된 전력구내 안전상 필요한 적당한 곳

③ 직류 계통 송전선로 구간 및 안전상 필요한 경우의 적당한 곳

2) 배전선로측 시설 장소

① 배전선로(22.9[kV]) 계통 구간(가공, 지중, 해저)

② 22.9[kV] 계통에 연결되는 분산전원형 발전소

③ 폐회로 배전 등 신 배전방식 도입 개소

④ 원격검침, 부하감시 및 스마트그리드 구현시 필요한 구간

3) 발전소, 변전소 및 변환소측 시설 장소

① 원격감시제어가 되지 않는 발전소, 변전소, 개폐소, 전선로 및 이를 운용하는 급전소간

② 2 이상의 급전소(분소) 상호간과 이들의 총합 운용하는 급전소(분소)간

③ 수력 설비의 안전상 필요한 양수소 및 강수량 관측소와 수력 발전소 간

④ 동일 수계에 속한 수력 발전소 상호간

⑤ 동일 전력 계통에 속하고 안전상 긴급연락이 필요가 있는 발전소·변전소·및 개폐소 상호간

⑥ 발전소·변전소 및 개폐소와 기술원 주재소 간

(2) 전력보안 통신선의 시설 규정

1) 중량물의 압력(심한 기계적 충격)을 받을 우려가 있는 장소에 시설시 방호 장치 또는 보호 피복을 한 것을 사용할 것

2) **전력보안 가공통신선의 시설 규정**(단, 가공지선 또는 중성선을 이용하여 광섬유 케이블을 시설시 제외)

① 조가용선으로 조가할 것(단, 자체 지지 기능통신선은 제외)
② 지름 2.6[mm] 경동선(인장강도 2.30[kN])은 조가하지 말 것
③ 통신케이블은 광(동축)케이블 및 차폐용 실드케이블(STP)일 것
④ 전력구내 시설시 지중 통신케이블은 케이블 행거를 사용 시설할 것
⑤ 통신케이블은 강전류전선 또는 타 공작물(가로, 수간판)과는 법정 최소이격거리를 유지하여 시설할 것 단) 통신케이블의 이격거리가 부족시에는 절연방호구(보호구) 시설 또는 경완철을 이용 편출시공 할 것

3) **시가지의 통신선 시설규정**

① 단면적 16[mm^2](지름 4[mm]) 이상 절연전선
② 인장강도 5.26[kN] 이상 절연전선
③ 광섬유케이블을 제외하고 특고압 가공전선의 지지물에 시설 불가능

(3) 조가선 시설기준

1) **조가선 굵기** : 단면적 38[mm^2] 이상의 아연도강연선을 사용할 것

2) **조가선의 시설높이**

시설 장소	도로(인도)에 시설시	도로 횡단시
통신선 지상고 높이	5[m] 이상	6[m] 이상

3) **조가선 시설방향**

① 특고압주인 경우 : 특고압 중성도체와 같은 방향
② 저압주인 경우 : 저압선과 같은 방향

4) **조가선의 시설 규정**

① 안전을 위해 전주와 전주 경간중에 접속하지 말 것

② 부식되지 않는 별도의 금구를 사용하고 끝단은 날카롭지 않게 할 것
③ 말단 배전주와 말단 1경간 전에 있는 배전주에 시설하는 조가선은 장력에 견디는 형태로 시설할 것
④ 조가선 이격거리 : 2조만 시설가능하며 0.3[m]일 것
⑤ 과도한 장력에 의한 전주손상을 방지를 위해 전주경간 50[m]당 0.4[m] 정도의 이도를 주고 시공할 것
⑥ (+)자형 공중교차는 불가피한 경우에 시공할 수 있다.
단) T자형 공중 교차시공은 할 수 없다.
⑦ 전력용 접지와 별도의 독립접지 할 것
⑧ 접지극은 지표면 0.75[m] 이상의 깊이에 타 접지극과 1[m] 이상 이격

(4) 전력보안통신케이블의 지상고와 배전설비와의 이격거리

1) 배전주(배전용 전주)의 공가 통신케이블의 지상고 높이

시설장소	도로(인도)에 시설시	도로 횡단시	철도 궤도 횡단시	횡단보도교 위 시설시	기타
지상고 높이	5[m] 이상	5[m] 이상	5[m] 이상	5[m] 이상	5[m] 이상

2) 배전전주에 시설하는 공가 통신설비와 배전설비의 이격거리

구분	저압 또는 특고압 다중접지 중성도체	1[kV] 초과 ~7[kV] 이하	7[kV] 초과
이격거리	0.6[m] 이상	0.6[m] 이상	1.2[m] 이상

(5) 가공전선로의 지지물에 시설하는 첨가 통신선이 도로, 횡단

보도교, 철도, 궤도 또는 삭도와 교차하는 경우

1) 통신선 종류 및 굵기

구분	통신선 굵기
저압·고압·특고압 가공전선로인 경우	① 절연전선 사용시 : 연선 단면적 16[mm^2] (단선 지름 4.0[mm]) 이상 ② 경동선 사용시 : 연선 단면적 25[mm^2] (단선 지름 5.0[mm]) 이상 ③ 인장강도 : 8.01[kN] 이상의 것
시가지 시설시	① 절연전선 : 연선 단면적 16[mm^2](단선 4.0[mm]), 5.26[kN] 이상 ② 광섬유케이블

2) 통신선의 이격거리

통신선과 삭도 또는 가공 약전류 전선 등의 이격거리 : 0.8[m] 이상
단) 통신선이 케이블 또는 광섬유 케이블인 경우 : 0.4[m] 이상

(6) 가공전선과 첨가 통신선과의 이격거리

통신선은 가공전선의 아래에 시설할 것. 단) 가공전선이 케이블 또는 가공지선이 광섬유 케이블을 사용시 접촉우려 없는 경우 제외

전압	가공전선 종류	통신선 종류 및 전력선과 이격거리
저압	일반(나선)	일반, 절연전선, 케이블인 경우 0.6[m] 이상
	절연전선 또는 케이블	절연전선 이상인 경우 0.3[m] 이상
	인입선인 경우	(광섬유)케이블인 경우 0.15[m] 이상
고압	나선 또는 절연전선	일반, 절연전선, 케이블인 경우 0.6[m] 이상
	케이블	절연전선 이상인 경우 0.3[m] 이상
특고압	일반 또는 절연전선	일반, 절연전선, 케이블인 경우 1.2[m] 이상
	케이블	절연전선 이상 0.3[m] 이상
25[kV] 이하	22.9[kVY] 다중 접지식 전력선	일반 0.75[m] 이상
	22.9[kVY] 다중 접지 중성선	일반 0.6[m] 이상

(7) 전력보안 (가공)통신선의 시설 높이 규정

시설장소	가공통신선 높이	가공전선로의 지지물에 시설하는 첨가통신선 높이	
		저압 및 고압인 경우	특고압인 경우
도로 횡단시	일반적인 경우 5[m] (교통 지장 없다 : 4.5[m])	6[m] (교통 지장 없다 : 5[m])	6[m] 이상
철도 횡단시 (레일면상)	6.5[m] 이상	6.5[m] 이상	6.5[m] 이상
횡단보도교 위 (노면상)	3[m] 이상	3.5[m] 이상 단) 절연전선 이상 : 3[m]	5[m] 이상 단) 광섬유케이블 : 4[m]
기타 장소	3.5[m] 이상	4[m]	5[m]

(8) 25[kV] 이하인 특별고압 가공전선로 첨가 통신선의 시설특례

특별고압 가공전선로의 지지물에 시설하는 통신선은 광섬유 케이블일 것

(9) 전원공급기의 시설 규정

1) 지상에서 4[m] 이상에 시설할 것
2) 누전차단기를 내장할 것
3) 시설방향은 인도측으로 시설하며 외함은 접지를 할 것

(10) 전력보안 통신설비의 전력유도 방지

전력보안 통신설비는 가공전선로로부터의 **정전유도작용** 또는 **전자유도작용**에 의한 사람에게 위험을 줄 우려가 없도록 시설할 것. 다음의 제한값을 초과 또는 초과할 우려시에는 방지조치를 할 것

유도전압 구분	이상시 유도 위험전압	상시 유도 위험 종전압	기기 오동작 유도 종전압	잡음전압
유도전압	650[V]	60[V]	15[V]	0.5[mV]

단) 유도위험전압은 고장시 전류제거시간이 0.1초 이상시에는 430[V]로 함

(11) 특고압 가공전선로 첨가설치 통신선의 시가지 인입 제한

1) 특고압 가공전선로의 지지물에 첨가설치하는 통신선 또는 이에 직접 접속하는 통신선은 시가지에 시설하는 통신선(특고압 가공전선로의 지지물에 첨가 설치하는 통신선은 제외)**에 접속 불가능 다만, 다음에 해당시 제외**

① 특고압 가공전선로의 지지물에 첨가설치하는 통신선 또는 이에 직접 접속하는 통신선과 시가지의 통신선과의 접속점에 표준에 적합한 특고압용 제1종(2종) 보안장치, 또는 이에 준하는 보안장치를 시설하고 또한 그 중계선륜 또는 배류 중계선륜의 2차측에 시가지의 통신선을 접속하는 경우

② 시가지의 통신선이 절연전선과 동등 이상의 절연성능이 있는 것인 경우

2) 시가지 시설 통신선은 특고압 가공전선로의 지지물에 시설 불가능

단) 시설 가능한 통신선

① 통신선이 절연전선과 동등 이상 절연성능이고 인장강도 5.26[kN] 이상인 것

② 연선 단면적 16[mm^2](단선 지름 4[mm]) 이상의 절연전선

③ 광섬유 케이블

3) 보안장치의 표준

① 통신선 이외의 통신선인 경우의 보안장치

급전전용 통신선용 보안장치	용 어
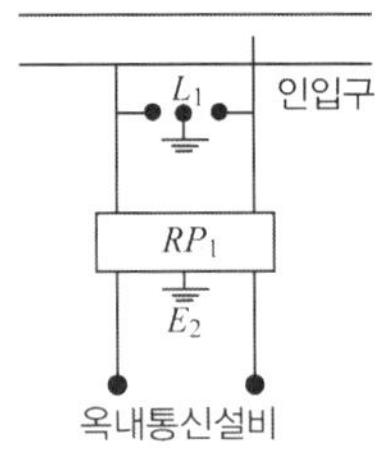	① 릴레이 보안기 RP_1 교류 300[V] 이하 동작, 최소 감도 전류가 3[A] 이하에서 최소 감도전류 때 응동시간이 1사이클 이하이고 또한 전류용량이 50[A], 20초 이상인 자복성이 있는 릴레이 보안기 ② 교류 1[kV] 이하에서 동작하는 피뢰기 L_1 ③ 접지 E_1 및 E_2

② 저압 가공전선로 지지물 시설 통신선의 보안장치

저압용 보안장치	용 어
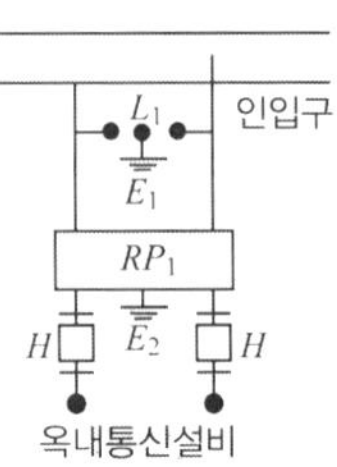	① 릴레이 보안기 RP_1 교류 300[V] 이하 동작, 최소 감도 전류가 3[A] 이하에서 최소 감도전류 때 응동시간이 1사이클 이하이고 또한 전류용량이 50[A], 20초 이상인 자복성이 있는 릴레이 보안기 ② 교류 1[kV] 이하에서 동작하는 피뢰기 L_1 ③ 접지 E_1 및 E_2 ④ 250[mA] 이하에서 동작하는 열 코일 H

③ 고압 가공전선로 지지물 시설 통신선의 보안장치

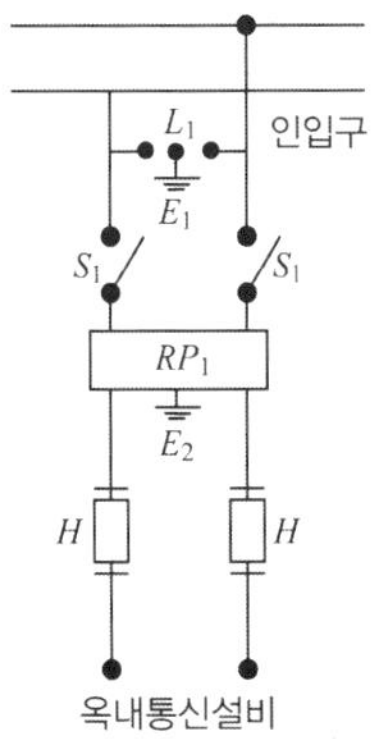

고압용 제1종 보안장치

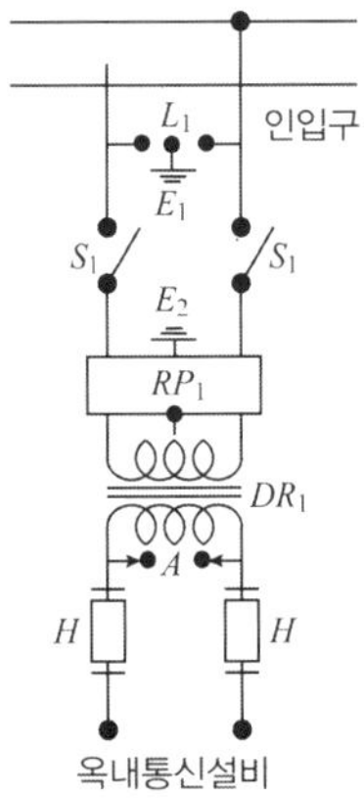

고압용 제2종 보안장치

(12) 공가 인입케이블 시설 규정

1) 공가 인입케이블 : 185[mm^2] 이하 사용할 것

2) 공가 인입케이블은 5경간 이하로 시설하며 근접 전주에서 건물측으로 시공함을

원칙으로 할 것

3) 공가 인입케이블은 전주 측 조가선 분기점에서 인입점(건물측)까지 최대 40[m]를 초과하지 말 것
4) 공가 인입케이블이 2선 이상 동일 건물에 인입시 분배기를 사용 1선으로 인입한 후 건물에서 분기 접속장치를 시공할 것(1건물 1인입만 허용)
5) 1건물에 다수 통신사업자가 공가 인입케이블 포설 시 서로 바인드로 묶어 동일 인입점에 시공할 것
6) 전주측 분기 접속장치 수량은 전주 중심으로 조가선 좌우로 각각 1개, 전주당 총 4개 이하로 시설할 것
7) 공가 인입케이블은 배전주를 교차하여 시공하지 말 것
8) 전주 연결 공가 인입케이블은 왕복 2차선 이상 도로를 횡단하지 말 것
9) 인입점은 특고압 전력선보다 하방에 시설하고 공가 인입케이블이 절단시 타설비에 피해가 없도록 이격거리를 유지할 것
10) 공중분기(T자형)하여 인입시 공가 인입케이블은 4선 이하로 시공할 것
11) 유지보수 관리를 위하여 사업자별 표시색상에 따른 동일한 띠색과 사업자명이 표기된 케이블을 사용할 것

(13) 기타시설

1) 통신선은 조가용선으로 조가할 것(단 2.6[mm] 통신선은 제외)

2) 무선용 안테나

전력보안 통신설비인 무선통신용 안테나 또는 반사판(무선용 안테나)을 지지하는 목주·철주·철근콘크리트주 또는 철탑은 다음에 따라 시설할 것 단) 무선용 안테나 등이 전선로의 주위상태를 감시용은 제외

① 목주의 풍압하중에 대한 안전율: 1.5 이상
② **철주, 철근콘크리트주, 철탑의 기초 안전율 : 1.5**
③ 전선로의 주위상태 감시, 배전자동화, 원격검침 등 지능형전력망목적으로 시설(전선의 아래쪽에 시설할 것)

3) 특고압 전선로의 지지물에 시설하는 통신선 또는 이에 직접 접속하는 통신선 중 옥내에 시설하는 부분(400[V] 이상의 저압 옥내 배선 적용)

4) 전력선 반송 통신용 결합장치의 보안장치

전력선 반송통신용 결합 커패시터에 접속하는 회로에는 보안장치 시설할 것

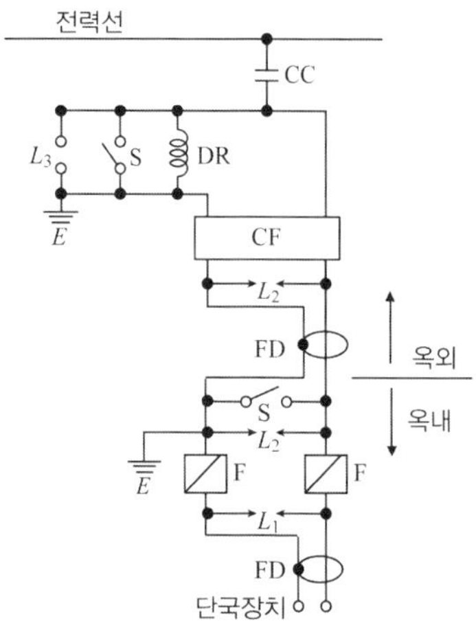

FD : 동축케이블
F : 정격전류 10[A] 이하의 포장 퓨즈
DR : 전류용량 2[A] 이상의 배류 선륜
L_1 : 교류 300[V] 이하에서 동작하는 피뢰기
L_2 : 동작 전압이 교류 1.3[kV]를 초과하고 1.6[kV] 이하로 조정된 방전갭
L_3 : 동작 전압이 교류 2 kV를 초과하고 3[kV] 이하로 조정된 구상 방전갭
S : 접지용 개폐기
CF : 결합 필타
CC : 결합 커패시터(결합 안테나를 포함한다)
E : 접지

7편 전기사용장소(옥내 배선)의 시설

제1장 배선 시설

(1) 전기설비 배선 요구사항

① 전기설비의 안전을 위한 보호 방식
② 적합한 기능을 위한 요구사항
③ 외부 영향에 대한 요구사항

(2) 운전조건

구 분	운전조건
전압	사용기기의 표준전압에 적합 하고 IT 계통의 중성선이 배선된 경우 상과 중성선 사이에 접속된 기기는 상간 전압에 대해 절연할 것
전류	① 전기설비는 설계 전류로 선정할 것 ② 전기설비는 보호장치의 특성에 따라 고장전류를 흘려보낼 수 있을 것
주파수	전기설비는 정격 주파수와 일치할 것
전력	전기설비는 부하율을 고려한 정상 운전에서 부하 특성이 적합하도록 선정할 것
적합성	전기설비 시공은 다른 기기에 유해한 영향을 또는 전원을 손상시키지 말 것
임펄스 내 전압	전기설비는 최소 임펄스 내 전압을 견디는 것으로 선정할 것

(3) 옥내전로의 대지전압의 제한

1) 전등회로

① 백열전등 또는 방전등회로 공급대지전압은 300[V] 이하일 것
㉠ 전선은 사람이 접촉할 우려가 없도록 시설할 것
㉡ 백열전등 및 방전등 안정기는 전압의 옥내 배선과 직접 시설할 것
㉢ 백열전등의 전구소켓은 키나 점멸기구가 없는 것을 사용할 것
㉣ 대지전압 150[V] 이하는 제외할 것
② 가로등 방전등 설치시 150[V] 초과시 자동차단장치 시설할 것
③ 주택의 태양전지 모듈에 접속하는 부하측 옥내전로의 대지전압은 직류 600[V] 이하일 것

2) **주택의 옥내전로** : 공급대지전압은 300[V] 이하일 것(150[V] 이하 제외)

① 사용전압은 400[V] 이하일 것

② 전로의 인입구에 감전보호용 누전차단기를 시설할 것

③ 소비전력 3[kW] 이상의 전기기계기구의 전로는 전용의 개폐기 및 과전류 차단기를 시설하고 옥내배선과 접속하거나 전용콘센트를 시설할 것

④ 옥내를 통과 주택 이외의 장소에 전기 공급을 위한 옥내배선은 사람이 접촉할 우려가 없는 은폐된 장소에 **합성수지관 공사, 금속관 공사, 케이블 공사**로 시설

(4) 저압 옥내배선의 사용전선 및 분기회로 종류

1) **사용전선** : 단면적 2.5[mm^2] 이상의 연동선 사용할 것

저압 옥내 배선 굵기 및 과전류 차단기 용량		MI케이블(연선) 미네럴 인슈레이션 케이블 문화재 보관장소, 선박, 제련공장용	콘센트 (정격전류) ([A] 이하)	1개등에서 분기점(3[m])까지 전선굵기
저압 옥내 전로의 종류 ([A] 이하)	연동선 [mm^2]			
과전류차단기 15[A]	2.5	1.0[mm^2]	15[A]	2.5[mm^2] MI 1.0[mm^2]
배선용차단기 20[A]	2.5	1.0[mm^2]	20[A]	
과전류차단기 20[A]	4.0	1.5[mm^2]	20[A]	
과전류차단기 30[A]	6.0	2.5[mm^2]	30[A]	
과전류차단기 40[A]	10	6[mm^2]	40[A]	4[mm^2] MI 6[mm^2]
과전류차단기 50[A]	16	10[mm^2]	50[A]	4[mm^2] MI 10[mm^2]

2) 단면적 1[mm^2] 이상의 미네럴 인슈레이션(MI) 케이블 사용할 것

3) **사용전압 400[V] 이하 전광표시 장치·출퇴근표시등·제어 회로 사용전선**

① 단면적 1.5[mm^2] 이상의 연동선일 것

② 단면적 0.75[mm^2] 이상인 다심케이블, 다심 캡타이어 케이블 사용할 것

4) **진열장(쇼윈도), 진열대(쇼케이스) 안의 저압배선공사**

① 사용전압 400[V] 이하, 건조한 곳에 시설할 것

② 사용전선 : 단면적 0.75[mm^2] 이상 코드 또는 캡타이어 케이블일 것

③ 전선접속은 조영재에 밀착하여 배선할 것

④ 코드 전선의 지지점 간의 거리 : 1[m] 이하

5) 옥내 저압용 전구선의 시설

① 옥내 시설 사용전압 400[V] 미만인 전구선은 코드(비닐 코드 이외) 또는 캡 타이어 케이블(비닐 캡타이어 케이블 이외)로서 단면적이 0.75[mm^2] 이상

② 사용전압이 400[V] 이상인 전구선은 옥내에 시설할 수 없다.

(5) 저압옥내 배선의 중성선 단면적

다음의 경우는 중성선의 단면적은 최소한 선도체의 단면적 이상일 것

1) 2선식 단상회로

2) 선도체의 단면적이 구리선 16[mm^2], 알루미늄선 25[mm^2] 이하인 다상회로

3) 제3고조파 및 제3고조파의 홀수배수의 고조파 전류가 흐를 가능성이 높고 전류 종합고조파왜형률이 15~33[%]인 3상회로

(6) 옥내저압에서 나전선 사용 가능한 선로

옥내 시설 저압전선은 다음을 제외하고 나전선을 사용하지 말 것

1) **애자사용공사**에 의한 전개된 장소에 시설하는 전선

① 전기로용 전선

② 전선의 피복 절연물이 부식하는 장소에 시설하는 전선

③ 취급자 이외의 자가 출입할 수 없도록 설비한 장소에 시설하는 전선

2) **버스 덕트공사, 라이팅 덕트 공사** 시설시

3) **접촉전선**(유희용 전차, 이동기중기 등에 전기 공급) 시설시

(7) 고주파 전류에 의한 잡음(장해) 방지시설

1) 전기기계기구가 무선설비의 기능에 장해를 주는 고조파전류를 발생시킬 우려시 형광 방전등의 점등관과 콘덴서를 병렬 접속할 것

방식 종류	연결 콘덴서 용량
글로우램프에 콘덴서를 병렬접속(예열 시동식)	0.006[μF] 이상 ~ 0.01[μF] 이하
형광등에 콘덴서를 병렬접속할 경우	0.006[μF] 이상 ~ 0.5[μF] 이하

2) 사용전압 저압 정격출력 1[kW] 이하 전기드릴용 소형교류직권전동기

연결부분	연결 콘덴서 용량
단자 상호간	0.1[μF] 무유도형 커패시터
각 단자와 대지 사이	0.0.03[μF]인 측로효과가 있는 관통형 커패시터

(8) 배선설비 공사의 종류

1) 전선 및 케이블의 구분에 따른 배선설비의 공사방법

<table>
<tr><th colspan="2" rowspan="3">전선 및 케이블</th><th colspan="8">공사방법</th></tr>
<tr><th colspan="3">케이블공사</th><th rowspan="2">케이블 트렁킹 (몰드형, 바닥매입형 포함)</th><th rowspan="2">케이블 덕팅 시스템</th><th rowspan="2">케이블 트레이 시스템(래더, 브래킷 등 포함)</th><th rowspan="2">애자 사용</th><th rowspan="2">전선관 시스템</th></tr>
<tr><th>비고정</th><th>직접 고정</th><th>지지선</th></tr>
<tr><td colspan="2">나전선
(절연 없음)</td><td>−</td><td>−</td><td>−</td><td>−</td><td>−</td><td>−</td><td>+</td><td>−</td></tr>
<tr><td colspan="2">절연전선 b
(폐쇄공간용)</td><td>−</td><td>−</td><td>−</td><td>+a</td><td>+</td><td>−</td><td>+</td><td>+</td></tr>
<tr><td rowspan="2">케이블(외장 및 무기질 절연물 포함)</td><td>다심</td><td>+</td><td>+</td><td>+</td><td>+</td><td>+</td><td>+</td><td>○</td><td>+</td></tr>
<tr><td>단심</td><td>○</td><td>+</td><td>+</td><td>+</td><td>+</td><td>+</td><td>○</td><td>+</td></tr>
<tr><td colspan="10">+ : 사용가능, − : 사용 불가능, ○ : 적용 불가 및 실용상 사용 불가능</td></tr>
<tr><td colspan="10">* 비고정 : 케이블을 고정하지 않고 바닥(건물공간, 지중매설, 구조체, 창틀, 문틀, 케이블 채널)에 그대로 두는 방법
* 직접고정 : 케이블을 벽면(건물공간, 구조체, 노출표면, 케이블 채널, 가공, 기중)에 새들 또는 스테블로 고정하는 방법
* 지지선 : 케이블을 강연선을 사용하여 가공 또는 기중(벽에서 이격)으로 매다는 방법
* 케이블채널 : 케이블(전선)이나 전선관을 수용할 수 있는 공간
* 구조체매설 : 케이블을 콘크리트, 단열벽 내에 시설하는 방법
a. 케이블트렁킹시스템이 보호조건(IP4X 또는 IPXXD급 이상)이고 덮개 제거가능시는 절연전선 사용가능
b. 보호(본딩)도체로 사용되는 절연전선(적절한 경우)은 전선관시스템, 트렁킹시스템 또는 덕팅시스템에 배치하지 않아도 된다.</td></tr>
</table>

2) 설치방법에 해당하는 배선방법의 종류 및 배관규격

① 배선(공사)방법 종류

설치방법의 종류	사용 배선(공사)방법
★전선관 시스템(공사)	합성수지관공사, 금속관공사, 가요전선관공사 등의 폐쇄배선설비
케이블트렁킹 시스템 (건축물 고정 본체와 커버로 구성된 **뚜껑 있는 공사**)	합성수지몰드공사, 금속몰드공사, 케이블트렌치공사, 금속트렁킹공사 (커버를 개폐할 수 있는 금속덕트공사)
금속트렁킹공사	본체부와 덮개가 별도로 분리되어 전선 교체가능 공사
케이블트렌치공사	도랑(바닥을 파서 만든) 및 부속설비 옥내배선공사
케이블덕팅시스템 (**뚜껑 없는 덕트공사**)	플로어덕트공사, 셀룰러덕트공사, 금속덕트공사(금속본체와 커버가 하나로 된 덕트공사)
버스바트렁킹시스템	버스덕트공사
파워트랙시스템	라이팅덕트공사
애자공사	애자를 사용하는 공사
★**케이블 트레이 시스템** (케이블래더, 케이블브래킷 포함)	케이블 트레이 공사
	케이블 지지용 금속재(불연성 재료로 제작된 유닛 또는 유닛의 집합체 및 부속재로 구성된 견고한 구조물) 사용 공사=케이블 트레이 공사
케이블공사	창틀, 문틀 등 바닥에 두는 고정하지 않는 (비고정)방법, 직접 고정하는 방법, 지지선(사용) 방법

② 배관규격

공사 구분	전선관 시스템인 경우	케이블트렁킹 시스템 및 케이블덕팅 시스템	케이블 트레이 시스템인 경우
배관 규격	관 내단면적의 $\frac{1}{3} = 33.3[\%]$ 이하	덕트 내단면적의 20[%] 이하 (제어 통신선은 50[%] 이하)	트레이 내측폭 이하 단층으로 케이블 외경의 합 이내

3) 시설 상태를 고려한 배선설비의 설치방법

① 설치방법

<table>
<tr><th colspan="2" rowspan="2">시설 상태</th><th colspan="8">공사(설치)방법</th></tr>
<tr><th>비고정 방법</th><th>직접 고정방법</th><th>지지선 사용 방법</th><th>★ 전선관 시스템</th><th>케이블 트렁킹 시스템(몰드형, 바닥 매입형 포함)</th><th>케이블 덕팅 시스템</th><th>★케이블 트레이 (래더, 브래킷 등 포함)</th><th>애자 공사</th></tr>
<tr><td rowspan="2">건물 빈공간에 전선시설 공사</td><td>접근 가능</td><td rowspan="2">단심 또는 다심케이블 사용 (40)</td><td>벽거리가 지름의 0.3배 이상 케이블 사용 (33)</td><td>0</td><td rowspan="2">전선관에 절연전선 단심 또는 다심케이블 사용 (41, 42)</td><td>· 목(석)재 벽면에 직접 접촉한 케이블 트렁킹 내에 절연전선, 케이블 사용 (6, 7, 8, 9)
· 몰딩 내부에 절연전선 또는 단심케이블(12)</td><td>건물내 빈공간에 설치된 케이블덕트 내의 절연전선(43) 또는 케이블 사용 (44)</td><td>· (비)천공트레이 또는 사다리지지/래더에 수직/수평 케이블시설(30, 31, 32, 34)
· 33 추가</td><td>–</td></tr>
<tr><td>접근 불가</td><td>0</td><td>0</td><td>0</td><td>43</td><td>0</td><td>0</td></tr>
<tr><td colspan="2">케이블 채널</td><td colspan="2">개방, 환기형 공간에 수직(수평) 설치된 외장케이블 사용(56)</td><td>–</td><td>54, 55</td><td>0</td><td></td><td>30, 31, 32, 34</td><td>–</td></tr>
<tr><td colspan="2">지중 매설</td><td>72, 73</td><td>0</td><td>–</td><td>70, 71</td><td>–</td><td>70, 71</td><td>0</td><td>–</td></tr>
<tr><td colspan="2">★ 구조체 매입</td><td>57, 58</td><td>3</td><td>–</td><td>1, 2, 59, 60</td><td>50, 51, 52, 53</td><td>46, 45</td><td>0</td><td>–</td></tr>
<tr><td colspan="2">노출표면(벽면)에 부착</td><td>–</td><td>20, 21, 22, 23, 33</td><td>–</td><td>4, 5</td><td>6, 7, 8, 9, 12</td><td>6, 7, 8, 9</td><td>30, 31, 32, 34</td><td>36</td></tr>
<tr><td colspan="2">가공/기중</td><td>–</td><td>33</td><td>35</td><td>0</td><td>10, 11</td><td>10, 11</td><td>30, 31, 32, 34</td><td>36</td></tr>
<tr><td colspan="2">창틀 내부</td><td>16</td><td>0</td><td>–</td><td>16</td><td>0</td><td>0</td><td>0</td><td>–</td></tr>
<tr><td colspan="2">문틀 내부</td><td>15</td><td>0</td><td>–</td><td>15</td><td>0</td><td>0</td><td>0</td><td>–</td></tr>
<tr><td colspan="2">수중(물속)</td><td>+</td><td>+</td><td>–</td><td>+</td><td>–</td><td>+</td><td>0</td><td>–</td></tr>
</table>

– : 사용할 수 없다, + : 제조자 지침에 따름.
0 : 적용할 수 없거나 실용상 일반적으로 사용할 수 없다.
* 케이블채널: 케이블(전선)이나 전선관을 수용할 수 있는 공간
* 구조체매설: 케이블을 콘크리트, 석재, 조적, 목재, 단열벽 내에 시설하는 방법

② IEC 60364-5-52 배선설비 부속서 A 설치방법

공사 방법		설치 방법	허용전류	항목번호
A1	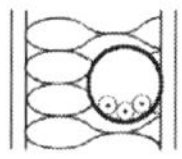	단열벽 속의 전선관에 절연전선 또는 단심 케이블 설치공사		1, 3, 12, 15, 16
A2		단열벽 속의 전선관에 다심 케이블 설치 공사	가장 작다	2
B1	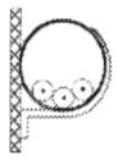	구조체 매입(목재, 석재, 콘크리트, 조적등), 전선관 노출배관, 금속덕트등에 절연전선 또는 단심 케이블 설치공사(일반 시설 적용)	↑	6, 7, 10, 40 ~ 47, 50, 52, 54, 55, 56, 59
B2	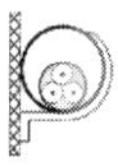	구조체 매입, 전선관 노출배관, 금속덕트등에 다심 케이블설치 공사(일반적 시설에 적용)	↑	5, 8, 9, 11, 40 ~ 47, 51, 53, 54, 60
C		케이블 직접 노출 배선공사	↑	20, 21, 57, 58
D1	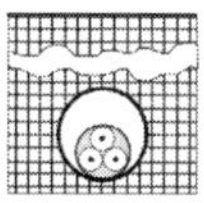	지중매설한 전선관 또는 덕트 내에 케이블 설치공사	↑	70, 71
D2	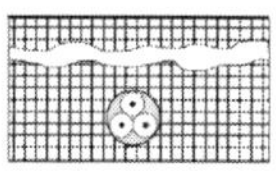	지중에 직접매설하는 단심 또는 다심 외장 케이블 설치공사	↑	72, 73
E	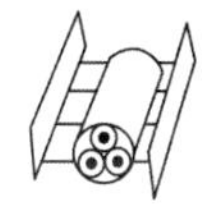	사다리(래더)형 트레이에 다심케이블 설치공사 (케이블 트레이)	↑	22, 23, 30 ~ 35
F	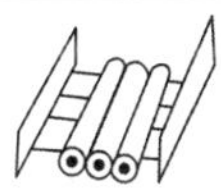	사다리(래더)형 트레이에 단심케이블 설치공사 (케이블 트레이)	↑	31 ~ 35
G	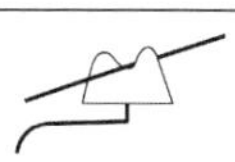	애자로 지지하여 나도체 또는 절연도체 설치공사	가장 크다	36

(9) 배선설비 시설시 고려사항

1) 옥내 배선시설시 내부적인 고려사항

① 회로 구성, 병렬접속
② 전기적 접속
③ 교류회로의 전기자기적 영향
④ 복수회로
⑤ 화재 확산 최소화
⑥ 배선설비와 다른 공급설비와의 접근
⑦ 금속외장 단케이블의 길이제한
⑧ 수용가 설비의 전압강하

2) 옥내 배선시설시 외부적인 영향 고려사항

① 주위온도
② 외부 열원
③ 물의 존재 또는 높은 습도 존재여부
④ 침입고형물(먼지)의 존재 여부
⑤ 부식 또는 오염 물질의 존재
⑥ 기계적 응력(충격, 관통, 압축)에 의한 손상 최소화 선정하고 설치
⑦ 진동을 받은 기기의 구조체에 지지, 적절히 대비할 것
⑧ 식물 또는 동물의 존재여부
⑨ 태양(자외선) 방사 차폐
⑩ 지진의 영향
⑪ 바람에 의한 응력
⑫ 가공 또는 보관된 자재의 특성
⑬ 건축물의 설계

3) 회로 구성시 고려사항 ★

① 하나의 회로도체는 다른 다심케이블, 다른 전선관, 다른 케이블덕팅시스템 또는 다른 케이블트렁킹 시스템을 통해 배선은 안 된다.(나누지 말 것)
② 다심케이블을 병렬포설시 각 케이블은 각상의 1가닥의 도체와 중성선도 포함함
③ 여러 개의 주회로에 공통 중성선을 포함하지 말 것

4) 두 개 이상 선도체(충전도체) 또는 PEN도체를 병렬로 접속시 고려사항

① 병렬도체의 부하전류가 균등 배분될 수 있도록 할 것

② 병렬도체가 같은 재질, 같은 단면적, 같은 길이, 분기회로가 없을 것

③ 다음과 같을 경우는 적용 제외

㉠ 병렬도체가 다심케이블, 트위스트 단심케이블, 절연전선인 경우

㉡ 병렬도체가 비트위스트 단심케이블, 삼각(직사각형)형태의 절연전선이고 단면적이 구리 50[mm^2], 알루미늄 70[mm^2] 이하인 경우

㉢ 병렬도체가 비트위스트 단심케이블, 삼각(직사각형)형태의 절연전선이고 단면적이 구리 50[mm^2], 알루미늄 70[mm^2] 초과시 다른 상(극)의 적절한 조합과 이격으로 구성된 경우

④ 적절한 전류분배 불가능 또는 4가닥 이상의 도체를 병렬로 접속시에는 버스바 트렁킹시스템의 사용을 고려할 것

5) 전기적인 접속시 고려사항

도체상호간, 도체와 다른 기기와의 접속은 내구성 및 전기적 연속성이 있고 적절한 기계적 강도와 보호를 갖출 것

6) 전선접속시 접속 방법 고려 사항

① 도체와 절연재료

② 소선의 가닥수와 형상

③ 도체의 단면적

④ 함께 접속되는 도체의 수

⑤ 접속부의 검사, 시험과 보수 제외인 경우

㉠ 지중매설용 접속부

㉡ 충전재 채움 또는 캡슐 속의 접속부

㉢ 실링히팅시스템(천정난방설비), 플로어히팅시스템(바닥난방설비) 및 트레이스히팅시스템(열선난방설비) 등의 발열체와 리드선과의 접속부

㉣ 용접, 연납땜, 경납땜, 적절한 압착공구로 만든 접속부

㉤ 적절한 제품표준에 적합한 기기의 일부 접속부

⑥ 도체접속(단말, 중간접속)은 접속함, 인출함, 외함 안에 있을 것

⑦ 전선관, 덕트, 트렁킹의 말단에서 시스를 벗긴 케이블과 시스 없는 케이블의 심선은 외함 안에 수납할 것

7) **교류회로의 전기자기적 영향**(맴돌이 전류 방지) 고려사항

① 강자성체(강제금속관, 강제덕트) 안에 설치시 도체는 보호도체 포함 각 회로의 모든 **도체를 동일한(철제)외함에 수납** 시설할 것

② 강선(강대)외장 단심케이블은 사용불가 **알루미늄외장케이블을** 권장함

* 강선(강대)은 강자성체로서 역기전력이 발생하므로 사용불가함

8) 모든 도체가 최대공칭전압에 절연된 경우 동일한 케이블에 복수의 회로로 구성 가능

9) **화재의 확산을 최소화**하기 위한 배선설비의 선정과 공사

① 케이블 및 자소성인 제품[케이블 트레이(래더) 시스템, 전기설비용 케이블 트렁킹 및 덕트시스템, 전선관 시스템]은 특별한 예방조치 없이 설치가능

② 화염 확산에 적합하지 않은 케이블은 기기와 영구적 짧은 길이 접속만 사용하고 하나의 방화구획에서 다른 구획으로 관통시킬 수 없다.

10) **배선설비와 다른 공급설비와의 접근시** 동일한 배선설비에 수납 가능한 경우

① 케이블 또는 도체가 최대 전압에 대해 절연된 경우

② 절연 케이블이고 케이블덕팅시스템 또는 케이블트렁킹시스템에 설치시

③ 케이블이 격벽사용 케이블트레이시스템에 설치된 경우

④ 별도의 전선관, 케이블트렁킹시스템 또는 케이블덕팅시스템을 이용한 경우

⑤ 저압 옥내배선이 다른 저압 옥내배선 또는 관등회로의 배선과 접근 또는 교차시 애자공사시설시 저압 옥내배선과 다른 저압 옥내배선 또는 관등회로의 배선 사이의 이격거리는 0.1[m](애자공사 나전선시 0.3[m]) 이상일 것. 단) 다음에 해당하는 경우는 제외

㉠ 애자공사 저압 옥내배선과 다른 애자공사 저압 옥내배선에 격벽(절연성) 시설 또는 어느 한쪽의 옥내배선을 절연관(난연성 및 내수성)에 넣어 시설

㉡ 애자공사 저압 옥내배선과 다른 애자공사 저압 옥내배선 또는 관등회로의 배선이 병행시 상호 간의 이격거리를 60[mm] 이상 시설한 경우

⑥ 지중 전력케이블 과 통신 케이블과의 접근시 고려사항

지중 통신케이블과 지중 전력케이블이 교차 또는 접근시 100[mm] 이상의 간격을 유지 또는 다음사항을 충족할 것

㉠ 케이블 사이에 벽돌, 케이블 보호 캡(점토, 콘크리트), 성형블록(콘크리트)과 같은 내화격벽을 갖추거나, 케이블 전선관 또는 내화물질로 만든 트로프에 의해 추가보호 조치를 할 것

㉡ 교차부분에 케이블 사이에 케이블 전선관, 콘크리트제 케이블 보호캡, 성형 블록 등과 같은 기계적인 보호 조치할 것

⑦ 지중 전선이 지중 약전류전선 등과 접근 또는 교차시 고려사항

㉠ 상호 간의 이격거리 0.3[m] 이하. 단) 내화성 격벽시설 할 것

㉡ 지중 전선을 견고한 불(난)연성의 관에 시설시 지중 약전류전선과 직접 접촉하지 말 것(다음 아래의 추가 직접 접촉하지 않는 사항)

* 전력보안 통신선이 난연성(불연성 또는 자소성)이 있는 재료로 피복한 광섬유케이블인 경우 또는 난연성의 관에 넣은 광섬유케이블인 경우

⑧ 저압 옥내배선이 약전류전선 등 또는 수관·가스관과 접근하거나 교차 거리

㉠ 애자공사 저압 옥내배선을 저압 옥내배선과 약전류전선 등 또는 수관·가스관과의 이격거리는 0.1[m], 나전선은 0.3[m] 이상. 단) 사용전압이 400[V] 이하인 경우 격벽 또는 절연관 시설시 제외

㉡ 옥내배선을 합성수지몰드 공사·합성수지관공사·금속관 공사·금속몰드 공사·가요전선관 공사·금속덕트 공사·버스덕트 공사·플로어덕트 공사·셀룰러덕트공사·케이블 공사·케이블 트레이 공사 또는 라이팅덕트 공사로 시설시 약전류전선 또는 수관·가스관과 접촉하지 말 것

11) 수용가 설비의 인입구로부터 기기까지의 전압강하

설비유형	저압 수전하는 경우	고압 이상 수전하는 경우
조명부하	3[%] 이하	6[%] 이하
	① 저압수전 100[m] 초과시 적용식 3[%] + (100[m] 초과값 − 100[m]) × 0.005[%] (배선 100[m] 초과시 1[m]당 0.005[%] 가산 최대 0.5[%]까지) ② 특별저압 교류 50[V]이하 회로(벨, 제어기, 현관문 개폐장치)는 전압강하 제한 없음	
기타	5[%] 이하	8[%] 이하
실무그림	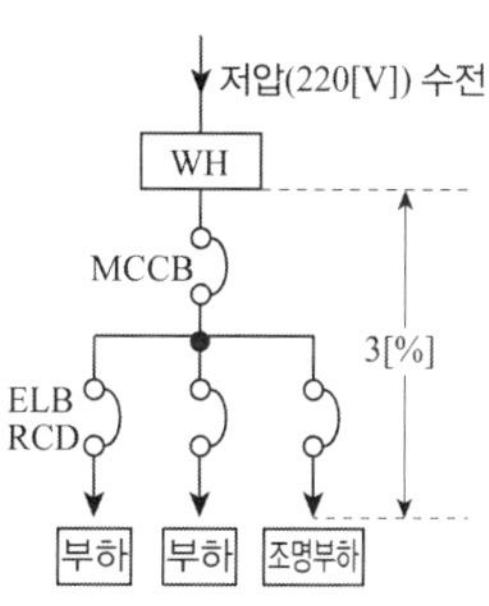	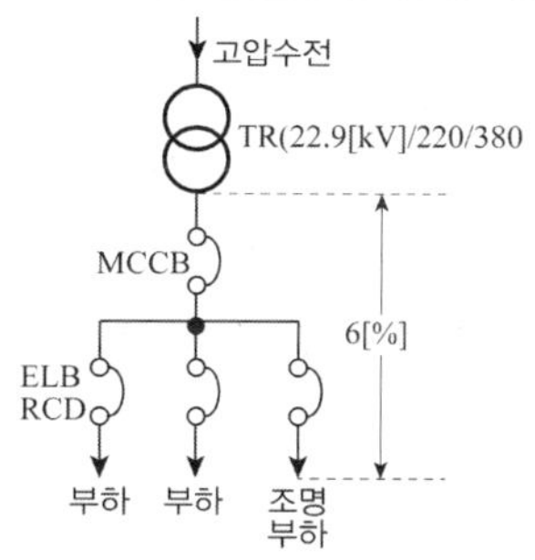
적용제외	① 기동시간 중의 전동기 또는 돌입전류가 큰 기기의 큰 전압강하 ② 과도전압 또는 비정상적인 전압변동의 일시적인 것	

12) 옥내배선의 전압강하 e 계산식

배전방식	전선의 단면적 A 및 e식	용어
단상 2선식(직류2선식)	$A=\frac{35.6LI}{1000e}[mm^2]$	* 배선길이 $L[m]$ * 부하최대사용전류 $I[A]$ * 배선전압강하 $e[V]$ * 각상 1선과 중성선 사이 전압강하 $e'[V]$
단상 3선식(3상 4선식, 직류 3선식)	$A=\frac{17.8LI}{1000e}[mm^2]$	
3상 3선식	$A=\frac{30.8LI}{1000e'}[mm^2]$	

(10) 옥내 저압용의 배선기구의 시설 규정

1) 충전 부분을 노출하지 말 것
2) 저압 콘센트는 접지극이 있는 것을 사용하여 접지할 것
3) 욕실 등 인체가 물에 젖어있는 상태에서 물을 사용하는 장소에 콘센트를 시설
   ① 인체감전보호용 누전차단기(정격 감도전류 15[mA] 이하, 동작시간 0.03[초] 이하의 전류동작형) 또는 절연변압기(정격용량 3[kVA] 이하)로 보호된 전로에 접속하거나, 인체감전보호용 누전차단기가 부착된 콘센트 시설할 것
   ② 콘센트는 접극이 있는 방적형 콘센트를 사용하여 접지할 것

(11) 전선의 허용 전류(안전 전류) 적용 방법 ◘ 실기 출제 ★☆★

허용전류 선정시 도체 절연물 종류, 상수, 공사방법별 허용전류값에 주위온도에 대한 보정계수 적용, 복수회로 또는 다심케이블 집합에 대한 저감계수를 적용함

1) 적용 전압 및 전선

① 공칭전압 교류 1[kV] 이하의 절연전선과 비외장형케이블에 적용
   ㉠ 절연전선 : 450/750[V] 비닐절연전선 IV, 450/750[V] 내열절연전선 HIV
   ㉡ 케이블 : 0.6/1[kv] 가교폴리에틸렌케이블 CV
   0.6/1[kv] 비닐절연비닐시스케이블 VV

② 금속외장 단심케이블에는 비적용

2) 전선(케이블)등의 최고허용온도 적용

허용전류 : 절연물의 최고허용온도 이하에서 전선에 안전하게 흐르는 전류

전선 절연물의 종류	전선 종류	전선 최고허용온도[℃]
① 열가소성 물질 (열에 물러지는 물질 : 염화비닐 PVC)	450/750 비닐절연전선(NR) VV케이블	70(도체)
② 열경화성 물질 : 열에 굳어지는 물질 (가교폴리에틸렌 XLPE 또는 에틸렌프로필렌고무 혼합물 EPR)	HFIX, XLPE EPR, F-CV, FR-8케이블	90(도체)
③ 무기물(열가소성 물질 PVC 피복 또는 나도체로 사람이 접촉우려가 있는 것)	MI 케이블	70(시스)
④ 무기물(사람 및 가연성 물질과 접촉할 우려가 없는 나도체)	MI 케이블	105(시스)

3) 1[kV] 이하 전선의 공사 방법별 허용전류(IEC 규정)

도체허용온도는 PVC가 70[℃], XLPE가 90[℃]이고 주위온도는 기중 30[℃], 지중 20[℃] 토양의 열저항률 2.5[K·m/W]인 경우

① 공사 방법 A1, A2, B1, B2인 경우

공칭 단면적 [mm²]	공사방법 분류 및 절연체 종류와 부하 도체수에 따른 단상2선 또는 3상3선 1회로당 허용전류[A]															
	A1				A2				B1				B2			
	단열벽안 전선관에 절연전선 또는 단심케이블 설치				단열벽안 전선관에 다심케이블				석재벽면안 전선관에 절연전선 또는 단심케이블				석재벽면안 전선관에 다심케이블 설치			
	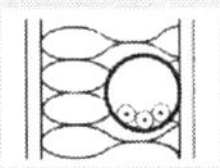				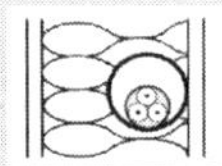				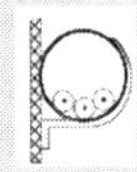				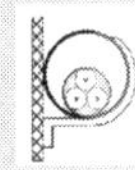			
	PVC		XLPE		PVC		XLPE		PVC		XLPE		PVC		XLPE	
1.5	2본	3본	2본	3본	2본	3본	2본	3본	2본	3본	2본	3본	2본	3본	2본	3본
	14.5	13.5	19	17	14	13	18.5	16.5	17.5	15.5	23	20	16.5	15	22	19.5
2.5	19.5	18	26	23	18.5	17.5	25	22	24	21	31	28	23	20	30	26
4	26	24	35	31	25	23	33	30	32	28	42	37	30	27	40	35
356	34	31	45	40	32	29	42	38	41	36	54	48	38	34	51	44
10	46	42	61	54	43	39	57	51	57	50	75	66	52	46	69	60
16	61	56	81	73	57	52	76	68	76	68	100	88	69	62	91	80
25	80	73	106	95	75	68	99	89	101	89	133	117	90	80	119	105
35	99	89	131	117	92	83	121	109	125	110	164	144	111	99	146	128
50	119	108	158	141	110	99	145	130	151	134	198	175	133	118	175	154
70	151	136	200	179	139	125	183	164	192	171	253	222	166	149	221	194
95	182	182	164	241	167	150	220	197	232	207	306	369	201	179	285	233
120	210	180	278	249	192	172	253	222	269	239	354	312	232	206	305	268
150	240	216	318	285	219	196	290	259	307	274	404	358				
185	273	245	362	324	248	223	329	295	349	314	459	411				
240	321	286	424	380	291	261	386	346	409	363	538	475				
300	367	328	486	435	334	298	442	396	459	416	617	544				
비고	1. 도체허용온도는 PVC는 70[℃]이고 XLPE는 90[℃]이다. 2. 도체허용온도에 따른 적용전선 ① 70[℃] 전선(PVC계열) : IV, VV, CVV(0.6/1[kV]), TFR-CVV ② 90[℃] 전선(XLPE계열) : CV(0.6/1kv), HIV(450/700[V]), FR-CV, TFR-3, NFR-3, FR-8 3. 단상3선식은 2본적용, 3상4선식은 3본 적용															

② 공사 방법 C, E, F인 경우

공사방법 분류 및 절연체 종류와 부하도체수에 따른 단상2선 또는 3상3선 1회로당 허용전류[A]														
단면적 [mm²]	C				E				F					
	벽면에 공사한 단심케이블 또는 다심케이블				사다리(래더)형 트레이에 다심케이블				사다리(래더)형 트레이에 단심 케이블(밀착 또는 삼각 포설)					
	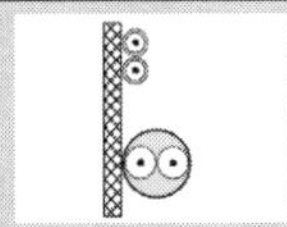				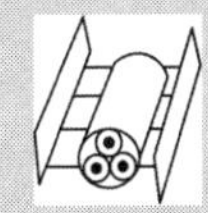									
	PVC		XLPE		PVC		XLPE		PVC			XLPE		
	2본	3본	2본	3본	2본	3본	2본	3본	2본	3본	3본	2본	3본	3본
	단심 또는 다심				다심				단심 밀착		삼각	단심 밀착		삼각
1.5	19.5	17.5	24	22	22	18.5	25	23					22	24
2.5	27	24	33	30	30	25	36	32					30	33
4	36	32	45	40	40	34	49	42					42	45
6	46	41	58	52	51	43	63	54					55	58
10	63	57	80	71	70	60	86	75					77	80
16	85	76	107	96	94	80	115	100					105	107
25	112	96	138	119	119	101	149	127	131	114	110	161	141	135
35	138	119	171	147	148	126	185	158	162	143	137	200	176	169
50	168	144	209	179	180	153	225	192	196	174	167	242	216	207
70	213	184	269	229	232	196	299	246	251	225	216	310	279	258
95	258	223	328	278	282	238	352	298	304	275	264	377	342	328
120	299	259	382	322	328	276	410	346	352	321	308	437	400	383
150	344	299	441	371	379	319	473	399	406	372	356	504	464	444
185	362	341	506	424	434	364	542	456	463	427	439	575	533	510
240	461	403	599	500	514	430	641	538	546	507	485	679	634	607
300	530	464	693	576	593	497	741	621	629	587	561	783	736	703

③ 주위온도에 대한 보정계수

주위온도		10	15	20	25	35	40	45	50	55	60	65
절연체	PVC	1.22	1.17	1.12	1.06	0.94	0.87	0.79	0.71	0.61	0.5	
	XLPE 또는 EPR	1.15	1.12	1.08	1.04	0.96	0.91	0.87	0.82	0.76	0.71	0.65
지중온도		10	15	25	30	40	45	50	55	60	65	70
절연체	PVC	1.10	1.05	0.95	0.89	0.84	0.77	0.71	0.63	0.55	0.45	
	XLPE 또는 EPR	1.07	1.04	0.96	0.93	0.89	0.85	0.80	0.76	0.71	0.65	0.60

④ 1통로 지중덕트내에 시설한 복수의 케이블에 대한 보정계수(공사방법 D)

다심	단심케이블 2개 또는 3개로 구성된 회로수	덕트 간격(a)							
		0(케이블 밀착)		0.25[m]		0.5[m]		1[m]	
		다심	단심	다심	단심	다심	단심	다심	단심
2	2	0.85	0.80	0.90	0.90	0.95	0.90	0.95	0.95
3	3	0.75	0.70	0.85	0.80	0.90	0.85	0.95	0.90
4	4	0.70	0.65	0.80	0.75	0.85	0.80	0.90	0.90
5	5	0.65	0.6	0.80	0.70	0.85	0.80	0.90	0.90
6	6	0.60	0.6	0.80	0.70	0.80	0.80	0.90	0.90
케이블 구분									
비고		매설깊이가 0.7[m], 토양 열저항률 2.5[k·m/W]인 경우 적용							

⑤ 아파트 시공시 전류감소 계수 적용예(LH)

㉠ 기중인 경우

구분	기준 주위온도	온도 보정계수	도체	트레이래더 2단 집합계수		
				단심포설	다심포설	단심+다심 혼합포설
조건	40[℃]	0.91	CU	0.89	0.73	0.73

㉡ 지중인 경우

구분	온도 (여름)	도체	열저항률[K·m/W] 기준 2.5일 때 계수	매설깊이 기준 0.8[m]이고 1.2[m] 깊이일 때	허용전류기준값
조건	30[℃]	CU	1	0.96	공사방법 D1
D1	지중매설 전선관 또는 케이블덕트내의 단(다)심 케이블				

⑥ 허용전류계산 = 허용전류표값 × 온도보정계수×복수회로(회선)의 감소계수[A]

(12) 간선의 시설규정

인입구에서 분기 과전류 차단기에 이르는 전선(몇 개의 분기회로에 전력을 공급하는 것)

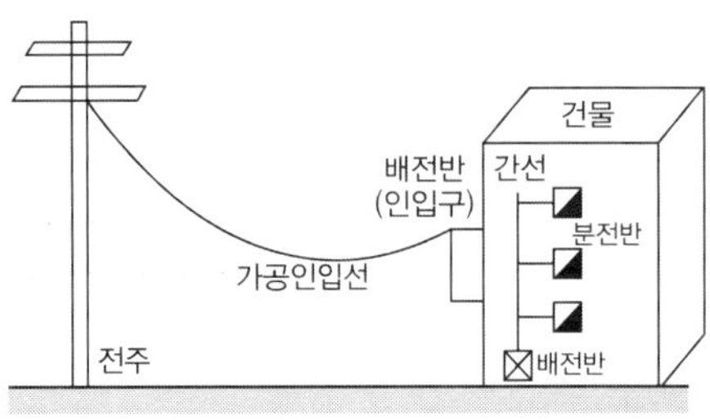

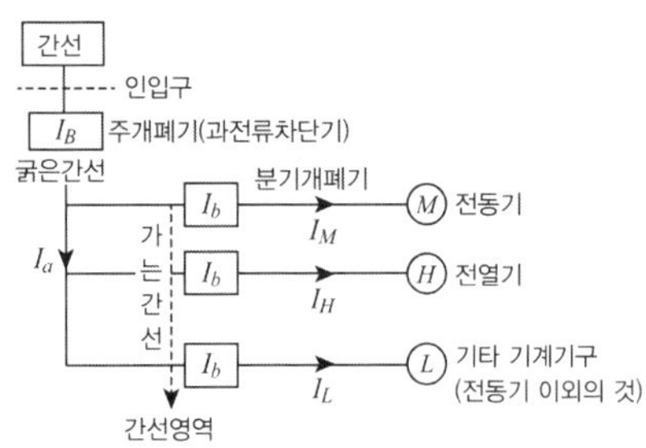

1) 간선의 허용전류 I_a 및 과전류 차단기 용량 I_B

구 분	허용전류 I_a 및 차단기 용량 I_B 산정시 고려사항
I_a(간선의 굵기 또는 허용전류)	① 설계전류 ② 정격전류 ③ 전압강하율 ④ 전동기 기동전류
I_B(주개폐기 산정 또는 과전류차단기 용량)	4가지 사항을 고려하여 가장 큰 값 선정할 것

2) 과전류차단기는 각 극에 시설할 것(다선전로의 중성극 PEN은 제외)

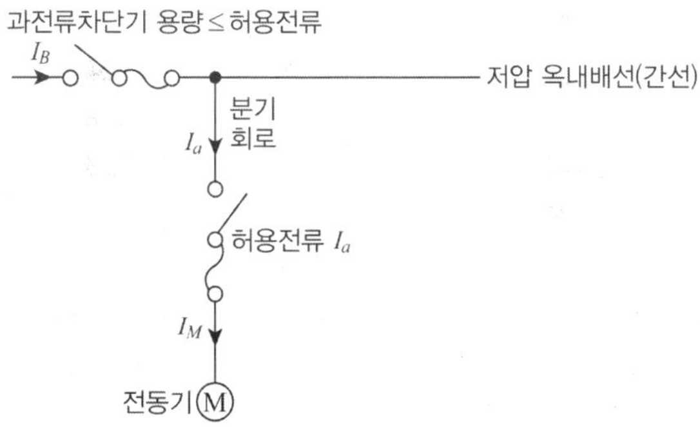

3) 전동기 과부하보호장치 생략할 수 있는 경우

① 전동기 출력 0.2[kW] 이하인(단상) 경우(200[W] 초과시 생략 불가)

② 운전중 상시 취급자가 감시할 수 있는 위치에 시설하는 경우

③ 과전류가 생길 우려가 없는 경우의 전동기

④ 단상전동기로서 과전류 차단기 16[A](배선용 20[A]) 이하로 보호한 경우

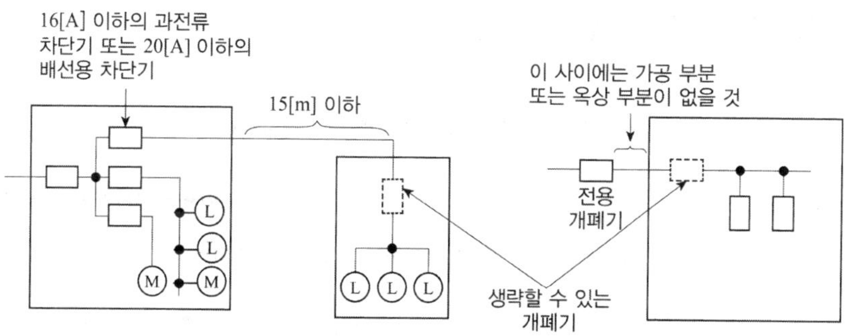

[생략할 수 있는 인입구 개폐기]

4) 건축물의 전력 간선 배선방식 종류

종류	병용 방식	수지상식(나뭇가지 방식)		개별 방식(평행식)
용도	일반 건축물	소규모 건축물		대규모 건축물
계통방식	1계통	1계통	2계통	1계통
전력 간선 배선도	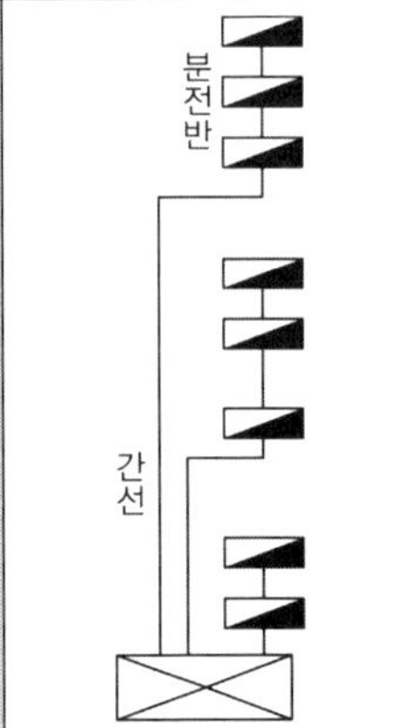	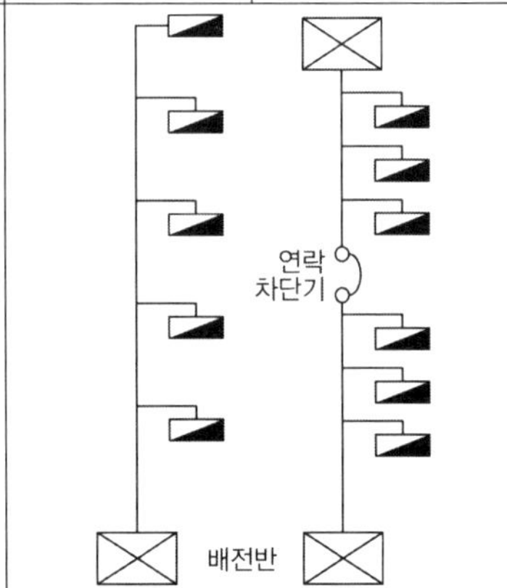		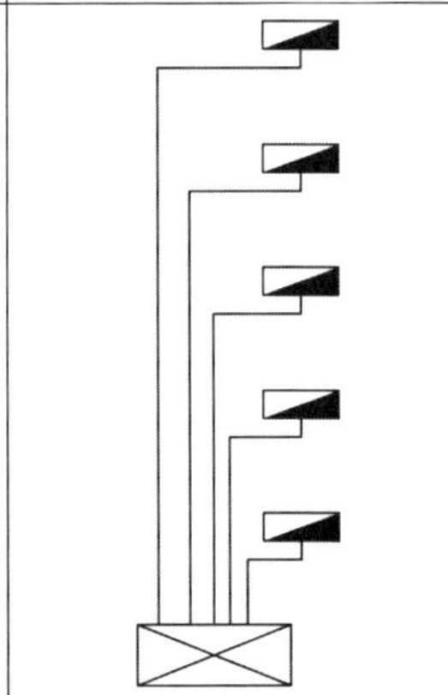
특징	* 가장 많이 사용함 * 부하중심에 분전반을 설치하여 각부하에 배선함	* 1개 간선으로 각 분전반에 배선 * 말단 분전반에 전압강하 커짐		* 배전반에서 각 분전반에 단독 배선 * 전압강하 평균화됨 * 사고시 파급이 작고 배선이 복잡함

(13) 분기회로

1) 분기회로

저압 옥내간선과의 분기점에 개폐기 및 과전류 차단기를 시설할 것

2) 보호장치(차단기) 시설(설치위치) 규정

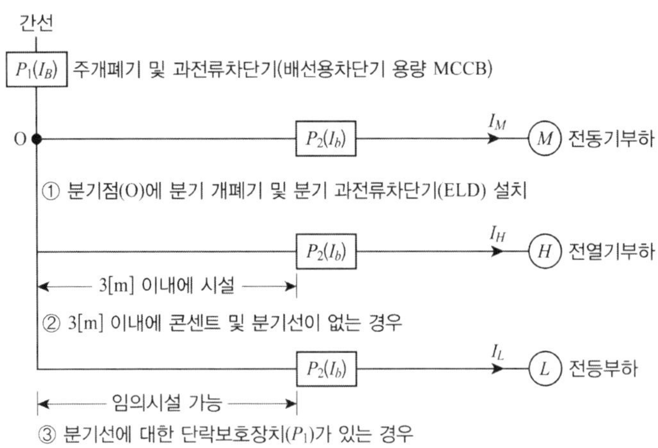

① 기준 : 허용전류가 감소하는 **분기점**(O)에 개폐기 및 과전류 차단기를 시설

② 분기점에서 3[m] 이내 시설 가능한 경우(상위의 보호장치가 없을 때)

㉠ 단락, 화재 및 인체의 위험성이 최소화 시설된 경우

㉡ 3[m]이내 콘센트시설 또는 다른 분기회로가 없는 경우

③ **임의 시설**(거리제한 없이 설치) 가능

분기회로에 대한 **단락보호장치**(P_1)가 있는 경우

즉 분기회로 단락고장시 상위의 보호장치가 있을 때

④ 안전을 위해 과부하보호장치 생략가능 회로

㉠ 회전기의 여자회로

㉡ 전자석 크레인의 전원회로

㉢ 변류기 2차회로

㉣ 소방설비 전원회로

㉤ 안전설비(가스누출경보, 주거침입경보) 전원회로

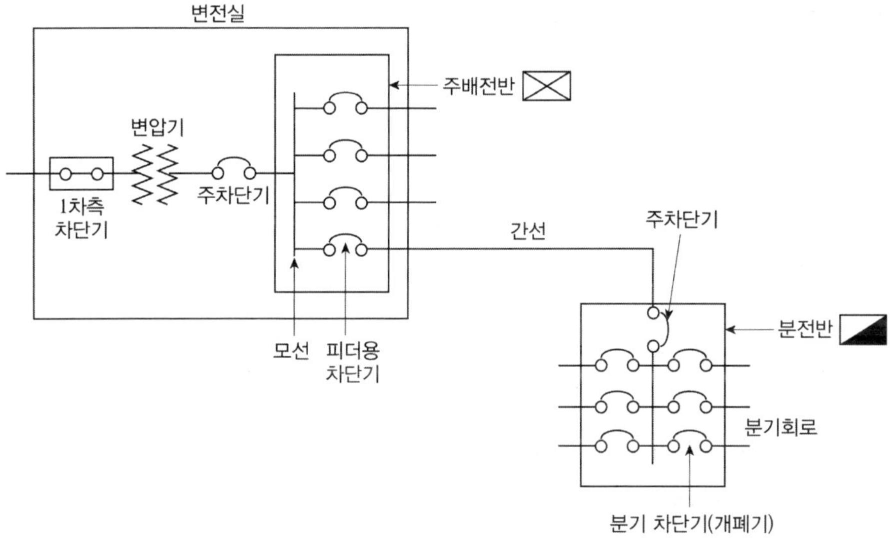

3) 주택 배선도 실무 그림

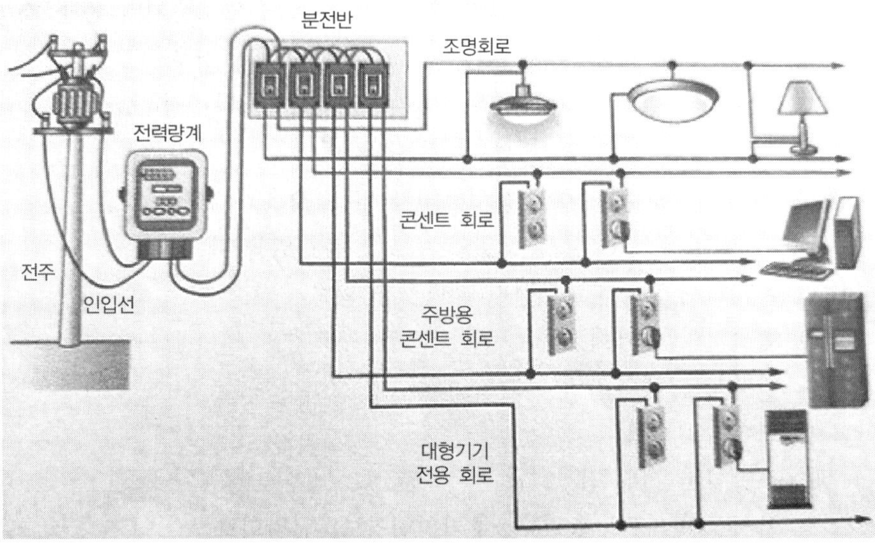

4) 분기선 단선도(SE : 산업용 누전차단기)

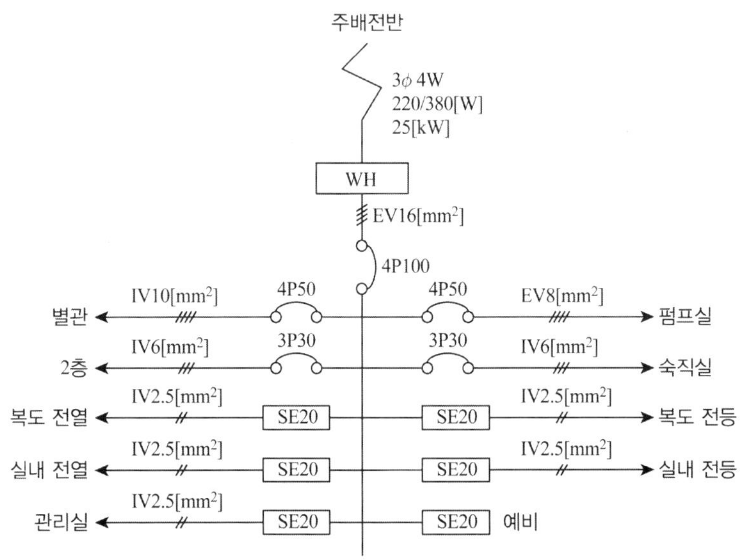

(14) 관공사

1) 종류

① 합성수지공사
② 금속관공사
③ 가요전선관공사

2) 공통시설 내용

<table>
<tr><th>구분</th><th colspan="2">공통 내용(합성수지관, 금속관, 가요전선관)</th></tr>
<tr><td rowspan="2">관 안의 사용전선</td><td>연선시</td><td>절연전선일 것(옥외용 비닐절연전선 OW 제외)</td></tr>
<tr><td>단선시</td><td>공칭단면적 10[mm²] 이하 연동선, 16[mm²] 이하 알루미늄선 사용</td></tr>
<tr><td>시설규정</td><td colspan="2">① 관안에는 전선의 접속점이 없도록 시설할 것
② 습기가 많은 장소 또는 물기가 있는 장소는 방습 장치를 할 것
③ 관의 끝부분(안쪽면)은 전선의 피복 손상방지를 위해 매끈한 것일 것
④ 금속관은 접지공사를 할 것</td></tr>
<tr><td rowspan="2">관굵기 선정</td><td colspan="2">전선(피복물 포함) 전체 단면적의 합계 = 관 내단면적 $\times \frac{1}{3}$ 이하일 것
단) 동일재질 동일전선인 경우는 48[%] 이내(이하)를 적용할 것</td></tr>
<tr><td colspan="2">* LH 아파트 설계기준 사항
케이블트렁킹 및 케이블덕팅 시스템인 경우 : 20[%]
케이블트레이 시스템인 경우 : 외경의 합</td></tr>
</table>

3) 관공사 종류 및 시설내용 차이점

관 종류	관지지점 거리	1본 길이	사용 관두께 ([mm] 이상)	관상호간 및 박스시설시	접지 공사
합성수지관	1.5[m] 이하	4[m]	2[mm] 이상	관삽입깊이는 관 바깥지름의 1.2배 접착제 사용시 0.8배	
금속관	2[m] 이하	3.6[m]	① 매설시 1.2, 기타 1 ② 길이 4[m]이고, 건조 전개 장소시 0.5	관끝은 전선피복 손상방지용 부싱 사용	접지 할 것
가요전선관	1[m] 이하	롤형	1종 금속제가요전선관 0.8[mm] 이상	2종 금속제 가요전선관일 것	접지 할 것

(15) 합성수지관 공사

중량물의 압력 또는 현저한 기계적 충격을 받을 우려가 없도록 시설할 것

1) 합성수지관 1본의 길이 : 4[m] 이하 ▶ 암기법 : 합선사(4)

합성수지관의 종류	특 징	용 도	한본 길이
PVC관 (경질비닐전선관)	밋밋하며 딱딱한 배관 가공시 토치램프로 가열	일반용	4[m]
PE관 (폴리에틸렌전선관)	주름 없고 밋밋하며 가열필요 없음	주택 옥내 매입 배관용, 옥외 가로등 공사용	두루말이(롤)형태
CD관(합성수지제 가요전선관)	외부에 주름이 있고 가볍다.	주택 및 아파트 콘크리트 매입용, 노출배관 안됨	두루말이(롤)형태
PF관(합성수지제 가요전선관)	주름이 있고 2중이며 가요성(휨)이 좋다.	콘크리트 매입용, 노출배관용	두루말이(롤)형태
ELP(경질폴리 에틸렌지중전선관)	주름이 깊고 압력에 견디게 내부에 철선이 있다.	장거리 배선용	두루말이(롤)형태

2) 합성수지관 규격의 종류(12종)

근사 내경 14, 16, 22, 28, 36, 42, 54, 70, 82, 100, 104, 125[mm]

3) 전선관의 피복두께 : 2.0[mm] 이상일 것(가요전선관 제외)

단) 전개된 장소, 건조한 장소에 인무(人舞)시인 경우 400[V] 이하는 제외

4) 합성수지 전선관의 상호간 접속 및 박스시설 : 커플링 사용

① 관 외경(바깥지름)의 1.2배 이상 접속할 것
② 접착제 이용시 관 외경의 0.8배 이상 접속할 것

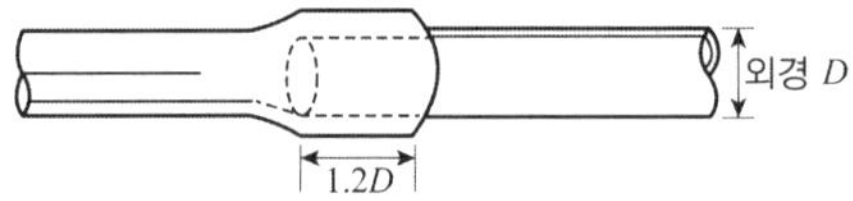

* 습기가 많은 장소는 방습장치 시설할 것

5) 합성수지관의 지지점 이격거리 : 1.5[m] 이하

6) 구부리는 공구 : 토치 램프

7) 사용전선

연선 사용시	절연전선일 것(옥외용 비닐 절연전선OW 제외)
단선 사용시	㉠ 짧고 가는 관에 넣는 것 ㉡ 단면적 10[mm^2] 이하 연동선, 16[mm^2] 이하 알루미늄선
합성수지관 안에는 전선의 접속점이 없도록 할 것	

참고 **| 합성수지관 공사(노출 배관) |**

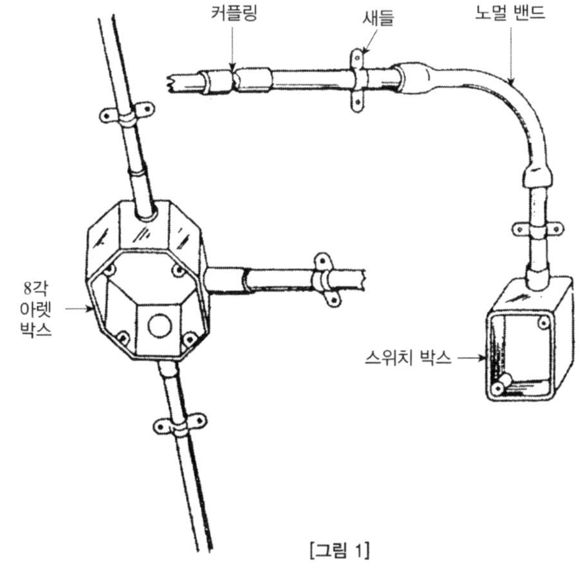

[그림 1]

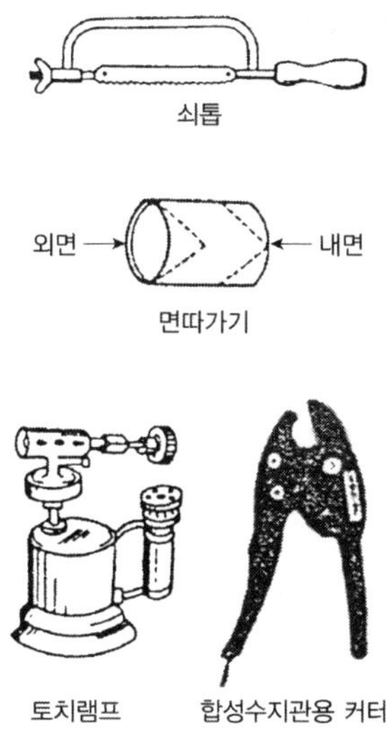

[그림 2]

[그림 3]

(16) 금속관 공사

1) 금속관의 길이 : 한 본의 길이 3.6[m]

2) 사용전선

연선 사용시	절연전선일 것(옥외용 비닐 절연전선OW 제외)
단선 사용시	㉠ 짧고 가는 관에 넣는 것 ㉡ 단면적 10[mm^2] 이하 연동선, 16[mm^2] 이하 알루미늄선
금속관 안에는 전선의 접속점이 없도록 할 것	

3) 규격(종류) 실기 출제 ☆★

금속관 종류	규 격
후강(10종) 내경의 짝수 두께 2.3[mm] 이상 두꺼운 금속관	차 6 6 8 6 12 16 12 10 12
	16mm, 22mm, 28mm, 36mm, 42mm, 54mm, 70mm, 82mm, 92mm, 104mm
	암기법 : 차 6.6.8.6 - 12.16.12.10.12
박강(7종) 외경의 홀수 두께 1.2[mm] 이상 얇은 금속관	19mm, 25mm, 31mm, 39mm, 51mm, 63mm, 75mm
	차 6 6 8 12 12 12
	암기법 : 차 6.6 ,8 - 12.12.12

4) 금속관 공사시 전선관의 피복두께 ☆

구 분	사용 금속관 두께	암기법
콘크리트에 매입 공사시	1.2 [mm] 이상	암기법 : 매·일(1)·이(2)
노출 공사시	1.0 [mm] 이상	암기법 : 노·일(1)전쟁

단, ① 이음매 없는 관의 길이가 4[m] 이하이고 건조하고 전개된 곳(노출된 공사)인 경우는 → 관두께는 0.5[mm] 이상일 것

② 굴곡이 4군데 이상시 Box(박스) 설치할 것

5) 전선관의 지지점간의 이격거리 : 2[m] 이하마다 이격 새들 이용하여 고정☆

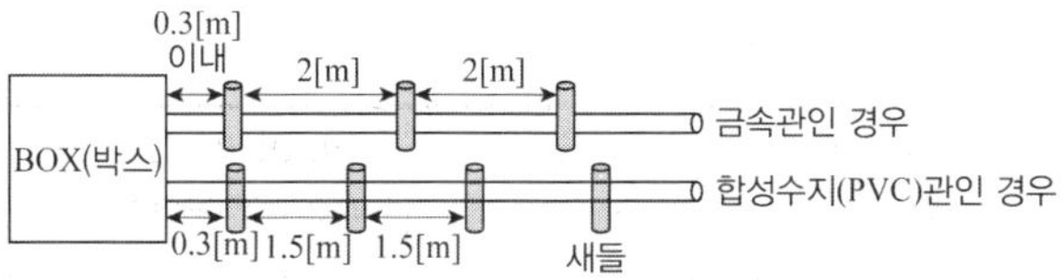

6) 금속관에는 접지공사를 할 것

7) 접지공사 생략 가능한 경우 ☆

① 관의 길이가 4[m] 이하의 건조한 장소

② 직류 300[V] 이하, 교류 대지전압 150[V] 이하이고 관의 길이가 8[m] 이하 건조하고 인무(人舞)시(사람이 닿을 우려가 없는 경우)

8) 금속관 상호 및 금속관과 박스의 시설

① 나사접속(5턱 이상)에 의해 견고하고 전기적으로 완전하게 접속할 것

② 관의 끝 부분에는 전선의 피복을 손상방지를 위해 부싱을 사용할 것

③ 금속관에서 애자사용공사로 옮기는 경우 관 끝부분에 절연부싱을 사용할 것

④ 습기가 많은 장소 또는 물기가 있는 장소에 시설시 방습 장치를 할 것

9) 금속관 직각 구부리기(곡률 반경) 자재

① 노멀 밴드 : 매입공사시 직각 굴곡부분에 사용자재(단, 공장 노출 매설시)

② 유니버설 엘보 : 노출공사시 직각 굴곡부분에 사용자재

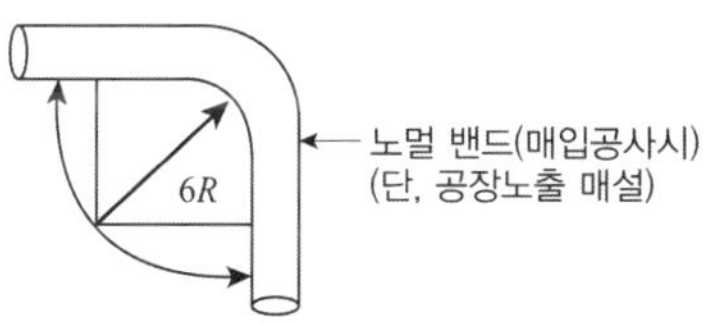

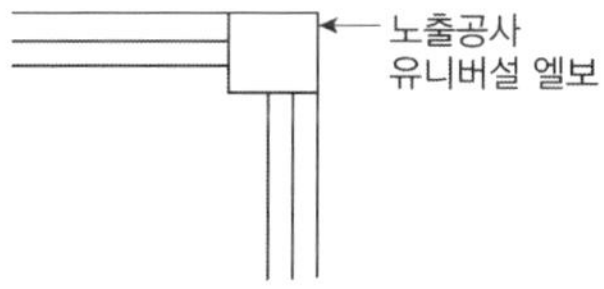

10) 금속관 상호 연결시 사용 자재 : 유니온 커플링 사용

11) 금속관을 구부리는 도구

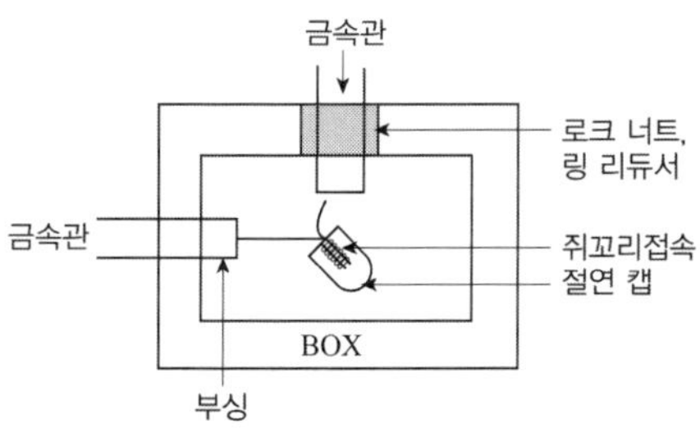

① 소형 : 파이프 벤터, 히커

② 대형 : 유압식 파이프 벤터

구분	로크너트(2개) (lock nut)	링리듀서 (ring reducer)	와이어 커넥터 (wire connector)	부싱 (bushing)
용도	박스와 금속관을 고정시키기 위한 자재	박스구멍이 클 때 사용하는 자재	절연캡 (전선연결 단자)	전선(절연물)의 피복보호를 위해 금속관 끝에 취부
구분	터미널 캡	새들	플로어 박스	접지 클램프
용도	전동기 단자 접속용	관지지용	바닥밑 매입 배선용 박스	접지선과 접촉을 좋게 하는 자재

12) 전선관 부식 방지 : 아연도금

금속관 관단 인입구 : 우에샤 캡, 앤트런스 캡(entrance cap)

참고 **| 금속관의 공사의 부속 재료 |**

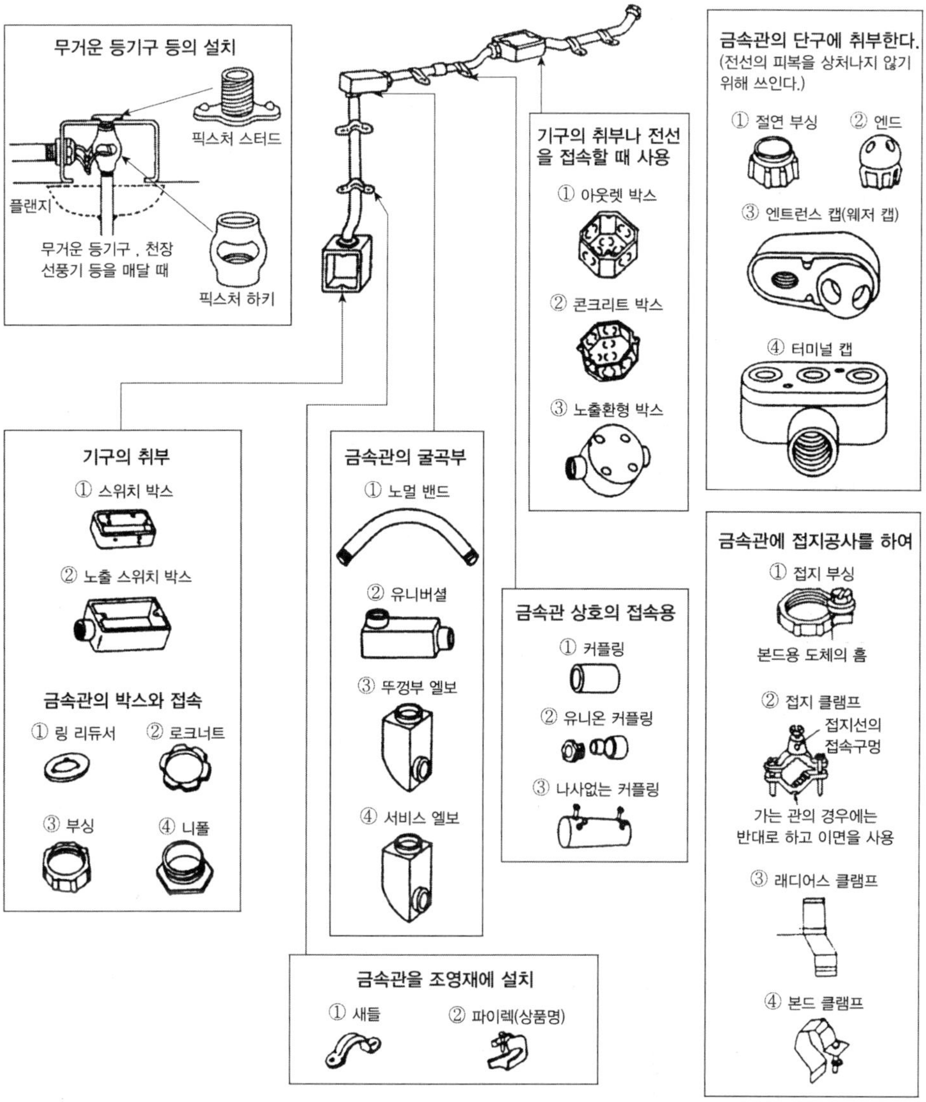

(17) 가요전선관 공사

1) 시설장소

① 외상을 받을 우려가 없는 곳에 전동기의 리드선 굴곡 장소
② 외상을 받을 우려가 없는 곳에 전등의 리드선
③ 승강기, 전동차배선, 작은 증설공사, 전동기와 스위치함 사이 굴곡이 심한 개소

2) 가요전선관 종류(규격)

2종 금속제 가요전선관일 것. 단) 전개된 장소 또는 점검가능 은폐된 장소(400[V] 초과 전동기에 접속 부분)에는 1종 가요전선관일 것

3) 가요전선관 상호간 및 관 끝에 접속하는 가요전선관 및 박스의 시설

① 1종 금속제 가요전선관(방수용) : 피복(관)두께는 0.8[mm] 이상일 것

암기법 : 가요일(1) 지영팔(0.8)

② 견고하게 전기적으로 완전 접속하고 끝부분은 피복손상하지 않는 구조일 것
③ 2종 금속제 가요전선관을 습기 많은 장소 또는 물기가 있는 장소에 시설시 비닐 피복 2종 가요전선관일 것

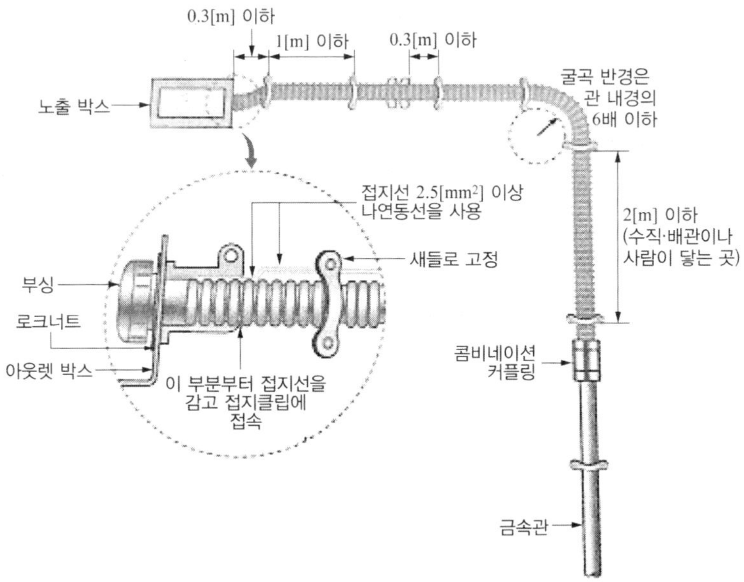

[금속제 가요전선관 공사]

4) 사용전선

① 절연전선을 사용할 것(단, 옥외용 비닐절연전선은 제외)
② 관안에 넣는 전선은 연선 사용할 것. 단) 단면적 10[mm^2] 이하 연동선, 16[mm^2] 이하 알루미늄선은 단선 사용가능

5) 가요전선관공사는 접지공사를 할 것

6) 지지점의 이격거리 : 조영재 면따라 1[m] 이하마다 지지

(18) 몰드 공사

1) 합성수지 몰드 공사

① 몰드 폭 및 깊이 : 35[mm] 이하
(단, 사람이 쉽게 접촉할 우려가 없는 경우 50[mm] 이하로 할 것)
② 관 두께 : 2[mm] 이상(단, 인무시 1[mm] 이상)
③ 몰드 내부에 접속점은 만들 수 없다.
(단, 합성수지제의 조인트 박스 사용시 예외)

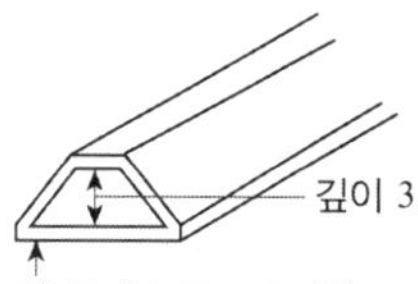

2) 금속(황동제, 동제) 몰드 공사

① 몰드 홈 깊이(폭) : 50[mm] 이하
② 관 두께 : 0.5[mm] 이상
③ 금속몰드는 접지공사 할 것

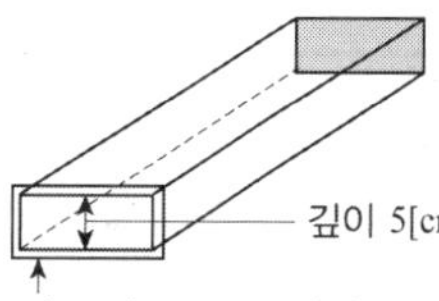

3) 몰드공사 규정

① 400[V] 이하 건조하고 전개된 장소에 시설 가능(점검가능 은폐장소),
단) 점검할 수 없는 은폐장소는 시설 못함.
② 반드시 절연전선 이용(단, 옥외용 비닐절연전선은 제외한다.)
③ 몰드 내부에서 접속점(전선을 접속)을 만들 수 없다.
④ 관단을 폐쇄한다.

(19) 케이블트렌치 공사

1) 수용가의 옥내 수전설비 및 발전설비 설치장소만 적용 시설할 것

① 전선의 접속부는 절연(방습 효과)처리하고 점검이 용이할 것
② 케이블은 배선 회로별 2[m] 이내의 간격으로 받침대등을 시설할 것
③ 케이블트렌치 내부는 수관·가스관 등 다른 시설물을 설치하지 말 것

2) 케이블트렌치의 적합 구조 사항

① 전선하중에 견디고 전선에 손상을 주지 않는 받침대를 설치할 것
② 케이블트렌치의 금속재(뚜껑, 받침대)는 내식성 또는 방식처리를 할 것
③ 케이블트렌치 굴곡부 안쪽의 반경은 전선의 허용곡률반경 이상일 것
④ 케이블트렌치의 뚜껑은 장비(통행) 하중에 의해 파손(변형)되지 말 것
⑤ 케이블트렌치의 바닥 및 측면은 방수처리하고 물이 고이지 않도록 할 것
⑥ 방화구획 관통시 관통부는 불연성의 물질로 충전할 것
⑦ 부속설비에 사용되는 금속재는 접지공사를 할 것

(20) 덕트공사

1) 덕트공사 종류 및 시설 방법

<table>
<tr><th>종류</th><th colspan="2">사용전선</th><th>관지지점 거리</th><th>덕트 시설방법</th></tr>
<tr><td>금속덕트공사</td><td colspan="2">절연전선(OW 제외)</td><td rowspan="2">① 조영재에 붙이는 경우 3[m] 이하
② 수직으로 붙이는 경우 6[m] 이하</td><td rowspan="5">① 덕트 안은 전선의 접속점이 없도록 할 것
② 덕트의 끝부분은 막을 것
③ 먼지가 침입하지 않도록 할 것
④ 덕트는 접지공사를 할 것</td></tr>
<tr><td>버스덕트공사</td><td colspan="2" rowspan="2">절연전선(OW 제외) 및 나전선 사용가능</td></tr>
<tr><td>라이팅덕트 공사</td><td>조영재에 붙이는 경우 2[m] 이하</td></tr>
<tr><td>플로어덕트</td><td>연선</td><td>절연전선(OW 제외)</td><td></td></tr>
<tr><td>셀룰러덕트</td><td>단선</td><td>10[mm^2] 이하 연동선
16[mm^2] 이하 Al선</td><td></td></tr>
</table>

단) 금속덕트공사시
① 폭이 40[mm] 이상, 두께가 1.2[mm] 이상 금속제 철판 사용할 것
② 덕트에 넣는 전선 단면적(피복포함)은 덕트의 내부 단면적의 20[%] 이하일 것 (전광표시장치, 출퇴근 표시등, 제어회로 등의 배선만을 넣는 경우는 50[%]) 이하)

2) 금속덕트 공사

공장, 빌딩 등에서 모양변경이 쉽거나 많은 간선이 입출하는 장소에 사용

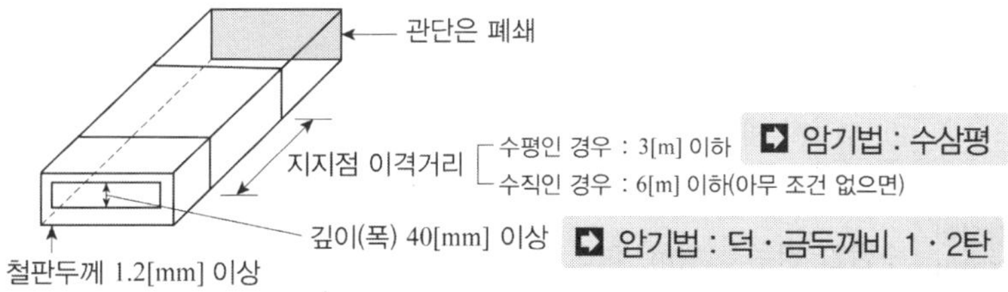

덕트폭	철판 두께	조영재지지간 점거리	덕트상호간접속	뚜껑	덕트 끝부분
40[mm] 이상	1.2[mm] 이상	수평 [3m] 이하 수직 [6m] 이하	견고하고 전기적으로 완전 접속할 것	쉽게 안열리도록 시설할 것	막을 것

3) 버스덕트 공사(나전선 사용가능) : 강판 또는 알루미늄판으로 견고히 제작

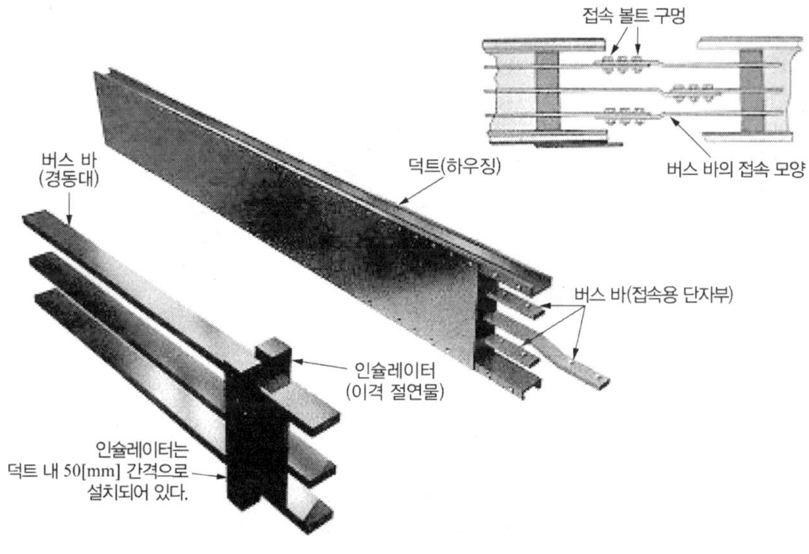

<table>
<tr><td>특징</td><td colspan="2">① 동대(평각 구리선) : 옥내에서 유일하게 나선 이용 가능 공사
② 대전력 수송이 용이, 전류용량이 800[A] 이상, 케이블에 비해 경제적
③ 옥내배선시 반드시 절연전선이 아니라도 상관없는 공사</td></tr>
<tr><td rowspan="3">도체 규격 및 형태</td><td>bar(띠) 모양</td><td>띠 모양 단면적 20[mm²] 이상</td></tr>
<tr><td>동봉(모선) : 둥근 막대형의 동선</td><td>관 모양 지름 5[mm] 이상</td></tr>
<tr><td>알루미늄(Al) 재질 이용시</td><td>띠 모양 단면적 30[mm²] 이상</td></tr>
</table>

종류	① 피더 버스덕트 : 옥내 간선용으로서 대전류 수송 도중에 부하를 접속하지 않은 자기제 절연물로 지지(지지간격 50[cm]로 변압기와 배전반, 배전반상호간, 수직간선 등에 사용) ② 플러그인 버스덕트 : 도중에 부하 접속용 꽂음 플러그를 시설하여 분산하는 장소에 사용 ③ 트롤리 버스덕트 : 이동용 트롤리 접속 수구조(도중에 부하를 접속할 수 있도록 한 것 (이동용 기계기구용 : 기중기, 전기철도) ④ 익스팬션 버스 덕트 : 열신축에 따른 변화량 흡수 구조 ⑤ 탭붙이 버스 덕트 : 종단 및 중간에 기기 또는 전선을 접속하기 위한 탭을 설치 ⑥ 트랜스포지션 버스덕트 : 도체 상호 위치를 교체 가능케 함
지지점의 이격거리	수평인 경우 : 3[m] 이하, 수직인 경우 : 6[m] 이하

단) 버스덕트는 저압간선에 사용하며 습기가 많은 장소 또는 물기가 많은 장소에 시설시 옥외형 버스덕트를 사용하고 덕트 내부에는 물이 침입하여 고이지 않도록 할 것

4) 플로어 덕트공사

암기법 : 풀무원 2.0

정 의	실무 그림
콘크리트 바닥에 시설하는 공사	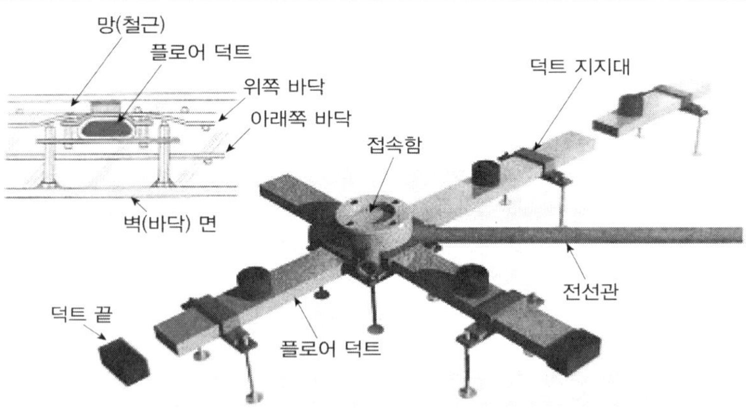
셀룰러덕트 공사	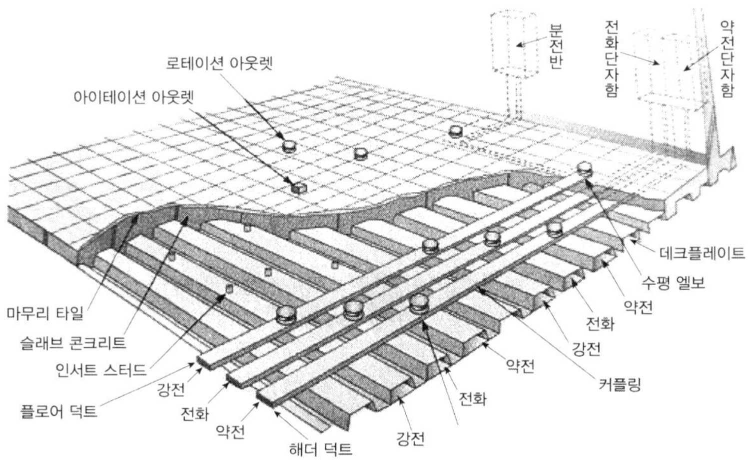

① 강판(아연도금이거나 에나멜로 피복한 것)의 두께 : 2.0[mm] 이상
② 덕트안에는 전선접속이 없도록 하고 끝부분은 막을 것
③ 전선 : 절연전선 사용(옥외용 비닐절연전선 제외)할 것
단) 단선 사용가능한 경우
㉠ 짧고 가는관에 넣는 것
㉡ 단면적 $10[mm^2]$ 이하 연동선, $16[mm^2]$ 이하 알루미늄선
④ 박스 및 인출구는 마루 위로 돌출하지 않도록 시설하며 물이 스며들지 않도록 밀봉할 것
⑤ 덕트 및 박스 기타의 부속품은 물이 고이는 부분이 없도록 시설할 것

5) 라이팅 덕트공사

정의	실무 그림
덕트 하단에 전등을 일렬로 배선하는 공사	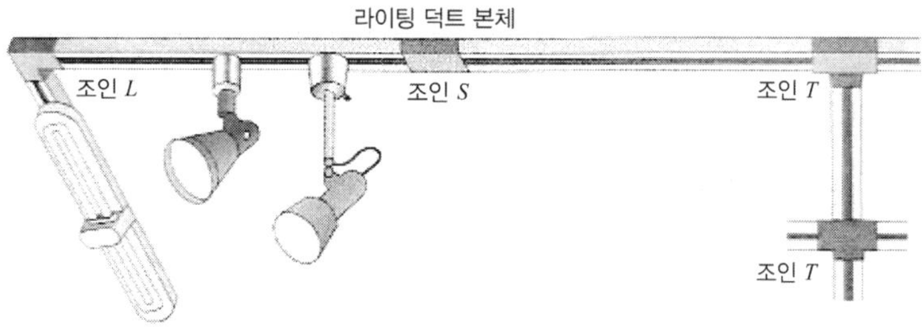

① 지지점의 이격거리 : 2[m] 이하 ▶ 암기법 : 라이팅 게이(2)
② 나전선 사용가능
③ 덕트는 조영재에 견고히 붙이고 조영재를 관통하여 시설하지 말 것
④ 덕트 끝부분은 폐쇄하고 개구부는 아래로 향하게 시설할 것
⑤ 사람접촉우려장소 지락시 자동차단장치를 시설할 것
⑥ 덕트 금속재 부분은 접지공사 할 것

6) 덕트 공사 규정

① 금속 덕트에서는 습기 물기가 있는 장소에는 시설할 수 없다.
② 전선 : 절연전선 사용(OW 제외)
③ 관단은 폐쇄시킴

(21) 케이블 트레이공사

대용량에 용이하고 시공 및 유지관리가 유리하다.

1) 케이블 트레이 종류

종류	사다리형	펀칭형	메시형	바닥밀폐형
	일반 사다리 모양	바닥에 구멍	그물모양	바닥밀폐구조
그림	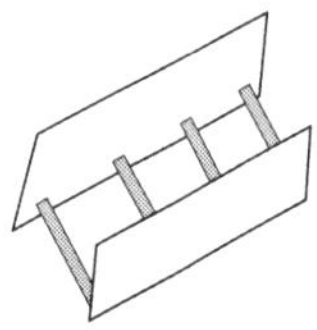	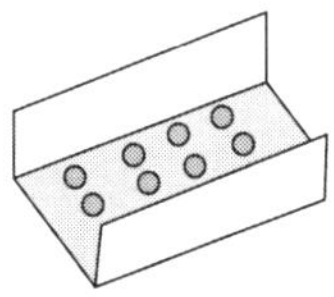	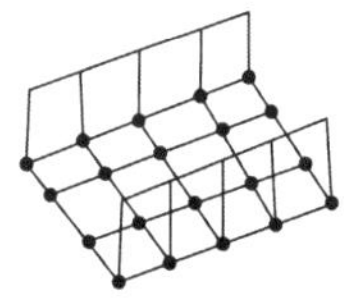	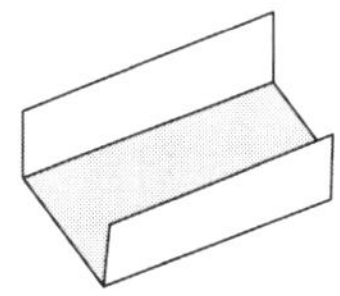
특징	· 통풍이 원활하다. · 설치 및 유지보수 용이	· 사다리형보다 케이블 보호 유리	· 가볍고 저렴 · 강도가 약해 무거운 케이블 취급주의	· 케이블의 전자파 차단 ·통풍이 안됨

2) 시설기준

① 케이블 트레이 안전율 : 1.5 이상일 것

② 비금속제 케이블 트레이는 난연성 재료일 것

3) 사용전선

① 난연성 케이블(연피케이블, 알루미늄피 케이블)

② 금속관 혹은 합성수지관 등에 넣은 절연전선 사용

4) 케이블 트레이 공사 방법

① 전선 접속부분이 측면 레일 위로 나오지 않도록 하고 절연처리 할 것

② 지지대는 트레이 자체 하중과 케이블 하중을 충분히 견딜 수 있는 강도일 것

③ 전선 피복을 손상시킬 돌기 등이 없이 매끈할 것

④ 금속제 케이블 트레이는 접지공사를 할 것

⑤ 저압케이블과 (특)고압케이블은 동일 케이블 트레이 내에 포설 불가능
단) 견고한 불연성 격벽시설시 또는 금속외장 케이블 사용시 제외

⑥ 수평트레이에 단심 케이블 포설시 공사 방법

구분	단층 설치시	삼각 설치시
시설 그림	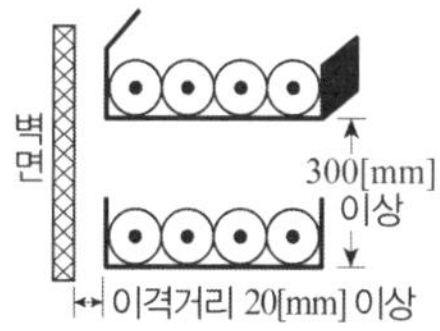	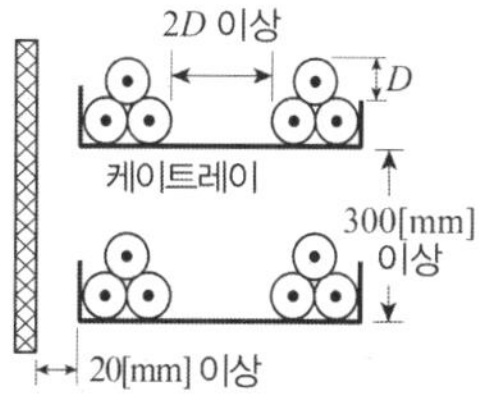
시설 방법	벽면과 이격거리는 20[mm] 이상일 것	
	시설 케이블 지름 합계는 트레이 내측폭 이하일 것	묶음단위 간격은 단심 케이블 지름의 2배 이상할 것

⑦ 수평트레이에 다심 케이블 포설시 공사 방법

구분	단층 설치시	
시설 그림	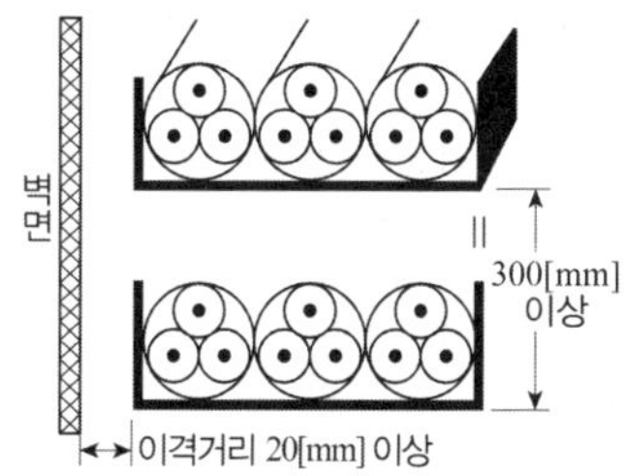	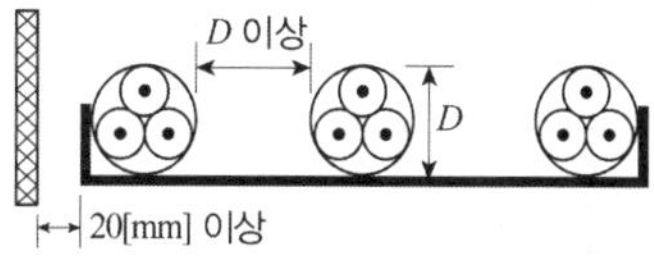
시설 방법	㉠ 벽면과 이격거리는 20[mm] 이상일 것 ㉡ 시설 케이블 외경의 합계는 트레이 내측폭 이하일 것	

⑧ 수직트레이에 케이블 포설시 공사 방법

구분	단심 케이블 시설시	다심 케이블 시설시
시설 방법	㉠ 시설 케이블 지름 합계는 트레이 내측폭 이하이고 단층으로 시설할 것 ㉡ 벽면과의 간격은 가장 굵은 케이블의 바깥지름의 0.3배 이상일 것	
	삼각포설시 묶음단위 간격은 단심케이블 지름의 2배 이상일 것	

(22) 케이블 공사

1) **사용전선** : 케이블 및 캡타이어 케이블을 사용할 것

2) 중량물의 압력을 받을 우려가 있는 곳의 케이블은 **방호 장치**를 할 것

3) 케이블 지지점 거리 및 굴곡반경 ★★

<table>
<tr><td rowspan="2">케이블지지점의 이격거리</td><td>조영제의 아랫(옆)면 따라서 붙이는 시설시</td><td>사람접촉 우려가 없는 곳</td><td>캡타이어 케이블일 때</td></tr>
<tr><td>2[m] 이하</td><td>수직으로 붙임 6[m] 이하</td><td>1[m] 이하</td></tr>
<tr><td>전선을 직접 콘크리트에 매입 시설시</td><td colspan="3">① 전선은 MI·콘크리트 직매용 개장을 한 케이블일 것
② 박스는 금속제나 합성 수지제의 것 또는 (황)동으로 제작한 것
③ 물이 (풀)박스 내에 침입하지 않도록 부싱을 사용할 것
④ 콘크리트 내 전선에는 접속점을 만들지 말 것</td></tr>
<tr><td>굴곡 반경</td><td colspan="3">① 다심(MI케이블)의 $6R$(6배), 케이블의 외경의 6배($R=6D$)
② 단심 : $8R$(8배) : $R=8D$
③ 연피케이블 및 알루미늄피 : $12R$(12배)
④ CD케이블 : 35[mm] 미만 − 6배
35[mm] 이상 − 10배
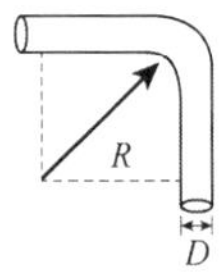

단) 케이블관 안에 넣어서 시설하는 경우 케이블 외경의 1.5배 이상의 관을 선정, D=1.5배의 d값으로 선정, 금속관 규격 $D=1.5d$
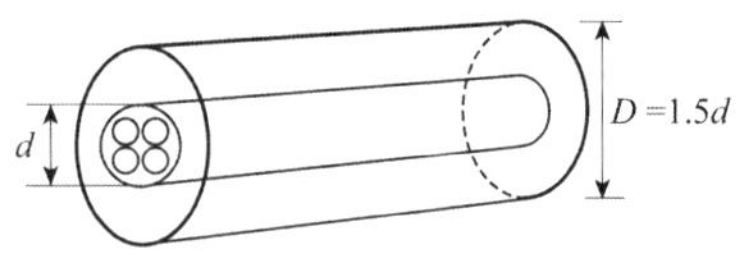
</td></tr>
</table>

4) 접지공사

구분	내 용
접지공사 부분	관 및 전선을 넣는 방호장치의 금속제부분, 금속제 전선접속함, 전선피복 금속체
접지생략 가능 (400[V] 이하)	① 방호장치의 금속제 부분의 길이 4[m] 이하 건조한 곳에 시설시 ② 직류 300[V] 또는 교류 150[V] 이하 금속제 길이 8[m] 이하 사람이 쉽게 접촉할 우려가 없도록 시설시 또는 건조한 곳에 시설시

5) 캡타이어 케이블 ★★

시설 장소 : 산(염기)이 많은 곳에 사용한다.(이동용 기계기구)

<table>
<tr><td>지지점의 이격거리</td><td>1[m] 이하(조건 : 조영재 면을 포함)</td></tr>
<tr><td>심선의 색상</td><td>1심~5심(흑, 백, 적, 녹, 황)
암기법 : 흑 백 적 녹 황
1심 → 흑
2심 → 백
3심 → 적
4심 → 녹
5심 → 황</td></tr>
<tr><td>캡타이어 코드
(코드선)
‖
금실(금사) 코드</td><td>① 심선의 색상 2심−4심(흑, 백, 적, 녹(접지))
② 용도(기계기구) : 전기면도기, 전기이발기, 헤어드라이기
③ 허용전류 : 0.5[A] 이하
④ 길이 : 2.5[m] 이하</td></tr>
</table>

(23) 애자사용공사(저압 옥내배선)

★ 전개된 장소에만 시설 가능하다.

1) 바인드법(동 또는 철의 심선에 피복을 입힌 선을 사용 애자에 고정시키는 것)

<table>
<tr><th>사용전선의 굵기</th><th>바인드 선의 굵기</th><th>바인드법</th></tr>
<tr><td>14[mm^2] 이하</td><td>0.9[mm]</td><td rowspan="3">① 일자 바인드법
② 십자 바인드법
③ 인류 바인드법</td></tr>
<tr><td>50[mm^2] 이하</td><td>1.2[mm] 또는 0.9[mm]×2가닥</td></tr>
<tr><td>50[mm^2] 초과</td><td>1.6[mm] 또는 1.2[mm]×2가닥</td></tr>
</table>

2) ★ 애자의 성질

사용애자는 “난연성, 내수성, 절연성”일 것

암기법 : 애·난·내·절

3) 이격거리

<table>
<tr><th colspan="2">구 분</th><th>이 격 거 리</th></tr>
<tr><td colspan="2">전선의 지지점의 이격거리</td><td>조영재에 따라 시설하지 않는 경우 6[m] 이하(400[V] 이상 적용)
단) 조영재의 윗면 또는 옆면에 따라서 시설시 2[m] 이하 가능</td></tr>
<tr><td colspan="2">전선 상호간의 이격거리</td><td>6[cm] 이상(고압인 경우 8[cm] 이상)</td></tr>
<tr><td rowspan="2">전선과
조영재의
이격거리</td><td>사용전압
400[V] 이하</td><td>2.5[cm] 이상(점검할 수 있는 은폐장소)</td></tr>
<tr><td>사용전압
400[V] 초과</td><td>4.5[cm] 이상 이격(점검할 수 없는 장소, 습기가 많은 장소)
단) 건조한 장소 시설시 2.5[cm] 이상</td></tr>
</table>

4) 전선 조영재 관통시 전선마다 각각 별개의 절연관(난연성 및 내수성)에 넣을 것
단) 사용전압이 150[V] 이하인 전선을 건조한 장소에 시설시
관통하는 부분의 전선에 내구성이 있는 절연 테이프를 감을 때는 제외

5) 사용전선

구분	전선 굵기
저압	2.5[mm^2] 이상 연동 절연전선 사용 단) 옥외용 OW 및 인입용 비닐절연전선 DV는 제외
고압	6[mm^2] 이상 연동선, 동등이상 세기의 (특)고절연전선 사용

(24) 옥내에 시설하는 저압 접촉전선 배선 공사

전기기계기구(이동 기중기, 자동청소기)의 전기 공급용 저압 접촉전선은 기계기구에 시설시 이외에는 전개된 장소 또는 점검 가능 은폐장소에 애자사용공사 또는 버스덕트 공사·절연 트롤리 공사로 시설할 것

1) 애자사용공사(전개된 장소)인 경우

① 사용전선

구분	전선 굵기
400[V] 이하	지름 3.2[mm] 이상 경동선으로 단면적 8[mm^2](인장강도 3.44[kN]) 이상
400[V] 초과	지름 6[mm] 이상 경동선으로 단면적 28[mm^2](인장강도 11.2[kN]) 이상

② 전선 높이 및 이격거리

구분	전선 시설 높이	전선 지지점 거리	전선 상호간 간격
내용	3.5[m] 이상 사람 접촉 우려가 없도록 시설할 것	6[m] 이하	수평배열시 0.14[m] 이상 기타 0.2[m] 이상

2) 절연 트롤리 공사인 경우

① 사람이 쉽게 접할 우려가 없도록 시설할 것
② 개구부는 아래 또는 옆으로 향하여 시설할 것
③ 끝 부분은 충전부분이 노출되지 않는 구조일 것
④ 각 지지점 견고 시설 외에는 그 양쪽 끝을 내장 인류장치로 인류할 것
⑤ 절연 트롤리선은 지름 6[mm]의 경동선 또는 단면적이 28[mm^2] 이상일 것

(25) 옥내에 시설하는 고압 접촉전선 배선 공사

1) **애자사용 배선공사**(전개된 장소 또는 점검 가능 은폐된 장소에 가능)

① 사용전선

10[mm]의 경동선으로 70[mm^2] 이상인 구부리기 어려운 것(2.78[kN] 이상)

② 이격거리

구분	전선 시설 높이	전선 지지점 거리	전선 상호간 간격	전선과 조영재 거리
내용	사람 접촉 우려가 없도록 시설할 것	6[m] 이하	0.3[m] 이상	0.2[m] 이상

2) **접근 또는 교차시 상호 간의 이격거리**

① 고압접촉전선에 접촉하는 집전장치의 충전 부분이 다른 옥내 전선·약전류 전선 등 또는 수관·가스관과 접근 또는 교차시 : 0.6[m] 이상

② 고압 접촉 전선과 다른 옥내(약전류)전선등 사이에 견고한 격벽(절연성 및 난연성)을 설치시 0.3[m] 이상

(26) 수상 또는 수중의 작업선 실내 배선 시설 규정

저압 옥내배선(관등회로) 배선은 선박용 케이블 사용하고 정격전압은 600[V]

(27) 옥내 저압용 배분전반의 시설 규정

저압용 배전반 및 분전반의 기구 및 전선은 쉽게 점검할 수 있도록 시설할 것

1) 노출 충전부의 배(분)전반은 취급자 외 쉽게 출입할 수 없도록 설치
2) 한 개 분전반에는 1회선의 간선만 공급할 것. 단) 격벽이고 과전류차단기 가까운 곳에 그 사용전압을 표시하는 경우에는 제외
3) 주택용 분전반은 독립된 장소(신발장, 옷장의 은폐된 장소 제외)에 시설할 것
4) 배(분)전반은 불연성 또는 난연성이 있도록 시설할 것
5) 전기계량기와 수납 계기함은 쉽게 점검 및 보수할 수 있는 위치에 시설하고 내연성에 적합한 재료일 것

(28) 옥내에서의 전열 장치의 시설 규정

1) 기계기구의 내부에 안전시설인 경우 이외에는 발열체 시설 불가능
2) 전열장치의 접속전선은 열로 인해 전선피복이 손상되지 않도록 시설할 것

(29) 고압 옥내 배선 시설규정

<table>
<tr><th colspan="2">사용가능 배선공사 및 구분</th><th>시설 규정</th></tr>
<tr><td colspan="2">케이블(배선) 공사(기준)</td><td>케이블을 넣는 방호장치 금속제 부분, 금속제의 전선 접속함 및 케이블의 피복에 사용하는 금속체에는 접지공사를 할 것</td></tr>
<tr><td rowspan="6">애자 사용 공사시 (고압)</td><td>건조하고 전개된 장소에 시설</td><td>애자는 절연성·난연성·내수성일 것</td></tr>
<tr><td>사용전선 굵기</td><td>6[mm^2] 이상의 연동선, (특)고압절연전선, 인하용 고압절연전선</td></tr>
<tr><td>전선의 지지점 이격거리</td><td>6[m] 이하(단, 조영재 면 따라 시설시 2[m] 이하)</td></tr>
<tr><td>전선 상호간 간격</td><td>8[cm] 이상(저압은 6[cm] 이상)</td></tr>
<tr><td>전선과 조영재의 이격거리</td><td>5[cm] 이상</td></tr>
<tr><td>전선이 조영재 관통시</td><td>전선마다 각각 절연관(난연성, 내수성)에 넣을 것</td></tr>
<tr><td colspan="2">케이블 트레이(배선) 공사</td><td>① 전선은 연피(알루미늄피) 케이블 등 난연성 케이블을 사용할 것
② 금속제 트레이는 접지시스템(공사)에 접속할 것</td></tr>
</table>

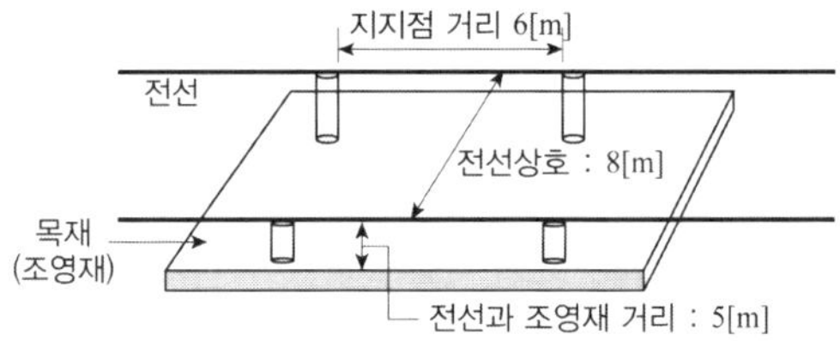

(30) 특고압 옥내 배선 시설규정

사용가능 배선공사 및 구분	시 설 규 정
케이블(배선) 공사	사용전압 100[kV] 이하일 것
케이블 트레이(배선) 공사	사용전압 35[kV] 이하일 것
사용전선	케이블일 것
케이블 시설방법	철재(철근콘크리트제)의 관·덕트의 견고한 방호장치에 넣어 시설
접지공사	케이블을 넣는 방호장치의 금속제 부분·금속제의 전선 접속함, 케이블의 피복에 사용하는 금속체

(31) 옥내배선(옥내배선, 수도관, 가스관, 약전류전선과 접근 교차시)과 이격거리

접근 교차시 구분	이격거리([m] 이상)
수도관, 가스관, 약전선 ↔ 저압(절연, 케이블)	최소 0.1[m] 애자공사 나선인 경우 0.3[m]
수도관, 가스관, 약전선 ↔ 고압(절연, 케이블)	0.15[m] ☆
	애자공사 나선인 경우 0.3[m]
특고압 옥내배선 ↔ 저(고)압 옥내배선 사이	0.6[m] 이상(내화성 격벽시설시 제외) ☆
가스계량기 및 가스관 이음부 ↔ 전력량계·개폐기	0.6[m]

단) 케이블을 금속관 안에 삽입시는 직접 닿지 않으면 된다.

(32) 옥내 저압용 전구선 시설 규정

사용전압	옥내 저압용 전구선 굵기
	옥외 및 옥측 이동전선, 터널전구선, 고압이동전선의 시설
400[V] 이하	① 단면적 0.75[mm^2] 이상인 고무코드 ② 0.6/1[kV] EP 고무 절연 클로로프렌 캡타이어 케이블

(33) 옥내 이동전선의 시설 규정

사용전압 구분		사용가능 전선
저압이동전선 (습기 많은 장소, 수분 있는 장소)	400[V] 이하	단면적 0.75[mm^2] 이상 고무코드
	400[V] 초과	단면적 0.75[mm^2] 이상 0.6/1[kV] EP 고무절연 클로로프렌 캡타이어 케이블
저압 이동전선		전기를 열로 이용하지 않는 기계기구 또는 이동점멸기(방전등, 선풍기, 전기이발기, 스탠드)의 사용전선 : 단면적 0.75[mm^2] 이상인 비닐코드 또는 비닐 캡타이어 케이블
고압 이동전선		① 고압용의 캡타이어 케이블일 것(3종 클로로프렌 캡타이어 케이블 또는 3종 클로로설폰화 폴리에틸렌 캡타이어 케이블) ② 전로에 전용개폐기 및 과전류차단기를 각 극에 시설 ③ 전로에 지락시 자동차단장치를 시설할 것 ④ 이동전선과 기계기구는 볼트조임 등 견고히 접속할 것

(34) 옥내배선설비와 다른 약전류 전선 및 관과 접근 교차시 이격거리

전압	배선설비와 다른 공급설비와의 접근시 이격거리
저압 옥내배선	애자공사시 ① 약전류 전선, 수관 다른 저압옥내배선, 관등회로의 배선 : 0.1[m] 단) 나전선인 경우 0.3[m] ② 가스관과의 이격거리 : 0.1[m] 단) 나전선인 경우 0.3[m] 가스계량기 및 가스관의 이음부와 전력량계 및 개폐기 : 0.6[m] 가스계량기 및 가스관의 이음부와 점멸기 및 접속기의 이격거리 : 0.15[m]
고압 옥내배선	다른 고압옥내배선, 저압옥내배선, 관등회로의 배선, 약전류 전선 수관, 가스관 : 0.15[m] 단) 애자공사에 의한 저압옥내전선이 나전선인경우 : 0.3[m] 이상 가스계량기 및 가스관의 이음부와 전력량계 및 개폐기 : 0.6[m] 이상
특고압 옥내배선	① 저압·고압 옥내배선, 관등회로의 배선 : 0.6[m] 이상 단) 내화성 격벽시설시 접촉하지 않으면 된다. ② 약전류 전선, 수관, 가스관 : 직접 접촉하지 않도록 시설

(35) 저압 옥내배선의 시설 장소별 공사 종류

시설장소 \ 사용전압		400[V] 이하인 경우	400[V] 초과인 경우
전개된 장소 (노출 장소)	건조한 장소	· 애자사용공사 · 금속관공사 · 합성수지관(CD관제외) · 합성수지 몰드 공사 · 금속몰드 공사 · 금속덕트 공사 · 버스덕트 · 라이팅 덕트 공사 · 케이블(트레이) 공사 · 가요전선관 공사 · 금속트렁킹 공사	· 애자사용공사 · 금속관공사 · 합성수지관(CD관 제외) · 2종가요전선관 · 2종비닐피복가요전선관 · 금속덕트 공사 · 케이블(트레이) 공사 · 버스덕트 공사
	기타	· 애자사용공사 · 금속관공사 · 합성수지관(CD관 제외) · 1종 또는 2종비닐피복가요전선관 · 케이블(트레이) 공사 · 옥외용 버스덕트 공사	· 애자사용공사 · 금속관공사 · 합성수지관(CD관 제외) · 2종비닐피복가요전선관 · 케이블(트레이) 공사
점검할 수 있는 은폐된 장소	건조한 장소(점검 가능 장소)	· 애자사용공사 · 금속관공사 · 가요전선관공사 · 합성수지몰드공사 · 금속몰드공사 · 금속트렁킹공사 · 금속덕트공사 · 셀룰러덕트공사 · 라이팅덕트공사 · 버스덕트 공사 · 케이블(트레이) 공사	· 애자사용공사 · 금속관공사 · 2종가요전선관 · 2종비닐피복가요전선관 · 금속덕트 공사 · 케이블(트레이) 공사 · 버스덕트 공사
	기타	· 애자사용공사 · 금속관공사 · 1종 또는 2종비닐피복가요전선관 · 케이블(트레이) 공사	· 애자사용공사 · 금속관공사 · 2종비닐피복가요전선관 · 케이블(트레이) 공사
점검할 수 없는 은폐된 장소	건조한 장소(점검 불가능 장소)	· 금속관공사 · 2종가요전선관 · 2종비닐피복가요전선관 · 케이블(트레이) 공사 · 플로어 덕트 공사 또는 셀룰러덕트 공사 (바닥에 한함)	· 금속관공사 · 2종가요전선관 · 2종비닐피복가요전선관 · 케이블(트레이) 공사
	기타	· 금속관공사 · 2종비닐피복가요전선관 · 케이블공사	· 금속관공사 · 2종비닐피복가요전선관 · 케이블(트레이) 공사
용어	기타 : 습기가 많은 장소 또는 물기가 있는 장소		

제2장 조명설비

(1) 등기구 설치 요구사항

1) 등기구는 설치시 고려사항
   ① 시동 전류
   ② 고조파 전류
   ③ 보상
   ④ 누설 전류
   ⑤ 최초 점화전류
   ⑥ 전압강하
2) 열(발광과 대류 에너지) 영향에 대한 주변의 보호 고려사항
   ① 램프의 최대 허용 소모전력
   ② 인접 물질의 내열성
   ③ 설치 지점
   ④ 열 영향이 미치는 구역
   ⑤ 가연성 재료로부터 적절한 간격을 유지
   ⑥ 스포트라이트나 프로젝터의 가연성 재료로부터 최소 거리

정격용량[W]	100 이하	100 초과 300 이하	300 초과 500 이하	500 초과
이격거리[m]	0.5	0.8	1	1[m] 초과

3) 등기구의 집합
   하나의 공통 중성선만으로 3상회로의 3개 선도체에 나뉘어진 등기구의 집합은 3개 선도체가 하나의 장치로 동시에 차단할 것
4) 보상 커패시터
   총 정전용량이 0.5[μF] 초과 보상 커패시터는 방전 저항기와 결합시 사용가능
5) 조명 디스플레이 스탠드의 감전에 대한 보호는 SELV 또는 PELV 전원 공급

(2) 코드의 사용

1) 코드는 사용전압 400[V] 이하의 전로에 사용할 것
2) 코드는 조명용 전원코드 및 이동전선으로만 사용할 것
3) 진열장 등의 내부(건조상태)에 배선시 고정배선으로 사용할 수 있다.

(3) 코드 및 이동전선

1) 옥측시설의 조명용 전원코드를 비(이슬)에 맞지 않도록 시설하고 사람이 쉽게 접촉되지 않도록 시설할 경우 사용 전선
   ① 단면적 0.75[mm^2] 이상인 450/750[V] 내열성 에틸렌아세테이트 고무절연전선
   ② 전구수구의 리드 인출부의 전선간격이 10[mm] 이상인 전구소켓 사용시 0.75[mm^2] 이상인 450/750[V] 일반용 단심 비닐절연전선
2) 옥내에서 조명용 전원코드(이동전선)를 습기가 많은 장소 또는 수분이 있는 장소에 시설할 경우 사용 전선
   ① 고무코드(사용전압 400[V] 이하에 한함) 또는
   ② 0.6/1[kV] EP 고무 절연 클로로프렌 캡타이어 케이블로서 단면적이 0.75[mm^2] 이상
3) 조명용 전원코드 또는 이동전선은 단면적 0.75[mm^2] 이상의 코드 또는 캡타이어 케이블을 용도에 적합하게 아래 표에 따라 선정할 것

종류 \ 용도		옥내		옥외·옥측	
		조명용 전원코드	이동 전선	조명용 전원코드	이동 전선
코드	비닐	×	△○	×	×
	고무	○	○	×	×
	편조 고무			●	□
	금사	×	▲	×	×
	실내장식전등기구용		○	×	×
캡타이어 케이블	고무	◎	◎	◎	◎
	비닐	×	△◎	×	△◎

① ○ 또는 □ 또는 ●은 300/300[V] 이하에 사용
② ◎은 0.6/1[kV] 이하에 사용 ③ ×은 사용불가
④ △은 다음 조건에 적합한 것에 사용 가능
   ㉠ 열 미사용 소형기계기구(방전등, 라디오, 텔레비전, 선풍기, 전기이발기 등)
   ㉡ 고온부 비노출의 것(전기모포, 전기온수기)으로 전선 비접촉 구조의 가열장치 (접속부 온도 80[℃] 이하 전열기 외면 온도 100[℃] 이하의 것)에 사용할 경우
⑤ ▲은 길이 2.5[m] 이하 소형 기계기구(전기면도기, 전기이발기) 건조장소
⑥ ●은 사람이 쉽게 접촉할 우려가 없도록 시설시 사용 가능
⑦ □은 옥측에 비(이슬)에 맞지 아니하도록 시공한 경우 사용 가능

(4) 콘센트의 시설 규정

1) 노출형 콘센트는 기둥(내구성이 있는 조영재)에 부착할 것
2) 콘센트를 조영재 매입시 매입형을 금속제(난연성 절연물로)박스 속에 시설
   단) 난연성절연물의 외함인 콘센트는 벽에 부착시 박스 사용 생략
3) 콘센트 바닥에 시설시 플로어박스(방수형)에 설치할 것 또는 박스의 표면 플레이트에 틀어서 부착할 수 있도록 된 콘센트를 사용할 것
4) 욕실(화장실)에 콘센트 시설시 다음 중 한 가지를 하여 시설할 것
   ① 인체감전보호용 누전차단기(정격감도전류 15[mA] 이하, 동작시간 0.03초 이하의 전류동작형)를 사용 보호된 전로에 접속
   ② 절연변압기(정격용량 3[kVA] 이하)로 보호된 전로에 접속
   ③ 인체감전보호용 누전차단기가 부착된 콘센트를 시설
5) 욕실(화장실)은 접지극이 있는 방적형 콘센트를 사용하여 접지할 것
6) 습기가 많은 장소 또는 수분이 있는 장소에 시설하는 콘센트 및 기계기구용 콘센트는 접지용 단자가 있는 것을 사용하여 접지하고 방습장치를 할 것
7) 주택의 옥내전로에는 접지극이 있는 콘센트를 사용하여 접지할 것

(5) 점멸기의 시설 규정

1) 전로의 비접지측에 시설하고 분기개폐기에 배선차단기 사용시 대용 가능
2) 노출형의 점멸기는 내구성이 있는 조영재(기둥)에 설치할 것
3) 조영재의 매입형 점멸기는 금속제(난연성절연물)박스에 시설할 것
4) 욕실 내는 점멸기를 시설하지 말 것
5) 가정용전등은 매 등기구마다 점멸이 가능하도록 할 것
   단) 장식용(상들리에, 간접조명등, 보조등기구) 및 발코니등기구는 예외
6) 공장·사무실·학교·상점장소의 옥내 전등은 전등군마다 점멸이 가능, 태양광선이 들어오는 창쪽 전등은 따로 점멸할 것
7) 센서등(타임스위치 포함) 시설

구 분	점멸 시간	암기법
호텔, 여관 입구등(관광숙박업)	1분 이내 점멸(소등)	호 일(1)
일반주택, APT(현관등)	3분 이내 점멸	주 삼(3)

8) 가로등, 보안등, 옥외 공중전화기의 조명등용 분기회로에는 주광센서를 설치하여 주광에 의하여 자동점멸 하도록 시설할 것

(6) 진열장 또는 이와 유사한 것의 내부 배선

1) 건조한 장소 또는 내부 건조 상태시설로 400[V] 이하의 배선을 외부에서 잘 보이는 장소에 코드(캡타이어 케이블)로 배선 가능
2) 코드 또는 캡타이어 케이블 굵기 : 단면적 0.75[mm^2] 이상

(7) 옥외등 시설 규정

1) 전기를 공급하는 전로의 사용전압은 대지전압 300[V] 이하일 것
2) 옥외등 또는 점멸기에 이르는 인하선 공사방법
   ① 애자공사(지표상 2[m] 이상 노출된 장소에 한함)
   ② 금속관공사
   ③ 합성수지관공사
   ④ 케이블공사(알루미늄피 등 금속제 외피 것은 목조 이외의 조영물에 시설하는 경우에 한함)
3) 옥외등 공사에 사용하는 기구의 시설
   ① 개폐기, 과전류차단기는 옥내에 시설할 것. 단) 방수함속(방수형)은 제외
   ② 노출 소켓은 방수소켓 또는 방수형 리셉터클 사용 하향으로 시설할 것
4) 옥측 및 옥외의 전기간판 시설
   전로에는 지락시 자동차단하는 누전차단기를 시설할 것

(8) 전주외등 시설 규정

대지전압 300[V] 이하 형광등, 고압방전등, LED등을 배전선로의 지지물 등에 시설하는 경우에 적용

1) 조명기구 및 부착금구는 다음에 적합할 것(가로등, 보안등 = LED등)
   ① 기구는 광원 손상방지를 위해 갓(글로브)이 붙은 것을 사용할 것
   ② 기구는 전구를 쉽게 갈아 끼울 구조일 것
   ③ 기구의 인출선은 도체단면적이 0.75[mm^2] 이상일 것
   ④ 기구 부착용 부속금구류(부착밴드)는 강판제(아연도금) 또는 스테인리스제이고, 또한 쉽게 부착 및 뗄 수도 있을 것
2) 배선 굵기 및 공사 방법
   ① 배선 굵기 : 2.5[mm^2] 이상 절연전선 또는 동등 이상 절연성능이 있는 것
   ② 공사 방법 : 케이블공사, 합성수지관공사, 금속관공사
   ③ 배선이 전주에 연한 부분지지 거리 : 1.5[m]마다 새들(밴드)로 지지할 것

④ 등주 안에서 전선 접속 방법
㉠ 절연 및 방수형 접속재[레진충전식, 실리콘수밀식, 자기융착테이프의 이중절연]를 사용할 것
㉡ 방수함 안에서 접속할 것
⑤ 사용전압 400[V] 이하 관등회로의 사용 전선
케이블 또는 동등 이상의 절연성능을 가진 전선

3) 방전등(가로등, 보안등, 조경등)의 사용전압 150[V] 초과 전로 시설
① 전로 지락시 자동차단장치를 각 분기회로에 시설할 것
② 금속제 등주(가로등, 보안등, 조경등)에는 접지공사를 할 것

(9) 1[kV] 이하 옥내 방전등 배선공사

1) 관등회로의 사용전압이 1[kV] 이하인 방전등을 옥내에 시설시 적용
2) 전기를 공급하는 전로의 대지전압은 300[V] 이하(150[V] 이하 제외)
3) 방전등용 안정기는 조명기구에 내장할 것
4) 방전등용 변압기를 사용할 것
① 관등회로의 사용전압이 400[V] 초과시
② 방전등용 변압기는 절연변압기를 사용할 것
5) 관등회로의 배선
① 관등회로의 사용전압이 400[V] 이하인 배선인 경우
㉠ 2.5[mm^2] 이상의 연동선 또는 동등 이상의 절연전선(OW 및 DV 제외)
㉡ 캡타이어 케이블 또는 케이블을 사용하여 시설할 것
② 관등회로의 사용전압이 400[V] 초과 ~ 1[kV] 이하인 배선인 경우

시설장소		배선 공사의 종류(방법)
전개된 장소	건조한 장소	애자(사용)공사·합성수지몰드공사·금속몰드공사
	기타 장소	애자(사용)공사
점검할 수 있는 은폐된 장소	건조한 장소	금속몰드공사

③ 애자사용배선의 시설시 사람이 접촉될 우려가 없도록 시설할 것

공사 방법	전선 상호 간의 거리	전선과 조영재의 거리	전선 지지점간의 거리	
			관등회로의 전압이 400[V] 이상 ~ 600[V] 이하시	관등회로의 전압이 600[V] 초과 ~ 1[kV] 이하시
애자 공사	60[mm] 이상	25[mm] 이상 (습기 많은 장소 45[mm] 이상)	2[m] 이하	1[m] 이하

6) 내부 관등회로(진열장 또는 이와 유사한 것) 배선
① 전선의 접속점은 조영재에서 이격하여 시설할 것
② 전선의 부착점간의 거리는 1[m] 이하로 할 것
7) 옥측 또는 옥외에 시설하는 방전등은 옥외형의 것
8) 방전등용 안정기의 외함 및 등기구의 금속제부분은 접지공사 할 것
9) 접지공사를 생략할 수 있는 경우
① 관등회로의 사용전압이 대지전압 150[V] 이하 건조한 장소 시공시
② 사용전압 400[V] 이하 사람이 쉽게 접촉될 우려가 없는 건조한 장소에 시설시 금속제부분이 금속제 조영재와 접속되지 않도록 시설할 경우
③ 사용전압 400[V] 이하 또는 변압기의 2차 단락전류 혹은 회로의 동작전류가 50[mA] 이하로 안정기를 외함에 넣고, 등기구와 접속되지 않도록 시설시
④ 건조한 장소 시설하는 목제의 진열장속에 안정기의 외함 및 금속제부분을 사람이 쉽게 접촉되지 않도록 시설할 경우

(10) 옥내 네온방전등 공사

1) 시설규정
① 적용 : 네온방전등을 옥내, 옥측, 옥외에 시설할 경우
② 네온방전등에 공급하는 전로의 대지전압은 300[V] 이하(150[V] 이하 제외)
③ 방전등용 변압기는 네온변압기일 것
④ 네온관은 사람이 접촉될 우려가 없도록 시설할 것
⑤ 네온변압기는 옥내배선과 직접 접촉하여 시설할 것
⑥ 네온변압기는 2차측을 직렬 또는 병렬로 접속하여 사용하지 말 것
⑦ 네온변압기를 우선 외에 시설할 경우는 옥외형의 것을 사용할 것
2) 관등회로의 배선
① 사용전선 : 네온관용 전선 사용할 것
② 시설장소 : 외상을 받을 우려가 없고 사람이 접촉될 우려가 없는 노출장소
③ 이격거리(시설방법) : 전선은 유리제(자기)의 애자로 지지 조영재의 아랫면 또는 옆면에 부착할 것

전선 상호간	전선 지지점간	애자	전선과 조영재 사이 이격거리		
			6[kV] 이하	6[kV] 초과 ~ 9[kV] 이하	9[kV] 초과
60[mm] 이상	1[m] 이하	절연성, 나연성, 내수성일 것	20[mm] 이상	30[mm] 이상	40[mm] 이상

1차 전압 : 150[V] 이하

단) 인무시이고 옥내배선과 직접 접촉이 되어 시설시 300[V] 이하까지 가능

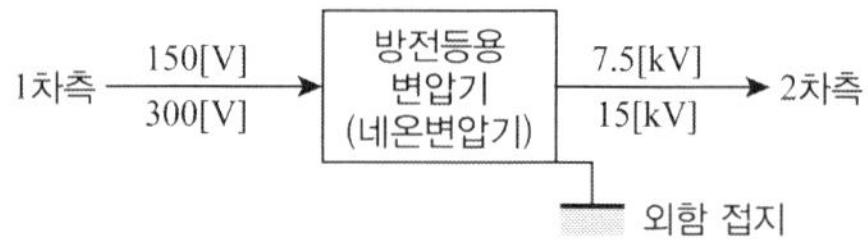

(11) 수중조명등 시설 규정

수영장 장소 등의 수중조명등에 전기공급은 **절연변압기**를 사용할 것

<table>
<tr><th>구분</th><th colspan="2">시설 규정</th></tr>
<tr><td rowspan="2">조명등의 전기공급 절연변압기 사용전압</td><td colspan="2">1차측 400[V] 이하, 2차측 150[V] 이하</td></tr>
<tr><td colspan="2">절연 변압기의 2차측은 비접지식일 것</td></tr>
<tr><td rowspan="2">절연변압기 2차측 사용전압</td><td>30[V] 이하시</td><td>1, 2차권선 사이에 금속제 혼촉방지판 설치하고 접지할 것</td></tr>
<tr><td>30[V] 초과시</td><td>자동으로 차단되는 정격감도전류 30[mA] 이하의 누전차단기(ELB)를 시설할 것</td></tr>
<tr><td>사용전선</td><td colspan="2">접속점이 없는 단면적 2.5[mm²] 이상의 0.6/1[kV] EP 고무 절연 클로로프렌 캡타이어 케이블일 것</td></tr>
<tr><td>접지공사</td><td colspan="2">절연변압기, 개폐기 및 과전류차단기 및 누전차단기를 넣은 금속제의 외함</td></tr>
</table>

(12) 교통 신호등의 시설 규정

1) 신호등 제어장치의 2차배선의 최대 사용전압은 300[V] 이하일 것. 단) 제어장치 전원측에는 전용개폐기 및 과전류차단기를 각극에 시설하고 150[V] 초과시 자동차단장치인 누전차단기를 시설할 것
2) 공사방법 : 지중 및 가공(조가용선 사용)
3) 2차측 사용전선(인하선 제외) 굵기
   ① 케이블 또는 공칭단면적 $2.5[mm^2]$ 연동선
   ② 450/750[V] 일반용 단심 비닐절연전선
   ③ 450/750[V] 내열성에틸렌아세테이트 고무절연전선
   ④ 제어장치 2차측 전선을 조가용선으로 조가시 조가용선 굵기
   지름 4[mm] 이상 2가닥 이상 꼰 아연도철선 사용할 것
4) 접지공사 : 금속제어기 외함 및 신호등지지 철주
5) 전선(인하선)의 지표상 높이 : 2.5[m] 이상(금속관·케이블 공사시 예외)

(13) 옥측, 옥외 배전반·분전반 및 배선기구 등의 시설 규정

1) 배분전반은 옥내시설 적용
2) 배분전반 안에 물이 고이지 않는 구조일 것
3) 배선기구 및 전기사용기계기구 시설 방법
   ① 전기기계기구 안의 배선에 사람 접촉 또는 손상 우려 부분 시설 금속관공사 또는 케이블공사(금속제의관, 방호장치에 한함)
   ② 개폐기·접속기·점멸기는 손상 우려시 방호장치를 하고, 방수형 또는 이와 동등 성능인 것 사용
   ③ 전기간판의 전로에 지락시 자동적 차단장치를 시설할 것

(14) 옥측 또는 옥외에 전열장치 시설 규정

1) 발열체 내부는 안전시설을 하고 파이프라인 및 도로의 전열장치 시설적용 할 것
2) 선로변환장치의 적설(빙결) 방지용은 철도의 전용부지 안에 시설할 것
3) 댐, 수로의 적설방지는 종사자 외에 쉽게 출입할 수 없는 장소에 시설할 것

(15) 옥측 또는 옥외의 먼지가 많은 장소 시설 규정

저(고)압의 전기설비(관등회로 사용전압 400[V] 초과 방전등 제외)에는 분진(가연성 가스) 위험장소 또는 위험물 존재장소 규정을 적용할 것

(16) 옥측 또는 옥외에 시설시 접촉전선 시설 규정

1) 옥측(옥외) 저압 접촉전선 시설 공사 방법
   애자공사, 버스덕트공사, 절연트롤리공사. 단) 기계기구에 시설은 제외
2) 애자공사로 시설하는 경우
   ① 전선 상호 간의 간격은 수평 배열시 0.14[m] 이상, 기타 0.2[m] 이상일 것
   ② 전선과 조영재 이격거리 및 그 전선에 접촉하는 집전장치의 충전부분과 조영재 이격거리는 45[mm] 이상일 것. 단) 격벽 설치시 제외
3) 전로에는 전용 개폐기 및 과전류 차단기를 시설할 것
4) 특고압 접촉전선(전차선 제외)은 옥측 또는 옥외에 시설 불가능

(17) 옥측 또는 옥외의 1[kV] 초과 방전등 공사 규정

<table>
<tr><th>관등회로 사용전압 구분</th><th colspan="2">시설(공사) 방법</th></tr>
<tr><td>1[kV] 이하 방전등(네온 방전관 제외)</td><td colspan="2">옥내 1[kV] 이하 방전등공사 적용</td></tr>
<tr><td rowspan="2">1[kV] 초과 방전등</td><td>방전등 전로 사용전압</td><td>저압 또는 고압일 것</td></tr>
<tr><td>관등회로 사용전압</td><td>고압일 것</td></tr>
</table>

1) 방전등용 변압기는 다음에 적합한 절연 변압기일 것
   금속제 외함이고 6.0[mm^2] 도체 사용 황동제의 접지용 단자를 설치한 것
2) 기구 시설 높이 : 지표상 4.5[m] 이상
3) 기구와 기타 시설물 또는 식물 사이의 이격거리 : 0.6[m] 이상
4) 전로에는 전용 개폐기 및 과전류 차단기를 각 극에 시설할 것
5) 방전등은 방수장치를 한 옥외형의 것을 사용할 것

8편 특수 설비 시설 규정

(1) 전기울타리

1) 목장 및 논밭에서 가축의 탈출 또는 야생짐승의 침입 방지용
2) 전기울타리용 전원장치에 전기공급전로의 사용전압은 250[V] 이하일 것

구분	시설 규정	
전선굵기	지름 2[mm] 이상 경동선 ★ (인장강도 1.38[kN] 이상)	
이격거리	전선과 지지하는 기둥 사이	25[mm] 이상
	전선과 수목 사이	0.3[m] 이상 ★
시설 장소	사람이 쉽게 출입하지 않는 곳에 시설할 것	
전로안전장치	쉽게 개폐할 수 있는 곳에 전용 개폐기를 사용할 것	
위험(경고)표시	사람이 접근 가능한 곳에 보기 쉽도록 적당한 간격으로 설치할 것	

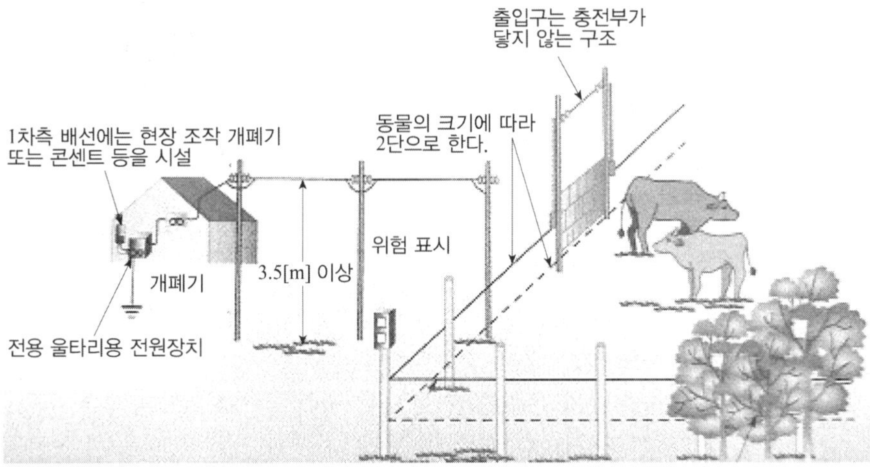

(2) 전기욕기(목욕탕) ★

구분	시설 규정
전기욕기	목욕탕등에 시설되는 전기시설장치
전원변압기	2차측 전로의 전압사용전압 10[V] 이하
욕기 내 전극간	이격거리 1[m] 이상일 것
접지공사	전기욕기용 전원장치의 금속제외함 및 전선을 넣는 금속관
사 용 전 선	2.5[mm^2] 이상 연동선, 케이블, 1.5[mm^2] 이상 캡타이어 케이블
절연변압기	1차측 시설 개폐기 및 과전류차단기 설치할 것

전기욕기용 전원장치(변압기)로부터 욕기안의 전극까지의 전선 상호 간 및 전선과 대지 사이의 절연저항값은 다음 표와 같다.

전로의 사용전압	SELV 및 PELV	FELV, 500[V] 이하	500[V] 초과
직류 DC 시험전압	250[V]	500[V]	1000[V]
절연저항값	0.5[MΩ]	1[MΩ]	1[MΩ]

① 전기욕기

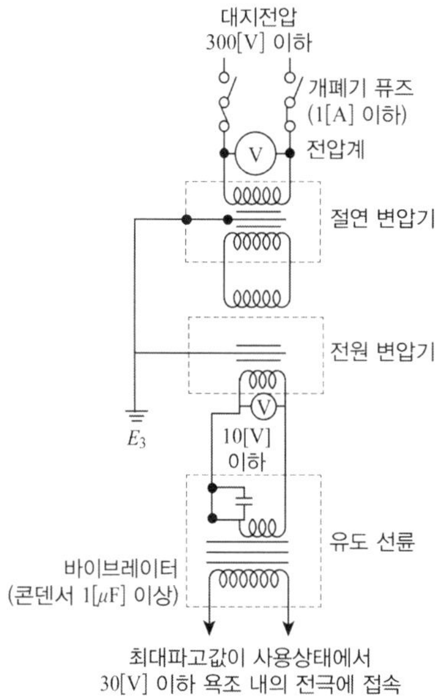

② 풀용 수중 조명등

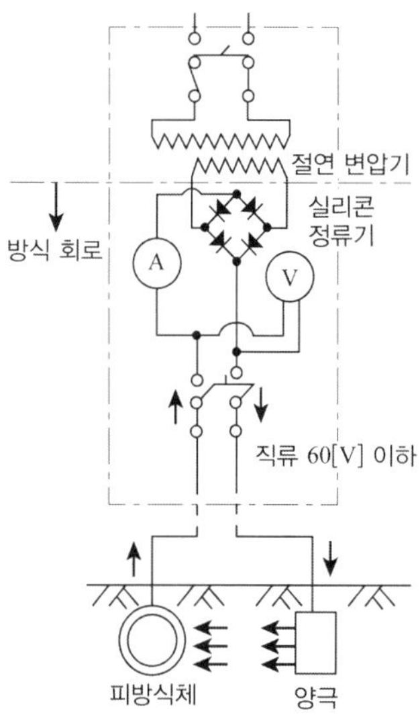

(3) 전극식 온천 온수기 시설 규정

전극식 온천용 승온기 : 온천수의 온도를 올려 수관을 통해 욕탕 공급시설

1) 온수기 사용 전압 : 400[V] 이하일 것
2) 전극식 온천온수기의 급수 펌프용 전동기
   사용전압 400[V] 이하 절연변압기를 사용할 것
3) 온천온수기와 욕탕 사이의 이격거리 : 각각 수관에 따라 0.5[m] 이상
   (온천수 유입구 및 유출구의 차폐장치와 욕탕 사이 이격거리 1.5[m] 이상)
4) 절연변압기 1차측 전로에는 각극에 개폐기 및 과전류 차단기를 시설할 것
5) 접지공사
   절연변압기 철심 및 금속제 외함과 차폐장치의 전극
   단) 차폐장치 접지극은 다른 접지공사의 접지극과 공용하지 말 것
   (수도관로를 접지극으로 사용하는 경우 제외)

(4) 전기온상등의 시설

전기온상등 : 식물의 재배 또는 양잠·부화·육추 등의 용도로 사용하는 전열장치

구분	시설규정
전기온상등 공급전압	전기를 공급하는 전로의 대지전압은 300[V] 이하일 것
발열선의 온도	80[°C] 이하(넘지 않도록 시설할 것) ★
접지공사	전선의 피복에 사용하는 금속체 또는 방호장치의 금속제 부분
발열선의 지지점 거리	1[m] 이하(발열선 공중 시설시 전기온상등)
발열선과 조영재 사이	0.025[m] 이상(발열선 공중 시설시)
전로 각극 시설장치	전용 개폐기 및 과전류차단기

(5) 전격 살충기의 시설 규정

곤충(모기, 날파리, 초파리)을 투충형광등(초록색, 맑은 흑색)에 유인하여 격자에 접촉시 전격사 시키는 장치로 절연변압기 사용할 것

1) 전격격자 설치 높이 : 3.5[m] 이상(지표 또는 바닥에서)
   단) 절연변압기 2차측 개방전압이 7[kV] 이하고 1차측에 자동차단장치시설인 경우는 1.8[m] 가능
2) 전격살충기의 전격격자와 다른 시설물(가공전선 제외) 또는 식물(공작물)과 이격거리 : 0.3[m] 이상
3) 전용의 개폐기 : 전격살충기에 가까운 곳에 시설하고 위험표시를 할 것

(6) 유희용 전차(저전압 전기철도) ☆☆

유원지(유회장)의 구내 유희용 전차에 전기공급을 위해 절연변압기를 사용함

구분		시설 규정	
절연변압기 전압	1차측 전압	400[V] 이하	
	2차측 전압	150[V] 이하(전차 안의 승압 전압)	
2차측 전로전압 사용 전압	직류 DC	60[V] 이하 ★	
	교류 AC	40[V] 이하 ★	암기법 : 직육(6), 교사(4)
접촉전선의 누설전류		레일 1[km]당 교류 AC	100[mA] 이하 ★
유희용 전차 안의 전로와 대지 사이의 절연저항		누설전류는 규정전류의 $\frac{\text{최대공급전류}}{5,000}$ 이하일 것	
유희용 전차에 전기공급 접촉 전선		제3레일 방식일 것	
전로 안전장치		전용의 개폐기를 시설할 것	

(7) 전기 집진 장치의 시설 규정

공장 굴뚝의 매연가스 속에 전하를 방전하여 재와 먼지를 제거하는 장치

1) 사용 전선
   변압기로의 2차측 전기 집진 응용 장치에 이르는 전선은 케이블일 것
2) 전기집진장치에 전기공급변압기는 1차측 전로에는 개폐기를 시설할 것
3) 접지공사(방식케이블 제외)
   ① 전기집진 응용장치의 금속제 외함
   ② 케이블의 피복 금속체
   ③ 케이블을 넣은 방호장치의 금속제 부분

(8) 아크 용접기의 시설 규정

가반형의 용접 전극을 사용하는 아크 용접장치의 시설

용접용 변압기	용접용 변압기의 1차측 전로	
절연변압기일 것	대지전압 300[V] 이하	개폐기 설치할 것

1) 용접변압기로부터 용접전극 및 피용접재에 이르는 부분의 전선
   ① 용접용 케이블
   ② 정격전압 450/750[V] 이하 고무 절연 케이블
   ③ 0.6/1[kV] EP 고무 절연 클로로프렌 캡타이어 케이블
2) 접지공사 : 용접기 외함, 피용접재, 접속되는 받침대, 정반의 금속체

(9) 파이프라인 등의 전열장치

1) 파이프라인의 전열장치에 전류를 흘려 파이프라인 자체를 발열체로 하는 장치

발열선 전기공급 전로	발열체의 온도	각극의 전로
사용전압 400[V] 이하	피가열 액체 발화온도의 80[%]를 넘지 말 것	전용의 개폐기 및 과전류차단기를 시설할 것

2) 접지공사
   ① 가열장치로된 금속제 외피 및 발열체와 절연물을 사이 금속제 비충전부
   ② 발열선을 파이프라인에 시설시 피복에 사용하는 금속체

(10) 도로 등의 전열장치의 시설

시설 방법	견고한 내열성 있는 것 또는 콘크리트 안에 시설할 것	
대지전압	300[V] 이하(발열선에 전기를 공급하는 전로 전압)	
발열선	미네럴 인슈레이션(MI) 케이블일 것	
발열선의 온도 (이하로 시설할 것)	옥내 발열선의 온도	80[°C] 이하
	옥외(도로, 옥외 주차장에 금속피복을 한 발열선)	120[°C] 이하
전로 각극 시설장치	전용 개폐기 및 과전류 차단기, 지락사고시 자동차단장치시설	
접지공사	발열선에 직접 접속하는 전선의 피복에 사용하는 금속체	

(11) 비행장 등화배선 시설 규정

비행장의 항공기 이착륙을 위한 등화시설(항공장애등제외)로 지중의 저(고)압의 배선은 지중전선로 규정에 따라 시설할 것

1) 중량물의 압력을 받을 우려 없는 장소(직접매설시)의 저(고)압선 시설
   ① 사용전선은 클로로프렌외장케이블일 것
   ② 케이블 매설깊이
      ㉠ 항공기 이동지역 0.5[m] 이상
      ㉡ 기타지역 0.75[m] 이상
2) 포장된 노면(활주로·유도로)에 만든 배선통로에 저압 배선 시설
   ① 4[mm^2] 이상 연동선 사용 450/750[V] 일반용 단심 비닐절연전선 또는
   ② 450/750[V] 내열성 에틸렌아세테이트 고무절연전선

(12) 출퇴표시등 회로의 시설 규정

1) 출퇴표시등 회로 전기공급 변압기는 절연변압기일 것
   ① 1차측 대지전압이 300[V] 이하
   ② 2차측 전로의 사용전압이 60[V] 이하
2) 출퇴표시등 전선을 조영재에 시설시 사용전선
   ① 단면적 1.0[mm^2] 이상의 연동선
   ② 동등 이상의 코드
   ③ 캡타이어 케이블
   ④ 케이블
   ⑤ 0.65[mm] 이상의 통신용 케이블일 것

3) 전선 시설방법(케이블, 캡타이어 케이블 제외)
합성수지관, 금속관, 합성수지몰드, 금속몰드, 가요전선관, 금속덕트, 플로어덕트
4) 절연변압기 2차측 전로의 각극에 과전류 차단기를 시설할 것

(13) 소세력 회로의 시설 규정

전자개폐기의 조작 회로, 초인벨, 경보벨 전로로 최대사용전압이 60[V] 이하

1) 소세력 회로 전기공급변압기 : 절연 변압기일 것
   ① 1차 대지전압 300[V] 이하
   ② 2차 사용전압 60[V] 이하
2) 소세력 회로의 전선을 조영재에 붙여 시설시 사용전선
   ① (통신용, 캡타이어)케이블
   ② 1[mm^2] 이상 연동선
   ③ 코드
3) 소세력 회로의 전선 시설 방법

시설 구분	가공시설시	지중시설시
사용전선	지름 1.2[mm]의 경동선	450/750[V] 일반용 단심 비닐절연전선, 케이블, 캡타이어 케이블
시설내용	전선 지지점 거리 15[m] 이하	매설깊이 0.3[m](중량물 우려시 1.2[m]) 이상

(14) 임시 시설 규정(옥내, 옥측, 옥외)

1) 옥내의 임시 시설은 애자공사(건조하고 전개된 장소)로 시설할 것
   ① 사용전압은 400[V] 이하일 것
   ② 절연전선(OW 제외)일 것
2) 옥측 임시 시설(추녀 밑 가옥의 외면) : 애자공사로 시설할 것
   ① 사용전압은 400[V] 이하일 것
   ② 절연전선(OW 제외)일 것
   ③ 전선 상호간 및 전선과 조영재의 이격거리

시설장소	전선	전선 상호간의 거리	전선과 조영재의 거리
비(이슬) 맞는 전개된 장소	절연전선 (OW 및 DV 제외)	0.03[m] 이상	6[mm] 이상
비(이슬) 맞지 않는 전개된 장소	절연전선 (OW 제외)	이격거리 없이 시설 가능	이격거리 없이 시설가능

3) 옥측외의 임시 시설

사용전압	사용전선	방호시설	각극에 시설 장치
150[V] 이하	절연전선 (OW 제외)	수목 동요로 인한 전선손상 우려시	지락차단장치, 전용 개폐기 및 과전류 차단기

4) 콘크리트 매입 임시 시설

사용전압	사용전선	배선방법	각극에 시설 장치
400[V] 이하	케이블	분기회로에만 시설	지락차단장치, 전용 개폐기 및 과전류 차단기

(15) 전기 부식 방지 시설

지중(수중) 시설 금속체(피방식체)의 부식 방지를 위해 시설하는 양극과 피방식체 간에 방식 전류를 통하는 시설

1) 전기부식방지 회로의 사용 전압 : 직류 60[V] 이하일 것
2) 지중 매설시 양극의 매설 깊이 : 0.75[m] 이상일 것
3) 전위차 규정
   ① 수중시설 양극과 주위 1[m] 이내의 임의점 전위차 : 10[V] 이하로 할 것
   ② 수중 1[m] 간격 임의의 2점간의 전위차 : 5[V] 이하로 할 것
4) 2차측 배선(전선)의 굵기
   ① 케이블
   ② 2.0[mm] 이상 경동선
   ③ OW 이상의 절연성능이 있는 것
5) 전원장치의 1차측 전로는 개폐기 및 과전류 차단기를 각 극에 시설할 것
6) 전기부식방지용 전원장치의 외함은 접지공사를 할 것

(16) 전기자동차 전원설비 시설규정

전력계통의 교류 전원을 전기자동차에 공급하기 위한 분전반, 배선(전로), 충전장

치 및 충전케이블 등의 전기자동차 충전설비에 적용

1) 전원공급설비에 사용하는 전로 : 저압일 것
2) 각극에 개폐기 및 과전류 차단기 시설하고 지락시 자동차단장치를 시설
3) 옥내에 시설시
   ① 충전 부분이 노출되지 않도록 시설할 것
   ② 저압용 비포장 퓨즈(불연성)는 제작한 함에 시설할 것
4) 옥내 습기 많은(물기 있는) 곳의 시설 저압용 배선기구에는 방습장치를 할 것
5) 저압 콘센트는 접지극이 있는 콘센트를 사용하여 접지할 것
6) 충전장치와 전기자동차의 접속에는 연장코드를 사용하지 말 것

(17) 전시회, 쇼 및 공연장의 전기설비의 시설규정

무대·무대마루 밑·오케스트라 박스·영화관영사실의 사람 및 무대 도구가 접촉할 우려가 있는 곳의 전기설비

구분	사용전선 및 시설규정
저압 옥내배선	전구선(이동전선)의 사용전압 400[V] 이하일 것
배선용 케이블	구리 도체로 최소 단면적 1.5[mm^2] 이상일 것
무대마루 밑에 시설하는 전구선	300/300[V] 편조 고무코드 또는 0.6/1[kV] EP 고무 절연 클로로프렌 캡타이어 케이블일 것
이동전선	0.6/1[kV] EP 고무 절연 클로로프렌 캡타이어 케이블 또는 0.6/1[kV] 비닐 절연 비닐 캡타이어 케이블
전로시설장치	전용 개폐기 및 과전류차단기
	정격감도전류 30[mA] 이하 누전차단기 시설할 것(조명용 분기회로 및 정격전류 32[A] 이하의 콘센트용 분기회로에)
접지공사	금속제 외함

(18) 터널, 갱도 기타 이와 유사한 장소의 시설규정

1) 사람이 상시 통행하는 터널 안의 배선의 시설

사용전선	설치높이	공사방법	전로 시설장치
① 2.5[mm^2]의 연동선 ② 절연전선(OW전선 및 DV전선 제외)	노면상 2.5[m] 이상	애자공사	전용 개폐기

2) 광산 기타 갱도안의 시설

사용 전압	사용 전선	공사방법	전로 시설장치
저압 또는 고압	① 2.5[mm^2]의 연동선 ② 절연전선(OW전선 및 DV전선 제외)	케이블 공사	전용 개폐기

3) 터널 등의 전구선 또는 이동전선 등의 시설

① 사용전압이 400[V] 이하 저압의 전구선 굵기(400[V] 초과 시설불가능)

㉠ 0.75[mm^2] 이상의 300/300[V] 편조 고무코드 또는

㉡ 0.6/1[kV] EP 고무 절연 클로로프렌 캡타이어 케이블일 것

㉢ 사람이 쉽게 접촉할 우려가 없도록 시설하는 경우

0.75[mm^2] 이상 연동연선의 450/750[V] 내열성에틸렌아세테이트 고무절연전선

단) 출구부 전선 간격 10[mm] 이상인 전구 소켓에 부속하는 전선

㉠ 0.75[mm^2] 이상의 450/750[V] 내열성에틸렌아세테이트 고무 절연전선 또는

㉡ 450/750[V] 일반용 단심 비닐절연전선을 사용

② 사용전압이 400[V] 이하 저압의 이동전선 굵기

㉠ 용접용 케이블

㉡ 300/300[V] 편조 고무코드, 비닐 코드

㉢ 캡타이어 케이블일 것

③ 사용전압이 400[V] 초과 저압의 이동전선

0.6/1[kV] EP 고무 절연 클로로프렌 캡타이어 케이블로서 단면적이 0.75[mm^2] 이상일 것

④ 특고압의 이동전선은 터널 등에 시설 불가능

(19) 이동식 숙박차량 정박지, 야영지장소 시설 규정

레저용 숙박차량·텐트, 이동식 숙박차량 정박지의 이동식 주택, 야영장 장소의 전원공급 회로에 적용

1) 일반특성의 평가

① TN 계통에서는 레저용 숙박차량·텐트 또는 이동식 주택에 전원을 공급하는 최종 분기회로에는 PEN 도체가 포함되어서는 아니 된다.

② 표준전압은 220/380[V]를 초과해서는 아니 된다.

2) 전원공급 배선 : 지중케이블 및 가공케이블 또는 가공절연전선을 사용할 것
3) 지중케이블 매설깊이
   ① 중량물의 압력을 받을 우려 장소 1[m] 이상
   ② 기타 0.6[m] 이상
4) 가공케이블 또는 가공절연전선 시설 높이
   ① 차량 이동지역 지표상 6[m] 이상
   ② 기타 4[m] 이상
5) 콘센트는 과전류 차단기 및 정격감도전류가 30[mA] 이하인 누전차단기에 의하여 개별적으로 보호할 것
6) 이동식(조립)주택의 최종분기회로는 과전류 차단기 및 정격감도전류가 30[mA] 이하인 누전차단기에 의하여 개별적으로 보호할 것
7) 콘센트는 정박(텐트)구획에 시설하고 배전반(별도 외함내)에 설치할 것
8) 단상 콘센트일 것(정격전압 200~250[V], 정격전류 16[A])
9) 콘센트 설치 높이 : 지면상 0.5~1.5[m]

(20) 먼지, 가연성 가스, 위험물, 화약류 저장소 등 시설공사 규정

장소 구분	내 용	공사 방법
폭연성 분진장소	마그네슘, 알루미늄, 티탄 등 먼지가 있을 때 폭발 또는 화학류 분말이 있는 곳 400[V] 이하 설비	· 금속관공사 · 케이블공사
가연성 분진장소	소맥분, 전분, 유황 등 가연성 먼지에 의해 폭발할 우려가 있는 곳	· 합성수지관공사 · 금속관공사 · 케이블공사
가연성 가스장소	가연성 가스 또는 인화성 물질이 전기설비가 발화 원인이 되어 폭발 우려가 있는 곳(프로판 가스, 에탄올, 메탄올)	· 금속관공사 · 케이블공사 (캡타이어 케이블 제외)
위험물 저장장소	셀룰로이드, 성냥, 석유류 등 타기 쉬운 물질 제조 및 저장하는 곳	· 합성수지관공사 · 금속관공사 · 케이블공사
화약류 저장장소	화약, 도검, 총포 등 화약류 저장장소	· 금속관공사 · 케이블공사
폭연성 분진, 가연성 분진에서 정한 곳 이외 먼지가 많은 장소 : 애자사용공사, 합성수지관공사, 금속관공사, 가요전선관 공사, 금속덕트공사, 버스덕트공사, 케이블공사		

참고 | 분진 위험장소의 배선 |

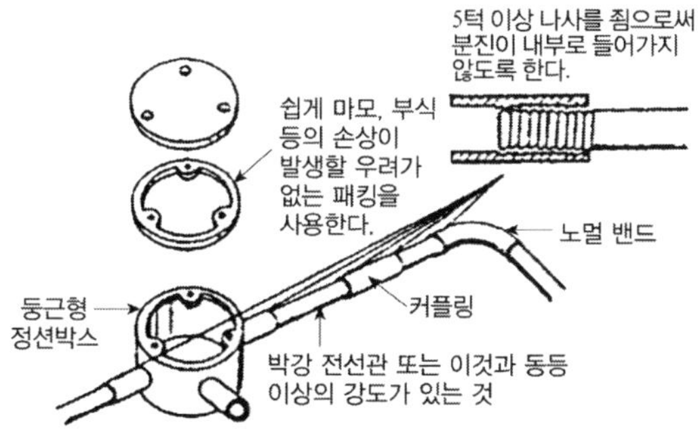

[전선관의 시설 방법]

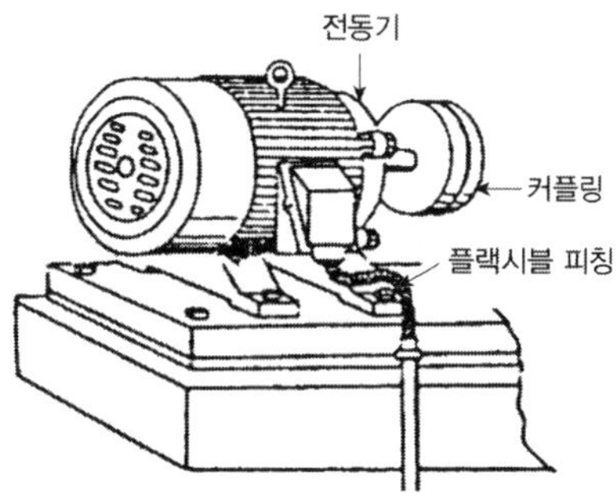

[가요전선의 시설]

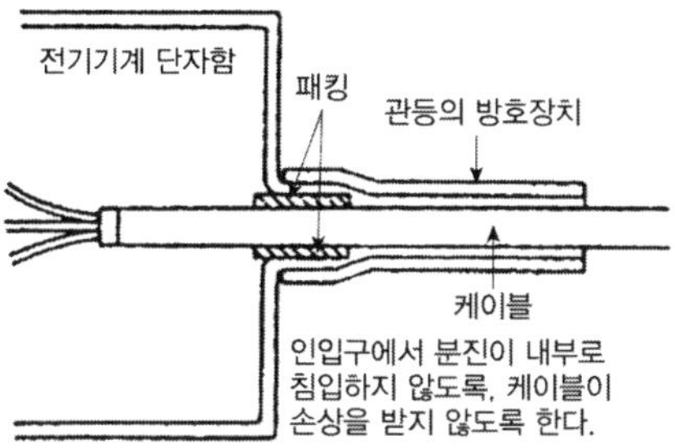

[케이블 배선의 유지]

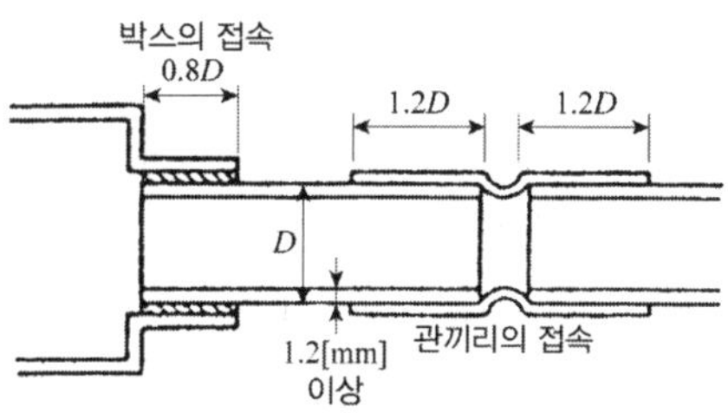

[합성수지 배관]

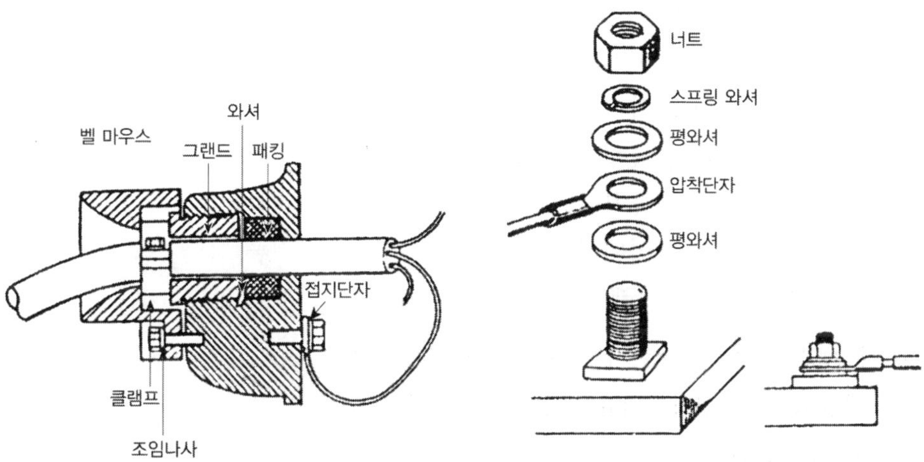

[접지단자의 조임]

1) 폭연성 분진(화약류 분말)이 폭발할 우려가 있는 장소에서 저압의 시설 규정
   ① 금속관 공사 또는 케이블 공사로 할 것(캡타이어 케이블 제외)
   ② 금속관은 박강 전선관일 것 또는 동등이상의 강도를 가질 것
   ③ 관 상호간 및 관과 박스 기타의 부속품·풀 박스 또는 전기기계기구와는 5턱 이상 나사조임으로 접속할 것
   ④ 이동전선은 0.6/1[kV] EP 고무 절연 클로로프렌 캡타이어 케이블일 것

2) 가연성 분진에 전기설비가 발화원이 되어 폭발할 우려가 있는 곳
   ① 공사방법

합성수지관 공사	금속관 공사	케이블 공사
관삽입 깊이는 관바깥지름의 1.2배 (접착제 사용 0.8배)	전기기계기구와는 5턱 이상 나사조임	

   ② 시설규정
      ㉠ 합성수지관 및 박스 기타의 부속품은 손상 우려가 없도록 시설할 것
      ㉡ 박스 기타의 부속품 및 풀박스는 마모·부식 기타의 손상 우려가 없는 패킹(먼지 침입 방지용)에 의해 시설할 것
   ③ 사용(이동)전선
      ㉠ 0.6/1[kV] EP 고무 절연 클로로프렌 캡타이어 케이블
      ㉡ 0.6/1[kV] 비닐 절연 비닐 캡타이어 케이블을 사용할 것

3) 화약류 저장소 등의 시설 규정 ★
   화약류 저장소 안의 전기설비 시설 불가능
   단) 조명(백열등, 형광등) 기구에 전기공급 공작물은 다음과 같이 시설 가능
   ① 전로의 대지 전압은 300[V] 이하일 것
   ② 전기기계기구는 전폐형(방폭형)의 시설일 것
   ③ 전로 지락시 자동차단장치 또는 경보장치를 시설할 것
   ④ 화약류 저장소 이외의 곳에 전용개폐기 및 과전류 차단기를 각극에 시설
   ⑤ 금속관공사 또는 케이블공사(캡타이어 케이블 제외)로 할 것

4) 위험물을 제조 또는 저장하는 곳의 저압시설 규정
   셀룰로이드, 성냥, 석유류 등 타기 쉬운 위험한 물질 제조(저장)하는 곳
   ① 공사방법
      ㉠ 금속관공사
      ㉡ 케이블공사

㉢ 합성수지관공사로 할 것(두께 2[mm] 미만의 합성수지관 및 콤바인 덕트관 제외)

② 사용(이동)전선

㉠ 0.6/1[kV] EP 고무 절연 클로로프렌 캡타이어 케이블

㉡ 0.6/1[kV] 비닐 절연 비닐 캡타이어 케이블을 사용할 것

(21) 의료장소의 시설 규정

환자의 진단·치료(미용치료 포함)·감시·간호의 의료용 전기기기의 장착부(환자의 신체에 접촉되는 부분)의 사용시설

1) 의료장소의 구분(적용범위)

① 그룹 0 : 장착부 미사용장소(병실, 진찰실, 검사실, 처치실, 재활치료실)

② 그룹 1 : 장착부를 심장 부위 제외 신체 내부에 삽입 의료장소
(분만실, MRI실, X선 검사실, 회복실, 구급처치실, 인공투석실, 내시경실)

③ 그룹 2 : 장착부를 심장 부위에 삽입 또는 접촉시켜 사용하는 의료장소
(관상동맥질환 처치실, 심혈관조영실, 중환자실, 마취실, 수술실, 회복실)

2) 의료장소별 계통접지

① 그룹 0 : TT 계통 또는 TN 계통

② 그룹 1 : TT 계통 또는 TN 계통. 단) 전원자동차단시 지장을 초래할 우려시 의료용 전기기기를 사용하는 회로에는 의료 IT 계통을 적용

③ 그룹 2 : 의료 IT 계통. 단) 정격출력이 5[kVA] 이상인 대형 기기회로(이동식 X-레이 장치)에는 TT 계통 또는 TN 계통을 적용

④ 의료장소에 TN 계통 적용시 주배전반 부하 계통은 TN-C 계통 시설불가능

3) 의료장소의 안전을 위한 보호 설비

그룹 1, 2의 의료 IT 계통 안전을 위한 이중 또는 강화절연을 한 비단락보증 절연변압기의 2차측 전로 시설 규정

① 정격전압 교류 250[V] 이하

② 공급방식은 단상 2선식

③ 정격출력 10[kVA] 이하

4) 의료장소의 전로에는 정격감도전류 30[mA] 이하, 동작시간 0.03[초] 이내 누전차단기를 설치할 것

5) 의료장소 내의 접지 설비
전기설비(의료용 전기기기)의 노출도전부, 계통외도전부에 접지설비를 시설할 것

① 의료장소마다 그 내부 또는 근처에 **등전위본딩바**를 설치할 것
② 인접 의료장소와의 바닥 면적 합계가 50[m^2] 이하시 등전위본딩바 공용가능
③ 모든 전기설비 및 의료용 전기기기의 노출도전부는 **등전위본딩바**에 각각 접속할 것
④ 콘센트 및 접지단자의 보호도체는 **등전위본딩바**에 직접 접속할 것
⑤ **접지도체**
㉠ 공칭단면적은 등전위본딩바에 접속된 보호도체 중 가장 큰 것 이상일 것
㉡ 철골, 철근콘크리트 건물은 철골, 주철근(2조 이상)을 접지도체로 사용가능
㉢ 보호(등전위, 본딩, 접지)도체는 450/750[V] 일반용 단심 비닐절연전선 사용(녹색/황색의 줄무늬 또는 녹색)

6) 의료장소 내의 비상전원

절환 시간	비상전원 공급하는 장치 또는 기기
0.5초 이내	생명유지장치, 그룹 1, 2의 수술등, 내시경, 수술테이블, 기타 필수조명
15초 이내	생명유지장치, 그룹 2의 최소 50[%]의 조명, 그룹1의 최소 1개의 조명
15초 초과	병원 기능을 유지하기 위한 중요한 조명 및 기기설비

(22) 엘리베이터 및 덤웨이터의 승강로 안의 저압 옥내배선 규정

1) 승강로 내에 시설 사용전압 400[V] 이하일 것
2) 이동전선 및 직접 접속하는 리프트 케이블
① 비닐 리프트 케이블
② 고무 리프트 케이블을 사용할 것

(23) 저압 옥내 직류전기설비의 시설 규정

1) 전기품질
교류를 직류로 변환 공급시 직류는 **리플프리**(안전 및 감전 보호) **직류**일 것

2) 저압 직류과전류차단장치
① 저압 직류전로에 과전류차단장치를 시설시 **직류단락전류** 차단 능력을 가질 것

② 다중전원전로의 과전류차단기는 모든 전원을 차단할 수 있도록 사용할 것

3) 개폐기는 직류전로 개폐시 발생 아크에 견디는 구조일 것

4) 직류전기설비 접지는 직류누설전류에 의한 전기부식작용으로 접지극 또는 다른 금속체에 손상의 위험이 없도록 시설할 것

5) 축전지실 등의 시설

① 30[V] 초과 축전지는 비접지측 도체에 쉽게 차단할 수 있는 곳에 개폐기 사용할 것

② 옥내전로에 연계되는 축전지는 비접지측 도체에 과전류보호장치를 사용할 것

③ 축전지실 등은 폭발성의 가스가 축적되지 않도록 환기장치 등을 사용할 것

6) 저압 옥내 직류전기설비의 접지

① 확실한 동작 확보(전로보호), 이상전압 및 대지전압의 억제를 위해

② 직류 2선식의 임의의 한점 또는 변환장치의 직류측 중간점, 태양전지의 중간점

7) **직류 2선식 시설시 접지 생략 가능한 경우**

① 사용전압 60[V] 이하인 경우

② 접지검출기가 설치된 특정구역 산업용 기계기구에만 공급하는 경우

③ 교류로부터 공급을 받는 정류기에서 인출되는 직류계통인 경우

④ 최대전류 30[mA] 이하의 직류화재경보회로인 경우

⑤ 절연감시(절연고장점검출)장치시 관리자 확인 경보장치를 시설하는 경우

8) **직류접지계통**(금속제 외함)과 **교류접지**는 함께 **통합접지공사** 가능

(24) 비상용 예비전원의 시설 규정

상용전원 정전시 사용하는 비상용 예비전원설비를 수용장소에 시설하는 것

1) 절환시간에 따른 자동전원공급 가능 시간

무순단 : 과도시간 내에 전압(주파수)이 정해진 조건에서 전원공급이 가능한 것

절환시간 구분	순단	단시간 차단	보통 차단	중간 차단	장시간 차단
자동전원공급 가능 시간	0.15초 이내	0.5초 이내	5초 이내	15초 이내	15초 이후

2) 비상용 예비전원의 시설 기준

① 기능자 및 숙련자만 접근 가능하도록 설치할 것

② 예비전원에서 발생하는 가스, 연기, 증기를 충분히 환기시킬 것

③ 어떠한 비상용 예비전원설비 회로도 차단되지 않도록 할 것

④ 독립운전 또는 병렬운전시 단락(고장)보호가 확보될 것

⑤ 상용전원과 병렬운전이 되지 않도록 시설할 것

⑥ 직류로 공급되는 비상용 예비전원설비 전로는 2극 과전류보호장치일 것

9편 전기철도 설비

(1) 적용범위

1) 직류 및 교류 전기철도 설비의 설계, 시공, 감리, 운영, 유지보수, 안전관리
2) 철도신호 및 철도통신 전기설비는 미적용

<table>
<tr><th>선로 시설물</th><th colspan="2">명 칭</th></tr>
<tr><td rowspan="3">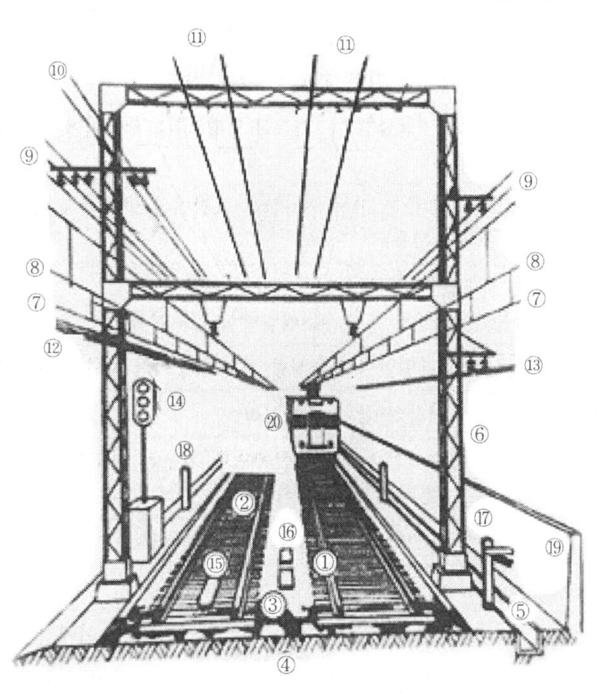</td><td>궤도</td><td>① 레일
② 침목
③ 도상</td></tr>
<tr><td></td><td>④ 노반</td></tr>
<tr><td>선로 구조물</td><td>⑤ 측구
⑥ 철주
⑦ 전차선로
⑧ 조가선
⑨ 급전선
⑩ 고압선(동력·신호)
⑪ 특고압선
⑫ 통신선
⑬ 부급전선
⑭ 신호기
⑮ ATS지상자
⑯ 임피던스본드
⑰ 구배표
⑱ Km정표
⑲ 방음벽
⑳ 차량</td></tr>
</table>

(2) 용어 및 해설

명 칭	용어 해설
전기철도	전기공급 열차로 여객(승객), 화물을 운송하는 철도
전기철도설비	전철 변전설비, 급전설비, 부하(철도차량)설비로 구성
전기철도차량	전기를 기계에너지로 바꾸어 열차를 견인하는 차량 ㉠ 전기방식에 따른 분류 : 직류, 교류, 직·교류 겸용 ㉡ 성능에 따른 분류 : 전동차, 전기기관차
궤도	레일·침목·도상과 부속품으로 구성된 시설

명 칭	용어해설
차량	모든 철도의 차량(전동기가 있거나 없는 객차, 화차 등)
열차	운전할 목적으로 조성된 차량(동력차에 객차, 화차를 연결하고)
레일	차량을 주행시키는 설비(차륜을 직접지지하고 안내해서)
전차선	전력을 공급하기 위한 전선(전기철도차량의 집전장치와 접촉하여)
전차선로	전기철도차량 전력 공급 선로를 따라 설치한 시설물로서 전차선, 급전선, 귀선과 그 지지물 및 설비를 총괄한 것
급전선	변전소로부터 전차선에 공급하는 전선(전기철도차량에 전기공급선)
급전선로	급전선 및 이를 지지하거나 수용하는 전체설비
급전방식	변전소에서 전기철도차량에 전력 공급 방식(㉠ 직류식 ㉡ 교류식)
합성전차선	전차선(전기철도차량 전력공급설비), 조가선(강체포함), 행어이어, 드로퍼로 구성된 가공전선
조가선	전차선 상부에서 조가해 주는 전선(전차선이 레일면상 일정한 높이를 유지하도록 행어이어, 드로퍼 등을 이용)
가선방식	전기철도차량에 전력을 공급하는 전차선의 가선방식 ㉠ 가공방식 ㉡ 강체방식 ㉢ 제3레일방식으로 분류
전차선기울기	연접하는 2개의 지지점 레일면에서 측정한 전차선 높이의 차와 경간 길이와의 비율
전차선 높이	지지점에서 레일면과 전차선 간의 수직거리
전차선 편위	전차선을 레일면 중심수직선으로부터 한쪽으로 치우친 정도의 치수 (팬터그래프 집전판의 편마모 방지를 위해)
귀선회로	전기철도차량에 공급된 전력을 변전소로 되돌리는 귀로
누설전류	레일에서 대지로 흐르는 전류
수전선로	전기사업자에서 전철변전소 또는 수전설비 간의 전선로와 이에 부속되는 설비
전철변전소	외부 공급된 전력을 기계 기구(구내 변압기, 정류기)를 통해 변성하여 전기철도차량(설비)에 공급하는 장소
지속성 최저전압	전압의 최저값(무한정 지속 예상값)
지속성 최고전압	전압의 최고값(무한정 지속 예상값)
장기 과전압	지속시간이 20[ms] 이상인 과전압
전차선로의 전압	전원측 도체와 전류귀환도체 사이 집전장치의 전위

(3) 전기철도의 전기방식

1. 수전선로의 전력수급 조건
   1) 공칭(수전)전압(교류 3상 22.9, 154, 345[kV]) 선정시 고려사항
      부하의 크기 및 특성, 지리(환경)적조건, 전력조류, 전압강하, 안정도, 회로의 공진 및 운용의 합리성, 장래의 수송수요, 전기사업자 협의 선정할 것
   2) 수전선로의 계통구성 고려사항
      3상 단락전류, 3상 단락용량, 전압강하, 전압불평형, 전압왜형률, 플리커
   3) 수전선로는 지형적 여건 시설조건에 따른 분류
      ① 가공방식 ② 지중 방식 ③ 예비선로(비상시 대비용)

2. 전차선로의 전압
   전원측 도체와 전류귀환도체 사이 측정된 집전장치의 전위로 전원공급 시스템이 정상동작에서의 값
   1) 직류방식 급전전압
      ① 사용전압과 각 전압별 최고(최저)전압은 아래 표에 따라 선정할 것
      단) 비지속성 최고전압은 지속시간 5분 이하 예상 최고전압값으로 하고 기존 운행중인 전기철도차량과의 인터페이스를 고려할 것
      ② 회생제동시 1,000[V]의 비지속성 최고전압은 허용 가능하다.

구분	지속성 최저전압	공칭전압	지속성 최고전압	비지속성 최고전압	장기 과전압
직류 DC 평균값	500[V] 900[V]	750[V] 1,500[V]	900[V] 1,800[V]	950[V] 1,950[V]	1,269[V] 2,538[V]

   2) 교류방식 급전전압
      ① 사용전압과 각 전압별 최고(최저)전압은 아래 표에 따라 선정할 것
      단) 비지속성 최저전압은 지속시간 2분 이하 예상 최저전압값으로 하고 기존 운행중인 전기철도차량과의 인터페이스를 고려할 것
      ② 급전선과 전차선 간의 공칭전압은 단상교류 50[kV]를 표준으로 할 것
      ③ 급전선과 레일 및 전차선과 레일 사이의 전압은 25[kV]를 표준으로 할 것

주파수 (실효값)	비지속성 최저전압 [V]	지속성 최저전압 [V]	공칭 전압 [V]	지속성 최고전압 [V]	비지속성 최고전압 [V]	장기 과전압 [V]
60[Hz]	17,500 35,000	19,000 38,000	25,000 50,000	27,500 55,000	29,000 58,000	38,746 77,492

(4) 전기철도의 변전방식

1. 변전소의 구성
   1) 전기철도설비고장시 고장전류 차단, 단전시 계통별 및 구간별로 분리할 것
   2) 설비 고장시 자동 분리 및 예비설비 사용 정상 운용할 것

2. 변전소의 계획
   1) 변전소의 용량 결정 및 급전계통 구성 고려사항
      ① 전기철도 노선
      ② 전기철도차량의 특성
      ③ 차량운행계획 및 철도망건설계획등 부하특성과 연장급전을 고려할 것
   2) 변전소의 위치 고려사항
      ① 수전선로 길이 최소화할 것
      ② 전력수급이 용이할 것
      ③ 변전소 앞 절연구간에서 전기철도차량의 타행운행이 가능한 곳을 선정
      ④ 기기와 시설자재의 운반이 용이할 것
      ⑤ 재해(공해, 염해)의 영향이 작거나 없는 곳을 선정할 것
   3) 변전설비는 설비운영과 안전성 확보 고려사항
      ① 원격 감시 및 제어방법
      ② 유지보수

3. 변전소의 용량 결정 및 고려 사항
   1) 급전구간별 열차부하조건에서 1시간 최대출력 또는 순시 최대출력을 기준으로 결정하고, 연장급전 등 부하의 증가를 고려할 것
   2) 현재의 부하와 장래의 수송수요 및 고장을 고려하여 변압기 뱅크를 구성할 것

4. 변전소의 설비(계통구성 각종기기) 선정 및 고려사항
   1) 운용, 유지보수, 시공, 내구성, 효율, 친환경, 안전, 경제성을 고려 선정할 것

<table>
<tr><th>구 분</th><th colspan="3">직류전기철도</th><th colspan="3">교류전기철도</th></tr>
<tr><td rowspan="2">급전계통
변압기
선정</td><td>1차측 전압</td><td rowspan="2">3상 정류기용
변압기사용</td><td>2차측 전압</td><td>1차측 전압</td><td rowspan="2">3상
스코트결선
변압기 사용</td><td>2차측 전압</td></tr>
<tr><td>22.9[kV]</td><td>750[V]
1500[V]</td><td>154[kV]
345[kV]</td><td>25[kV]</td></tr>
<tr><td>적용</td><td colspan="3">단거리 수송용(도시 지하구간)</td><td colspan="3">대용량 중거리수송용(간선철도)</td></tr>
</table>

   2) 차단기 선정시 고려 사항
      ① 계통의 장래계획을 감안하여 용량을 결정할 것
      ② 회로의 특성에 따라 기종과 동작책무 및 차단시간을 고려할 것

3) 개폐기 선정 고려 사항 및 설치 장소
   ① 선로 중 중요한 분기점
   ② 고장발견이 필요한 장소
   ③ 빈번한 개폐를 필요로 하는 곳
   ④ 개폐상태의 표시 및 쇄정장치를 할 것
4) 제어용 교류전원은 상용과 예비의 2계통으로 구성할 것
5) 제어반은 디지털계전기방식을 원칙으로 할 것

(5) 전기철도의 전차선로

변전소에서 전기차에 전력을 공급하는 선로

1) 전차선 가선방식
   ① 열차의 속도, 노반 형태, 부하전류 특성에 따른 (표준가공)방식을 채택할 것
   ② 표준 방식

구분	가공 방식(고속용)	강체 방식 (지하철–저속용)	제3레일 방식 (경전철–저속용)
방법	팬터그래프 사용	전차선을 강체에 고정	레일과 병행 전력공급
실무 그림	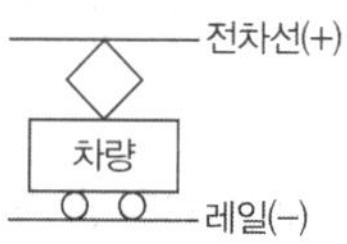	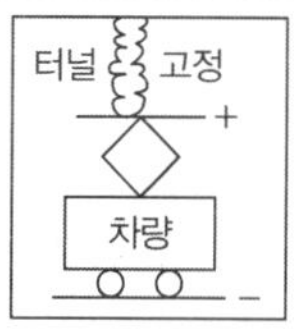	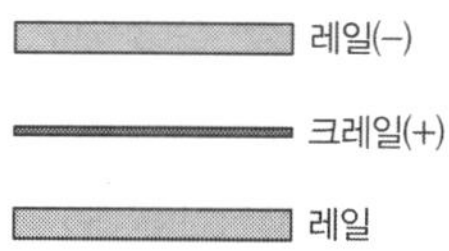

2) 전차선로의 충전부와 건조물 간의 절연이격거리
   ① 건조물과 전차선, 급전선 및 전기철도차량 집전장치의 공기절연이격거리는 아래표의 정적 및 동적 최소절연이격거리 이상을 확보할 것
   단) 동적 절연이격은 팬터그래프 통과시 전선의 움직임을 고려할 것

시스템 종류	공칭전압	전차선로 충전부와 건조물간 절연이격거리			
		동적 이격거리		정적 이격거리	
		비오염	오염	비오염	오염
직류인 경우	750[V]	25[mm]	25[mm]	25[mm]	25[mm]
	1,500[V]	100[mm]	110[mm]	150[mm]	160[mm]
단상교류	25,000[V]	170[mm]	220[mm]	270[mm]	320[mm]

② 특정 위험도 구역에서는 최소 절연이격거리보다 증가시킬 것

[예] 해안 인접지역, 공해지역, 열기관 포함 교통량이 과중한 곳, 오염이 심한 곳, 안개 자주 끼는 지역, 강풍(강설) 지역 등

3) 전차선로의 충전부와 차량 간의 절연이격거리

① 차량과 전차선로 또는 충전부 간의 절연이격은 아래표에 제시되어 있는 정적 및 동적 최소 절연이격거리 이상을 확보할 것

단) 동적 절연이격은 팬터그래프가 통과시 전선의 움직임을 고려할 것

② 특정한 위험도가 있는 구역에서는 최소 절연이격거리보다 증가시킬 것

시스템 종류	공칭전압	전차선 충전부와 차량절연거리	
		동적 절연거리	정적 절연거리
직류인 경우	750[V]	25[mm]	25[mm]
	1,500[V]	100[mm]	150[mm]
단상교류	25,000[V]	190[mm]	290[mm]

4) 급전선(선로)

① 급전선은 가공식(나전선사용시)으로 시설할 것(원칙)

단) 이격거리가 불충분, 지락, 섬락 우려시 케이블도 가능

② 가공식은 전차선의 높이 이상 전차선로 지지물에 병가하며, 나전선은 직선 접속을 원칙으로 할 것

③ 신설 터널 내 급전선 가공시 지지물의 취부는 C찬넬 또는 매입전을 사용 고정

④ 선상승강장, 인도교, 과선교, 교량하부에 설치시 최소 절연이격거리 이상 확보

5) 귀선로 = 비절연보호도체 + 매설접지도체 + 레일로 구성됨

① 귀선로는 단권변압기 중성점과 공통접지에 접속할 것

② 비절연보호도체 위치는 통신유도장해 및 레일전위상승의 경감을 고려할 것

③ 귀선로는 사고 및 지락 시에도 충분한 허용전류용량을 갖도록 할 것

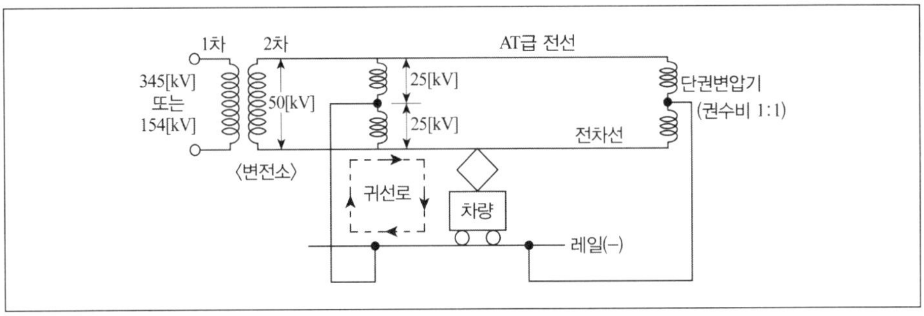

6) 전차선 및 급전선의 설치시 궤도면상 (최소) 높이

① (최대 대기온도에서) 바람 또는 팬터그래프의 영향이 없는 경우 사람의 안전측면에서 건널목, 터널, 교량, 과선교를 고려할 것

② 열차의 통과 게이지보다 높고 전기적 이격거리와 팬터그래프의 최소 작동높이를 고려할 것

시스템 종류	공칭전압	전차선 및 급전선의 궤도면상 높이	
		동적 높이	정적 높이
직류인 경우	750[V]	4,800[mm] 이상	4,400[mm] 이상
	1,500[V]	4,800[mm] 이상	4,400[mm] 이상
단상교류인 경우	25,000[V]	4,800[mm] 이상	4,570[mm] 이상

7) 열차 통과 속도에 따른 전차선의 기울기

① 구분장치(분기 구간)는 전차선에 기울기를 주지 않는다.

② 궤도면상 전차선 높이는 같은 높이로 가선하는 것(원칙)

③ 특정 구간(터널, 과선교)에서 높이는 작은 기울기로 할 것

설계속도 V [km/시간]	속도 등급	전차선의 기울기 (천분율)	$= \frac{\text{높이 } b}{\text{밑변 } a} \times 1000[\%]$
$300 < V \le 350$	350킬로급	0	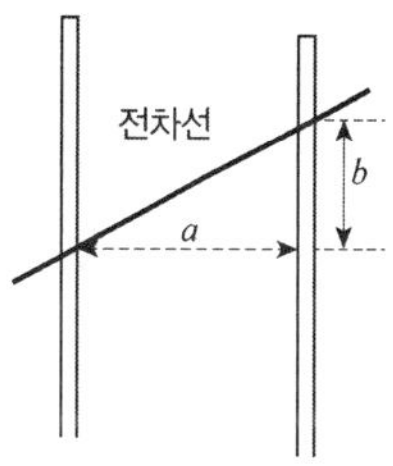
$250 < V \le 300$	300킬로급	0	
$200 < V \le 250$	250킬로급	1	
$150 < V \le 200$	200킬로급	2	
$120 < V \le 150$	150킬로급	3	
$70 < V \le 120$	120킬로급	4	
$V \le 70$	70킬로급	10	

8) 전차선의 편위

① 레일면 수직인 궤도 중심에서 좌우로 표준 200[mm]로 하고 팬터그래프 집전판의 고른 마모를 위해 지그재그 편위를 준다.

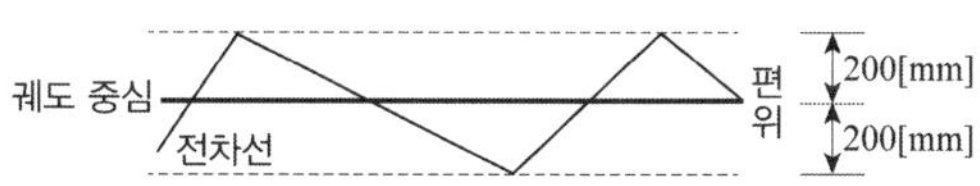

단) 오버랩 또는 특수(분기) 구간제외

② 편위는 전차선이 팬터그래프 집전판의 집전 범위를 벗어나지 말 것(선로 곡선반경, 궤도조건, 열차속도, 차량의 편위량, 바람과 온도영향을 고려)

③ 제3레일방식에서 편위는 차량의 집전장치의 집전범위를 벗어나지 말 것

9) 전차선로 지지물 설계시 고려 하중

① 선로에 직각 및 평행방향의 전선 중량, 브래킷, 빔의 중량, 작업원의 중량

② 지지물 특수조건(풍압하중, 전선의 횡장력)의 하중을 고려할 것

③ 지지물 및 기초, 지선기초에는 지진 하중을 고려할 것

10) 전차선로 설비의 안전율

최악의 하중 조건 하에서 다음의 최소 안전율이 곱해진 값을 견딜 것

구분	합금 전차선	경동선	복합재자재 고분자애자	지지물 기초	장력 조정장치	철주소재 허용응력	지선이 선형
안전율	2 이상	2.2 이상	2.5 이상	2 이상	2 이상	1 이상	2.5 이상
① 조가선 및 조가선 장력을 지탱하는 부품 2.5 이상 ② 복합체 자재(고분자 애자 포함) 2.5 이상 ③ 빔 및 브래킷은 소재 허용응력 1.0 이상 ④ 브래킷의 애자 최대 만곡하중 2.5 이상 ⑤ 지선 강봉형은 소재 허용응력 1.0 이상							

11) 교류 전차선 등 충전부와 식물사이의 이격거리는 5[m] 이상일 것

단) 현장여건 고려 방호벽 안전조치시 제외

12) 전기철도의 원격감시제어설비의 종류 및 고려사항

1. 원격 감시 제어 시스템(SCADA)의 고려 및 계획사항

① 사용목적 : 열차의 안전운행과 현장 전철전력설비의 유지보수

② 고려사항

㉠ 제어, 감시대상, 수준, 범위 및 확인, 운용방법

㉡ 전철변전소, 배전소의 소규모 제어설비에 대한 위치, 방식

③ 계획사항 : 중앙감시제어반의 구성, 방식, 운용방식

2. 중앙 감시제어장치 및 소규모 감시제어장치

① 전철변전소의 제어 및 감시는 전기사령실에서 할 것

② SCADA는 열차집중제어장치(CTC) 및 통신집중제어장치와 호환될 것

③ 전기사령실과 전철변전소, 급전구분소에는 통신설비를 시설할 것

④ 소규모감시제어장치는 유사시 현지에서 중앙감시제어장치를 대체할 수 있도록 하고 전원설비 운용에 용이하도록 구성할 것

(6) 전기철도차량 설비

1) 절연구간

두 정거장의 전력공급 방식이 달라 전력공급이 끊어지는 구간

절연구간 그림	용어
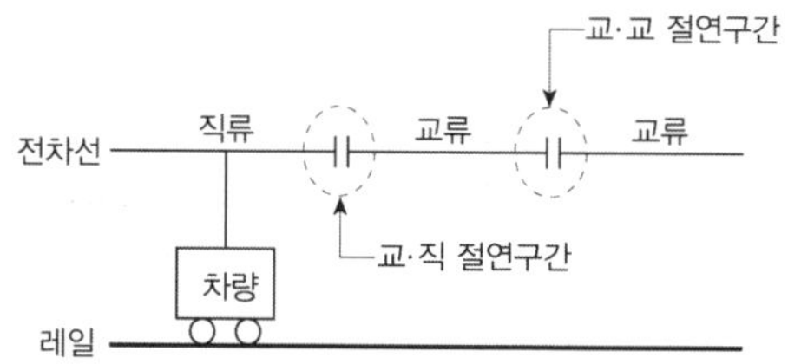	① 교·직 절연구간 교류에서 직류로 바뀌는 구간 ③ 직·교 절연구간 직류에서 교류로 바뀌는 구간 ② 교·교 절연구간(위상차 발생시) 교류에서 교류로 바뀌는 구간

1. 절연구간 설치 이유 : 교류 구간의 전원 혼촉방지
2. 절연구간을 설치해야 되는 경우
   ① 교류 구간은 변전소 및 급전 구분소 앞에서 서로 다른 위상일 때
   ② 공급점이 다른 전원 인접시 절연구간을 설치할 것
3. 전기철도차량의 교류-교류 절연구간을 통과하는 방식 종류
   ① 역행 운전방식
   ② 타행 운전방식
   ③ 변압기 무부하 전류방식
   ④ 전력소비 없이 통과하는 방식 중 선택하여 시설할 것
4. 교류-직류(직류-교류)의 절연구간 설치 장소 : 교류구간 과 직류 구간의 경계지점에 사용할 것
5. 절연구간에서 전기철도차량의 주행 조건 : 노치 오프(notch off) 상태로
6. 절연구간의 소요길이 결정 사항
   ① 구간 진입시의 아크 시간　　② 잔류전압의 감쇄시간
   ③ 팬터그래프 배치간격　　④ 열차속도에 따라 결정

2) 팬터그래프 형상 제작시 고려 사항

선차선과 접촉되는 팬터그래프는 헤드, 기하학적 형상, 집전범위, 집전판의 길이, 최대넓이, 헤드의 왜곡 등을 고려하여 제작할 것

3) 전차선과 팬터그래프간 상호작용

① 전차선 전류는 팬터그래프와 전차선간 과열이 없도록 할 것
열차속도, 열차중량, 차량운행간격, 선로기울기, 전차선 가선방식에 따라 다름

② 정지시 팬터그래프당 최대전류값 고려사항
전차선 재질 및 수량, 집전판 수량 및 재질, 접촉력, 열차속도, 환경조건

③ 팬터그래프의 압상력은 전류의 안전한 집전에 부합할 것

4) 전기철도차량의 역률

① 비지속성 최저전압~최고전압에서 유도성 역률 및 전력소비만 적용되고, 회생제동 중에는 전압 제한 범위 유지를 위해 유도성 역률을 낮출 것

② 전기철도차량 정지시(전차선로와 접촉 견인력을 끄고 보조전력 가동상태) 가공 전차선로 유효전력이 200[kW] 이상일 경우 총역률은 0.8보다 클 것

③ 팬터그래프에서의 전기철도차량 순간전력 및 유도성 역률

순간전력P[MW]의 구분	유도성 역률 λ
P >6[MW]인 경우 ☞	$\lambda \geq 0.95$일 것
2 $\leq P \leq$ 6인 경우 ☞	$\lambda \geq 0.93$일 것

④ 역행모드에서 전압 제한 범위 유지를 위해 용량성 역률이 허용되며, 비지속성 최저전압~최고전압의 전압범위에서 용량성 역률은 제한 받지 않음

5) 회생제동(모터가 브레이크 역할을 하는 것)

모터에서 발전된 전력을 전차선에 되돌려 보내는 방식

1. 전기철도차량이 회생제동의 사용을 중단해야 되는 경우
   ① 전차선로 지락시 또는 전력을 받을 수 없는 경우
   ② 선로전압이 장기 과전압보다 높은 경우
2. 회생전력을 흡수할 수 없는 경우 전기철도차량은 다른 제동시스템으로 전환
3. 전기철도 전력공급시스템은 회생제동이 상용제동으로 사용이 가능하고 다른 전기철도차량과 전력을 지속적으로 주고받을 수 있도록 설계할 것

6) 전기철도차량 전기설비의 전기위험방지를 위한 보호대책

1. 직접 접촉 보호대책 : 감전 가능한 충전부
2. 간접 접촉 보호대책
   ① 노출도전부는 고장충전부와 유도(접촉)에 의한 감전 방지를 할 것
   ② 위험도가 노출된 도전부는 같은 전위가 되도록 보호용 본딩 할 것
   ③ 자동급전 차단장치를 할 것
3. 주행레일과 분리 또는 공동 보호용 도체 설치시
   운행 전기철도차량은 차체와 보호용 도체(고정 설비) 사이에 최소 2개 이상의 보호용 본딩 연결하고 한쪽 경로 고장시 감전 위험이 없을 것
4. 고정설비(차체와 주행 레일)의 보호용 도체 간의 임피던스
   적용전압 50[V]를 초과하지 않는 곳에서 50[A]의 일정전류로 측정할 것

차량 종류	객차	기관차
최대 임피던스	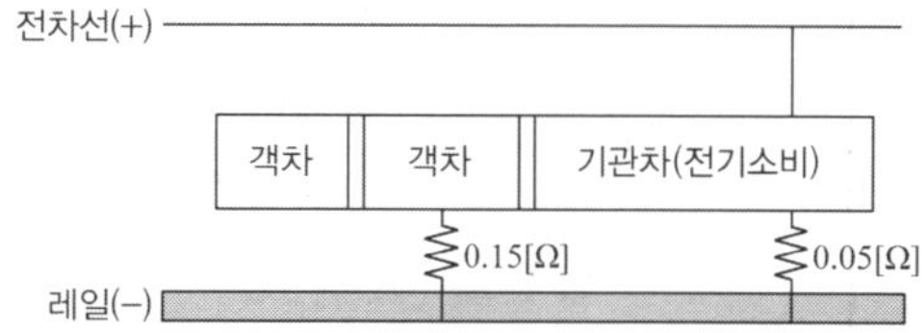	
	위험 전압을 발생하지 않을 만큼 낮은 값	

(7) 전기철도의 설비를 위한 보호

1) 보호협조

① 사고전류 순차 차단 보호시스템(고장 파급 방지)으로 계통 보호협조가 될 것

② 보호계전방식 구성요소

신뢰성, 선택성, 협조성, 적절동작, 양호한 감도, 취급, 보수 점검 용이할 것

③ 급전선로의 구비조건(정전시간 감소목적)

안정도 향상, 자동복구, 보호계전방식 자동재폐로 기능

④ 전차선로용 애자 섬락사고 보호 및 접지전위 상승 억제 보호설비 구비

⑤ 가공 선로측 지락 및 사고전류의 파급 방지용 피뢰기를 설치할 것

2) 변전설비에 대한 절연협조

각각의 변전설비 절연협조 적용 표(변전소의 뇌해, 개폐서지, 이상전압 적용)

1. 직류 1.5[kV] 방식의 절연협조 대조표

항 목			변전소용	전차선로용
회로 전압	공칭전압[kV]		1.5[kV]	1.5[kV]
	최고전압[kV]		1.8[kV]	1.8[kV]
뇌 임펄스 내전압[kV]			12[kV]	50[kV]
피뢰기의 성능 (ZnO)	정격전압[kV]		2.1[kV]	2.1[kV]
	동작 개시 전압[kV]		2.6[kV] 이상	※ 9 이상
	제한 전압 [kV]	(2[kA])	4.5[kV] 이하	-
		(3[kA])	-	25 이하
		(5[kA])	5[kV] 이하	28 이하
	임펄스 내전압[kV]		45[kV]	50
전차선 애자의 성능	현수 애자[kV]		교류 주수 내전압	45
	180[mm] 2개 연결		뇌 임펄스 내전압	160
	장간 애자[kV]		교류 주수 내전압	65
			뇌 임펄스내전압	180

주) 전차선로용 피뢰기는 ZnO형, 갭(Gap) 부착이며, ※는 방전 개시전압

2. 교류 25[kV] 방식의 절연협조 대조표

<table>
<tr><th colspan="3">항 목</th><th>변전소용</th><th>전차 선로용</th></tr>
<tr><td rowspan="2">회로 전압</td><td colspan="2">공칭전압[kV]</td><td>25[kV]</td><td>25</td></tr>
<tr><td colspan="2">최고전압[kV]</td><td>29[kV]</td><td>29</td></tr>
<tr><td colspan="3">뇌 임펄스 내전압[kV]</td><td>200[kV]</td><td>200</td></tr>
<tr><td rowspan="6">피뢰기의 성능 (ZnO)</td><td colspan="2">정격전압[kV]</td><td>42[kV]</td><td>42</td></tr>
<tr><td colspan="2">동작개시 전압[kV]</td><td>60[kV]</td><td>60</td></tr>
<tr><td rowspan="2">제한 전압 [kV]</td><td>(5[kA])</td><td>128[kV]</td><td>128</td></tr>
<tr><td>(10[kA])</td><td>140[kV]</td><td>140</td></tr>
<tr><td rowspan="2">내전압 [kV]</td><td>교류</td><td>70[kV]</td><td>70</td></tr>
<tr><td>임펄스</td><td>200[kV]</td><td>200</td></tr>
<tr><td rowspan="4">전차선 애자의 성능</td><td colspan="2" rowspan="2">현수애자 250[mm] 4개 연결[kV]</td><td>교류 주수 내전압</td><td>160</td></tr>
<tr><td>뇌 임펄스 내전압</td><td>445</td></tr>
<tr><td colspan="2" rowspan="2">장간 애자[kV]</td><td>교류 주수 내전압</td><td>135</td></tr>
<tr><td>뇌 임펄스 내전압</td><td>320</td></tr>
</table>

3. 피뢰기 설치장소
   ① 변전소 인입측 및 급전선 인출측
   ② 가공전선과 접속 지중케이블에 낙뢰시 절연파괴의 케이블 단말 부분
   ③ 보호기기와 근접시설하고 지지대와 절연 설치할 것(누설전류 측정 용이)
4. 피뢰기 선정 조건
   ① 밀봉형 사용 및 방전개시전압 및 제한전압이 낮은 것을 사용할 것
   (사용 이유 : 유효 보호거리 증가를 위해)
   ② 2선 또는 3선의 피뢰기 동시동작이 우려되는 변전소 근처
   ㉠ 유도뢰서지에 대한 단락전류가 큰 장소에는 속류차단능력이 클 것
   ㉡ 차단성능이 회로조건의 영향을 받을 우려가 적은 것을 사용할 것

(8) 전기철도의 안전을 위한 보호

1) 감전에 대한 보호조치 사항
   1. 교류 1[kV](직류 1.5[kV]) 이하시 사람 접근 가능 보행표면의 공간거리
   ① 가공 전차선 충전부 및 전기철도차량 외부의 충전부(집전장치, 지붕도체)의 직접접촉 방지를 위해 표에서 표시한 공간거리 이상을 확보할 것. 단) 제3레일방식은 제외

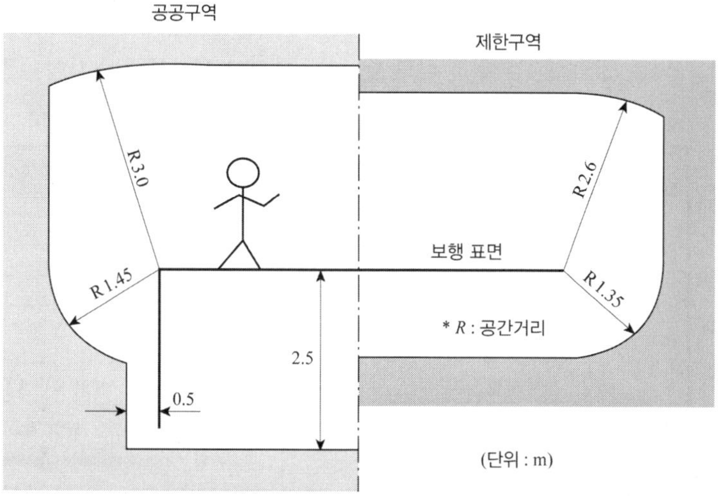

② 공간거리를 유지할 수 없는 경우
충전부와 직접 접촉 보호를 위해 장애물을 설치할 것

③ 충전부가 보행표면과 동일한 높이 또는 낮게 위치시 공간 거리
㉠ 장애물 높이는 장애물 상단에서 1.35[m]를 유지할 것
㉡ 장애물과 충전부 최소이격거리는 0.3[m]일 것

2. 교류 1[kV](직류 1.5[kV]) 초과 25[kV] 이하시 사람 접근 가능 보행 공간거리

① 가공 전차선의 충전부 및 차량외부의 충전부(집전장치, 지붕도체)의 직접 접촉 방지를 위해 아래 그림의 표시한 공간거리 이상을 유지할 것

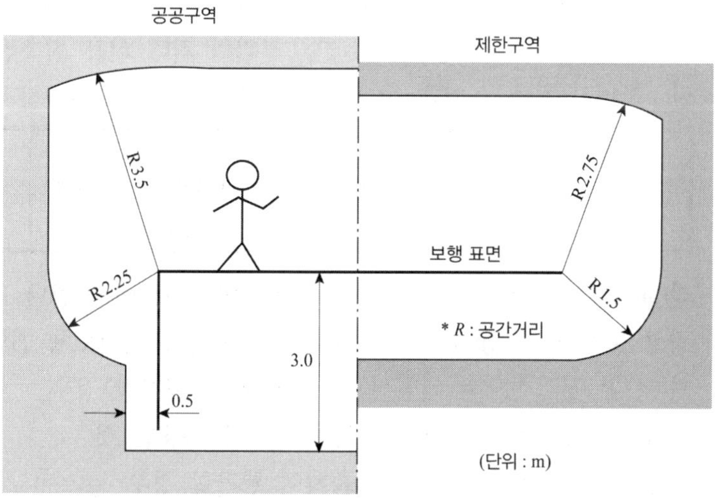

② 공간거리를 유지할 수 없는 경우
장애물을 설치할 것(충전부와 직접 접촉 보호)

③ 충전부가 보행표면과 동일한 높이 또는 낮게 위치시 공간 거리

㉠ 장애물 높이 : 장애물 상단에서 1.5[m]를 유지할 것

㉡ 장애물과 충전부 사이의 최소 거리 : 0.6[m]일 것

교류 1[kV](직류 1.5[kV]) 이하시	교류 1[kV](직류 1.5[kV]) 초과 ~ 25[kV] 이하시
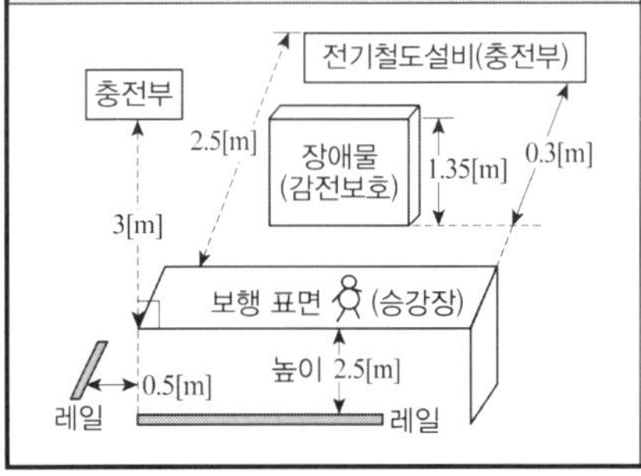	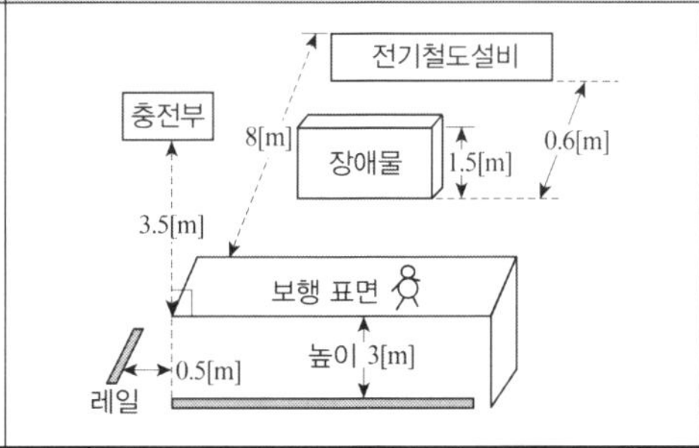

2) 레일 전위의 위험에 대한 보호

1. 레일 전위 구분

① 고장시 접촉전압

② 정상 운전시 접촉전압

2. 교류 전기철도 급전시스템의 레일 전위의 최대허용접촉전압

단) 작업장 장소는 최대 허용 접촉전압 25[V](실효값)를 초과하지 말 것

시간 조건	순시조건 ($t \leq 0.5$초)	일시적 조건 (0.5초$< t \leq 300$초)	영구적 조건 ($t >300$초)
최대허용접촉전압	670[V] 이하 실효값	65[V] 이하 실효값	60[V] 이하 실효값

3. 직류 전기철도 급전시스템의 레일 전위의 최대 허용 접촉전압

단, 작업장 장소는 최대 허용 접촉전압을 60[V]를 초과하지 말 것

시간 조건	순시조건 ($t \leq 0.5$초)	일시적 조건 (0.5초$< t \leq 300$초)	영구적 조건 ($t >300$초)
최대허용접촉전압	535[V] 이하	150[V] 이하	120[V] 이하

4. 직(교)류 전기철도의 최대 허용 접촉전압 초과 여부 판단

정상 동작 및 고장시 레일전위를 평가(기준 : 귀선도체 전압강하)

5. 직(교)류 전기철도의 레일전위를 산출하여 평가할 경우

주행레일의 최대 동작전류와 단락전류를 사용할 것

6. 직(교)류 전기철도의 단락 산출하여 평가할 경우

초기 단락전류를 사용할 것

3) 레일 전위의 (급전시스템의) 접촉전압 감소 방법

1. 교류 전기철도 급전시스템의 접촉전압을 감소방법
   ① 접지극 추가 사용
   ② 등전위본딩
   ③ 전압제한소자 적용
   ④ 귀선로의 강화(전자기적 커플링을 고려)
   ⑤ 보행 표면의 절연
   ⑥ 단락전류를 중단시키는데 필요한 트래핑(단락전류 차단) 시간의 감소
2. 직류 전기철도 급전시스템의 접촉전압을 감소방법
   ① 전도성 구조물 접지 보강(고장시 레일 전위를 감소시키기 위해)
   ② 전압제한소자 적용
   ③ 귀선 도체의 보강
   ④ 보행 표면의 절연
   ⑤ 트래핑(단락전류 차단) 시간의 감소

4) 전식 방지 대책

정 의	실무 그림
주행레일을 귀선으로 사용시 누설, 금속제 지중관로 및 선로 구조물에 영향(전식) 방지를 위한 시설을 할 것	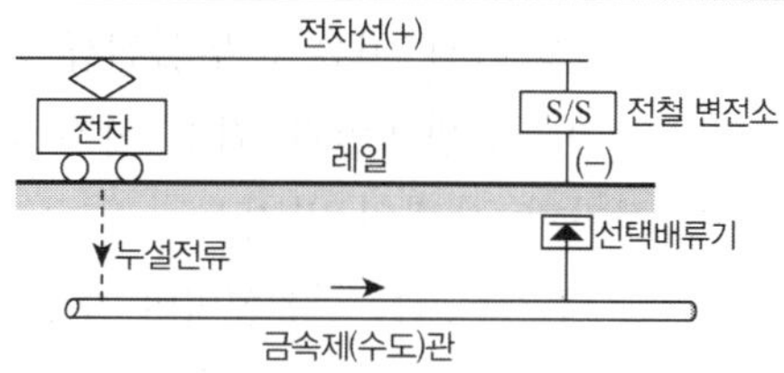

주행레일을 귀선으로 사용시 누설전류에 의한 케이블, 금속제 지중관로 및 선로 구조물에 영향 방지를 위한 시설을 할 것

1. **전기철도측의 전식 방지 대책**
   ① **변전소 간 간격 축소**
   ② **레일본드의 양호한 시공**
   ③ **장대레일 채택**
   ④ **절연도상 및 레일과 침목사이에 절연층의 설치**
2. **매설금속체측의 피해 방지 대책**(누설전류에 의한 전식방지)
   ① 배류장치 설치
   ② 절연코팅
   ③ 매설금속체 접속부 절연

④ 저준위 금속체를 접속

⑤ 궤도와 이격거리 증대

⑥ 금속판 도체로 차폐

5) 누설전류 간섭에 대한 방지 대책

① 직류 전기철도 시스템의 누설전류 최소화 방법

귀선전류를 금속귀선로 내부로 흐르게 할 것

② 심각한 누설전류 지역의 정상 운전시 단위길이당 컨덕턴스 값

견인시스템 구분	옥외[S/㎞]	터널[S/㎞]
철도선로(레일)인 경우	0.5 이하	0.5 이하
개방 구성에의 대량수송 시스템	0.5 이하	0.1 이하
폐쇄 구성에서의 대량수송 시스템	2.5 이하	-

③ 귀선시스템의 종방향 전기저항을 감소시키는 방법

레일 사이에 저저항 레일본드를 접속하여 전체 종방향 저항이 5[%] 이상 증가하지 않도록 할 것

④ 귀선시스템의 대지와 비절연설비, 부속물(구조물)과 접속 불가능

⑤ 직류 전기철도 시스템과 매설 배관(케이블)과 인접시 이격거리

㉠ 이격 이유 : 누설전류 피해 최소화

㉡ 주행레일과 최소 이격거리 : 1[m] 이상

6) 전자파 장해의 방지

① 전차선로는 무선설비의 기능에 장해를 주는 전자파가 생길 우려시 방지시설 할 것

② 전차선로의 전자파 방사성 방해 허용기준 : 궤도중심에서 10[m] 거리

7) 통신상의 유도장해방지 시설

교류 전차선로는 가공약전류 전선로에 유도작용에 의한 통신장해가 없도록 시설할 것

10편 분산형전원설비

(1) 적용범위

분산형전원설비의 설계, 제작, 시설 및 검사에 적용

(2) 분산형전원설비의 안전원칙

① 위험표시 및 취급자외 접근할 수 없도록 울타리, 담의 시설을 적용할 것
② 분산형전원 발전장치의 보호장치는 저압전로의 과전류차단기의 시설 적용
③ 급경사지 붕괴위험내의 분산형전원설비는 붕괴 우려가 없도록 시설할 것
④ 인체 감전보호규정 및 피뢰설비는 피뢰시스템 규정을 적용할 것
⑤ 분산형전원설비 전로의 절연저항 및 절연내력은 전로의 절연규정 적용
⑥ 연료전지 및 태양전지 모듈의 절연내력은 전로의 절연규정 적용

(3) 용어

① 풍력터빈 : 바람의 운동에너지를 기계적 에너지로 변환하는 장치(가동부 베어링, 나셀, 블레이드의 부속물 포함)
② 풍력터빈 지지 구조물 : 타워와 기초로 구성된 풍력터빈의 일부분
③ 풍력발전소 : 단일 또는 복수의 풍력터빈(지지 구조물 포함)을 원동기로 하는 발전기와 그 밖의 기계기구를 시설하여 전기를 발생시키는 곳
④ 자동정지 : 풍력터빈의 설비보호를 위해 자동으로 풍력터빈을 정지시키는 것
⑤ MPPT : 태양광(풍력)발전이 최대전력생산이 되도록 인버터 제어를 이용해 발전원의 전압이나 회전속도를 조정하는 최대출력추종(MPPT) 기능
⑥ 건물일체형 태양광발전시스템(BIPV) : 태양광 모듈을 건축물에 설치하여 건축 부자재의 역할 및 기능과 전력생산을 동시에 할 수 있는 시스템(창호, 스팬드럴, 커튼월, 이중파사드, 외벽, 지붕재 등 건축물을 완전히 둘러싸는 벽·창·지붕 형태로 한정)
⑦ 전력계통 : 전기판매사업자의 계통, 구내계통 및 독립전원계통

(4) 분산형전원계통 연계설비의 시설 기준

분산형전원설비를 전력계통에 연계시 적용

1) 분산형전원설비의 전기공급방식 및 측정장치

1. 전력계통과 연계되는 전기공급방식과 동일할 것
2. 분산형전원설비의 한 사업장의 설비용량 합계가 250[kVA] 이상일 경우
   ① 송·배전계통과 연계지점의 연결 상태 감시 장치를 시설할 것
   ② 유효전력, 무효전력 및 전압을 측정할 수 있는 장치를 시설할 것

2) 저압계통 연계시 직류 유출방지 변압기의 시설 규정

1. 분산형전원설비를 저압 전력계통에 연계시 인버터의 직류가 계통으로 유출방지를 위해 접속점 과 인버터 사이에 상용주파수 변압기를 시설할 것. 단) 단권변압기는 제외
2. 다음을 모두 충족하는 경우에는 예외(상용주파수 변압기 불필요)
   ① 인버터의 직류 측 회로가 비접지 또는 고주파 변압기를 사용시
   ② 인버터의 교류출력 측에 직류 검출기를 구비하고, 직류 검출 시에 교류 출력을 정지하는 기능을 갖춘 경우

3) 단락전류 제한장치의 시설

분산형전원의 전력계통 단락용량이 다른 차단기의 차단용량(허용전류)을 상회할 우려에는 분산형전원설치자가 전류제한리액터(단락전류 감소)를 시설할 것

4) 계통 연계용 보호장치의 시설

1. 분산형전원설비 전력계통 고장시 자동 분리 장치를 시설하는 경우
   ① 분산형전원설비(또는 연계 전력계통)의 이상 또는 고장 발생시
   ② 단독운전 상태시
2. 전력계통의 이상(고장) 발생시 분산형전원의 분리시점
   ① 해당 계통의 재폐로 시점 이전일 것
   ② 연계계통의 재폐로방식과 협조할 것(고장 후 계통의 전압 및 주파수가 정상시까지 계통과 분리상태를 유지)
   ③ 단순 병렬운전 분산형전원설비에는 역전력 계전기를 설치할 것.
   단) 역전력계전기 설치 생략 가능한 경우
   동일 전기사용장소에서 전기생산 합계 용량이 50[kW] 이하의 소규모 분산형

전원으로서 단순 병렬(단독운전 방지기능의 것)로 연계시

5) 특고압 송전계통 연계시 분산형전원 운전제어장치의 시설

분산형전원설비를 특고압계통에 연계시 운전제어장치를 시설할 것
(운전제어장치 사용 이유 : 계통안정화 또는 조류억제)

6) 연계용 변압기 중성점의 접지

분산형전원설비를 특고압 전력계통에 연계시 연계용 변압기 중성점의 접지는 다른 전기설비에 과전압 유발 또는 지락고장 보호협조를 방해하지 않도록 시설할 것

(5) 2차전지(배터리 ESS) 이용 전기저장장치의 시설

구분	2차전지 전기실 옥내설치시 이격거리	계통도
실무 그림	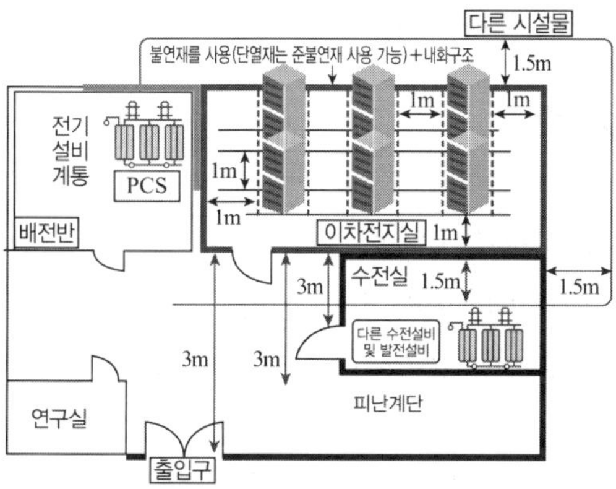	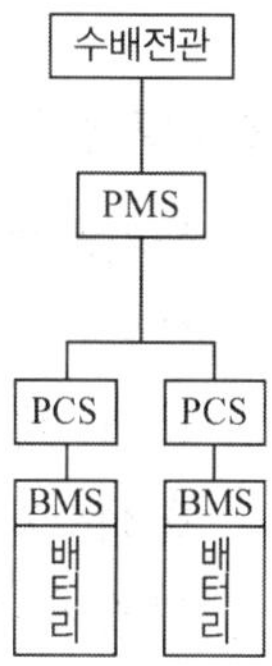
용어	* PMS : PCS, 배터리 감시 및 제어 * PCS : 교류와 직류를 상호 변환하는 장치 * BMS : 배터리의 전압, 전류, 온도 상태점검 및 전력 충방전 제어 * 수배전반 : 전력계통 연계 설비	

1) 시설장소의 요구사항

① 전기저장장치의 이차전지, 제어반, 배전반의 시설은 기기를 조작 또는 보수·점검 공간을 확보하고 조명설비를 설치할 것

② 폭발성 가스의 환기시설(가스축적 방지용)을 갖추고 적정온도·습도·수분·분진 등 운영환경을 유지할 것

③ 침수의 우려가 없도록 시설할 것

④ 확인하기 쉬운 위치(외벽)에 "전기저장장치 시설장소" 표지를 하고, 일반인의 출입을 통제하기 위한 잠금장치를 설치할 것

2) 설비의 안전 요구사항

① 충전부분은 노출되지 않도록 시설할 것
② 출력에 문제시 전기저장장치의 비상정지 스위치 등 안전시스템이 있을 것
③ 모든 부품은 충분한 내열성이 있을 것

3) 옥내전로의 대지전압 제한

주택의 전기저장장치의 축전지에 접속하는 부하측 옥내배선을 다음에 따라 시설하는 경우에 주택의 옥내전로의 **대지전압은 직류 600[V]까지 적용**할 수 있다.

1. 전로 지락시 자동차단장치를 시설할 것
2. **전기저장장치를 옥내 시설시 공사 방법**
   ① **사람 접촉 우려가 없는 은폐된 장소 공사 방법 : 합성수지관배선, 금속관배선, 케이블 배선**
   ② 사람 접촉 우려가 없도록 케이블배선 하고 전선에 적당한 방호장치 시설

4) 전기저장장치의 시설기준

1. **전기배선**
   전선은 공칭단면적 2.5[mm^2] **이상의 연동선** 또는 동등 이상의 세기 및 굵기
2. **옥내, 옥측, 옥외 시설시 배선설비 공사 방법**
   합성수지관공사, 금속관공사, 금속제가요전선관공사, 케이블공사
3. 단자와 접속
   ① 단자 접속은 기계적, 전기적 안전성을 확보할 것
   ② 단자 체결시 나사는 풀림방지 기능의 것을 사용할 것
   ③ 외부터미널과 접속시 필요한 접점의 압력이 사용기간 동안 유지될 것
   ④ 단자는 도체에 손상을 주지 않고 금속표면과 안전하게 체결할 것
4. 지지물의 시설
   이차전지의 지지물은 부식성 가스(용액)에 의해 부식되지 않도록 하고 적재하중 또는 지진(진동)과 충격에 안전한 구조일 것
5. 충전 및 방전 기능
   ① 전기저장장치는 배터리의 SOC특성(충전상태)에 따라 제조자가 제시한 정격으로 충전 및 방전할 것
   ② 충전시 전기저장장치의 충전(방전, 배터리)상태를 시각정보로 제공할 것
6. 제어 및 보호장치
   ① 전기저장장치가 비상용 예비전원 겸용시에는 다음에 따라 시설할 것

　㉠ 상용전원 정전시 비상용 부하에 전기 공급 시설을 갖출 것
　㉡ 비상용 부하에 전기공급 충전용량을 상시 보존하도록 시설할 것
② 전기저장장치의 접속점에는 전용 개폐기(개방상태 확인 가능)를 시설할 것
③ 전기저장장치의 이차전지는 다음에 따라 자동전로차단장치를 시설할 것
　㉠ 과전압(과전류)가 발생시
　㉡ 제어장치에 이상 발생시
　㉢ 이차전지 모듈의 내부 온도가 급격히 상승시
④ 직류 전로에 과전류차단기(직류 단락전류 차단) 설치시 "직류용" 표시를 할 것
⑤ 전기저장장치의 직류 전로에 지락시 자동차단장치를 시설할 것
⑥ 발(변)전소 혹은 이에 준하는 장소에 전기저장장치 시설시 전로가 차단되었을 때에는 경보장치를 시설할 것

7. 계측장치
전기저장장치를 시설하는 곳에는 다음을 계측하는 장치를 시설할 것
① 축전지 출력단자의 전압, 전류, 전력 및 충방전 상태
② 주요변압기의 전압, 전류 및 전력

8. 접지공사 : 금속제 외함 및 지지대

(6) 태양광발전설비

실무 그림	용어
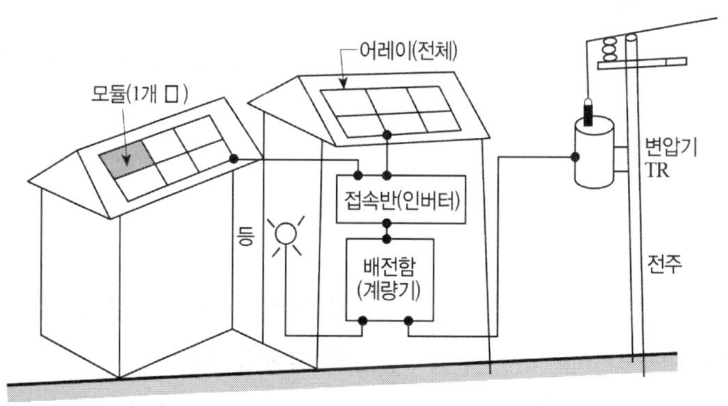	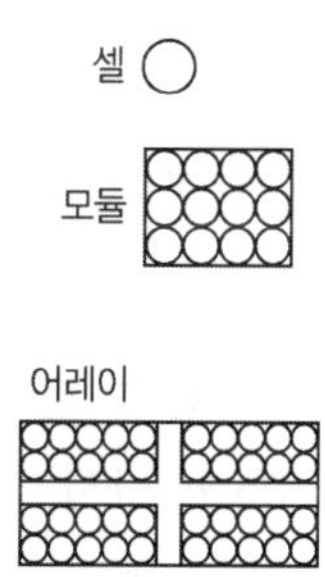

1) 설치장소의 요구사항

1. 인버터, 제어반, 배전반 시설은 기기 조작 또는 보수점검 공간을 확보하고 필요한 조명설비를 시설할 것

2. 인버터 수납 공간은 환기시설(실내온도 과열 상승 방지용)을 갖추고 적정한 온도와 습도를 유지하도록 시설할 것
3. 배전반, 인버터, 접속장치를 옥외 시설시 침수의 우려가 없도록 시설할 것
4. 태양전지 모듈 지붕 시설시 추락의 위험이 없도록 시설할 것
5. 태양전지 모듈의 직렬군 최대개방전압이 직류 750[V] 초과 1500[V] 이하인 시설장소는 다음의 울타리 안전조치를 할 것
   ① 태양전지 모듈을 지상에 설치시 발전소의 울타리·담을 적용 시설할 것
   ② 일반인 출입 옥상 시설은 발전소의 울타리·담 또는 고압용기계기구의 시설을 적용하여 시설하고 위험 표시를 할 것
   ③ 일반인이 출입할 수 없는 옥상·지붕 설치시 모듈 프레임에 위험 표시할 것
   ④ 태양전지 모듈을 주차장 상부 시설시 차량출입에 의한 구조물, 모듈 등의 손상이 없도록 할 것(②와 같이 시설할 것)
   ⑤ 태양전지 모듈을 수상 설치시에는 ③과 같이 시설할 것

2) 설치장소의 안전 요구사항

① 태양전지 모듈, 전선, 개폐기는 충전부분이 노출되지 않도록 시설할 것
② 접속함에는 내부의 충전부가 충전상태일 수 있음의 경고가 붙어 있을 것
(이유 : 인버터로부터 분리된 후에도 충전상태일 수 있음)
③ 태양광설비의 고장 또는 계통연계에 문제시 회로분리 안전시스템이 있을 것

3) 옥내전로의 대지전압 제한

주택의 태양전지모듈의 부하측 옥내배선의 대지전압은 직류 600[V]까지 적용

4) 간선의 시설기준 및 전기배선

① 모듈 및 기구에 전선 접속시 나사로 기계적·전기적으로 안전하게 접속하고 접속점에 장력이 없도록 할 것
② 배선시스템은 외부 영향(바람, 결빙, 온도, 태양방사)에 견디도록 시설할 것
③ 모듈의 출력배선은 극성별로 확인할 수 있도록 표시할 것
④ 전선은 공칭단면적 2.5[mm^2] 이상의 연동선 또는 동등 이상의 세기 및 굵기
⑤ 옥내시설시 금속관, 합성수지관, 케이블, 금속제가요전선관공사에 준하여 시설
⑥ 직렬연결된 태양전지모듈 배선은 스트링 양극간의 배선간격이 최소가 되도록 배치할 것(이유 : 과전압의 영향을 줄이기 위하여)
⑦ 단자와 접속은 기계적·전기적으로 안전하게 접속할 것

5) 태양광설비에 시설하는 태양전지 모듈의 시설

① 모듈은 자중, 적설, 풍압, 지진에 대해 지지물에 의하여 견고하게 설치할 것
② 모듈의 각 직렬군은 동일한 단락전류를 가진 모듈로 구성할 것
③ 1대의 인버터(멀티스트링 인버터의 경우 1대의 MPPT 제어기)에 연결된 모듈 직렬군이 2병렬 이상일 경우에는 각 직렬군의 출력전압 및 출력전류가 같을 것

6) 전력변환장치의 시설(인버터, 절연변압기, 계통 연계 보호장치)

① 인버터는 실내 및 실외용을 구분할 것
② 각 직렬군의 태양전지 개방전압은 인버터 입력전압 범위 이내일 것
③ 옥외에 시설하는 경우 방수등급은 IPX4 이상일 것
(방수4등급 = IPX4 : 전방향에서 비산되는 물로부터 보호 등급)

7) 모듈을 지지하는 구조물

1. 자중, 적재하중, 적설, 풍압, 지진의 진동과 충격에 안전한 구조일 것
2. 부식환경에 부식되지 않도록 다음의 재질로 제작할 것
   ① 용융아연 또는 용융아연-알루미늄-마그네슘합금 도금된 형강(ㄱ, ㄴ, H형)
   ② 스테인리스 스틸(STS)
   ③ 알루미늄합금
   ④ 인장강도, 항복강도, 압축강도, 내구성이 있는 재질의 제품일 것
3. 모듈 지지대와 연결부재는 용융아연도금처리 또는 녹방지, 방식처리(절단가공 및 용접부위)를 할 것
4. 설치시 건축물의 방수문제가 없도록 하고 모듈지지대의 고정 볼트는 스프링 와셔(풀림방지너트)로 체결할 것

8) 제어 및 보호장치 시설

1. 어레이 출력 개폐기의 시설
   ① 태양전지 모듈에 접속하는 부하측의 태양전지 어레이에서 전력변환장치에 이르는 전로(복수의 태양전지 모듈 시설시에는 부하측의 전로)에는 그 접속점에 근접하여 (부하전류)개폐기를 시설할 것
   ② 어레이 출력개폐기는 점검이나 조작이 가능한 곳에 시설할 것
2. 과전류 및 지락 보호장치의 시설
   ① 병렬 접속 모듈 전로에 단락전류 발생시 과전류차단기를 사용할 것
   단) 단락전류에 견딜 수 있는 경우에는 생략가능

② 태양전지 발전설비의 직류 전로에 지락시 자동차단장치를 시설할 것

3. 접지설비
   ① 태양전지 모듈의 프레임은 지지물과 전기적으로 완전하게 접속할 것
   ② 수상 시설 태양전지 모듈의 금속제는 접지를 할 것
   ③ 접지극을 수중에 띄우거나, 수중 바닥에 노출된 상태로 시설하지 말 것
4. 피뢰설비 : 태양광설비는 외부피뢰시스템으로 시설할 것
5. 태양광설비의 계측장치 : 전압과 전류 또는 전압과 전력 계측장치를 시설할 것

(7) 풍력발전설비

실무 그림(풍력터빈 구조)	용어
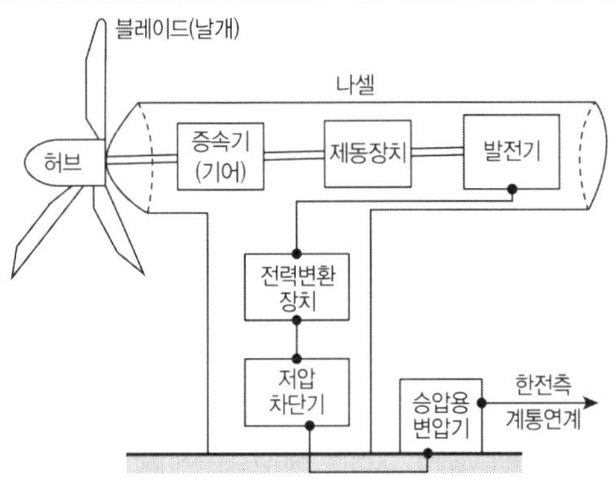	① 허브 : 날개고정 및 각도조절 ② 로터 : 회전하는 전체부분 ③ 피치시스템 : 블레이드 각도조절 ④ 요모터 : 블레이드 좌·우 회전 ⑤ 증속기 : 발전기가 전기를 생산하도록 회전 속도를 증속해 줌

1) 일반사항

① 나셀 등 풍력발전기 상부시설에 접근하기 위한 **안전시설물**을 강구할 것
② 발전용 풍력설비의 **항공장애등 및 주간장애표지**를 시설할 것
③ 500[kW] 이상의 풍력터빈은 나셀 내부의 화재시 자동 소화할 수 있는 **화재방호설비**를 시설할 것

2) 풍력설비의 간선 및 시설 기준

① 출력배선은 CV선 또는 TFR-CV선 또는 동등 이상의 제품을 사용할 것
② 전선이 지면을 통과시에는 피복이 손상되지 않도록 할 것
③ 단자와 접속은 기계적 및 전기적 안전성을 확보 할 것
④ 단자를 체결(잠글)때 너트(나사)는 풀림방지 기능이 있을 것
⑤ 단자는 금속표면과 체결할 것(도체의 손상을 주지 않고 시설할 것)
⑥ 외부터미널과 접속시 접점의 압력이 유지될 것

3) 풍력터빈의 구조

1. 풍력터빈 선정시 시설장소의 **풍황, 환경, 적용규모, 적용형태**를 고려할 것
2. 풍력터빈의 유지, 보수, 점검시 작업자 안전을 위한 **잠금장치 시설**
   ① 풍력터빈의 로터, 요(피치)시스템은 각각 1개 이상의 잠금장치를 시설할 것
   ② 풍력터빈의 정지장치가 미작동시 잠금장치는 로터, 나셀, 블레이드의 회전을 막을 수 있을 것
3. 최대풍압하중 및 운전 중의 회전력에 의한 풍력터빈의 강도계산시
   ① 사용조건 : 최대풍속, 최대회전수
   ② **강도조건 : 하중조건, 강도계산의 기준, 피로하중**
4. 강도계산은 다음 순서에 따라 계산할 것
   ① 풍력터빈의 제원(블레이드 직경, 회전수, 정격출력)을 결정
   ② 자중, 공기력, 원심력 및 이들에서 발생하는 모멘트를 산출
   ③ 풍력터빈의 사용조건(최대풍속, 풍력터빈의 제어)에 의해 각부에 작용하는 하중을 계산
   ④ 각부에 사용하는 재료에 의해 풍력터빈의 강도조건
   ⑤ 하중, 강도조건에 의해 각부의 강도계산을 실시하여 안전함을 확인
5. 강도 계산개소에 가해진 하중의 합계 계산은 다음 순서로 할 것
   ① 바람 에너지를 흡수하는 블레이드의 강도계산
   ② 블레이드를 지지하는 날개 축, 회전축(날개축 유지)의 강도계산
   ③ 블레이드, 회전축을 지지하는 나셀과 타워를 연결하는 요 베어링의 강도계산
6. 풍력터빈을 지지하는 구조물의 구조, 성능, 시설 조건
   ① 구조물은 자중, 적재하중, 적설, 풍압, 지진, 진동, 충격을 고려할 것
   단) 해상(해안가) 설치시는 염해(파랑하중)를 고려할 것
   ② 동결, 착설 및 분진의 부착에 의한 부식이 없도록 고려할 것
   ③ 풍속변동, 회전수변동에 의해 진동이 발생하지 않도록 고려할 것

3) 풍력발전기의 제어장치 및 보호장치의 기능

구분	제어장치	보호장치
기능	① 풍속에 따른 출력 조절 ② 출력제한 ③ 회전속도제어 ④ 계통과의 연계 ⑤ 기동 및 정지 ⑥ 계통 정전 또는 부하의 손실에 의한 정지 ⑦ 요잉에 의한 케이블 꼬임 제한	① 과풍속에 대한 보호 ② 발전기의 과출력 또는 고장보호 ③ 이상진동 보호 ④ 계통 정전 또는 사고 ⑤ 케이블의 꼬임 한계

4) **주전원 개폐장치** : 풍력터빈 타워의 기저부에 개폐장치를 시설할 것
(풍력터빈 유지, 보수, 점검시 작업자 안전을 위한 전원 차단 개폐기)

5) 접지설비

풍력발전설비 타워기초를 이용한 **통합접지공사**를 하고 **등전위본딩**(설비 사이의 전위차가 없도록)을 할 것

6) 피뢰설비

풍력발전기의 낙뢰보호에서 정하고 있는 피뢰구역에 적합할 것
단) 별도의 언급이 없다면 피뢰레벨은 I 등급(보호효율 0.98)을 적용할 것

1. 풍력터빈의 피뢰설비 시설
   ① 뇌격전류 발열에 용손되지 않도록 재질, 크기, 두께, 형상을 고려할 것
   (수뢰부 배치 : 풍력터빈 선단부분 및 가장자리 부분)
   ② 풍력터빈의 인하도선(부식방지 금속선 사용)은 직선으로 시설할 것
   ③ 풍력터빈 내부의 계측 센서용 케이블은 금속관 또는 차폐케이블일 것
   (이유 : 뇌유도 과전압으로부터 보호)
   ④ 풍력터빈 피뢰설비(리셉터, 인하도선)의 기능저하로 영향이 없을 것
2. 나셀 상부에 피뢰침을 시설하고 피뢰도선은 나셀프레임에 접속할 것
   (이유 : 풍향계 및 풍속계가 보호범위에 들도록 하기 위해)
3. 전력기기 및 제어기기의 피뢰설비
   ① 전력기기 : 금속시스케이블, 내뢰변압기 및 서지보호장치(SPD)를 적용할 것
   ② 제어기기 : 광케이블 및 포토커플러를 적용할 것
4. 풍력터빈의 설비 손상방지를 위한 계측장치 시설
   ① 회전속도계
   ② 풍속계
   ③ 압력계
   ④ 온도계
   ⑤ 진동계[나셀(Nacelle) 내의 진동감시 역할]

5. 풍력터빈 자동 정지장치의 시설

<table>
<tr><th>이 상 상 태</th><th>자동정지장치</th><th>비 고</th></tr>
<tr><td>풍력터빈의 회전속도가 비정상적 상승시</td><td>○</td><td></td></tr>
<tr><td>풍력터빈의 컷 아웃 풍속</td><td>○</td><td></td></tr>
<tr><td rowspan="2">풍력터빈의 베어링 온도가 과도하게 상승시</td><td rowspan="2">○</td><td>원동기 정격출력 500[kW] 이상</td></tr>
<tr><td>풍력터빈은 인가 밀집지역 시설시 100[kW] 이상</td></tr>
<tr><td>풍력터빈 운전중 나셀 진동이 과도하게 증가시</td><td>○</td><td>인가 밀집지역(시가지)에 시설된 정격출력 10[kW] 이상의 풍력 터빈</td></tr>
<tr><td>제어용 압유장치의 유압이 과도하게 저하시</td><td>○</td><td rowspan="3">용량 100[kVA] 이상의 풍력발전소를 대상으로 함</td></tr>
<tr><td>압축공기장치의 공기압이 과도하게 저하시</td><td>○</td></tr>
<tr><td>전동식 제어장치의 전원전압이 과도하게 저하시</td><td>○</td></tr>
</table>

(8) 연료전지설비

<table>
<tr><td>실무 그림</td><td>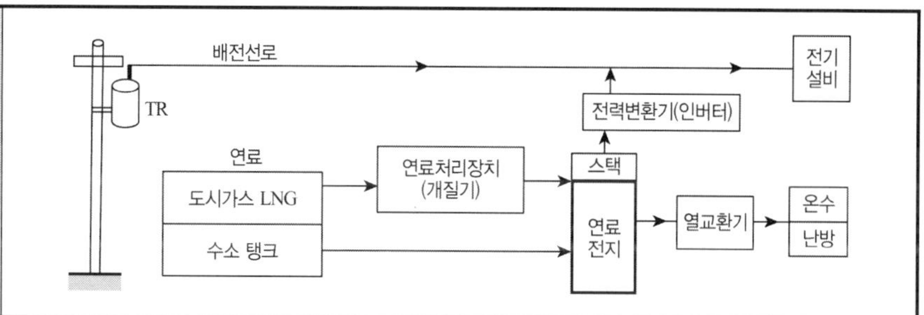
</td></tr>
<tr><td>용어</td><td>* 개질기 : 화석연료로부터 수소를 발생시키는 장치
* 인버터 : 직류를 교류로 변환시키는 장치</td></tr>
</table>

1) 연료전지 설치장소의 안전 요구사항

① 연료전지를 설치할 주위의 벽 등은 화재에 안전하게 시설할 것

② 가연성물질과 안전거리를 충분히 확보할 것

③ 침수의 우려가 없는 곳에 시설할 것

2) 연료전지 발전실의 가스 누설 대책

① 연료가스를 통하는 부분은 최고사용 압력에 기밀성을 가질 것

② 연료전지 설비 설치 장소는 연료가스가 누설시 체류하지 않는 구조일 것
③ 해당 가스의 누설을 감지하고 경보하기 위한 설비를 설치할 것
(연료전지 설비의 누설 가스 체류 우려 장소에 적용)

3) 연료전지설비의 시설

① 전기배선은 열적 영향이 적은 방법으로 시설할 것
② 사용전선 : 2.5[mm^2] 이상 연동선 또는 동등이상의 세기 및 굵기
③ 옥내, 옥측, 옥외 시설시 배선 공사 방법
합성수지관, 금속관, 금속제 가요전선관 공사, 케이블공사
④ 단자와 접속은 기계적 및 전기적 안전성을 확보할 것
⑤ 단자를 체결(잠글)때 너트(나사)는 풀림방지 기능이 있을 것
⑥ 단자는 (도체의 손상을 주지 않고) 금속표면과 체결할 것
⑦ 외부터미널과 접속시 접점의 압력이 유지될 것

4) 연료전지설비의 구조

① 내압시험 : 연료전지 설비의 내압 부분 중 최고 사용압력이 0.1[MPa] 이상의 부분은 최고 사용압력의 1.5배의 수압(기압인 경우는 1.25배)까지 가압하여 압력이 안정된 후 최소 10분간 견디고 누설이 없을 것
② 기밀시험 : 연료전지 설비의 내압 부분 중 최고 사용압력이 0.1[MPa] 이상의 부분(액체 연료 또는 연료가스를 포함한 가스를 통하는 부분)의 기밀시험은 최고 사용압력의 1.1배의 기압으로 시험을 실시하였을 때 누설이 없을 것

5) 안전밸브의 분출압력 설정

① 안전밸브가 1개인 경우는 그 배관의 최고사용압력 이하의 압력으로 할 것
단) 배관 최고사용압력 이하의 압력시 자동 가스 유입 정지 장치가 있는 경우에는 최고사용압력의 1.03배 이하 가능
② 안전밸브가 2개 이상인 경우는 1개는 최고 사용압력 이하로 하고 그 이외는 그 배관의 최고사용압력의 1.03배 이하의 압력일 것

6) 연료전지설비의 보호장치

① 연료전지 과전류시 자동 전로차단장치를 시설할 것
② 발전전압에 이상시 또는 연료가스 출구의 산소농도 또는 공기 출구에서의 연료가스 농도 현저히 상승시 연료가스 자동 배기 장치를 시설할 것

③ 연료전지 온도 현저히 상승시 연료가스 공급 자동차단장치를 시설할 것

④ 연료전지설비의 계측장치

전압과 전류 또는 전압과 전력을 계측하는 장치를 시설할 것

⑤ 연료전지설비의 비상정지장치 시설

㉠ 연료 계통 설비내의 연료가스의 압력 또는 온도가 현저히 상승시

㉡ 증기계통 설비내의 증기의 압력 또는 온도가 현저히 상승시

㉢ 연료가스가 누설시(실내에 설치된 경우)

⑥ 연료전지의 전로 또는 접속 직류전로에 접지공사시 시설

전로 보호장치의 확실한 동작 확보 또는 대지전압의 저하 필요할 경우에 적용

㉠ 접지극은 고장시 대지 사이의 전위차에 의해 사람(가축) 또는 다른 시설물에 위험을 줄 우려가 없도록 시설할 것

㉡ 접지도체는 16[mm^2] 이상의 연동선 또는 동등 이상의 세기 및 굵기의 부식되지 않는 금속선(저압전로의 중성점에 시설은 6[mm^2] 이상의 연동선)을 사용하고 또한 손상을 받을 우려가 없도록 시설할 것

㉢ 접지도체에 접속하는 저항기·리액터는 고장전류를 통하는 것을 사용할 것

㉣ 접지도체·저항기·리액터는 사람이 접촉할 우려가 없도록 시설할 것 (취급자 이외의 자가 출입하지 못하도록 설비한 곳 시설은 제외)

⑦ 연료전지설비는 피뢰설비를 시설할 것

■ **저자약력**

원명수
(現)대성전기학원 원장
전기기사
전기공사기사
소방설비기사(전기)
소방설비기사(기계)
건설안전기사

[저자상담직통전화] 010-4746-8847

전기요점 Ⅱ

전기자기학+전기기기+전기설비기술기준 **값 25,000원**

저 자	원 명 수
발행인	문 형 진

2014년 4월 10일 제1판 제1쇄 발행
2016년 3월 9일 제2판 제1쇄 발행
2017년 2월 22일 제2판 제2쇄 발행
2019년 4월 10일 제3판 제1쇄 발행
2025년 3월 12일 제4판 제1쇄 발행

발행처 세 진 사
㊞02859 서울특별시 성북구 보문로 38 세진빌딩
TEL : 02)922-6371~3, 923-3422 / FAX : 02)927-2462
Homepage : www.sejinbook.com
〈등록. 1976. 9. 21 / 서울 제307-2009-22호〉